"十二五"普通高等教育本科国家级规划教材

应用光学（第 6 版）

李林　黄一帆 ◎ 著

新形态教材
扫描书中二维码

APPLIED OPTICS
(6TH EDITION)

北京理工大学出版社
BEIJING INSTITUTE OF TECHNOLOGY PRESS

内 容 提 要

本书内容可分为几何光学和光学仪器两部分。几何光学部分除了一般内容外，增加了基本定理的向量公式、非均匀介质中的光线光学、矩阵方法在近轴光学中的应用和光学传递函数等内容。光学仪器部分除了望远镜、显微镜、照相机和投影仪外，增加了色度学、光纤光学仪器、激光束光学、红外光学系统、现代新型光电元器件及成像系统、非成像系统，包含了光学仪器的新发展。

本书可作为高等院校应用光学和光学仪器专业的教材，也可以作为光学仪器工程技术人员的参考书。

图书在版编目(CIP)数据

应用光学 / 李林，黄一帆著. --6版. --北京：北京理工大学出版社，2023.9(2024.9重印)
"十二五"普通高等教育本科国家级规划教材
ISBN 978-7-5763-2956-8

Ⅰ. ①应… Ⅱ. ①李… ②黄… Ⅲ. ①应用光学-高等学校-教材 Ⅳ. ①O439

中国国家版本馆CIP数据核字（2023）第185298号

责任编辑：刘　派　　**文案编辑**：李丁一
责任校对：周瑞红　　**责任印制**：李志强

出版发行 / 北京理工大学出版社有限责任公司
社　　址 / 北京市丰台区四合庄路6号
邮　　编 / 100070
电　　话 / （010）68944439（学术售后服务热线）
网　　址 / http：//www.bitpress.com.cn

版 印 次 / 2024年9月第6版第3次印刷
印　　刷 / 廊坊市印艺阁数字科技有限公司
开　　本 / 787 mm×1092 mm　1/16
印　　张 / 23
字　　数 / 540千字
定　　价 / 69.00元

PREFACE 前言

本书是经光学仪器教学指导委员会审定大纲的重点规划教材，也是北京市高等教育精品教材，同时还是“十二五”普通高等教育本科国家级规划教材。

应用光学是光学工程、仪器科学与技术、物理电子学等学科重要的技术基础。它的传统概念是指经典光学仪器（如望远镜、显微镜、照相机、投影仪等）中光学系统的理论与设计，它的内容主要是几何光学和波动光学。随着光学学科的飞速发展，如激光的出现及其广泛应用，光纤通信和光电子成像技术的发展，光学与计算机技术的结合等都使光学仪器经历着由传统到现代的巨大转变。作为光学领域基础的应用光学其内涵也在扩展，正逐步涵盖某些现代光学的基础内容。为适应这种变化的要求，本书除了介绍高斯光学、光学仪器基本原理等传统内容外，还介绍了激光束光学、光纤光学、红外光学、色度学、CCD 光电器件、衍射光学元件、非球面以及非成像光学系统等有关现代光学的基础内容。其他章节的内容和例题、习题也力图融入现代光电仪器的先进成果。

在高等教育教学改革进程中，要加强教材建设和管理，牢牢把握正确政治方向和价值导向，用心打造培根铸魂、启智增慧的精品教材。教育数字化是我国开辟教育发展新赛道和塑造教育发展新优势的重要突破口。进一步推进数字教育，为个性化学习、终身学习、扩大优质教育资源覆盖面和教育现代化提供有效支撑。为此，本教材在第 5 版的基础上作了修订，在重要的章节处加入了二维码，学生随时随地利用手机扫描二维码，即可收看本书作者相应章节的授课视频。这样，既有力支撑了课程资源信息化建设，又作为课堂教学的重要延伸，对课堂教学起到了有效的补充和支撑，提升教学效果，同时也提供给校外学生特别是边远地区教育教学比较薄弱地区的学生了解和学习国内一流大学国家级优质课程相关知识的便利渠道。本教材这次的修订，目的是落实二十大精神，把促进教育公平融入深化教育领域综合改革的各方面各环节，缩小教育的城乡、区域、校际、群体差距，努力让每个学生都能享有公平而有质量的教育，更好满足广大人民群众对上好学的需要。

在教育教学改革的新形势下，要坚持四个面向，坚持目标导向和自由探索两条腿走路，把世界科技前沿同国家重大战略需求和经济社会发展目标结合起来，统筹遵循科学发展规律提出的前沿问题和重大应用研究中抽象出的理论问题，凝练基础研究关键科学问题。为此，除已经加入的激光束光学、光纤光学、红外光学、色度学、CCD光电器件、衍射光学元件、非球面以及非成像光学系统等前沿知识外，本次修订还增加了主光线角度（Chief Ray Angle，CRA）限制、机器视觉沙姆定律原理、可变放大率的望远镜、光谱仪器等应用光学的前沿和热点知识。

本书由北京理工大学李林、黄一帆合作撰写，李林负责第一、二、三、四、五、八、九、十三、十五和十六章；黄一帆负责第六、七、十、十一、十二和十四章，全书由李林统稿。本书中的计算实例中，如果没有标明单位，对于长度单位则隐含为毫米（mm），角度单位隐含为度（°）。北京理工大学光电学院技术光学教研室在应用光学教材建设上做了很多卓有成效的工作，老师们不断地把自己的科研成果融入教材，出版过具有一定特色的若干版本的应用光学教材。这些教材都是本书编写的基础，因此本书凝聚了教研室同仁多年的心血。袁旭沧教授、安连生教授、中国科学院院士母国光教授、中国工程院院士周立伟教授在本书及系列教材的编写过程中给予了许多的指导和帮助，在此一并表示深深的谢意。

本书中存在的不足之处，敬请读者不吝指正。

作者于北京

目 录
CONTENTS

第一章 几何光学基本原理 …… 001
§1－1 光波和光线 …… 001
§1－2 几何光学基本定律 …… 003
§1－3 折射率和光速 …… 004
§1－4 光程的概念及相关定律 …… 005
§1－5 光路可逆和全反射 …… 010
§1－6 基本定律的向量形式 …… 012
§1－7 几何光学的误差和应用范围的讨论 …… 014
§1－8 光学系统类别和成像的概念 …… 017
§1－9 理想像和理想光学系统 …… 019
§1－10 发光点理想成像的条件——等光程条件 …… 022
§1－11 微小线段理想成像的条件——余弦条件 …… 025
§1－12 麦克斯韦鱼眼 …… 027
习题 …… 030
第二章 共轴球面系统的物像关系 …… 031
§2－1 共轴球面系统中的光路计算公式 …… 031
§2－2 符号规则 …… 032
§2－3 球面近轴范围内的成像性质和近轴光路计算公式 …… 034
§2－4 近轴光学的基本公式及其实际意义 …… 036
§2－5 共轴理想光学系统的基点——主平面和焦点 …… 038
§2－6 单个折射球面的主平面和焦点 …… 040
§2－7 共轴球面系统主平面和焦点位置的计算 …… 042
§2－8 用作图法求光学系统的理想像 …… 043
§2－9 理想光学系统的物像关系式 …… 045
§2－10 光学系统的放大率 …… 047
§2－11 物像空间不变式 …… 049

§2-12　物方焦距和像方焦距的关系 …… 050
§2-13　节平面和节点 …… 052
§2-14　无限远物体理想像高的计算公式 …… 053
§2-15　理想光学系统的组合 …… 054
§2-16　理想光学系统中的光路计算公式 …… 057
§2-17　单透镜的主平面和焦点位置的计算公式 …… 059
§2-18　矩阵方法在近轴光学中的应用 …… 062
本章小结 …… 071
习题 …… 073
第三章　眼睛和目视光学系统 …… 075
§3-1　人眼的光学特性 …… 075
§3-2　放大镜和显微镜的工作原理 …… 078
§3-3　望远镜的工作原理 …… 082
§3-4　眼睛的缺陷和目视光学仪器的视度调节 …… 084
§3-5　空间深度感觉和双眼立体视觉 …… 086
§3-6　双眼观察仪器 …… 088
本章小结 …… 090
习题 …… 091
第四章　平面镜棱镜系统 …… 092
§4-1　平面镜棱镜系统在光学仪器中的应用 …… 092
§4-2　平面镜的成像性质 …… 093
§4-3　平面镜的旋转及其应用 …… 094
§4-4　棱镜和棱镜的展开 …… 096
§4-5　屋脊面和屋脊棱镜 …… 100
§4-6　平行平板的成像性质和棱镜的外形尺寸计算 …… 101
§4-7　确定平面镜棱镜系统成像方向的方法 …… 104
§4-8　棱镜转动定理 …… 107
§4-9　棱镜做有限转动时，像空间位置和方向的计算 …… 112
§4-10　棱镜做微量转动时，像空间位置和方向的计算 …… 118
§4-11　共轴球面系统和平面镜棱镜系统的组合 …… 121
§4-12　棱镜的偏差 …… 122
本章小结 …… 124
习题 …… 125
第五章　光学系统中成像光束的选择 …… 126
§5-1　光阑及其作用 …… 126
§5-2　望远系统中成像光束的选择 …… 127
§5-3　显微镜中的光束限制和远心光路 …… 133
§5-4　场镜的特性及其应用 …… 136
§5-5　空间物体成像的清晰深度——景深 …… 137

§5－6　红外光学系统的冷光阑效率 …… 140
习题 …… 142
第六章　辐射度学和光度学基础 …… 143
§6－1　立体角的意义和它在光度学中的应用 …… 143
§6－2　辐射度学中的基本量 …… 144
§6－3　人眼的视见函数 …… 145
§6－4　光度学中的基本量 …… 147
§6－5　光照度公式和发光强度的余弦定律 …… 151
§6－6　全扩散表面的光亮度 …… 153
§6－7　光学系统中光束的光亮度 …… 154
§6－8　像平面的光照度 …… 157
§6－9　照相物镜像平面的光照度和光圈数 …… 158
§6－10　人眼的主观光亮度 …… 160
§6－11　通过望远镜观察时的主观光亮度 …… 161
§6－12　光学系统中光能损失的计算 …… 163
习题 …… 167
第七章　色度学基础 …… 168
§7－1　颜色视觉 …… 168
§7－2　颜色匹配 …… 170
§7－3　CIE 标准色度系统 …… 171
§7－4　CIE 标准照明体和标准光源 …… 179
§7－5　颜色测量 …… 182
§7－6　孟塞尔表色系统 …… 185
习题 …… 186
第八章　光学系统成像质量评价 …… 187
§8－1　概述 …… 187
§8－2　介质的色散和光学系统的色差 …… 188
§8－3　轴上像点的单色像差——球差 …… 190
§8－4　轴外像点的单色像差 …… 191
§8－5　几何像差的曲线表示 …… 196
§8－6　用波像差评价光学系统的成像质量 …… 198
§8－7　理想光学系统的分辨率 …… 201
§8－8　各类光学系统分辨率的表示方法 …… 203
§8－9　光学传递函数 …… 204
§8－10　用光学传递函数评价系统的像质 …… 207
习题 …… 210
第九章　望远镜和显微镜 …… 211
§9－1　望远镜的光学性能和技术条件 …… 211
§9－2　望远镜物镜 …… 216

§9-3　望远镜目镜 …… 220
§9-4　望远镜的外形尺寸计算 …… 224
§9-5　可变放大率的望远镜 …… 234
§9-6　显微镜概述和显微镜的光学性能 …… 237
§9-7　显微镜的物镜和目镜 …… 239
习题 …… 241
第十章　照相机和投影仪 …… 243
§10-1　照相物镜的光学特性 …… 243
§10-2　照相物镜的基本类型 …… 245
§10-3　变焦距照相物镜 …… 248
§10-4　取景系统和调焦系统 …… 258
§10-5　投影仪的作用及其类别 …… 262
§10-6　投影仪中的照明系统 …… 263
§10-7　投影物镜 …… 265
§10-8　投影系统中的光能计算 …… 267
习题 …… 269
第十一章　光纤光学系统 …… 271
§11-1　概述 …… 271
§11-2　全反射光纤的光学性质 …… 271
§11-3　全反射光纤的应用 …… 274
§11-4　梯度折射率光纤 …… 276
习题 …… 280
第十二章　激光光学系统 …… 281
§12-1　概述 …… 281
§12-2　激光束在均匀介质中的传播规律 …… 281
§12-3　高斯光束的透镜变换 …… 285
§12-4　激光谐振腔的计算 …… 288
§12-5　激光扫描系统和 $f\theta$ 镜头 …… 290
§12-6　光学信息处理系统和傅里叶变换镜头 …… 293
习题 …… 296
第十三章　红外光学系统 …… 297
§13-1　概述 …… 297
§13-2　红外光学系统的功能和特点 …… 297
§13-3　红外物镜 …… 298
§13-4　辅助光学系统 …… 301
§13-5　典型红外光学系统 …… 303
习题 …… 305

第十四章　现代新型光电器件及其成像系统 …… 306
§14－1　CCD 和 CMOS 光电器件 …… 306
§14－2　数码相机光学系统 …… 314
§14－3　衍射光学元件 …… 318
§14－4　非球面成像特性 …… 322
习题 …… 327
第十五章　非成像光学系统 …… 328
§15－1　照明光学系统基本组成 …… 328
§15－2　照明光学系统的设计 …… 330
§15－3　均匀照明的实现 …… 333
§15－4　太阳光能量获取系统 …… 336
习题 …… 343
第十六章　光谱仪 …… 344
§16－1　光谱仪概述 …… 344
§16－2　光谱棱镜主截面内光线的折射 …… 346
§16－3　光谱棱镜的基本特性 …… 348
§16－4　光谱棱镜的材料和型式 …… 350
§16－5　光栅的基本性质 …… 351
§16－6　光谱仪光学系统的型式 …… 352
习题 …… 354
参考文献 …… 355

第一章

几何光学基本原理

§1－1　光波和光线

光和人类的生产生活有着十分密切的关系，植物的生长需要光，人的视觉要依靠光，人类一切活动几乎都离不开光。人们常说的“耳听为虚，眼见为实”，正反映了人对光的重要作用的认识。人类通过实践很早就积累了有关光的丰富的感性知识，并开始研究光。

人类对光的研究可以分为两个方面：一方面是研究光的本性，并根据光的本性来研究各种光学现象，称为“物理光学”；另一方面是研究光的传播规律和传播现象，称为“几何光学”。

对于光的本性的研究，虽然很早就已开始，但进展较慢。对光的本性的科学假说，最初是牛顿在 1666 年提出的，他认为光是一种弹性粒子，称为“微粒说”。1678 年惠更斯认为光是在“以太”中传播的弹性波，提出了“波动说”。1873 年麦克斯韦根据电磁波的性质证明，光实际上是电磁波。从此人类对光的本性才有了比较正确的认识。1905 年爱因斯坦为了解释光电效应，提出了“光子”的假说，后来由于康普顿效应的发现而得到证实，这样使人类对光的认识更为全面。现代物理学认为，光是一种具有波粒二象性的物质，即光既具有“波动性”又具有“粒子性”，只是在一定条件下，某一种性质显得更为突出。一般来说，除了研究光和物质作用的情况下必须考虑光的粒子性以外，可以把光作为电磁波看待，称为“光波”。

光波和一般无线电波的不同处，只是光波的波长比无线电波短，图 1－1 表示了电磁波按波长分类的情况，波长在 400～760 nm（1 nm＝10^{-6} mm＝10 Å）的电磁波能够被人眼所感觉，称为“可见光”，超出这个范围人眼就感觉不到了。不同波长的光产生不同的颜色感觉。同一波长的光，具有相同的颜色，称为“单色光”。由不同波长的光波混

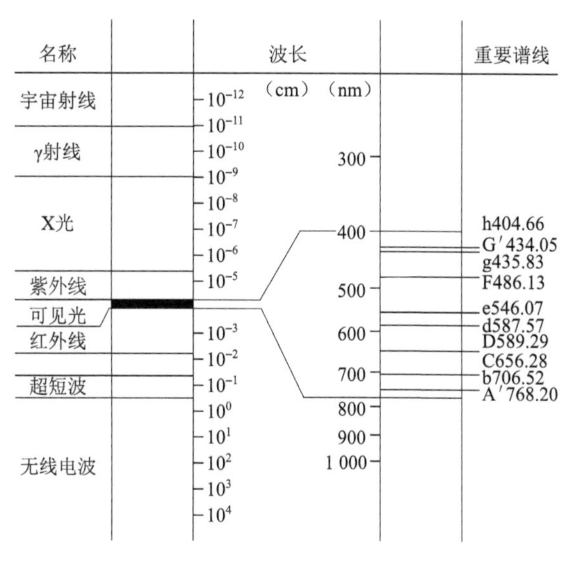

图 1－1　电磁波谱段示意图

合而成的光称为“复色光”，不同颜色的光对应的波长范围如图1-2所示。白光是由各种波长光混合而成的一种复色光。

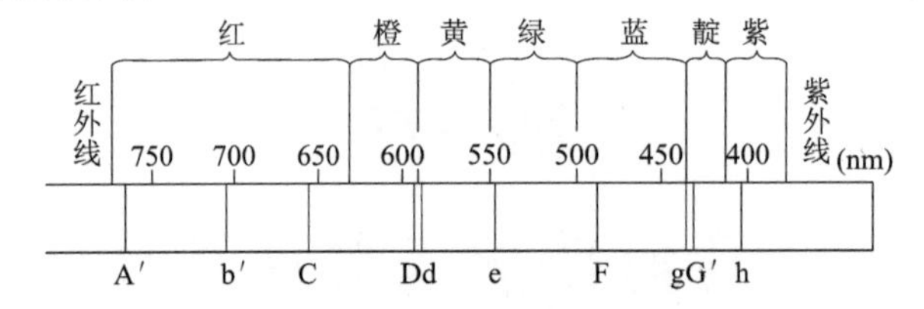

图1-2　可见光波段分布图

不同波长的电磁波，在真空中具有完全相同的传播速度：$c\approx3\times10^{10}$ cm/s。因此不同波长的电磁波的频率不同，频率v和光速c、波长λ之间存在以下关系：

$$v=\frac{c}{\lambda}$$

在透明介质中，如水、玻璃等，光的波长和光速同时改变，但频率不变。

某一瞬间波动传播所到达的曲面称为“波面”。在均匀介质中，波动在各方向的传播速度相同，因此一个位于均匀介质中的点光源所发出的电磁波的波面，应该是以光源为中心的同心球面，如图1-3所示。

既然光是电磁波，那么研究光的传播问题，就应该是一个波动传播问题。但是，几何光学中研究光的传播，并不把光看作是电磁波，而把光看作是“能够传输能量的几何线”。这样的几何线叫作“光线”。光源发光就是向四周发出无数条几何线，沿着每一条几何线向外发散能量，如图1-4所示。

图1-3　点光源波面

图1-4　点光源发射的光线

“光线”这一概念是人们直接从无数客观光学现象中抽象出来的。利用光线的概念可以说明自然界中许多光的传播现象，例如我们常见的影的形成、日食、月食、小孔成像等。这些现象都可以用把光看作“光线”的概念来解释。目前使用的光学仪器，绝大多数是应用几何光学原理——把光看作“光线”——设计出来的。

几何光学研究光的传播，也就是研究这些光线的传播。研究的方法，首先是找出光线的传播规律——几何光学的基本定律，然后根据这些基本定律研究光的传播现象。在研究过程中，光线和几何线具有完全相同的性质，所不同的只是光线具有方向——能量传播的方向。因此，就光线的几何性质来说，光线就是“具有方向的几何线”。这样，几何光学中研究光的传播问题，就变成了一个几何问题，这就是所以称为“几何光学”的原因。

如前所述，位于均匀介质中的点光源所发射的光波的波面，是以发光点为球心的球面，同时按照几何光学的观点，点光源发光就是由发光点A向四周发出无数条几何线，如图1-5

所示，显然光线垂直于波面，换句话说，“光线就是波面的法线”，反之，“波面就是所有光线的垂直曲面”。这就是波面和光线之间的对应关系。相交于同一点或者由同一点发出的一束光线称为“同心光束”，对应的波面形状为球面，如图 1－6（a）所示。不聚交于一点的光束称为“像散光束”，对应的波面为非球面，如图 1－6（b）所示。平行光束对应的波面为平面，如图 1－6（c）所示。

图 1－5　波面和光线的关系

本书就是按照几何光学的原理来研究光的各种传播现象，并应用这些规律与现象来设计和制造光学仪器。对于某些不能利用几何光学研究的光学现象，我们可以根据光线的位置，按上述波面和光线的对应关系，找出相应的波面，然后再用把光看作波动的物理光学方法进行研究。

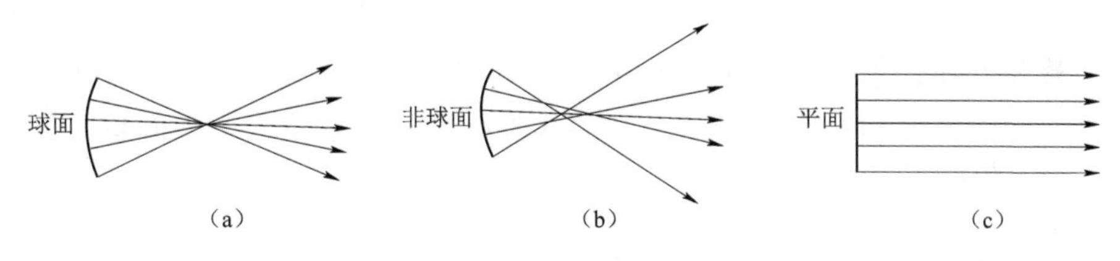

图 1－6　不同波面和光束的关系

（a）同心光束；（b）像散光束；（c）平行光束

§1－2　几何光学基本定律

几何光学把光看作具有方向的几何线——“光线”，从而进行光的传播问题的研究。因此，我们必须首先找出这些光线的传播规律。自然界中光的传播现象虽说千变万化，但如果用几何光学的观点仔细分析，实际上可以归纳为以下两种情况。

（1）光线在均匀透明介质中传播的规律——直线传播定律：光线在均匀透明介质中按直线传播；

（2）光线在两种均匀介质分界面上的传播规律——反射定律和折射定律。

若一束光线投射在两种介质的分界面上，如图 1－7 所示，其中一部分光线在分界面上反射到原来的介质，称为“反射光线”；另一部分光线透过分界面进入第二种介质，并改变原来方向，称为“折射光线”。反射和折射光线的传播规律，就是反射和折射定律。为了便于表述这些定律，我们首先引入以下几个术语。

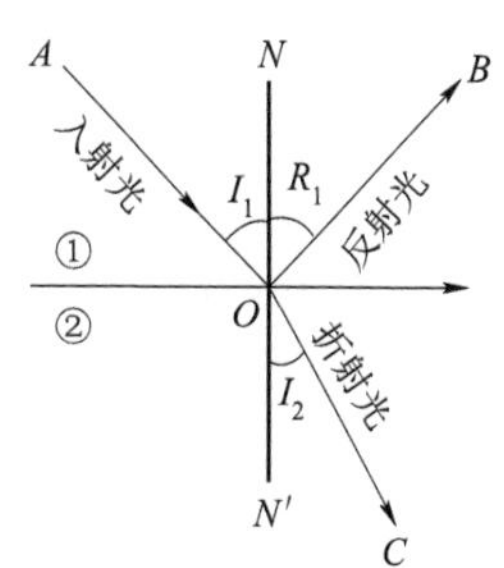

图 1－7　光线在两种介质分界面传播

入射光线 AO 和介质分界面的法线 ON 间的夹角 $\angle AON = I_1$，称为“入射角”；反射光线 OB 和法线 ON 间的夹角 $\angle BON = R_1$，称为“反射角”；折射光线 OC 和法线之间的夹角 $\angle CON' = I_2$，称为“折射角”；入射光线和法线构成的平面称为“入射面”。

反射和折射定律可分别表述如下。

反射定律：

（1）反射光线位于入射面内；

（2）反射角等于入射角，即

$$I_1 = R_1 \tag{1-1}$$

折射定律：

（1）折射光线位于入射面内；

（2）入射角和折射角正弦之比，对两种一定的介质来说，是一个和入射角无关的常数，即

$$\frac{\sin I_1}{\sin I_2} = n_{1,2} \tag{1-2}$$

式中，$n_{1,2}$称为第二种介质对第一种介质的折射率。

至于光在不均匀介质中传播的规律，可以把不均匀介质看作由无限多的均匀介质组合而成的。光线在不均匀介质中的传播，可以看作一个连续的折射。随着介质性质不同，光线传播曲线的形状各异。它的传播规律，同样可以用折射定律来说明。由此可见，直线传播定律、反射定律和折射定律，能够说明自然界中光线的各种传播现象。它们是几何光学中仅有的物理定律，因此称为几何光学的基本定律。几何光学的全部内容，就是在这三个定律的基础上用数学方法研究光的传播问题。

§1-3　折射率和光速

假定一束平行光线投射在两介质的分界面 P 上，如图 1-8 所示，所有的光线具有相同的入射角 I_1，经过平面 P 折射后，按折射定律，所有折射光线显然具有相同的折射角 I_2，因此仍为一平行光束。和平行光束相垂直的入射波面和折射波面，应该是两个平面。

假定某一瞬间波面的位置为 OQ，经过时间 t 以后，光波传播所到达的波面位置为 $O'Q'$。设光在两介质内的传播速度分别为 v_1 和 v_2，由图 1-8 可得

$$QQ' = v_1 \cdot t;\ OO' = v_2 \cdot t$$

由于波面 OQ 垂直于光线 AO，分界面 P 垂直于法线 ON。因此，$\angle QOQ' = \angle AON = I_1$；同理，$\angle O'Q'O = \angle A'ON' = I_2$，根据 $\triangle OQQ'$和$\triangle OQ'O'$得

$$\sin I_1 = \frac{QQ'}{OQ'};\ \sin I_2 = \frac{OO'}{OQ'}$$

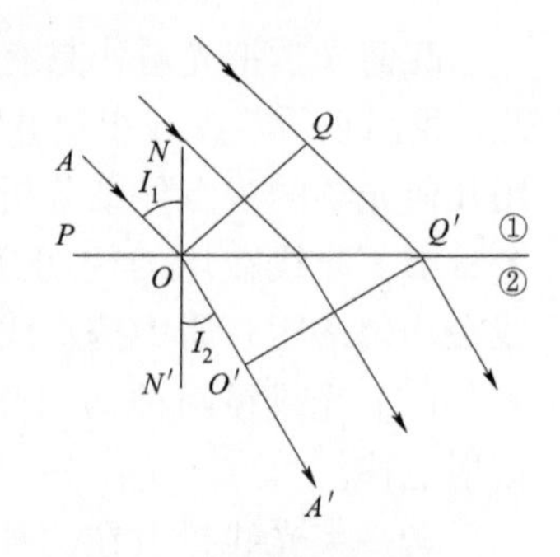

图 1-8　折射率和光速关系示意图

以上二式相除消去 OQ'得

$$\frac{\sin I_1}{\sin I_2} = \frac{QQ'}{OO'} = n_{1,2}$$

将前面 $QQ' = v_1 \cdot t$，$OO' = v_2 \cdot t$ 的关系代入上式，并消去 t，得到

$$\frac{\sin I_1}{\sin I_2} = \frac{v_1}{v_2} = n_{1,2} \tag{1-3}$$

由此可见：第二种介质对第一种介质的折射率 $n_{1,2}$ 等于第一种介质的光速 v_1 和第二种介质的光速 v_2 之比，即折射率和光速之间的关系。对于一定的介质，光速显然不变。因此，两种一定的介质对应的折射率应为不变的常数。实际上也就证明了折射定律的成立。

通常把一种介质对另一种介质的折射率称为“相对折射率”，而把介质对真空的折射率称为“绝对折射率”。由于光在空气中的传播速度和真空中的传播速度相差极小，通常把空气的绝对折射率取作 1，而把介质对空气的折射率作为“绝对折射率”。

光在真空中的速度为 c。根据上面得到的式（1-3），第一种和第二种介质的绝对折射率 n_1 和 n_2 用以下公式表示：

$$n_1=\frac{c}{v_1};\ n_2=\frac{c}{v_2}$$

二式相除得

$$\frac{n_2}{n_1}=\frac{\frac{c}{v_2}}{\frac{c}{v_1}}=\frac{v_1}{v_2}$$

根据前面相对折射率的式（1-3），$n_{1,2}=\frac{v_1}{v_2}$，得

$$n_{1,2}=\frac{n_2}{n_1} \tag{1-4}$$

式（1-4）表明，第二种介质对于第一种介质的相对折射率等于第二种介质的绝对折射率和第一种介质的绝对折射率之比。

将以上关系代入折射定律

$$\frac{\sin I_1}{\sin I_2}=n_{1,2}=\frac{n_2}{n_1}$$

上式可改写成对称形式

$$n_1\sin I_1=n_2\sin I_2 \tag{1-5}$$

以上公式是用绝对折射率表示的折射定律。由于公式两边的形式对第一种和第二种介质来说完全相同。因此，我们既可以把 I_1 看作入射角、把 I_2 看作折射角，也可以反过来把 I_2 看作入射角、把 I_1 看作折射角。在这样两种不同的情况下，公式形式完全相同。因此，上式既可以用于光线由第一种介质进入第二种介质，也可以用于光线由第二种介质进入第一种介质，这样比起前面用相对折射率表示的折射定律就要方便得多。因此，今后都是用绝对折射率来表示折射定律。

§1-4　光程的概念及相关定律

一、光程的定义及计算

在上一节推导折射率和光速的关系中，曾经得出在两个波面之间的两条光线的几何路程和光速之间有以下的关系，如图 1-8 所示：

$$QQ'=v_1\cdot t;\ QQ'=v_2\cdot t$$

将以上二式相除，并利用式（1-3）和式（1-4），得

$$\frac{QQ'}{OO'}=\frac{v_1}{v_2}=n_{1,2}=\frac{n_2}{n_1}$$

或
$$n_1 \cdot QQ' = n_2 \cdot OO'$$

由以上关系可以看到，在两个波面之间的两条光线，虽然它们各自经过的几何路程不同，但是它们的几何路程和所在介质的折射率的乘积是相等的。我们把几何路程和折射率的乘积称为“光程”：

$$\mathscr{L} = n \cdot s \tag{1-6}$$

式中，s 为几何路程，n 为折射率，$\mathscr{L}$ 为光程。

根据折射率和光速的关系：

$$\mathscr{L} = n \cdot s = \frac{c}{v} \cdot s$$

几何路程 s 和该介质中的光速 v 之比即为光的传播时间 t，因此，有

$$\mathscr{L} = t \cdot c \tag{1-7}$$

由上式可知，光在介质中传播的“光程”等于相同时间内，光在真空中传播的几何路程。

式（1-6）为均匀介质中光程的计算公式。在折射率不等于常数的非均匀介质中，应有

$$\mathrm{d}\mathscr{L} = n \cdot \mathrm{d}s \tag{1-8}$$

式中，n 为位置坐标的函数。

如果在非均匀介质中，沿某一曲线，由 A 到 B 计算光程，如图 1-9 所示，则对式（1-8）作定积分可得到

$$\mathscr{L} = \int_A^B n \cdot \mathrm{d}s \tag{1-9}$$

式（1-9）为不均匀介质中计算光程的公式。n 可以看作 s 的函数，当计算光程的路线以及折射率函数 $n(s)$ 确定以后，就可以计算上述定积分了。

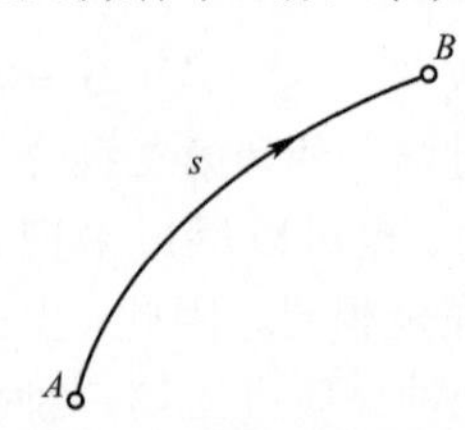

图 1-9　非均匀介质情形

前面讲过，光线是具有方向的几何线，为了显示计算光程的方向和光线进行方向之间的关系，我们给光程规定以下的符号规则：

如果计算光程的方向和实际光线进行的方向相同，则光程为正，方向相反则光程为负。

例如：如果实际光线是由 A 传播到 B，则由 A 到 B 计算的光程为正值，而由 B 到 A 计算的光程为负值，二者数值相等。

二、马吕斯定律

前面我们分别用直线传播定律、反射定律和折射定律，描述光线在不同情况下的传播规律，马吕斯定律则是用另一种形式来表述光线的传播规律。马吕斯定律的内容如下：

假定一束光线为某一曲面的法线汇，这些光线经过任意次折射、反射后，该光束的全部光线仍与另一曲面垂直，构成一个新的法线汇，而且位于这两个曲面之间的所有光线的光程相等。

上述定律首先肯定了和光束垂直的曲面永远连续存在，而且这些曲面按照等光程的规律传播。

根据光的波动性质，上述定律的成立显然不成问题。因为光既是电磁波，波面当然是连

续存在的，而光线就是波面的法线。按照波面的定义，任意两个波面之间，所有光线的传播时间相同，因此，它们的光程也就相等。

马吕斯定律用波面的传播规律代替光线的传播规律。由于光线是波面的法线，有了波面，也就能确定对应的光线位置。例如一束光线 A_1I_1，A_2I_2，…，A_KI_K垂直于某一波面 W，如图 1－10 所示。为了找出这些光线通过介质分界面 P 后的折射光线位置，可首先利用马吕斯定律找出折射以后的波面，有了新的波面，就可确定折射光线的位置。假定折射面 P 两边介质的折射率分别为 n 和 n'，设光束中任意一条光线 A_iI_i由 W 到 P 的距离为 s_i，则光程为 ns_i；假定由折射点 I_i到新的波面的距离为 s_i'，则光程等于 $n's_i'$。两波面之间的光程为 $\mathscr{L}$，则以下关系成立：

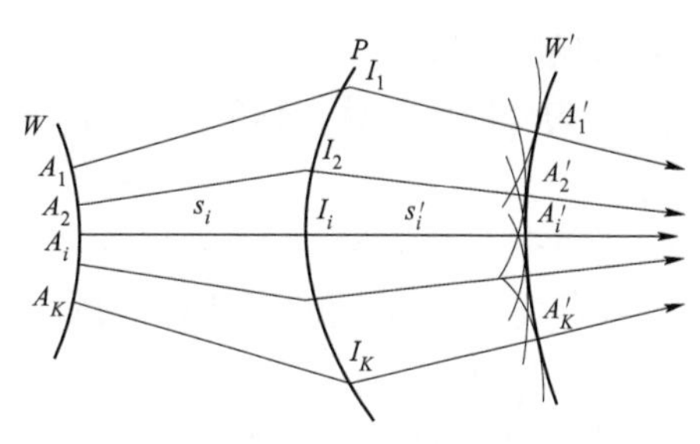

图 1－10　波面间光线传播示意图

$$\mathscr{L}=ns_i+n's_i'$$

上式中 $\mathscr{L}$、n、n'，s_i均为已知，因此，可以求得 s_i'。以 s_i' 为半径，以 I_i为圆心作圆弧。对每一条光线重复以上步骤，即可作出一系列圆弧，然后作所有圆弧的包络线 W'。它显然符合等光程条件。根据马吕斯定律，它就是我们要找的新的波面。作各折射点 I_i与相应的圆弧和包络面的切点 A_i'的连线 I_iA_i'，I_iA_i'显然垂直于波面 W'。所以，它就是我们要找的折射光线。

今后研究光的传播问题时，我们既可以根据光线的折射和反射定律来研究，也可以根据马吕斯定律研究波面的传播，二者的结论应该是完全相同的，但有时按光线进行研究比较方便，有时则按波面进行研究比较方便，这要根据具体情况而定。

三、费尔马原理

费尔马原理是光线传播规律的另一种表述形式。该原理表述为：

实际光线沿着光程为极值（或稳定值）的路线传播。

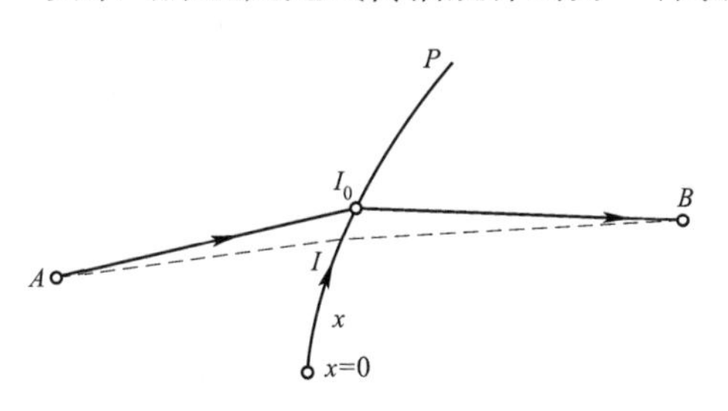

图 1－11　光程示意图

为了清楚了解这一原理的意义，下面对费尔马原理作进一步的说明。假定 A、B 两点分别位于两种不同的介质中，它们为曲面 P 所分开，如图 1－11 所示。由 A 到 B 计算光程，则不同路线对应的光程不同。我们用弧长 x 作为曲面 P 上投射点 I 的位置坐标，不同路线对应不同的 x 值，因此，光程 $\mathscr{L}$ 为弧长 x 的函数：

$$\mathscr{L}=j(x)$$

假定其中某一条路线 AI_0B 对应的光程为极值，根据费尔马原理，实际光线就是沿着这一条路线由 A 传播到 B。其他光程不是极值的路线，就不是实际光线的经行路线。

由于实际光线的光程为极值，因此，和实际光线间隔为一阶微量的其他路线对应的光程，与实际光线光程之差为二阶或高阶微量。实际光线的这一性质，今后会经常用到。

为了证明费尔马原理的正确性，下面我们由费尔马原理导出前述的几何光学的基本定律。

1. 直线传播定律

在均匀介质中计算光程的公式为

$$\mathscr{L}=n\cdot s$$

式中，折射率 n 为常数，要求光程 $\mathscr{L}$ 为极值，也就要求几何路程 s 为极值。两点之间直线最短，对应的光程为极小值，所以均匀介质中光线按直线传播。这样，我们由费尔马原理导出了直线传播定律。

2. 折射定律和反射定律

假定 A、B 两点分别位于折射率为 n 和 n'的两种介质内，此两种介质的分界面为平面 P。如图 1－12 所示，光线由 A 点发出，经过平面 P 折射传播到 B。下面根据费尔马原理确定实际光线的传播路线。

为了表示实际光线的位置，需要建立一定的坐标系。为了推导简单，我们选取以下的直角坐标系。

过 A、B 两点作分界面 P 的垂直面，作为 yz 坐标面，以它和平面 P 的交线为 y 轴。从点 A 作平面 P 的垂线 AO 为 z 轴。xy 坐标面位于分界面 P 上。由 B 点作平面 P 的垂线 BC，并设$\overline{AO}=a$，$\overline{BC}=b$，$\overline{OC}=c$。A，B 两点的坐标分别标注在图上。

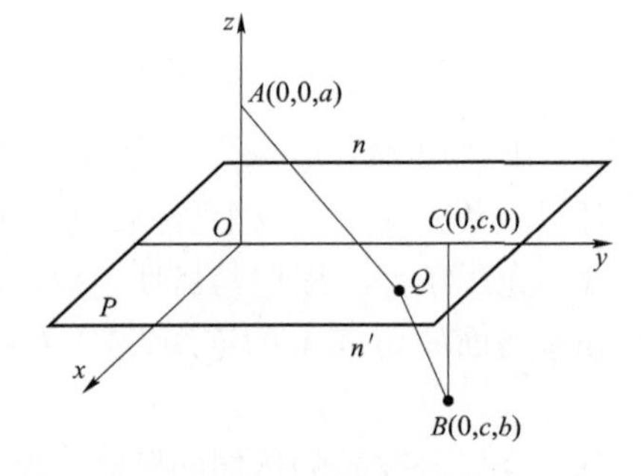

图 1－12　折射定律和反射定律示意图

计算由 A 点经过平面 P 上任意一点 $Q(x, y, 0)$ 到达 B 点的光程，得到

$$\mathscr{L}=n\cdot\overline{AQ}+n'\cdot\overline{QB}=n\cdot\sqrt{x^2+y^2+a^2}+n'\cdot\sqrt{x^2+(c-y)^2+b^2}$$

Q 点位置不同，光程 $\mathscr{L}$ 改变，因此，$\mathscr{L}$ 是 Q 点坐标（x, y）的函数。根据费尔马原理，实际光线是沿着光程为极值的路线传播。欲使 $\mathscr{L}$ 为极值，必须使它对 x，y 的一阶偏导数同时为零，这样得到：

$$\frac{\partial\mathscr{L}}{\partial x}=0;\ \frac{\partial\mathscr{L}}{\partial y}=0$$

根据以上两个条件即可确定实际光线的位置，根据第一个条件，由 $\mathscr{L}$ 对 x 求偏导数得

$$\frac{\partial\mathscr{L}}{\partial x}=\frac{nx}{\sqrt{x^2+y^2+a^2}}+\frac{n'x}{\sqrt{x^2+(c-y)^2+b^2}}=0$$

由上式求解得：$x=0$。即 Q 点必须位在 y 轴上，这就是说$\overline{AQ}$和$\overline{QB}$都应在 yz 坐标面内，Q 点的法线显然也位于该平面内，由此得出折射定律的第一个内容：入射光线、折射光线和法线位于同一平面内。

根据第二个条件，由 $\mathscr{L}$ 对 y 求偏导数得

$$\frac{\partial\mathscr{L}}{\partial y}=\frac{ny}{\sqrt{x^2+y^2+a^2}}-\frac{n'(c-y)}{\sqrt{x^2+(c-y)^2+b^2}}=0$$

由第一个条件得到 $x=0$，实际光线位于 yz 坐标面内，因此下面的讨论限制在 yz 坐标面内。单独作出 yz 坐标面，如图 1－13 所示。同时在上式中把 $x=0$ 代入得

$$\frac{\partial \mathscr{L}}{\partial y}=\frac{ny}{\sqrt{y^2+a^2}}-\frac{n'(c-y)}{\sqrt{(c-y)^2+b^2}}=0$$

设$\overline{AQ}$和法线$\overline{QN}$之间的夹角为 I，$\overline{QB}$和$\overline{QN}$之间的夹角为 I'，由图 1－13 得到

$$\sin I=\frac{y}{\sqrt{y^2+a^2}};\ \sin I'=\frac{c-y}{\sqrt{(c-y)^2+b^2}}$$

将以上关系代入$\frac{\partial \mathscr{L}}{\partial y}=0$ 得

$$n\sin I-n'\sin I'=0\ \text{或}\ n\sin I=n'\sin I'$$

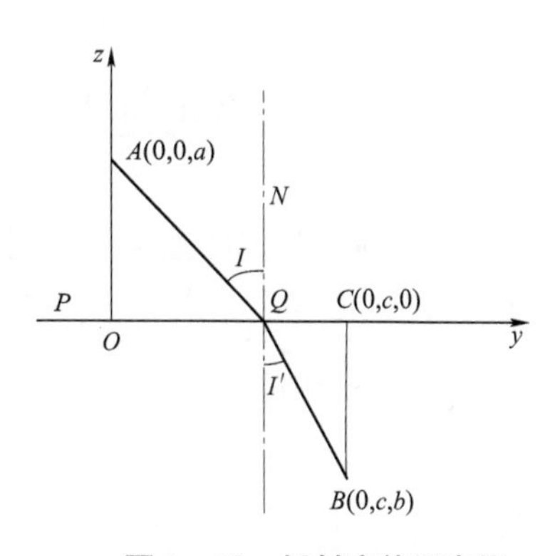

图 1－13　折射定律示意图

这样根据光程为极值的第二个条件，又导出了折射定律的第二个内容。

上面是折射的情形，对于反射的情形，A 点和 B 点位于同一种介质内，相当于上面折射公式中 $n'=n$，同时 B 点位于平面 P 的上方。但光程 $\mathscr{L}$ 的公式不变，同理可以得到光程为极值的第一个条件为

$$\frac{\partial \mathscr{L}}{\partial x}=\frac{nx}{\sqrt{x^2+y^2+a^2}}+\frac{nx}{\sqrt{x^2+(c-y)^2+b^2}}=0$$

上式的解同样为 $x=0$，由此得出反射定律的第一个内容：入射光线、反射光线和法线位在同一平面内。

根据第二个条件：

$$\frac{\partial \mathscr{L}}{\partial y}=\frac{ny}{\sqrt{y^2+a^2}}-\frac{n(c-y)}{\sqrt{(c-y)^2+b^2}}=0$$

设$\overline{AQ}$和$\overline{QN}$之间的夹角为 I，$\overline{QB}$和$\overline{QN}$之间的夹角为 R，如图 1－14 所示。由图 1－14 得到

$$\sin I=\frac{y}{\sqrt{y^2+a^2}};\ \sin R=\frac{c-y}{\sqrt{(c-y)^2+b^2}}$$

将以上关系代入$\frac{\partial \mathscr{L}}{\partial y}=0$ 得到

$$n\sin I-n\sin R=0\ \text{或者}\ I=R$$

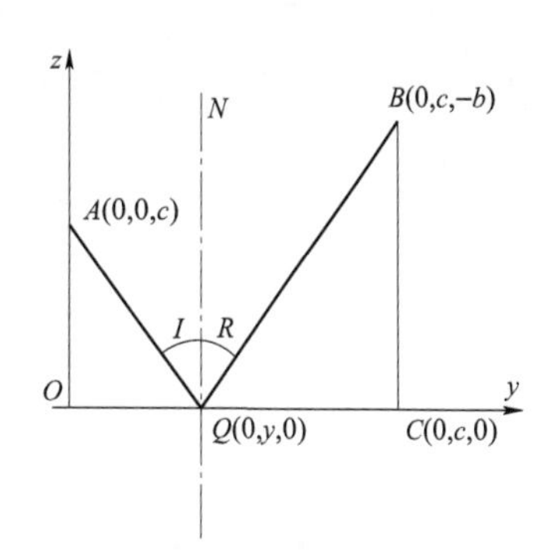

图 1－14　反射定律示意图

由此得到了反射定律的第二个内容：入射角等于反射角。

上面我们由费尔马原理分别导出了直线传播定律、折射定律和反射定律，这就充分说明了费尔马原理能够代表光线在不同情况下的传播规律。

几何光学的基本定律、马吕斯定律和费尔马原理，都能说明光线传播的基本规律，都可以作为几何光学的基础，假定三者中任意一个成立，即可导出其余的两个。几何光学的基本定律是按不同的具体情况分别说明光线的传播规律，而马吕斯定律和费尔马原理则是用统一的方式加以说明，因而更具有概括性。所以前者适用于研究各种具体的光的传播现象，而后者则适用于证明一些几何光学的普遍定理。

§1－5　光路可逆和全反射

上面介绍了光线传播的基本定律，下面应用这些定律来研究两种重要的光的传播现象——光路可逆和全反射。

一、光路可逆

假定某一条光线沿着一定的路线由 A 传播到 B，如果在 B 点沿着出射光线按照相反的方向投射一条光线，则此反向光线仍沿着此同一条路线由 B 传播到 A。光线传播的这种性质，叫作“光路可逆定理”。根据该定理，当研究光线传播时，既可以按实际光线进行的方向来研究它的传播路线，也可以按与实际光线相反的方向进行研究，二者的结果是完全相同的。

下面利用基本定律，证明上述定理。

根据直线传播定律，在均匀介质中光线按直线传播，两点间只能作一条直线，不论由 A 到 B，或者由 B 到 A，光线必须沿着此同一条直线传播，光路可逆定理显然成立。

至于反射和折射的情形，根据反射定律和折射定律的式（1－1）和式（1－5）

$$I_1 = R_1;\ n_1\sin I_1 = n_2\sin I_2$$

以上二式中，左、右两边分别表示入射光线和反射光线，以及入射光线和折射光线几何位置之间的关系，并且等式两边形式完全对称。交换等式两边，得

$$R_1 = I_1;\ n_2\sin I_2 = n_1\sin I_1$$

如果把 R_1 看作入射角，I_1 便成了反射角；I_2 作为入射角，I_1 便成了折射角。这就相当于把原来的反射光线和折射光线的位置作为入射光线的位置。根据以上公式，新的反射光线和折射光线的位置就是原来的入射光线的位置，如图1－15和图1－16所示。

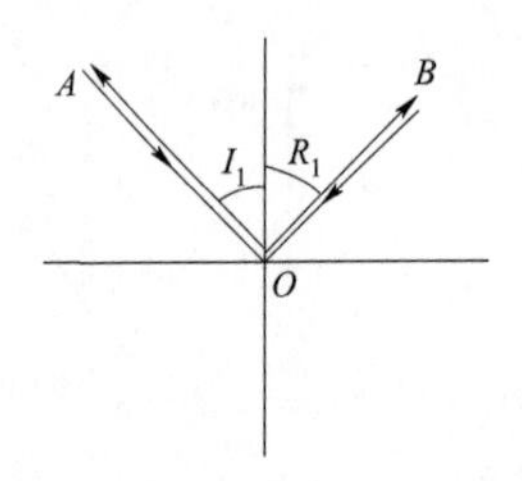

图1－15　反射情形时的光路可逆

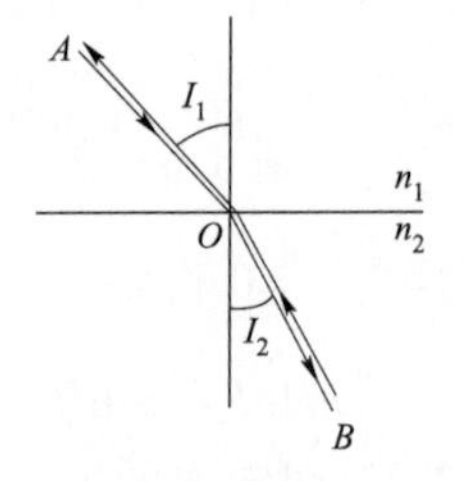

图1－16　折射情形时的光路可逆

无论光线在均匀介质中传播，还是在两介质分界面上进行反射和折射，光路可逆定理都成立。因此，无论光线经过任意次反射、折射，也不管它通过什么样的介质，上述定理永远普遍成立。

二、全反射

在一般情况下，投射在二介质分界面上的每一条光线都分成两条：一条光线从分界面反射回原来的介质；另一条光线经分界面折射进入另一种介质，随着光线入射角的增大，反射光线的强度逐渐增强，而折射光线的强度则逐渐减弱。

设介质 n_1 内的发光点 A 向各方向发出光线，投射在介质 n_1 和 n_2 的分界面上，如

图 1－17 所示，每条光线都分成一条折射光线和一条反射光线。假定

$$n_1 > n_2$$

根据折射定律：$n_1 \sin I_1 = n_2 \sin I_2$，得到

$$I_2 > I_1$$

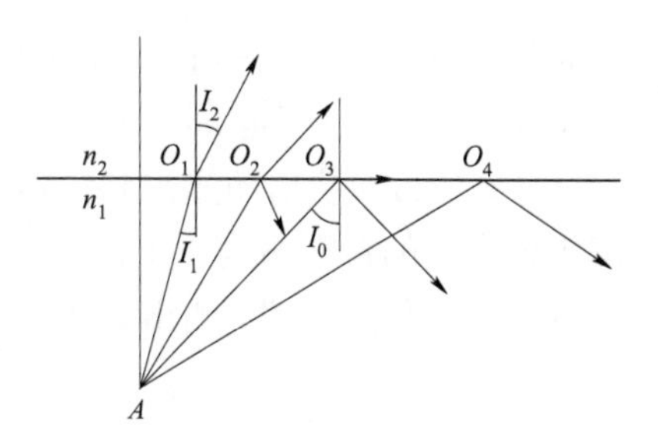

图 1－17　全反射示意图

当入射角 I_1 增大时，相应的折射角 I_2 也增大，同时反射光线的强度随之加大，而折射光线的强度则逐渐减小。当入射角增大到 I_0 时，折射角 $I_2 = 90°$。这时折射光线掠过二介质的分界面，并且强度趋近于零。当入射角 $I_1 > I_0$ 时，折射光线不再存在，入射光线全部反射，这样的现象称为“全反射”。折射角 $I_2 = 90°$对应的入射角 I_0 称为“临界角”，或“全反射角”。按照折射定律

$$n_1 \sin I_0 = n_2 \sin 90° = n_2$$

得到

$$\sin I_0 = \frac{n_2}{n_1} \tag{1-10}$$

只有当光线由折射率高的介质射向折射率低的介质时，才有可能发生全反射，例如由玻璃到空气，或者由水到空气。由折射率低的介质射向折射率高的介质时，折射角小于入射角，显然不会有全反射发生。

全反射现象广泛地应用于光学仪器中。利用全反射原理构成的反射棱镜如图 1－18（a）所示，用它来代替镀反光膜的反射镜，能够减少光能损失。因为一般镀反光膜的反射镜不能使光线全部反射，大约有 10% 的光线将被吸收，而且反光膜容易变质和损伤。利用棱镜全反射必须满足以下条件，即全部光线在反射面上的入射角都必须大于临界角 I_0。如果有的光线入射角小于临界角，则反射面上仍需要镀反光膜。

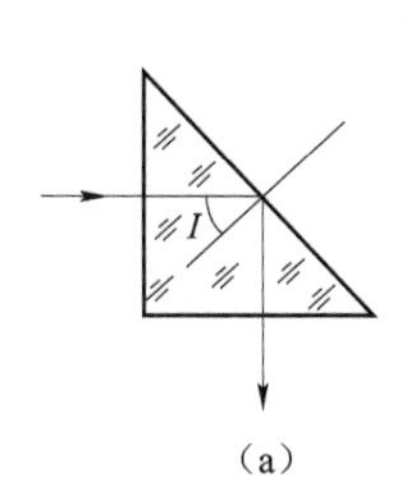

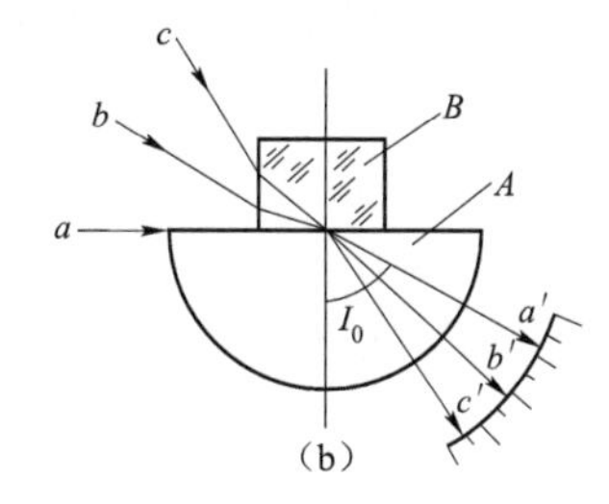

图 1－18　全反射应用示例

玻璃的折射率不同，由玻璃到空气对应的临界角也不同。不同折射率对应的临界角数值如表 1－1 所示。

表 1－1　不同折射率对应的临界角数值

n	1.5	1.52	1.54	1.56	1.58	1.60	1.62	1.64	1.66
I_0	41°48′	41°8′	40°30′	39°52′	39°16′	38°41′	38°7′	37°34′	37°3′

全反射现象的另一个重要应用是利用它测量介质的折射率。如图 1－18（b）所示，图

中 A 是用一种折射率已知的介质做成的，设其折射率为 n_A；B 是需要测量折射率的介质，其折射率用 n_B 表示。假定 $n_A > n_B$，从各方向射来的光线 a、b、c、…经过二介质的分界面折射后，对应的最大折射角显然和掠过分界面的 a 光线的折射角相同，其值等于全反射角 I_0。全部折射光线的折射角均小于 I_0，超出 I_0 便没有折射光线存在。因此，可以找到一个亮暗的分界线。利用测角装置，测出 I_0 角的大小，根据式（1－10）

$$\sin I_0 = \frac{n_B}{n_A}$$

或

$$n_B = n_A \sin I_0$$

并将已知的 n_A 值和测得的 I_0 角代入，即可求得 n_B。

常用的阿贝折射计和普氏折射计就是利用测量临界角 I_0 的原理构成的，近年来新出现的一种指纹检查仪也应用了全反射的原理。

§1－6　基本定律的向量形式

前面说过，光线是具有方向的几何线，即可以用向量表示，基本定律的两部分内容也可以用一个向量公式全部表示出来。

如图1－19所示，入射光线的方向用单位向量 $\boldsymbol{Q}$ 表示，折射光线的方向用单位向量 $\boldsymbol{Q}'$ 表示，法线方向用单位向量 $\boldsymbol{N}$ 表示，则折射定律可以用下列向量公式表示：

$$n\boldsymbol{Q} \times \boldsymbol{N} = n'\boldsymbol{Q}' \times \boldsymbol{N}$$

或

$$(n\boldsymbol{Q} - n'\boldsymbol{Q}') \times \boldsymbol{N} = 0 \tag{1-11}$$

由于 $|\boldsymbol{Q} \times \boldsymbol{N}| = \sin I$，$|\boldsymbol{Q}' \times \boldsymbol{N}| = \sin I'$，因此，上述向量公式既代表了入射角 I 和折射角 I' 之间的数量关系 $n\sin I = n'\sin I'$，同时也表示 $\boldsymbol{Q}$、$\boldsymbol{Q}'$、$\boldsymbol{N}$ 三个向量共面。

对均匀介质的情形，相当于 $n' = n$，代入式（1－11）得

$$\boldsymbol{Q} = \boldsymbol{Q}'$$

这就是均匀介质中的直线传播定律。

对于反射的情形，如果用 $\boldsymbol{Q}$、$-\boldsymbol{Q}'$、$\boldsymbol{N}$ 这三个向量分别代表入射光线、反射光线和法线方向的单位向量，如图1－20所示，根据反射定律，它们之间应满足下列关系：

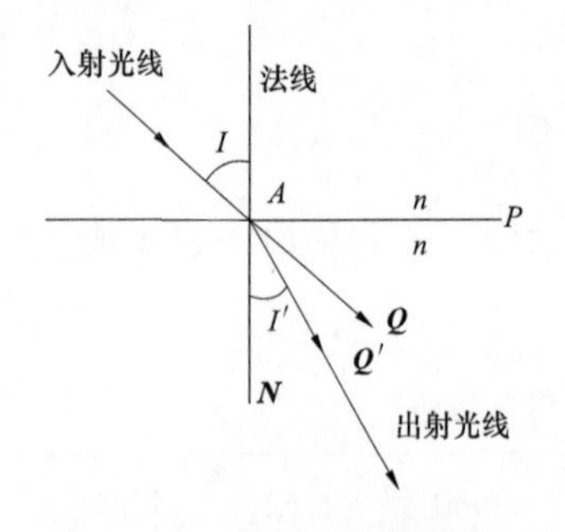

图1－19　折射定律向量形式

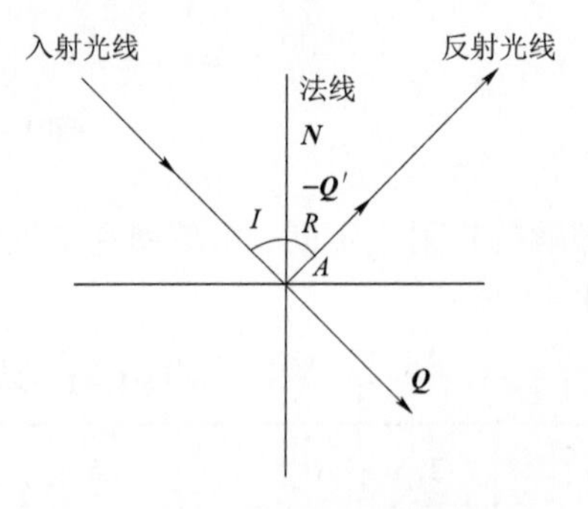

图1－20　反射定律向量形式

$$\boldsymbol{Q}\times\boldsymbol{N}=-\boldsymbol{Q}'\times\boldsymbol{N} \tag{1-12}$$

这就是反射定律的向量公式。如果把 $n'=-n$ 代入式（1－11），就可以得到式(1－12)。因此，可以把式（1－11）看作基本定律的普遍形式，把直线传播定律和反射定律看作 $n'=n$ 和 $n'=-n$ 的特例，不过折射光线与 $\boldsymbol{Q}'$同向，反射光线与 $\boldsymbol{Q}'$反向。

前面讨论的是光线在均匀介质中传播，或者在两种均匀介质的分界面上进行折射或反射。本节讨论非均匀介质中光线的传播。

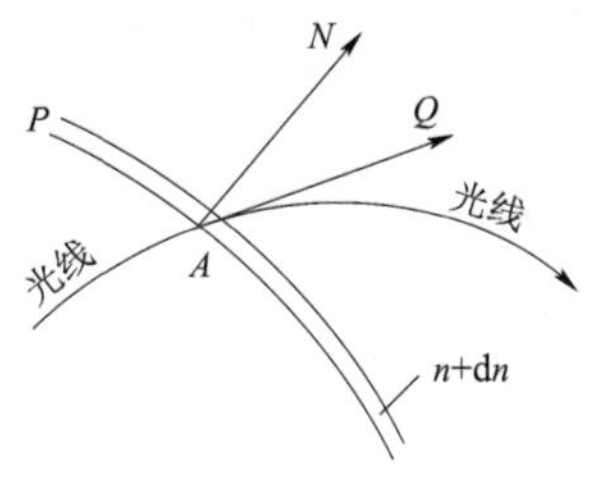

图 1－21　非均匀介质光线传播

设在非均匀介质中，折射率分布由函数 $n(x, y, z)$表示，曲面 P 为非均匀介质中的一个等折射率面，如图 1－21 所示。我们可以把它看作折射率为 n 和 $n+\mathrm{d}n$ 两种均匀介质的分界面。等折射率曲面 P 的法线显然和折射率梯度方向一致，因此有

$$\boldsymbol{N}=\frac{\mathrm{grad}n}{|\mathrm{grad}n|}$$

$\boldsymbol{N}$ 为曲面 P 的法线方向的单位向量。任意光线 $\boldsymbol{Q}$ 在等折射率面 P 上的折射，应满足折射定律。根据折射定律的向量式：

$$(n'\boldsymbol{Q}'-n\boldsymbol{Q})\times\boldsymbol{N}=0$$

令 $n'=n+\mathrm{d}n$，$\boldsymbol{Q}'=\boldsymbol{Q}+\mathrm{d}\boldsymbol{Q}$，代入上式，展开以后略去二阶小量 $\mathrm{d}n\mathrm{d}\boldsymbol{Q}$，得

$$(\mathrm{d}n\boldsymbol{Q}+n\mathrm{d}\boldsymbol{Q})\times\boldsymbol{N}=0$$

上式可改写为

$$\mathrm{d}(n\boldsymbol{Q})\times\boldsymbol{N}=0$$

如果我们把 n 和 $\boldsymbol{Q}$ 看作光线弧长 s 的函数，则有

$$\frac{\mathrm{d}}{\mathrm{d}s}(n\boldsymbol{Q})\times\boldsymbol{N}=0$$

将上式展开得

$$\left(\frac{\mathrm{d}n}{\mathrm{d}s}\cdot\boldsymbol{Q}+n\frac{\mathrm{d}\boldsymbol{Q}}{\mathrm{d}s}\right)\times\boldsymbol{N}=0$$

式中两个向量的矢积为零，则此二向量必然平行，因此有

$$\frac{\mathrm{d}n}{\mathrm{d}s}\cdot\boldsymbol{Q}+n\frac{\mathrm{d}\boldsymbol{Q}}{\mathrm{d}s}=f\cdot\boldsymbol{N}$$

式中，f 为某一常数。考虑到 $\boldsymbol{N}=\frac{\mathrm{grad}n}{|\mathrm{grad}n|}$，故上式可改写成

$$\frac{\mathrm{d}n}{\mathrm{d}s}\cdot\boldsymbol{Q}+n\frac{\mathrm{d}\boldsymbol{Q}}{\mathrm{d}s}=g\cdot\mathrm{grad}n \tag{1-13}$$

式中，g 也是一常数，下面就来确定 g 值。

首先对公式中的 $\mathrm{d}\boldsymbol{Q}/\mathrm{d}s$ 进行变换，它是光线方向的单位向量 $\boldsymbol{Q}$ 对光线弧长 s 的微商。如图 1－22 所示，O 和 O'为光线上相距为 $\mathrm{d}s$ 的两个点，$\boldsymbol{Q}$ 和 $\boldsymbol{Q}+\mathrm{d}\boldsymbol{Q}$ 为它们对应的单位向量。由于 $\boldsymbol{Q}$ 和 $\boldsymbol{Q}+\mathrm{d}\boldsymbol{Q}$ 均为单位向量，因此，可以近似认为 $\mathrm{d}\boldsymbol{Q}$ 垂直于 $\boldsymbol{Q}$，并和光线曲率半径方向的单位向量 $\boldsymbol{r}$ 平行。设 O、O'两点对应的辐角为 $\mathrm{d}\theta$。由图中可以看到

$$\mathrm{d}\boldsymbol{Q}=\mathrm{d}\theta\cdot\boldsymbol{r}$$

由此得到

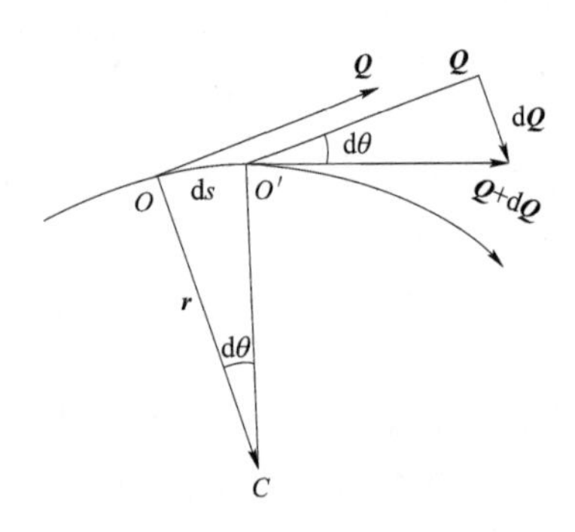

图1-22　光线传播向量形式分析

$$\frac{\mathrm{d}\boldsymbol{Q}}{\mathrm{d}s}=\frac{\mathrm{d}\theta}{\mathrm{d}s}\cdot\boldsymbol{r}=c\cdot\boldsymbol{r}$$

式中，c 为光线的曲率。代入前面的公式得

$$\frac{\mathrm{d}n}{\mathrm{d}s}\cdot\boldsymbol{Q}+nc\cdot\boldsymbol{r}=g\cdot\mathrm{grad}n$$

将上式两边点积 $\boldsymbol{Q}$，并考虑到 $\boldsymbol{Q}\cdot\boldsymbol{Q}=1$，$\boldsymbol{r}\cdot\boldsymbol{Q}=0$，则有

$$\frac{\mathrm{d}n}{\mathrm{d}s}=g\cdot\mathrm{grad}n\cdot\boldsymbol{Q}$$

将上式右边 $\mathrm{grad}n\cdot\boldsymbol{Q}$ 展开得到

$$\mathrm{grad}n\cdot\boldsymbol{Q}=\frac{\partial n}{\partial x}\cdot\frac{\mathrm{d}x}{\mathrm{d}s}+\frac{\partial n}{\partial y}\cdot\frac{\mathrm{d}y}{\mathrm{d}s}+\frac{\partial n}{\partial z}\cdot\frac{\mathrm{d}z}{\mathrm{d}s}=\frac{\mathrm{d}n}{\mathrm{d}s}$$

代入上式得

$$g=1$$

代入式（1-13）得

$$\frac{\mathrm{d}n}{\mathrm{d}s}\boldsymbol{Q}+n\frac{\mathrm{d}\boldsymbol{Q}}{\mathrm{d}s}=\mathrm{grad}n \tag{1-14}$$

或

$$\frac{\mathrm{d}}{\mathrm{d}s}(n\boldsymbol{Q})=\mathrm{grad}n \tag{1-15}$$

式（1-15）即为非均匀介质中光线的微分方程式。如果用直角坐标系中分量的形式表示则为

$$\begin{cases}\dfrac{\mathrm{d}}{\mathrm{d}s}\left(n\dfrac{\mathrm{d}x}{\mathrm{d}s}\right)=\dfrac{\partial n}{\partial x}\\ \dfrac{\mathrm{d}}{\mathrm{d}s}\left(n\dfrac{\mathrm{d}y}{\mathrm{d}s}\right)=\dfrac{\partial n}{\partial y}\\ \dfrac{\mathrm{d}}{\mathrm{d}s}\left(n\dfrac{\mathrm{d}z}{\mathrm{d}s}\right)=\dfrac{\partial n}{\partial z}\end{cases} \tag{1-16}$$

§1-7　几何光学的误差和应用范围的讨论

几何光学的一切结论，都是建立在把光看作光线这一基本假设基础上的，而光实际上是电磁波，因此，由几何光学导出的结论都有一定误差。大多数情况下，这种误差都很小，因此，可以足够准确地说明光的传播现象。但是，在某些特殊情况下，误差可能较大，因而几何光学不能说明实际光学现象。在这种情况下，必须采用物理光学的方法进行研究。因此，建立几何光学误差和应用范围的概念具有重要的实际意义，它可使我们能初步定性地预计到几何光学的研究结果和实际光学现象之间差别的大小，避免导致错误的结论。

位于均匀介质中的发光点 A，向周围空间辐射电磁波，假定各方向的辐射强度相等。由于介质是均匀的，波面是一系列以 A 为球心的同心球面。根据基本物理定律——能量守恒定律，单位时间通过每个波面的总能量显然相等，而球面面积和半径平方成正比，因此，能量密度及单位面积通过的能量，应该和半径的平方成反比。假定 O 点的能量密度为 E_O，P 点的

能量密度为 E_P，如图 1-23 所示，则有

$$E_P = E_O \frac{r_O^2}{r_P^2}$$

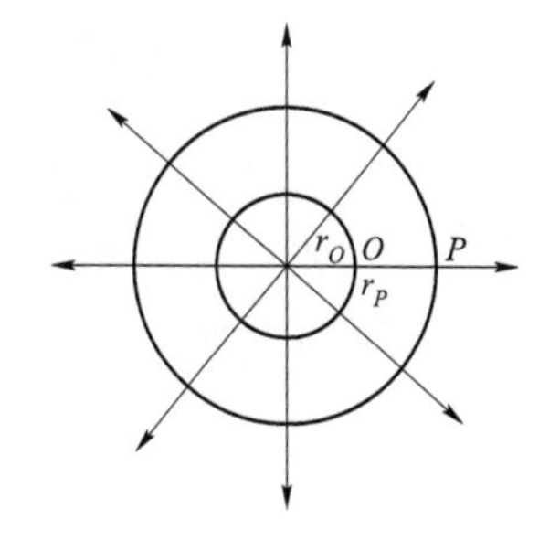

图 1-23　点光源情形能量分析

以上结果由基本物理定律导出，它显然应和客观光学现象符合。

下面根据几何光学原理进行讨论，发光点 A 向各方向发射一定数量的光线，每条光线传输一定能量，因此，能量密度可用光线密度代表，光线的总数不变，因此在球面 O 和球面 P 上的密度，应与球面面积成反比，也就是说和球面半径平方成反比，因此，能量密度同样符合上面的关系式。由此得出结论：在上述各方向不受限制地均匀发光的情形，几何光学准确地说明了光的传播现象。

如果我们用一个带孔的屏 MN 将光束限制在一定范围内，如图 1-24（a）所示。按照几何光学的光线概念，P 点的光线密度显然不会受到影响，因此 P 点的能量密度并不会由于限制了光束而发生改变。但是，如果我们把光看作电磁波仔细地进行分析，就会看到，实际上 P 点的能量密度是要发生变化的。因此在这种情形下，几何光学就不再完全正确了，而有一定误差。下面我们就来讨论这个问题。

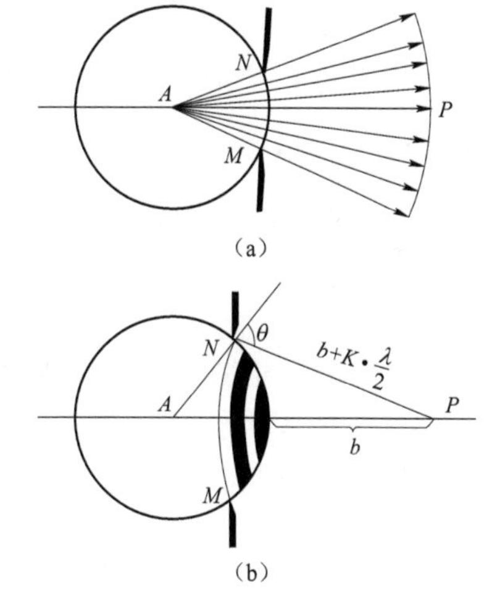

图 1-24　点光源波面受限衍射

根据惠更斯-菲涅尔原理，波面上每个微小波面元都可以看作新的波源，向各方向辐射子波。子波的辐射随着衍射角 θ［波面的法线 $\overline{AN}$ 和衍射方向 $\overline{NP}$ 之间的夹角称为衍射角，如图 1-24（b）所示］的增加而减小，当 $\theta \geq \pi/2$ 时，子波振幅为零。任意一点 P 的振幅可以看作由波面上各波面元发出的子波在 P 点相互干涉的结果。

为了计算图 1-24（b）中 P 点的振幅，我们以 P 点为圆心，分别以 $b+\frac{\lambda}{2}$、$b+2\cdot\frac{\lambda}{2}$、$b+3\cdot\frac{\lambda}{2}$，…，$b+K\cdot\frac{\lambda}{2}$为半径，在波面上作圆，划分 MN 波面成 K 个圆环，这样的圆环称为“菲涅尔半波带”。设每个半波带的全部子波在 P 点所引起的总振幅分别为 u_1，u_2，…，u_K，所有次波源均位于同一波面上，因此，具有相同的初位相，而每个半波带到 P 点的距离依次增加半个波长，因此到达 P 点的子波相应地将产生半周期的位相差 π，使相邻的两个半波带对 P 点的振动起着相互抵消的作用。P 点的总振幅 u 和各半波带振幅 u_1，u_2，…，u_K之间有以下关系：

$$u = u_1 - u_2 + u_3 - u_4 + \cdots \pm u_K$$

式中，u_K前符号，当 K 为奇数时取正，偶数时取负。上式可以改写成如下的形式：

当 K 为奇数时：

$$u = \frac{u_1}{2} + \left(\frac{u_1}{2} - u_2 + \frac{u_3}{2}\right) + \cdots + \left(\frac{u_{K-2}}{2} - u_{K-1} + \frac{u_K}{2}\right) + \frac{u_K}{2}$$

当 K 为偶数时：

$$u=\frac{u_1}{2}+\left(\frac{u_1}{2}-u_2+\frac{u_3}{2}\right)+\cdots+\left(\frac{u_{K-3}}{2}-u_{K-2}+\frac{u_{K-1}}{2}\right)+\frac{u_{K-1}}{2}-u_K$$

由于波面是连续和平滑的曲面，同时光的波长 λ 很小，每个半波带对应的面积很小，所以，它们的面积和衍射角的变化应该是均匀的。每个半波带对 P 点所引起的振幅与半波带面积和衍射角的余弦成正比，所以 u_1，u_2，…，u_K等的变化也必然是均匀的。因此，下列关系显然存在：

$$\frac{u_{j-1}}{2}-u_j+\frac{u_{j+1}}{2}=0$$

因此，前面振幅公式中所有括弧内的值都等于零，由此得到：

当 K 为奇数时：

$$u=\frac{u_1}{2}+\frac{u_K}{2}$$

当 K 为偶数时：

$$u=\frac{u_1}{2}+\frac{u_{K-1}}{2}-u_K$$

由于 u_{K-1}和 u_K 相差极小，因此可近似写作

$$u=\frac{u_1}{2}-\frac{u_K}{2}$$

由此得到当光束被限制在 K 个半波带内时，P 点的振幅公式为

$$u=\frac{u_1}{2}\pm\frac{u_K}{2} \tag{1-17}$$

式中，当 K 为奇数时取加号，偶数时取减号。

在各方面不受限制，均匀发光时，边缘最后一个半波带对应的衍射角 $\theta=\pi/2$，根据菲涅尔的假定，此时 $u_K=0$，则有

$$u=\frac{u_1}{2}$$

如前所述，在这种情况下，几何光学能确切地说明光的传播现象，因此，应和几何光学得到的结果相同。对光束进行限制以后，按照几何光学的观点，P 点的强度不会改变，振幅也就不会改变，而实际上 P 点的振幅变为

$$u=\frac{u_1}{2}\pm\frac{u_K}{2}$$

因此，在这种情况下，几何光学的结果具有 $u_K/2$ 的误差。不难看出，最后一个半波带产生的振幅 u_K越小，则几何光学的误差越小。根据上面的研究，我们能对几何光学的误差和应用范围作出如下结论：

（1）从上面的分析可以看到，要使几何光学的误差减小，则限制光束的光阑口径应足够大。因为如果光阑口径很小，就不能在波面上作出足够数量的半波带，使 u_K变得很小。如果光阑口径很小，几何光学的误差就很大。例如光的小孔衍射现象，利用几何光学完全无法说明。

实际光学仪器中，光阑的口径都比较大，所以几何光学能够作为设计光学仪器的基础。

（2）对聚交于一点或近似聚交于一点的光束，它对应的波面为一个球面或近似为一个球

面，光束的聚交点就是球面的球心，如图 1－25 所示。对这样的光束，在光束聚交点 A'的附近，即使光阑的口径很大，也分不出足够数量的半波带，而且对应的衍射角也很小，u_K 不可能变得很小，几何光学的误差很大，不能应用，必须采用物理光学的方法。

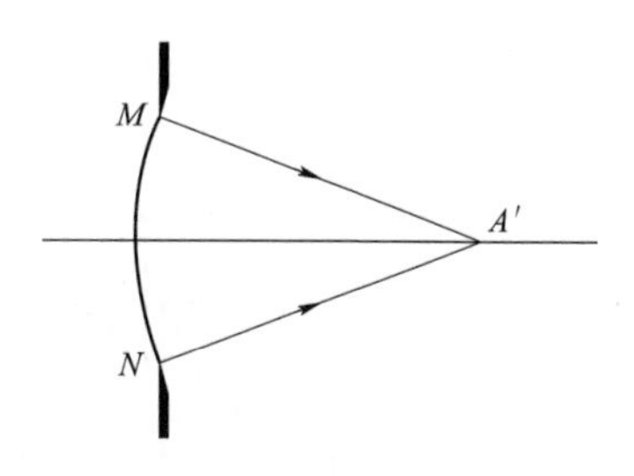

图 1－25　聚交于点的情形

如果波面的形状为与球面偏离很大的非球曲面，则分出的半波带的数量增加，几何光学的误差减小。

（3）在一定光阑口径范围内，波长越小，可以分出的半波带越多，几何光学的误差越小。实际上当波长趋近于零时，即可由物理光学导出几何光学的基本定律。

总之，通过上面的分析，我们今后研究各种光的传播现象时，可以用划分半波带的方法来近似地估计几何光学的误差，以便在不能应用几何光学的场合及时改用物理光学的方法。

§1－8　光学系统类别和成像的概念

人们在研究光的各种传播现象的基础上，设计和制造了各种各样的光学仪器为生产和生活服务。例如利用显微镜帮助我们观察细小的物体，利用望远镜观察远距离的物体等。在所有光学仪器中，都是应用不同形状的曲面和不同的介质（玻璃、晶体等）做成各种光学零件——反射镜、透镜和棱镜，如图 1－26 所示。把它们按一定方式组合起来，使由物体发出的光线经过这些光学零件的折射、反射以后，按照我们的需要改变光线的传播方向，随后射出光学系统，从而满足一定的使用要求。这样的光学零件的组合称为“光学系统”，图 1－27 所示为一个军用观察望远镜的光学系统图，它是由两个透镜组（物镜和目镜）和两个棱镜构成的。

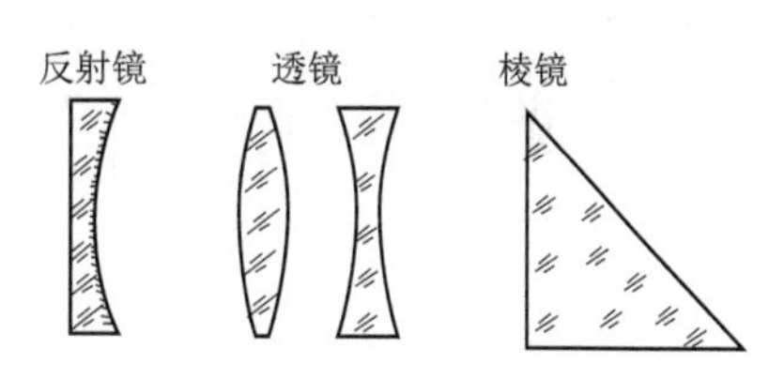

图 1－26　各种光学元件

绝大部分透镜系统都有一条对称轴线，这样的系统称为“共轴系统”，例如图 1－27 中的物镜组、目镜组都属于共轴系统。系统的对称轴称为“光轴”，没有对称轴的光学系统称为“非共轴系统”。

在各种不同形式的曲面中，目前能够比较方便地进行大量生产的只限于球面和平面（平面可以看作半径为无限大的球面）。因此，绝大多数光学系统中的光学零件均由球面构成，这样的光学系统称为“球面系统”。如果光学系统中包含有非球面，则称为“非球面系统”。在球面系统中，如果所有球心均位于同一直线上，由于球面对于通过球心的任意一条直线都对称，因此该直线就是整个系统的对称轴线，也就是系统的光轴，这样的系统称为“共轴球面系统”。目前被广泛采用的光学系统，大多数由共轴球面系统和平面镜、棱镜系统组合而成。图1－27中军用观察望远镜的光学系统就是由两个属于共轴球面系统的透镜组（物镜组和目镜组）和两个全反射棱镜组成的。今后我们主要研究的也就是共轴球面系统和平面镜、棱镜系统。

实际上共轴球面光学系统都是由不同形状的透镜构成的。因此，单个透镜是共轴球面系

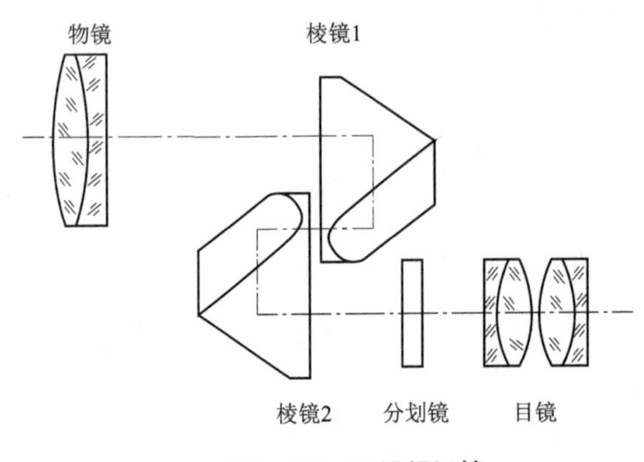

图1-27　双目望远镜

统的基本组元。例如图1-27中望远镜的物镜组和目镜组就是分别由两片透镜和四片透镜组成的。

透镜根据形状不同可以分成两大类：第一类称为汇聚透镜或正透镜，它的特点是中心厚边缘薄。这类透镜又有各种不同的形状，如图1-28（a）所示。第二类称为发散透镜或负透镜。这类透镜的特点是中心薄边缘厚，它也有各种不同的形状，如图1-28（b）所示。

下面根据光线和波面的传播规律研究光束通过透镜的传播情况。

首先看汇聚透镜。如图1-29所示，由A点发出的同心光束，它的波面PQ是以A为球心的球面。当光束通过透镜时，由于玻璃的折射率比空气大，根据折射率和光速的关系，光在玻璃中的传播速度比空气中的速度小，而汇聚透镜中心的厚度比边缘大，因此光束的中心部分传播得慢，而边缘部分传播得快。图1-29的情形，中心的光线由O传播到O'时，边缘的光线已经由P、Q分别传播到P'、Q'，出射波面便由左向右弯曲，整个光束便折向光轴，称为“汇聚”。如果透镜表面选用恰当的曲面形状，则出射波面有可能仍为一球面。对应的出射光线都相交于一点A'，该相交点显然就是出射球面波的球心。我们称A'为A点通过透镜所成的为“像点”，而把A称为“物点”。图中A'为实际光线的相交点，如果在A'处放一屏幕，则可以在屏幕上看到一个亮点，这样的像点称为“实像点”。

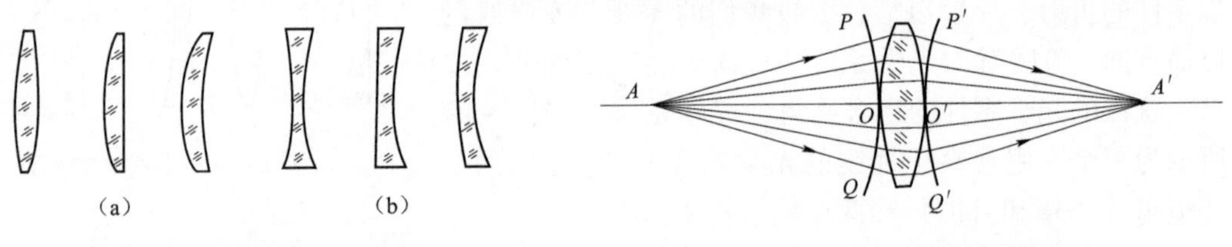

图1-28　正透镜和负透镜

图1-29　正透镜成像

一般用球面做成的单透镜，入射球面波通过透镜以后，出射波面就不再是严格的球面，而成一非球面。对应的光束也就不再完全相交于一点，而成为一像散光束。但是，一般它们仍然近似聚交于一点A'，我们仍把A'称为A点通过透镜所成的像。

下面再来看发散透镜。由于发散透镜边缘比中心厚，所以和汇聚透镜相反，光束中心部分走得快，边缘走得慢，如图1-30所示。光束通过透镜以后，波面向左弯曲，对应的出射光线就向外偏折，称为“发散”。如果出射波面为球面，则所有光线的延长线都通过球面波的球心A'。当在透镜后面进行观察时，所看到的和光线从A'发出的完全一样，但不能用一个屏幕显示出来，这样的像点称为“虚像点”。

上面两种情形，物点A都是实际光线的出发点，称为“实物点”。如果物点A不是实际的发光点，而是另一光学系统的像点，在光线没有到达A点以前，就遇到了后面光学系统的第一个表面开始改变自己的传播方向，如图1-31中A所示。此时实际光线并不通过A点，而是它们的延长线相交于 A 点，则称 A 为“虚物点”。

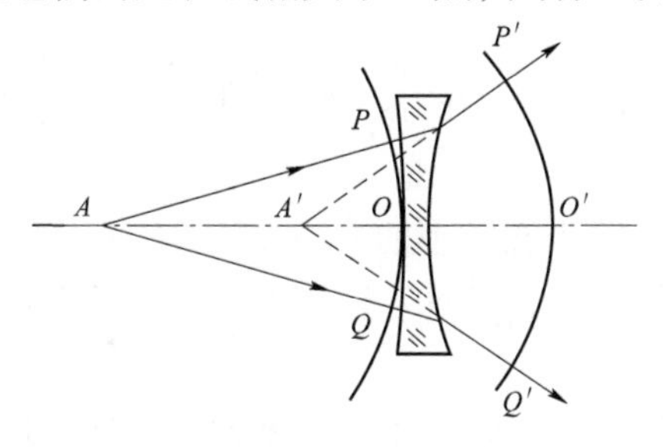

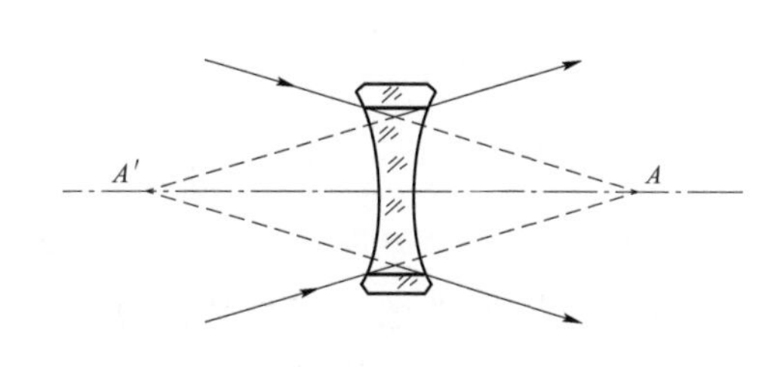

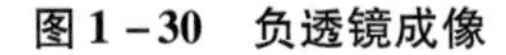

图 1-30　负透镜成像　　　　**图 1-31　虚物虚像示意图**

任何具有一定面积或体积的物体，都可把它们看作由无数发光点集合而成的，如果每一点都按照上述定义成一像点，物体上各点所对应的像点的总体就叫作该物体通过光学系统所成的像。物所在的空间称为“物空间”，像所在的空间称为“像空间”。

根据前面的定义，光学系统第一个曲面以前的空间为“实物空间”，而第一个曲面以后的空间为“虚物空间”；系统最后一个曲面以后的空间称为“实像空间”，而最后一个曲面以前的空间称为“虚像空间”。整个物空间（包括实物空间和虚物空间）是可以无限扩展的，整个像空间（包括实像空间和虚像空间）也是可以无限扩展的，因此不能按空间位置来划分物空间或像空间。例如不能把光学系统前方的空间称为物空间，而把光学系统后方的空间称为像空间。

但是物空间介质的折射率，均须按实际入射光线所在的系统前方空间介质的折射率来计算；像空间介质的折射率则均须按实际出射光线所在的系统后方空间介质的折射率来计算，而不管它们是实物点还是虚物点，是实像点还是虚像点。例如图 1-31 中的虚物点 A，尽管从位置来说位于系统后方，但是物空间介质的折射率仍按指向 A 点的实际入射光线所在空间（即透镜前方空间）介质的折射率计算。同理，虚像点 A' 对应的像空间介质的折射率，则按实际出射光线所在空间（即透镜后方空间）介质的折射率计算。

根据光路可逆定理，如果把像点 A' 看作物点，则由 A' 点发出的光线必相交于 A 点，A 点就成了 A' 通过光学系统所成的像。A 点和 A' 点间的这种对应关系叫作“共轭”。

§1-9　理想像和理想光学系统

上节介绍了透镜成像的基本概念。绝大部分光学系统都是用来使一定的物体成像。例如显微镜是使近距离的细小物体成像，而望远镜则是使远距离的目标成像。“应用光学”的主要内容就是研究光学系统的成像性质。在开始研究时，首先明确对光学系统所成的像有些什么要求，或者说什么样的像才能算一个理想的像。这对于研究光学系统的成像性质有重要的意义，因为明确了对光学系统成像的要求以后，就可以使我们在整个研究中有明确的目标和方向。

对光学系统成像最普遍的要求就是成像应清晰。为了保证成像的绝对清晰，就必须求由同一物点发出的全部光线，通过光学系统以后仍然相交于一点。也就是说，“每一个物点都对应唯一的像点”。如果光学系统物空间和像空间均为均匀透明介质，根据光线的直线传播定律，符合点对应点的像同时具有以下性质：

直线成像为直线。如图 1-32 所示，假定有一物直线 OO，如果我们视其为入射光线，则

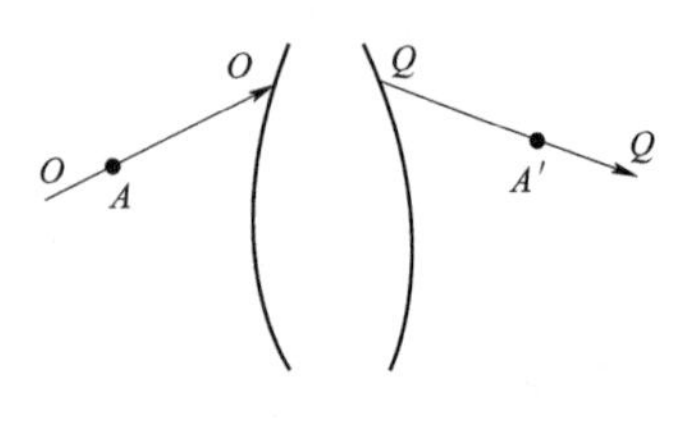

图1-32　直线成像

可以找到它对应的出射光线 QQ，如能证明 QQ 是 OO 的像，显然“直线成像为直线”成立。在 OO 上任取一点 A，OO 可看作 A 点发出的很多光线中的一条，根据点对应点的关系，A 点有唯一的像点 A'，且 A' 是 A 点通过系统以后的所有出射光线的汇聚点，即 A' 在其中的一条光线 QQ 上。由于 A 点是在 OO 直线上任取的，即 OO 上所有的点成像都在 QQ 上，所以 QQ 是 OO 的像，“直线成像为直线”成立。

平面成像为平面。假定物空间两条相交的直线 AB 和 AC 确定了一个平面 P，如图1-33所示。根据前面点对应点、直线对应直线的关系，它们的像 $A'B'$、$A'C'$ 同样是两条相交的直线，交点 A' 即为 A 点的像。$A'B'$ 和 $A'C'$ 二直线在像空间确定了一个平面 P'。为了肯定 P' 就是 P 的像，还须进一步证明，凡是位于 P 平面上的其他物点，对应的像点都位于 P' 平面上。为此，在平面 P 上取任意一条直线 EF，它和 AB、AC 二直线的交点 E、F 所成的像 E'、F'，根据直线和直线对应的关系，必然位于 $A'B'$ 和 $A'C'$ 直线上。E'、F' 二点的连线，应该是 EF 的像。该直线显然位于由 $A'B'$、$A'C'$ 二直线所确定的平面 P' 上。平面 P 上的任意一条直线所成的像均位于平面 P' 上，所以平面 P' 就是平面 P 通过光学系统所成的像。由此得出结论：平面成像为平面。

通常把物、像空间符合“点对应点，直线对应直线，平面对应平面”关系的像称为“理想像”，把成像符合上述关系的光学系统称为“理想光学系统”。

前面说过，目前实际使用的光学系统大多数是共轴系统。由于系统的对称性，共轴理想光学系统所成的像还有若干其他性质：

（1）由于系统的对称性，位于光轴上的物点对应的像点也必然位于光轴上；位于过光轴的某一个截面内的物点对应的像点必位于同一平面内；同时，过光轴的任意截面成像性质都是相同的。因此，可以用一个过光轴的截面来代表一个共轴系统，如图1-34所示。另外，垂直于光轴的物平面，它的像平面也必然垂直于光轴，如图1-34中 AB 和 $A'B'$ 所示。

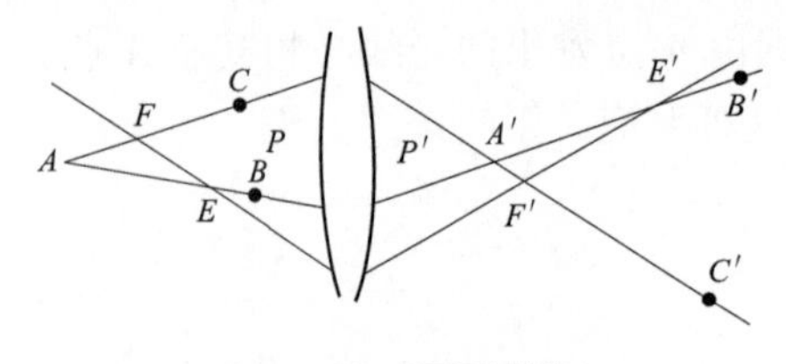

图1-33　平面成像

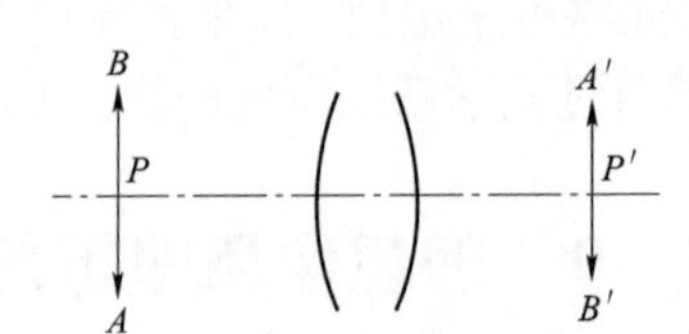

图1-34　物像面垂直光轴

（2）位于垂直于光轴的同一平面内的物所成的像，其几何形状和物完全相似。也就是说，在整个物平面上无论什么位置，物和像的大小比例等于常数。像和物的大小之比称为“放大率”。所以对共轴理想光学系统来说，垂直于光轴的同一平面上的各部分具有相同的放大率。

下面进行证明。假定 O、P、Q 为垂直于光轴的三个物平面，O'、P'、Q' 分别为它们的像平面。上面已经说明，它们同样垂直于光轴，如图1-35所示。在 Q 平面上取对称于光轴的二点 G、H，它们的像 G'、H' 也一定对称于光轴。在 P 平面上任取一点 E，它的像在 P' 平面上为 E'。连接 GE 和 HE，交平面 O 于 A、B；连接 $G'E'$ 和 $H'E'$，交平面 O' 于 A'、B'。根据理想像的性质，$A'B'$ 显然就是 AB 的像。如果在 P 平面上取不同的 E 点位置，E' 点在 P' 平面上的位置随之改变，AB 与 $A'B'$ 在平面 O 和 O' 上也将对应不同的位置。由图可以看到，AB 和 $A'B'$ 的大小显然不变。因此，二者的比不变，这就证明了同一垂直面内具有相同的放大率。

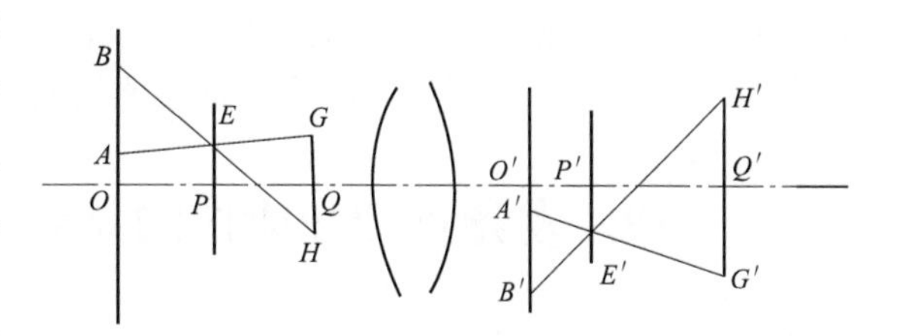

图 1-35　放大率恒定示意图

当光学系统物空间和像空间符合点对应点、直线对应直线、平面对应平面的理想成像关系时，一般来说这时物和像并不一定相似。在共轴理想光学系统中只有垂直于光轴的平面才具有物像相似的性质。对绝大多数光学仪器来说，都要求像应该和物在几何形状上完全相似，因为使用光学仪器的目的就是帮助我们看清用人眼直接观察时看不清的细小物体，或远距离物体。如果通过仪器观察到的像和物不相似，我们就不能真正了解实际物体的情况。因此，我们总是使物平面垂直于共轴系统的光轴，在讨论共轴系统的成像性质时，也总是取垂直于光轴的共轭面。

（3）一个共轴理想光学系统，如果已知两对共轭面的位置和放大率，或者一对共轭面的位置和放大率，以及轴上两对共轭点的位置，则其他一切物点的像点都可以根据这些已知的共轭面和共轭点确定。换句话说，共轴理想光学系统的成像性质可以用这些已知的共轭面和共轭点来表示。因此，把这些已知的共轭面和共轭点称为共轴系统的“基面”和“基点”。下面分别加以证明。

第一种情形。已知两对共轭面的位置和放大率。如图 1-36（a）所示，O、O' 和 P、P' 为已知放大率的两对共轭面；D 为一任意的其他物点，要求它的像点 D' 的位置。为此，连接 DP、DO 二直线分别交 O、P 平面于 A、B 二点。由于 O、P 二平面的像平面 O'、P' 的位置和放大率为已知，所以能够找到它们的共轭点 A'、B'。作 $A'P'$ 和 $B'O'$ 的连线相交于一点 D'，它就是 D 点的像。因为按照理想像的性质，由一点发出的光线仍相交于一点，从 O、B 和 A、P 入射的光线必然通过 O'、B' 和 A'、P'，所以 $O'B'$ 和 $A'P'$ 就是入射光线 OB 和 AP 的出射光线，它们的交点 D' 必然就是 D 点的像。

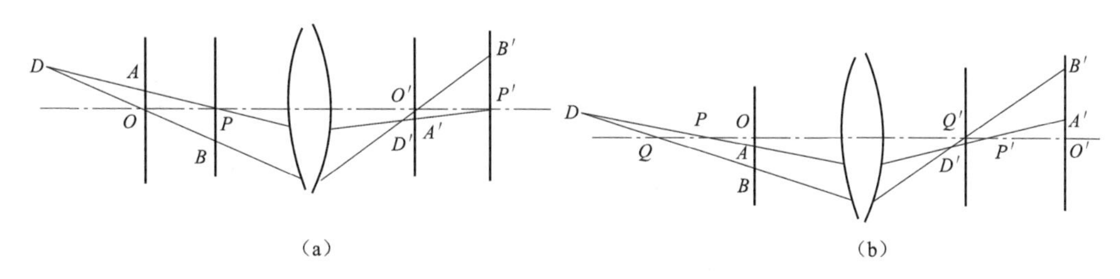

图 1-36　由基面和基点求像示意图

第二种情形。已知一对共轭面的位置和放大率，再加上光轴上的两对共轭点。如图 1-36（b）所示，O、O' 为已知的共轭面；P、P' 和 Q、Q' 为光轴上的两对已知的共轭点。D 点为任意的其他物点，连接 DP、DQ 二直线，使之交平面 O 于 A、B 二点。根据平面 O 的共轭面 O' 的位置和放大率，可找到它们的像点 A' 和 B'。作 $A'P'$ 和 $B'Q'$ 相交于一点 D'，和前面同样的理由，D' 就是 D 点的像。

上述已知的共轭面或者共轭点的位置都可以是任意的。但实际上，为了应用方便均采用一些特殊的共轭面和共轭点作为共轴系统的基面和基点。采用哪些特殊的共轭面和共轭点，以及如何根据它们用作图或者计算的方法求其他物点的像均将在下一章中讨论。

§1－10 发光点理想成像的条件——等光程条件

上面我们讨论了理想像的定义，并讨论了理想像的几何性质。在讨论中并没有涉及光学系统的具体结构，也没有说明实际光学系统是否有可能达到这些要求，以及怎样才能实现这些要求，下面我们将讨论这些问题。本节首先讨论使一个物点理想成像的条件。

按照理想像的定义，单个物点的理想成像就是要求由物点 A 发出的全部光线，通过光学系统后仍然聚交于一点 A'，如图1－37所示。

假定 A 点通过光学系统理想成像于 A'，我们要求找出该系统必须满足的条件。首先分别以 A 和 A' 为球心作两个球面 W 和 W'。它们分别与入射和出射的所有光线垂直，因此是光束的波面。按照马吕斯定律，W 和 W' 之间的所有光线都是等光程的。同时由 A 到 W 以及由 W' 到 A' 显然都是等光程的。因此由物点 A 到像点 A' 的所有光线都是等光程的。由此得出结论：

发光点 A 通过光学系统理想成像于 A' 时，物点和像点间的所有光线为等光程。

由 A 到 A' 的光程用符号〔AA'〕表示，则等光程条件可以写作

$$[AA'] = \text{常数}$$

上述结果是由实物点和实像点导出的，对于虚物点和虚像点，只要在计算光程时遵守前面规定的光程的符号规则，上述结论同样成立。

例如：在图1－38中 A 与 A' 为一对虚物点和虚像点，计算由 A 到 A' 点的光程，由图得

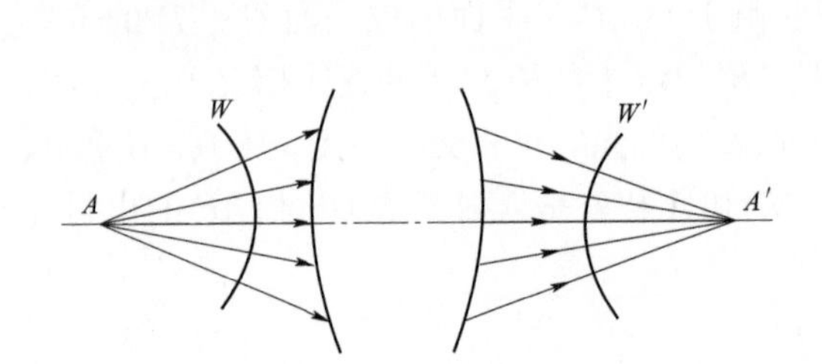

图1－37 点物成像为点像

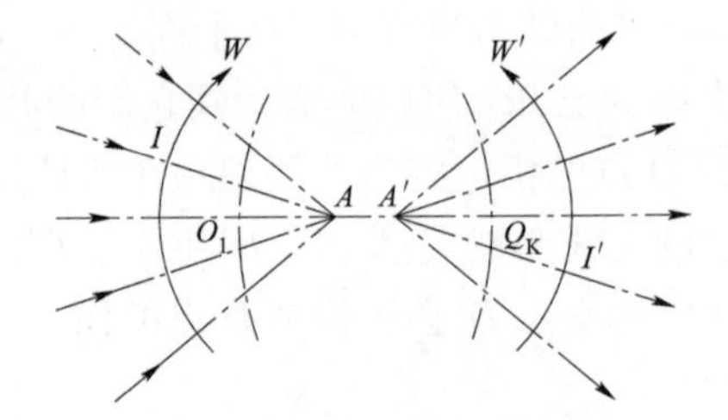

图1－38 虚物成像为虚像

$$[AA'] = [AI] + [II'] + [I'A']$$

式中，〔AI〕和〔$I'A'$〕计算光程的方向和实际光线的进行方向相反，应为负值：

$$[AI] = -n\overline{AI};\ [I'A'] = -n'\overline{I'A'}$$

以上公式中 $\overline{AI}$ 和 $\overline{I'A'}$ 代表线段的几何长度，永为正值。因此，

$$[AA'] = -n\overline{AI} + [II'] - n'\overline{I'A} = \text{常数}$$

总之，无论物点和像点为虚为实，等光程条件均能成立。

现在我们来寻求符合等光程条件的反射面和折射面。因为单个反射面和折射面是最简单的光学系统。

一、等光程的反射面

(1) 椭球面反射镜，对它的两个焦点符合等光程条件。

如图 1－39 所示，假定反射面对 A 和 A'理想成像，根据等光程条件有

$$[AI]+[IA']=常数$$

对于反射的情形，A 和 A'位于同一种介质内，物、像空间折射率相同，为使光程等于常数，即

$$\overline{AI}+\overline{IA'}=常数$$

对两定点距离之和等于常数的点的轨迹，是以该两定点为焦点的椭圆，所以，椭球面反射镜对它的两个焦点等光程。

当光程为正时，物点和像点都是实的，对应的反射面为凹面，如图 1－39 上半部所示。如果光程为负，则物点和像点都是虚的，对应的反射面是凸面，如图 1－39 下半部所示。

（2）双曲面反射镜对它的内焦点和外焦点满足等光程条件，但物点和像点中必然有一个是实的，另一个是虚的。

假定物点 A 为实，像点 A'为虚，反射镜位于空气中，折射率等于1，如图 1－40 所示。等光程条件为

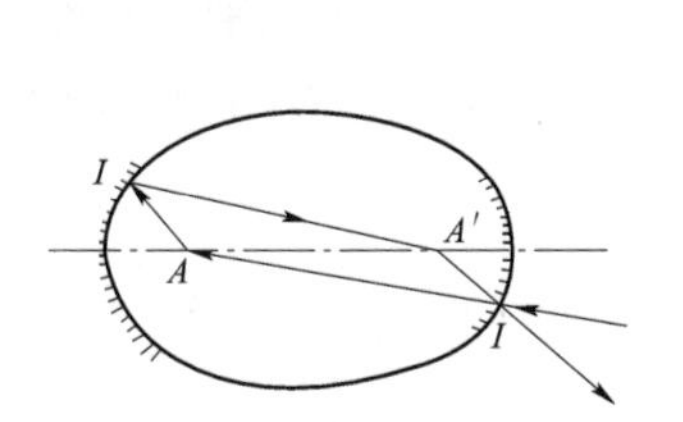

图 1－39　椭球面理想成像

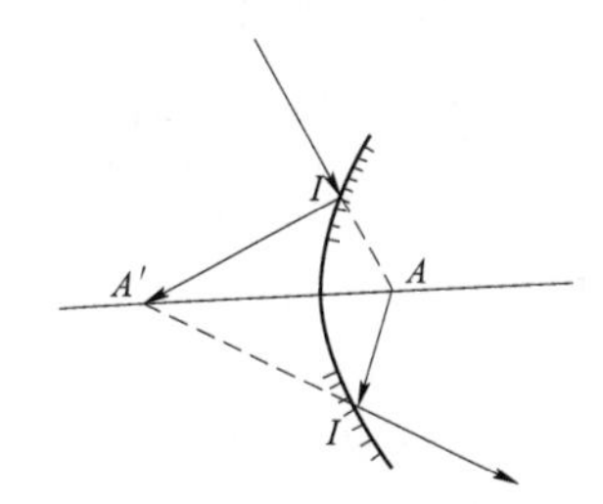

图 1－40　双曲面理想成像

$$[AI]+[IA']=\overline{AI}-\overline{IA'}=常数$$

反之，如果物点 A 为虚，像点 A'为实，则等光程条件为

$$[AI]+[IA']=-\overline{AI}+\overline{IA'}=-(\overline{AI}-\overline{IA'})=常数$$

因此，无论物点为虚为实，同样要求

$$\overline{AI}-\overline{IA'}=常数$$

到两定点距离之差等于常数的点的轨迹，是以 A 和 A'为焦点的双曲线。上述两种情况分别如图 1－40 的下部和上部所示。

（3）抛物面反射镜对它的焦点和无限远轴上点满足等光程条件。

和无限远点对应的光束是平行光束，对应的波面为平面，从波面到无限远点显然是等光程的。欲使某一点 A 和无限远点符合等光程条件，只需该点到波面（平面）等光程即可。

在图 1－41 中，若 A 为实物点，W 为波面，则等光程条件为

$$[AI]+[IK]=\overline{AI}-\overline{IK}=常数$$

假若把波面 W 作平行位移，则光程常数发生变化，因此，总可以找到某一波面位置，使

$$\overline{AI}-\overline{IK}=0\quad 或者\quad \overline{AI}=\overline{IK}$$

平面波和子午面的交线为一条直线。由上式可知，要求对直线 W 和定点 A 的距离相等的点的轨迹是以 A 为焦点、W 为准线的抛物线。因此，整个反射面为一回转抛物面，如图 1－42 上半部所示，图的下半部对应 A 为虚物点的情形。

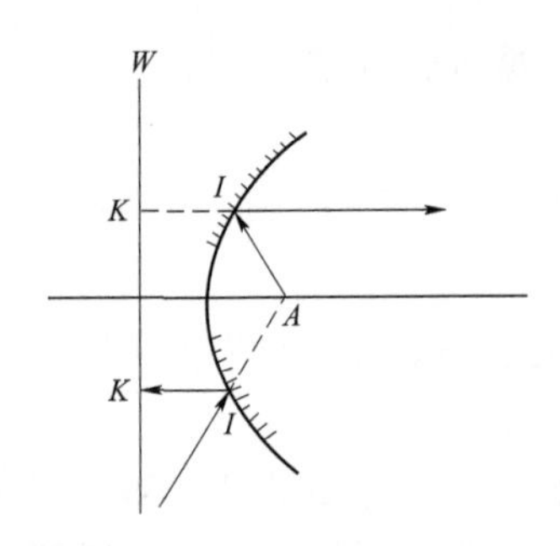

图1-41　抛物面理想成像

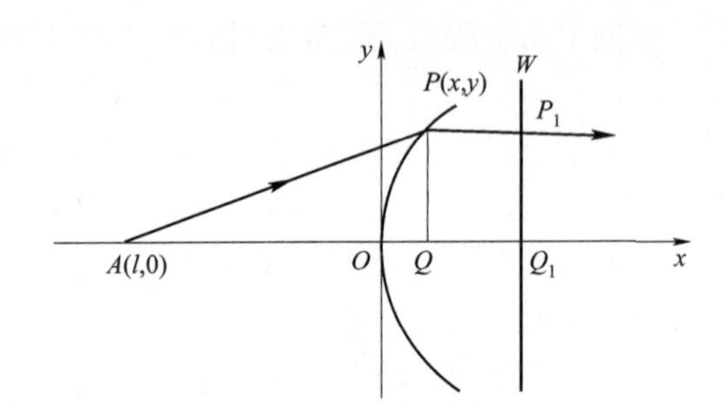

图1-42　等光程折射面

二、等光程的折射面

下面我们寻求物点 A 与无限远像点共轭的等光程折射面。

如图1-42所示，A 点与无限远像点等光程，则由 $A(l, 0)$ 点发出的任一光线经曲面上一点 $P(x, y)$ 折射以后，必平行于光轴出射，由 A 到波面 W（垂直于光轴的平面）的光程应与沿光轴的 A 到 W 的光程相等。由 P 作光轴的垂线，交光轴于一点 Q，$\overline{PQ}$平行于波面 W。根据等光程条件：

$$[APP_1] = [AQQ_1]$$

由于 $[PP_1] = [QQ_1]$，因此有

$$[AP] = [AQ]$$

由图1-42可以得到

$$[AP] = n\sqrt{(x-l)^2+y^2}\;;\;[AQ] = n(-l)+n'x$$

代入上式得

$$n\sqrt{(x-l)^2+y^2} = n(-l)+n'x$$

或

$$\sqrt{(x-l)^2+y^2} = \frac{n'}{n}x - l$$

上式两边平方，化简以后得

$$\left(1-\frac{n'^2}{n^2}\right)x^2 + y^2 - 2l\left(1-\frac{n'}{n}\right)x = 0$$

如果我们把上式和一个标准的圆锥曲线方程式加以比较：

$$(1-e^2)x^2 + y^2 - 2rx = 0$$

式中，e 为圆锥曲线偏心率，l 为顶点曲率半径。

显然，上述等光程折射面为一圆锥曲线，该圆锥曲线符合以下关系：

$$e = \frac{n'}{n},\; r = l\left(1-\frac{n'}{n}\right)$$

根据 n' 和 n 的大小不同，可以分为以下两种情况：

(1) $n' > n$，例如：由空气到玻璃的情形。此时，偏心率 $e = \frac{n'}{n} > 1$，r 与 l 异号。由此可知，该等光程折射面为一个回转双曲面，物点 A 与曲率中心 C 处于顶点的两侧。如图1-43所示。

（2）$n'<n$，例如：由玻璃到空气的情形。此时，偏心率 $e=\frac{n'}{n}<1$，r 与 l 同号。由此可知，该等光程折射面为一回转椭球面。物点 A 与曲率中心 C 处于顶点的同侧。如图 1-44 所示。

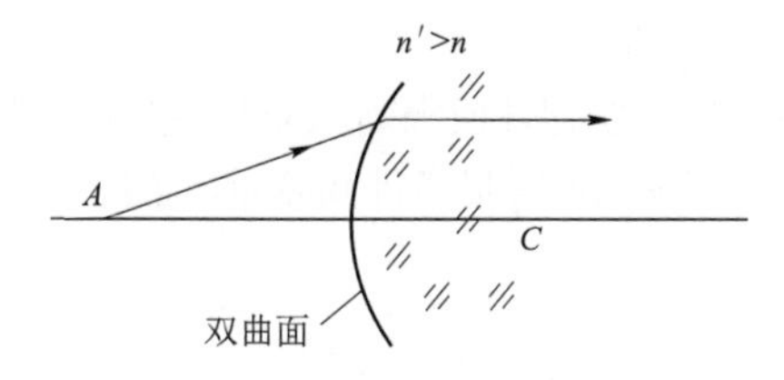

图 1-43　$n'>n$ 等光程折射面

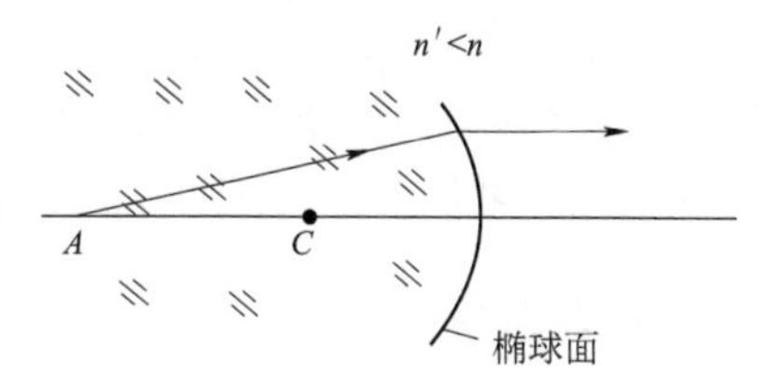

图 1-44　$n'<n$ 等光程折射面

上面介绍的是一些特殊情况下的等光程反射面和折射面的情形。

§1-11　微小线段理想成像的条件——余弦条件

上面我们得到了单个物点理想成像的条件，本节研究一个微小线段理想成像时必须满足的条件。

假定作为物的微小线段 AB 通过光学系统后，理想成像于 $A'B'$，如图 1-45 所示。

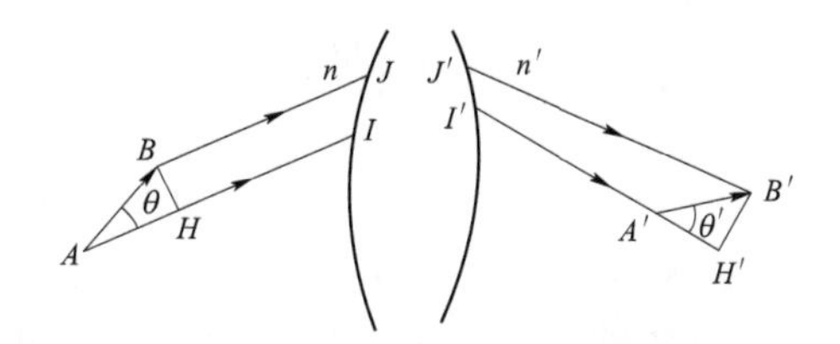

图 1-45　微小线段理想成像

根据等光程条件，A、A' 和 B、B' 这两对共轭点应同时满足等光程条件。AI 和 BJ 为过 A、B 两点，与 AB 成 θ 角的任意两条平行光线，它们的共轭光线为 $I'A'$ 和 $J'B'$。$I'A'$ 和 $A'B'$ 的夹角为 θ'。经过 B 和 B'，分别作 AI 和 $I'A'$ 的垂线 BH 和 $B'H'$，我们可以把 BH 看成平行光线 AI 和 BJ 的波面，它们的出射波面一般来说不再是一平面波，但是由于 AB 和 $A'B'$ 很小，因此，可以近似地用过 B' 点的垂线 $B'H'$ 代替实际波面，这样引起的误差对 $A'B'$ 来说是二阶或高阶小量，可以忽略。根据马吕斯定律，两波面之间光线的光程相等，因此有

$$[BB']=[HH']$$

由图 1-45 得到

$$[AA']=n\,\overline{AH}+[HH']-n'\overline{A'H'}$$

根据$\triangle ABH$ 和$\triangle A'H'B'$得

$$\overline{AH}=\overline{AB}\cos\theta\ ;\ \overline{A'H'}=\overline{A'B'}\cos\theta'$$

代入上式得

$$[AA']=n\,\overline{AB}\cos\theta+[HH']-n'\overline{A'H'}\cos\theta'$$

从〔AA'〕中减去〔BB'〕，同时考虑到〔BB'〕＝〔HH'〕，得到

$$[AA']-[BB']=n\,\overline{AB}\cos\theta-n'\overline{A'B'}\cos\theta'$$

由于 A、A' 和 B、B' 均符合等光程条件，所以，不论光线和 AB 的夹角 θ 如何变化，光程〔AA'〕和〔BB'〕均为常数。因此，二者之差也应该是和 θ 无关的常数，由此得出微小线段理想成像的条件如下：

$$n\,\overline{AB}\cos\theta - n'\overline{A'B'}\cos\theta' = c \tag{1-18}$$

式中，c 为一个与 θ 无关的常数，以上条件称为余弦条件。需要特别指出的是，在上面的证明过程中，忽略了和$\overline{AB}$、$\overline{A'B'}$比较是二阶或高阶的微量。因此，我们所得到的结果，都具有二阶或高阶微量的误差，所以只能适用于$\overline{AB}$和$\overline{A'B'}$很小的情形。

上面导出微小线段理想成像的余弦条件时，并没有对光学系统作任何限制，因此，它对一切光学系统均适用。如果我们把它应用到共轴系统的情形，就得出了著名的阿贝条件和赫谢尔条件。

一、阿贝条件

假定物体 AB 为垂直于共轴系统光轴的微小线段，如图1-46所示，它通过光学系统后理想成像于 $A'B'$，由于共轴系统的对称性，$A'B'$ 也一定和光轴垂直。由 A 点发出的任意一条光线，与光轴的夹角为 U，其出射光线和光轴的夹角为 U'，由图1-46得到：

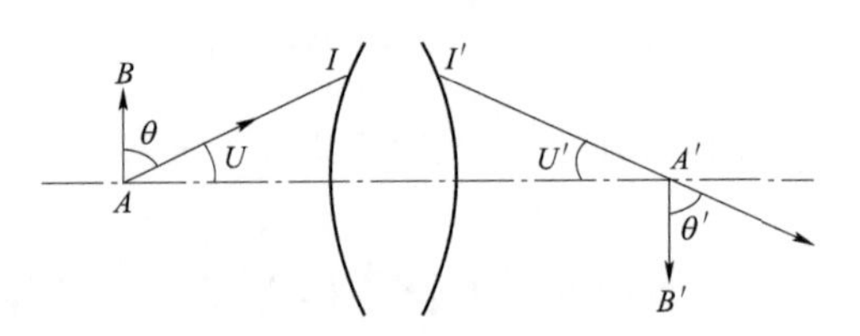

图1-46　阿贝条件示意图

$$\theta = 90° - U;\ \theta' = 90° - U'$$

代入余弦条件得

$$n\,\overline{AB}\cos(90° - U) - n'\overline{A'B'}\cos(90° - U) = c(\text{常数})$$

或

$$n\,\overline{AB}\sin U - n'\overline{A'B'}\sin U = c$$

式中，c 为与 U 角无关的常数，因此，可以用任意一条已知光线的 U 和 U' 代入，以确定 c 的值。根据共轴系统的对称性，沿光轴入射的光线和系统中所有曲面垂直，光线不改变方向，因此 $U = U' = 0$。代入上式，得到：$c = 0$。

所以，上述公式变为

$$n\,\overline{AB}\sin U - n'\overline{A'B'}\sin U = 0$$

或

$$n\,\overline{AB}\sin U = n'\overline{A'B'}\sin U' \tag{1-19}$$

以上条件称为“阿贝条件”或“正弦条件”。它是共轴系统中垂直于光轴的微小线段理想成像的条件。由于共轴系统的对称性，任意过光轴的截面内，成像性质相同，因此，它同样是保证位于共轴系统的光轴周围，和光轴垂直的微小平面理想成像的条件，有时也称为“等明条件”或“齐明条件”。

二、赫谢尔条件

假定微小线段 AB 与光轴重合，它所成的像 $A'B'$ 也一定位于光轴上，如图1-47所示。

由图1-47得到：$\theta = U$，$\theta' = U'$，因此，余弦条件变为

$$n\,\overline{AB}\cos U - n'\overline{A'B'}\cos U' = c$$

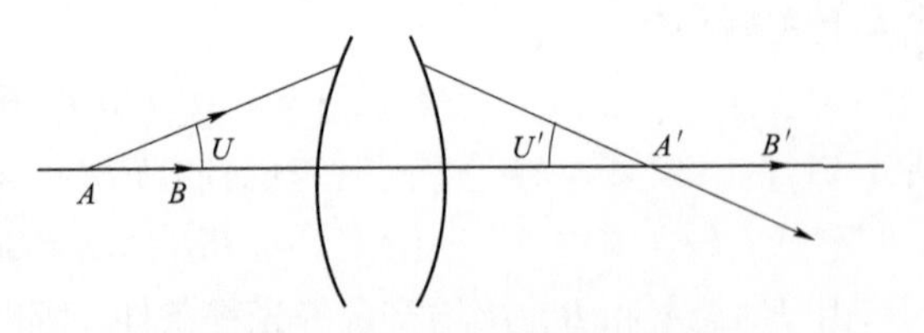

图1-47　赫谢尔条件示意图

和上面一样，用 $U = U' = 0$ 代入就可以确定常数 c 的值，得到

$$n\overline{AB}-n'\overline{A'B'}=c$$

代入余弦条件得

$$n\overline{AB}\cos U-n'\overline{A'B'}\cos U'=n\overline{AB}-n'\overline{A'B'}$$

或

$$n\overline{AB}(1-\cos U)=n'\overline{A'B'}(1-\cos U')$$

将（$1-\cos U$）和（$1-\cos U'$）用半角公式代换，即得

$$n\overline{AB}\sin^2\frac{U}{2}=n'\overline{A'B'}\sin^2\frac{U'}{2} \tag{1-20}$$

上式称为“赫谢尔条件”，它是保证光轴上的微小线段理想成像的条件。

如果我们要求共轴系统对光轴上一点 A 周围的微小空间物体理想成像，显然需要同时满足阿贝条件和赫谢尔条件。将这两个条件分别改写成以下形式：

$$\frac{n\overline{AB}}{n'\overline{A'B'}}=\frac{\sin U'}{\sin U}=K_1$$

$$\frac{n\overline{AB}}{n'\overline{A'B'}}=\frac{\sin^2\dfrac{U'}{2}}{\sin^2\dfrac{U}{2}}=K_2$$

以上公式中，$\overline{AB}/\overline{A'B'}$代表物、像长度之比，与 U、U'无关，因此，K_1、K_2也应该是两个与 U、U'无关的常数。我们把上面第一式作如下变换：

$$\frac{\sin U'}{\sin U}=\frac{\sin\dfrac{U'}{2}\cos\dfrac{U'}{2}}{\sin\dfrac{U}{2}\cos\dfrac{U}{2}}=K_1$$

因此，欲使 K_1和 K_2同时为常数，必须同时满足以下条件：

$$\frac{\sin\dfrac{U'}{2}}{\sin\dfrac{U}{2}}=\text{常数};\quad \frac{\cos\dfrac{U'}{2}}{\cos\dfrac{U}{2}}=\text{常数}$$

除了两个常数同时等于 1，即物、像空间的共轭光线符合 $U'=U$ 的特殊情形外，上面这两个关系式不可能同时成立。因此，一般来说，能使整个空间理想成像的共轴理想光学系统并不存在。我们在设计光学系统时，只能根据不同仪器的具体要求，应用各种介质和曲面构成实际光学系统，使一个位于确定位置并垂直于光轴的物平面，成一个接近于理想的像。

§1-12　麦克斯韦鱼眼

前面给出了理想像的定义和它的基本性质，并导出了某些特殊情况理想成像的条件。对位于均匀介质中的共轴理想光学系统来说，除了 $U'=U$ 的情形，有可能使微小空间物体理想成像以外，不可能使任意一部分空间理想成像。但是，一种由非均匀介质构成的特殊光学系统，可以使整个空间理想成像，这就是著名的“麦克斯韦鱼眼”。本节我们就介绍这个系统，作为非均匀介质中光线微分方程的一个应用实例。

麦克斯韦鱼眼是折射率按同心球面对称分布的非均匀介质构成的，介质的折射率分布由

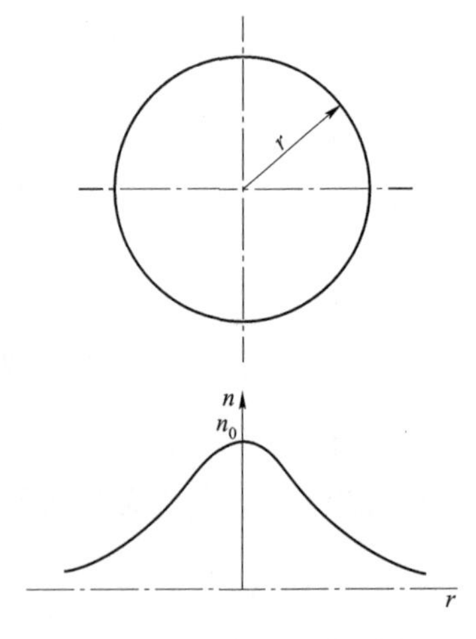

图1-48　麦克斯韦鱼眼示意图

球面半径完全决定，如图1-48所示。

$$n=n(r)$$

下面我们首先由光线的微分方程导出球面对称介质中光线的积分公式。

如图1-49所示，光线上某一点A的位置和该光线的方向由矢量$\boldsymbol{r}$和$\boldsymbol{Q}$所确定。我们把矢量$\boldsymbol{r}\times n\boldsymbol{Q}$对光线的弧长$s$求导数，得到

$$\frac{\mathrm{d}}{\mathrm{d}s}(\boldsymbol{r}\times n\boldsymbol{Q})=\frac{\mathrm{d}\boldsymbol{r}}{\mathrm{d}\boldsymbol{s}}\times n\boldsymbol{Q}+\boldsymbol{r}\times\frac{\mathrm{d}}{\mathrm{d}s}(n\boldsymbol{Q})$$

由于$\frac{\mathrm{d}r}{\mathrm{d}s}=\boldsymbol{Q}$，上式右边第一项变为：$\boldsymbol{Q}\times n\boldsymbol{Q}=0$。

下面讨论第二项，根据光线的微分方程（1-15）有

$$\frac{\mathrm{d}}{\mathrm{d}s}(n\boldsymbol{Q})=\mathrm{grad}n$$

当非均匀介质的折射率按球面对称分布时，grad$n$与球面半径向量$\boldsymbol{r}$重合。因此，上式右边第二项

$$\boldsymbol{r}\times\frac{\mathrm{d}}{\mathrm{d}s}(n\boldsymbol{Q})=r\times\mathrm{grad}n=0$$

因此，有

$$\frac{\mathrm{d}}{\mathrm{d}s}(\boldsymbol{r}\times n\boldsymbol{Q})=0\quad 或者\quad \boldsymbol{r}\times n\boldsymbol{Q}=常向量 \tag{1-21}$$

这个关系式首先说明，在麦克斯韦鱼眼中传播的光线都是平面曲线，位于过球心的某一平面上。因此，确定光线轨迹的问题就成了一个平面几何学的问题了。

如果我们把球面对称的非均匀介质看作由无限多个球面分布的均匀介质组合而成，则球面就是这些无限薄的均匀介质的分界面，半径向量$\boldsymbol{r}$就是介质分界面的法线，光线方向的单位向量$\boldsymbol{Q}$和$\boldsymbol{r}$的夹角就是入射角I，根据式（1-21）得到

$$\boldsymbol{r}n\sin I=c(常数)\quad 或者\quad \sin I=\frac{c}{n\boldsymbol{r}} \tag{1-22}$$

我们用极坐标（r，φ）来代表光线的平面轨迹，如图1-49所示。

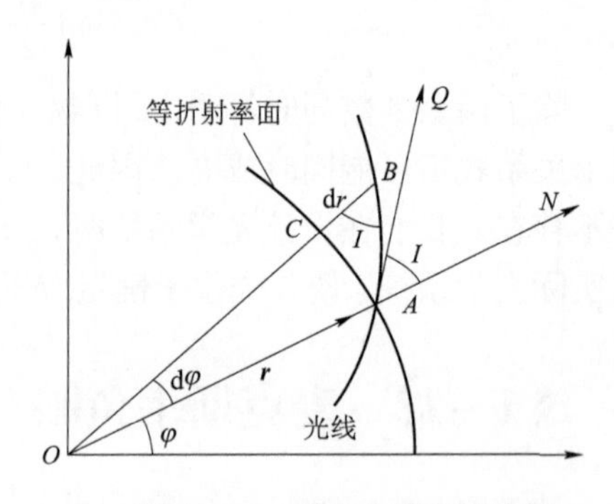

图1-49　对称介质光线传播

由图根据微小三角形△ABC得到

$$\sin I=\frac{r\mathrm{d}\varphi}{\sqrt{r^2(\mathrm{d}\varphi)^2+(\mathrm{d}r)^2}}=\frac{r}{\sqrt{r^2+\left(\frac{\mathrm{d}r}{\mathrm{d}\varphi}\right)^2}}$$

根据上面已经得到的式（1-22）

$$\sin I=\frac{c}{nr}=\frac{r}{\sqrt{r^2+\left(\frac{\mathrm{d}r}{\mathrm{d}\varphi}\right)^2}}$$

或

$$c\sqrt{r^2+\left(\frac{\mathrm{d}r}{\mathrm{d}\varphi}\right)^2}=nr^2$$

将上式平方，求解$\frac{\mathrm{d}r}{\mathrm{d}\varphi}$得

$$\frac{\mathrm{d}r}{\mathrm{d}\varphi}=\frac{r}{c}\sqrt{n^2r^2-c^2}\quad 或者\quad \mathrm{d}\varphi=\frac{c\mathrm{d}r}{r\sqrt{n^2r^2-c^2}}$$

将上式积分得

$$\varphi=c\int\frac{\mathrm{d}r}{r\sqrt{n^2r^2-c^2}}\tag{1-23}$$

式中，常数 c 由光线的起始坐标 r_0、I_0决定，即

$$c=n(r_0)r_0\sin I_0$$

下面我们利用前面得到的球对称非均匀介质中光线的一般公式，来讨论麦克斯韦鱼眼的成像性质。麦克斯韦鱼眼是一个折射率按以下公式分布的球对称非均匀介质：

$$n=\frac{n_0}{1+\left(\frac{r}{a}\right)^a}\tag{1-24}$$

球心的折射率为 n_0，$r=a$ 时折射率为 $n_0/2$，当 r 趋近于∞时，n 趋近于零。

将式（1-24）代入式（1-23），并且为了简化，令

$$\rho=\frac{r}{a};\ K=\frac{c}{an_0}$$

得到

$$\varphi=\int\frac{K(1+\rho^2)\mathrm{d}\rho}{\rho\sqrt{\rho^2-K^2(1+\rho^2)^2}}\tag{1-25}$$

为了对式（1-25）进行积分，作下列变量代换，令

$$x=\frac{K(\rho^2-1)}{\rho\sqrt{1-4K^2}}$$

根据微分公式

$$\mathrm{d}(\arcsin x)=\frac{\mathrm{d}x}{\sqrt{1-x^2}}$$

将 x 和 $\mathrm{d}x$ 代入上式得到

$$\mathrm{d}(\arcsin x)=\frac{K(1+\rho^2)\mathrm{d}\rho}{\rho\sqrt{\rho^2-K^2(1+\rho^2)^2}}$$

将以上关系代入式（1-25）得到

$$\varphi=\int\mathrm{d}(\arcsin x)$$

由此得到

$$\varphi=\arcsin x+\varphi_0$$

式中，φ 为一积分常数，上式可改写为

$$\sin(\varphi-\varphi_0)=x=\frac{K(\rho^2-1)}{\rho\sqrt{1-4K^2}}$$

将 K 和 ρ 还原成 r、a、n_0、c，得

$$\sin(\varphi-\varphi_0)=\frac{c}{\sqrt{a^2n_0^2-4c^2}}\cdot\frac{r^2-a^2}{ar}\tag{1-26}$$

式（1-26）即为麦克斯韦鱼眼中光线的极坐标方程式。下面就利用这个方程式来讨论麦克斯韦鱼眼的成像性质。

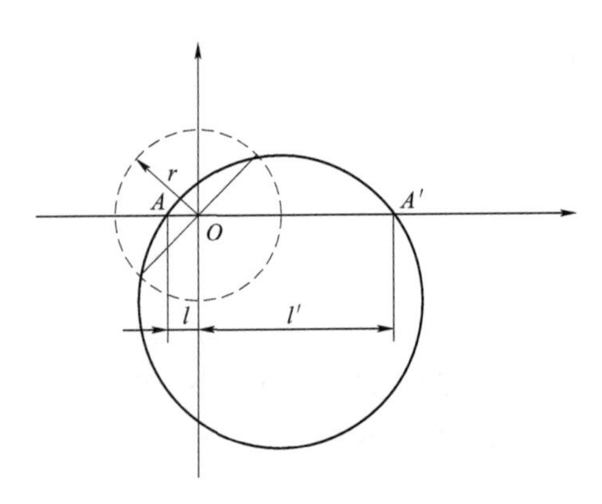

图1－50　麦克斯韦鱼眼成像性质

假定位于坐标轴上距离球心 O 为 l 的一个物点 A，它对应的极坐标为：$r=l$，$\varphi=\pi$，如图1－50所示，代入式（1－26）得

$$\sin\varphi_0=\frac{c}{\sqrt{a^2n_0^2-4c^2}}\cdot\frac{l^2-a^2}{al}$$

由 A 点发出，与坐标轴成夹角 I 的光线对应某一确定的 c 值的 φ_0 值。我们求该光线和坐标轴的交点 A'，假定 A' 对应的极坐标为（l'，0），代入光线方程（1－26）得

$$\sin(-\varphi_0)=\frac{c}{\sqrt{a^2n_0^2-4c^2}}\cdot\frac{l'^2-a^2}{al'}$$

由以上两式消去 $\sin\varphi_0$，并消去公因子 $c/\sqrt{a^2n_0^2-4c^2}$ 得

$$\frac{l^2-a^2}{al}=-\frac{l'^2-a^2}{al'}$$

由上式求解 l' 得

$$l'=-l;\ l'=a^2/l$$

以上两个解中，第一个解没有意义，A' 与 A 重合，光线当然通过 A 点。第二个解就是我们要求的光线与坐标轴的交点 A'。由于 l' 与 c、φ_0 无关，因此由 A 点发出的光线都通过同一点 A'，因而，A' 点就是 A 的理想像点。

由此得出结论，坐标轴上的每一点都能理想成像。由于麦克斯韦鱼眼对 O 点对称，过 O 点的任意一条轴线，成像性质完全相同，因此，麦克斯韦鱼眼能使空间任意物点理想成像。所以，它是一个理想光学系统。不过这个理想光学系统和整个物像空间都是由非均匀介质构成的，因此，物、像空间并不符合共线关系。

习　题

1. 证明光线通过两表面平行的玻璃板时，出射光线与入射光线永远平行。

2. 人眼垂直看水池 1 m 深处的物体，水的折射率为 1.33，试问该物体的像到水面的距离是多少？

3. 为了从坦克内部观察外部目标，需要在坦克壁上开一个孔。假定坦克壁厚为 200 mm，孔宽为 120 mm，在孔内安装一块折射率 $n\approx1.5163$ 的玻璃，厚度与装甲厚度相同，问在允许观察者眼睛左右移动的条件下，能看到外界多大的角度范围？

4. 一个等边三角棱镜，若入射光线和出射光线对棱镜对称，出射光线对入射光线的偏转角为 40°，求该棱镜材料的折射率。

5. 物体通过透镜成一虚像，用屏幕是否可以接收到这个像？如果用人眼观察，是否可以看到这个像？

6. 共轴理想光学系统具有哪些成像性质？

7. 什么叫理想光学系统？理想光学系统具有哪些性质？

8. 什么叫理想像？理想像有何实际意义？

第二章
共轴球面系统的物像关系

§2－1　共轴球面系统中的光路计算公式

本章的内容主要是解决共轴球面系统中求像的问题。当物体相对透镜位置发生变化时，像的位置和大小亦将发生相应的变化。因此，研究光学系统的成像问题，首先就要解决以下这些问题：如何根据物的位置和大小找出像的位置和大小？像的位置和大小与光学系统的结构之间存在什么样的关系？它们都有哪些规律性？

为了找到某一物点的像，只要根据基本定律找出由该物点发出的一系列光线通过光学系统以后的出射光线位置，它们的交点就是该物点的像点。共轴球面系统是由若干个球心位于同一条直线上的球面组成的。例如，最简单的共轴球面系统就是由两个球面构成的单透镜。为了由入射光线位置找到通过系统以后的出射光线位置，实际上只要解决由入射光线位置，根据基本定律找出经过一个球面以后的折射光线位置，这样整个系统的问题也就可以解决了。因为，前一面的折射光线就是后一面的入射光线，只要依次找出各面的折射光线，最后即可得到通过整个系统以后的出射光线。

下面首先导出光线经过一个球面折射时由入射光线位置计算出射光线位置的公式——球面折射的光路计算公式。

光路计算公式的形式随着所选择的表示光线位置的坐标不同而不同。这里选取入射光线与光轴的交点 A 到球面顶点的距离 L 和入射光线与光轴的夹角 U 来表示入射光线 PA 的位置，相应地用 L'、U'表示折射光线 PA'的位置，如图 2－1 所示。

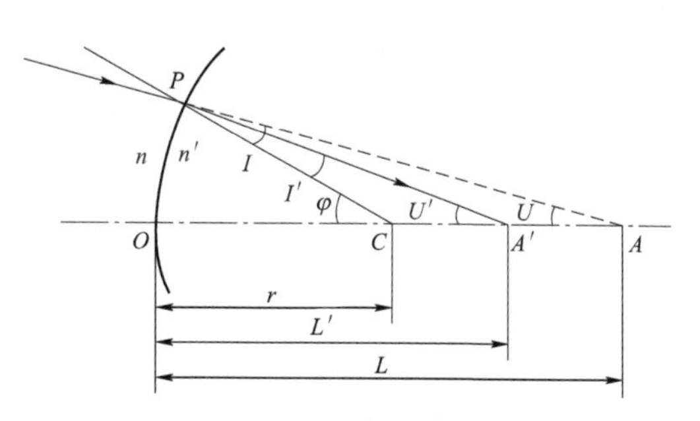

图 2－1　单个折射面光线传播

我们的任务就是根据已知球面的半径 r，球面前后介质的折射率 n、n'和入射光线的坐标 L、U，导出计算折射光线坐标 L'、U'的公式。

为了便于推导，作入射点 P 和球心 C 的连线，PC 即入射点球面的法线。法线与光轴的夹角用 φ 表示，法线分别和入射光线、折射光线的夹角 I、I'就是入射角和折射角。

由图 2－1 可知，对△APC 应用正弦定理得到

$$\frac{L-r}{\sin I}=\frac{r}{\sin U}$$

由此得到

$$\sin I = \frac{L-r}{r}\sin U \tag{2-1}$$

式（2－1）右边各参数皆为已知。因此，由它可求出入射角 I。根据折射定律式（1－5），可由入射角 I 求得折射角 I'

$$\sin I' = \frac{n}{n'}\sin I \tag{2-2}$$

由图2－1，对△APC 和△$A'PC$ 应用外角定理得到

$$\varphi = U + I = U' + I'$$

故

$$U' = U + I - I' \tag{2-3}$$

式中，U 为已知，I、I' 前面已经求得。因此，利用式（2－3）可求得折射光线的一个坐标 U'。

为了求得折射光线的另一坐标 L'，对△$A'PC$ 同样应用正弦定理，得到

$$\frac{L'-r}{\sin I'} = \frac{r}{\sin U'}$$

故

$$L' = r + \frac{r\sin I'}{\sin U'} \tag{2-4}$$

式（2－4）右边 r 为已知，I'、U' 前面已经求出，因此，L' 即可求出。

利用上面的式（2－1）～式（2－4）逐步进行计算，即可由已知的 L、U、r、n、n' 求出折射光线的坐标 L'、U'。

当计算完第一面以后，其折射光线就是第二面的入射光线，如图2－2所示。由图很容易得到以下关系式成立：

$$U_2 = U_1';\ L_2 = L_1' - d_1 \tag{2-5}$$

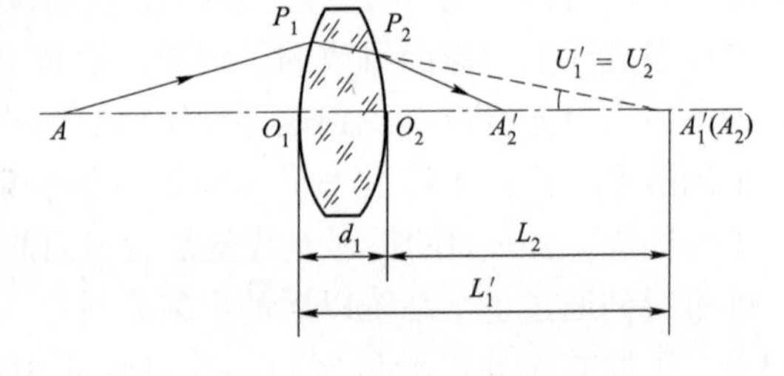

图2－2　转面公式示意图

以上公式称为由前一面至后一面的转面公式。式（2－5）中 d_1 为由前一面的顶点到后一面顶点的距离。求出了 L_2、U_2 就可以再应用式(2－1)～式（2－4）计算第二面。这样重复应用式（2－1）～式（2－5）就可以把光线通过任意共轴球面系统的光路计算出来，所以式（2－1）～式（2－5）称为共轴球面系统的光路计算公式。

§2－2　符号规则

上一节的公式是按图2－1中光线和球面的几何位置推导出来的。但在实际光学系统中，光线和球面位置可能是各种各样的。例如，半径等于10的球面有如图2－3所示的两种弯曲方向。又如光线和光轴交点到球面顶点的距离为100，且和光轴夹角为1°的入射光线就可以有如图2－4所示的四种情况。而式（2－1）～式（2－4）是根据图2－1所示的光线位置和球面弯曲方向推导出来的。怎样才能使这些公式普遍适用于各种情况呢？这就必须给公式中的所有参量规定一套符号规则。符号规则直接影响公式的形式，应用一定形式的公式时必须遵守一定的符号规则。

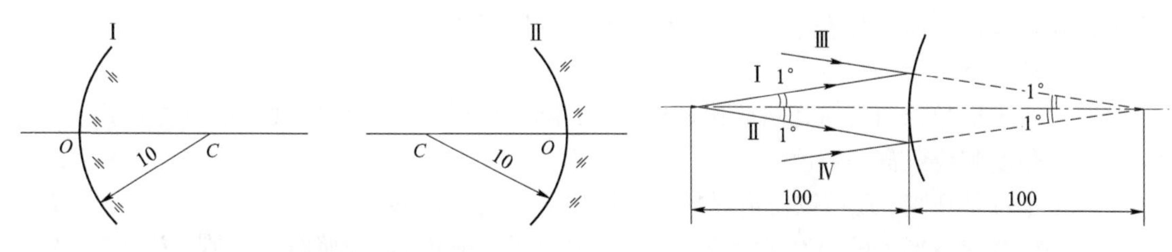

图 2-3 球面不同弯曲方向

图 2-4 光线和光轴不同夹角

现将各参量的符号规则规定如下：

（1）线段：和一般数学中所采用的坐标一样，规定由左向右为正，由下向上为正；反之为负。如图 2-5 所示。

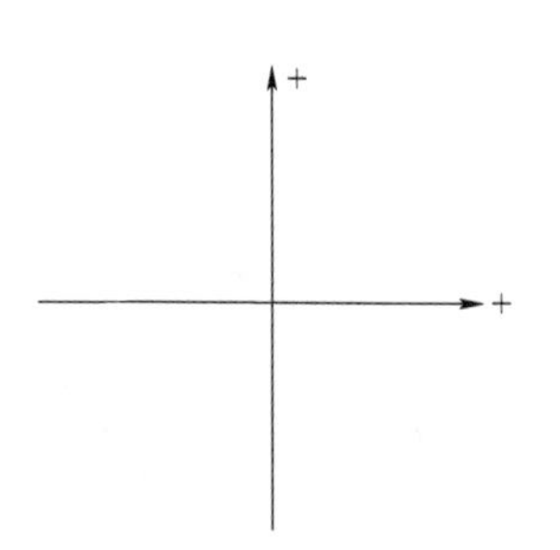

图 2-5 坐标系示意图

为了规定某一个线段参数的符号，除了规定坐标方向以外，还需要规定线段的计算起点，公式中各参量的计算起点和计算方法如下：

L、L'——由球面顶点算起到光线与光轴的交点；

r——由球面顶点算起到球心的距离；

d——由前一面顶点算起到下一面顶点的距离。

（2）角度：一律以锐角来度量，规定顺时针为正，逆时针为负，如图 2-6 所示。和线段要规定计算起点一样，角度也要规定起始轴。各参量的起始轴和转动方向为：

U、U'——由光轴起转到光线；

I、I'——由光线起转到法线；

φ——由光轴起转到法线。

其他参量的计算起点或起始轴以后出现时再指出。

应用式（2-1）~式（2-4）进行计算时，必须首先根据球面和光线的几何位置确定每个参数的正负号，然后代入公式进行计算。算出的结果亦应按照数值的正负来确定光线的相对位置。例如，按符号规则，$r_1=10$ 代表图 2-3 中第 I 种情形；$L_1=100$，$U_1=1°$代表图 2-4 中第Ⅲ种情形。又如图 2-7 的情形，按符号规则，应为

$$L=-10,\ U=-20°,\ r=-5$$

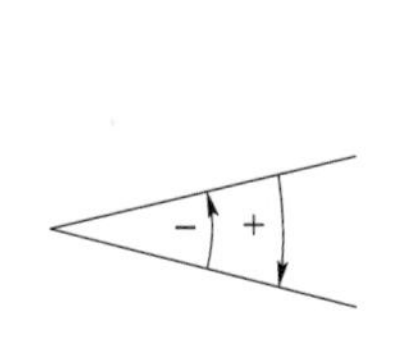

图 2-6 角度正负号示意图

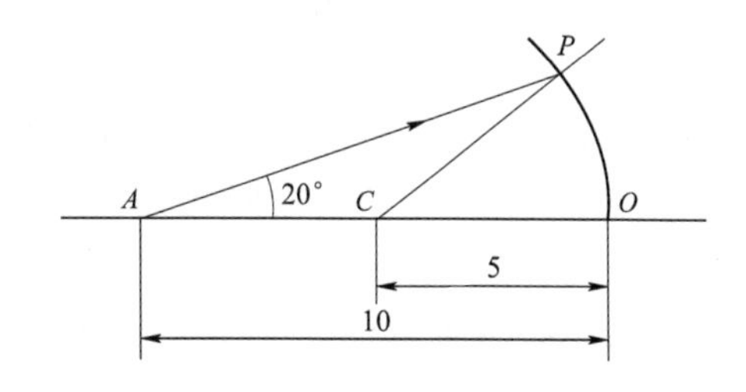

图 2-7 单折射面光学参数

代入式（2-1）~式（2-4）进行计算，即可求出 L'、U'值。这就说明，应用一定形式的公式时，必须遵守一定的符号规则。否则，若符号弄错了，即使公式和运算都正确，得到的结果仍然是错误的。

不仅在进行数值计算时需要使用符号规则，在推导公式时也要使用符号规则。为了使导

出的公式具有普遍性，推导公式时，几何图形上各量一律标注其绝对值，使各个几何量永远为正，如图 2－8 所示。

在上节中推导球面折射光路计算公式时，实际上已遵守了本节所规定的符号规则，该图中所有的角度和线段都是正值。

应用了符号规则，还可以使折射的公式适用于反射的情形，如图 2－9 所示，反射可看成折射的一种特殊情形。根据反射定律，反射角 I'等于入射角 I。按照符号规则，I'与 I 符号相反，应有 $I'=-I$。把以上关系代入折射定律 $n\sin I=n'\sin I'$，则 $n'=-n$。所以，可以把反射看成 $n'=-n$ 时的折射。后面我们推导公式时，都只讲折射的公式；对于反射的情形，只需将 n'用 $-n$代入即可，无须另行推导。

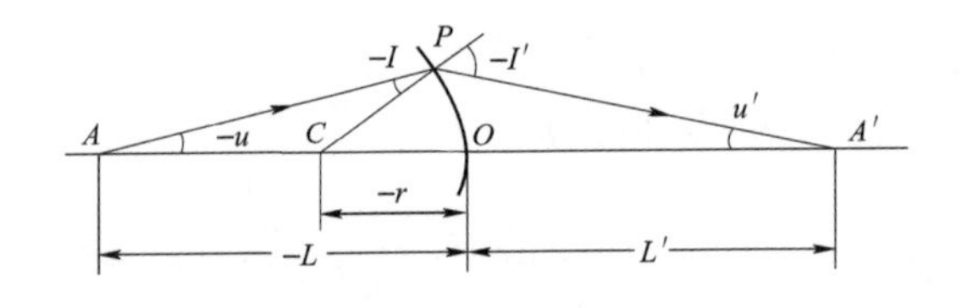

图 2－8　几何图形标注示意图

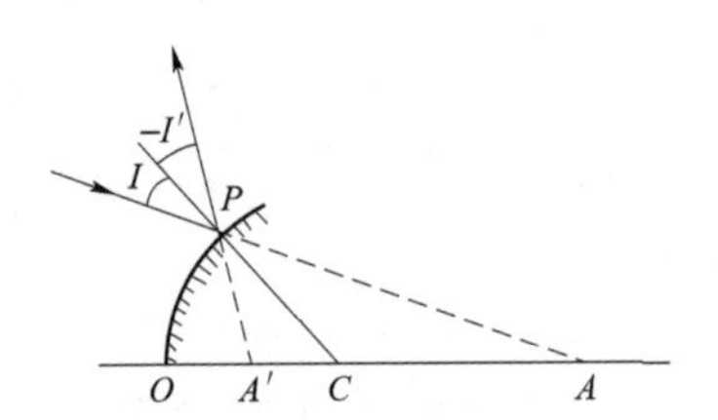

图 2－9　反射情形

几何光学中所有的参数都有相应的符号规则，因此，以后对遇到的每一个参数，不仅要记住它所代表的几何意义，同时也要记住它的符号规则。只知道几何意义而不知道符号规则，就无法进行计算，即使计算出来了，也找不到对应的几何位置，仍然不能解决问题。

§2－3　球面近轴范围内的成像性质和近轴光路计算公式

本章第一节导出了球面折射的光路计算公式，尽管当时没有规定符号规则，但推导公式所用的参量在图 2－1 的情况下均为正值，因此实际上是已经采用了 §2－2 节中规定的符号规则，所以导出的公式在本书规定的符号规则条件下是正确的。

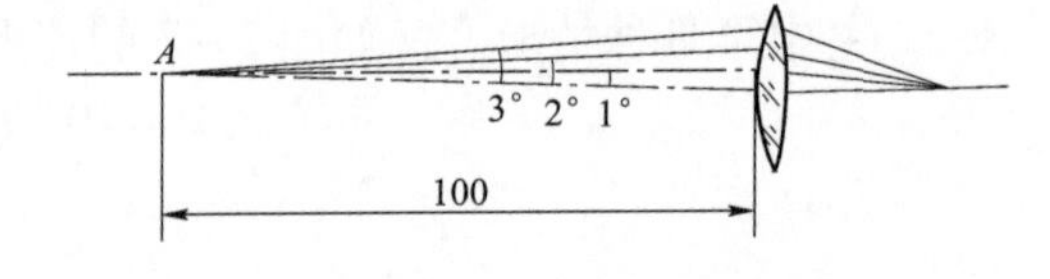

图 2－10　单透镜计算示例

本章开始说过，这一章主要研究共轴球面系统的成像问题，我们不但要会根据物的位置和大小找出像的位置和大小，还要寻找成像的规律，为此这里先用球面折射光路计算公式对一个如图 2－10 所示的单透镜进行三条光线的实际计算，分析计算结果，以把研究引向深入。透镜的结构参数为

$r_1=10$	$n_1=1.0$	空气
$d_1=5$	$n_1'=n_2=1.5163$	玻璃（K9）
$r_2=-50$	$n_2'=1.0$	空气

发光点 A 距第一面顶点的距离为 100，由 A 点计算三条和光轴的夹角分别为 1°、2°、3° 的光线。按照符号规则，这三条光线的坐标分别为

$$L_1=-100,\ U_1=-1°$$

$$L_1 = -100,\ U_1 = -2°$$
$$L_1 = -100,\ U_1 = -3°$$

计算结果表明，这三条光线通过第一个球面折射后，它们和光轴的交点到球面顶点的距离 L_1' 随着 U_1（绝对值）的增大而逐渐减小，如下所示：

$$U_1 = -1°,\ L_1' = 35.969$$
$$U_1 = -2°,\ L_1' = 34.591$$
$$U_1 = -3°,\ L_1' = 32.227$$

这说明，由同一物点 A 发出的光线，经球面折射后，实际上并不交于一点，所以一般来说，球面成像并不符合理想成像。

光线的聚交情况和 $L_1' - U_1$ 的关系曲线如图 2－11 所示。不难看出，U_1 越小，L_1' 变化越慢。当 U_1 相当小时，L_1' 几乎不变。也就是说，靠近光轴的光线聚交得较好。下面就对这一部分光线作进一步的研究。

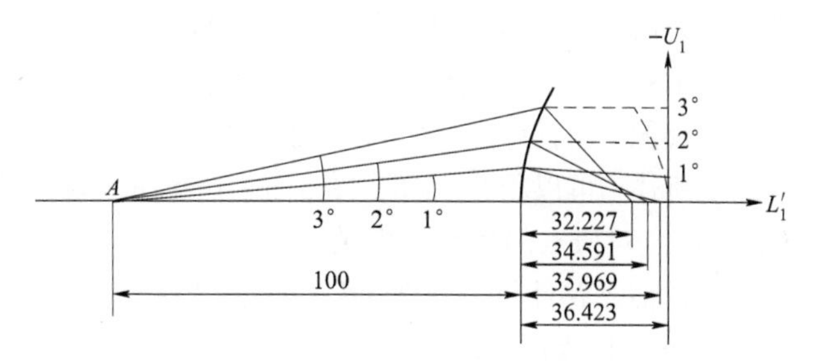

图 2－11　单折射面不同光线聚交

光线离光轴很近时，U、U'、I、I'都很小。如果我们把光路计算式（2－1）~式（2－4）中的正弦都展开成级数：

$$\sin\theta = \theta - \frac{1}{3!}\theta^3 + \frac{1}{5!}\theta^5 \cdots$$

并将展开式中 θ^3 以上的项略去，而用角度本身来代替角度的正弦，即令公式组中 $\sin U = u$，$\sin U' = u'$，$\sin I = i$，$\sin I' = i'$，得到新的公式组如下：

$$r = \frac{l-r}{r}u \tag{2-6}$$

$$i' = \frac{n}{n'}i \tag{2-7}$$

$$u' = u + i - i' \tag{2-8}$$

$$l' = r + \frac{ri'}{u'} \tag{2-9}$$

转面公式：

$$u_2 = u_1',\ l_2 = l_1' - d_1 \tag{2-10}$$

以上公式是用三角函数级数展开式的第一项代替函数以后所得到的结果，也就是忽略了级数中三次方以上各项的一个近似公式。对于 U_1 为有限大小的光线，永远具有一定的误差，角度越大，误差越大，只是在 U_1 很小时才具有足够的精确度。U_1 很小的光线当然和光轴靠近，所以上述公式称为近轴光线的光路计算公式。公式中各参量一律用小写字母表示。近轴光路计算公式适用的范围，称为近轴区域。

下面根据近轴光路公式来讨论近轴光线的成像性质。首先讨论轴上物点，由轴上同一物点发出的不同光线对应相同的 l 值，而 u 不同。从式（2－6）~式（2－8）看到，对一定的 l，当 u 改变时，i、i'、u'按比例变化，而$\frac{i'}{u'}$不变，根据式（2－9）可以看到对应的 l'也不变。

因此由轴上同一物点发出的近轴光线，经过球面折射以后聚交于轴上同一点。也就是说，轴上物点用近轴光线成像时，是符合理想成像的。这种说法当然并不严格，实际上只不过是它的误差在允许范围之内而已。根据正弦函数的性质，当 θ 趋近于零时，$\sin\theta$ 趋近于 θ。因此，用上述近轴公式计算得到的 l' 值，实际上也就是用精确公式计算时 U_1 趋近于零时 L' 的极限。

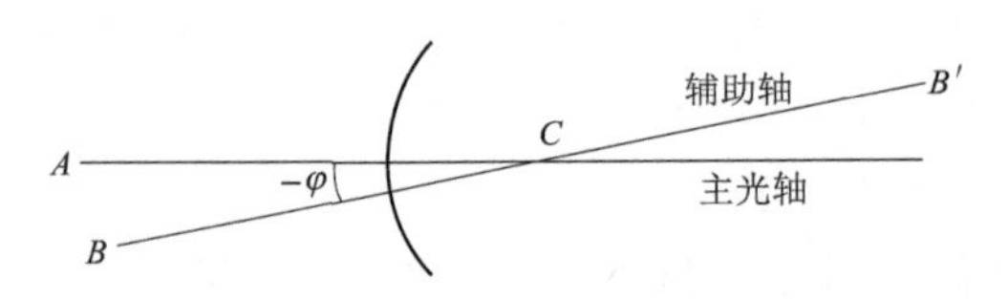

图2－12　轴外点情形

上面研究的是轴上点的情形，下面研究轴外物点。如图2－12所示。由于球面的对称性，对单个球面来说，任意一条半径都可看成是它的轴线。轴外物点 B，对通过 B 点的半径 BC 来说相当于一个轴上点，BC 称为 B 点的辅助轴。假定 B 点离光轴不远，辅助轴和主光轴的夹角 φ 很小，位于近轴范围内，即位于主光轴 AC 的近轴范围内的光线，对于辅助轴 BC 来说，同样是近轴光线，所以成像应该符合理想成像，而且像点一定位于辅助轴上。

综上所述，可以得出以下结论：位于近轴区域内的物点，利用近轴光线成像时，符合（近似地）点对应点的理想成像关系。

应用近轴光路计算式（2－6）～式（2－10）对上述单透镜逐面计算，若取物距 $l_1=-100$，$u_1=-1$，则可求得

$$l_2' = 17.070$$
$$u_2' = 5.0539$$

§2－4　近轴光学的基本公式及其实际意义

根据前面的讨论可知，在近轴区域内成像近似地符合理想成像，即每一个物点对应一确定的像点。只要物距 l 确定，就可利用近轴光路计算公式得到 l'，而与中间变量 u、u'、i、i' 无关。因此，可以将公式中的 u、u'、i、i' 消去，而把像点位置 l' 直接表示成物点位置 l 和球面半径 r 以及介质折射率 n、n' 的函数。

下面就从上述公式出发来建立物像之间的直接关系。

一、物像位置关系式

为了便于推导和在某些情况下的使用，我们引入 h——光线与球面的交点到光轴的距离，如图2－13所示。

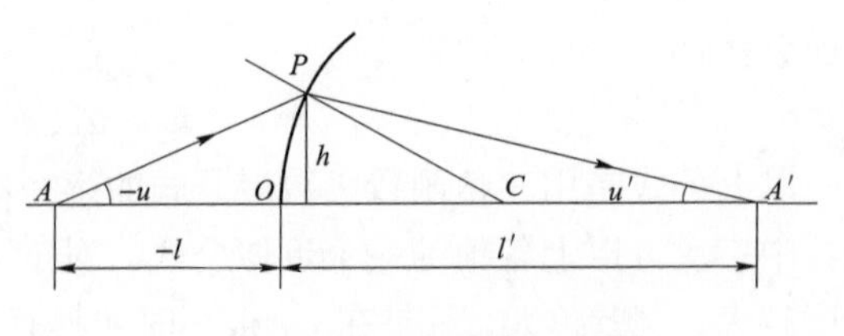

图2－13　投透高示意图

h 的符号规则是：

h——以光轴为计算起点到光线在球面的投射点，向上为正，向下为负。

将式（2－6）展开并移项得

$$ru = -ir + lu$$

则

$$u = -i + \frac{lu}{r}$$

同样由式（2－9）可得

$$u' = -i' + \frac{l'u'}{r}$$

对于近轴光线来说，显然 $h = lu = l'u'$，代入上式，并在第一式两侧同乘以 n，第二式两侧同乘以 n'，则得

$$nu = -ni + \frac{nh}{r}$$

$$n'u' = -n'i' + \frac{n'h}{r}$$

将以上二式相减，并考虑到 $ni = n'i'$，得

$$n'u' - nu = \frac{h}{r}(n' - n) \tag{2-11}$$

等式两边分别除以 h，并将$\frac{u'}{h} = \frac{1}{l'}$，$\frac{u}{h} = \frac{1}{l}$代入，即可得到以下常用的近轴光学基本公式：

$$\frac{n'}{l'} - \frac{n}{l} = \frac{n' - n}{r} \tag{2-12}$$

或

$$n\left(\frac{1}{l} - \frac{1}{r}\right) = n'\left(\frac{1}{l'} - \frac{1}{r}\right) \tag{2-13}$$

利用以上基本公式，当已知球面半径 r 和介质的折射率 n、n'后，只要给出轴上物点的位置 l，就能求出像点的位置 l'。

如果把转面公式（2－10）中的第二个公式两侧同乘以 u_1'，则有

$$u_2 = u_1',\ h_2 = h_1 - d_1u_1' \tag{2-14}$$

式（2－11）和式（2－14）又组成了另一种形式的近轴光路计算公式。当入射光线坐标是以 h、u 的形式给出时，利用式（2－11）算出 u'，再利用式（2－14）求出光线在下一面上的投射高，即可继续逐面进行计算。

二、物像大小关系式

为了建立物像大小的关系式，我们来求轴外物点 B 的像。如图 2－14 所示，通过物点作一垂直于光轴的平面 AB。

由于近轴范围内成像符号理想，根据共轴理想光学系统的成像性质，垂直于光轴的物平面 AB 的像平面 $A'B'$也一定垂直于光轴。像平面的位置可用式（2－12）或式（2－13）确定。由上节讨论得知，B 点的像一定位于辅助轴上。因此，辅助轴与过 A'点垂直于光轴的像平面的交点 B'显然就是 B 点的像。

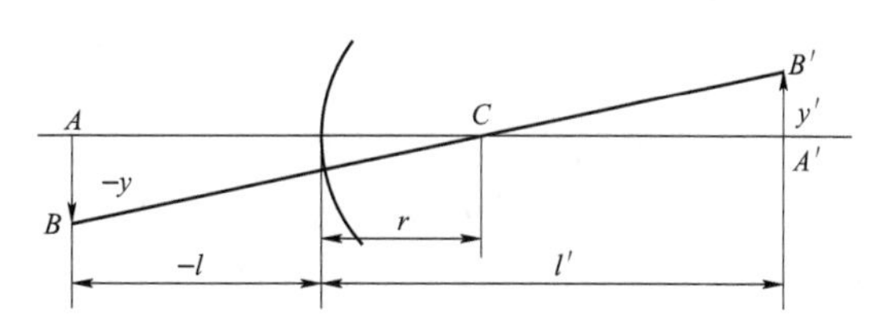

图 2－14　近轴区轴外点

这里分别用 y 和 y'表示物点和像点到光轴的距离。它们的符号规则如下：位于光轴上方的 y、y'为正，反之为负。$\frac{y'}{y}$称为两共轭面间的垂轴放大率，用 β 表示，有

$$\beta = \frac{y'}{y}$$

由图 2－14 可知，$\triangle ABC$ 和$\triangle A'B'C$ 相似，根据对应边成比例的关系，得

$$\frac{y'}{-y}=\frac{l'-r}{-l+r} \quad 或 \quad \beta=\frac{y'}{y}=\frac{l'-r}{l-r}$$

把式（2－12）进行移项并通分，得

$$n'\frac{l'-r}{l'}=n\frac{l-r}{l}$$

或写成

$$\frac{l'-r}{l-r}=\frac{nl'}{n'l}$$

代入β公式，得

$$\beta=\frac{y'}{y}=\frac{nl'}{n'l} \tag{2-15}$$

上式就是物像大小的关系式。利用式（2－12）或式（2－13）和式（2－15）就可以由任意位置和大小的物体，求得单个折射球面所成的近轴像的位置和大小。

对于由若干个透镜组成的共轴球面系统，逐面应用式（2－12）和式（2－15）就可以求得任意共轴系统所成的近轴像的位置和大小。如对§2－3节的单透镜进行计算，若取物距$l_1=-100$，物高$y_1=10$，则可得出

$$l_2'=17.070,\ y_2'=-1.9786$$

这和用近轴光路计算式（2－6）~式（2－10）算得的结果一样。

根据近轴光学公式的性质，它只能适用于近轴区域。但是实际使用的光学仪器，无论是成像物体的大小，或者由一物点发出的成像光束都要超出近轴区域。这样看来，研究近轴光学似乎并没有很大的实际意义。但是事实上近轴光学的应用并不仅限于近轴区域内。对于超出近轴区域的物体，仍然可以使用近轴光学公式来计算像平面的位置和像的大小。也就是说，把近轴光学公式扩大应用到任意空间。对于近轴区域以外的物体，应用近轴光学公式计算出来的像究竟有什么实际意义呢？

（1）作为衡量实际光学系统成像质量的标准。共轴理想光学系统的成像性质：一个物点对应一个像点；垂直于光轴的共轭面上放大率相同。如果实际共轴球面系统成像符合理想成像，则该理想像的位置和大小必然与用近轴光学公式计算所得的结果相同，因为它们代表了实际近轴光线的像面位置和放大率。如果光学系统成像不符合理想成像，当然就不会和近轴光学公式计算出的结果一致，二者间的差异显然就是该实际光学系统的成像性质和理想像间的误差。也就是说，可以用它作为衡量该实际光学系统成像质量的指标。因此，通常我们把用近轴光学公式计算出来的像，称为实际光学系统的理想像。

（2）用它近似地表示实际光学系统所成像的位置和大小。在设计光学系统或者分析光学系统的工作原理时，往往首先需要近似地确定像的位置和大小。能够满足实际使用要求的光学系统，它所成的像应该近似地符合理想。也就是说，它所成的像应该是比较清晰的，并且物像大体是相似的。所以，可以用近轴光学公式计算出来的理想像的位置和大小，近似地代表实际光学系统所成像的位置和大小。由此可见，近轴光学具有重要的实际意义，在今后研究光学系统的成像原理时经常会用到。

§2－5　共轴理想光学系统的基点——主平面和焦点

对于一个已知的共轴球面系统，利用前面导出的近轴光学基本公式，可以求出任意物

点的理想像。但是，当物平面位置改变时，则需要重新进行计算。如果要求知道系统在整个空间的物像对应关系，势必需要计算许多不同的物平面，这样既烦琐又不全面。在前面§1－6节中讨论共轴理想光学系统的成像性质时曾经证明，只要知道了两对共轭面的位置和放大率，或者一对共轭面的位置和放大率，以及轴上的两对共轭点的位置，则任意物点的像点就可以根据这些已知的共轭面和共轭点来求得。因此，该光学系统的成像性质就可以用这些已知的共轭面和共轭点来表示，它们称为共轴系统的基面和基点。基面和基点的位置原则上可任意选择，不过为了使用方便起见，一般选特殊的共轭面和共轭点作为基面和基点。

最常用的是一对共轭面和轴上的两对共轭点，下面分别进行介绍。

一、放大率 $\beta=1$ 的一对共轭面——主平面

根据式（2－15）可知，不同位置的共轭面对应着不同的放大率。不难想象，总有这样一对共轭面，它们的放大率 $\beta=1$。我们称这一对共轭面为主平面，其中的物平面称为物方主平面，对应的像平面称为像方主平面。两主平面和光轴的交点分别称为物方主点和像方主点，用 H、H' 表示，如图2－15所示。H 和 H' 显然也是一对共轭点。

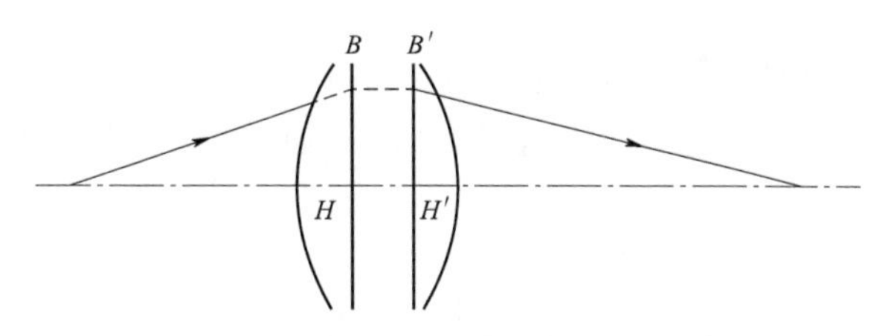

图2－15　光学系统主平面

主平面具有以下的性质：假定物空间的任意一条光线和物方主平面的交点为 B，它的共轭光线和像方主平面交于 B' 点，则 B 和 B' 距光轴的距离相等。这一点根据主平面的定义很容易理解。

二、无限远的轴上物点和它所对应的像点 F'——像方焦点

光轴上物点位于无限远时，它的像点位于 F' 处，如图2－16所示，F' 称为“像方焦点”。例如，我们把一个放大镜（凸透镜）正对着太阳，在透镜后面可以获得一个明亮的圆斑，它就是太阳的像，也就是透镜的像方焦点位置，因为可以认为太阳位于无限远。通过像方焦点并垂直于光轴的平面称作像方焦平面，它显然和垂直于光轴的无限远的物平面共轭。

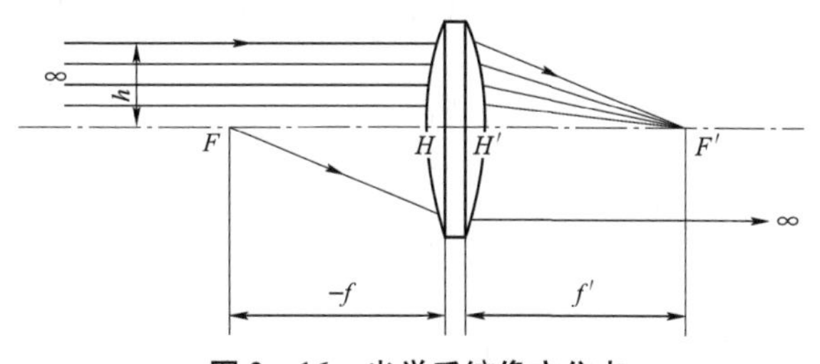

图2－16　光学系统像方焦点

像方焦点和像方焦平面有以下性质：

（1）平行于光轴入射的任意一条光线，其共轭光线一定通过 F' 点。因为 F' 点是轴上无限远物点的像点，和光轴平行的光线可以看作由轴上无限远的物点发出的，它们的共轭光线必然通过 F' 点。

（2）和光轴成一定夹角的平行光束，通过光学系统以后，必相交于像方焦平面上同一点。因为和光轴成一定夹角的平行光束，可以看作由无限远的轴外物点发出的，其像点必然位于像方焦平面上，如图2－17所示。

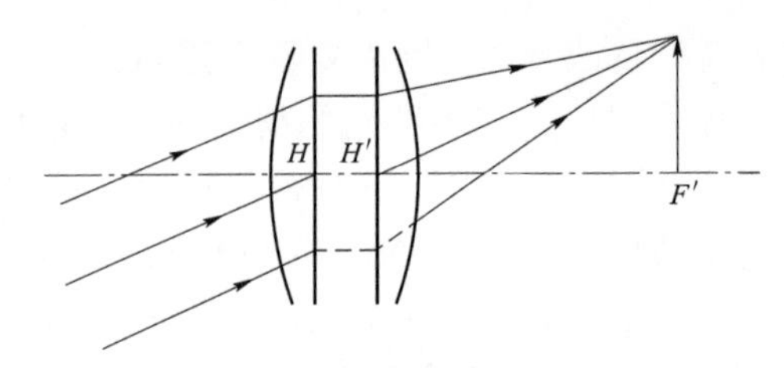

图 2－17　像方焦平面成像性质

三、无限远的轴上像点和它所对应的物点 F——物方焦点

如果轴上有一物点 F 和它共轭的像点位于轴上无限远，如图 2－16 所示，则 F 称为物方焦点。通过 F 垂直于光轴的平面称为物方焦平面，它显然和无限远的垂直于光轴的像平面共轭。

物方焦点和物方焦平面具有以下性质：

（1）过物方焦点入射的光线，通过光学系统后平行于光轴出射，如图 2－16 中光轴下方的光线；

（2）由物方焦平面上轴外任意一点 B 发出的所有光线，通过光学系统以后，对应一束和光轴成一定夹角的平行光线，如图 2－18 所示。

主平面和焦点之间的距离称为焦距。由像方主点 H' 到像方焦点 F' 的距离称为像方焦距，用 f' 表示；由物方主点 H 到物方焦点 F 的距离称为物方焦距，用 f 表示。f'、f 的符号规则如下（图 2－16）：

f'——以 H' 为起点，计算到 F'，由左向右为正；

f——以 H 为起点，计算到 F，由左向右为正。

一对主平面，加上无限远轴上物点和像方焦点 F'，以及物方焦点 F 和无限远轴上像点这两对共轭点，就是我们最常用的共轴系统的基点。根据它们能找出物空间任意物点的像。因此，如果已知一个共轴系统的一对主平面和两个焦点位置，它的成像性质就完全确定。所以，通常总是用一对主平面和两个焦点位置来代表一个光学系统，如图 2－19 所示。至于如何根据 H、H'、F 和 F' 用作图的方法或者用计算的方法来求出像的位置和大小的问题，将在后面讨论。

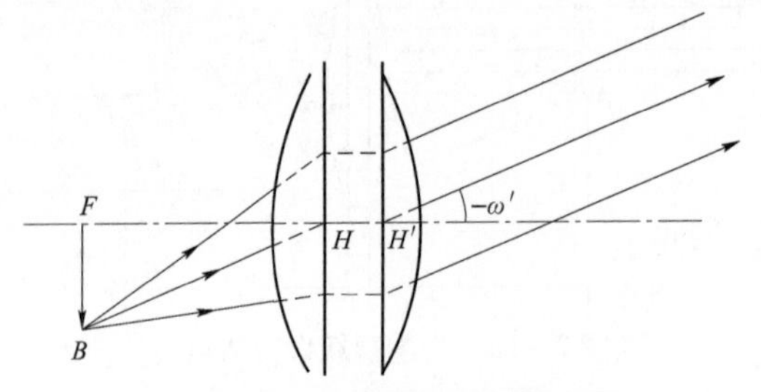

图 2－18　物方焦平面成像性质

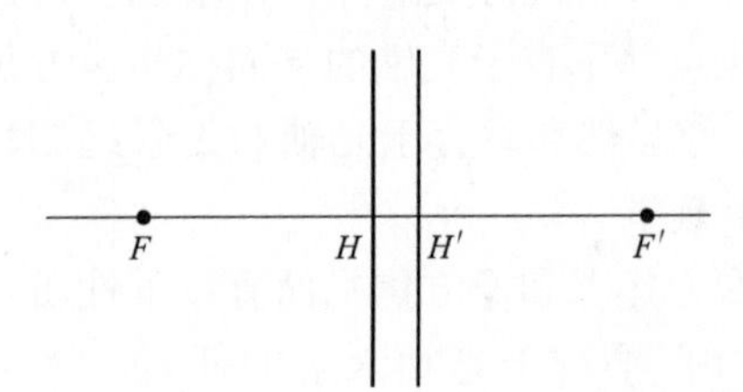

图 2－19　光学系统主点和焦点

§2－6　单个折射球面的主平面和焦点

在§2－5 节中，说明了共轴球面系统（透镜或透镜组）的成像性质可以用一对主平面

和两个焦点表示。现在先就单个折射球面的情形来寻求它的主平面和焦点位置。

一、球面的主点位置

按照主平面的性质，它是垂轴放大率$\beta=1$的一对共轭面。因此，根据式（2－15），有

$$\beta=\frac{nl'}{n'l}=1\text{ 或者 }nl'=n'l$$

同时，由于它是一对共轭面，主点H、H'的位置应满足式（2－12）

$$\frac{n'}{l'}-\frac{n}{l}=\frac{n'-n}{r}$$

上式两边同乘ll'，得

$$n'l-nl'=\frac{n'-n}{r}ll'$$

由上面方程可知，此式左边为零。如果将$l'=\frac{n'}{n}l$代入等式右边，即得

$$\frac{n'-n}{r}\cdot\frac{n'}{n}l^2=0$$

由此得到$l=0$，代入$nl'=n'l$的关系式，得$l'=0$。由此得出结论：球面的两个主点H、H'与球面顶点重合，其物方主平面和像方主平面即为过球面顶点的切平面。

二、球面焦距公式

已知主点位置，只要能求出焦距，则焦点的位置即可确定，如图2－20所示。

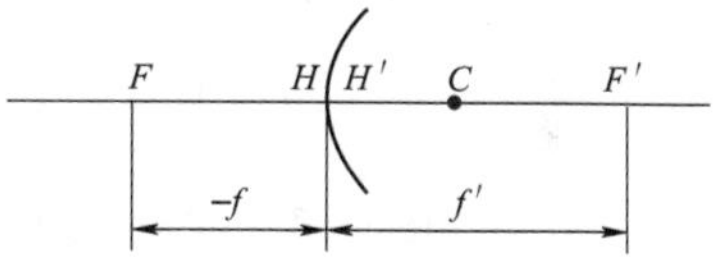

图2－20　单折射面主点和焦点

按照定义，像方焦点为无限远物点的共轭点，焦距即从主点到焦点的距离。由于球面的主点位于球面顶点，故球面的焦距即为球面顶点到焦点的距离。

应用式（2－12），当$l=\infty$时，对应$l'=f'$有

$$\frac{n'}{f'}-\frac{n}{\infty}=\frac{n'-n}{r}$$

得到

$$f'=\frac{n'r}{n'-n}\tag{2-16}$$

同样，按照定义，物方焦点为无限远像点的共轭物点。将$l'=\infty$，$l=f$代入式(2－12)，得

$$f=-\frac{nr}{n'-n}\tag{2-17}$$

式（2－16）、式（2－17）就是单个折射球面的焦距公式。

对于球面反射的情形，由于反射可以看成$n'=-n$的折射，代入式（2－16）、式(2－17)，得到

$$f'=f=\frac{r}{2}\tag{2-18}$$

由此得出结论：反射球面的焦点位于球心和顶点的中间，如图2－21所示。

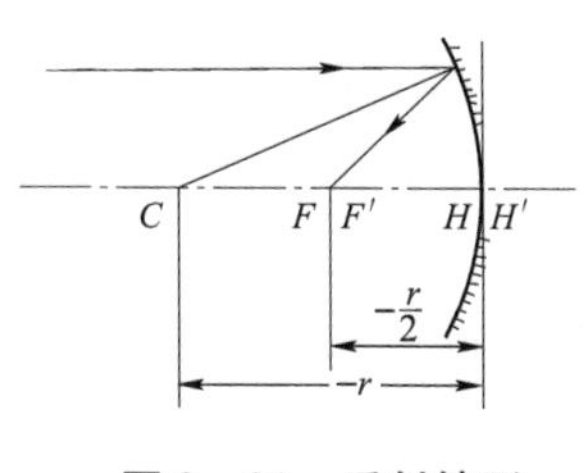

图2－21　反射情形

§2－7 共轴球面系统主平面和焦点位置的计算

上一节找出了单个折射与反射球面的主平面和焦点位置，本节将讨论计算任意共轴球面系统的主平面和焦点位置的方法。

如图2－22所示，折射面1和K代表由K个球面组成的共轴系统的第一面和最后一面。对于一个单透镜来说，代表它的第一面和第二面。

根据像方焦点F'的性质，平行于光轴入射的光线，通过光学系统后，一定经过F'点。为了确定F'的位置，只要利用近轴光路计算公式计算一条平行于光轴入射的近轴光线，它通过光学系统以后和光轴的交点即为像方焦点。

对于平行于光轴的光线，$L=\infty$，$U=0$，原来的式（2－1）和式（2－6）

$$\sin I=\frac{L-r}{r}\sin U,\ i=\frac{l-r}{r}u$$

中的分子为无限大和零的乘积，无法应用。因此，必须导出新的公式。

我们用光线离开光轴的距离h_1作为平行于光轴的光线的坐标，如图2－23所示。

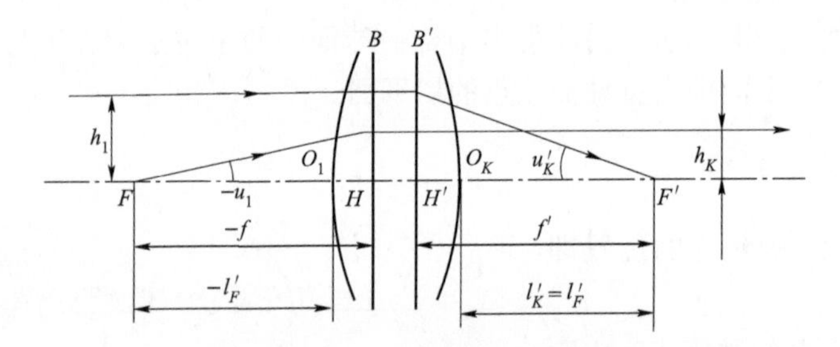

图2－22 共轴系统主面和焦点

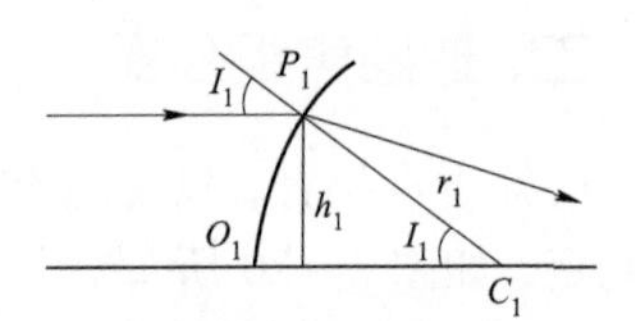

图2－23 平行光线坐标

由图2－23得到

$$\sin I_1=\frac{h_1}{r_1}\tag{2-19}$$

相应的近轴光路公式为

$$i_1=\frac{h_1}{r_1}\tag{2-20}$$

利用上述公式求出I_1或i_1以后，就可以继续用原来的式（2－2）~式（2－5），或者式（2－7）~式（2－10）进行计算。

计算平行于光轴的近轴光线时，h_1的数值可以任意选择，因为h_1和i_1、i_1'、u_1'成比例。和前面u_1可以任意选择一样，h_1的改变不会影响求得的l_1'的数值。把平行于光轴入射的近轴光线通过系统逐面计算，最后求得出射光线的坐标u_K'和l_K'，从而找到出射光线和光轴的交点位置，也就是像方焦点F'的位置。F'离开最后一面顶点O_K的距离l_F'称为像方顶焦距，如图2－22所示。

利用以上结果，还可以同时确定像方主平面的位置。由于入射光线平行于光轴，所以无论物方主平面在什么位置，它和入射光线交点的高度一定等于h_1。根据主平面的性质，出射光线和像方主平面交点的高度也一定等于h_1。因此，只要延长入射的平行光线和出射光线，

使之相交于一点 B'，则 B' 点一定位于像方主平面上。通过 B' 点作垂直于光轴的平面，即为像方主平面。像方主平面和光轴的交点 H' 即为像方主点，如图 2－22 所示。根据这种关系，就可以导出计算系统焦距的公式，从而确定主平面的位置。由图 2－22 可以看出以下关系：

$$f' = \frac{h_1}{u'_K} \tag{2-21}$$

f' 已知后，根据已经确定的像方焦点 F'，就可确定 H' 的位置。由上式可知，焦距的大小同样与 h_1 无关，因为 u'_K 是和 h_1 成比例的，h_1 改变时，二者之比不变。

至于物方焦点和物方主点位置的确定，和像方焦点和像方主点完全相似。根据物方焦点的性质和光路可逆定理，如果从像空间按相反方向计算一条平行于光轴入射的光线，则它在物空间的共轭光线一定通过 F 点。但这时计算光线是从右向左，和一般习惯不符。因而在实际计算中，将光学系统倒过来，按计算像方焦点的方法进行计算，但所得结果必须改变符号，才是原来位置时的物方焦距和顶焦距。我们用 l_F 表示物方顶焦距。

如用上述方法对 §2－3 书中给出的透镜进行主平面和焦点位置计算，则其计算结果如图 2－24 所示。

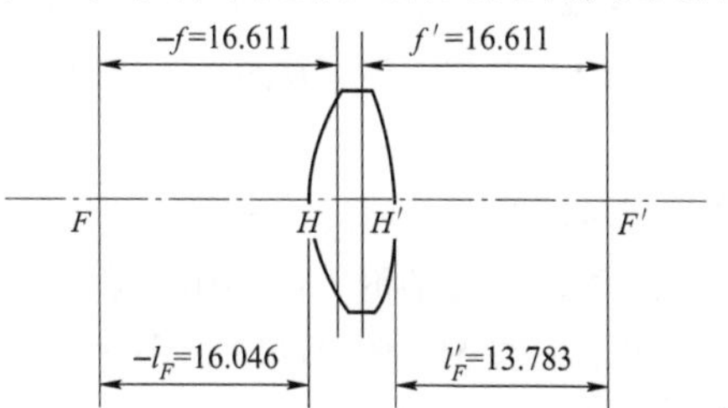

图 2－24　单透镜主面和焦点位置

§2－8　用作图法求光学系统的理想像

前面提到，一对主平面和两个焦点能够表示共轴系统的成像性质。但是主平面和焦点的位置是用近轴光学公式计算出来的，所以它只能代表实际光学系统在近轴区域内的成像性质。如果把主平面和焦点的应用范围扩大到整个空间，则所求出来的像就称为实际光学系统的理想像。本节就讨论如何根据已知的主平面和焦点的位置，用作图法求任意物点的理想像。

由于在理想成像的情形，由同一物点 B 发出的所有光线通过光学系统以后，仍然相交于一点。利用主平面和焦点的性质，只需找出由物点发出的两条特殊光线在像空间的共轭光线，则它们的交点就是该物点的像，如图 2－25 所示。最常用的两条特殊光线是：

（1）通过物点经物方焦点 F 入射的光线 BI，它的共轭光线平行于光轴，并分别交物方主平面和像方主平面于 I、I' 点，且 $HI = H'I'$，如图 2－25 中 $BII'B'$ 光线所示。

（2）通过物点平行光轴入射的光线 BK，它的共轭光线 $K'B'$ 通过像方焦点 F'，如图 2－25 中 $BKK'B'$ 光线所示，显然 $KH = K'H'$。

二共轭光线的交点 B' 即为 B 点的像。

下面举两个例子。

【例 1】 如图 2－26 所示，若物点 B 位于物方焦平面和物方主平面之间，同样亦可作两条特殊光线：一条经过物点 B 与光轴平行入射，射出时应经过像方焦点 F'；另一条经过物点 B 和物方焦点 F 而入射，射出时应与光轴平行。将二出射光线延长相交，交点 B' 即物点 B 的像。

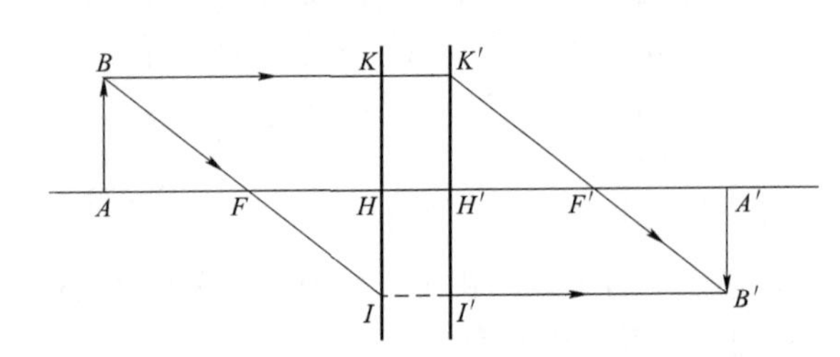

图2-25　作图法求像两条光线

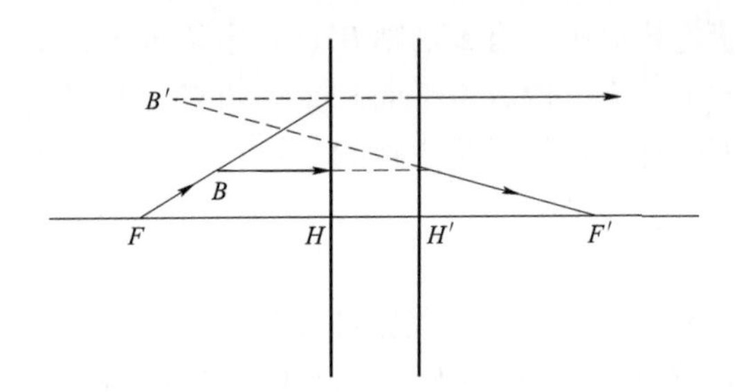

图2-26　物点在物方焦点和主点之间

【例2】如图2-27所示，已知共轴系统的四个基点F、F'、H和H'，求轴上物点A的像。

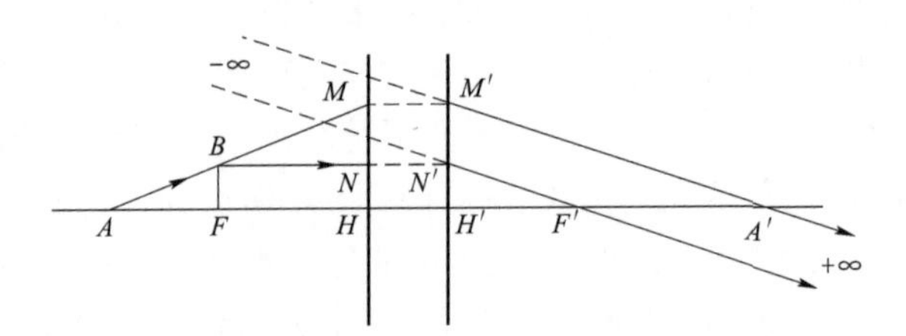

图2-27　物点在物方主平面上

这时，光轴可以作为一条特殊光线，但作第二条特殊光线时，仅利用焦点和主平面的性质是不够的，必须同时利用焦平面上轴外点的性质。第二条特殊光线的作图步骤如下：

（1）在主平面上任取一对共轭点M和M'，连接AM直线与物方焦平面F交于B点，其出射光线上只有M'点已知，还无法画出出射光线的方向；

（2）利用焦平面的性质，通过焦平面上B点的光线出射后是一束与光轴成一定角度的平行光线。由B点作一条平行于光轴的辅助光线BN。由N找到N'，射出后应通过像方焦点F'。自B点发出的通过主平面上M'的出射光线必与$N'F'$光线平行，它与光轴相交于A'点，A'点即物点A的像。

但应注意：AM线段的像并不是$A'M'$。当物点A沿着AM线趋于物点B时，因为物点B的像在无限远，像点就由A'点趋向正无限远。当物点M沿着MA线趋向物点B时，像点就由M'点趋向负无限远。所以AM线段的像是由A'点到正无限远和由M'点到负无限远的两个线段所组成的。

图2-28所示为正透镜虚物成实像的例子，图2-29所示为负透镜实物成虚像的例子。

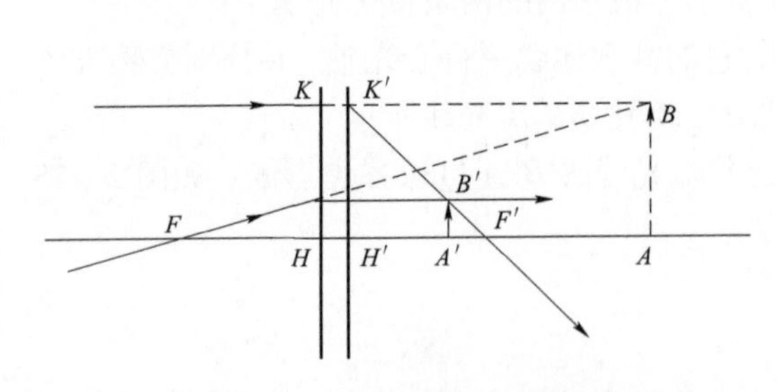

图2-28　正透镜虚物成实像

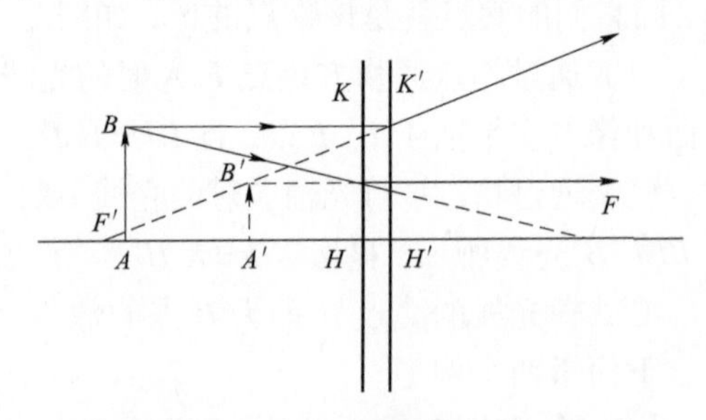

图2-29　负透镜实物成虚像

用作图法求像是一种直观简便的方法，在分析透镜或光学系统的成像关系时经常用到。本节后面所推导的物像关系式也是以作图法求像作为基础的。

§2-9　理想光学系统的物像关系式

在§2-8节中，根据已知共轴系统的主平面和焦点位置，可以用作图的方法求像。本节讨论用计算的方法求像。按照选取不同的坐标原点可以导出两种物像关系的计算公式：第一种是以焦点为原点的牛顿公式；第二种是以主点为原点的高斯公式。

一、牛顿公式

在牛顿公式中，表示物点和像点位置的坐标为：

x——以物方焦点 F 为原点算到物点 A，由左向右为正，反之为负；

x'——以像方焦点 F' 为原点算到像点 A'，由左向右为正，反之为负。

物高和像高用 y、y' 表示，其符号规则同前。

在图2-30中，用上节的作图法，找出物体 AB 的像 $A'B'$，有关的线段都按照符号规则标注其绝对值，然后利用几何关系便可导出能普遍适用于各种情形的求像公式。

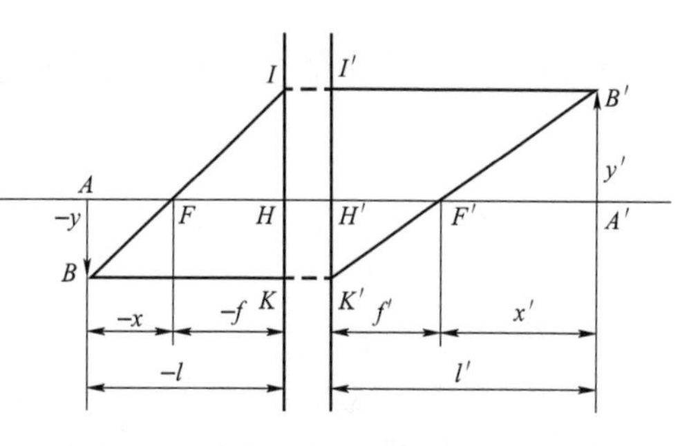

图2-30　牛顿公式和高斯公式中物、像

由于 $\triangle ABF \backsim \triangle HIF$，按相似三角形对应边成比例的关系，得

$$\frac{y'}{-y}=\frac{-f}{-x}\quad 或\quad \frac{y'}{y}=-\frac{f}{x}$$

同理，由于 $\triangle H'K'F' \backsim \triangle A'B'F'$，得

$$\frac{y'}{-y}=\frac{x'}{f'}\quad 或\quad \frac{y'}{y}=-\frac{x'}{f'}$$

将以上二式合并，得

$$\beta=\frac{y'}{y}=-\frac{f}{x}=-\frac{x'}{f'} \tag{2-22}$$

将上式交叉相乘，得

$$xx'=ff' \tag{2-23}$$

式（2-22）、式（2-23）就是最常用的表示物像关系的牛顿公式。如果光学系统的焦点和主平面位置已经确定，则 f、f' 一定，再给出物点位置和大小（x，y），就可算出像点位置和大小（x'，y'）。

二、高斯公式

在高斯公式中，表示物点和像点位置的坐标为：

l——以物方主点 H 为原点算到物点 A，从左到右为正，反之为负；

l'——以像方主点 H' 为原点算到像点 A'，从左到右为正，反之为负。

物高和像高的符号规则同前。

由图2-30可找到 l、l' 与 x、x' 的关系如下：

$$AH=-l=(-x)+(-f)$$

$$A'H' = l' = x' + f'$$

由此得到

$$x = l - f,\ x' = l' - f' \tag{2-24}$$

代入牛顿公式（2-23），得

$$(l - f)(l' - f') = ff'$$

将上式化简，得

$$lf' + fl' = ll'$$

等式两端同时除以 ll'，得

$$\frac{f'}{l'} + \frac{f}{l} = 1 \tag{2-25}$$

同理，将式（2-24）中的 x' 代入式（2-22），得

$$\beta = -\frac{x'}{f'} = -\frac{l' - f'}{f'}$$

把公式 $lf' + fl' = ll'$ 中的 lf' 项移至等式右边，得

$$fl' = l(l' - f') \quad 或 \quad (l' - f') = \frac{fl'}{l}$$

代入上式，得

$$\beta = -\frac{fl'}{f'l} \tag{2-26}$$

式（2-25）和式（2-26）就是常用的另一种表示物像关系的高斯公式。在已知 f、f' 后，由物点位置和大小（l, y）就可求出像点位置和大小（l', y'）。

【计算举例】 在§2-4节中我们曾经按近轴光学基本公式，用逐面计算的方法，求出了在透镜前100的物平面所对应的理想像平面的位置和放大率。在§2-7节中又计算了该透镜的主平面和焦点位置，如图2-31所示，即

$$f' = 16.611,\ l'_F = 13.783$$
$$f = -16.611,\ l_F = -16.046$$

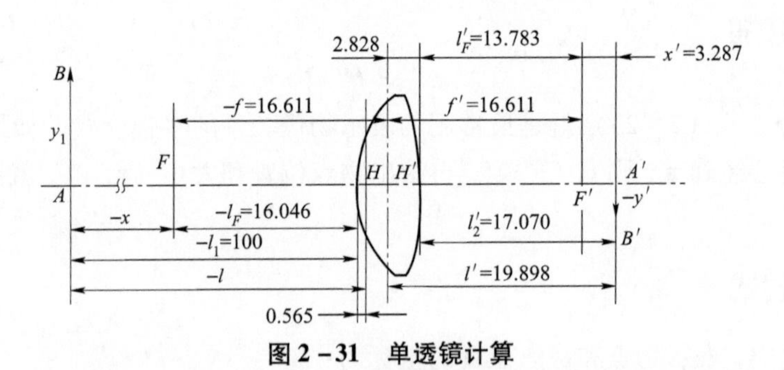

图2-31 单透镜计算

现在根据求得的透镜主平面和焦点位置分别应用牛顿公式和高斯公式直接求它的像面位置和放大率。

（1）应用牛顿公式。由图2-31得

$$x = -(100 - 16.046) = -83.954$$

代入牛顿公式（2－23），得

$$(-83.954)x' = (-16.611) \times 16.611$$

$$x' = \frac{-16.611^2}{-83.954} = 3.287$$

由图知像平面距透镜第二面顶点的距离为

$$l_2' = 13.783 + 3.287 = 17.070$$

这和§2－4节中用近轴光学基本公式逐面计算得到的结果完全相同。

应用公式（2－22），得

$$\beta = \frac{y'}{y} = -\frac{f}{x} = -\frac{-16.611}{-83.954} = -0.19786$$

则
$$y' = \beta \cdot y = (-0.19786) \times 10 = -1.9786$$

这也和§2－4节中的计算结果完全相同。

（2）应用高斯公式。由图2－31知由物方主平面到物面距离 l 为

$$l = -(100 + 0.565) = -100.565$$

代入高斯公式（2－25），得

$$\frac{16.611}{l'} + \frac{-16.611}{-100.565} = 1$$

由此解得

$$l' = 19.898$$

由图知像点距离第二个球面顶点为

$$l_2' = 19.898 - 2.828 = 17.070$$

这和前面的计算结果完全相同。

再用式（2－26），得

$$\beta = -\frac{fl'}{f'l} = -\frac{-16.611 \times 19.898}{16.611 \times (-100.565)} = -0.19786$$

则

$$y' = \beta \cdot y = (-0.19786) \times 10 = -1.9786$$

这也和前面的计算结果完全相同。

§2－10 光学系统的放大率

由于共轴理想光学系统只是对垂直于光轴的平面所成的像才和物相似，所以绝大多数光学系统都只是对垂直于光轴的某一确定的物平面成像。为了进一步了解这些确定的物平面的成像性质，下面研究并讨论光学系统成像的三种放大率。

一、垂轴放大率

前面曾讨论过，垂轴放大率代表共轭面像高和物高之比，其计算见式（2－22）和式（2－26）。

二、轴向放大率

当物平面沿着光轴移动微小的距离 dx 时，像平面相应地移动距离 dx'，比例$\frac{\mathrm{d}x'}{\mathrm{d}x}$称为光学

系统的轴向放大率，用 α 表示。它代表平行于光轴的微小线段所成的像与该线段二者长度之比。

（1）高斯公式。根据式（2-25）

$$\frac{f'}{l'}+\frac{f}{l}=1$$

对 l 和 l' 微分，得

$$-\frac{f'}{l'^2}\mathrm{d}l'-\frac{f}{l^2}\mathrm{d}l=0$$

由图2-32很容易看出 $\frac{\mathrm{d}x'}{\mathrm{d}x}$ 和 $\frac{\mathrm{d}l'}{\mathrm{d}l}$ 相等，所以有

$$\alpha=\frac{\mathrm{d}x'}{\mathrm{d}x}=\frac{\mathrm{d}l'}{\mathrm{d}l}=-\frac{f\,l'^2}{f'l^2} \tag{2-27}$$

（2）牛顿公式。同理，根据式（2-23）

$$xx'=ff'$$

对 x 和 x' 微分，得

$$x\mathrm{d}x'+x'\mathrm{d}x=0$$

由此得到

$$\alpha=\frac{\mathrm{d}x'}{\mathrm{d}x}=-\frac{x'}{x} \tag{2-28}$$

三、角放大率

角放大率是共轭面上的轴上点 A 发出的光线通过光学系统后，与光轴的夹角 U' 的正切和对应的入射光线与光轴所成的夹角 U 的正切之比，一般用 γ 表示，如图2-32所示。假定由 A 点发出的成像光束的汇聚角为 U，则汇聚在像点 A' 的光束的汇聚角将为 U'，于是有

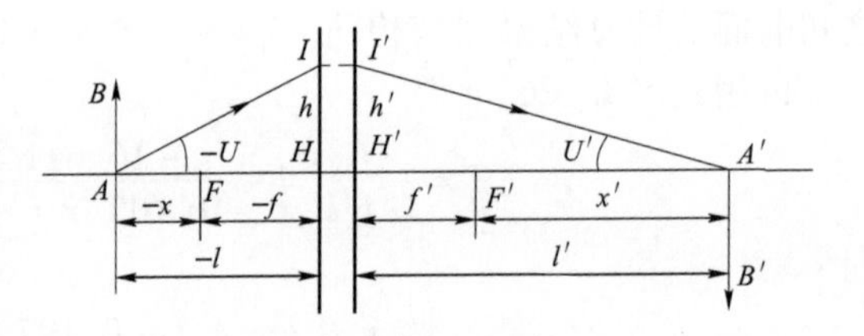

图2-32 物方和像方孔径角

$$\gamma=\frac{\tan U'}{\tan U}$$

对近轴光线来说，U 和 U' 趋近于零，这时 $\tan U'$ 和 $\tan U$ 趋近于 u' 和 u。由此得到近轴范围内的角放大率公式

$$\gamma=\frac{u'}{u} \tag{2-29}$$

（1）高斯公式。由图2-32得

$$\tan U'=\frac{h}{l'},\ \tan(-U)=\frac{h}{-l}\ \text{或}\ \tan U=\frac{h}{l}$$

代入上式，得

$$\gamma=\frac{\tan U'}{\tan U}=\frac{l}{l'} \tag{2-30}$$

由上式可知，角放大率只和 l、l' 有关。因此，其大小仅取决于共轭面的位置，而与光线的汇聚角无关，所以它与近轴光线的角放大率相同。

（2）牛顿公式。由式（2－26）和式（2－30）得

$$\beta = -\frac{f}{f'} \cdot \frac{1}{\gamma}$$

由此得到

$$\gamma = \frac{1}{\beta}\left(-\frac{f}{f'}\right) \tag{2-31}$$

将式（2－22）代入上式，得

$$\gamma = \frac{x}{f'} = \frac{f}{x'} \tag{2-32}$$

上面就是三种放大率的计算公式，它们都与共轭面的位置有关，故对于同一光学系统来说，物（像）面的位置不同，对应的放大率是不同的。

四、三种放大率之间的关系

由以上公式可知，三种放大率并非彼此独立，而是互相联系的。下面就找出它们之间的关系。

式（2－27）为

$$\alpha = -\frac{f\,l'^2}{f'l^2}$$

把式（2－30）代入上式，得

$$\alpha = -\frac{f}{f'} \cdot \frac{1}{\gamma^2}$$

把上面导出的关系式与式（2－31）比较，得

$$\alpha = \frac{\beta}{\gamma} \quad 或 \quad \beta = \alpha \cdot \gamma \tag{2-33}$$

式（2－33）就是理想光学系统中同一对共轭面上三种放大率之间的关系。

§2－11　物像空间不变式

物像空间不变式也就是一般所说的拉格朗日－亥姆霍兹不变式，它代表实际光学系统在近轴范围内成像的一种普遍特性。下面首先推导这个不变式。

根据单个折射球面近轴范围内的放大率式（2－15）

$$\beta = \frac{y'}{y} = \frac{nl'}{n'l}$$

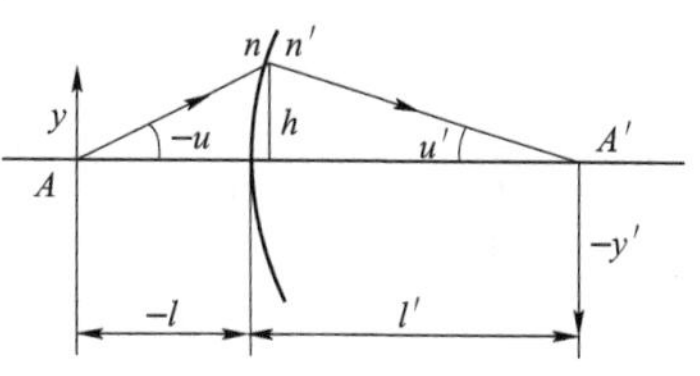

图 2－33　单折射面成像

当光线位于近轴范围内时，h 很小，如图 2－33 所示。以下关系显然成立：

$$-u = \frac{h}{-l} \quad 或者 \quad u = \frac{h}{l},\ u' = \frac{h}{l'}$$

由以上二式得

$$\frac{u}{u'} = \frac{l'}{l}$$

代入放大率式（2－15）得

$$\frac{y'}{y}=\frac{nu}{n'u'}$$

由此得到

$$nuy = n'u'y'$$

以上是单个折射球面物像空间存在的关系。对于由多个球面组成的共轴系统来说，前一面的像就是后一面的物，前一面的出射光线就是后一面的入射光线，故有

$$n_i{}'=n_{i+1},\ y_i{}'=y_{i+1},\ u_i{}'=u_{i+1}$$

由此得出

$$n_1u_1y_1=n_1'u_1'y_1'=n_2u_2y_2=\cdots=n_k{}'u_k{}'y_k{}'$$

这就是说，实际光学系统在近轴范围内成像时，对任意一个像空间来说，乘积$n'u'y'$总是一个常数，用J表示

$$J=nuy=n'u'y' \tag{2-34}$$

这就是物像空间不变式。J称为物像空间不变量或拉格朗日不变量。

把上述近轴范围内的物像空间不变式推广到整个空间，就得到理想光学系统的物像空间不变式。

根据上面角放大率的公式，对于一对确定的共轭面来说，角放大率等于常数

$$\gamma=\frac{\tan U'}{\tan U}=\frac{u'}{u}$$

将此关系式代入物像空间不变式，得

$$J=ny\tan U=n'y'\tan U' \tag{2-35}$$

这就是理想光学系统的物像关系不变式。

当物像空间的介质相同（如空气）时，式（2－35）变成

$$y\tan U=y'\tan U'$$

如果光学系统中存在反射面，由于反射相当于$n'=-n$时的折射，每经过一次反射，介质折射率的符号改变一次。因此，在光线经过奇数次反射时，物像关系不变式两端折射率的符号相反；如果是偶数次反射，则符号相同。

§2－12　物方焦距和像方焦距的关系

在前面定义共轴理想光学系统的焦距时，像方焦距和物方焦距之间并没有一定的关系。但是在实际光学系统中，二者之间存在着一种和系统结构无关的普遍关系。下面就根据物像空间不变式来进行推导。

由物像空间不变式（2－34）得

$$\beta=\frac{y'}{y}=\frac{nu}{n'u'}$$

根据理想光学系统的垂轴放大率式（2－26）有

$$\beta=-\frac{fl'}{f'l}$$

比较以上二式，得到

$$-\frac{f}{f'}\cdot\frac{l'}{l}=\frac{nu}{n'u'}$$

由图 2－34 得到

$$\gamma=\frac{\tan U'}{\tan U}=\frac{u'}{u}=\frac{l}{l'}\quad 或者\quad \frac{u}{u'}=\frac{l'}{l}$$

将以上关系代入上式化简后得到

$$\frac{f'}{f}=-\frac{n'}{n}\tag{2-36}$$

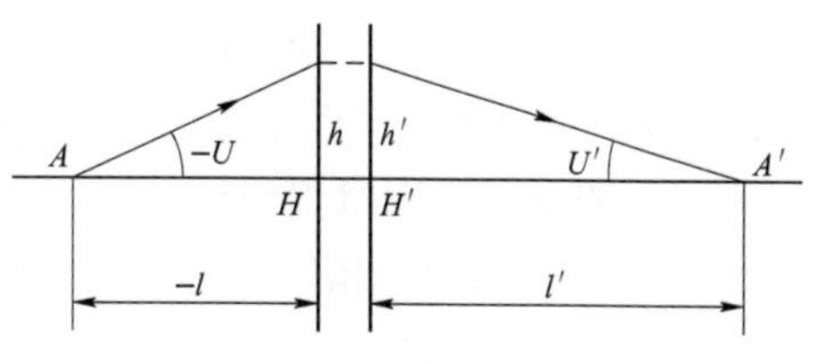

图 2－34　单个系统物方和像方示意图

式（2－36）说明，一个光学系统的像方焦距和物方焦距之比等于像空间和物空间介质的折射率之比，但符号相反。

对于位在空气中的光学系统，因 $n_1=n_k'=1$，则上式变为

$$f'=-f$$

这说明，位于空气中的光学系统，其物方焦距和像方焦距大小相等、符号相反。§2－7节中的实际计算结果和上述结论完全相符。因绝大多数光学系统都位于空气中，根据上述关系，前面有关的物像关系公式都可以化简。为了使用方便，下面列出光学系统位于空气中的物像位置公式和放大率公式。

一、物像位置公式

（1）牛顿公式。根据式（2－23）得

$$xx'=-f'^2\tag{2-37}$$

（2）高斯公式。根据式（2－25）得

$$\frac{1}{l'}-\frac{1}{l}=\frac{1}{f'}\tag{2-38}$$

二、放大率公式

（1）垂轴放大率。根据式（2－26）得

$$\beta=\frac{l'}{l}\tag{2-39}$$

（2）轴向放大率。根据式（2－27）得

$$\alpha=\frac{l'^2}{l^2}\tag{2-40}$$

（3）角放大率。根据式（2－30），γ 与 f、f' 无关，因此公式形式不变。

三、三种放大率之间的关系

由式（2－33）已经得知三种放大率之间存在以下关系：

$$\beta=\alpha\cdot\gamma$$

由物像空间不变式还可以得到垂轴放大率和角放大率之间的关系，即

$$\beta=\frac{y'}{y}=\frac{nu}{n'u'}=\frac{n}{n'}\cdot\frac{1}{\gamma}$$

或者

$$\beta \cdot \gamma = \frac{n}{n'} \tag{2-41}$$

因此当物像空间介质的折射率 n 和 n' 一定时，对某一对共轭面只要给定任意一个放大率，其他两个放大率便随之确定。或者说，对于一对给定的共轭面，只能提出一种放大率的要求，而不能对三种同时提出任意的要求。

当物像空间折射率相等时，由式（2－41）得到

$$\beta \cdot \gamma = 1 \tag{2-42}$$

将以上关系代入式（2－33）则可得到

$$\alpha = \beta^2 \tag{2-43}$$

$$\alpha = \frac{1}{\gamma^2} \tag{2-44}$$

以上为物像空间折射率相等时，三种放大率之间的关系式。

§2－13　节平面和节点

在理想光学系统中，除一对主平面 H、H' 和两个焦点 F、F' 外，有时还用到另一对特殊的共轭面，即节平面。

由式（2－30）可以看出，不同的共轭面，有着不同的角放大率。不难想象，必有一对共轭面，它的角放大率等于1。我们称角放大率等于1的一对共轭面为节平面，在物空间的称为物方节平面，在像空间的称为像方节平面。节平面和光轴的交点叫作节点，位于物空间的称为物方节点，位于像空间的称为像方节点，分别以 J、J' 表示。显然 J 和 J' 是轴上的一对共轭点。

物方节点和像方节点具有以下性质：凡是通过物方节点 J 的光线，其出射光线必定通过像方节点 J'，并且和入射光线相平行，如图2－35所示。

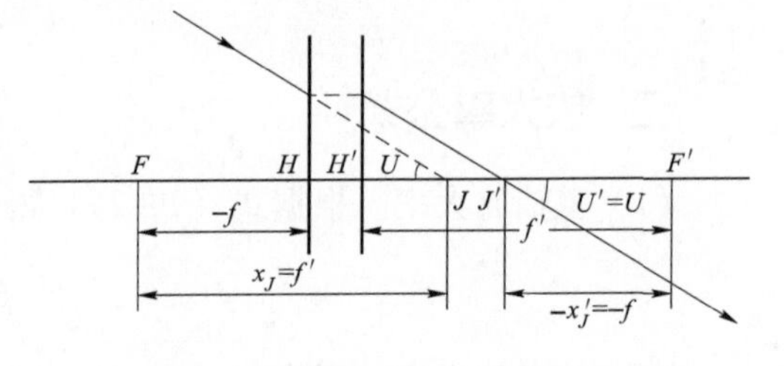

图2－35　物方节点和像方节点

下面来寻找节点的位置，根据角放大率式（2－32），将 $\gamma=1$ 代入，即可找到节点的位置

$$\gamma = \frac{x}{f'} = \frac{f}{x'} = 1$$

因此对节点 J、J' 有

$$x_J = f',\ x_{J'} = f \tag{2-45}$$

即由物方焦点 F 到物方节点 J 的距离等于像方焦距 f'，而由像方焦点 F' 到像方节点 J' 的距离等于物方焦距 f，如图2－35所示。

如果物像空间介质的折射率相等，则有 $f' = -f$，因此

$$x_J = -f,\ x_{J'} = -f'$$

这时显然 J 与 H 重合而 J' 与 H' 重合，即主平面也就是节平面，如图2－36所示。这种性质，在用作图法求理想像时，可用来作第三条特殊光线，即由物点 B 到物方主点 H（即 J）作一连线，按照节点的性质，其像方共轭光线一定经过像方主点 H'（即 J'），且与入射光线 BH 平

行，与另一条特殊光线 $I'B'$ 的交点 B' 即为所求的像点。

由于节点具有入射和出射光线彼此平行的特性，所以常用它来测定光学系统的基点位置。如图 2－37 所示，假定将一束平行光射入光学系统，并使光学系统绕通过像方节点 J' 的轴线左右摆动，由于入射光线的方向不变，而且彼此平行，根据节点的性质，通过像方节点 J' 的出射光线一定平行于入射光线。同时由于转轴通过 J'，所以出射光线 $J'F'$ 的方向和位置都不会因光学系统的摆动而发生改变。与入射平行光束相对应的像点，一定位于 $J'F'$ 上，因此，像点也不会因光学系统的摆动而产生左右移动。如果转轴不通过 J'，则当光学系统摆动时，J' 及 $J'F'$ 光线的位置也发生摆动，因而像点位置就发生摆动。利用这种性质，一边摆动光学系统，同时连续改变转轴位置，并观察像点，当像点不动时，转轴的位置便是像方节点的位置。颠倒光学系统，重复上述操作，便可得到物方节点的位置，对于绝大多数光学系统来说都位于空气中，所以节点的位置也就是主点的位置。

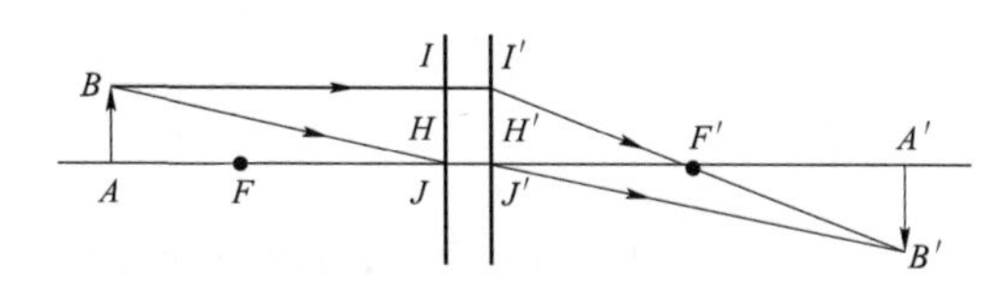

图 2－36　节点的性质

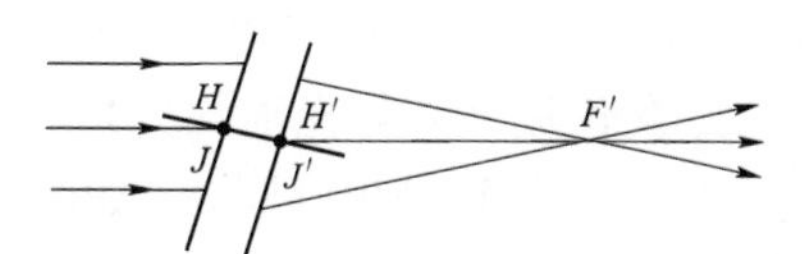

图 2－37　利用节点测主点

通常用于拍摄大型团体照片的周视照相机就是应用节点的性质构成的。如图 2－38 所示，拍摄的对象排列在一个圆弧 AB 上，照相物镜并不能使全部物体同时成像，而只能使小范围内的物体 A_1B_1 成像于底片上 $A_1'B_1'$ 处。当物镜绕像方节点 J' 转动时，就可以把整个拍摄对象 AB 成像在底片 $A'B'$ 上。如果物镜的转轴和像方节点 J' 不重合，则当物镜转动时，A_1 点和像 A_1' 将在底片上移动，因而使照片模糊不清。现在使物镜的转轴通过像方节点 J'，根据节点的性质，当物镜转动时，A_1 点的像 A_1' 就不会移动。因此，整个底片 $A'B'$ 上就可以获得整个物体 AB 的清晰的像。

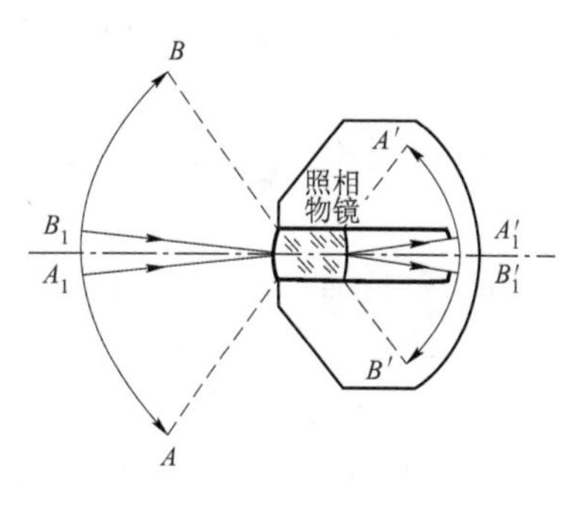

图 2－38　周视照相机原理

§2－14　无限远物体理想像高的计算公式

当物体位于有限距离时，我们是这样计算理想像高的：若已知光学系统的主平面和焦点位置，则按照 §2－9 节中所述的光学系统物像关系式求出 β，便可由物高求得像高。如果光学系统的主平面和焦点位置未给出，那么只要由轴上物点出发计算一条近轴光线，根据入射光线的汇聚角 u 和出射光线的汇聚角 u'，利用物像空间不变式求出 β，同样可以求得理想像高。

但是，当物体位于无限远时，上述两种方法便无法应用。因为由无限远的轴上物点射出的光线对应 $u=0$，所以 $\beta=0$，而物高 y 为无限大。此时，$y'=y\beta$ 变为不定式，因此无法应用，需要导出新的公式。

无限远的物平面所成的像为像方焦平面，物平面上每一点所对应的光束都是一束平行光线，我们用光束与光轴的夹角 ω 表示无限远轴外物点的位置。ω 的符号规则如下：

ω——以光轴为起始轴，转向光线顺时针为正，逆时针为负，如图2－39所示。

根据焦点的性质，通过物方焦点 F 并与光轴成 ω 夹角的入射光线 FI，射出后其共轭光线 $I'B'$ 一定平行于光轴。$I'B'$ 与像方焦面的交点 B' 显然是无限远轴外物点 B 的像点。由图2－39得知

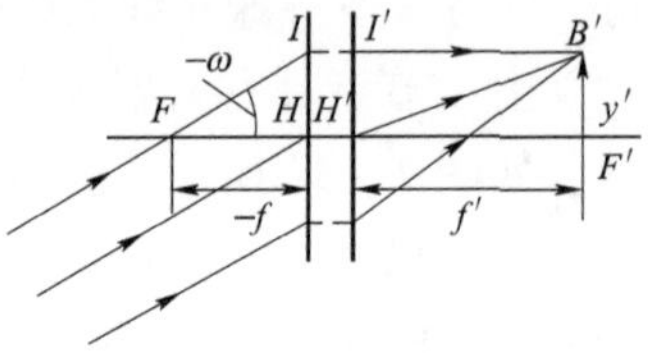

图2－39　无限远物对应的像

$$y' = IH = -f\tan(-\omega) = f\tan\omega \tag{2-46}$$

如果光学系统位于空气中，$f' = -f$，代入式（2－46）有

$$y' = -f'\tan\omega \tag{2-47}$$

这就是无限远物体理想像高的计算公式。

下面找出无限远的像所对应的物高计算公式。

无限远的轴外像点对应像方一束与光轴有一定夹角的平行光线，我们用光束与光轴的夹角 ω' 来表示无限远轴外像点的位置。ω' 的符号规则同 ω，如图2－40所示。

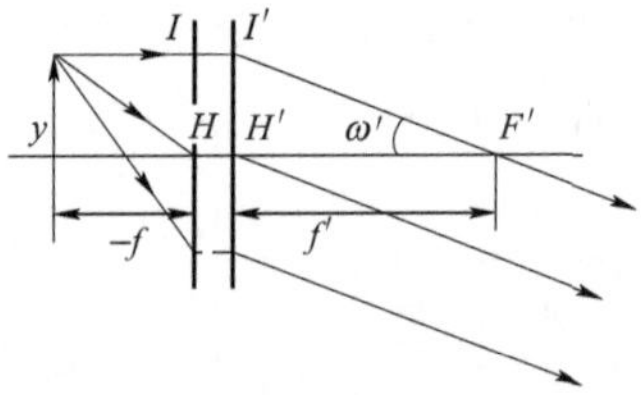

图2－40　无限远像所对应的物

根据光路可逆定理，很容易得到

$$y = f'\tan\omega' \tag{2-48}$$

此公式常用于平行光管分划板的计算。

§2－15　理想光学系统的组合

在光学系统的应用中，常将两个或者两个以上的光学系统组合在一起使用。在计算和分析一个复杂的光学系统时，为了方便起见，通常将一个光学系统分成若干部分，分别进行计算，最后再把它们组合在一起。本节就是研究如何由两个已知的光学系统，求它们的组合系统的成像性质。前面说过，一个共轴理想光学系统的成像性质，可以用主平面和焦点来代表，所以也就是根据两个已知系统的主平面和焦点位置，来求组合系统的主平面和焦点位置的问题。

一、焦点位置的公式

假定两个已知光学系统的焦距分别为 f_1'、f_1 和 f_2'、f_2，如图2－41所示。两个光学系统间的相对位置用第一个系统的像方焦点 F'_1 到第二个系统的物方焦点 F_2 的距离 Δ 表示，Δ 的符号规则为：

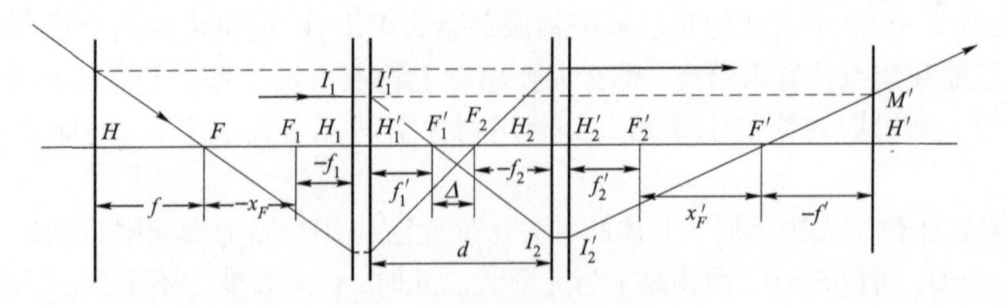

图2－41　两光学系统的组合

Δ——以 F_1' 为起点，计算到 F_2，由左向右为正。图中有关线段都按各自的符号规则进行标注，并假定组合系统的焦距为 f 和 f'，焦点为 F 和 F'。

下面首先求像方焦点 F' 的位置。按照焦点的性质，平行于光轴入射的光线通过第一个系统后，一定通过 F_1'。然后再通过第二个光学系统，出射光线与光轴的交点 F' 就是组合系统的像方焦点。F'_1 和 F' 显然对于第二个光学系统来说是一对共轭点，应用牛顿公式

$$xx' = f_2 f_2'$$

式中，x 按符号规则，以 F_2 为起点计算到 F_1'。而 Δ 则是以 F_1' 为起点计算到 F_2，所以

$$x = -\Delta$$

x' 为由 F_2' 到 F' 的距离，为了和普遍情形相区别，这里用 x_F' 表示。它的符号规则为：以 F_2' 为起点计算到 F'，由左向右为正。将以上关系代入上式，得

$$x_F' = -\frac{f_2 f_2'}{\Delta} \tag{2-49}$$

利用上式就可求得 F' 的位置。

至于物方焦点 F 的位置，按照定义，通过物方焦点 F 的光线经过整个系统后一定平行于光轴射出。由出射光线平行于光轴，即它一定通过 F_2。因此，组合系统的物方焦点 F 和第二个系统的 F_2 对第一个系统共轭。同样应用牛顿公式

$$xx' = f_1 f_1'$$

按照符号规则，从图 2-41 得知

$$x' = \Delta$$

x 就是由 F_1 到 F 的距离，用 x_F 表示，它的符号规则为：以 F_1 为起点计算到 F，向左向右为正。

将以上关系代入上式，得

$$x_F = \frac{f_1 f_1'}{\Delta} \tag{2-50}$$

利用上式即可求得组合系统的物方焦点 F 的位置。

二、焦距公式

焦点位置确定后，只要求出焦距，主平面的位置便随之确定。如前所述，平行于光轴入射的光线和出射光线的延长线的交点 M'，一定位于像方主平面上。下面就根据这种关系导出焦距的公式。

由图 2-41 得知，$\triangle M'F'H' \sim \triangle I_2'H_2'F'$，$\triangle I_2H_2F_1' \sim \triangle I_1'H_1'F_1'$。根据对应边成比例的关系，并考虑到 $M'H' = I_1'H_1'$，$I_2H_2 = I_2'H_2'$，得

$$\frac{H'F'}{F'H_2'} = \frac{H_1'F_1'}{F_1'H_2}$$

根据图中的标注，有

$$H'F' = -f',\ F'H_2' = f_2' + x_F'$$

$$H_1'F_1' = f_1',\ F_1'H_2 = \Delta - f_2$$

将以上关系代入上式，得

$$\frac{-f'}{f_2' + x_F'} = \frac{f_1'}{\Delta - f_2}$$

将 $x_F' = -\dfrac{f_2 f_2'}{\Delta}$ 代入上式，化简后，得

$$f' = -\frac{f_1' f_2'}{\Delta} \tag{2-51}$$

假定组合系统物空间介质的折射率为 n_1，两个系统间的折射率为 n_2，像空间的折射率为 n_3，根据焦距间存在的关系

$$f = -f' \frac{n_1}{n_3} = \frac{f_1' f_2'}{\Delta} \frac{n_1}{n_3}$$

此外

$$f_1' = -f_1 \frac{n_2}{n_1}, f_2' = -f_2 \frac{n_3}{n_2}$$

代入上式，得

$$f = \frac{f_1 f_2}{\Delta} \tag{2-52}$$

两个系统间的相对位置有时用两个主平面之间的距离 d 表示。d 的符号规则为：以第一个系统的像方主点 H_1' 为起点，计算到第二个系统的物方主点 H_2，由左向右为正。

由图得到 d 和 Δ 之间的关系式如下：

$$d = f_1' + \Delta - f_2 \quad 或者 \quad \Delta = d - f_1' + f_2 \tag{2-53}$$

代入上面的焦距公式，得

$$\frac{1}{f'} = \frac{-\Delta}{f_1' f_2'} = \frac{1}{f_2'} - \frac{f_2}{f_1' f_2'} - \frac{d}{f_1' f_2'}$$

将 $\frac{f_2}{f_2'} = -\frac{n_2}{n_3}$ 代入上式，公式两边同乘以 n_3，得

$$\frac{n_3}{f'} = \frac{n_2}{f_1'} + \frac{n_3}{f_2'} - \frac{n_3 d}{f_1' f_2'} = -\frac{n_1}{f} \tag{2-54}$$

当两个系统位于同一种介质（例如空气）中时，则 $n_1 = n_2 = n_3$，上式消去共同因子后，得

$$\frac{1}{f'} = \frac{1}{f_1'} + \frac{1}{f_2'} - \frac{d}{f_1' f_2'} = -\frac{1}{f} \tag{2-55}$$

通常用 φ 表示像方焦距的倒数，$\varphi = \frac{1}{f'}$，称为光焦度。这样，式（2-55）可以写作

$$\varphi = \varphi_1 + \varphi_2 - d\varphi_1\varphi_2 \tag{2-56}$$

当两个光学系统主平面间的距离 d 为零，即在密接薄透镜组的情况下

$$\varphi = \varphi_1 + \varphi_2$$

即密接薄透镜组的总光焦度等于两个薄透镜的光焦度之和。

【计算举例】已知两个光学系统的焦距分别为

$$f_1' = -f_1 = 100, f_2' = -f_2 = -100, d = 50$$

求此组合系统的主平面和焦点位置。

（1）焦点位置的计算。首先将已知条件表示在图 2-42 中，由式（2-53）、式（2-49）和式（2-50）得

$$\Delta = d - f_1' + f_2 = 50 - 100 + 100 = 50$$

$$x_F' = -\frac{f_2 f_2'}{\Delta} = -\frac{(-100) \times (100)}{50} = 200$$

$$x_F=\frac{f_1f'_1}{\Delta}=\frac{(-100)\times(100)}{50}=-200$$

（2）焦距的计算。根据式（2－51），得

$$f'=-\frac{f'_1f'_2}{\Delta}=-\frac{100\times(-100)}{50}=200$$

$$f=-f'=-200$$

以上计算结果按照符号规则标注在图 2－42 中。

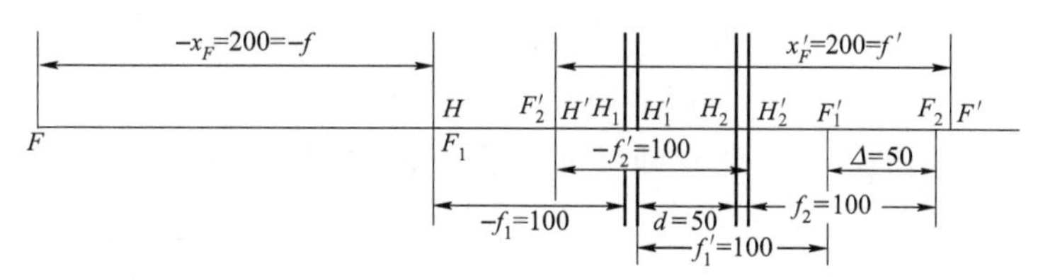

图 2－42　两光学系统组合计算

§2－16　理想光学系统中的光路计算公式

如果一个复杂的组合光学系统由若干个已知的光学系统所构成，为了了解整个系统的成像性质，可以利用上节光学系统的组合公式，逐个地进行组合，以找出整个系统的主平面和焦点位置。但是，这样计算十分烦琐。如果按照近轴光学的方法，通过系统计算两条平行于光轴的光线，则系统的主平面和焦点同样能够找出。特别是如果只需要知道系统对某一个确定物平面的成像性质，并不要求知道它的主平面和焦点位置，这时只需计算一条由轴上物点发出的光线，则像平面的位置以及相应的三种放大率都能够求得，因而可使计算大为简化。为此下面推导理想光学系统中光路的计算公式。

在进行公式推导以前，首先要确定表示光线位置的坐标。现在采取以下的两个坐标表示光线的位置：

h——光线与主平面的交点到光轴的距离，以光轴为计算起点，向上为正。

$\tan U$、$\tan U'$——光线通过光学系统前后与光轴夹角的正切，角度的符号规则和前面相同。根据理想光学系统的高斯式（2－25）

$$\frac{f'}{l'}+\frac{f}{l}=1$$

将焦距间存在的关系式$f=-f'\frac{n}{n'}$代入上式，并适当化简，得

$$\frac{n'}{l'}-\frac{n}{l}=\frac{n'}{f'}$$

用 h 乘上式两端，得

$$n'\frac{h}{l'}-n\frac{h}{l}=n'\frac{h}{f'}$$

由图 2－43 得

$$\tan(-U)=\frac{h}{-l}\quad 或者\quad \tan U=\frac{h}{l},\ \tan U'=\frac{h}{l'}$$

将以上关系式代入前式，得

$$n'\tan U' - n\tan U = n'\frac{h}{f'} \tag{2-57}$$

当 h 和 $\tan U$ 给定后，由上式即可求得 $\tan U'$。至于 h，对于入射和出射光线显然相同。这样出射光线的位置就被确定。

以上是计算一个系统时所用的公式。为了计算整个组合光学系统，尚需一个从前一个系统过渡到后一个系统的公式。由图2-44得

$$\begin{cases} U_i' = U_{i+1} \\ h_{i+1} = h_i - d_i\tan U_i' \end{cases} \tag{2-58}$$

利用式（2-57）和式（2-58）即可进行任何复杂的理想组合系统的光路计算。

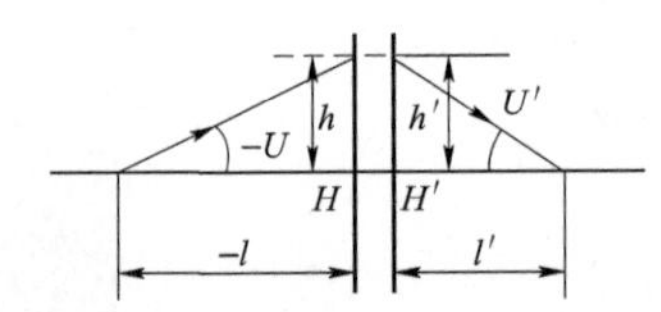

图2-43　单个系统光路计算

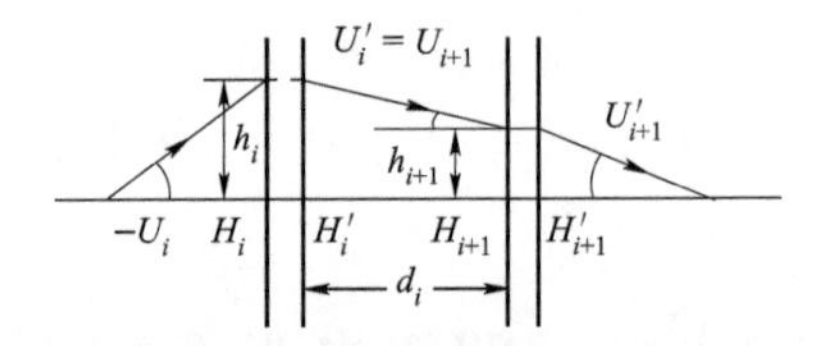

图2-44　两系统组合光路计算

对于近轴光线，$\tan U'$和 $\tan U$ 趋近于 u'和 u，式（2-57）和式（2-58）变为

$$n'u' - nu = h\frac{n'}{f'} \tag{2-59}$$

$$h_{i+1} = h_i - d_i u_i' \tag{2-60}$$

以上公式既可用于理想光学系统，也可用于实际光学系统近轴区域的光路计算。对于单个球面来说，由于主平面和顶点重合，所以上式的 h 实际上可以看作光线和球面交点的高度。

对整个组合系统计算完毕后，得到出射光线的两个坐标 h_K、$\tan U_K'$。为了确定光线与光轴交点的位置，可应用以下公式：

$$l_K' = \frac{h_K}{\tan U_K'} \tag{2-61}$$

当计算系统的焦点和焦距时，可以计算一条平行于光轴入射的光线。假定入射高度为 h_1，则

$$f' = \frac{h_1}{\tan U_K'} \tag{2-62}$$

焦点位置同样可由式（2-61）求得。

【计算举例】用计算光路的方法，求上节所举的组合系统的主平面和焦点位置。

为了求出组合系统的像方主平面和像方焦点位置，只要计算一条平行于光轴入射的光线即可。假定 $h_1=10$，则第一个系统的计算如下。

已知条件：$n_1=n_1'=1$，$f_1'=100$，$U_1=0$，$h_1=10$，代入式（2-57）

$$n_1'\tan U_1' - n_1\tan U_1 = h_1\frac{n_1'}{f_1'}$$

$$\tan U_1' = \frac{10}{100} = 0.1 = \tan U_2$$

第二个系统的计算：

由式（2－58）

$$h_2 = h_1 - d_1 \tan U_1' = 10 - 50 \times 0.1 = 5$$

根据已知条件：$n_2 = n_2' = 1$，$f_2' = -100$，$\tan U_2 = 0.1$，$h_2 = 5$，重复应用式（2－57），并将已知条件代入公式，得

$$\tan U_2' - 0.1 = 5 \times \frac{1}{-100}$$

即

$$\tan U_2' = 0.05$$

应用式（2－61）和式（2－62）即可求得焦点位置和焦距值

$$l_2' = \frac{h_2}{\tan U_2'} = \frac{5}{0.05} = 100$$

$$f' = \frac{h_1}{\tan U_2'} = \frac{10}{0.05} = 200$$

以上结果和上节求得的结果完全相同。

至于物方主平面和焦点位置的计算，只要颠倒整个系统，重新计算一条平行光线即可。

§2－17　单透镜的主平面和焦点位置的计算公式

实际应用的光学系统，总是由许多透镜所组成的。因此，了解单透镜的成像性质，对于研究光学系统来说十分重要。本节讨论如何计算单透镜的主平面和焦点位置。

单透镜由两个球面组成，每一个折射面都可以看作一个光学系统。因此，计算单透镜的主平面和焦点，也就是计算由两个球面构成的组合系统的主平面和焦点。实际上相当于上面组合系统公式的一个应用。

假定单透镜的两个球面半径依次为 r_1 和 r_2，厚度为 d，折射率为 n，如图 2－45 所示。

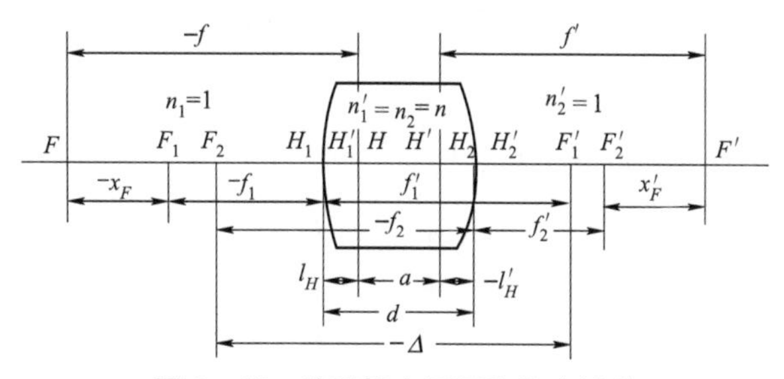

图 2－45　单透镜主平面和焦点计算

应用单个折射球面的焦距公式，得

$$f_1' = \frac{n_1' r_1}{n_1' - n_1} = \frac{n r_1}{n - 1},\ f_1 = \frac{-n_1 r_1}{n_1' - n_1} = \frac{-r_1}{n - 1}$$

$$f_2' = \frac{n_2' r_2}{n_2' - n_2} = \frac{r_2}{1 - n},\ f_2 = \frac{-n_2 r_2}{n_2' - n_2} = \frac{-n r_2}{1 - n}$$

由于单个折射球面的两个主平面都和球面顶点重合，所以透镜的厚度 d 也就是主平面之

间的距离。将以上参量代入上节组合系统的公式，即可求得透镜的主平面和焦点。

首先计算焦距。将各已知量代入组合系统的焦距公式（2-54），并化简，得

$$\frac{1}{f'}=(n-1)\left(\frac{1}{r_1}-\frac{1}{r_2}\right)+\frac{(n-1)^2d}{nr_1r_2}=-\frac{1}{f} \tag{2-63}$$

下面求主平面位置。在单透镜中，用 l_H 和 l'_H 两个参数表示两个主平面位置，它们的意义和符号规则如下：

l_H——以透镜的第一个球面顶点为起点，计算到物方主点，由左向右为正；

l'_H——以透镜的第二个球面顶点为起点，计算到像方主点，由左向右为正。

图2-45是按照以上的符号规则进行标注的，由图知

$$(-x_F)+(-f_1)+l_H=-f,\ x'_F+f'_2+(-l'_H)=f'$$

或者

$$l_H=x_F+f_1-f,\ l'_H=x'_F+f'_2-f'$$

将式中各量按前面的公式代入，并化简，得

$$l_H=\frac{-r_1d}{n(r_2-r_1)+(n-1)d} \tag{2-64}$$

$$l'_H=\frac{-r_2d}{n(r_2-r_1)+(n-1)d} \tag{2-65}$$

这里用 a 表示两个主平面之间的距离 HH'，它的意义和符号规则为：以物方主点 H 为起点，计算到像方主点 H'，由左向右为正。

由图知

$$l_H+a+(-l'_H)=d \quad 或 \quad a=d-l_H+l'_H$$

将上面求得的 l_H 和 l'_H 代入，并化简，得

$$a=\frac{d(n-1)(r_2-r_1+d)}{n(r_2-r_1)+(n-1)d} \tag{2-66}$$

利用以上公式进行计算十分烦琐，对于绝大多数透镜来说，厚度 d 较两半径之差 (r_2-r_1) 小得多，如图2-46所示。如果我们相对于（r_2-r_1）把 d 略去，则公式就可大为简化。这样的公式叫薄透镜公式。在式（2-63）~式（2-66）中，相对于（r_2-r_1）略去 d，得

$$\frac{1}{f'}=(n-1)\left(\frac{1}{r_1}-\frac{1}{r_2}\right)=-\frac{1}{f} \tag{2-67}$$

$$l_H=\frac{-r_1d}{n(r_2-r_1)} \tag{2-68}$$

$$l'_H=\frac{-r_2d}{n(r_2-r_1)} \tag{2-69}$$

$$a=\frac{n-1}{n}d \tag{2-70}$$

利用以上公式计算，所产生的误差是由 d 和（r_2-r_1）的比值决定的，并不单单取决于 d 的大小。例如，在图2-47中，透镜的两个半径近似相同，即使厚度 d 不大，若用以上薄透镜公式进行计算，误差仍然很大。

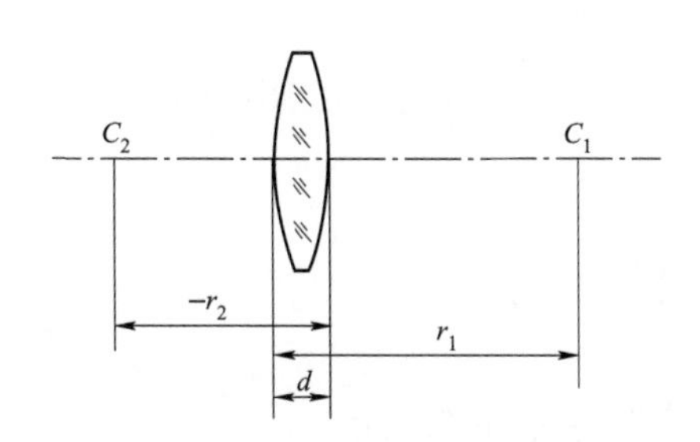

图 2-46　双凸单透镜情形

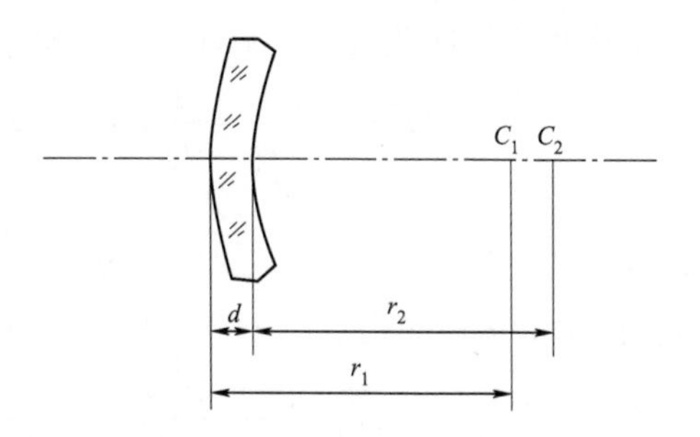

图 2-47　弯月单透镜情形

同时，由式（2-70）可以看到，对于薄透镜来说，两主平面之间的距离 a 只与透镜的厚度 d 及折射率 n 相关，并不受透镜形状的影响。

图 2-48 所示为各种不同形状的透镜，其中图 2-48（a）~图 2-48（c）三种透镜的中间厚度较边缘厚度大，称为凸透镜。它们的像方焦距 f' 都大于零，因此也称正透镜。图 2-48（d）~图 2-48（f）三种透镜则相反，边缘厚度大于中间厚度，称为凹透镜。它们的像方焦距 f' 都小于零，因此也称负透镜。图 2-48 中同时画出了它们主平面的相对位置，这种结果很容易由式（2-67）~式（2-69）加以说明。例如，图 2-48（a）对应 $r_1>0$，$r_2<0$，由式（2-67）~式（2-69）很容易看到 $f'>0$，$l_H>0$，$l_H'<0$，与图上所标的相符合。

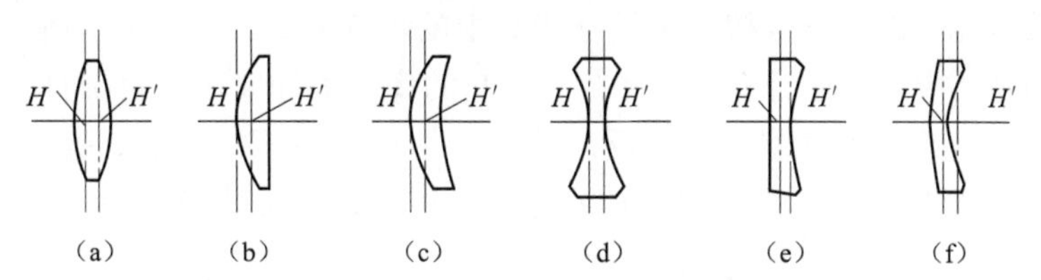

图 2-48　各种单透镜主面位置

(a)，(b)，(c) 凸透镜；(d)，(e)，(f) 凹透镜

【计算举例】 应用本节公式计算 §2-7 节中所举出的透镜的主平面和焦点位置。将该透镜的结构参数值代入公式（2-63），得

$$\frac{1}{f'}=(n-1)\left(\frac{1}{r_1}-\frac{1}{r_2}\right)+\frac{(n-1)^2d}{nr_1r_2}=(1.5163-1)\times\left(\frac{1}{10}-\frac{1}{-50}\right)+$$

$$\frac{(1.5163-1)^2\times5}{1.5163\times10\times(-50)}=0.061956-0.001758=0.060198=-\frac{1}{f}$$

由此得到

$$f'=-f=16.611$$

应用式（2-64）和式（2-65）得

$$l_H=\frac{-r_1d}{n(r_2-r_1)+(n-1)d}=\frac{-10\times5}{1.5163(-50-10)+(1.5163-1)\times5}=0.5656$$

$$l_H'=\frac{-r_2d}{n(r_2-r_1)+(n-1)d}=\frac{-(-50)\times5}{1.5163(-50-10)+(1.5163-1)\times5}=-2.8280$$

以上结果和 §2-7 节中由计算近轴光路的方法所得到的主平面和焦点位置相同。

下面再应用薄透镜公式来计算焦距和主平面的位置。由式（2－67）得

$$\frac{1}{f'}=(n-1)\left(\frac{1}{r_1}-\frac{1}{r_2}\right)=(1.5163-1)\times\left(\frac{1}{10}-\frac{1}{-50}\right)=0.061956$$

得
$$f'=-f=16.140$$

应用式（2－68）和式（2－69）得

$$l_H=\frac{-r_1d}{n(r_2-r_1)}=\frac{-10\times 5}{1.5163(-50-10)}=0.550$$

$$l'_H=\frac{-r_2d}{n(r_2-r_1)}=\frac{-(-50)\times 5}{1.5163(-50-10)}=-2.760$$

以上结果和上面求出的精确值相差甚小。

§2－18　矩阵方法在近轴光学中的应用

一、近轴光路计算公式的矩阵形式

在前面的近轴光学中，有很多公式都属于线性方程式。把这些线性方程式构成的线性方程组用矩阵形式表示，就可以直接应用线性代数中的矩阵方法，它对于求解、推导和运算都比较方便，特别是在应用电子计算机的条件下，它的优点更加突出。目前计算机的应用日益普及，因此矩阵方法的应用也越来越广泛。下面介绍如何将矩阵方法，应用到近轴光学中。本节首先介绍近轴光路计算公式的矩阵形式，因为近轴光路计算公式是整个近轴光学的基础。

根据前面导出的近轴光路计算公式（2－11），当我们采用（nu，h）和（$n'u'$，h）作为表示入射光线和折射光线的位置坐标时，它们之间符合以下关系：

$$\begin{cases}n'u'=nu+\dfrac{n'-n}{r}h\\ h=h\end{cases}$$

上式是 $n'u'$，nu，h 的一个线性方程组，可以用矩阵的形式表示为

$$\begin{bmatrix}n'u'\\ h\end{bmatrix}=\begin{bmatrix}1 & \dfrac{n'-n}{r}\\ 0 & 1\end{bmatrix}\begin{bmatrix}nu\\ h\end{bmatrix}\tag{2-71}$$

为了书写简单，引入以下符号：

$$\boldsymbol{R}'=\begin{bmatrix}n'u'\\ h\end{bmatrix},\ \boldsymbol{M}=\begin{bmatrix}1 & \dfrac{n'-n}{r}\\ 0 & 1\end{bmatrix},\ \boldsymbol{R}=\begin{bmatrix}nu\\ h\end{bmatrix}\tag{2-72}$$

式中，$\boldsymbol{R}$ 和 $\boldsymbol{R}'$分别表示入射光线和折射光线坐标的列向量；$\boldsymbol{M}$ 表示球面折射中入射光线和折射光线之间的坐标变换矩阵，称为球面折射矩阵。利用上述符号，矩阵方程（2－71）可以表示为

$$\boldsymbol{R}'=\boldsymbol{M}\boldsymbol{R}\tag{2-73}$$

为了对整个共轴系统进行光路计算，还必须使用由前一面至后一面的过渡公式（2－14）

$$\begin{cases} n_2u_2 = n_1'u_1' \\ h_2 = h_1 - u_1'd \end{cases}$$

以上两个公式构成的线性方程组，也可以用矩阵形式表示：

$$\begin{bmatrix} n_2u_2 \\ h_2 \end{bmatrix} = \begin{bmatrix} 1 & 0 \\ -\dfrac{d}{n_1'} & 1 \end{bmatrix} \begin{bmatrix} n_1'u_1' \\ h_1 \end{bmatrix} \tag{2-74}$$

和前面相似，引入下列符号：

$$\boldsymbol{R}_2 = \begin{bmatrix} n_2u_2 \\ h_2 \end{bmatrix},\ \boldsymbol{T}_1 = \begin{bmatrix} 1 & 0 \\ -\dfrac{d_1}{n_1'} & 1 \end{bmatrix},\ \boldsymbol{R}_1' = \begin{bmatrix} n_1'u_1' \\ h_1 \end{bmatrix} \tag{2-75}$$

应用以上符号，式（2-74）可以表示为

$$\boldsymbol{R}_2 = \boldsymbol{T}_1\boldsymbol{R}_1' \tag{2-76}$$

$\boldsymbol{T}_1$称为球面折射的过渡矩阵。依次应用式（2-73）和式（2-76），就可以进行任意共轴球面系统的近轴光路计算，也可以把这两个公式合并成一个公式。将式（2-73）代入式（2-76）得

$$\boldsymbol{R}_2 = \boldsymbol{T}_1\boldsymbol{M}_1\boldsymbol{R}_1 \tag{2-77}$$

式（2-77）是直接由第一面的入射光线坐标 $\boldsymbol{R}_1$ 求第二面入射光线坐标 $\boldsymbol{R}_2$ 的公式。为了今后使用方便，把有关的公式重新归纳如下：

$$\boldsymbol{R}_1 = \begin{bmatrix} n_1u_1 \\ h_1 \end{bmatrix},\ \boldsymbol{R}_1' = \begin{bmatrix} n_1'u_1' \\ h_1 \end{bmatrix},\ \boldsymbol{R}_2 = \begin{bmatrix} n_2u_2 \\ h_2 \end{bmatrix} \tag{2-78}$$

$$\boldsymbol{M}_1 = \begin{bmatrix} 1 & \dfrac{n_1' - n_1}{r_1} \\ 0 & 1 \end{bmatrix},\ \boldsymbol{T}_1 = \begin{bmatrix} 1 & 0 \\ -\dfrac{d_1}{n_1'} & 1 \end{bmatrix} \tag{2-79}$$

$$\boldsymbol{R}_1' = \boldsymbol{M}_1\boldsymbol{R}_1 \tag{2-80}$$

$$\boldsymbol{R}_2 = \boldsymbol{T}_1\boldsymbol{R}_1' \tag{2-81}$$

$$\boldsymbol{R}_2 = \boldsymbol{T}_1\boldsymbol{M}_1\boldsymbol{R}_1 \tag{2-82}$$

应用以上公式，就可以进行任意共轴球面系统的近轴光线计算。和§2-1节及§2-2节相似，以上公式也可用于反射球面的计算，反射相当于 $n' = -n$ 的折射，只要把以上公式中的 n' 用 $-n$ 代替，就是反射球面的公式了。

二、共轴球面系统的近轴光学特性矩阵

对一个由 K 个球面构成的任意共轴球面系统，为求得入射光线位置向量 $\boldsymbol{R}_1$ 和出射光线位置向量 $\boldsymbol{R}_K'$ 之间的关系，可以对第1到 $K-1$ 面应用式（2-82），并对第 K 面应用式（2-80），得到以下关系：

$$\boldsymbol{R}_K' = \boldsymbol{M}_K\boldsymbol{T}_{K-1}\boldsymbol{M}_{K-1}\cdots\boldsymbol{T}_1\boldsymbol{M}_1\boldsymbol{R}_1 \tag{2-83}$$

设

$$\boldsymbol{M} = \boldsymbol{M}_K\boldsymbol{T}_{K-1}\boldsymbol{M}_{K-1}\cdots\boldsymbol{T}_1\boldsymbol{M}_1 \tag{2-84}$$

式（2－83）可以化简为

$$\boldsymbol{R}_K' = \boldsymbol{M}\boldsymbol{R}_1 \tag{2-85}$$

式（2－85）说明，矩阵 $\boldsymbol{M}$ 是整个系统入射光线位置坐标和出射光线位置坐标之间的一个转换矩阵，我们把它称为该系统的近轴光学特性矩阵或简称为高斯矩阵。

由式（2－79）可以看到，每个球面的折射矩阵和相邻球面间的过渡矩阵 $\boldsymbol{M}_K$、$\boldsymbol{T}_{K-1}$、$\boldsymbol{M}_{K-1}$、…、$\boldsymbol{T}_1$、$\boldsymbol{M}_1$ 只和结构参数 r、n、n'、d 有关。其中，折射矩阵 $\boldsymbol{M}_K$、…、$\boldsymbol{M}_1$ 均为上三角二阶方阵，它们的主对角线元素均为 l，因此它们的行列式值应等于1；过渡矩阵 $\boldsymbol{T}_{K-1}$、…、$\boldsymbol{T}_1$ 为下三角二阶方阵，主对角线元素也都等于 l，行列式值也应该等于1；所以 $\boldsymbol{M}$ 也应该是一个二阶方阵，而且它的行列式值也等于1。当我们已知一个光学系统的结构参数时，就可以根据式（2－79）和式（2－84）把系统的高斯矩阵 $\boldsymbol{M}$ 计算出来。有了 $\boldsymbol{M}$，就可以用式（2－85），由任意给出的入射光线位置向量 $\boldsymbol{R}_1$，计算出它的出射光线位置向量 $\boldsymbol{R}_K'$。也就是说，这个系统的近轴光学成像性质就完全确定了，这就是我们把 $\boldsymbol{M}$ 称为近轴光学特性矩阵的理由。

已知系统的特性矩阵 $\boldsymbol{M}$，不仅可以用式（2－85）由入射光线求出射光线，也可以由出射光线求入射光线。将式（2－85）两边同乘以 $\boldsymbol{M}$ 的逆矩阵 $\boldsymbol{M}^{-1}$ 就可以得到

$$\boldsymbol{R}_1 = \boldsymbol{M}^{-1}\boldsymbol{R}_K' \tag{2-86}$$

根据 $\boldsymbol{M}$ 求出 $\boldsymbol{M}^{-1}$ 以后，即可由 $\boldsymbol{R}_K'$ 求得 $\boldsymbol{R}_1$。

下面我们来求 $\boldsymbol{M}$ 与 $\boldsymbol{M}^{-1}$ 之间的关系。设系统的高斯矩阵 $\boldsymbol{M}$ 为

$$\boldsymbol{M}^{-1} = \begin{bmatrix} m_{11} & m_{12} \\ m_{21} & m_{22} \end{bmatrix} \tag{2-87}$$

由于 $\boldsymbol{M}$ 的行列式值等于1，因此有

$$|\boldsymbol{M}| = m_{11}m_{12} - m_{12}m_{21} = 1 \tag{2-88}$$

可以求得 $\boldsymbol{M}$ 的逆矩阵 $\boldsymbol{M}^{-1}$ 为

$$\boldsymbol{M}^{-1} = \begin{bmatrix} m_{22} & -m_{12} \\ -m_{21} & m_{11} \end{bmatrix} \tag{2-89}$$

式（2－89）表明 $\boldsymbol{M}^{-1}$ 和 $\boldsymbol{M}$ 之间存在着简单的对应关系：只要把 $\boldsymbol{M}$ 主对角线上的两元素 m_{11}、m_{22} 交换一下位置，并把元素 m_{12}、m_{21} 改变一下符号，就可以得到 $\boldsymbol{M}$ 的逆矩阵 $\boldsymbol{M}^{-1}$。这种关系对于单个球面的折射矩阵和过渡矩阵 $\boldsymbol{M}_i$、$\boldsymbol{T}_i$ 也同样成立。

由式（2－84），根据逆矩阵的运算规则可以得到

$$\boldsymbol{M}^{-1} = \boldsymbol{M}_1^{-1}\boldsymbol{T}_1^{-1}\cdots\boldsymbol{M}_{K-1}^{-1}\boldsymbol{T}_{K-1}^{-1}\boldsymbol{M}_K^{-1} \tag{2-90}$$

由本章前面的内容我们知道，共轴系统的近轴光学性质可以用主面和焦点的位置代表。而根据上面的讨论，共轴系统的近轴光学性质可以用高斯矩阵代表。因此，二者之间必然存在着一定的对应关系。如果我们找出了这些关系，那么，在研究共轴系统成像性质的过程中就可以根据具体情况，由矩阵方法过渡到代数式的方法，也可以由代数式方法随时过渡到矩阵方法，这无疑是十分有用的。下面我们就导出这些关系。

1. 高斯矩阵 $\boldsymbol{M}$ 与主面、焦点位置的关系

首先由系统的高斯矩阵 $\boldsymbol{M}$，求系统的主面和焦点位置。为求得系统的像方主面 H' 和像方焦点 F'，只需计算一条平行于光轴入射的光线，求出它相应的出射光线。设入射光线的位

置坐标为

$$n_1 u_1 = 0,\ h_1 = 1$$

如图 2－49 所示，把入射光线坐标代入式（2－85）得

$$\begin{bmatrix} n_k' & u_k' \\ & h_k \end{bmatrix}\begin{bmatrix} m_{11} & m_{12} \\ m_{21} & m_{22} \end{bmatrix}\begin{bmatrix} 0 \\ 1 \end{bmatrix}$$

将以上矩阵展开得到

$$n_K' u_K' = m_{12},\ h_K = m_{22}$$

利用以上关系和本章前面有关焦距、焦点和主点位置的公式得到

$$f' = \frac{h_1}{u_K'} = \frac{n_K'}{m_{12}} \tag{2-91}$$

$$l_F' = \frac{h_K}{u_K'} = \frac{n_K' m_{22}}{m_{12}} \tag{2-92}$$

$$l_H' = l_F' - f' = \frac{n_K'(m_{22} - 1)}{m_{12}} \tag{2-93}$$

以上为由高斯矩阵 $\boldsymbol{M}$ 求像方主面和像方焦点的公式，下面求物方主面和物方焦点。为了求出物方主面和焦点，只要在物方计算一条入射光线，使其出射光线平行于光轴，则根据此入射光线的位置就可以求出物方主面与焦点的位置，如图 2－49 所示。设平行于光轴的出射光线的坐标为

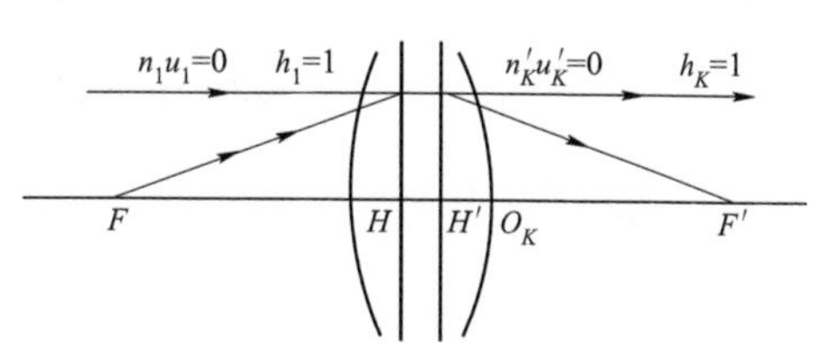

图 2－49　单透镜主面和焦点计算

$$n_K' u_K' = 0,\ h_K = 1$$

将它们代入式（2－86），得

$$\boldsymbol{R}_1 = \begin{bmatrix} n_1 & u_1 \\ h_1 & \end{bmatrix} = \boldsymbol{M}^{-1}\boldsymbol{R}_K'\begin{bmatrix} m_{22} & -m_{12} \\ -m_{21} & m_{11} \end{bmatrix}\begin{bmatrix} 0 \\ 1 \end{bmatrix}$$

将上式展开得到

$$n_1 u_1 = -m_{12},\ h_1 = m_{11}$$

根据以上关系和本章前面有关的公式，即可求出物方主面和焦点的位置。

$$f = \frac{h_K}{u_1} = -\frac{n_1}{m_{12}} = -\frac{n_1}{n_K'}f' \tag{2-94}$$

$$l_F = \frac{h_1}{u_1} = -\frac{n_1 m_{11}}{m_{12}} \tag{2-95}$$

$$l_H = l_F - f = -\frac{n_1(m_{11} - 1)}{m_{12}} \tag{2-96}$$

利用式（2－91）~式（2－96）就可以由高斯矩阵求出系统的主面和焦点位置。下面我们再来导出自主面、焦点位置求高斯矩阵的公式，这些公式可以直接由式（2－91）~式（2－96）求解得到。

$$m_{11} = \frac{l_F}{f} \tag{2-97}$$

$$m_{12}=\frac{n'_K}{f'}=-\frac{n_1}{f} \tag{2-98}$$

$$m_{21}=\frac{l_F l'_F}{n'_K f}-\frac{f'}{n'_K} \tag{2-99}$$

$$m_{22}=\frac{l'_F}{f'} \tag{2-100}$$

用以上公式即可由系统的f、f'、l_F、l'_F求得高斯矩阵$\boldsymbol{M}$。

2. 用高斯矩阵表示的共轭面关系式

由给定的物平面求像平面的位置和放大率，或者由给定的像平面求物平面的位置和放大率，是近轴光学计算中最常遇到的问题。下面我们导出用高斯矩阵表示的共轭面关系式。

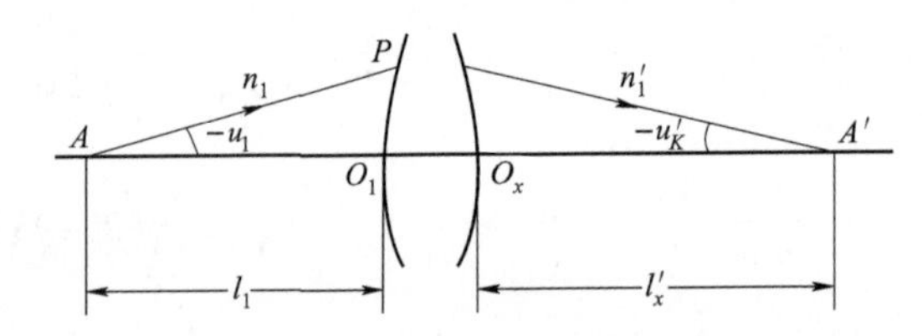

图2-50　光学系统高斯矩阵计算

当光学系统的结构参数确定后，它的高斯矩阵$\boldsymbol{M}$也就已知。给出物平面位置l_1，要求像平面位置l'_K和共轭面的垂轴放大率β。为此，由物点A出发，计算一条光线AP，如图2-50所示，其位置坐标为

$$n_1u_1=1,\ h_1=l_1u_1=\frac{l_1}{n_1}$$

其出射光线坐标为

$$n'_Ku'_K=\frac{n_1u_1}{\beta}=\frac{1}{\beta}$$

$$h_K=l'_Ku'_K=\frac{l'_K}{n'_K\beta}$$

代入式（2-85）得到

$$\begin{bmatrix}\dfrac{1}{\beta}\\ \dfrac{l'_K}{n'_K\beta}\end{bmatrix}=\boldsymbol{M}\begin{bmatrix}1\\ \dfrac{l_1}{n_1}\end{bmatrix} \tag{2-101}$$

式（2-101）即为由物平面位置求像平面位置和放大率的公式。下面寻求由像平面位置求物平面位置和放大率的公式。设出射光线的坐标为

$$n'_Ku'_K=1,\ h_K=l'_Ku'_K=\frac{l'_K}{n'_K}$$

相应的入射光线坐标为

$$n_1u_1=\beta n'_Ku'_K=\beta$$

$$h_1=l_1u_1=l_1\frac{\beta}{n_1}$$

代入式（2-86）得

$$\begin{bmatrix}\beta\\ \dfrac{l_1}{n_1}\beta\end{bmatrix}=\boldsymbol{M}^{-1}\begin{bmatrix}1\\ \dfrac{l'_K}{n'_K}\end{bmatrix} \tag{2-102}$$

式（2-102）即为由像平面位置求物平面位置和放大率的公式。

上面我们已经把近轴光学的一些基本公式用矩阵形式表示出来，应用这些公式就可以解决各种近轴光学的计算问题。在很多情况下，它们要比本章前面的代数式使用更加方便。下面我们举一个例子。

【计算举例】我们采用§2－3节的例子，改用矩阵公式进行计算，这样可以对两者进行比较。光学系统的结构参数为

$$r_1 = 10 \quad r_2 = -50 \qquad d_1 = 5 \qquad n_1 = 1 \quad n_1' = n_2 = 1.5163 \quad n_2' = 1$$

1. 求系统的特性矩阵

首先求出各面有关的矩阵元素：

$$\frac{n_1' - n_1}{r_1} = \frac{1.5163 - 1}{10} = 0.05163$$

$$\frac{n_2' - n_2}{r_2} = \frac{1 - 1.5163}{-50} = 0.010326$$

$$-\frac{d_1}{n_1'} = -\frac{5}{1.5163} = -3.2975$$

代入式（2－79）和式（2－84），得

$$\boldsymbol{M} = \boldsymbol{M}_2 \boldsymbol{T}_1 \boldsymbol{M}_1 = \begin{bmatrix} 1 & 0.010326 \\ 0 & 1 \end{bmatrix} \begin{bmatrix} 1 & 0 \\ -3.2975 & 1 \end{bmatrix} \begin{bmatrix} 1 & 0.05163 \\ 0 & 1 \end{bmatrix}$$

$$\boldsymbol{M} = \begin{bmatrix} 0.96595 & 0.060198 \\ -3.2975 & 0.82975 \end{bmatrix}$$

上述计算过程是否正确可以用式（2－88）进行检验：

$$|\boldsymbol{M}| = 0.96595 \times 0.82975 - 0.060198 \times (-3.2975) = 0.801497 + 0.198503 = 1$$

说明计算结果正确。

2. 求该系统的主面和焦点位置

应用式（2－91）、式（2－92）和式（2－95），得

$$f' = \frac{n_K'}{m_{12}} = \frac{1}{0.060198} = 16.611 = -f$$

$$l_F' = \frac{n_K' m_{22}}{m_{12}} = \frac{0.82975}{0.060198} = 13.784$$

$$l_F = \frac{-n_1 m_{11}}{m_{12}} = -\frac{0.96595}{0.060198} = -16.046$$

这和§2－9节中用光路计算方法求出的结果完全相同。

3. 求位于系统前方100处的物平面对应的像平面位置和放大率

将 $n_2' = n_1 = 1$，$l_1 = -100$ 代入式（2－101），得到

$$\begin{bmatrix} \dfrac{1}{\beta} \\ \dfrac{l_2'}{\beta} \end{bmatrix} = \begin{bmatrix} 0.96595 & 0.060198 \\ -3.2975 & 0.82975 \end{bmatrix} \begin{bmatrix} 1 \\ -100 \end{bmatrix}$$

将以上矩阵展开得

$$\frac{1}{\beta}=0.96595-6.0198=-5.05385,\ \beta=-0.19786$$

$$\frac{l_2'}{\beta}=-3.2975-82.975=-86.2725,\ l_2'=17.07$$

以上计算结果和§2－9节中用光路计算所得的结果完全一致。

三、理想光学系统的矩阵公式

上节给出了近轴光学的基本矩阵公式，对理想光学系统也必须导出相应的公式。近轴光学公式是建立在近轴光路计算公式基础上的。理想光学系统公式，也可以从§2－16节中理想光学系统中的光路计算公式开始推导。理想光学系统中光路计算的式（2－57）和式（2－58）为

$$n'\tan U'-n\tan U=\frac{n'}{f'}h \tag{2-57}$$

$$h_2=h_1-d_1\tan U' \tag{2-58}$$

如果我们把它和近轴光路公式（2－11）和式（2－14）比较一下：

$$n'u'-nu=\frac{h}{r}(n'-n) \tag{2-11}$$

$$h_2=h_1-d_1u_1' \tag{2-14}$$

这两组公式具有完全相似的形式。只要把近轴光学公式中的u'、u用$\tan U'$、$\tan U$代替，把$\frac{n'-n}{r}$用$\frac{n'}{f'}$代替，就变成了理想光学系统的公式。其中d_1在近轴光学公式中代表相邻两个球面顶点的距离；在理想光学系统中，则代表前一个系统像方主点到后一个系统物方主点的距离。实际上二者是一致的，因为单个球面的物方和像方主点都重合在球面顶点。我们只要把近轴光学矩阵公式中的有关参量用上面所说的相应的理想光学系统的参量代替，就可以直接得到相应的理想光学系统的公式。与近轴光路计算公式（2－78）、式（2－79）对应的理想光学系统的光路计算公式为

$$\boldsymbol{R}_1=\begin{bmatrix}n_1\tan U_1\\h_1\end{bmatrix},\ \boldsymbol{R}_1'=\begin{bmatrix}n_1'\tan U_1'\\h_1\end{bmatrix},\ \boldsymbol{R}_2=\begin{bmatrix}n_2\tan U_2\\h_2\end{bmatrix} \tag{2-103}$$

$$\boldsymbol{M}_1=\begin{bmatrix}1 & \frac{n'}{f'}\\0 & 1\end{bmatrix},\ \boldsymbol{T}_1=\begin{bmatrix}1 & 0\\-\frac{d_1}{n_1'} & 1\end{bmatrix} \tag{2-104}$$

只要用式（2－103）、式（2－104）代替式（2－78）、式（2－79）以后，其他公式都可以直接应用于理想光学系统，两者没有任何区别。

实际上我们可以把近轴公式看作是理想光学系统公式当U、U'趋于零的特例。对近轴光线来说，$\tan U'=u'$，$\tan U=u$。根据单个折射球面的焦距公式（2－16）有

$$\frac{n'}{f'}=\frac{n'-n}{r}$$

所以式（2－79）和式（2－104）中的矩阵$\boldsymbol{M}_1$也是完全一致的。因此我们可以把前面近轴光学的矩阵公式除了式（2－78）、式（2－79）以外，直接作为理想光学系统公式应用。组

合理想光学系统中的每一个势系统，相当于近轴光学中的一个折射面，它们的折射矩阵 $\boldsymbol{M}_i$ 和过渡矩阵 $\boldsymbol{T}_i$ 按式（2－104）计算，光线的坐标向量则按公式（2－103）计算。

下面我们举某些实例，说明理想光学系统中矩阵公式的应用。

［**计算举例一**］仍采用 §2－16 节中的计算举例，现在改用矩阵公式进行计算。已知两个光学系统的焦距分别为

$$f_1' = -f_1 = 100,\ f_2' = -f_2 = -100,\ d_1 = 50$$

两系统均位于空气中，求此组合系统的焦点和主面位置。

首先根据式（2－104）计算每个分系统的折射矩阵和过渡矩阵。

$$\boldsymbol{M}_1 = \begin{bmatrix} 1 & \dfrac{n_1'}{f_1'} \\ 0 & 1 \end{bmatrix} = \begin{bmatrix} 1 & 0.01 \\ 0 & 1 \end{bmatrix}$$

$$\boldsymbol{T}_1 = \begin{bmatrix} 1 & 0 \\ -\dfrac{d_1}{n_1'} & 1 \end{bmatrix} = \begin{bmatrix} 1 & 0 \\ -50 & 1 \end{bmatrix}$$

$$\boldsymbol{M}_2 = \begin{bmatrix} 1 & \dfrac{n_2'}{f_2'} \\ 0 & 1 \end{bmatrix} = \begin{bmatrix} 1 & -0.01 \\ 0 & 1 \end{bmatrix}$$

应用式（2－84）求组合系统的特征矩阵 $\boldsymbol{M}$：

$$\boldsymbol{M} = \boldsymbol{M}_2 \boldsymbol{T}_1 \boldsymbol{M}_1 = \begin{bmatrix} 1 & -0.01 \\ 0 & 1 \end{bmatrix} \begin{bmatrix} 1 & 0 \\ -50 & 1 \end{bmatrix} \begin{bmatrix} 1 & 0.01 \\ 0 & 1 \end{bmatrix}$$

将以上矩阵乘法展开得

$$\boldsymbol{M} = \begin{bmatrix} 1.5 & 0.005 \\ -50 & 0.5 \end{bmatrix}$$

求出了组合系统的特性矩阵 $\boldsymbol{M}$，就可利用式（2－91）、式（2－92）、式（2－95）求组合系统的主面和焦点位置。

根据式（2－91）得

$$f' = \frac{n_K'}{m_{12}} = \frac{1}{0.005} = 200 = -f$$

根据式（2－92）得

$$l_F' = \frac{n_K' m_{22}}{m_{12}} = \frac{0.5}{0.005} = 100$$

根据式（2－95）得

$$l_F = \frac{-n_1 m_{11}}{m_{12}} = \frac{-1.5}{0.005} = -300$$

这里，l_F 相当于第一个系统的物方主点 H_1 到组合系统的物方焦点 F 的距离，l_F' 则为第二个系统的像方主点 H_2' 到组合系统像方焦点 F' 的距离。

对照 §2－16 节中用组合系统公式求得的结果有

$$l_F' = f_2' + x_F' = -100 + 200 = 100$$

$$l_F = f_1 + x_F = -100 - 200 = -300$$

$$f' = -f = 200$$

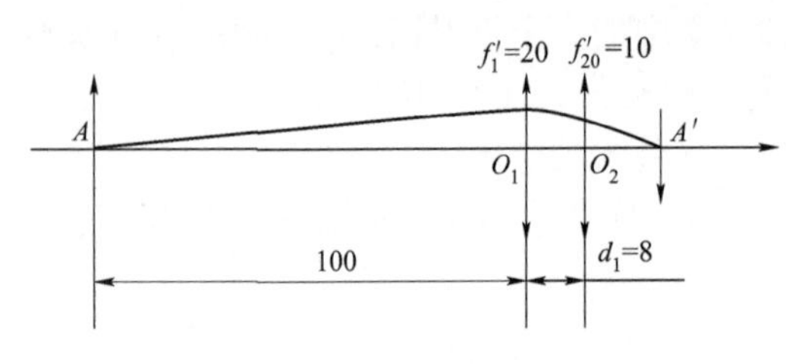

图2-51　两系统组合计算

二者计算结果完全一致。

［**计算举例二**］由两个薄透镜组成的组合系统如图2-51所示。两透镜的焦距分别为

$$f_1'=20,\ f_2'=10,\ d_1=8$$

物平面离开第一个透镜的距离为100，求像平面的位置和放大率。如果要求像平面向后移动1，问物平面应移动多少？此时放大率等于多少？

首先计算该组合系统的高斯矩阵 $\boldsymbol{M}$，应用式（2-84）和式（2-104）得到

$$\boldsymbol{M}=\boldsymbol{M}_2\boldsymbol{T}_1\boldsymbol{M}_1=\begin{bmatrix}1 & 0.1\\0 & 1\end{bmatrix}\begin{bmatrix}1 & 0\\-8 & 1\end{bmatrix}\begin{bmatrix}1 & 0.05\\0 & 1\end{bmatrix}$$

将以上矩阵乘法展开得

$$\boldsymbol{M}=\begin{bmatrix}0.2 & 0.11\\-8 & 0.6\end{bmatrix}$$

下面利用特性矩阵 $\boldsymbol{M}$ 求像面位置和放大率。将 $\boldsymbol{M}$、$n_K'=n_1=1$、$l_1=-100$ 代入式（2-101）得到

$$\begin{bmatrix}\dfrac{1}{\beta}\\\dfrac{l_2'}{\beta}\end{bmatrix}=\begin{bmatrix}0.2 & 0.11\\-8 & 0.6\end{bmatrix}\begin{bmatrix}1\\-100\end{bmatrix}$$

将以上公式展开得

$$\frac{1}{\beta}=0.2-11=-10.8,\ \beta=-0.092\,6$$

$$\frac{l_2'}{\beta}=-8-60=-68,\ l_2'=6.297$$

如果把像平面位置向后移动1，则此时的像距为：$l_2'=7.297$。利用式（2-102）求对应的物距和放大率。

$\boldsymbol{M}$ 的逆矩阵 $\boldsymbol{M}^{-1}$，根据式（2-89）为

$$\boldsymbol{M}^{-1}=\begin{bmatrix}0.6 & -0.11\\8 & 0.2\end{bmatrix}$$

将 $\boldsymbol{M}^{-1}$、$n_K'=n_1=1$、$l_K'=7.297$ 代入式（4-32）得

$$\begin{bmatrix}\beta\\l_1\quad\beta\end{bmatrix}=\begin{bmatrix}0.6 & -0.11\\8 & 0.2\end{bmatrix}\begin{bmatrix}1\\7.297\end{bmatrix}$$

将上式展开得

$$\beta=0.6-0.802\,7=-0.202\,7$$

$$l_1\beta=8+1.459\,4=9.459\,4,\ l_1=-46.667$$

物平面要求的移动量为

$$\Delta l_1=-46.667-(-100)=53.333$$

移动方向为向系统靠近。

从上面这些计算举例可以看到，使用矩阵公式进行计算，比本章前面的代数式计算，往往更加方便。

本章小结

一、本章主要解决的问题

本章主要解决共轴球面系统求像的问题，即已知光学系统的结构参数及物平面的位置和物高，求像平面的位置和像高。解决这个问题有以下两种方法：

（1）如果只需要求出某一物平面通过已知光学系统所成的像平面位置和放大率，可以由该物平面上的轴上点出发，利用式（2－6）~式（2－10）计算一条近轴光线，即可同时求得像平面的位置和放大率。

（2）如果要求知道若干个物平面的共轭面位置和放大率，可以首先利用式（2－6）~式（2－10）及式（2－20）计算两条平行于光轴的光线，求出系统的一对主平面和两个焦点，然后根据已知的主平面和焦点位置，利用共轭点方程式——高斯公式或牛顿公式，分别求出各个物平面的共轭面位置和放大率。

二、为了便于今后应用时查阅，现将本章的主要公式归纳在以下表格中

共轭点方程式	牛顿公式——以焦点为原点		高斯公式——以主点为原点	
	$n'\neq n$	$n'=n$	$n'\neq n$	$n'=n$
物像位置	$xx'=ff'$　（2－23）	$xx'=-f'^2$　（2－37）	$\frac{f'}{l'}+\frac{f}{l}=1$　（2－25）	$\frac{1}{l'}-\frac{1}{l}=\frac{1}{f'}$　（2－38）
物像大小（垂轴放大率）	$\beta=-\frac{f}{x}=-\frac{x'}{f'}$　（2－22）	$\beta=\frac{f'}{x}=-\frac{x'}{f'}$	$\beta=-\frac{fl'}{f'l}$　（2－26）	$\beta=\frac{l'}{l}$　（2－39）
轴向放大率	$\alpha=-\frac{x'}{x}$　（2－28）	$\alpha=-\frac{x'}{x}$	$\alpha=-\frac{fl'^2}{f'l^2}$　（2－27）	$\alpha=\frac{l'^2}{l^2}$　（2－40）
角放大率	$\gamma=\frac{x}{f'}=\frac{f}{x'}$　（2－32）	$\gamma=\frac{x}{f'}=-\frac{f'}{x'}$	$\gamma=\frac{l}{l'}$　（2－30）	$\gamma=\frac{l}{l'}$
物像空间不变式	近轴公式		理想光学系统公式	
	$nuy=n'u'y'$　（2－34）		$ny\tan U=n'y'\tan U'$　（2－35）	
放大率之间的关系式	$n'\neq n$		$n'=n$	
	$\beta=\alpha\cdot\gamma$　（2－33）		$\beta\cdot\gamma=1$　（2－42） $\alpha=\beta^2$　（2－43）	

续表

共轭点方程式	牛顿公式——以焦点为原点		高斯公式——以主点为原点	
	$n'\neq n$	$n'=n$	$n'\neq n$	$n'=n$
无限远物体理想像高公式	$y'=f\tan\omega$ （2-46）		$y'=-f\tan\omega$ （2-47）	
焦距之间的关系式	$\frac{f'}{f}=-\frac{n'}{n}$ （2-36）		$f=-f'$	
组合系统焦距公式	$\frac{n_3}{f'}=\frac{n_2}{f'_1}+\frac{n_3}{f'_2}-\frac{n_3 d}{f'_1 f'_2}=-\frac{n_1}{f}$ （2-54）		$\frac{1}{f'}=\frac{1}{f'_1}+\frac{1}{f'_2}-\frac{d}{f'_1 f'_2}=-\frac{1}{f}$ （2-55）	
薄透镜焦距公式	$\frac{1}{f'}=(n-1)\left(\frac{1}{r_1}-\frac{1}{r_2}\right)=-\frac{1}{f}$ （2-67）			

三、符号规则

为了使公式能普遍地应用于各种几何位置，必须对公式中的所有参数规定一套符号规则。每一个参数除了要记住它所代表的几何意义外，还必须同时记住它的符号规则。如果需要引入新的参数，也必须同时给它规定符号规则，并在推导及运算过程中始终遵守这些规则。

本章中所应用的主要参数的符号规则如下：

1. 线段

（1）坐标方向：本书中一律采用一般数学和科技书中所通用的坐标方向，即横坐标由左向右为正，纵坐标由下向上为正。

（2）计算起点：

单个球面公式：r、L、L'、l、l'、d——以球面顶点为计算起点。

理想光学系统公式：

f'、l'、d——以像方主点 H' 为起点；

f、l——以物方主点 H 为起点；

x'——以像方焦点 F' 为起点；

x——以物方焦点 F 为起点；

y'、y——以轴上点为起点。

2. 角度

（1）转动方向：顺时针为正，逆时针为负。

（2）起始轴：

U、U'、u、u'、ω、ω'、φ——以光轴为起始轴；

I、I'、i、i'——以光线为起始轴。

习 题

1. 有一双胶合物镜，其结构参数为

$$
\begin{array}{lll}
r_1 = 83.220 & & n_1 = 1 \\
r_2 = 26.271 & d_1 = 2 & n_2 = 1.6199 \\
r_3 = -87.123 & d_2 = 6 & n_3 = 1.5302 \\
 & & n_4 = 1
\end{array}
$$

（1）计算两条实际光线的光路，入射光线的坐标分别为

$$L_1 = -300, \quad U_1 = -2^\circ$$

$$L_1 = \infty \quad, \quad h = 10$$

（2）用近轴光路公式计算透镜组的像方焦点和像方主平面位置及与 $l_1 = -300$ 的物点对应的近轴像点位置。

2. 有一放映机，使用一个凹面反光镜进行聚光照明，光源经过反光镜反射以后成像在投影物平面上。光源长为 10 mm，投影物高为 40 mm，要求光源像高等于投影物高；反光镜离投影物平面距离为 600 mm，求该反光镜的曲率半径等于多少？

3. 试用作图法求位于凹的反光镜前的物体所成的像。物体分别位于球心之外、球心和焦点之间、焦点和球面顶点之间三个不同的位置。

4. 试用作图法对位于空气中的正透镜组（$f' > 0$）分别对下列物距：

$$-\infty, \ -2f', \ -f', \ -\frac{f'}{2}, \ 0, \ \frac{f'}{2}, \ f', \ 2f', \ \infty$$

求像平面位置。

5. 试用作图法，对位于空气中的负透镜组（$f' < 0$）分别对下列物距：

$$-\infty, \ 2f', \ f', \ \frac{f'}{2}, \ 0, \ -\frac{f'}{2}, \ -f', \ -2f', \ \infty$$

求像平面位置。

6. 已知照相物镜的焦距 $f' = 75$ mm，被摄景物分别位于距离 $x = -\infty$，-10，-8，-6，-4，-2 m 处，试求照相底片应分别放在离物镜的像方焦面多远的地方？

7. 设一物体对正透镜成像，其垂轴放大率等于 -1，试求物平面与像平面的位置，并用作图法验证。

8. 已知显微物镜物平面和像平面之间的距离为 180 mm，垂轴放大率等于 -5，求该物镜组的焦距和离开物平面的距离（不考虑物镜组二主面之间的距离）。

9. 已知航空照相机物镜的焦距 $f' = 500$ mm，飞机飞行高度为 6 000 m，相机的幅面为 300 mm × 300 mm，求每幅照片拍摄的地面面积。

10. 由一个正透镜组和一个负透镜组构成的摄远系统，前组正透镜的焦距 $f'_1 = 100$，后组负透镜的焦距 $f'_2 = -50$，要求由第一组透镜到组合系统像方焦点的距离与系统的组合焦距之比为 1∶1.5，求二透镜组之间的间隔 d 应为多少？组合焦距等于多少？

11. 如果将上述系统用来对 10 m 远的物平面成像，用移动第二组透镜的方法，使像平面位于移动前组合系统的像方焦平面上，问透镜组移动的方向和移动距离为多少？

12. 由两个透镜组成的一个倒像系统，设第一组透镜的焦距为 f'_1，第二组透镜的焦距为

f'_2，物平面位于第一组透镜的物方焦面上，求该倒像系统的垂轴放大率。

13. 由两个同心的反射球面（二球面球心重合）构成的光学系统，按照光线反射的顺序第一个反射球面是凹的，第二个反射球面是凸的，要求系统的像方焦点恰好位于第一个反射球面的顶点，求两个球面的半径 r_1、r_2 和二者之间的间隔 d 之间的关系。

14. 假定显微镜物镜由相隔 20 mm 的两个薄透镜组构成，物平面和像平面之间的距离为 180 mm，放大率 $\beta=-10^{\times}$，要求近轴光线通过二透镜组时的偏角 Δu_1 和 Δu_2 相等，求二透镜组的焦距。

15. 电影放映机镜头的焦距 $f'=120$ mm，影片画面的尺寸为 22 mm×16 mm，银幕大小为 6.6 m×4.8 m，问电影机应放在离银幕多远的地方？如果把放映机移到离银幕 50 m 远处，要改用多大焦距的镜头？

16. 一个投影仪用 $5^{\times}$ 的投影物镜，当像平面与投影屏不重合而外伸 10 mm 时，则须移动物镜使其重合，试问物镜此时应向物平面移动还是向像平面移动？移动距离为多少？

17. 一照明聚光灯使用直径为 200 mm 的一个聚光镜，焦距为 $f'=400$ mm，要求照明距离 5 m 远的一个3 m 直径的圆，问灯泡应安置在什么位置？

18. 已知一个同心透镜 $r_1=50$ mm，厚度 $d=10$ mm，$n=1.5163$，求它的主平面和焦点位置。

19. 已知一负弯月透镜，其结构参数如下：

$$
\begin{array}{ccc}
 & & n_1=1.0 \\
r_1=5 & d_1=3 & n'_1=n_2=1.5 \\
r_2=2 & & n'_2=1.4
\end{array}
$$

求该透镜的特性矩阵，并根据特性矩阵求主面和焦点位置。

20. 位于空气中的一透明玻璃球，折射率为 n，半径为 r，后面半个球面镀反射膜，求该系统的特性矩阵和基点位置的公式。

21. 由位于空气中的两个薄透镜所组成的系统，其中 $f'_1=20$，$f'_2=-10$，$d_1=8$，又知物高 $y=10$，$l_1=-40$，求系统的特性矩阵、像的位置和大小。

第三章

眼睛和目视光学系统

本章讨论放大镜、显微镜和望远镜这样一类和人眼配合使用的光学系统。这类系统是直接扩大人眼的视觉能力的，称为目视光学系统。本章应用前面学过的共轴球面系统中的物像关系，分析这些目视光学系统的成像原理，弄清为什么使用了目视光学系统之后就能够看得更远更细，这些系统应该怎样构成，对目视光学系统应该有什么样的要求。

§3－1　人眼的光学特性

目视光学仪器是与人眼配合扩大人眼视觉能力的仪器。人眼实际上可以看成整个系统的一个组成部分，所以在研究目视光学仪器之前，首先要对人眼有一个必要的了解。

一、人眼的构造

人眼相当于一个光学仪器，它的内部构造如图 3－1 所示。

（1）角膜：它是由角质构成的透明球面薄膜，厚度仅为 0.55 mm，折射率为 1.377 1，外界光线进入人眼首先要通过它。

（2）前室：角膜后面的一部分空间，充满了折射率为 1.337 4 的透明的水状液。

（3）虹膜：位于前室后面，中间有一圆孔，称为瞳孔，它限制了进入眼睛的光束口径，并可随景物的亮暗随时进行大小的调节。

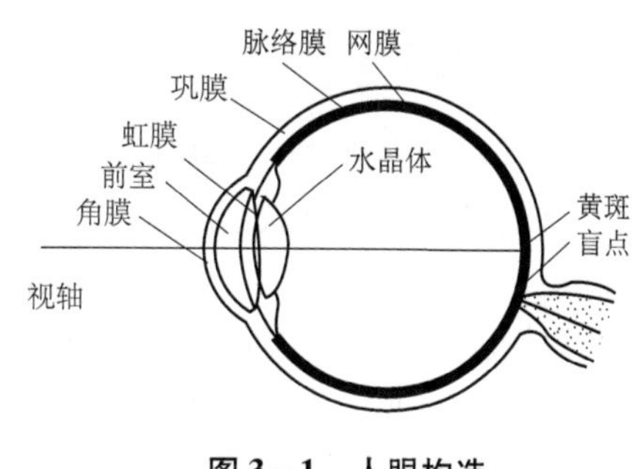

图 3－1　人眼构造

（4）水晶体：它是由多层薄膜组成的双凸透镜，中间硬、外层软，且各层折射率不同，中心为 1.42，最外层为 1.373。自然状态下其前表面半径为 10.2 mm，后表面半径为 6 mm。水晶体周围肌肉的紧张和松弛可改变前表面的曲率半径，从而使水晶体焦距发生变化。

（5）后室：水晶体后面的空间为后室，里面充满了蛋白状的玻璃液，其折射率为 1.336。

（6）网膜：后室的内壁为一层由视神经细胞和神经纤维构成的膜，称为网膜或视网膜，它是眼睛中的感光部分。

（7）脉络膜：网膜外部包围着一层黑色膜，它吸收透过网膜的光线，使后室成为一个暗室。

（8）黄斑：网膜上视觉最灵敏的区域。

(9) 盲点：神经纤维的出口，没有感光细胞，不能产生视觉。用图3-2做一个简单的实验，便可知道盲点的存在。用手捂住右眼，左眼注视右边的圆圈，调整眼睛与纸面的距离，在某一位置上就只见圆圈，十字消失了。说明此位置上十字的像正好落在盲点上。

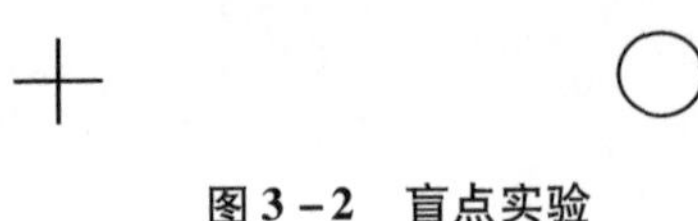

图3-2　盲点实验

(10) 巩膜：一层不透明的白色外皮，它将整个眼珠包起来。

上面简要地介绍了眼睛的构造。从光学角度看，眼睛中最主要的是三样东西：水晶体、网膜和瞳孔。眼睛和照相机很相似，如果对应起来看：

人　眼　—　照相机
水晶体　—　镜　头
网　膜　—　底　片
瞳　孔　—　光　阑

人眼相当于一架照相机，但它不是普通的照相机，它可以自动对目标调焦，可以根据景物的亮暗自动调节进入眼睛的光能量，因此人眼是最高档的超级照相机。

照相机中，正立的人在底片上成倒像，人眼也是成倒像，但我们感觉还是正立的，这是神经系统内部作用的结果。

眼睛的视场很大，可达150°，但只有黄斑附近才能清晰识别，其他部分比较模糊，要看其他景物，眼珠可以自由地转动，把黄斑和眼睛光学系统像方节点的连线（称为视轴）对向该景物。

二、人眼的调节

眼睛有两类调节功能：视度调节和瞳孔调节。

（一）视度调节

我们观察某一物体时，物体通过眼睛（主要是水晶体）在网膜上形成一个清晰的像，视神经细胞受到光线的刺激引起了视觉，我们就看清了这一物体。此时，物、像和眼睛光学系统之间应当满足前面讲过的共轭点方程式。远近不同的其他物体，物距不同，则不成像在网膜上，我们就看不清。如要看清其他的物体，人眼就要自动地调节眼睛的焦距，使像落在网膜上，眼睛自动改变焦距的这个过程称为眼睛的视度调节。

正常人眼在完全放松的自然状态下，无限远目标成像在网膜上，即眼睛的像方焦点在网膜上。在观察近距离物体时，人眼水晶体周围肌肉收缩，使水晶体前表面半径变小，眼睛光学系统的焦距变短，后焦点前移，从而使该物体的像成在网膜上。

为了表示人眼调节的程度，引入了视度的概念。与网膜共轭的物面到眼睛距离的倒数称为视度，用 SD 表示

$$SD=\frac{1}{l} \tag{3-1}$$

式中，距离 l 以（m）米为单位，且有正有负。

例如观察眼睛前方 2 m 处的目标时，$l=-2$，$SD=1/(-2)=-0.5$，即眼睛的视度为 -0.5。如观察无限远目标，$l=-\infty$，$SD=0$。显然，视度绝对值越大，说明调节量越大。

正常人眼从无限远到 250 mm 之内，可以毫不费力地调节。一般人阅读或操作时常把被观察目标放在眼前 250 mm 处，此距离称为明视距离，对应的视度为 $SD = 1/(-0.25) = -4$。在明视距离之内人眼还能调节，但不是无限的。人眼通过调节所能看清物体的最短距离称为近点距离，人眼能看清的最远距离叫远点距离，远点距离与近点距离之间就是人眼的最大调节范围，但它不是用距离表示，而是用二者的视度之差表示。人眼的调节能力受年龄限制。表 3-1 列出了不同年龄段正常人眼的调节能力。

表 3-1 不同年龄段正常人眼的调节能力

年龄	最大调节范围/视度	近点距离/mm
10	-14	70
15	-12	83
20	-10	100
25	-7.8	130
30	-7.0	140
35	-5.5	180
40	-4.5	220
45	-3.5	290
50	-2.5	400

从表 3-1 中可见，20 岁左右年轻人最大调节范围约为 -10 视度，远点位于无限远，近点距离为 100 mm；而 50 岁左右的中老年人，最大调节范围仅为 -2.5 视度，近点距离为 400 mm，远在明视距离之外，所以中老年人看书报要放远一些才能看清。

（二）瞳孔调节

眼睛的虹膜可以自动改变瞳孔的大小，以控制眼睛的进光量。一般人眼在白天光线较强时，瞳孔收缩到 2 mm 左右，夜晚光线较暗时可放大到 8 mm 左右。设计目视光学仪器时要考虑和人眼瞳孔的配合。

三、人眼的分辨率

眼睛的分辨率是眼睛的重要光学特性，也是设计目视光学仪器的重要依据之一。通常把眼睛刚能分辨的两物点在网膜上成的两像点之间的距离称为眼睛的分辨率，它的大小与网膜上神经细胞的大小有关。图 3-3 所示为网膜上神经细胞排列的示意图。由图 3-3 可见，要使两像点能被分辨，它们之间的距离至少要大于两个神经细胞的直径。在黄斑上视神经细胞直径为 0.001~0.003 mm，所以一般取 0.006 mm 为人眼的分辨率。这是在人眼网膜上度量的可以分辨的最短距离，最常使用的是此距离在人眼物空间对应的张角 $\omega_{\min}$。

参见图 3-4，把眼睛简化为一光学系统，根据理想像高的计算公式

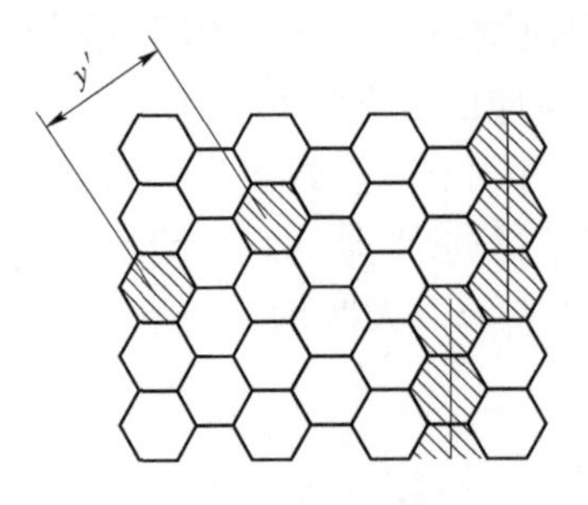

图 3-3　视网膜构造

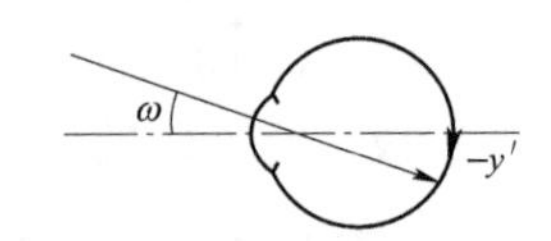

图 3-4　人眼视角分辨率计算

$$y' = f\tan\omega$$

若 y' 取成人眼的分辨率 0.006 mm，其所对应的两物点对眼睛的张角就是 $\omega_{\min}$，即

$$\omega_{\min} = \frac{y'_{\min}}{f}$$

人眼在自然状态下，物方焦距 $f = -16.68$ mm，将 $y'_{\min} = -0.006$ mm 一并代入，并将弧度换成角秒，得到

$$\omega_{\min} = \frac{-0.006}{-16.68} \cdot 206\ 000'' \doteq 60''$$

我们把刚能分辨的两物点对眼睛的张角 $\omega_{\min}$ 叫作眼睛的视角分辨率，用它来表征人眼的分辨能力。

上面讨论的是对两物点的分辨率，如果被观察的是两条平行直线，如图 3-3 和图 3-5（a）所示，分辨率可以提高到 10″。直线与点不同，一直线刺激一列视神经细胞，另一直线刺激另一列视神经细胞，人眼能敏锐地觉察出二者之间的位移。同理，图 3-5（b）和图 3-5（c）中的分划板是一直线与叉线对准，或一直线与两条平行线对准，对准精度都可以达到 10″，所以在一些测量仪器中都采用这种类型的对准方式，以提高测量精度。

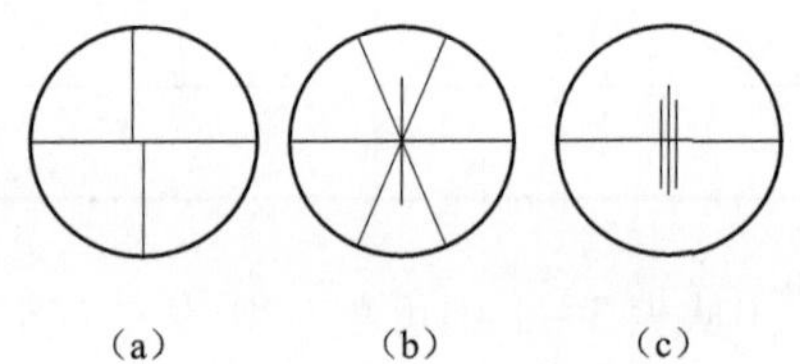

图 3-5　各种对准精度

§3-2　放大镜和显微镜的工作原理

从本节开始，我们研究放大镜、显微镜、望远镜等目视光学仪器的成像原理。先来讨论一下对各类目视光学仪器的共同要求。

通过对人眼光学特性的讨论，我们知道了人眼的视角分辨率为 60″，如果远距离两目标对人眼的张角小于 60″，它们的像不能落在网膜不相邻的细胞上，就分不清是一个点还是两个点。设想，如果先用一个光学仪器对两目标成像，使它们的两像点对人眼的张角大于 60″，人眼看清这两个像点，也就看得清两目标了。这就是说如果使用仪器扩大了视角，人们就可以看清肉眼直接观察时看不清的目标。下面，具体讨论一下这个问题。

设同一目标用人眼直接观察时的视角为 $\omega_{眼}$，在网膜上对应的像高为 $y'_{眼}$；通过仪器观察的视角为 $\omega_{仪}$，在网膜上对应的被仪器放大了的像高为 $y'_{仪}$。设 π' 为眼睛的像方节点 J' 到网膜

的距离，如果忽略眼睛调节的影响，可以认为是一个常数，在图 3－6 中有

$$y'_{眼} = -\pi'\tan\omega_{眼},\ y'_{仪} = -\pi'\tan\omega_{仪}$$

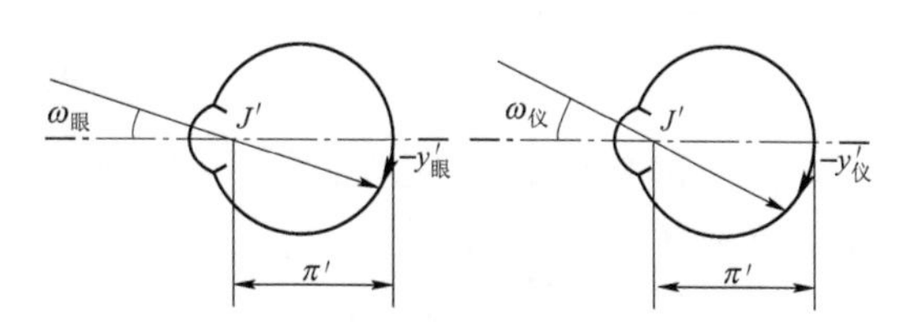

图 3－6　裸眼和用仪器后像的比较

对于同一个目标，由于用人眼和用仪器观察时在网膜上所成的像的大小不同，便产生了放大的感觉。用仪器观察时网膜上的像高与人眼直接观察时网膜上的像高之比，表示了该仪器的放大作用，一般用 Γ 表示。由上面的关系得到

$$\Gamma = \frac{y'_{仪}}{y'_{眼}} = \frac{-\pi'\tan\omega_{仪}}{-\pi'\tan\omega_{眼}} = \frac{\tan\omega_{仪}}{\tan\omega_{眼}} \tag{3-2}$$

由式（3－2）可以看到，Γ 等于同一目标用仪器观察时的视角 $\omega_{仪}$ 和人眼直接观察时的视角 $\omega_{眼}$ 二者正切之比，所以称为仪器的视放大率。例如，当用一个视放大率等于 10 倍的仪器进行观察时，它在网膜上所成的像高正好等于人眼直接观察时像高的 10 倍，仿佛人眼在直接观察一个放大了 10 倍的物体一样。显然，对目视光学仪器的一个首要的要求就是扩大视角。

此外，人眼在完全放松的自然状态下，无限远目标成像在网膜上，为了在使用仪器观察时人眼不至于疲劳，目标通过仪器后应成像在无限远，或者说要出射平行光束。这是对目视光学仪器的第二个共同要求。

放大镜、显微镜必须满足以上两个对目视光学仪器的共同要求。

一、放大镜的工作原理

放大镜是用来观察近距离微小物体的。人眼直接观察近距离微小物体时，能够分辨的物体大小 y 和物距 l 之间必须满足以下关系

$$\frac{y}{l} \geqslant 0.000\,3 \tag{3-3}$$

0.000 3 是人眼分辨率 60″对应的弧度值。

被观察物体 y 越小，要满足上述关系式，物距 l 就要减小，即把物体拉近，但人眼调节范围有限，只能看清近点以外的物体。所以人眼直接观察微小物体时，物不可能太小。

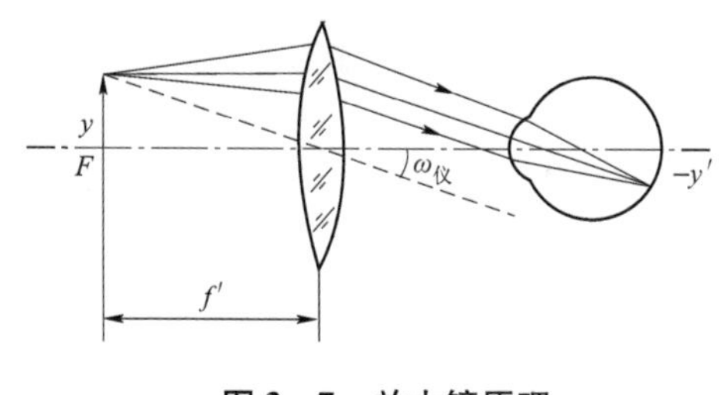

图 3－7　放大镜原理

为了看清小物，我们设想，在人眼和物体之间放置一个透镜，并使物与透镜物方焦平面重合，如图 3－7 所示。物先通过透镜成像在无限远，再进入人眼成像在网膜上。由于透镜出射的是平行光束，满足了对目视光学仪器的第二个共同要求，但是否能扩大视角呢？

设透镜焦距为 f'，物体通过透镜所成的像对人眼的视角 $\omega_{仪}$ 为

$$\tan\omega_{仪} = \frac{y}{f'}$$

人眼直接观察的视角 $\omega_{眼}$ 为

$$\tan\omega_{睛}=\frac{y}{-l}$$

二者之比即为视放大率，但 l 是个不确定数，为了统一，取 $l=-250$ mm 即人眼的明视距离，人眼直接观察的视角 $\omega_{眼}$ 为

$$\tan\omega_{眼}=\frac{y}{250} \tag{3-4}$$

视放大率为

$$\Gamma=\frac{\tan\omega_{仪}}{\tan\omega_{眼}}=\frac{250}{f'} \tag{3-5}$$

分析视放大率的表达式可知，透镜的焦距 f' 如果等于 250 mm，$\Gamma=1$，就没起到扩大视角的作用，f' 越小，Γ 越大，放大的作用也就越大。这块透镜就叫放大镜。一般的放大镜只采用一片单片透镜，倍数高一点的采用几片透镜构成的透镜组。由于在一定的通光口径下，单个透镜组的焦距不可能做得太短，所以放大镜的视放大率就受到限制，一般不超过 15 倍。

二、显微镜的工作原理

放大镜不能满足人们对细小物体观察分析的要求，怎样才能进一步提高放大率以观察更微细的物体？用放大镜观察的是放在焦面上的物体，如果把更微细的物体先用一组透镜放大成像到放大镜焦面上，再通过放大镜观察，这样通过两级放大，就可以观察到更微细的物体了。根据这样的思路，就形成了视放大率更高的显微镜，把被观察物体进行尺寸放大的一组透镜就是显微物镜；靠近眼睛，扩大视角的放大镜就是显微镜目镜。如图 3－8 所示，物体 y 首先经过显微物镜并在目镜的物方焦平面上形成一个放大的实像 y'，再经过目镜成像在无限远。

下面导出显微镜的视放大率公式。人眼直接观察的视角的正切为

$$\tan\omega_{眼}=\frac{y}{250}$$

通过显微镜观察时，视角的正切为

$$\tan\omega_{仪}=\frac{y'}{f'_{目}}$$

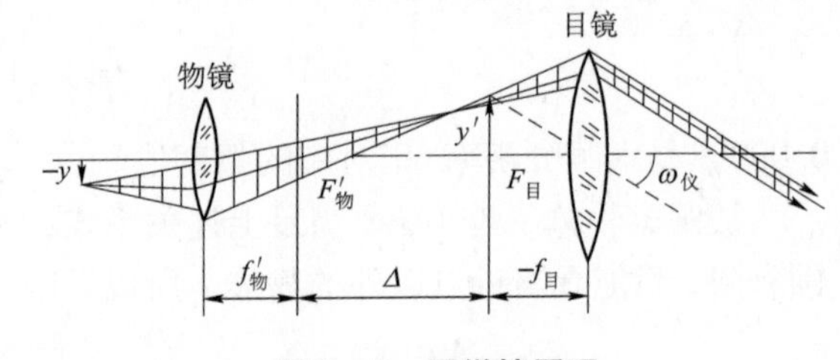

图 3－8 显微镜原理

假定物镜像方焦点 $F'_{物}$ 到目镜物方焦点 $F_{目}$ 之间的距离为 Δ（称为光学筒长），根据牛顿公式的放大率公式有

$$\beta_{物}=\frac{y'}{y}=-\frac{\Delta}{f'_{物}}$$

即

$$y'=-\frac{\Delta}{f'_{物}}y$$

代入上面 $\tan\omega_{仪}$ 的表示式，得

$$\tan\omega_{仪}=-\frac{\Delta}{f_{物}f'_{目}}y$$

将 $\tan\omega_{仪}$ 和 $\tan\omega_{眼}$ 代入视放大率公式（3－2），有

$$\Gamma=\frac{\tan\omega_{仪}}{\tan\omega_{眼}}=\frac{-250\Delta}{f'_{物}\ f'_{目}} \tag{3-6}$$

根据目镜（放大镜）的视放大率公式（3－5）和对物镜应用的牛顿放大率公式可得

$$\Gamma=\frac{-\Delta}{f'_{物}}\cdot\frac{250}{f'_{目}}=\beta_{物}\cdot\Gamma_{目} \tag{3-7}$$

即显微镜的总视放大率等于物镜的垂轴放大率与目镜的视放大率的乘积。

显微物镜的垂轴放大率 $\beta_{物}$ 和显微目镜的视放大率 $\Gamma_{目}$ 都刻在镜管上，将二者相乘就可知道显微镜的视放大率。通常使用的显微镜，物镜、目镜都配有多个，倍率各不相同，不同的物镜与目镜的搭配可以得到不同的总视放大率。

根据组合系统的焦距公式，显微镜的组合焦距 f' 应为

$$f'=-\frac{f'_1f'_2}{\Delta}=-\frac{f'_{物}\ f'_{目}}{\Delta}$$

代入式（3－6），可得

$$\Gamma=\frac{250}{f'}$$

此式与放大镜的式（3－5）完全一样。因此，也可以把显微镜看成一个组合的放大镜。

显微镜品种很多，应用十分广泛。大量使用的有生物显微镜、金相显微镜和工具显微镜等。随着科学技术的进步，许多单纯的光学显微镜正在向光、机、电、计算机综合应用的方向过渡。例如在半导体集成电路生产线上安装的显微镜，在其物镜焦平面的位置上，或摄像目镜的像面上放置光电耦合器件 CCD，由 CCD 把接收的光信号转变为视频信号输入到监视器上，工人可以通过观察监视器上集成电路影像的情况进行焊接等操作，避免因长期用目镜观察而产生疲劳。

为了便于使用和维修，各国生产的通用显微镜物镜，从物平面到像平面之间的距离（物像共轭距离），不论物镜倍率多少都是相等的，大约等于 195 mm。物镜与镜管的连接部分也是相同的，以便于互换使用。

【计算举例】 如果要求读数显微镜的对准精度为 0.001 mm，求显微镜的放大率。

人眼直接观察 0.001 mm 的物体所对应的视角为

$$\tan\omega_{眼}=\frac{0.001}{250}=4\times10^{-6}$$

人眼的视角分辨率为 60″，因此要求显微镜的视放大率为

$$\Gamma=\frac{\tan\omega_{仪}}{\tan\omega_{眼}}=\frac{-\tan 60''}{4\times10^{-6}}=-73^{\times}$$

如果使用 $10^{\times}$ 的目镜，则根据式（3－7）可以求得物镜的倍数为

$$\beta_{物}=\frac{\Gamma}{\Gamma_{目}}=\frac{-73}{10}=-7.3^{\times}$$

由此可知，使用一个 $8^{\times}$ 的显微镜物镜即能满足要求。

§3-3 望远镜的工作原理

望远镜是用来观察无限远目标的仪器，根据上节讨论的对目视光学仪器的共同要求，仪器应出射平行光，成像在无限远，这样望远镜应该是一个将无限远目标成像在无限远的无焦系统。

对于无限远目标，通过一定焦距的透镜组，将成像在透镜组的像方焦平面上，而不是无限远，不可能构成望远系统。联系上节讨论的放大镜和显微镜的构成，可以想到，再加一目镜，使上述透镜组的像方焦平面与目镜物方焦平面重合，这种组合就实现了把无限远目标成像到无限远的目的，如图3-9（a）所示。

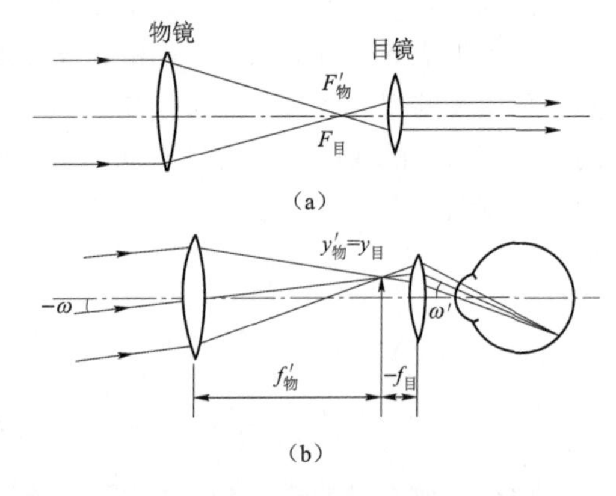

图3-9 望远镜原理

望远镜是扩大人眼对远距离目标观察的视觉能力的，它必须起到扩大视角的作用。由于物体位于无限远，同一目标对人眼的张角 $\omega_{眼}$ 和对仪器的张角 ω（望远镜的物方视场角）完全可以认为是相等的，即 $\omega=\omega_{眼}$，从图3-9（b）中可以看到，物体通过整个系统成像后，对人眼的张角就等于仪器的像方视场角 ω'，即 $\omega'=\omega_{仪}$，按照视放大率的定义，对望远系统可以写出

$$\Gamma=\frac{\tan\omega_{仪}}{\tan\omega_{眼}}=\frac{\tan\omega'}{\tan\omega} \tag{3-8}$$

我们关心的是视角能否扩大，符合什么关系才能扩大视角，因此需要把 $\tan\omega'$ 和 $\tan\omega$ 用系统内部的光学参数表示出来。由图3-9（b），并根据无限远物的理想像高公式和无限远像的物高公式，对于物镜和目镜分别有

$$y'_{物}=-f'_{物}\tan\omega \quad 或 \quad \tan\omega=-\frac{y'_{物}}{f'_{物}}$$

$$y_{目}=f'_{目}\tan\omega' \quad 或 \quad \tan\omega'=\frac{y_{目}}{f'_{目}}$$

代入视放大率公式（3-8），并考虑到 $y'_{物}=y_{目}$，得到

$$\Gamma=\frac{\tan\omega'}{\tan\omega}=-\frac{f'_{物}}{f'_{目}} \tag{3-9}$$

式（3-9）即为望远系统的视放大率公式。从式（3-9）中可以看出，视放大率在数值上等于物镜焦距与目镜焦距之比，只要物镜焦距大于目镜焦距，就扩大了视角，起到了望远的作用。要提高视放大率，就必须加大物镜的焦距或减小目镜的焦距。从式（3-9）中还可以看出，Γ 可正可负，它与物镜、目镜焦距的符号有关，Γ 为负时，ω' 与 ω 反号，通过望远系统观察的是倒立的像。

从以上的讨论可知，一个望远系统应该由物镜和目镜两组构成，物镜的像方焦平面应与目镜的物方焦平面重合，且物镜焦距在数值上应大于目镜焦距。这样，就把无限远物成像在无限远，并扩大了视角。

正是由于望远系统的这种构成方式，使望远系统具有一般光学系统并不具备的特点。从图 3－9（b）看到，ω 是入射光束和光轴的夹角，ω' 是出射光束和光轴的夹角，二者正切之比是角放大率 γ，显然，望远系统的视放大率 Γ 与角放大率 γ 相等，即

$$\Gamma = \frac{\tan \omega'}{\tan \omega} = \gamma$$

按照角放大率定义，它是一对共轭面的成像性质，但在望远系统中，入射光和出射光都是平行光束，倾斜入射的平行光束中任意一条入射光线的出射光线和光轴的夹角都是相同的，即角放大率为定值，与共轭面的位置无关。可以把不同的入射光线看作由轴上不同点发出的，与相应的出射光线和光轴的交点看作一对共轭点，各对共轭面角放大率皆相同，所以角放大率与共轭面位置无关，这是望远系统特有的性质，一般光学系统角放大率是随共轭面位置的改变而变化的。由此可以得出：望远系统的视放大率等于角放大率，与共轭面位置无关，只与物镜和目镜的焦距有关。

根据放大率之间的关系，还可以知道，望远系统的垂轴放大率、轴向放大率都与共轭面的位置无关。

从图 3－10 可以看到，和光轴平行高度为 y 的入射光线可以看作由任意一物平面物高为 y 的物点发出的，其出射光线平行于光轴射出，且通过像点，所以像高 y' 处处相等，即垂轴放大率处处相等。利用这一特点，又可以写出望远系统视放大率的另一种表示形式。在望远系统前方任意位置放一大小为 D 的物体，通过系统后像高为 D'，垂轴放大率为 $\beta = D'/D$，所以，

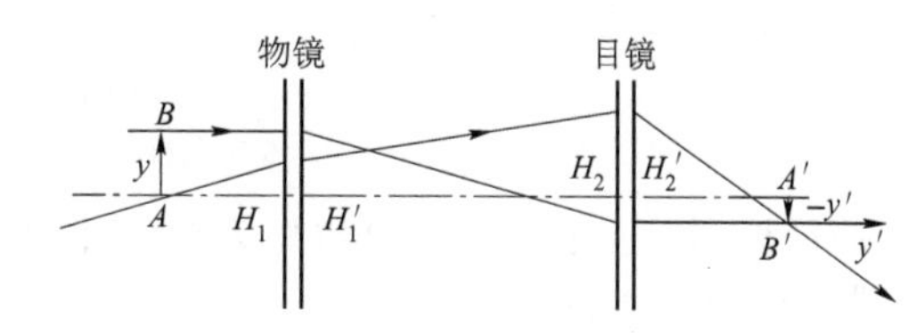

图 3－10 望远镜放大率

$$\Gamma = \gamma = \frac{1}{\beta} = \frac{D}{D'} \tag{3-10}$$

利用这个道理，可以测量望远镜的视放大率，在望远镜前垂直于光轴放置一有刻划的物体，在望远镜后测量像高的大小，二者之比即为望远系统的视放大率。

前面说过视放大率 Γ 可正可负，完全取决于物镜和目镜焦距的符号。Γ 为负，ω' 与 ω 反号，通过望远系统观察的像是倒立的；反之，Γ 为正，像正立。望远物镜只能是正透镜，否则不能满足扩大视角的要求，所以 Γ 的正负取决于目镜采用正透镜还是负透镜。

采用正光焦度目镜的望远镜称为开普勒望远镜，视放大率为负值，所以正立的物体成倒立的像，观察和瞄准极不方便，通常加入棱镜或透镜式倒像系统，使像正立。开普勒望远镜在物镜和目镜之间有中间实像，可以安装分划板，使像和分划板上的刻线进行比较，以便于瞄准和测量，特别适合军用。

图 3－11 给出了军用观察望远镜的光学系统图，其由物镜、目镜、物镜像方焦平面上安装的分划板和转像棱镜组构成。

如图 3－12 所示的采用负光焦度目镜的系统称为伽利略望远镜，这种系统 Γ 为正值，成正像，不必加倒像系统，但这种系统物镜的像方焦平面在目镜后方，系统中无法安装分划板，不适合军用，另外它的视放大率受到物镜口径的限制，也不可能很大，一般在 2～3 倍，常用

作观剧镜。

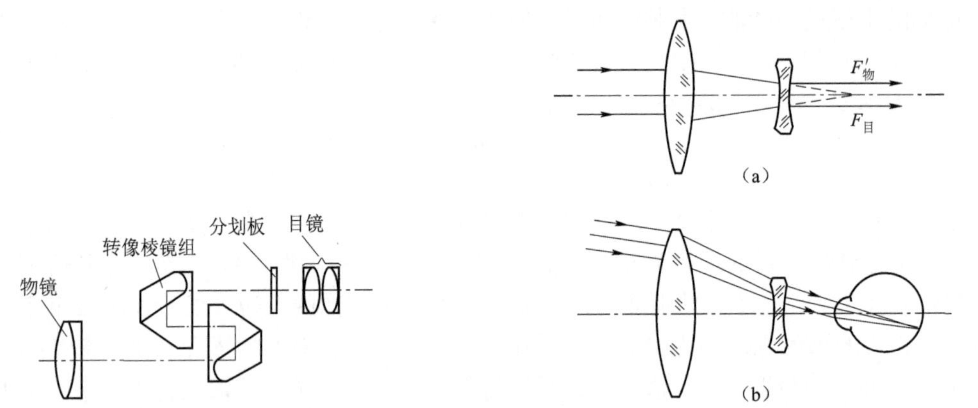

图3-11　双目望远镜

图3-12　伽利略望远镜

下面给出一个例子，说明望远系统计算中考虑问题的一些方法。

【例1】 用望远镜观察时要鉴别5 km处200 mm的间距，应选用多大倍率的望远镜？

先求出直接观察时的视角

$$\omega = \frac{200\ \text{mm}}{5\times 10^6\ \text{mm}}\cdot 206\ 000'' \approx 8.24''$$

前面讲过，人眼的视角分辨率为60″，仪器应将8.24″扩大到60″以上，以便人眼分辨。所以仪器的视放大率至少应为

$$\Gamma = \frac{\tan\omega'}{\tan\omega} = \frac{\omega'}{\omega} = \frac{60''}{8.24''} \approx 7.3^{\times}$$

【例2】 经纬仪望远镜视放大率 $\Gamma=20$，使用夹线瞄准，问瞄准角误差等于多少？

夹线瞄准是图3-5（c）的瞄准方式，人眼判断单线居双线中间时，便认为已对准，对准精度为10″，这是说在仪器的像方误差角 ω' 为10″，要求的是物空间的瞄准角误差 ω，显然二者之间存在着

$$\frac{\omega'}{\omega} = \Gamma$$

代入 Γ 和 ω' 的数值，便可求出瞄准角误差为

$$\omega = \frac{\omega'}{\Gamma} = \frac{10''}{20} = 0.5''$$

§3-4　眼睛的缺陷和目视光学仪器的视度调节

如前所述，正常的人眼在自然状态下，像方焦点正好和网膜重合。如果像方焦点和网膜不重合，则称为视力不正常。若像方焦点位于网膜的前方，则称为“近视眼”；若位于网膜的后方，则称为“远视眼”，如图3-13（a）和图3-13（b）所示。

由于近视眼的像方焦点 $F'_{眼}$ 位于网膜的前方，所以网膜上就不能获得无限远物体清晰的像，因此就看不清无限远物体，而只能看清一定距离以内的物体。在§3-1节中说过，眼睛能看清的最远距离称为远点。正常人眼的远点在无限远，而近视眼的远点却在有限远。近视

眼依靠调节，只能看清远点以内的物体。通常采用近视眼的远点距离所对应的视度表示近视的程度。例如，当远点距离为0.5 m时，近视为 -2 视度，和医学上的近视200度相对应。如果眼睛的调节能力不变，则近视眼的明视距离和近点距离也将相应地缩短。近视度的视度加负4（正常人眼的明视距离视度），就等于近视眼的明视距离视度。同理，近视的视度加正常人眼的近点视度（等于最大调节视度）就等于近视眼的近点视度。例如，近视为 -2 个视度的青年人，假定他的调节能力为 -10 个视度，则他的近点距离为

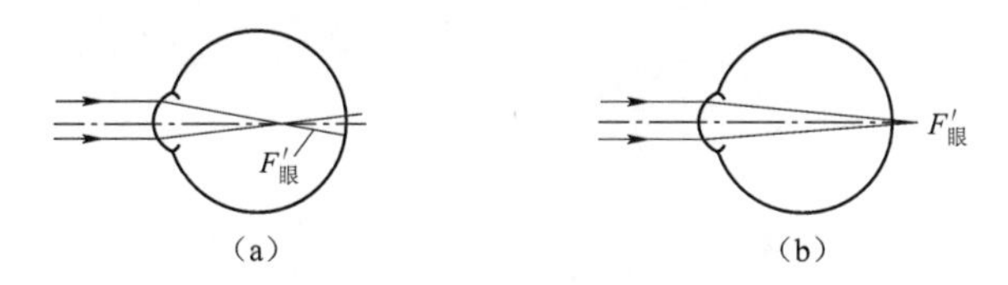

图 3-13　近视眼和远视眼

（a）近视；（b）远视

$$\frac{1}{l_{近}} = -2 + (-10) = -12 \quad 或 \quad l_{近} = \left|\frac{1}{-12}\right| = 0.083\ \mathrm{m} = 83\ \mathrm{mm}$$

为了校正近视，可以在眼睛前面加一个发散透镜，如图 3-14（a）所示。发散透镜的焦距正好和远点距离相同。无限远的物体通过发散透镜以后，正好成像在眼睛的远点上，再通过眼睛成像在网膜上。

对远视眼来说，在自然状态下像方焦点 F' 落在网膜的后方，依靠眼睛的调节，有可能看清无限远的物体，但它所能看清的近点距离将增加。例如，当调节能力为 -10 个视度和远视为 +2个视度时，近点距离为

$$\frac{1}{l_{近}} = +2 + (-10) = -8 \quad 或 \quad l_{近} = \left|\frac{1}{-8}\right| = 0.125\ \mathrm{m} = 125\ \mathrm{mm}$$

图 3-14　近视眼和远视眼校正原理

（a）近视；（b）远视

为了校正远视眼，可以在眼睛前面加一个汇聚透镜，使由无限远物体发出的光线经过透镜汇聚以后，再进入眼睛正好成像在网膜上，如图 3-14（b）所示。

为了使目视光学仪器能适应各种不同视力的人使用，可以改变目镜的前后位置，使仪器所成的像不再位于无限远，而是位于目镜前方或后方的一定距离上，以适应近视或远视眼的需要，这就是目视光学仪器的视度调节。

由于正常人眼适应于无限远物体，因而对于望远镜则要求物镜的像方焦点恰好和目镜的物方焦点相重合，如图3-15（a）所示。对于近视眼来说，则要求仪器所成的像应位于前方近视眼的远点距离上。为此目镜应该向前调节，使物镜所成的像位于目镜的物方焦点以内，这样，通过目镜以后在前方成一视度为负的虚像，此虚像再通过近视眼正好成像在网膜上，如图 3-15（b）所示。对于远视眼，目镜应向后调节，使物成像在仪器后方，视度为

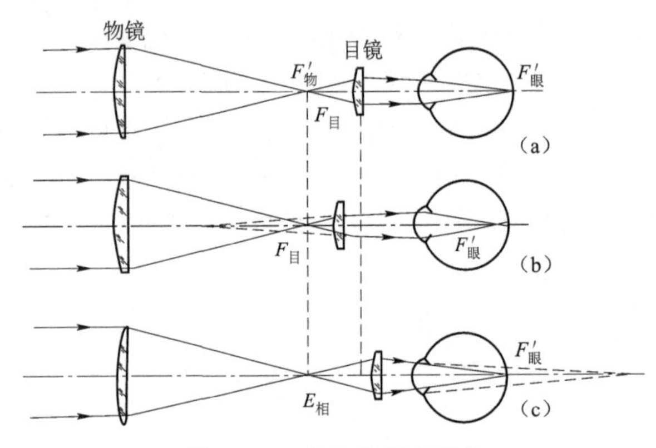

图3-15　望远镜视度调节

（a）正常眼；（b）近视眼；（c）远视眼

正，再通过远视眼正好成像在网膜上，如图3-15（c）所示。

下面就来求视度和目镜调节量之间的关系式。假如要求仪器的视度值为SD，则要求像距值为$x' = 1\,000/SD$。根据牛顿公式得

$$x = \frac{-f'^2_{目}}{x'} = \frac{-SDf'^2_{目}}{1\,000}\ \text{mm} \tag{3-11}$$

式中，SD为视度值，$f'_{目}$为目镜的焦距，x为目镜的移动量。$f'_{目}$和x的单位为毫米。

一般要求目视光学仪器的视度调节范围为±5视度。绝大多数仪器都采用移动目镜来调节视度，视度的分划直接刻在目镜圈上，也有少数仪器是采用移动物镜来调节视度的。

§3-5　空间深度感觉和双眼立体视觉

当观察外界物体时，除了能够知道物体的大小、形状、亮暗以及表面颜色以外，还能够产生远近的感觉。这种远近的感觉称为空间深度感觉，它无论是用单眼或者双眼观察时都能产生。但是双眼的深度感觉比单眼观察时强得多，也正确得多。

单眼深度感觉的来源有以下几种：第一，当物体的高度已知时，根据它所对应的视角大小来判断它的远近。视角大则近，视角小则远。第二，根据物体之间的遮蔽关系和日光的阴影也能判断物体之间的相对位置。第三，根据对物体细节的鉴别程度和空气的透明度也能产生一定的深度感觉。第四，根据眼睛调节的程度（即眼肌肉收缩的紧张程度）也能判定物体的远近。但是，只是对在2~3 m以内的物体才能感觉出远近的差别。

当用双眼观察时，除了上面这些因素以外，还有两个因素：第一，当我们注视某一物体时，两眼的视轴就自动地对向该物体，如图3-16所示。物体的距离越近，视轴之间的夹角越大，由于视轴的夹角不同，使眼球发生转动的肌肉紧张程度也就不同。根据这种不同的感觉，即能辨别物体的远近。经验证明，这种感觉只是在16 m以内才能产生，实际上能够精确判断的距离也只有几米。第二，双眼立体视觉。当用双眼观察物点A时，则双眼的视轴对向A点，两视轴之间的夹角α称为“视差角”，如图3-17所示。它在两眼中的像a_1和a_2均落在黄斑上。和A点距离相等有一点B，假定它在两网膜上的像为b_1和b_2。显然A点和B点对两眼所张的角度相等，即$\alpha_A = \alpha_B$。网膜上两像点之间的距离a_1b_1等于a_2b_2，并且b_1和b_2位于黄斑的同一侧。如果A、B两点的距离不等，如图3-18所示，则$\alpha_A \neq \alpha_B$，B点的像b_1和b_2将位于黄斑的不同侧，如图3-18（a）所示；或者，虽然位于黄斑同侧，但$a_1b_1 \neq a_2b_2$，如图3-18（b）所示。

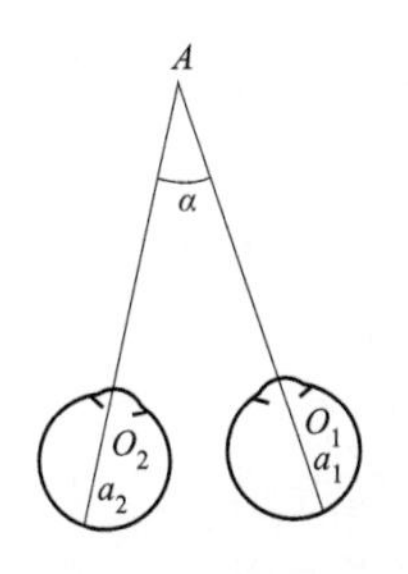

图 3-16　视轴调节

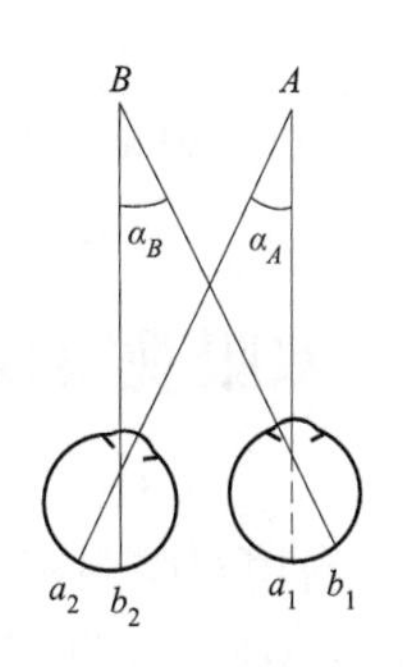

图 3-17　视差角示意图

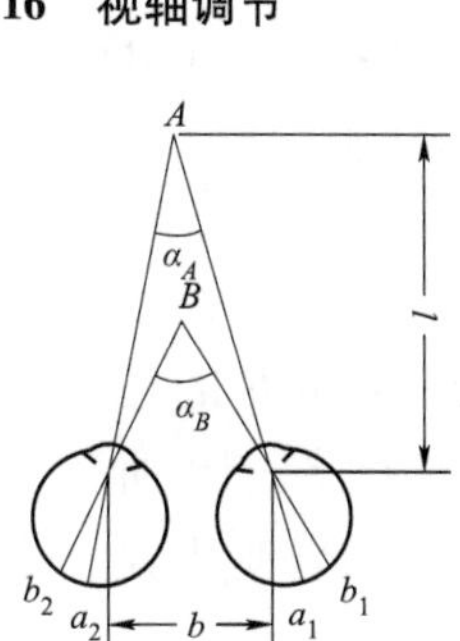

（a）

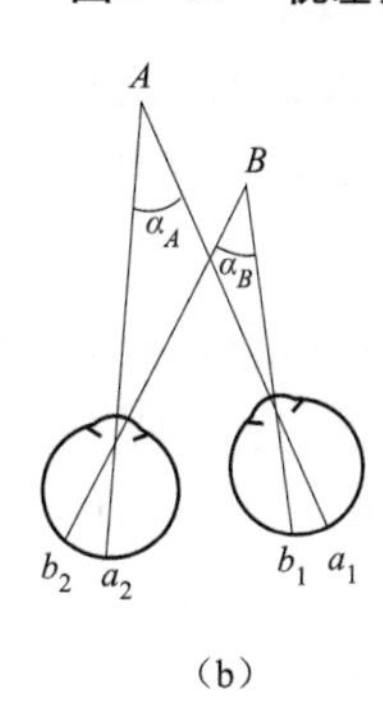

（b）

图 3-18　立体视觉深度示意图

也就是说 B 点在两网膜上的像 b_1 和 b_2 不对应，因此视觉中枢就产生了远近的感觉。这种感觉称为双眼立体视觉，它能够精确地判定二物点的相对位置。显然，这种不对应的程度取决于 α_A 和 α_B 的差 $\Delta\alpha$。人眼有可能感觉到的 $\Delta\alpha$ 的极限值 $\Delta\alpha_{\min}$ 称为“体视锐度”，$\Delta\alpha_{\min}$ 大约为 10″，甚至可能达到 5″～3″。无限远物点对应的视差角 $\alpha_\infty=0$。当物点对应的视差角 α 等于 $\Delta\alpha_{\min}$ 时，人眼刚刚能分辨出它和无限远物点之间的距离差别，换句话说，它反映了眼睛有可能分辨出远近的最大距离。人眼二瞳孔之间的平均距离 $b=62$ mm，$\Delta\alpha_{\min}=10''$，则

$$l_{\max}=\frac{b}{\Delta\alpha_{\min}}=\frac{0.062}{10''}\times 206\,000''\approx 1\,200\ \text{m}$$

式中，$l_{\max}$ 称为立体视觉半径。立体视觉半径以外的物体，人眼就不能分辨出它们之间的远近了。由图 3-18 可以得到

$$\alpha=\frac{b}{l} \tag{3-12}$$

式中，l 为物距，b 为人眼二瞳孔之间的间隔，α 为视差角。将上式微分，取绝对值得

$$\Delta\alpha=\frac{b}{l^2}\Delta l \quad 或 \quad \Delta l=\Delta\alpha\frac{l^2}{b}$$

当 $\Delta\alpha=\Delta\alpha_{\min}$ 时，对应的 Δl 即为双眼立体视觉误差。由此可知，误差和物体距离的平方成正比，物体距离越远，立体视觉误差越大。

将 $b=0.062$ m，$\Delta\alpha=0.000\,05$（10″）代入上式，得

$$\Delta l=8\times10^{-4}l^2(\text{m}) \tag{3-13}$$

以上公式中，l 和 Δl 均以米为单位。例如在 100 m 距离上，人眼的立体视觉误差为

$$\Delta l = 8 \times 10^{-4} \times (100)^2 = 8\ \text{m}$$

式（3－13）只适用于 l 小于 1/10 的立体视觉半径，否则公式的误差很大。

§3－6　双眼观察仪器

上节讲到，当用双眼观察外界景物时，能够产生明显的远近感觉，这种感觉称为双眼立体视觉，简称为体视。如果使用单眼望远镜或单眼显微镜观察，就不能产生体视，因而会影响观察效果。为了在使用仪器观察时仍能保持住人眼的体视能力，必须采用双眼仪器，如“双眼望远镜”和“双目显微镜”。

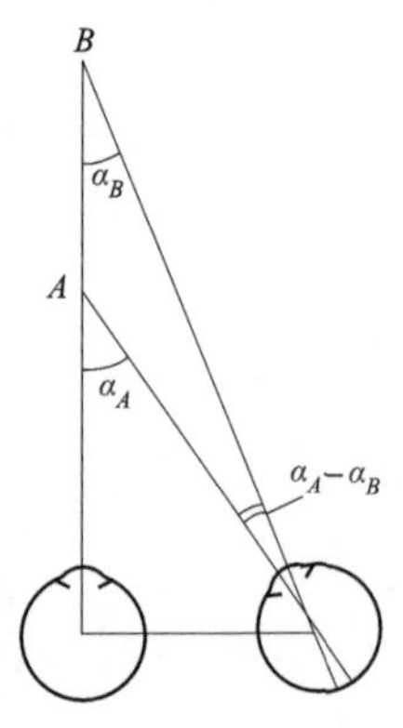

图 3－19　视差角差异

当使用双眼仪器时，人眼的体视能力不仅可以保持，而且还可以得到提高。由上节知道，人眼能否分辨出两个物点 A 和 B 的远近，取决于此两物点对应的视差角之差（$\alpha_A - \alpha_B$），如图 3－19 所示。假定人眼直接观察某一物体时对应的视差角为 $\alpha_{眼}$，当使用仪器观察时对应的视差角为 $\alpha_{仪}$，二者之比称为双眼仪器的体视放大率，用 $\varPi$ 表示

$$\varPi = \frac{\alpha_{仪}}{\alpha_{眼}} \tag{3-14}$$

假如人眼左右两瞳孔之间的距离为 b，物体距离为 l，则直接观察时的视差角 $\alpha_{眼}$ 为

$$\alpha_{眼} = \frac{b}{l}$$

假如双眼望远镜的两入射光轴之间的距离为 B，称为该仪器的基线长，则同一物体对仪器的两入射瞳孔构成的视差角 α 为

$$\alpha = \frac{B}{l}$$

如果系统的视放大率为 $\varGamma$，则物方视差角 α 和像方视差角 α' 在角度不大的条件下存在以下关系：

$$\alpha' \approx \varGamma\alpha = \varGamma\frac{B}{l}$$

α' 显然就是人眼使用仪器以后所对应的视差角 $\alpha_{仪}$，即

$$\alpha_{仪} = \alpha' = \varGamma\frac{B}{l}$$

将 $\alpha_{眼}$ 和 $\alpha_{仪}$ 代入体视放大率公式（3－14），得

$$\varPi = \frac{\alpha_{仪}}{\alpha_{眼}} = \varGamma\frac{B}{b} \tag{3-15}$$

取人眼两瞳孔之间距离 b 的平均值 62 mm，代入式（3－15），就得到体视放大率的近似公式为

$$\varPi = 16\varGamma B \tag{3-16}$$

上式中仪器的基线长度 B 以米为单位。

体视测距仪是一种利用人眼的立体视觉来测量目标距离的仪器。为了提高仪器的测量精度，必须增大仪器的体视放大率 Π。由式（3－16）可以看到，要增大体视放大率，一种途径是增大仪器的视放大率 Γ，另一种途径是增大仪器的基线长度 B。

双眼仪器的体视误差，显然应比人眼直接观察时的体视误差小 Π 倍。由式（3－13）和式（3－16）得到双眼仪器的体视误差公式

$$\Delta l = \frac{8\times10^{-4}l^2}{16B\Gamma} = 5\times10^{-5}\frac{l^2}{B\Gamma} \tag{3-17}$$

式中，l 和 B 均以米为单位。例如一个基线长为 1 m、视放大率为 $10^{\times}$ 的体视测距仪，当测量 1 000 m 远的目标时，其测距误差为

$$\Delta l = 5\times10^{-5}\frac{(1\ 000)^2}{1\times10} = 5\ (\mathrm{m})$$

为了使人眼能够形成良好的体视感，双眼仪器左右两个光学系统必须满足以下要求：

（1）双眼仪器左右两个光学系统的光轴要平行；

（2）两个光学系统的视放大率应该一致；

（3）两个光学系统之间不应该有相对的像倾斜。

如果仪器满足不了这些要求，严重时可以使人眼完全失去体视感，在不是很严重的情况下，虽然能够形成体视，但观察者亦容易感觉疲劳和头晕。如图 3－20 所示，假定双眼仪器左右两个光学系统的光轴之间成 θ 角，由无限远物点射入两个光学系统的光束是彼此平行的，左镜管中入射光束平行于光轴，因此其出射光束的方向不变，仍平行于光轴；而右镜管中入射光束和光轴成 θ 角，其出射光束和光轴的夹角则变为 $\theta' = \Gamma\cdot\theta$。故左右两镜管的出射光束之间的夹角为

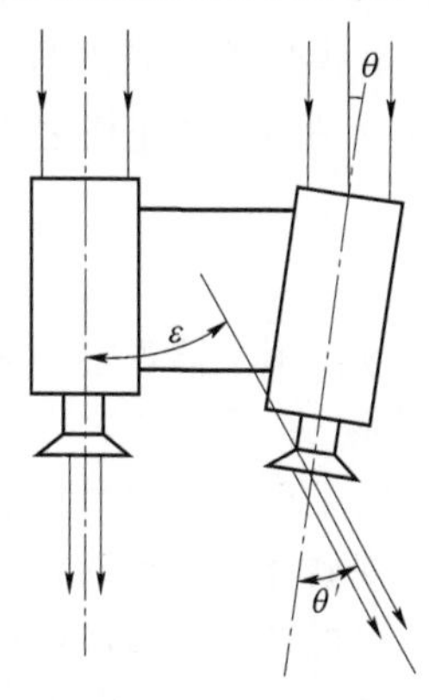

图 3－20　两分系统光轴偏差

$$\varepsilon = \theta' - \theta = (\Gamma - 1)\theta \tag{3-18}$$

当人眼通过仪器观察时，左右两眼睛的视轴夹角应等于 ε。人眼视轴允许的不平行度根据经验近似为下列数值。

在水平方向：

视轴的最大汇聚角为 40′；

视轴的最大发散角为 20′。

在垂直方向：

视轴允许的最大夹角为 10′。

由式（3－18）得到两镜管允许的光轴不平行度为

$$\theta = \frac{\varepsilon}{\Gamma - 1} \tag{3-19}$$

例如，一个 $8^{\times}$ 的双眼望远镜在垂直方向允许的光轴不平行度为

$$\theta = \frac{10'}{8-1} \approx 1.4'$$

双眼仪器的放大率允许误差一般为

$$\frac{\Delta\Gamma}{\Gamma} \leqslant 2\%$$

相对像倾斜的允许误差一般为20′。

以上为一般双眼观察仪器的光轴不平行度、放大率和像倾斜的允许误差。对于双眼测距仪器，由于上述误差与测距误差直接相关，故应按允许的测距误差进行推算，而不能直接引用上述数据。

由于单眼观察没有体视感，双眼观察有体视感，效果逼真，因此许多目视仪器采用双眼结构，如双目体视显微镜、双目望远镜。事实上使用双眼仪器时，不但可以保持人眼的体视能力，而且还可以使人眼的体视能力得到提高。所以双眼仪器得到了广泛的应用。

本章小结

（1）人眼能否看清某一物体，取决于该物体在网膜上成像的大小。而网膜上像的大小则由物体对人眼所张的视角决定。目视光学仪器的作用就是增大视角。由于网膜上像的大小近似地和视角正切成比例，所以我们把对同一目标使用仪器观察时的视角 $\omega_{仪}$ 和人眼直接观察时的视角 $\omega_{眼}$ 的正切之比称为目视光学仪器的视放大率

$$\Gamma=\frac{\tan\omega_{仪}}{\tan\omega_{眼}} \tag{3-2}$$

它表示使用仪器观察和人眼直接观察时网膜上像的大小之比，代表了该仪器放大作用的大小。显然，目视光学仪器的视放大率（绝对值）应该大于1。

由于正常人眼在自然状态下，像方焦点和网膜重合，所以目视光学仪器应该成像在无限远。视放大率（绝对值）大于1和像面位于无限远是对目视光学仪器的两个共同要求。

目视光学仪器可根据所观察目标位置的不同分成两大类：观察近距离微小目标的仪器称为显微镜；观察远距离目标的仪器称为望远镜。

（2）显微镜由物镜和目镜组成。物体通过物镜成一放大的实像，它位于目镜的物方焦平面上，经过目镜以后成像在无限远。显微镜视放大率的定义是：同一物体用仪器观察时的视角 $\omega_{仪}$ 和把该物体放在距眼睛250 mm明视距离处观察时的视角 $\omega_{眼}$ 的正切之比。

显微镜视放大率的公式有以下几种形式：

$$\Gamma=\frac{-250\Delta}{f'_{物}\ f'_{目}} \tag{3-6}$$

$$\Gamma=\beta\cdot\Gamma_{目} \tag{3-7}$$

$$\Gamma=\frac{250}{f'} \tag{3-5}$$

最后一个公式（3-5）也就是放大镜和目镜视放大率的公式。

（3）最简单的望远镜由物镜和目镜两部分组成。对典型的望远系统，物体位于无限远，物镜的像方焦面和目镜的物方焦面相重合。由于物体位于远距离，所以同一目标对仪器的视场角 ω 和对人眼的视角 $\omega_{眼}$ 相等，而 $\omega_{仪}$ 就等于目标通过仪器以后对应的像方视场角 ω'，因此对望远系统来说

$$\Gamma=\frac{\tan\omega_{仪}}{\tan\omega_{眼}}=\frac{\tan\omega'}{\tan\omega} \tag{3-8}$$

望远系统的视放大率公式有以下两种形式：

$$\Gamma = -\frac{f'_{物}}{f'_{目}} \tag{3-9}$$

$$\Gamma = \gamma = \frac{1}{\beta} = \frac{D}{D'} \tag{3-10}$$

望远镜根据目镜焦距的正负分成两大类。

① 开普勒望远镜：$f'_{物}>0$，$f'_{目}>0$，$\Gamma<0$，系统成倒像。由于这种系统可以安置分划板，故应用较多。

② 伽利略望远镜：$f'_{物}>0$，$f'_{目}<0$，$\Gamma>0$，系统成正像。这种系统由于没有一个中间的实像，不能安装分划板，故应用较少。

（4）双眼观察目标时有双眼立体视觉。观察同一目标时双眼视轴间的夹角 α 称为“视差角”，对于远近不同的两目标，它们对人眼的视差角之差 $\Delta\alpha$ 使人眼产生立体视觉。人眼有可能感觉到的视差角之差的极限值 $\Delta\alpha_{min}$ 称为“体视锐度”。人眼有可能分辨出远近的最大距离称为“立体视觉半径”。当视差角之差 $\Delta\alpha$ 等于体视锐度 $\Delta\alpha_{min}$ 时，对应的距离误差 Δl 为双眼立体视觉误差。对于同一目标使用仪器观察时对应的视差角 $\alpha_{仪}$ 与人眼直接观察该目标的视差角 $\alpha_{眼}$ 之比称为双眼仪器的体视放大率 Π，$\Pi=\alpha_{仪}/\alpha_{眼}$，其计算公式为 $\Pi=16\Gamma B$，B 为仪器的基线。

习　　题

1. 当进入已开演的电影院时，看不清周围的人和座位，为什么过一会儿就能看清了？当白天走出电影院时，感到光线特别强，这是为什么？

2. 对正常人来说，观察前方 1 m 远的物体，问眼睛需要调节多少视度？

3. 假定用眼睛直接观察敌人的坦克时，可以在 400 m 的距离上看清坦克上的编号，如果要求距离 2 km 也能看清，问应使用几倍的望远镜？

4. 焦距仪上测微目镜的焦距 $f'=17$ mm，使用叉线对准，问瞄准误差等于多少？

5. 显微镜目镜的放大率 $\Gamma=10^{\times}$，它的焦距等于多少？设物镜的放大率 $\beta=40^{\times}$，求显微镜的总倍率。

6. 经纬仪望远镜的放大率 $\Gamma=20^{\times}$，使用夹线瞄准，问瞄准角误差等于多少？

7. 当我们使用望远镜观察时，感觉目标和我们的距离缩短了，这是什么原因？

8. 如欲分辨 0.000 5 mm 长的微小物体，求显微镜的放大率；如果采用 $8^{\times}$ 目镜，则物镜的放大率等于多少？

9. 某人戴着 250 度的近视眼镜，此人的远点距离等于多少？眼镜的焦距等于多少？

10. 设望远系统的视度调节范围为 ±5 视度，目镜的焦距为 25 mm，求目镜的总移动量。

11. 炼钢炉的炉膛到观察窗的距离为 1 m，为了更清楚地观察炉内情况，要求采用一个视放大率为 $4^{\times}$ 的仪器，问系统应如何构成？假定目镜的焦距 $f'_{目}=25$ mm，求物镜的焦距应等于多少？

第四章

平面镜棱镜系统

光学系统可以分成共轴球面系统和平面镜棱镜系统两大类。在前面的有关章节中已经研究了共轴球面系统的成像性质，本章就来研究平面镜棱镜系统。

由于共轴球面系统存在一条对称轴线，所以具有不少优点。但是另一方面也有它的缺点。由于所有的光学零件都排列在同一条直线上，所以系统不能拐弯，因而造成仪器的体积、重量比较大。为了克服共轴球面系统的这个缺点，同时又保持它的优点，可以附加一个平面镜棱镜系统。

平面镜棱镜系统的成像性质如何？它有哪些特点？为什么它和共轴球面系统组合以后，既能克服共轴球面系统的缺点又能保持它的优点？二者组合时应该满足一些什么条件？如何根据一定的使用要求设计出一个合适的平面镜棱镜系统？这些就是本章所要研究的主要问题。

§4－1　平面镜棱镜系统在光学仪器中的应用

利用透镜可以组成各种共轴球面系统，以满足不同的成像要求，例如望远镜和显微镜等。但是，共轴球面系统的特点是所有透镜表面的球心必须排列在同一条直线上，往往不能满足很多实际的需要。例如用正光焦度的物镜和目镜组成的简单望远镜所成的像是倒的，观察起来就很不方便，为了获得正像，必须加入一个倒像透镜组，这种系统如图4－1（a）所示。

这样组成的仪器，其体积、重量都比较大，不能满足军用观察望远镜的要求。这种系统就是原始的军用观察望远镜的光学系统，它早已被淘汰了。目前使用的军用观察望远镜，由于在系统中使用了棱镜，如图4－1（b）所示，所以它不需要加入倒像透镜组即可获得正像，同时又可大大地缩小仪器的体积和重量。

此外，在很多仪器中，根据实际使用的要求，往往需要改变共轴系统光轴的位置和方向。例如在迫击炮瞄准镜中，为了观察方便，需要使光轴倾斜一定的角度，如图4－2所示；或者观察者不用改变自己的位置和方向，只需利用棱镜或平面镜的旋转，就可以观察到四周的情况，如图4－3中的周视瞄准镜那样。以上这些要求都可用平面镜和棱镜来完成。

总的来说，平面镜棱镜系统的主要作用有：

（1）将共轴系统折叠，以缩小仪器的体积和减轻仪器的重量；

（2）改变像的方向——起倒像作用；

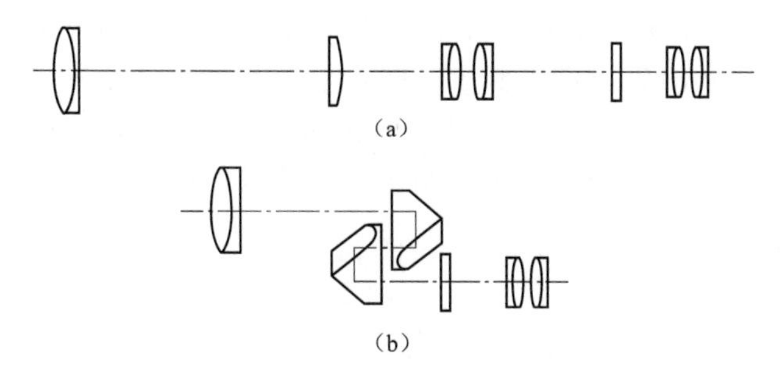

图 4-1 透镜式和棱镜式倒像系统

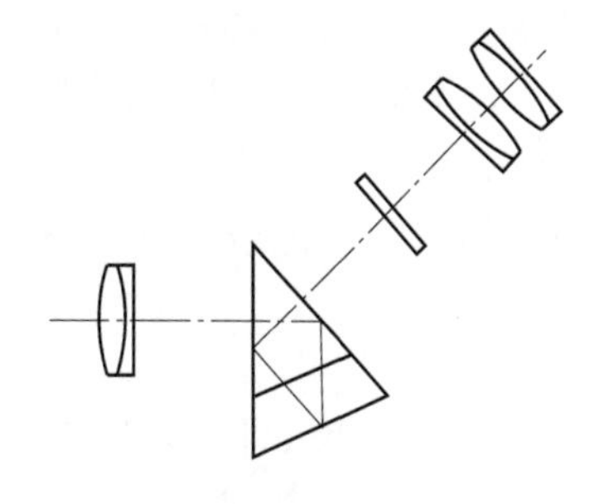

图 4-2 利用棱镜改变光轴方向

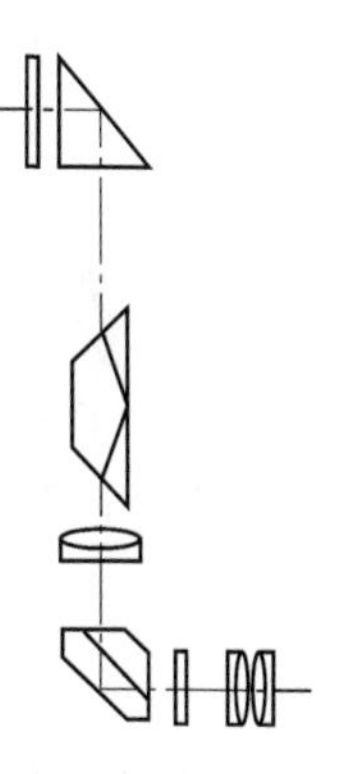

图 4-3 周视瞄准镜

(3) 改变共轴系统中光轴的位置和方向，即形成潜望高或使光轴转一定的角度；

(4) 利用平面镜或棱镜的旋转，可连续改变系统光轴的方向，以扩大观察范围。

以上这些要求单靠透镜组是无法完成的，必须加入平面镜和棱镜。目前使用的绝大多数光学仪器，都是共轴球面系统和平面镜棱镜系统的组合。共轴球面系统的成像性质在前面已经讨论过了，本章就来研究平面镜棱镜系统的成像性质。

§4-2 平面镜的成像性质

为了研究平面镜棱镜系统的成像性质，首先从研究单个平面镜开始。

图 4-4 中 P 是一个和图面垂直的平面镜，A 是一任意物点，由 A 点发出的 AO 光线，经平面镜反射后，其反射光线 OB 的延长线和平面镜 P 的垂直线 AD 的延长线相交于一点 A'。根据反射定律，反射角等于入射角

$$\angle BON = \angle AON = I$$

由图 4-4 可以看到

$$\angle AOD = \angle A'OD = \frac{\pi}{2} - I$$

同时 OD 垂直于 AA'，因此 $\triangle AOD \cong \triangle A'OD$，由此得到

$$AD = A'D$$

以上关系与 O 点的位置无关。由 A 点发出的任意光线经过平面镜 P 反射以后，其所有的反射光线的延长线都通过同一点 A'。因此，任意物点 A 经平面镜反射后都能形成一个完善的像点 A'，A'和 A 的位置对平面镜对称。图 4-4 中 A 为实物点，A'为虚像点；反之，如 A 为虚物点，则 A'为实像点，如图 4-5 所示。由此得出结论：平面镜能使整个空间任意物点理想成像。

下面进一步讨论平面镜成像时物和像之间的空间形状对应关系。假如在平面镜 P 的物空间取一右手坐标 xyz，根据物点和像点对平面镜对称的关系，很容易确定它的像 $x'y'z'$，如图 4-6 所示。由图 4-6 可以看到，$x'y'z'$是一左手坐标，和 xyz 大小相等，但形状不同，物空间的右手坐标在像空间变成了左手坐标；反之，物空间的左手坐标在像空间

则成为右手坐标。另外，由图4－6还可以看到，如果我们分别对着z和z'轴看xy和$x'y'$坐标面，若x按逆时针方向转到y，则x'按顺时针方向转到y'，即物平面若按逆时针方向转动，像平面就按顺时针方向转动；反之，若物平面按顺时针方向转动，则像平面就按逆时针方向转动。上述结论对于yz和zx坐标面来说同样适用。物像空间的这种形状对应关系称为“镜像”。

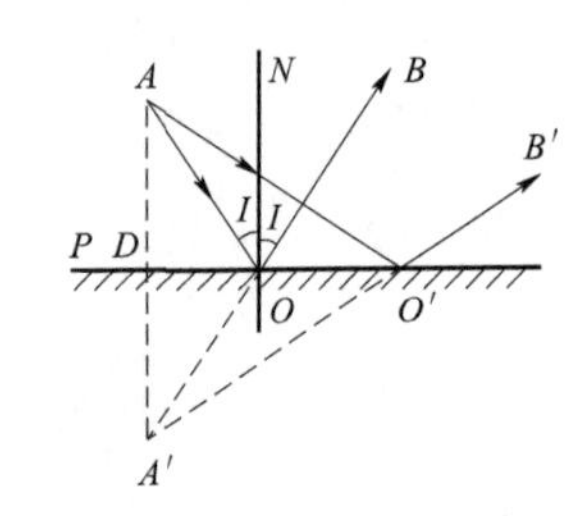

图4－4　平面镜实物成虚像

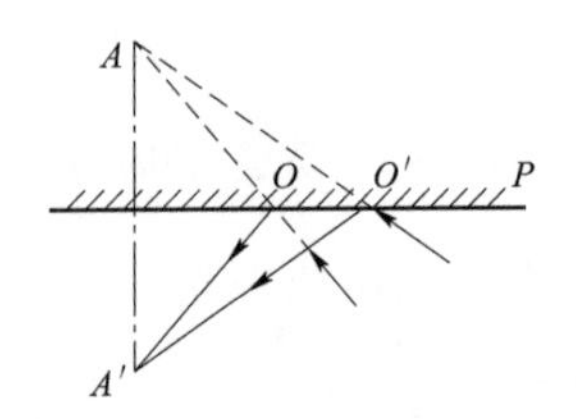

图4－5　平面镜虚物成实像

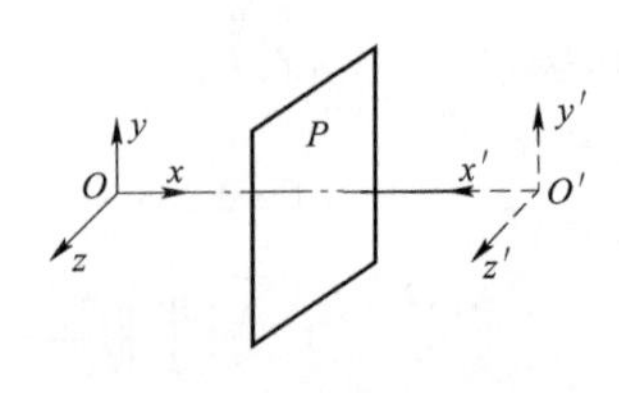

图4－6　镜像示意图

如果第一个平面镜所成的像再通过第二个平面镜成像，则左手坐标又变成了右手坐标，和原来的物体完全相同。因此，如果物体经过奇数个平面镜成像，则为“镜像”；如果经过偶数个平面镜成像，则和物体完全相同。所以，如果要求物和像相似，则必须采用偶数个平面镜。

综上所述，单个平面镜成像具有以下性质：

（1）平面镜能使整个空间理想成像，物点和像点对平面镜对称；

（2）物和像大小相等，但形状不同，物空间的右手坐标在像空间为左手坐标；如果分别对着入射和出射光线的方向观察物平面和像平面，当物平面按逆时针方向转动时，像平面则按顺时针方向转动，形成“镜像”。

由上面的讨论可知，如果在光学系统中加入偶数个平面镜，则不仅不会影响像的清晰度，而且像的大小、形状也不会改变。它们和共轴球面系统组合以后，既可以改变共轴球面系统光轴的方向，又不会影响像的清晰程度，也不会改变像的大小和形状。所以平面镜在光学系统中被广泛采用。

§4－3　平面镜的旋转及其应用

很多军用光学仪器中的平面镜和棱镜，在工作过程中是需要转动的，例如图4－3中周视瞄准镜的端部棱镜和中间的道威棱镜。本节就来研究平面镜转动的性质。

由图4－7可以看到，光线经平面镜反射时，入射和出射光线间的夹角等于入射角I的2倍，光线经过反射后旋转了（$\pi-2I$）的角度。当平面镜绕着和入射面垂直的轴线转动α角时，入射角改变了α，而反射光线和入射光线之间的夹角将改变2α。由此得出结论：当平面镜绕垂直于入射面的轴转动α角时，反射光线将转动2α，转动方向和平面镜的转动方向相同。上面提到的周视瞄准镜就是利用端部直角棱镜的转动来改变瞄准线方向的。如果要求仪器的瞄准线在高低方向转动α，则棱镜只需要转动$\alpha/2$就够了。

下面进一步讨论两个平面镜的情形。图4－8中P_1、P_2为两个平面镜，假设两者间的夹

角为 θ，入射光线 AO_1 经两个平面镜反射后，沿着 O_2B 的方向射出，延长 AO_1 和 O_2B 相交于一点 M，设入射和出射光线间的夹角为 β，由 $\triangle O_1O_2M$，根据外角等于不相邻的两个内角之和的关系

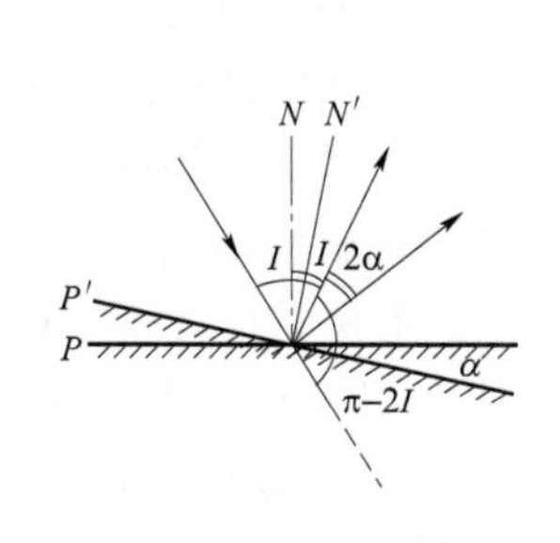

图 4 −7　单平面镜反射光线

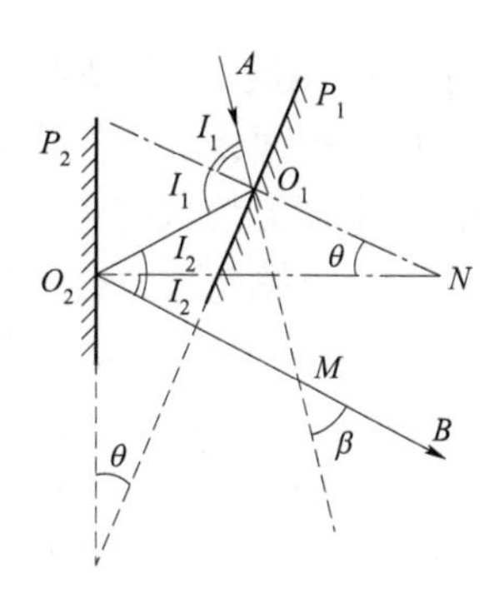

图 4 −8　双平面镜反射光线

$$2I_1 = 2I_2 + \beta \quad 或者 \quad \beta = 2(I_1 - I_2)$$

两平面镜的法线相交于一点 N，由 $\triangle O_1O_2N$ 得

$$I_1 = I_2 + \theta \quad 或者 \quad \theta = I_1 - I_2$$

将以上关系代入上面 β 的公式，得到

$$\beta = 2\theta$$

以上关系和 I 角的大小无关。

由此得出结论如下：

位于两平面镜公共垂直面内的光线，不论它的入射方向如何，出射光线的转角永远等于两平面镜间夹角的 2 倍，至于它的旋转方向，则与反射面按反射次序由 P_1 转动到 P_2 的方向相同。

根据以上结论很容易推知：当两平面镜一起转动时，出射光线的方向不变，但光线位置可能产生平行位移。如果两平面镜相对转动 α，则出射光线方向改变 2α。

上述性质在光学仪器中经常得到应用。例如在测距仪中，要求入射光线经过两端的平面镜反射以后改变 90°，并且要求该角度始终保持稳定不变。如果使用单个平面镜来完成，即使在仪器出厂时平面镜的位置已安装得很准确，但是在使用中由于受到振动或结构的变形，平面镜的位置仍可能有小量的变动。当反射镜的位置变化了 α 时，出射光线就将改变 2α，为了克服这种缺点，通常采用两个平面镜，使它们之间的夹角等于光线转角的一半。只要这两个反射面之间的夹角维持不变，即使位置改变，也不会影响出射光线的方向。最简单可靠的方法是把两个反射面做在同一块玻璃上，如图 4 −9 所示。如果我们要求光线的转角为 90°，只要在制造中严格保证二反射面的夹角为 45°，则无论棱镜的位置如何，入射和出射光线之间的夹角永远等于 90°。

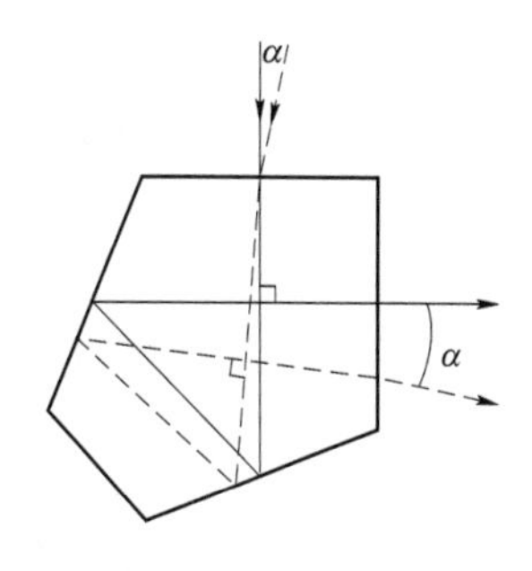

图 4 −9　棱镜示意图

§4-4　棱镜和棱镜的展开

在上节中曾经提到，为了使两反射面间的夹角保持不变，常把两个反射面做在同一块玻璃上以代替一般的平面镜。这类光学零件就叫作“棱镜”。上述这种棱镜称作“五角棱镜”。当光线在棱镜反射面上的入射角大于临界角 I_0 时，将发生全反射，这时反射面上不需要镀反光膜（显然，如果成像光束中有些光线的入射角小于临界角 I_0，则棱镜的这些反射面上仍然需要镀反光膜)，并且几乎完全没有光能损失。而一般的镀反光膜的反射面，每次反射有10%左右的光能损失；同时，直接和空气接触的反光膜，长期使用可能变质或脱落，在安装过程中也容易受到损伤。另外，在一些复杂的平面镜系统中，如果全部使用单个平面镜，安装和固定十分困难，因此在很多光学仪器中都采用棱镜代替平面镜。下面研究棱镜和平面镜在成像性质方面有哪些区别，以及对棱镜的要求。

现以最简单的直角棱镜为例，图4-10所示为直角棱镜的外形图，它是一个三角柱体，和各个棱垂直的截面称为棱镜的“主截面”。位于主截面内的光线通过棱镜时，显然仍在同一平面内。首先研究主截面内光线的成像情况。直角棱镜的主截面是一个等腰直角三角形，如图4-11中△ABC 所示。光束在 AB 面上折射以后进入棱镜，然后经 BC 面反射，再经过 AC 面折射以后射出棱镜，使光轴方向改变了90°。光束在棱镜玻璃内部的平面反射和一般平面镜的成像性质是完全相同的。一个棱镜和相应的平面镜系统的区别只是增加了两次折射，因此在讨论棱镜的成像性质时，只需要讨论棱镜的折射性质就可以了。

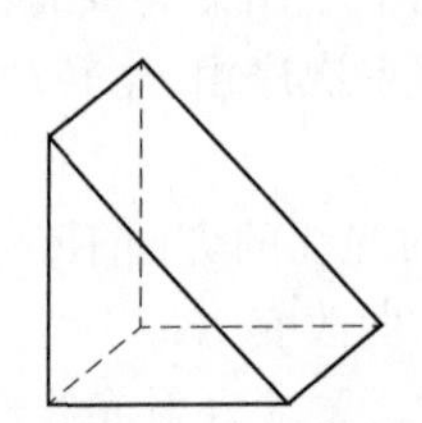

图4-10　直角棱镜

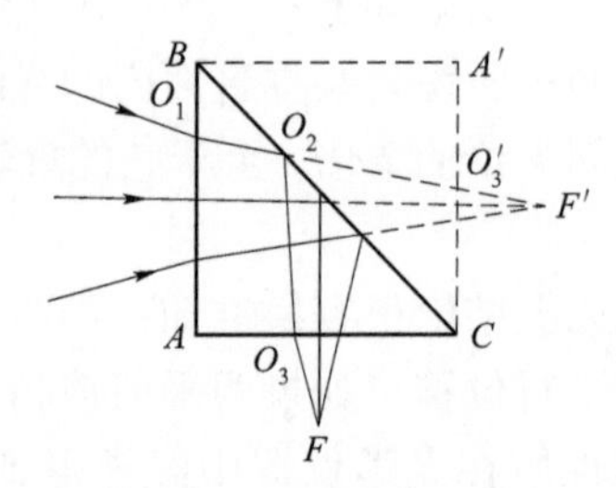

图4-11　直角棱镜展开

如果沿着反射面 BC 将棱镜展开，如图4-11中虚线所示，则由反射定律很容易证明：虚线 O_2O_3' 恰好就是入射光线 O_1O_2 的延长线，它在 $A'C$ 面上的折射情况，显然和反射光线 O_2O_3 在 AC 面上的折射情况完全相同。这样就可以用光束通过 $ABA'C$ 玻璃板的折射来代替棱镜的折射，而不再考虑棱镜的反射，因而使研究大为简化。这种把棱镜的主截面沿着它的反射面展开，取消棱镜的反射，以平行玻璃板的折射代替棱镜折射的方法称为“棱镜的展开”。根据以上的讨论可知，用棱镜代替平面镜相当于在系统中多加了一块玻璃板。上面已经讲过，平面反射不影响系统的成像性质，而平面折射和共轴球面系统中一般的球面折射相同，将改变系统的成像性质。为了使棱镜和共轴球面系统组合以后，仍能保持共轴球面系统的特性，必须对棱镜的结构提出一定的要求。

（1）棱镜展开后玻璃板的两个表面必须平行。如果棱镜展开后玻璃板的两个表面不平行，则相当于在共轴系统中加入了一个不存在对称轴线的光楔，从而破坏了系统的共轴性，使整个系统不再保持共轴球面系统的特性。

（2）如果棱镜位于汇聚光束中，则光轴必须和棱镜的入射及出射表面相垂直。在平行玻璃板位于平行光束中的情形，无论玻璃板位置如何，出射光束显然仍为平行光束，并且和入射光束的方向相同，对位于它后面的共轴球面系统的成像性质没有任何影响。所以在平行光束中工作的棱镜只需要满足第一个条件即可。如果玻璃板位于汇聚光束中，例如位于望远镜物镜后面的棱镜那样，玻璃板的两个平面相当于半径为无限大的球面，为了保证共轴球面系统的对称性，必须使平面垂直于光轴，亦即要求光轴与入射及出射表面相垂直。下面就根据这些要求来分析几种典型的棱镜。

一、直角棱镜

前面已经说过，这种棱镜的作用是使光轴改变 90°。当棱镜在平行光束中工作时，只需要满足第一个条件——棱镜展开后入射和出射表面平行即可。由图 4－11 可知，如果要求 AB 面和 $A'C$ 面平行，则必须有 $\angle ABC = \angle A'CB$。因此要求棱镜的结构满足

$$\angle ABC = \angle ACB$$

也就是说，要求 $\triangle ABC$ 是一个等腰三角形，但不一定要求 $\angle B$ 和 $\angle C$ 等于 45°，所以 $\angle A$ 不一定要求是直角。它的作用还能使光轴改变任意的角度，但此时玻璃板不垂直于光轴放置，如图 4－12 所示。可以用它的转动来任意地改变光轴的方向。

如果棱镜在汇聚光束中工作，则除了满足第一个条件外，还需要满足第二个条件——光轴必须和棱镜的入射及出射表面相垂直。欲使光轴改变 90°，$\angle B$ 和 $\angle C$ 必须等于 45°，$\angle A$ 等于 90°。如果要求光轴改变任意角度 α，则 $\angle B$ 和 $\angle C$ 必须等于 $90° - (\alpha/2)$，如图 4－13 所示，这种棱镜称为等腰棱镜。

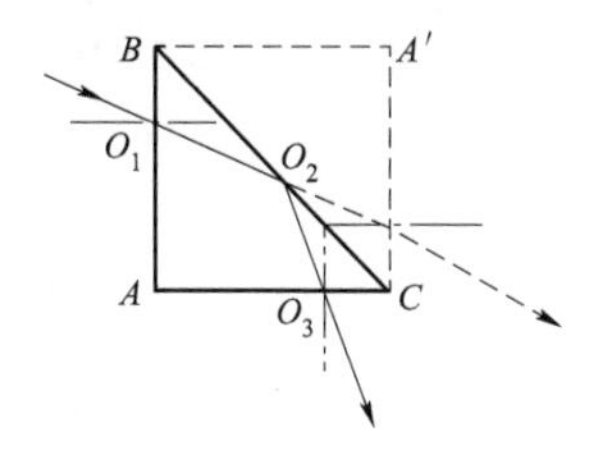

图 4－12　等腰直角棱镜

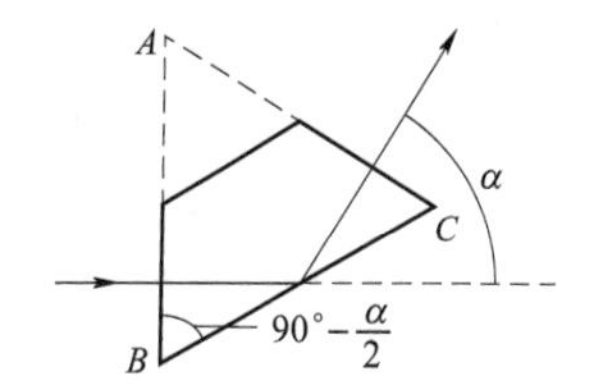

图 4－13　等腰直角棱镜改变光线方向

二、五角棱镜

五角棱镜的外形和主截面图形表示在图 4－14（a）和图 4－14（b）中，这种棱镜的用途在前面 §4－3 节中已经谈到，是为保证光轴转角恒等于 90°，两反射面 BC 和 DE 之间的夹角为 45°。由于光线在两反射面上的入射角都小于临界角 I_0，所以在这两个反射面上都必须镀以反射膜。它的展开图如图 4－14（c）所示。为了保证两表面 AB 和 $A''E''$ 平行，必须使此两表面同时垂直于入射及出射光轴。

根据前面双平面镜反射的性质，当两反射面间的夹角为 α 时，光线的转角为 2α。因此，入射表面 AB 和出射表面 AE 间的夹角也应等于 2α，即

$$\angle A = 2\alpha$$

当要求光轴转角为 90°时，$\alpha = 45°$，$\angle A = 90°$，$\angle B = \angle E = (360 - 3\alpha)/2 = 180 -$

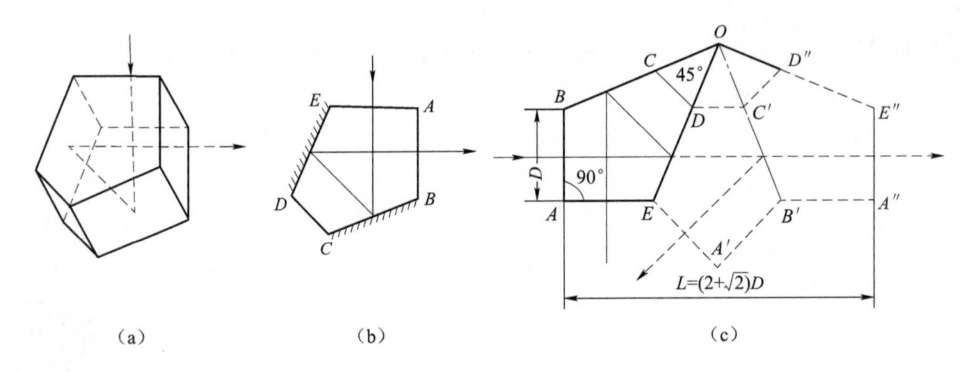

图4－14　五角棱镜展开

$3\alpha/2=112.5°$。假如$AB=AE=D$，则由图4－14（c）不难看出，展开后的平行玻璃板厚度L应如下式所示：

$$L=(2+\sqrt{2})D$$

改变两反射面之间的夹角α，同时相应地改变$\angle A$，可使光轴的转角大于或小于90°。

三、靴形棱镜

靴形棱镜的主截面如图4－15（a）所示，它同样是利用两个夹角成45°的反射面使光轴改变90°的。但是光线经DC反射后，又以30°的入射角投射在第一个反射面BC上。因此，棱镜$ABCD$展开以后，两个表面并不平行，而成30°的夹角不符合棱镜的第一个要求，如图4－15（b）所示。

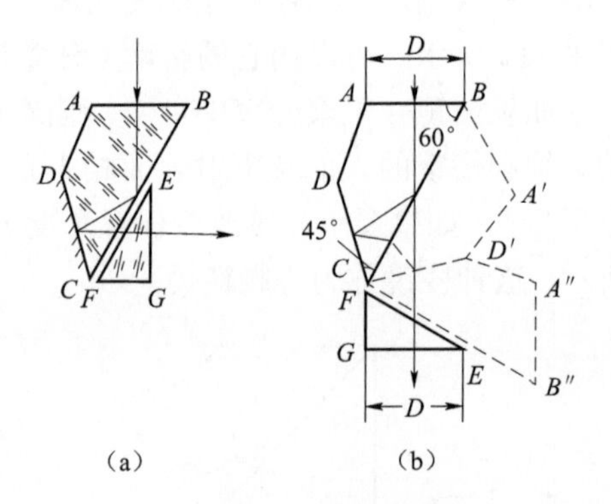

图4－15　靴形棱镜展开

为了满足棱镜的第一个要求，在BC面上再加一个30°角的棱镜EFG。它和棱镜$ABCD$组合以后，仍然相当于一块平行玻璃板，但是二者之间必须留有一层空气隙，以便使光线在BC面上能发生全反射。补偿棱镜EFG和棱镜$ABCD$必须采用同一种光学材料。由于光线在DC面上的入射角小于临界角I_0，故DC面上必须镀反光膜。

由图4－15（b）可以看到，加上补偿棱镜以后，对应的平行玻璃板厚度为

$$L=AC+FG=D\tan 60°+D\tan 30°=\frac{4}{3}\sqrt{3}D$$

四、立方棱镜

当直角棱镜应用于出射光轴与入射光轴夹角较小的情形时，同样尺寸的棱镜和出射光轴与入射光轴成90°的情形比较，能够通过的光束口径大大减小，如图4－16（a）所示。当出射光轴与入射光轴平行时，能够通过的光束口径最小。下面来求这种情况下棱镜的口径a和光束口径D之间的关系。如图4－16（a）所示，光束的入射角$I=45°$，假如棱镜玻璃的折射率为n，则折射角I'为

$$\sin I'=\frac{\sin 45°}{n}=\frac{1}{n\sqrt{2}}$$

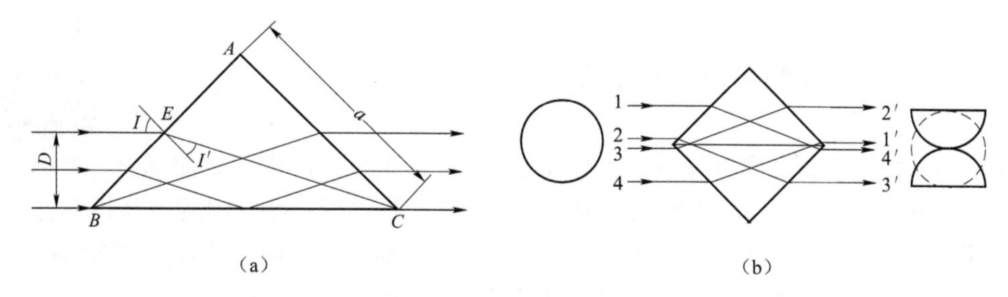

图 4 - 16　立方棱镜示意图

同时得到 $\cos I'$ 为

$$\cos I' = \sqrt{1 - \sin^2 I'} = \frac{1}{n\sqrt{2}}\sqrt{2n^2 - 1}$$

由图 4 - 16（a）可以看出，光束口径为

$$D = EB\sin 45° = \frac{EB}{\sqrt{2}}$$

$$EB = AB - AE = a - a\tan I' = a\left(1 - \frac{\sin I'}{\cos I'}\right)$$

将 $\sin I'$、$\cos I'$ 代入 EB，并将 EB 代入 D，得到

$$D = \frac{a}{\sqrt{2}}\left(1 - \frac{1}{\sqrt{2n^2 - 1}}\right) = 0.707\ 1a\,\frac{\sqrt{2n^2 - 1} - 1}{\sqrt{2n^2 - 1}}$$

如果棱镜采用 K_9 玻璃，$n = 1.516\ 3$，代入上式，得到

$$D = 0.334a$$

而当直角棱镜使光线改变 90°时，光束口径 $D = a$。因此，对光轴方向不变和光轴转 90°这两种不同的情形，同样尺寸的棱镜，前者的通光口径只有后者的 1/3。

为了增加通光口径，或者说，为了在一定的通光口径下减小棱镜的外形尺寸，可以把两个同样的直角棱镜沿着斜面胶合在一起。当然在两个反射面上都必须镀反光膜，因为如果不镀反光膜，胶合后光线就不能发生反射。这样组成的棱镜称为立方棱镜，如图 4 - 16（b）所示。在通光口径相同的条件下，体积比单个直角棱镜减小一半。

立方棱镜除了能缩小棱镜的外形尺寸以外，利用它的摆动能使光轴在 ±110°的范围内改变方向。而使用直角棱镜转动时，不可能达到这样大的范围。

由图 4 - 16（b）可以看到，光束分别通过两个棱镜进入系统，换句话说，棱镜把一束光分为两束光。因此，两个棱镜的反射面必须严格保持平行，否则两束光的出射方向不再平行，在系统中将形成双像。

立方棱镜的另一个特点是，如果入射的是圆形光束，则出射光束截面将变为反向的两个半圆，如图 4 - 16（b）所示。这很容易由图中的光路来说明。因此，如果在棱镜后面用一个和入射光束口径相同的圆形光学零件来接受光束，则有效的通光面积将大大减小。所以，立方棱镜不能在圆形光束中工作，在它的前面不能安置圆形光阑。另外，由于棱镜的入射表面和光轴不垂直，所以只能使用在平行光路中。

§4－5 屋脊面和屋脊棱镜

在平面镜棱镜系统成像过程中，当光轴转角和棱镜主截面内像的方向都符合要求时，反射面的总数可能为奇数，只能成镜像。为了获得和物相似的像，可以用两个互相垂直的反射面代替其中的某一个反射面。这种两个互相垂直的反射面叫屋脊面，带有屋脊面的棱镜叫屋脊棱镜。屋脊面的作用就是在不改变光轴方向和主截面内成像方向的条件下，增加一次反射，使系统总的反射次数由奇数变成偶数，从而达到物像相似的要求。现以直角棱镜为例加以说明。

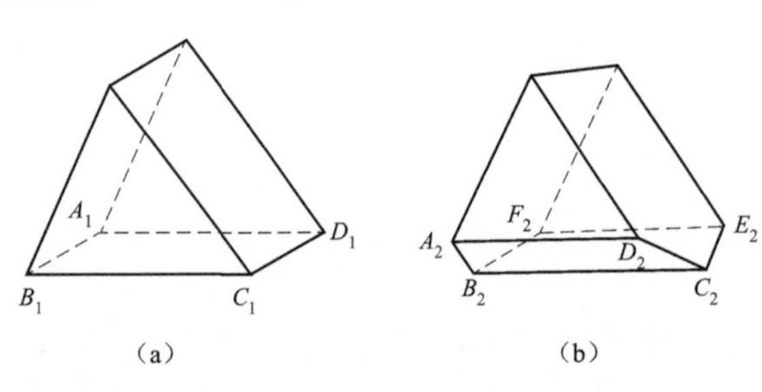

图4－17 屋脊棱镜

图4－17（a）所示为一个直角棱镜，图4－17（b）所示为一个直角屋脊棱镜，它用两个互相垂直的反射面 $A_2B_2C_2D_2$ 和 $B_2C_2E_2F_2$ 代替了直角棱镜的反射面 $A_1B_1C_1D_1$。为了说明屋脊棱镜和一般直角棱镜成像性质的差别，在图4－18中单独绘出了直角棱镜的反射面 $A_1B_1C_1D_1$ 与直角屋脊棱镜的两个屋脊面 $A_2B_2C_2D_2$ 和 $B_2C_2E_2F_2$。假设物空间为一右手坐标 xyz，经过平面 $A_1B_1C_1D_1$ 反射后，相应的像的方向为一个左手坐标 $x_1'y_1'z_1'$，如图4－18（a）所示。经过两个屋脊面反射以后，像的方向如图4－18（b）所示。我们可以认为光轴 Ox 正好投射在 B_2C_2 棱上，因此反射后光轴的方向 O_2x_2' 应和 O_1x_1' 相同。由 y 点发出平行于光轴的光线 yO_y 同样可以看作在屋脊棱 B_2C_2 上进行反射，因而反射光线 O_yy_2' 的位置与方向也和 O_yy_1' 相同，所以 y_2' 和 y_1' 的方向相同。至于 z_2' 的方向则与 z_1' 相反，由 z 点发出和光轴平行的光线，首先投射在 $A_2B_2C_2D_2$ 反射面上，经反射后又投射在 $B_2C_2E_2F_2$ 反射面上，再经过一次反射才平行于光轴出射。这样 z_2' 的方向就和一个反射面时对应的 z_1' 的方向相反。由此得出结论：用两个屋脊面代替一个反射面后，光轴的方向和棱镜主截面内像的方向保持不变，在垂直于主截面的方向上像将发生颠倒。

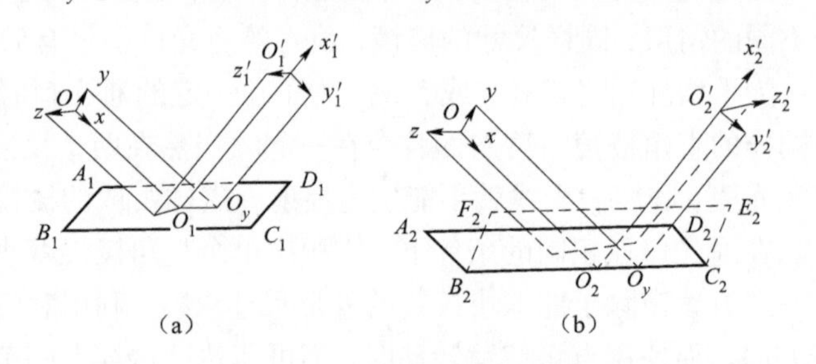

图4－18 屋脊棱反射光线

要求两屋脊面间的夹角必须严格等于90°，否则将形成双像。因为屋脊面将一束光线分为两部分，一部分先经 $A_2B_2C_2D_2$ 反射后再经 $B_2C_2E_2F_2$ 反射；另一部分则先经 $B_2C_2E_2F_2$ 反射后再经 $A_2B_2C_2D_2$ 反射。当两屋脊面垂直时，同一方向入射的光线，无论先投射到哪一个屋脊面上，光线经两屋脊面反射后都改变方向180°，平行入射的两部分光线仍平行出射，如图4－19（a）所示。当两屋脊面间的夹角不等于90°时，则光线方向的改变不等于180°，这时平行入射的两部分光线不再平行出射，因而形成双像，如图4－19（b）所示。

屋脊棱镜的展开可以沿着屋脊棱按一般的方法进行，因为我们可以把光轴看作在屋脊棱镜上反射，所以它的光路和用反射面代替屋脊棱镜的一般棱镜光路相同。图 4－20 所示为直角屋脊棱镜的投影图和展开图。在同样的通光口径下，屋脊棱镜的尺寸要比一般棱镜大，直角棱镜 $L=D$，而直角屋脊棱镜 $L=1.732D$。

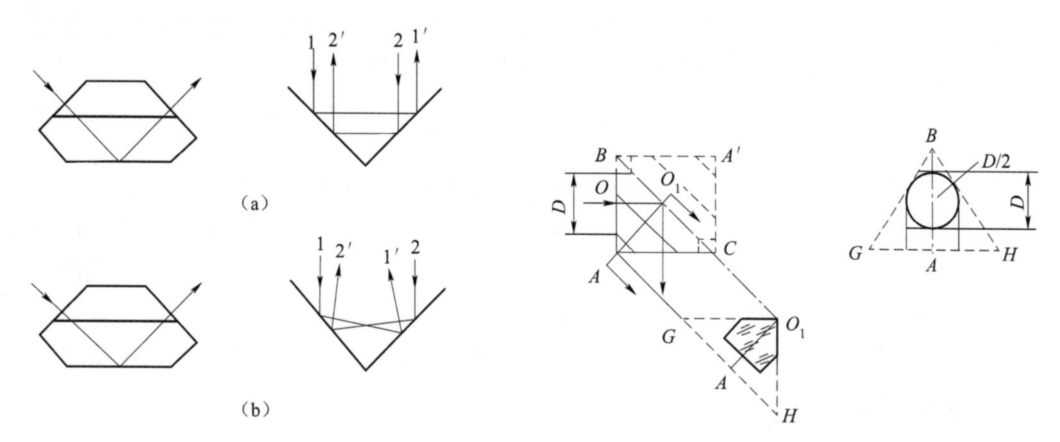

图 4－19　屋脊棱镜角度误差

图 4－20　屋脊棱镜展开

§4－6　平行平板的成像性质和棱镜的外形尺寸计算

前面说过，用棱镜代替平面镜，相当于在系统中多加了一块平行平板。下面来研究平行平板的成像性质。

如图 4－21（a）所示，射到 A 点的光线经平行平板折射后，出射光线交于 A'点，A'为 A 通过平板的像。由于平面可视为半径无限大的球面，故可以对平行平板的入射面和出射面两次应用球面的共轭点方程式，则有

$$\frac{n}{l_1'}-\frac{1}{l_1}=0,\ l_1'=nl_1,\ l_2=l_1'-L=nl_1-L$$

$$\frac{1}{l_2'}-\frac{n}{l_2}=0,\ l_2'=\frac{l_2}{n}$$

将 l_2 代入，得到

$$l_2'=l_1-\frac{L}{n} \tag{4-1}$$

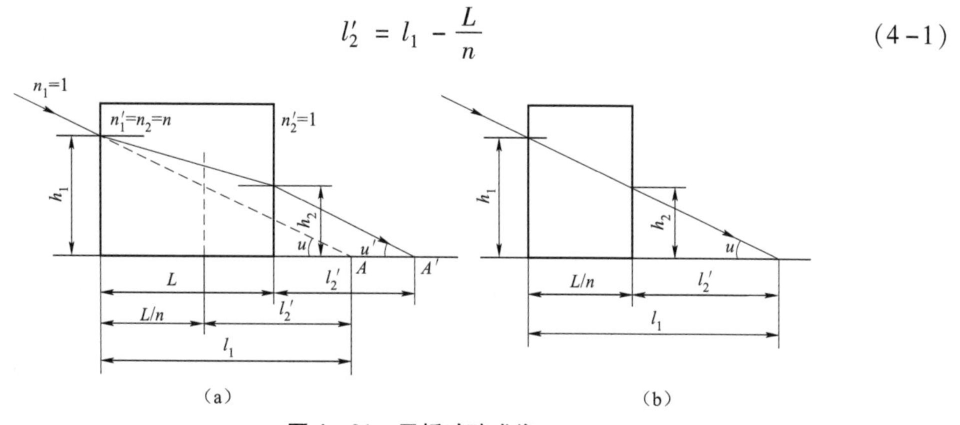

图 4－21　平板玻璃成像

式中，L 为玻璃板的厚度，n 为玻璃的折射率，l_1 为物平面对第一面的物距，l_2' 为像平面对第二面的像距。利用上述公式可以直接由物平面位置求出通过平行玻璃板以后的像平面位置。

由于光线通过平行玻璃时入射和出射光线永远平行，所以物空间与像空间的汇聚角 u 和 u' 相等，同时物、像空间的折射率也相等。根据放大率公式

$$\gamma = \frac{u'}{u} = 1,\ \beta = \frac{nu}{n'u'} = 1,\ \alpha = \frac{nu^2}{n'u'^2} = 1$$

所以平行玻璃板只是使像平面的位置发生移动，而并不影响系统的光学特性。

由上面得到的公式 $l_2' = l_1 - (L/n)$ 可以看到，物平面经过厚度为 L、折射率为 n 的平行玻璃板后，由平行玻璃板的第二个表面到像平面的距离和通过厚度为 L/n 的空气层后由空气层的第二个表面到像平面的距离相等，如图 4-21 所示。光线在平行玻璃板表面的投射高也和在空气层表面的投射高相同。我们把 L/n 叫作厚度为 L、折射率为 n 的平行玻璃板的“相当空气层厚度”，用 e 表示

$$e = \frac{L}{n} \tag{4-2}$$

利用相当空气层的概念，进行像平面位置和棱镜外形尺寸计算十分方便。下面结合具体实例进行说明。

例如一个薄透镜组，焦距为 100，通光口径为 20。利用它使无限远物体成像，像的直径为 10。在距离透镜组 50 处加入一个五角棱镜，使光轴折转 90°，求棱镜的尺寸和通过棱镜后的像面位置。

由于物体位在无限远，像平面位于像方焦面上。根据给出的条件，全部成像光束位于一个高为 100、上底与下底分别为 10 和 20 的梯形截面的锥体内，如图 4-22（a）所示。

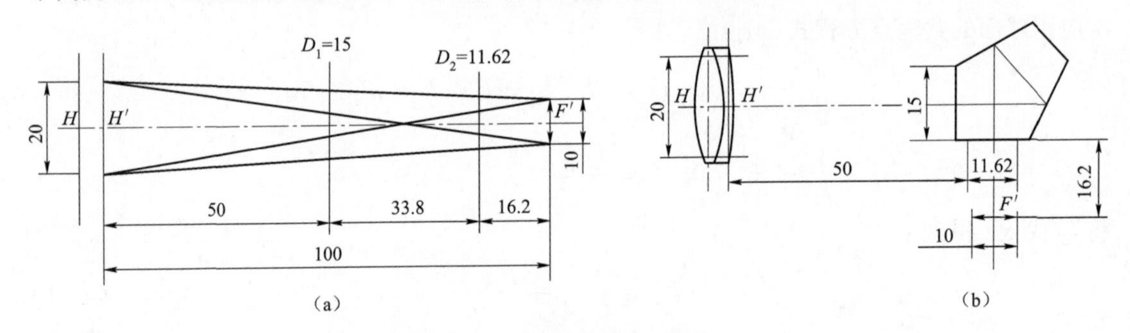

图 4-22　相当空气层计算示例

棱镜第一个表面的通光直径为

$$D_1 = \frac{20 + 10}{2} = 15$$

由《光学仪器设计手册》可查得 90°-2 的五角棱镜展开以后的平行玻璃板厚度为

$$L = 3.414D = 3.414 \times 15 = 51.21$$

假如玻璃的折射率 $n = 1.5163$，根据式（4-2），平行玻璃板的相当空气层厚度为

$$e = \frac{L}{n} = \frac{51.21}{1.5163} = 33.8$$

因此，通过棱镜后像平面离开棱镜出射表面的距离为

$$l_2' = 50 - e = 50 - 33.8 = 16.2$$

棱镜出射表面的通光口径为

$$D_2 = 10 + (20 - 10) \times \frac{16.2}{100} = 11.62$$

图 4－22（b）所示为根据以上计算结果作出的实际光学系统图。

由上面的例子可以看出，把玻璃板换算成相当空气层来进行棱镜的外形尺寸计算相当方便。但是，相当空气层厚度的公式（4－2）是根据近轴光学公式推导出来的，当光束在棱镜表面的入射角较大时，就要产生误差。例如光轴在 0°－1 立方棱镜表面的入射角为 45°，以及对另外一些转角较大的转动棱镜，光束的入射角也可能出现较大的数值。在这些情况下，上面的式(4－2)就不能应用，必须导出新的公式。

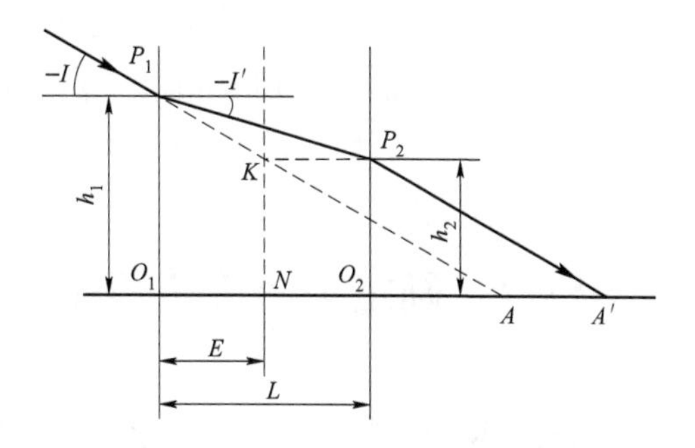

图 4－23　大角度入射相当空气层计算

如图 4－23 所示，假定入射光线 P_1A 在棱镜入射面上的入射角为 $-I$，折射角为 $-I'$，光线在出射面上的投射点为 P_2。通过 P_2 作光轴的平行线和入射光线 P_1A 交于一点 K，通过 K 点作光轴的垂直线和光轴交于一点 N，O_1N 即为相当空气层的厚度。为了和前面的相当空气层厚度相区别，用 E 表示。由图 4－23 得到

$$E = O_1A - NA$$

由 $\triangle P_1O_1A$ 和 $\triangle KNA$ 得

$$O_1A = \frac{h_1}{\tan(-I)},\ NA = \frac{h_2}{\tan(-I)} = \frac{h_1 - L \cdot \tan(-I')}{\tan(-I)}$$

将 O_1A、NA 代入公式得

$$E = L\frac{\tan I'}{\tan I} = \frac{L}{n} \cdot \frac{\cos I}{\cos I'}$$

式中，n 为棱镜玻璃的折射率。由上式看到，这里的相当空气层厚度 E 和前面式（4－2）中的 e 相比，区别是增加了一项 $\cos I/\cos I'$，令 $k = \cos I/\cos I'$，则上式变为

$$E = k \cdot \frac{L}{n},\ k = \frac{\cos I}{\cos I'} \tag{4-3}$$

一般棱镜的材料都用 K_9 玻璃，$n = 1.5163$。为了使用方便，我们把不同入射角 I 对应的 k 值列入表 4－1 中。

表 4－1　不同入射角对应的 k 值

I	10°	20°	30°	40°	50°	60°
k	0.99	0.97	0.92	0.85	0.75	0.61

由表 4－1 可以看到，当入射角 I 小于 20°时应用前面的式（4－2）误差不大。当 I 大于 20°时，才需要考虑修正系数 k，表中没有列入的 I 角所对应的 k 值可以按表进行插值。

【计算举例】 假设直角棱镜的口径为 10，如果棱镜转动 45°，则入射和出射光轴平行，如

图4－24（a）所示，求这时的光束口径。

将棱镜展开以后玻璃板厚度 $L=10$，棱镜材料为 K_9，$n=1.5163$，$I=45°$，由表4－1进行插值求得 $k=0.8$，将以上数值代入式（4－3），得

$$E=\frac{10}{1.5163}\times 0.8=5.28$$

按相当空气层厚度作图，如图4－24（b）所示，由图得光束口径 D 为

$$D=MN\cdot\sin 45°$$
$$=(10-5.28)\times 0.7071=3.34$$

以上结果和§4－4节中按实际光路计算得到的结果完全相同。显然这里的计算过程比前面要简单得多。

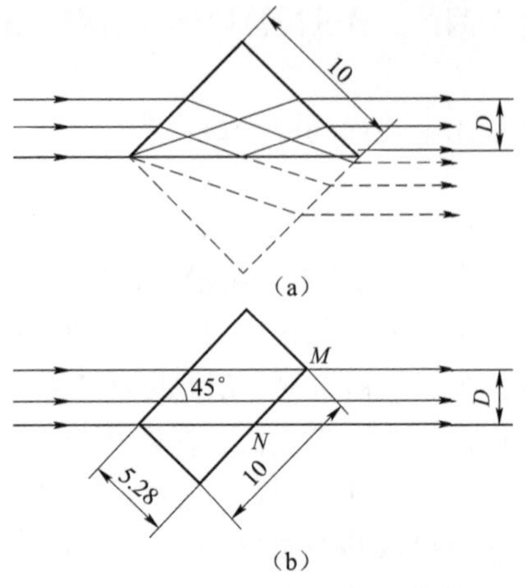

图4－24　立方棱镜计算

§4－7　确定平面镜棱镜系统成像方向的方法

平面镜棱镜系统的作用是改变光轴和像的方向。光轴方向的改变可以直接按反射定律确定。本节专门研究确定平面镜棱镜系统成像方向的方法。为了表示物和像的方向关系，在物空间取一直角坐标 xyz，如图4－25所示。其中 x 轴与入射光轴重合，y 轴位于棱镜主截面内，z 轴垂直于主截面；$x'y'z'$ 表示 xyz 坐标通过平面镜棱镜系统后像的方向，但并不表示其位置。显然，x' 轴与出射光轴重合，因此我们只需确定 y' 轴和 z' 轴的方向。

确定 y' 和 z' 方向有两种方法：

（1）反弹折转法，即设想有一支笔，一头是尖，一头是尾，将笔垂直光轴放置，并使之与 y' 轴或 z' 轴重合，用笔尖代表 y' 或 z' 的方向，将笔沿光轴 x 移动，先碰到反射面的尖或尾反弹到反射后和光轴垂直的位置，这时笔尖代表的方向就是经过这一反射面后 y' 或 z' 的方向。这种方法简单易行，但不显示规律。

（2）利用法则的方法。先通过实例总结出一系列法则，然后利用这些法则去判断 y' 和 z' 的方向。这种方法需要记住法则，但它特别有利于根据光轴方向的要求——是否倒像和是否要有潜望高等要求——设计安排棱镜的合理组合。

下面讨论利用法则的方法，并把平面镜棱镜系统分成3类，分别加以研究。

一、具有单一主截面的平面镜棱镜系统

所谓具有单一主截面的平面镜棱镜系统，即系统中所有平面镜和棱镜的主截面都彼此重合。在没有屋脊面的情形，垂直于主截面的 z 轴方向和所有反射平面平行。根据平面镜成像的性质，物和像对平面镜对称，因此，不论经过任意次平面镜反射成像，像空间 z' 轴和物空间 z 轴方向总是一致的。如果系统中有一屋脊面，则根据屋脊面的成像性质，z' 和 z 应反向。根据上述这种简单的关系，很容易确定单一主截面的平面镜棱镜系统中和主截面垂直的 z' 轴的方向。

下面再来看位于主截面内的 y 轴和 y' 轴的方向。假设系统中没有屋脊面，由于 z' 和 z 永

远同向，如果系统的总反射次数为偶数，则物和像相似。因此，当光轴 x'和 x 同向时，y'和 y 也应该同向，如图 4－25（a）所示；反之，当光轴 x'和 x 反向时，y'和 y 必然反向，如图 4－25（b）所示。如果系统的总反射次数为奇数，则成“镜像”。当光轴 x'和 x 同向时，y'和 y 必然反向，如图 4－26（a）所示；反之，x'和 x 反向时，y'和 y 同向，如图 4－26（b）所示。因此，我们得出判断单一主截面的平面镜棱镜系统中，主截面内成像方向的规则如下。

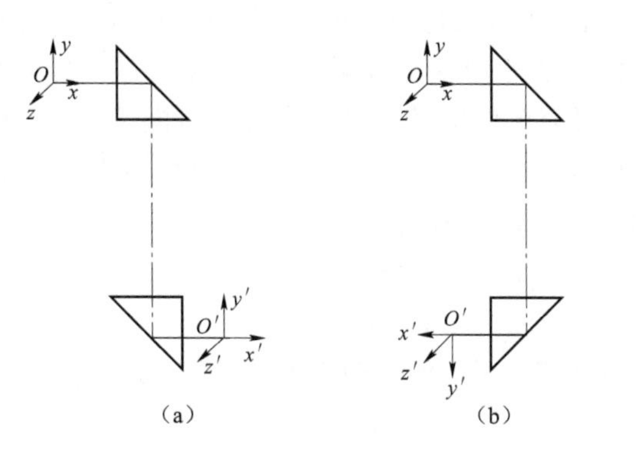

图 4－25　反射次数为偶数次

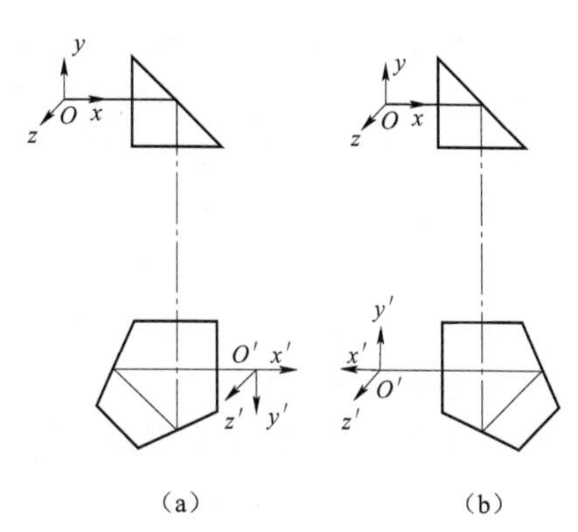

图 4－26　反射次数为奇数次

光轴同向：光轴反射次数为偶数，y'和 y 同向；光轴反射次数为奇数，y'和 y 反向。

光轴反向：光轴反射次数为偶数，y'和 y 反向；光轴反射次数为奇数，y'和 y 同向。

这里需要说明一下，上面说到的光轴，“同向”或“反向”是广义的。“同向”不仅仅指入射光轴和出射光轴平行，凡是光轴偏转角小于90°都认为是同向的；大于90°都认为是反向的；正好偏转 90°时可以认为是同向的，也可以认为是反向的，都能得到相同的结果。上述规则是根据系统中没有屋脊面的假设得出的。如果系统中有屋脊面，根据屋脊面的成像性质，它不影响主截面内像的方向。因此，对有屋脊面的系统，以上规则同样可以应用。只要把光轴看作在屋脊棱上反射，在计算光轴反射次数时只计算一次，而计算系统的总反射次数时屋脊面计算两次。

另外，在光轴方向 x 和 x'已经确定的条件下，y'轴和 z'轴的方向实际上只要确定了其中的任意一个，另一个就可以根据系统的总反射次数，利用物像空间的坐标关系来确定。一般首先确定 z'比较方便，因为 z'只要根据系统中有无屋脊面，即可确定它与 z 反向或同向，然后再根据总反射次数来决定 y'。当然也可以用前面的规则来决定 y'，二者所得结果实际上是完全相同的，但后者显然比较麻烦一些。

在物像空间的坐标对应关系决定以后，像空间任意向量所对应的像也就容易决定了。可以将物向量向物空间坐标的三个坐标轴投影，找出它们在像空间各自对应坐标轴上的分量，合成以后即为它的像向量。

下面举例说明上述规则的应用。例如图 4－27（a）中的棱镜系统，由于系统中没有屋脊面，z'和 z 同向；光轴同向，反射 7 次，所以 y'和 y 反向；由于总反射次数为奇数，所以系统成“镜像”。如果要求保持 x'和 y'方向不变，z'和 z 反向，从而使整个系统物像相似，则可以把系统中任意一个反射面改为屋脊面，如图 4－27（b）所示。如果用前面的规则来确定它的成像方向，则所得的结果完全一样——系统有一对屋脊面，所以 z'和 z 反向；光轴同向，反射7次，y'和y反向；总反射次数为8次，因此物像相似。

二、具有两个互相垂直的主截面的平面镜棱镜系统

图4-28中的棱镜系统由三个棱镜构成，棱镜1和棱镜3的主截面平行，棱镜2的主截面则与之垂直。棱镜只能改变主截面内的物像方向，而不能改变垂直于主截面的物像方向。例如图4-28中，棱镜2只能改变z'的方向，而不能改变y'的方向；棱镜1、3只能改变y'的方向，而不能改变z'的方向。所以在确定z'的方向时可以只考虑棱镜2，而确定y'的方向时只考虑棱镜1和3。对棱镜2或对棱镜1和3来说，都属于单一主截面的棱镜系统，故仍可使用前面的规则。不过在确定光轴是否同向时，不能再简单地按最后出射光轴的方向来决定，而应按棱镜1和3的实际光轴转角来确定。在上面的例子中，棱镜1使光轴顺时针转90°，棱镜3也使光轴顺时针转90°，二者共使光轴转了180°，因此，根据棱镜1和3来判别y'的方向时，应该认为是光轴反向。根据前面的规则，光轴反向，反射两次，y'和y反向。确定z'的成像方向，根据棱镜2知道光轴反向，反射两次，所以z'和z应反向。实际上只要确定了y'或z'中的任意一个，即可根据总反射次数，确定物、像空间的对应坐标系，从而决定另一个。

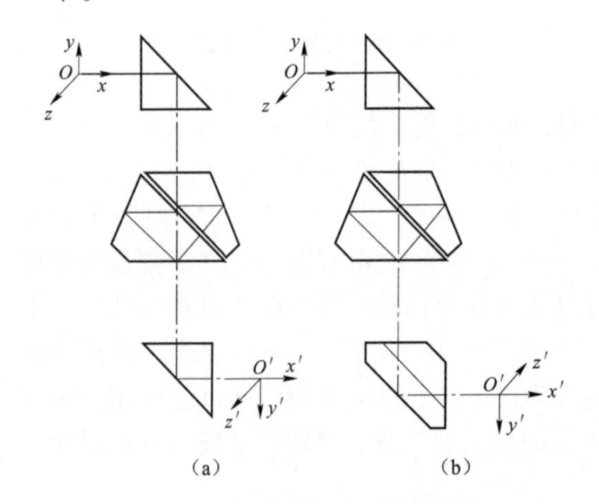

图4-27　成像方向判断示例

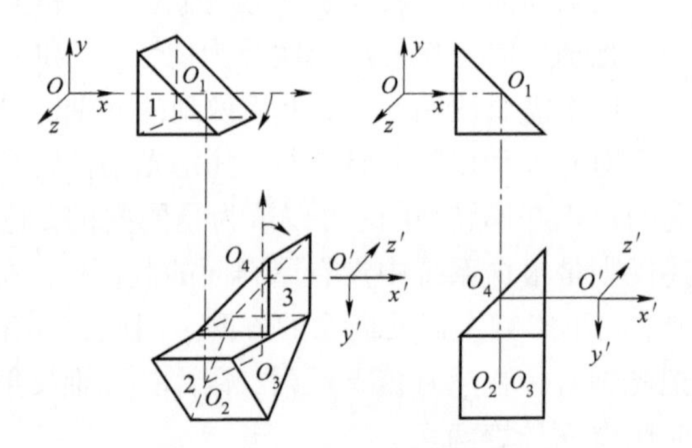

图4-28　主截面垂直的系统

三、主截面位置任意的平面镜棱镜系统

可以把此类系统看作由上述两类系统中的棱镜主截面旋转而形成的，这将在下一节进行讨论。

对于具有两个或三个互相垂直的主截面的平面镜棱镜系统，或者平面镜棱镜个数很多的复杂系统，为了确定系统的成像方向，可以把整个系统划分成若干部分，依次确定经过每一部分以后的坐标方向，最后找到整个系统的成像方向。

应用上面判断主截面内成像方向的规则，不仅可以判断已知平面镜棱镜系统的成像方向，还可作为设计平面镜棱镜系统时选用棱镜的依据。下面结合具体的实例来进行说明。

假如要求设计一个由两个棱镜构成的平面镜棱镜系统，光轴有300 mm的潜望高，如图4-29所示。同时要求系统光轴位于同一平面内，物和像相似并反向。

我们根据这些要求来选用棱镜。

（1）根据图4－29中光轴位置的要求，可采用两个使光轴改变90°的棱镜，构成一个具有单一主截面的棱镜系统。在《光学仪器设计手册》中可以找到能使光轴改变90°的棱镜共有90°－1和90°－2两类，其中90°－1的棱镜有一种，90°－2的棱镜有两种。

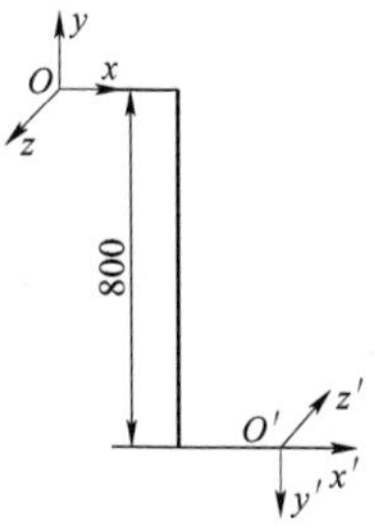

（2）由于要求出射和入射光轴同向，且物和像反向，所以主截面内光轴的反射次数应为奇数。因此只能采用一个90°－1的棱镜和一个90°－2的棱镜组合，而不能采用两个90°－1或两个90°－2的棱镜。这样的组合有两种，如图4－30所示。

图4－29　设计要求

（3）由于以上这些系统的总反射次数为奇数，只能成“镜像”，所以还必须将其中的某一个反射面改为屋脊面，这样可以形成4种不同的系统，如图4－31所示。至于究竟采用哪一种，可以根据不同的情况，由系统的外形尺寸和结构安排而定。

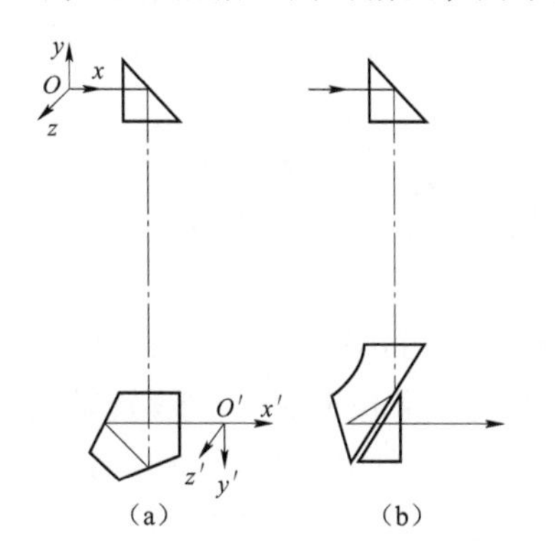

图4－30　棱镜系统选择

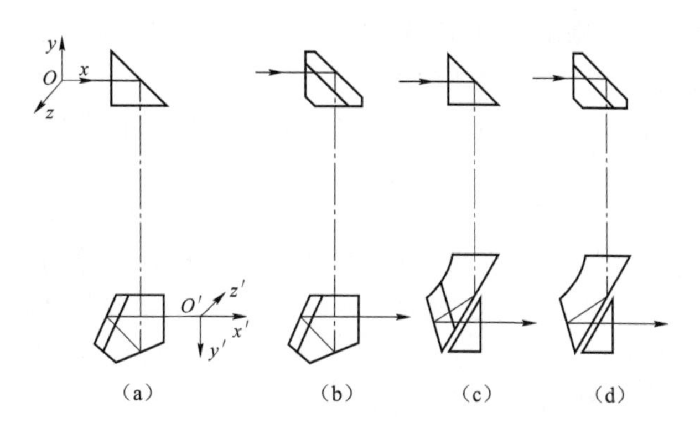

图4－31　可选择的棱镜系统

§4－8　棱镜转动定理

在某些光学仪器中，为了扩大仪器的观察范围，常常利用旋转平面镜和棱镜的方法来改变仪器的光轴方向。例如图4－32中的棱镜系统，为了扩大垂直方向的观察范围，把顶部的棱镜，绕着过O_1点垂直于主截面的轴转动，就可以使入射光轴在垂直面内改变方向；为了扩大仪器的水平观察范围，可以把棱镜绕垂直轴O_1O_2转动。另外在仪器的装配调整过程中，往往需要利用棱镜的转动来调整系统的光轴方向或成像方向的偏差，也就是通常所说的“光轴偏”或“像倾斜”。因此有必要进一步研究棱镜转动对像空间方向和位置的影响。本节就来推导棱镜转动时，像空间方向和位置变化的普遍定理——棱镜转动定理。

我们这里讨论棱镜转动的问题，也就是讨论在物空间不动的条件下，当棱镜绕任意轴转动时，像空间位置和方向的变化。当棱镜在平行光路中工作时（对应成像物体在无限远），只需要考虑像的方向；如果在非平行光路中工作（对应位在有限距离的虚物或实物），则既要考虑像的方向，又要考虑像的位置，例如图4－33中的F'点。

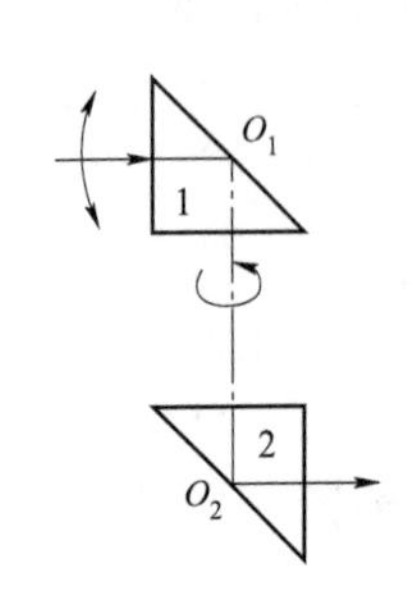

图 4－32　棱镜转动示意图

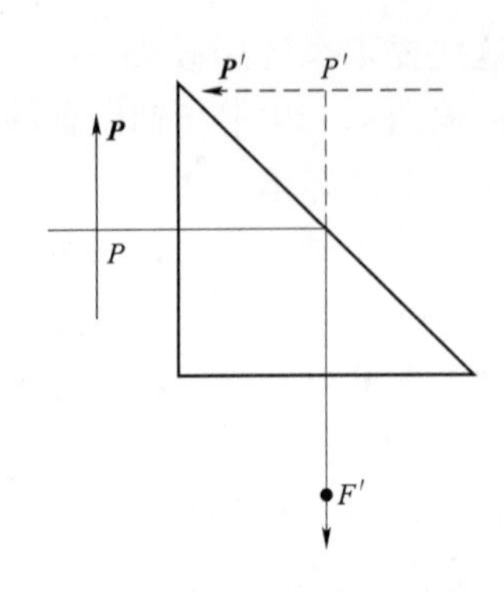

图 4－33　转动向量示意图

如图 4－33 所示，假设 $\boldsymbol{P}$ 为表示棱镜转动方向和位置的单位向量，$\boldsymbol{P}'$为 $\boldsymbol{P}$ 在像空间的共轭像，由于平面反射成像时，物像大小相等，所以它也是一个单位向量。θ 为棱镜的转角，它的符号规则是：当对着转轴向量观察时，逆时针为正，顺时针为负。n 为棱镜的总反射次数。棱镜转动定理可表述如下：

假设物空间不动，棱镜绕 $\boldsymbol{P}$ 转 θ，则像空间首先绕 $\boldsymbol{P}'$转 $(-1)^{n-1}\theta$，然后绕 $\boldsymbol{P}$ 转 θ。

这里把像空间的转动情况，用先后绕 $\boldsymbol{P}'$和 $\boldsymbol{P}$ 的两次转动来表示。需要特别说明的是，因为有限转动不符合加法交换律，因此这两次转动的顺序不能颠倒。

为了用简明直观的形式来表示上述定理，以便于实际应用，我们引入一个代表有限转动的特定符号 $[\theta\boldsymbol{P}]$。括号内 θ 代表转角，它的符号规则如前所述；单位向量 $\boldsymbol{P}$ 代表转轴的位置和方向。在前面的转动定理中，把像空间的转动表示成为两个不同的有限转动。我们知道，有限转动是不能用向量来表示的，因为它不符合向量加法的平行四边形法则和交换律①。所以 $[\theta\boldsymbol{P}]$ 只是一个表示有限转动的符号，而不能看作是一个向量。我们之所以要在 $\theta\boldsymbol{P}$ 的外面再加上一个方括号，成为 $[\theta\boldsymbol{P}]$ 的形式，就是为了和一般向量有所区别。这样，棱镜转动定理可以用上述符号表示如下：

$$[A'] = [(-1)^{n-1}\theta\boldsymbol{P}'] + [\theta\boldsymbol{P}] \tag{4-4}$$

式中，符号 $[A']$ 只是作为像空间转动状态的一个代号，没有别的含义。由于 $[\theta\boldsymbol{P}]$ 和 $[(-1)^{n-1}\theta\boldsymbol{P}']$都不是向量，因此决不能按向量运算规则对符号表示式（4－4）进行向量运算。

根据符号的定义，以下两种关系显然成立：

$$[\theta_1\boldsymbol{P}] + [\theta_2\boldsymbol{P}] = [(\theta_1 + \theta_2)\boldsymbol{P}]$$

$$[\theta(-\boldsymbol{P})] = [-\theta\boldsymbol{P}]$$

第一个等式说明，先绕 $\boldsymbol{P}$ 转 θ_1 后，再绕 $\boldsymbol{P}$ 转 θ_2，就等于绕 $\boldsymbol{P}$ 转 $(\theta_1+\theta_2)$，这显然是成立的；第二个等式则说明，绕 $(-\boldsymbol{P})$ 转 θ 就等于绕 $\boldsymbol{P}$ 转 $-\theta$，根据 θ 的符号规则，当然也是成立的。

下面对上述定理进行证明。我们把物空间不动，棱镜绕 $\boldsymbol{P}$ 转 θ 这样一个运动设想分成两步来实现。第一步：首先假设棱镜不动，让物空间绕 $\boldsymbol{P}$ 转 $-\theta$，根据平面镜系统的成像性质，如果反射次数 n 为奇数，系统成镜像，像空间将绕 $\boldsymbol{P}'$转 θ；如果 n 为偶数，物像相似，像空间绕 $\boldsymbol{P}'$转 $-\theta$；总的来说，相当于像空间转 $(-1)^{n-1}\theta$。第二步：把物空间和棱镜一起绕 $\boldsymbol{P}$ 转

① 参阅周培源：《理论力学》，1952 年人民教育出版社。

θ，像空间显然也绕 $\boldsymbol{P}$ 转 θ。这样最后总的结果就是：物空间回到了原始位置，棱镜绕 $\boldsymbol{P}$ 转 θ，像空间首先绕 $\boldsymbol{P}'$ 转 $(-1)^{n-1}\theta$，然后绕 $\boldsymbol{P}$ 转 θ。

为了清楚起见，把上述过程用以下形式表示：

第一步：	物空间绕 $\boldsymbol{P}$ 转 $-\theta$	棱镜不动	像空间绕 $\boldsymbol{P}'$ 转 $(-1)^{n-1}\theta$
第二步：	物空间绕 $\boldsymbol{P}$ 转 θ	棱镜绕 $\boldsymbol{P}$ 转 θ	像空间绕 $\boldsymbol{P}$ 转 θ
总的结果：	物空间不动	棱镜绕 $\boldsymbol{P}$ 转 θ	像空间首先绕 $\boldsymbol{P}'$ 转 $(-1)^{n-1}\theta$ 然后绕 $\boldsymbol{P}$ 转 θ

以上结果和定理完全一致。这里着重说明一点，上述结论只涉及棱镜的总反射次数，并没有涉及棱镜的具体形式，因此它对任意的平面镜棱镜系统都是成立的。另外在上面的证明过程中，表面上似乎对转角 θ 没有什么限制，但实际上对 θ 是有限制的。首先，如果转角过大，光线无法进入平面镜棱镜系统，则根本无法成像；其次，对棱镜系统来说，除去反射平面外，还相当于在共轴系统中加入了一块平行玻璃板，当棱镜在非平行光路中转动，并且转轴和入射光轴又不平行时，棱镜转动以后，入射光轴就不再垂直于棱镜的入射面，这就破坏了系统的共轴性。如果转角很大，光轴与入射面法线之间有可能产生较大的夹角，这将给近轴公式的计算结果带来很大的误差，此时系统实际上也已经不能再使用了。所有这些就限制了棱镜的转角 θ 不能过大。当棱镜在平行光路中工作，或者对单纯的平面镜系统来说，当然都不存在这一方面的限制。所以对棱镜在非平行光路中转动，而且转轴和入射光轴又不平行的情形，应用定理时必须注意到这一点。

为了初步说明上述定理的应用，下面讨论几种比较简单的特殊情况。

一、在平行光路中工作的棱镜，绕垂直于棱镜主截面的 z 轴转动

由于棱镜在平行光路中工作，因此只需要考虑像空间的方向，而不用考虑其位置，即可以把 $\boldsymbol{P}$ 和 $\boldsymbol{P}'$ 都看作自由向量。因为转动以后像的方向只与转轴的方向和转角的大小有关，而与转轴的位置无关。

根据转动定理的符号表示式（4－4）

$$[A'] = [(-1)^{n-1}\theta \boldsymbol{P}'] + [\theta \boldsymbol{P}]$$

在没有屋脊面的情形，如图 4－34 所示，应有 $\boldsymbol{P}=z$，$\boldsymbol{P}'=z'=z$，将以上关系代入上式得

$$[A'] = [(-1)^{n-1}\theta z] + [\theta z]$$

当棱镜的总反射次数 n 为偶数时

$$[A'] = [-\theta z] + [\theta z] = 0$$

当棱镜的总反射次数为奇数时

$$[A'] = [\theta z] + [\theta z] = [2\theta z]$$

由此可知，当棱镜绕 z 轴转 θ 时，如果反射次数为偶数，则像空间方向不变；如果反射次数为奇数，则像空间绕 z 轴转 2θ。这个结论和前面 §4－3 节中讨论平面镜旋转时所得到的结论完全相同。

在屋脊棱镜的情形，如图 4－35 所示，$\boldsymbol{P}=z$，$\boldsymbol{P}'=z'=-z$，代入表示式（4－4）得

$$[A'] = [(-1)^{n-1}\theta \boldsymbol{P}'] + [\theta \boldsymbol{P}] = [(-1)^{n}\theta z] + [\theta z]$$

当总反射次数 n 为偶数时

$$[A'] = [\theta z] + [\theta z] = [2\theta z]$$

当总反射次数 n 为奇数时

$$[A'] = [-\theta \boldsymbol{z}] + [\theta \boldsymbol{z}] = [0]$$

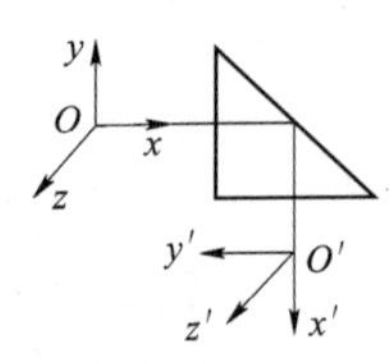

图4-34　没有屋脊面情形

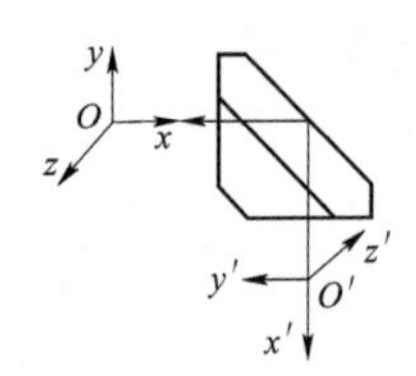

图4-35　有屋脊面情形

以上结果和前面没有屋脊面的情形正好相反，奇数时像空间方向不变，偶数时棱镜转 θ、像空间转 2θ。我们也可以这样看，认为光轴在屋脊棱上进行反射，反射次数只计算一次，这样就可以把屋脊棱镜和一般棱镜同样看待，结果是完全一样的。但上述结论只是对绕垂直于主截面的 z 轴转动时才适用。

二、在平行光路中，入射和出射光轴平行的棱镜绕入射光轴 $\boldsymbol{x}$ 转动

在平行光路中，入射和出射光轴平行的棱镜绕入射光轴 x 转动的情况有两种：

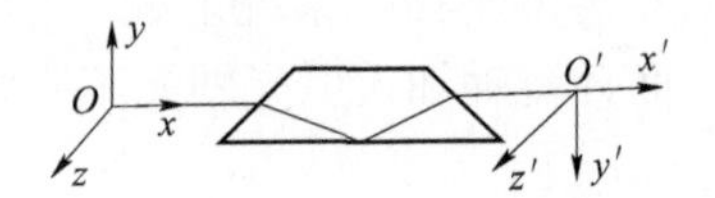

图4-36　光轴平行同向

（1）入射和出射光轴平行同向。此种情形如图4-36所示，有

$$\boldsymbol{P} = \boldsymbol{x},\ \boldsymbol{P}' = \boldsymbol{x}' = \boldsymbol{x}$$

代入符号表示式（4-4）得

$$[A'] = [(-1)^{n-1}\theta \boldsymbol{x}] + [\theta \boldsymbol{x}]$$

当总反射次数 n 为偶数时

$$[A'] = [-\theta \boldsymbol{x}] + [\theta \boldsymbol{x}] = [0]$$

当总反射次数 n 为奇数时

$$[A'] = [\theta \boldsymbol{x}] + [\theta \boldsymbol{x}] = [2\theta \boldsymbol{x}]$$

由此可知，当入射和出射光轴平行同向，棱镜绕光轴 x 转 θ，反射次数 n 为偶数时像不转；反射次数 n 为奇数时，则像转 2θ。

（2）入射和出射光轴平行反向。如图4-37所示，有

$$\boldsymbol{P} = \boldsymbol{x},\ \boldsymbol{P} = \boldsymbol{x}' = -\boldsymbol{x}$$

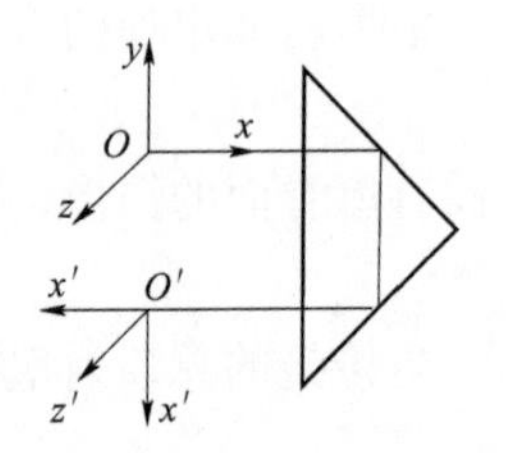

图4-37　光轴平行反向

代入表示式（4-4）得

$$[A'] = [(-1)^{n-1}\theta(-\boldsymbol{x})] + [\theta \boldsymbol{x}] = [(-1)^{n}\theta \boldsymbol{x}] + [\theta \boldsymbol{x}]$$

当反射次数 n 为偶数时

$$[A'] = [\theta \boldsymbol{x}] + [\theta \boldsymbol{x}] = [2\theta \boldsymbol{x}]$$

当反射次数 n 为奇数时

$$[A'] = [-\theta \boldsymbol{x}] + [\theta \boldsymbol{x}] = [0]$$

由此可知，当入射和出射光轴平行反向，棱镜绕光轴转 θ，反射次数 n 为偶数时像转 2θ，反射次数 n 为奇数时像不转。

三、出射和入射光轴垂直，棱镜绕入射光轴转动

此种情形如图4-38所示，有

$$\boldsymbol{P} = \boldsymbol{x},\ \boldsymbol{P}' = \boldsymbol{x}'$$

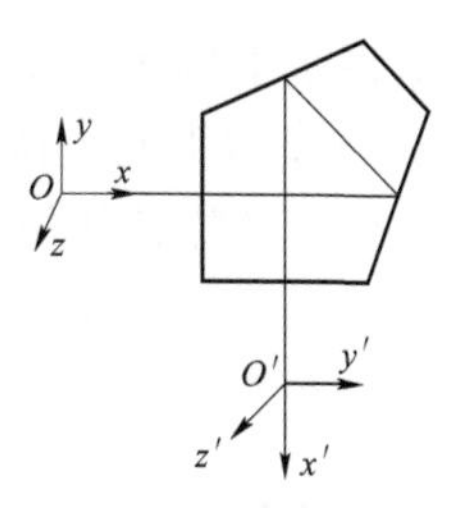

图 4-38　光轴互相垂直

代入表示式（4-4）得

$$[A'] = [(-1)^{n-1}\theta \boldsymbol{x}'] + [\theta \boldsymbol{x}]$$

当 n 为偶数时

$$[A'] = [-\theta \boldsymbol{x}'] + [\theta \boldsymbol{x}]$$

当 n 为奇数时

$$[A'] = [\theta \boldsymbol{x}'] + [\theta \boldsymbol{x}]$$

以上结果为：当入射和出射光轴垂直时，棱镜绕入射光轴转 θ，如果反射次数为偶数，像空间首先绕出射光轴统 $-\theta$，然后绕入射光轴转 θ；如果反射次数为奇数，则像空间首先绕出射光轴转 θ，然后再绕入射光轴转 θ。

下面举例说明上述这些关系的应用。

【例 1】 在图 4-39 的棱镜系统中，如果棱镜 2、3 一起绕$\overrightarrow{O_1O_2}$转 θ，然后棱镜 3 再按同一方向绕$\overrightarrow{O_4O_3}$转 θ，假设物平面的方向和入射光轴方向都不变，求出射光轴的方向和像的方向的变化。

首先确定棱镜转动前的成像方向。上述系统属于单一主截面的系统，没有屋脊面，z' 与 z 同向。光轴同向，总反射次数为偶数，根据物像相似的关系，y' 与 y 也同向。$\overrightarrow{O_1O_2}$和棱镜 2、3 的入射光轴同向，出射光轴与入射光轴垂直，棱镜 2、3 绕$\overrightarrow{O_1O_2}$转 θ，也就是绕入射光轴转 θ。根据前面的结论，棱镜 2、3 共反射三次，像平面首先绕出射光轴 x' 转 θ，然后出射光轴再绕$\overrightarrow{O_1O_2}$转 θ，接着棱镜 3 又绕$\overrightarrow{O_4O_3}$转 θ，由于$\overrightarrow{O_4O_3}$和棱镜 3 的入射光轴反向，相当于棱镜 3 绕它的入射光轴转 $-\theta$，反射一次，像平面将绕出射光轴转 $-\theta$，然后出射光轴再绕$\overrightarrow{O_4O_3}$转 θ，总起来相当于出射光轴绕$\overrightarrow{O_1O_2}$转 2θ，而像平面$y'z'$相对于出射光轴没有转动。这个棱镜系统如按上述规律转动可以改变光轴的方向，而像保持不转。

【例 2】 要求设计一个棱镜系统，入射光轴和出射光轴之间有 300mm 的潜望高，同时物方光轴 OO_1 能在水平和垂直两个方向上转动，而出射光轴方向维持不变，如图 4-40 所示，物与像相似，并且永远反向（即物方光轴转动时，像不产生旋转）。

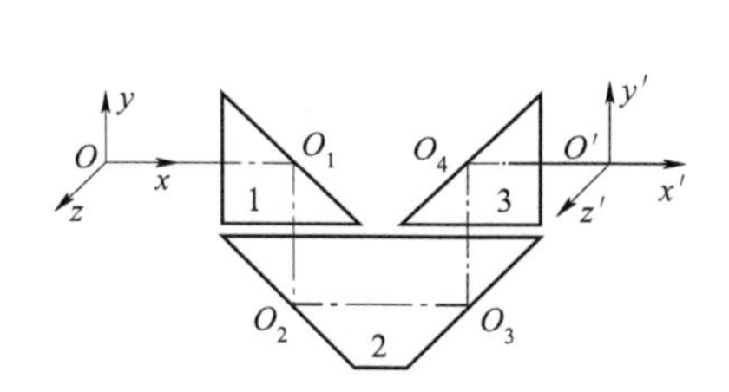

图 4-39　棱镜转动示例

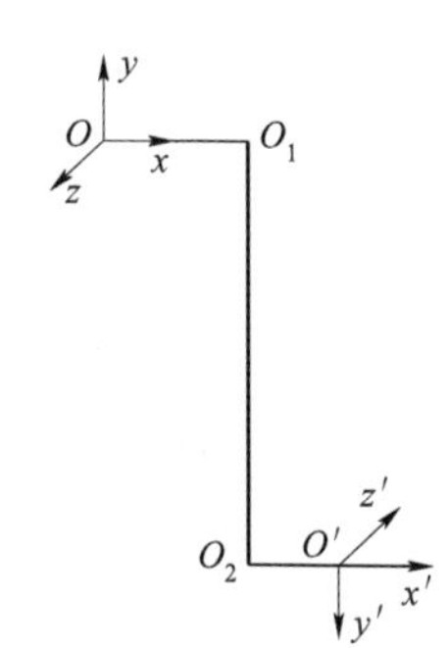

图 4-40　物像空间方向要求

为了在水平面和垂直面内改变光轴的方向，可以在光轴上端 O_1 点的位置安置一个直角棱镜，使之绕水平和垂直轴转动。当棱镜绕经过 O_1 点垂直于主截面的水平轴转动时，像的方向不会发生旋转。但当棱镜绕 O_1O_2 轴转动时，如果物平面相对主截面不动，像平面亦将随之转动。我们要求像平面不转，必须使像面产生一个相反方向的转动。由于要求出射光轴的方向不变，系统下端使光轴改变90°的棱镜显然不能转动。这样就必须加入一个棱镜，利用它的旋转来补偿像平面的转动，而不使光轴的方向改变。根据前面的规则，在光轴同向的情形，欲利用棱镜的旋转使像面转动，反射次数应为奇数。因此必须在系统中加入下列性能的棱镜：

$$0°-1,\ 0°-3,\ 0°-5$$

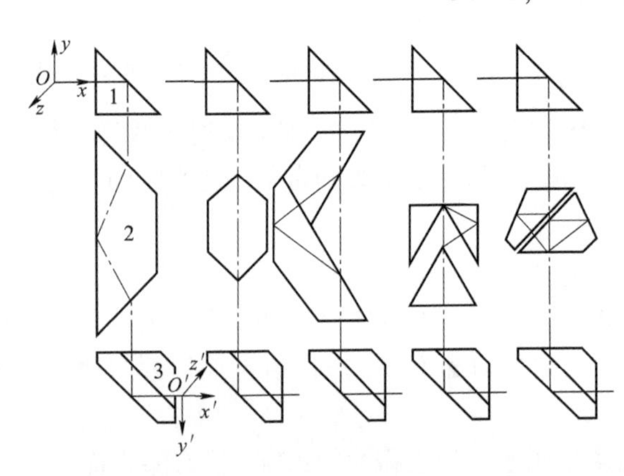

图4－41　棱镜系统选择

如果使它们的主截面和直角棱镜主截面重合，如图4－41所示，这样顶端的直角棱镜与转像棱镜的反射次数之和为偶数。系统要求物和像反向，并且整个系统的入射和出射光轴同向，因此下端反射棱镜在同一主截面内的反射次数应为奇数。故可采用一个90°－1的直角棱镜，但成"镜像"。为了使物和像相似，必须把上下两个棱镜中的一个反射面改成屋脊面（屋脊面不能加在转像棱镜上，因为这样会使转像棱镜的反射次数变为偶数，则棱镜转动时，像不转）。例如，将下端的直角棱镜用直角屋脊棱镜90°－2代替。从《光学仪器设计手册》中能找到满足上述要求的棱镜，用这些棱镜可以组成图4－41所示的5种型式的棱镜系统。

当棱镜1和2一起转动时，如果物空间坐标跟着转，即物相对棱镜主截面不动，像面将和棱镜同时转动。当棱镜2单独转动时，像平面的转角等于棱镜转角的2倍。因此，棱镜1和2同时转动α，然后把棱镜2按相反方向转$\alpha/2$，即可补偿像的旋转。换句话说，棱镜2的转角应为棱镜1的转角的一半。

§4－9　棱镜做有限转动时，像空间位置和方向的计算

上节我们导出了表示棱镜转动时，像空间运动状况的普遍定理——棱镜转动定理。这一节我们将根据上述定理来解决棱镜绕已知轴做有限角度的转动时，像空间位置和方向的计算问题。求像空间的位置也就是求当棱镜转动后，像空间任意一点的位置变化问题，像空间的方向则可用一个单位向量来表示。求像空间的方向就是求棱镜转动后，单位向量的方向。

根据前面的定理，当物空间不动，棱镜做有限转动时，像空间绕两个不同的轴先后做两次有限转动。要确定像点的位置和单位向量的方向，实质上只要解决一个点或一个单位向量绕已知轴转一定角度后的位置或方向就可以了。下面首先讨论这个问题。

一、求一个点绕已知轴$\boldsymbol{P}$转动以后的位置

如图4－42所示，单位向量$\boldsymbol{P}$代表转轴的位置和方向，任意一点R的位置用向量$\overrightarrow{OR}=\boldsymbol{r}$表示，$O$点必须位于转轴上，当$R$绕$\boldsymbol{P}$转$\theta$以后到达$R_1$，它的位置用向量$\overrightarrow{OR}=\boldsymbol{r}_1$表示。下面找出$\boldsymbol{r}_1$和$\boldsymbol{r}$，$\boldsymbol{P}$，$\theta$之间的关系。

由R_1点作MR的垂线R_1N，由图4－42得

$$\boldsymbol{r}_1-\boldsymbol{r}=\overrightarrow{RR_1}=\overrightarrow{RN}+\overrightarrow{NR_1}$$

$$\overrightarrow{RN}=\overrightarrow{RM}(1-\cos\theta)=(1-\cos\theta)(OM\cdot\boldsymbol{P}-\boldsymbol{r})$$
$$=(1-\cos\theta)[(\boldsymbol{r}\cdot\boldsymbol{P})\cdot\boldsymbol{P}-\boldsymbol{r}]$$

$\overrightarrow{NR}$的方向和（$\boldsymbol{P}\times\boldsymbol{r}$）的方向一致，它的模等于$MR\sin\theta$，而$MR$的数量正好等于（$\boldsymbol{P}\times\boldsymbol{r}$）的模，因此有

$$\overrightarrow{NR}=\sin\theta(\boldsymbol{P}\times\boldsymbol{r})$$

将$\overrightarrow{RN}$和$\overrightarrow{NR_1}$代入（$\boldsymbol{r}_1-\boldsymbol{r}$）得：

$$\boldsymbol{r}_1-\boldsymbol{r}=(1-\cos\theta)[(\boldsymbol{r}\cdot\boldsymbol{P})\cdot\boldsymbol{P}-\boldsymbol{r}]+\sin\theta(\boldsymbol{P}\times\boldsymbol{r}) \tag{4-5}$$

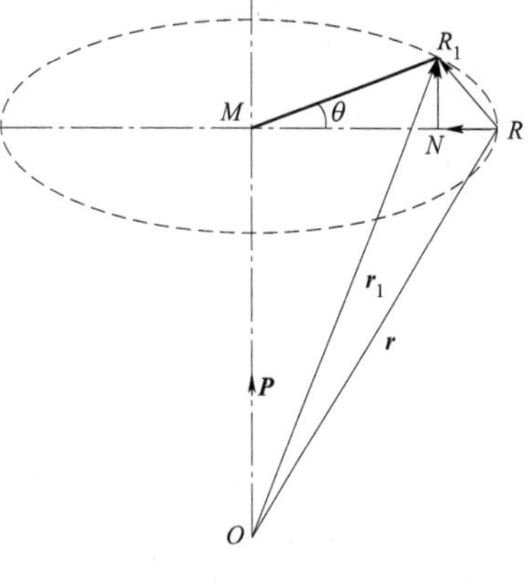

图 4－42　转动向量示意图

或

$$\boldsymbol{r}_1=(1-\cos\theta)(\boldsymbol{r}\cdot\boldsymbol{P})\cdot\boldsymbol{P}+\boldsymbol{r}\cos\theta+\sin\theta(\boldsymbol{P}\times\boldsymbol{r}) \tag{4-6}$$

以上为确定某一点R绕已知轴$\boldsymbol{P}$转动θ后，新的位置R_1的向量公式。

在实际运算中，上式表示成解析形式比较方便。为此我们建立一个直角坐标系xyz，假设向量$\boldsymbol{r}$，$\boldsymbol{P}$，$\boldsymbol{r}_1$在该坐标系内的方向余弦或分向量分别为

$$\boldsymbol{r}=x\boldsymbol{i}+y\boldsymbol{j}+z\boldsymbol{k}$$
$$\boldsymbol{P}=\alpha\boldsymbol{i}+\beta\boldsymbol{j}+\gamma\boldsymbol{k}$$
$$\boldsymbol{r}_1=x_1\boldsymbol{i}+y_1\boldsymbol{j}+z_1\boldsymbol{k}$$

代入式（4－6），展开并整理后得

$$x_1=[(1-\cos\theta)\alpha^2+\cos\theta]x+[(1-\cos\theta)\alpha\beta-\gamma\sin\theta]y+[(1-\cos\theta)\alpha\gamma+\beta\sin\theta]z$$
$$y_1=[(1-\cos\theta)\alpha\beta+\gamma\cos\theta]x+[(1-\cos\theta)\beta^2+\cos\theta]y+[(1-\cos\theta)\beta\gamma-\alpha\sin\theta]z$$
$$z_1=[(1-\cos\theta)\alpha\gamma-\beta\sin\theta]x+[(1-\cos\theta)\beta\gamma+\alpha\sin\theta]y+[(1-\cos\theta)\gamma^2+\cos\theta]z$$

由于x_1，y_1，z_1与x，y，z之间符合线性关系，故以上公式可以写成矩阵的形式：

$$\boldsymbol{r}_1=\boldsymbol{A}\boldsymbol{r} \tag{4-7}$$

式中，矩阵$\boldsymbol{A}$的公式如下：

$$\boldsymbol{A}=\begin{bmatrix}(1-\cos\theta)\alpha^2+\cos\theta & (1-\cos\theta)\alpha\beta-\gamma\sin\theta & (1-\cos\theta)\alpha\gamma+\beta\sin\theta\\(1-\cos\theta)\alpha\beta+\gamma\sin\theta & (1-\cos\theta)\beta^2+\cos\theta & (1-\cos\theta)\beta\gamma-\alpha\sin\theta\\(1-\cos\theta)\alpha\gamma-\beta\sin\theta & (1-\cos\theta)\beta\gamma+\alpha\sin\theta & (1-\cos\theta)\gamma^2+\cos\theta\end{bmatrix} \tag{4-8}$$

我们把$\boldsymbol{A}$称为有限转动的变换矩阵。上面的式（4－7）和式（4－8）就是用来计算一个点绕已知轴转动一定角度以后的位置的公式。

二、求棱镜转动后任意像点的位置

根据棱镜转动定量，棱镜绕$\boldsymbol{P}$转θ，像空间先后绕$\boldsymbol{P}'$和$\boldsymbol{P}$做两次有限转动，只要两次应用式（4－7）和式（4－8），就可以找出任意像点的位置。下面根据$\boldsymbol{P}$和$\boldsymbol{P}'$是否相交，分两种情况来讨论。

1. $\boldsymbol{P}$和$\boldsymbol{P}'$相交

假设$\boldsymbol{P}$和$\boldsymbol{P}'$相交于一点O，如图4－43所示。如果我们把$\boldsymbol{r}$向量的起点取在O点，R绕$\boldsymbol{P}'$做第一次转动后的终止向量为$\boldsymbol{r}_1$，它就是第二次绕$\boldsymbol{P}$转动的初始向量。假设第二次

转动后的终止向量为 $\boldsymbol{r}_2$。在图 4－43 中并未将 $\boldsymbol{r}$ 和 $\boldsymbol{r}_2$ 标出，它们的起点显然都是 O 两次应用式（4－7）得

$$\boldsymbol{r}_1=\boldsymbol{A}'\boldsymbol{r},\ \boldsymbol{r}_2=\boldsymbol{A}\boldsymbol{r}_1$$

由此得到

$$\boldsymbol{r}_2=\boldsymbol{A}\boldsymbol{A}'\boldsymbol{r} \tag{4-9}$$

或

$$\Delta\boldsymbol{r}=\boldsymbol{r}_2-\boldsymbol{r}=(\boldsymbol{A}\boldsymbol{A}'-\boldsymbol{I}_0)\boldsymbol{r} \tag{4-10}$$

式中，$\boldsymbol{A}'$ 和 $\boldsymbol{A}$ 分别为绕 $\boldsymbol{P}'$ 和 $\boldsymbol{P}$ 转动的两个变换矩阵，$\boldsymbol{I}_0$ 为单位矩阵。根据转轴 $\boldsymbol{P}$，$\boldsymbol{P}'$ 的方向余弦和转角 θ，即可求出变换矩阵 A' 和 A，再根据 R 的位置求出向量 $\boldsymbol{r}$，代入公式求出 $\boldsymbol{r}_2$，就确定了棱镜转动以后像点的位置。

【例 1】 如图 4－44 所示的一个五角棱镜，假如绕主截面内的对称轴 $\boldsymbol{P}$ 转 5°，求转动后像点 F' 的位置，有关尺寸均标注在图形上。

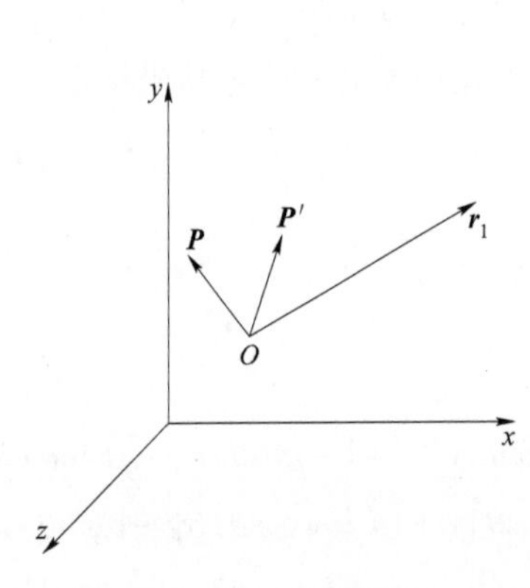

图 4－43　向量图示

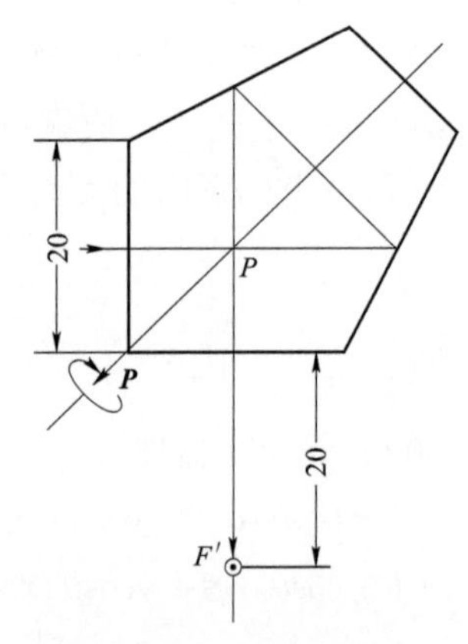

图 4－44　五角棱镜示例

下面按实际计算步骤进行说明：

（1）求转轴 $\boldsymbol{P}$ 的像 $\boldsymbol{P}'$。

在 §4－7 节中我们介绍了确定棱镜系统中成像方向的方法，确定了物像空间的坐标对应关系。根据转轴 $\boldsymbol{P}$ 在物空间坐标 xyz 内的方向，利用像空间坐标 $x'y'z'$ 很容易找出它的像 $\boldsymbol{P}'$ 的方向。但是解决棱镜系统中求像的问题，除了确定方向以外，还要解决一个求位置的问题。找出转轴 $\boldsymbol{P}$ 上任意一点 P 在像空间的共轭点 P'，也就确定了 $\boldsymbol{P}'$ 的位置。我们知道入射光轴和出射光轴是共轭的，位于入射光轴上的物点，它的像点必然位于出射光轴上。我们用 P 点相对于棱镜入射面的物距 l_1 和它相对于入射光轴的物高 y_1 表示 P 点的位置。为了方便，一般尽量把 P 取在主截面内。如果向量 $\boldsymbol{P}$ 和入射光轴相交的话，最好就取它们的交点，对应物高等于零，然后求出 P 的像点 $\boldsymbol{P}'$ 相对于棱镜出射面的像距 l'_2，至于它相对于出射光轴的像高，则与物高相等，方向也可以根据 $x'y'z'$ 与 xyz 的对应关系来确定。下面我们导出 l'_2 的计算公式。

由于棱镜展开以后相当于一块平行玻璃板，平面相当于半径等于无限大的球面，对平行玻璃板的入射面和出射面两次应用球面的共轭点方程式，如图 4－45 所示，假定玻璃板的厚度为 L，棱镜玻璃的折射率为 n，则

$$\frac{n}{l_1'}-\frac{1}{l_1}=0,\ l_1'=nl_1,\ l_2=l_1'-L=nl_1-L$$

$$\frac{1}{l_2'}-\frac{n}{l_2}=0,\ l_2'=\frac{l_2}{n}=l_1-\frac{L}{n}$$

由此得到

$$l_2'=l_1-\frac{L}{n} \qquad (4-11)$$

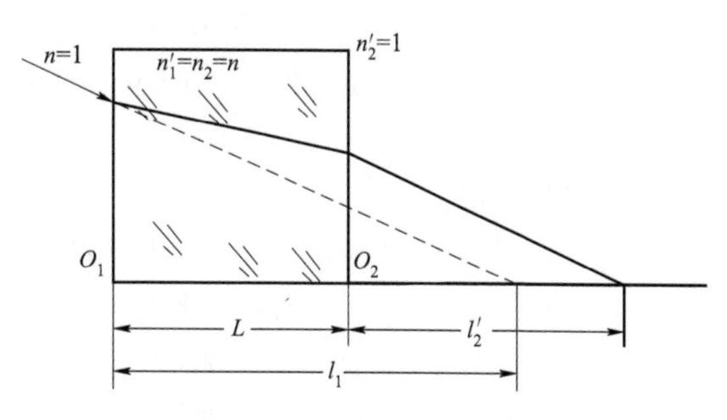

图 4－45　棱镜展开示意图

在我们的例子中 **P** 位于主截面内，我们把它和入射光轴的交点 P 作为表示 **P** 位置的物点，由图 4－44 可以看到，转轴 **P** 和入射光轴的交点 P 与入射面的距离为$\frac{D}{2}$，由此得到：

$$l_1=10,\ L=3.414D=3.414\times 20=68.28$$

棱镜材料取 K9，$n=1.516\ 3$，将 l_1，L，n 代入公式得

$$l_2'=10-\frac{68.28}{1.516\ 3}=-35$$

根据 l_2' 就可以找到 P 点的像 **P′** 的位置，如图 4－46 所示。

至于 **P′** 的方向，由图 4－46 可知，**P** 的方向和 x，y 轴的平分角线一致，对应 $-x$ 和 $-y$ 的方向。所以 **P′** 的方向也应该和 $-x'$ 和 $-y'$ 的分角线方向对应。

（2）求 **P** 和 **P′** 的方向余弦和 **r** 的坐标。

根据已经确定的单位向量 **P** 和 **P′**，以及已知的像点位置 F'，求出 **P**，**P′** 及 **r** 在物空间坐标 xyz 内的方向余弦和分向量。按规定，**r** 向量的起点必须和 **P** 与 **P′** 的交点 O 重合。

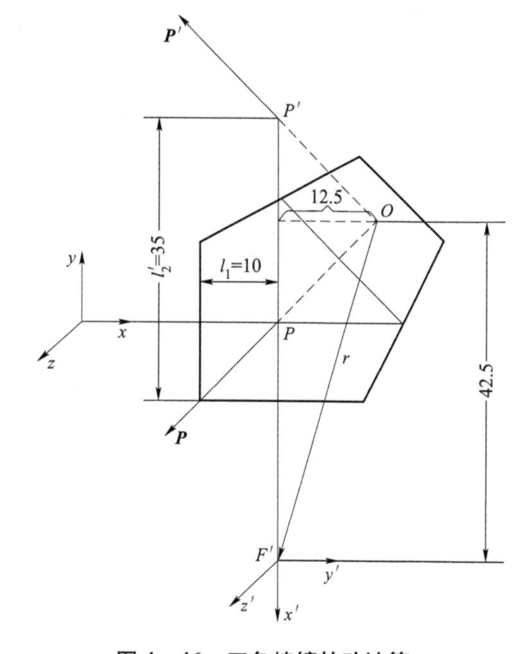

图 4－46　五角棱镜转动计算

$$\boldsymbol{P}=-0.707\ 1\boldsymbol{i}-0.707\ 1\boldsymbol{j}$$

$$\boldsymbol{P}'=-0.707\ 1\boldsymbol{i}+0.707\ 1\boldsymbol{j}$$

$$\boldsymbol{r}=-12.5\boldsymbol{j}-42.5\boldsymbol{j}$$

（3）求两次有限转动的变换矩阵 **A′** 与 **A**。

五角棱镜的反射次数 $n=2$，根据转动定理

$$[A']=[(-1)^{n-1}\theta\boldsymbol{P}']+[\theta\boldsymbol{P}]=[-\theta\boldsymbol{P}']+[\theta\boldsymbol{P}]$$

由以上结果知道，当棱镜绕 **P** 转 θ，像空间首先绕 **P′** 转 $-\theta$，然后绕 **P** 绕 θ。下面求这两次有限转动的变换矩阵。

根据已知条件：棱镜转角 $\theta=5°$。对上述第一次转动来说，矩阵 **A′** 的有关参数为

$$\theta=-5°,\ \alpha=-0.707\ 1,\ \beta=0.707\ 1,\ \gamma=0$$

代入变换矩阵的公式（4－8）得

$$A' = \begin{bmatrix} 0.9981 & -0.0019 & -0.0616 \\ -0.0019 & 0.9981 & -0.0616 \\ 0.0616 & 0.0616 & 0.9962 \end{bmatrix}$$

对第二次转动为

$$\theta = -5°,\ \alpha = -0.7071,\ \beta = -0.7071,\ \gamma = 0$$

$$A' = \begin{bmatrix} 0.9981 & 0.0019 & -0.0616 \\ 0.0019 & 0.9981 & 0.0616 \\ 0.0616 & -0.0616 & 0.9962 \end{bmatrix}$$

（4）将 $\boldsymbol{r}$，$\boldsymbol{A}'$，$\boldsymbol{A}$ 代入式（4－9）和式（4－10），求 $\boldsymbol{r}_2$ 或 $\Delta\boldsymbol{r}$。

$$\boldsymbol{r}_2 = AA'\boldsymbol{r} = \begin{bmatrix} -12.244 \\ -42.53 \\ -1.53 \end{bmatrix};\ \Delta\boldsymbol{r} = \boldsymbol{r}_2 - \boldsymbol{r} = \begin{bmatrix} 0.256 \\ -0.03 \\ -1.53 \end{bmatrix}$$

根据 $\boldsymbol{r}_2$ 即可确定 F'点在棱镜转动以后的新位置，而 $\Delta\boldsymbol{r}$ 则代表 F'在三个坐标方向的位移量。

2. *P* 和 *P*′不相交

如果 $\boldsymbol{P}$ 和 $\boldsymbol{P}'$是两个不相交的空间向量，如图 4－47 所示。

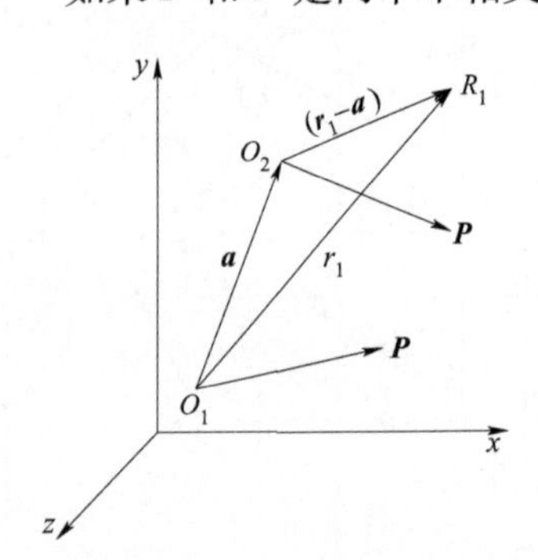

图 4－47　不相交向量示意图

假设任意一点 R，它的位置用第一个转轴 $\boldsymbol{P}'$ 上的一点 O_1 到 R 的向量 $\boldsymbol{r} = \overrightarrow{O_1R}$来表示（图 4－47 中 R 和 $\boldsymbol{r}$ 没有标出）。第一次转动后的位置 R_1 用向量 $\boldsymbol{r} = \overrightarrow{O_1R_1}$表示，它可以应用式（4－7）求得：

$$\boldsymbol{r}_1 = \boldsymbol{A}'\boldsymbol{r}$$

但 $\boldsymbol{r}_1$ 不能作为第二次转动的起始向量继续应用式（4－7），因为 $\boldsymbol{r}_1$ 向量的起点 O_1 并不位于第二个转轴 $\boldsymbol{P}$ 上。因此我们必须在第二个转轴向量 $\boldsymbol{P}$ 上另取一点 O_2，作为第二次转动的起始向量的起点，才能应用式（4－7）。假定 O_1、O_2 两点间的相对位置用向量$\overrightarrow{O_1O_2} = \boldsymbol{a}$ 表示，由图 4－47 得第二次转动的初始向量$\overrightarrow{O_2R_1}$应等于（$\boldsymbol{r}_1 - \boldsymbol{a}$），所以对第二次转动应用式（4－7）有

$$\boldsymbol{r}_2 = \boldsymbol{A}(\boldsymbol{r}_1 - \boldsymbol{a}) = \boldsymbol{A}(\boldsymbol{A}'\boldsymbol{r} - \boldsymbol{a}) = \boldsymbol{AA}'\boldsymbol{r} - \boldsymbol{Aa}$$

这里要注意的是，公式中 $\boldsymbol{r}$，$\boldsymbol{a}$ 这两个向量的起点都在 O_1，而用来表示两次转动后像点 R_2 位置的向量 $\boldsymbol{r}_2 = \overrightarrow{O_2R_2}$则以 O_2 为起点（图中 R_2 和 $\boldsymbol{r}_2$ 也未标出），为了统一和便于计算，我们改用以 O_1 为起点的向量$\overrightarrow{O_1R_2}$表示 R_2 的位置，由于

$$\overrightarrow{O_1R_2} = \overrightarrow{O_1O_2} + \overrightarrow{O_2R_2} = \boldsymbol{a} + \boldsymbol{r}_2$$

将前面的 $\boldsymbol{r}_2$ 代入得

$$\overrightarrow{O_1R_2} = (\boldsymbol{AA}'\boldsymbol{r} - \boldsymbol{Aa}) + \boldsymbol{a}$$

和前面 $\boldsymbol{P}$ 和 $\boldsymbol{P}'$相交的情况类似，下面我们仍用 $\boldsymbol{r}_2$ 来代表$\overrightarrow{O_1R_2}$，得到

$$\boldsymbol{r}_2 = (\boldsymbol{AA}'\boldsymbol{r} - \boldsymbol{Aa}) + \boldsymbol{a}$$

或

$$\boldsymbol{r}_2 = \boldsymbol{AA}'\boldsymbol{r} - (\boldsymbol{A} - \boldsymbol{I}_0)\boldsymbol{a} \tag{4-12}$$

$$\Delta \boldsymbol{r} = \boldsymbol{r}_2 - \boldsymbol{r} = (\boldsymbol{A}\boldsymbol{A}' - \boldsymbol{I}_0)\boldsymbol{r} - (\boldsymbol{A} - \boldsymbol{I}_0)\boldsymbol{a} \tag{4-13}$$

以上式（4－12）、式（4－13）中的 $\boldsymbol{r}_2$、$\boldsymbol{r}$ 和 $\boldsymbol{a}$，在进行计算时都是以 O_1 作为起点。但 O_1 点必须取在第一个转轴向量 $\boldsymbol{P}'$ 上，而不能取在第二个转轴向量 $\boldsymbol{P}$ 上，下面对这种情况举一个计算实例。

【例 2】 图 4－48 所示为一个空间棱镜，绕过 O_2 点平行于入射光轴的向量 $\boldsymbol{P}$ 转 20°，求位于出射光轴上的像点 F' 的位置变化（由于转轴平行于入射光轴，所以转角 θ 允许达到较大的数值）。

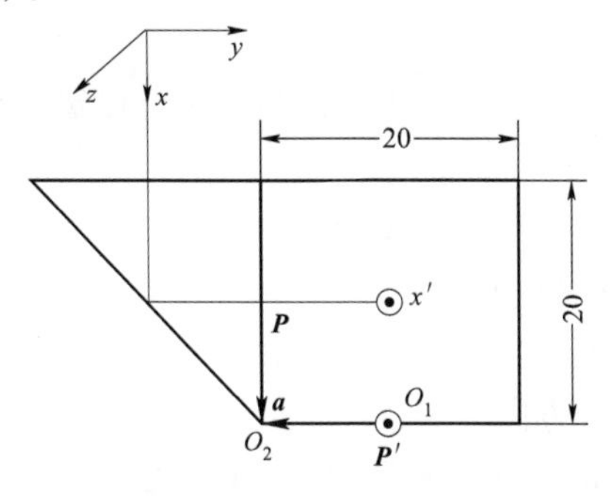

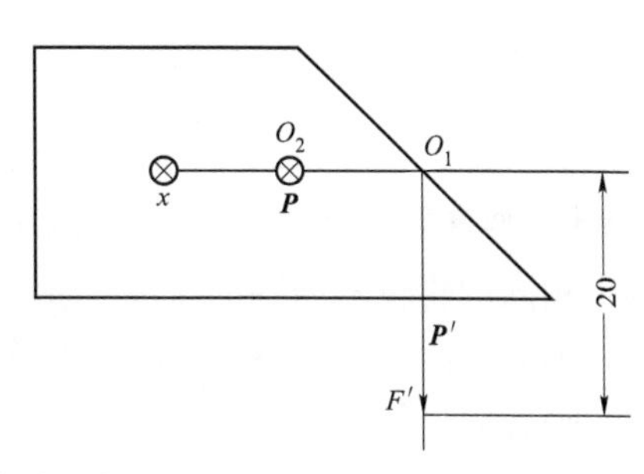

图 4－48　空间棱镜示意图

由于转轴 $\boldsymbol{P}$ 平行于入射光轴，所以它的像 $\boldsymbol{P}'$ 也一定和出射光轴平行，$\boldsymbol{P}$ 和 $\boldsymbol{P}'$ 的空间位置如图 4－48 所示。它们是两个相互垂直但不相交的空间向量。$\boldsymbol{P}$、$\boldsymbol{P}'$、$\boldsymbol{a}$、$\boldsymbol{r}$ 在物方坐标 xyz 内的方向余弦和分向量为

$$\boldsymbol{P}' = \boldsymbol{k},\ \boldsymbol{P} = \boldsymbol{i},\ \boldsymbol{a} = -10\boldsymbol{j},\ \boldsymbol{r} = -10\boldsymbol{i} + 20\boldsymbol{k}$$

棱镜总反射次数 $n=2$，代入转动定量式（4－4）得

$$[\boldsymbol{A}'] = [(-1)^{n-1}\theta\boldsymbol{P}'] + [\theta\boldsymbol{P}] = [-\theta\boldsymbol{P}'] + [\theta\boldsymbol{P}]$$

对第一次转动来说

$$\theta = -20°,\ \alpha = \beta = 0,\ \gamma = 1$$

代入式（4－8）得

$$\boldsymbol{A}' = \begin{bmatrix} 0.94 & 0.342 & 0 \\ -0.342 & 0.94 & 0 \\ 0 & 0 & 1 \end{bmatrix}$$

对第二次转动来说

$$\theta = 20°,\ \alpha = 1,\ \beta = \gamma = 0$$

$$\boldsymbol{A} = \begin{bmatrix} 1 & 0 & 0 \\ 0 & 0.94 & -0.342 \\ 0 & 0.342 & 0.94 \end{bmatrix}$$

将 $\boldsymbol{A}'$、$\boldsymbol{A}$、$\boldsymbol{a}$、$\boldsymbol{r}$ 一并代入式（4－13）进行矩阵的乘法和加法运算得到

$$\Delta \boldsymbol{r} = (\boldsymbol{A}\boldsymbol{A}' - \boldsymbol{I}_0)\boldsymbol{r} - (\boldsymbol{A} - \boldsymbol{I}_0)\boldsymbol{a} = \begin{bmatrix} 0.6 \\ -4.22 \\ 3.39 \end{bmatrix}$$

$\Delta \boldsymbol{r}$ 即为我们所要求的像点 F'的位移向量。

3. 求棱镜转动后单位向量的方向

一个向量绕某一个轴转动以后的方向，只和该向量的原有方向以及转轴方向和转角大小有关，而和转轴的位置无关。在确定有限转动后单位向量的方向时，转轴向量和单位向量本身都可以看作自由向量。因此可以认为，两次有限转动的转轴向量 $\boldsymbol{P}'$和 $\boldsymbol{P}$，无论它们实际上是否相交，都可以把它们看作相交的，单位向量 $\boldsymbol{r}_0$ 也可以认为是通过两转轴的交点，如图 4－49 所示。

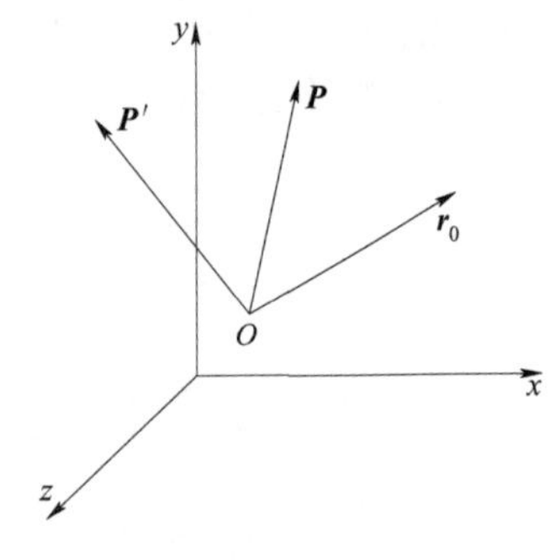

图 4－49　向量方向示意图

应用前面得到的式（4－10），直接得出棱镜转动以后新的单位向量 $\boldsymbol{r}_{02}$ 的公式如下：

$$\boldsymbol{r}_{02}=\boldsymbol{A}\boldsymbol{A}'\boldsymbol{r}_0 \tag{4-14}$$

下面我们也举一个例子。

【**例 3**】如果例 2 中的空间棱镜在平行光路中工作，假定绕上例中相同的转轴转相同的角度，求出射光轴的方向。

由于转轴的方向和转角不变，因此两次有限转动的变换矩阵 $\boldsymbol{A}'$和 $\boldsymbol{A}$ 不变，由图 4－48，代表出射光轴方向的单位向量 $\boldsymbol{r}_0$ 为

$$\boldsymbol{r}_0=\boldsymbol{k}$$

将前面例 2 中已经求得的变换矩阵 $\boldsymbol{A}$，$\boldsymbol{A}'$和 $\boldsymbol{r}_0$，代入式（4－14）得

$$\boldsymbol{r}_{02}=\boldsymbol{A}\boldsymbol{A}'\boldsymbol{r}_0=\begin{bmatrix}0\\-0.342\\0.94\end{bmatrix}$$

由以上结果可知，棱镜转动后的出射光轴位于平行于 yz 坐标面的平面内，它和原来的出射光轴（即 z 轴）之间的夹角 φ 为

$$\tan\varphi=\frac{y}{z}=\frac{-0.342}{0.94}=-0.364,\ \varphi=20^\circ$$

φ 正好等于棱镜的转角，实际上这个结果直接由转动定理很容易得出。因为像空间第一次有限转动的转轴和出射光轴平行，因此转动后出射光轴方向不变；第二次转动的转轴和出射光轴垂直，所以出射光轴在垂直于转轴的平面内，转角为 20°。

§4－10　棱镜做微量转动时，像空间位置和方向的计算

在刚体运动学中已证明，微量转动无论是否同时，都可以用向量表示。因此在微量转动的情况下，棱镜转动定理可以表示成一个向量公式，并能进行向量运算，所以它的计算要比有限转动简单得多。

一、棱镜微量转动时，像空间方向的计算

根据棱镜转动定理，当棱镜做微量转动时，像空间做两次微量转动，每个微量转动都可以表示成一个向量。向量的位置和方向代表转轴的位置和方向，它的模代表转角。现在先讨论像空间方向的变化问题，因此和转轴的位置无关，故可以把像空间的两个微量转动向量都

作为自由向量，并把它们按照向量合成的法则合成一个向量，棱镜转动定理就可以用一个向量公式表示如下：

$$\Delta \boldsymbol{A}' = (-1)^{n-1}\Delta\theta\boldsymbol{P}' + \Delta\theta\boldsymbol{P} \tag{4-15}$$

上述公式是从“微量转动可以用向量表示”这一点出发，直接由棱镜转动定理得出来的，而不应误认为它是对符号表示式（4－4）进行微分运算得来的，因为符号表示式（4－4）根本不是向量公式，当然也就谈不上对它进行微分运算了。

式（4－15）也可以写成如下的形式：

$$\Delta \boldsymbol{A}' = \Delta\theta \boldsymbol{A}',\ \boldsymbol{A}' = \boldsymbol{P} + (-1)^{n-1}\boldsymbol{P}' \tag{4-16}$$

$\boldsymbol{A}'$向量就是像空间合成转动的转轴，式（4－15）或式（4－16）可以用来解决棱镜微量转动时，有关像空间方向变化的各种问题。例如当棱镜在平行光路中工作时，我们只需要考虑像空间的方向，而无须考虑位置，有关棱镜微量转动的问题就可以用上面的公式解决。对位于非平行光路中工作的棱镜，则既要考虑像空间的方向，也要考虑其位置，有关像空间方向的问题同样可以用上面的公式解决。

微量转动向量既可以合成也可以分解，这一点对解决具体问题十分有利。例如合成转动向量$\Delta\boldsymbol{A}'$在出射光轴方向的分量，为像空间绕出射光轴的转动，相当于“像倾斜”，而在垂直于光轴平面内的分量，即为光轴绕与它垂直的轴的转动，在平行光路中就代表“光轴偏”，二者可以直接通过对$\Delta\boldsymbol{A}'$的分解得到，而不必像有限转动那样，首先计算出新的单位向量，然后再计算出角度。下面我们举一个例子说明上面公式的应用。

【例1】 当五角棱镜位在平行光路中工作时，求当棱镜做微量转动时只产生光轴偏和只产生像倾斜的转轴方向。

首先作出棱镜图形和物像空间的坐标方向，如图4－50所示。

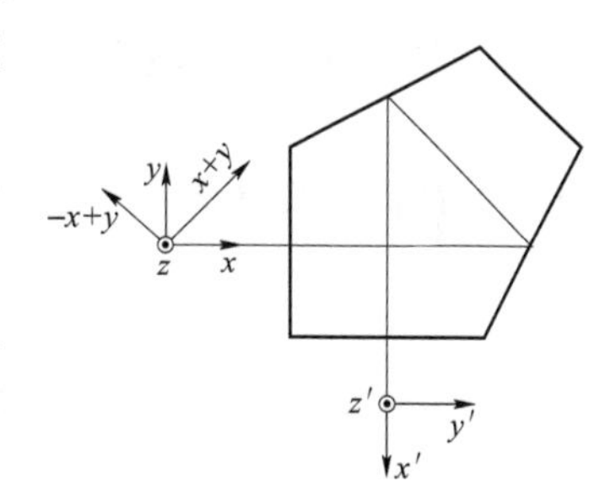

图4－50 五角棱镜示例

根据§4－8节中已经得到的结论，对偶数次反射的非屋脊棱镜来说，绕垂直于主截面的z轴转动，不影响像空间的方向，既不产生光轴偏也不产生像倾斜，因此只产生光轴偏或只产生像倾斜的转轴必然位于主截面内。所以我们只需要考虑棱镜绕位于主截面内转轴的转动即可。绕主截面内任意轴的微量转动，可以用绕主截面内的y轴和x轴的微量转动来合成。下面分别讨论棱镜绕y轴和x轴转动时像空间的转动状况。棱镜的总反射次数n等于2。

当棱镜绕y轴做$\Delta\theta\boldsymbol{y}$的微量转动时，根据式（4－15），像空间的转动$\Delta\boldsymbol{A}'(\boldsymbol{y})$为

$$\Delta\boldsymbol{A}'(\boldsymbol{y}) = -\Delta\theta\boldsymbol{y}' + \Delta\theta\boldsymbol{y} = -\Delta\theta\boldsymbol{y}' - \Delta\theta\boldsymbol{x}'$$

式中，$\boldsymbol{y}$，$\boldsymbol{y}'$，$\boldsymbol{x}'$分别代表y，y'，x'轴方向的单位向量，以下同。

当棱镜绕x轴转动$\Delta\theta\boldsymbol{x}$时，像空间的转动为

$$\Delta\boldsymbol{A}'(\boldsymbol{x}) = -\Delta\theta\boldsymbol{x}' + \Delta\theta\boldsymbol{x} = -\Delta\theta\boldsymbol{x}' + \Delta\theta\boldsymbol{y}'$$

由以上两式可以看到，如果棱镜做$\Delta\theta$（$\boldsymbol{y}+\boldsymbol{x}$）的合成转动，则像空间的合成转动为

$$\Delta\boldsymbol{A}'(\boldsymbol{y}+\boldsymbol{x}) = \Delta\boldsymbol{A}'(\boldsymbol{y}) + \Delta\boldsymbol{A}'(\boldsymbol{x}) = -2\Delta\theta\boldsymbol{x}'$$

这时像空间的转动向量和出射光轴x'重合，因此只产生像倾斜，没有光轴偏。对应的棱镜转轴方向为（$\boldsymbol{y}+\boldsymbol{x}$），如图4－50所示，它就是主截面对称轴的方向。

棱镜合成转动向量的模为$\sqrt{2}\Delta\theta$，而像空间合成转动向量的模为$-2\Delta\theta$。所以棱镜转

$\sqrt{2}\Delta\theta$，像转 $-2\Delta\theta$，或者说棱镜转 $\Delta\theta$，则像空间转 $-\sqrt{2}\Delta\theta$，转动方向则可按转角的符号规则来确定。

同理如果棱镜做 $\Delta\theta$（$\boldsymbol{y}-\boldsymbol{x}$）的合成转动，则像空间的合成转动为

$$\Delta\boldsymbol{A}'(\boldsymbol{y}-\boldsymbol{x})=\Delta\boldsymbol{A}'(\boldsymbol{y})-\Delta\boldsymbol{A}'(\boldsymbol{x})-2\Delta\theta\boldsymbol{y}'$$

在 x' 方向没有分量，所以只有光轴偏，棱镜的转轴方向恰好与只产生像倾斜的转轴方向垂直，如图4－50所示。棱镜和像之间转角的数量关系与转动方向的确定和上面相似。

二、棱镜微量转动时，像点位置的计算

当棱镜在非平行光路中工作时，除了要考虑像空间的方向变化外，还必须考虑像点的位置变化。这个问题和前面讨论有限转动的情形一样，也可以分成两种情况，第一种情况是 $\boldsymbol{P}$ 和 $\boldsymbol{P}'$ 相交，第二种情况是 $\boldsymbol{P}$ 和 $\boldsymbol{P}'$ 不相交，下面分别进行讨论。

（1）$\boldsymbol{P}$ 和 $\boldsymbol{P}'$ 相交的情形。

代表两个微量转动的向量，此时可以合成一个向量，和前面的式（4－16）相同：

$$\Delta\boldsymbol{A}'=\Delta\theta[\boldsymbol{P}+(-1)^{n-1}\boldsymbol{P}']=\Delta\theta\boldsymbol{A}'$$

这样把两次微量转动合成一个转动。求像空间任意一点位置的变化，只需求绕 $\boldsymbol{A}'$ 向量做一次微量转动即可。根据有限转动时像点位置变化的式（4－5）：

$$\Delta\boldsymbol{r}=(1-\cos\theta)[(\boldsymbol{r}\cdot\boldsymbol{P})\boldsymbol{P}-\boldsymbol{r}]+\sin\theta(\boldsymbol{P}\times\boldsymbol{r})$$

对微量转动来说，上式还可以进行化简，将上式中的三角函数用级数展开式中的第一项来代替，即可得出微量转动的位移公式：

$$\Delta\boldsymbol{r}=\Delta\theta\boldsymbol{P}\times\boldsymbol{r}\tag{4-17}$$

式中，$\Delta\theta\boldsymbol{P}$ 代表微量转动向量，把它用像空间的合成转动向量代替，即得到像点的位移量公式：

$$\Delta\boldsymbol{r}=\Delta\boldsymbol{A}'\times\boldsymbol{r}=\Delta\theta\boldsymbol{A}'\times\boldsymbol{r}\tag{4-18}$$

根据式（4－5）的一个基本假设，表示像点位置的向量 $\boldsymbol{r}$ 的起点必须位于合成向量 $\boldsymbol{A}'$ 上，这个要求在这里也必须满足。下面举一个实例。

【例2】 §4－9节中例1的五角棱镜，如果绕主截面内的对称轴线转0.5°，用微量转动公式求 F' 点的位移。

首先根据 $\boldsymbol{P}$ 求出 $\boldsymbol{P}'$，同时求出 $\boldsymbol{P}$ 和 $\boldsymbol{P}'$ 的方向余弦以及 $\boldsymbol{r}$ 的三个分量。这些和§4－9节例1中对应部分完全相同，这里不再重复，直接引用前面的结果：

$$\boldsymbol{P}=-0.7071\boldsymbol{i}-0.7071\boldsymbol{j}$$

$$\boldsymbol{P}'=-0.7071\boldsymbol{i}+0.7071\boldsymbol{j}$$

$$\boldsymbol{r}=-12.5\boldsymbol{i}-42.5\boldsymbol{j}$$

根据式（4－16）

$$\boldsymbol{A}'=\boldsymbol{P}+(-1)^{n-1}\boldsymbol{P}'$$

将 $n=2$ 以及 $\boldsymbol{P}$ 和 $\boldsymbol{P}'$ 一起代入得

$$\boldsymbol{A}'=-1.4142\boldsymbol{j}$$

$\boldsymbol{A}'$ 显然通过 $\boldsymbol{P}$ 和 $\boldsymbol{P}'$ 的交点 O，向量 $\boldsymbol{r}$ 也通过 O 点，将 $\boldsymbol{A}'$ 和 $\boldsymbol{r}$ 代入式（4－18），得

$$\Delta\boldsymbol{r}=\Delta\theta(-1.4142\boldsymbol{j})\times(-12.5\boldsymbol{i}-42.5\boldsymbol{j})=-17.7\Delta\theta\boldsymbol{k}$$

将 $\Delta\theta=0.5°=0.00875$ 代入上式，即得像点位移：

$$\Delta \boldsymbol{r} = -0.155\boldsymbol{k}$$

由此可知，F'沿垂直于主截面的 z 轴反方向移动了 0.155。

（2）$\boldsymbol{P}$ 和 $\boldsymbol{P}'$不相交的情形。

如果 $\boldsymbol{P}$ 和 $\boldsymbol{P}'$不相交，就不能把它们合成一个向量，因此也就不能用一个微量转动来代替两个微量转动，而只能分别求出这两个微量转动产生的位移。由于位移量很小，因此在忽略高次小量的条件下，可以直接把这两个微小位移按向量相加，作为像点的总位移量。由此得到以下公式：

$$\Delta \boldsymbol{r} = \Delta\theta \boldsymbol{P} \times \boldsymbol{r}_P + (-1)^{n-1}\Delta\theta \boldsymbol{P}' \times \boldsymbol{r}_{P'} \tag{4-19}$$

式中，$\boldsymbol{r}_P$ 为向量 $\boldsymbol{P}$ 上任意一点到像点的向量，而 $\boldsymbol{r}_{P'}$则为 $\boldsymbol{P}'$上任意一点到像点的向量。下面举一个例子。

【例 3】 假如 §4－9 节中例 2 的空间棱镜绕同样的转轴转 0.5°，用微量转动公式求像点 F'的位移。

和前面一样，首先求 $\boldsymbol{P}$，$\boldsymbol{P}'$，$\boldsymbol{a}$，$\boldsymbol{r}$，这可直接引用 §4－9 节中例 2 的结果：

$$\boldsymbol{P}' = \boldsymbol{k},\ \boldsymbol{P} = \boldsymbol{i},\ \boldsymbol{a} = -10\boldsymbol{j},\ \boldsymbol{r} = -10\boldsymbol{i} + 20\boldsymbol{k}$$

由图 4－48 得

$$\boldsymbol{r}_P = \overrightarrow{O_1F'} = \boldsymbol{r} = -10\boldsymbol{i} + 20\boldsymbol{k}$$

$$\boldsymbol{r}_P = \overrightarrow{O_2F'} = -\boldsymbol{a} + \boldsymbol{r} = -10\boldsymbol{i} + 10\boldsymbol{j} + 20\boldsymbol{k}$$

将 $\boldsymbol{P}$，$\boldsymbol{P}'$，$\boldsymbol{r}_P$，$\boldsymbol{r}_P'$，$n=2$ 代入式（4－19）得

$$\Delta \boldsymbol{r} = \Delta\theta(\boldsymbol{i}) \times (-10\boldsymbol{i} + 10\boldsymbol{j} + 20\boldsymbol{k}) - \Delta\theta(\boldsymbol{k}) \times (-10\boldsymbol{i} + 20\boldsymbol{k}) = \Delta\theta(10\boldsymbol{k} - 10\boldsymbol{j})$$

将 $\Delta\theta = 0.5° = 0.008\ 75$ 代入上式得

$$\Delta \boldsymbol{r} = -0.087\ 5\boldsymbol{j} + 0.087\ 5\boldsymbol{k}$$

即为 F'的位移向量。

§4－11　共轴球面系统和平面镜棱镜系统的组合

目前实际使用的光学仪器，大多是平面镜棱镜系统和共轴球面系统的组合。前面已经分别讨论了共轴球面系统和平面镜棱镜系统的成像性质，本节将讨论二者组合的方法和注意事项。

首先讨论共轴球面系统和平面镜系统组合的情形。

（1）共轴球面系统和平面镜系统组合时，共轴球面系统中的各个透镜组和平面反射的配合次序不受限制，因为平面镜可以使任意空间的物体理想成像。例如把图 4－51（a）中的共轴球面系统和图 4－51（b）中的平面镜系统组合时，可以任意地组合成图 4－52（a）~图 4－52（c）等各种形式。

（2）为了保持系统的共轴性，共轴球面系统中各个透镜组的光轴必须和平面镜系统中的同一共轭轴线相重合，也就是使各个透镜组的光轴在平面镜系统中构成一条共轭轴线。否则，共轴球面系统的对称性将被破坏，展开后各透镜组的光轴也不重合。

（3）为了保持共轴球面系统的光学特性不变，必须使各透镜组之间的间隔不变，即沿着光轴由 O_1 到 O_2 的总距离永远等于图 4－51（a）中 O_1O_2 之间的原有距离。如果距离不等，系统的成像性质就要改变。

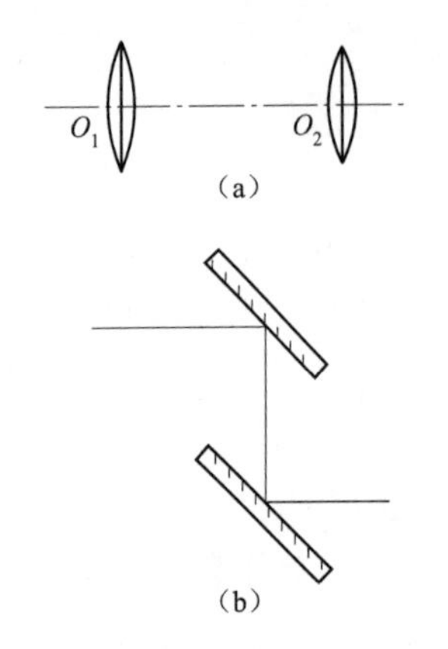

图4-51　各透镜和平面镜示意图

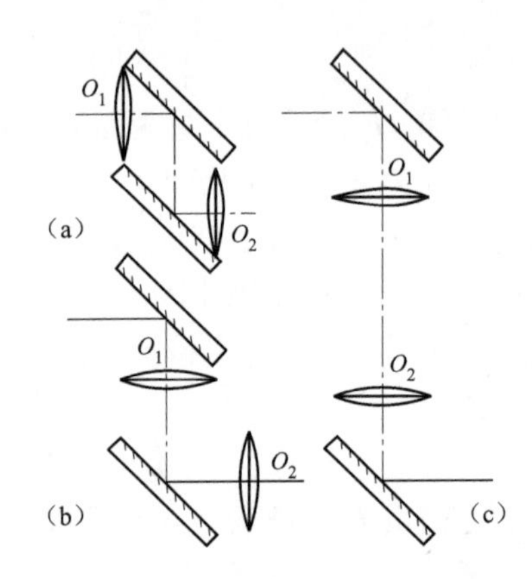

图4-52　透镜和平面镜组合形式

如果系统中有棱镜，则相当于除了平面镜以外，在系统中另外加入了一块平行玻璃板。因此还必须注意以下几个问题：

（1）如果共轴球面系统的光轴和棱镜的入射表面不垂直（例如0°-1立方棱镜），则该棱镜只能放在平行光束中，否则将破坏系统的共轴性。

（2）必须考虑平行玻璃板产生的像面位移。如图4-53所示，假如共轴球面系统的两个透镜组之间加入一块平行玻璃板，前一透镜组所成的像通过平行玻璃板以后，像的大小不变，但像平面却产生了一个位移 $A'A''=L\left(1-\frac{1}{n}\right)$。为了使后一个透镜组的成像特性不变，必须使通过玻璃板以后的像平面到该透镜组的距离和加入平行玻璃板以前的距离相等。因此，后组透镜也要位移一个相同的距离 $\left(L-\frac{L}{n}\right)$，即在有棱镜的光学系统中沿着光轴计算的各透镜组之间的间隔应等于共轴球面系统的原有间隔加上棱镜所引起的像平面位移。由于平行玻璃板成像并不符合理想，所以在设计共轴球面系统时，实际上应把玻璃板看作是整个共轴球面系统的一部分来加以考虑。

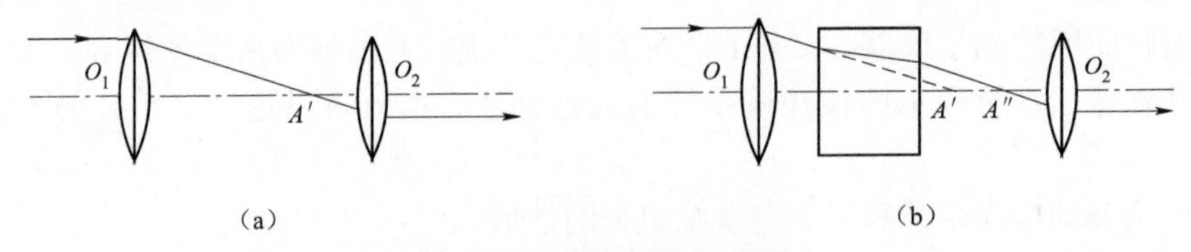

图4-53　像面位移示意图

在确定整个系统的成像方向时，可先分别确定平面镜棱镜系统和共轴球面系统的成像方向。如果共轴球面系统成倒像，则整个系统的成像方向与平面镜棱镜系统的成像方向相反；如果共轴球面系统成正像，则整个系统的成像方向与平面镜棱镜系统的成像方向相同。

§4-12　棱镜的偏差

根据§4-4节对棱镜性质的讨论知道，在共轴系统中用棱镜代替平面镜，相当于系统中增加了一块平行玻璃板。玻璃板的两个表面对应棱镜的入射面和出射面。为了保持共轴系统的特点，棱镜的结构必须满足以下两个要求：

（1）棱镜展开后，玻璃板的两个表面应互相平行；

（2）如果棱镜位于非平行光束中，则共轴系统的光轴必须与玻璃板的入射和出射表面相垂直。

如果由于棱镜存在几何形状的误差而使展开成玻璃板后前后两个表面不互相平行，将破坏系统的共轴性。这种不平行性，我们称为棱镜的“光学平行差”，它代表棱镜误差的大小。

一、光学平行差的分类

光学平行差根据产生原因的不同，可分为“第一光学平行差”和“第二光学平行差”，分别以符号 θ_{I} 和 θ_{II} 来表示。

第一光学平行差——θ_{I}，表示棱镜展开以后的玻璃板在主截面内的不平行度误差，它是由于棱镜主截面内角度的误差而产生的。例如直角棱镜 90°－1（见图 4－54）的第一光学平行差是由于主截面内两个 45°角（$\angle A$ 和 $\angle C$）不相等而引起的。

第二光学平行差——θ_{II}，表示棱镜展开后的玻璃板在垂直于主截面方向上的不平行度误差，它是由棱镜各个棱的几何位置误差所造成的。这种棱的位置误差称为“棱差”或“尖塔差”。例如图 4－55 所示的直角棱镜，棱的正确位置应该是三个棱互相平行，或者说直角棱应该与所对弦面平行。如果不平行，则称为“棱差”或“尖塔差”。

第一光学平行差 θ_{I} 和主截面内角度误差的关系，以及第二光学平行差 θ_{II} 和棱差的关系随棱镜的形状而不同，在《光学仪器设计手册》中可以查到。

二、屋脊棱镜的双像差

一个理想的屋脊棱镜，两屋脊面之间的夹角应该严格等于 90°。如果不等，一束平行光射入棱镜，经过两个屋脊面反射后成为两束相互之间有一定夹角的平行光，因而出现双像。这两束平行光之间的夹角称为屋脊棱镜的双像差，以 S 表示。

双像差和屋脊角误差 δ 之间的关系从图 4－56 中可以看出，当入射平行光束位于屋脊棱的垂直面内时，经过两屋脊面反射后，形成夹角为 $4n\delta$ 的两束平行光。n 为棱镜材料的折射率，由此得到

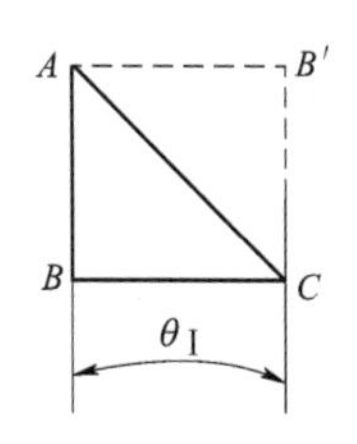

图 4－54　第一光学平行差

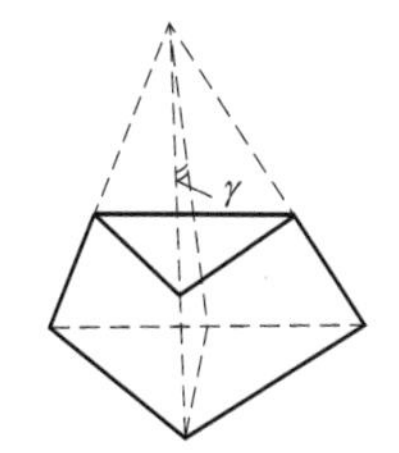

图 4－55　第二光学平行差

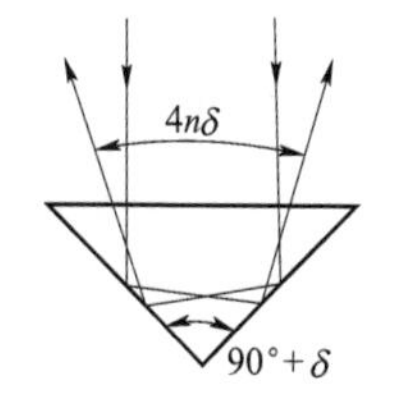

图 4－56　屋脊角误差

$$S=2n\delta$$

当光束与屋脊棱的垂直面成 ω 角度时，屋脊角误差和双像差的关系变为

$$S = 4n\delta\cos\omega$$

例如直角屋脊棱镜，$\omega=45°$，代入上式得

$$S = 4n\delta\cos\omega = 4n\delta\frac{\sqrt{2}}{2} = 2\sqrt{2}n\delta$$

本章小结

一、平面镜是平面镜棱镜系统最基本的组成单元

平面镜能使空间任意物点理想成像。物与像的空间形状对应关系为：

（1）奇数个平面镜：成镜像——物像大小相等，形状不同，物空间的左手坐标在像空间成为右手坐标，物平面按顺时针转动，则像平面按逆时针转动。

（2）偶数个平面镜：物像大小和形状完全相同。

二、确定平面镜棱镜系统成像方向的方法

1. 单一主截面的平面镜棱镜系统

（1）垂直主截面的 z 轴。没有屋脊面或者有偶数个屋脊面时，z' 与 z' 同向；有奇数个屋脊面时，z' 与 z 反向。

（2）位于主截面内的 y 轴。

光轴同向：主截面内光轴反射次数为偶数，y' 与 y 同向；反射次数为奇数，y' 与 y 反向。

光轴反向：主截面内光轴反射次数为偶数，y' 与 y 反向；反射次数为奇数，y' 与 y 同向。

主截面内的反射次数，屋脊面只计算一次；系统的总反射次数，屋脊面计算两次。

（3）与光轴重合的 x 轴。沿着光轴进行的方向，即为 x' 与 x 的对应方向。

2. 具有两个以上互相垂直的主截面的平面镜棱镜系统

可以将系统划分成几个单一主截面的棱镜系统，利用前面单一主截面平面镜棱镜的方法，逐步确定整个系统的成像方向。

在 x'、y'、z' 三个坐标中，只要任意地确定了两个，第三个就可以根据系统的总反射次数和物像空间的坐标关系来确定。一般 x' 的方向是已知的，因此 y' 和 z' 中只要用前面的规则确定了其中的一个，另一个就可以根据总反射次数来确定。

三、棱镜转动

普遍定理的符号表示式：

$$[A'] = [(-1)^{n-1}\theta\boldsymbol{P}'] + [\theta\boldsymbol{P}] \tag{4-4}$$

四、棱镜的展开

把棱镜的主截面沿着它的反射面展开，取消棱镜的反射，以平行平板的折射代替棱镜折射的方法称为“棱镜的展开”。平行平板厚度 L 与折射率 n 之比称为这块平行平板的相当空气层厚度：

$$e = \frac{L}{n} \tag{4-2}$$

五、棱镜的偏差

光学平行差——棱镜展开成玻璃板后，入射和出射表面的不平行度误差；

第一光学平行差 θ_{I}——主截面方向的不平行度；

第二光学平行差 θ_{II}——垂直于主截面方向的不平行度；

双像差 S——屋脊棱镜的屋脊角不等于90°就会出现双像，称为双像差。

习　题

1. 根据单个平面镜的成像性质，物像大小相等但形状不同，成“镜像”。为什么日常人们对镜自照时，一般不易感觉到镜中所成的像和自己的实际形象不同？

2. 如果要求图 4－3 中的周视瞄准镜光轴俯仰 $\pm 15°$，问端部直角棱镜应俯仰多大角度？

3. 确定本书中遇到的平面镜棱镜系统的成像方向。

4. 要求利用棱镜的转动改变系统的出射光轴位置，但不改变光轴的方向和像的方向，应该用什么样性能的棱镜？

5. 对于一个要求光轴同向，像与物相似并且反向的棱镜系统，如果要求系统中不能使用屋脊棱镜，该系统如何组成？

6. 假定望远镜物镜的焦距为 80 mm，通光口径为 20 mm，半视场角 $\omega = 5°$，在它后面 50 mm 处放一个直角屋脊棱镜 $90° - 2$，求棱镜的尺寸和像面位置。

第五章

光学系统中成像光束的选择

前面已经分别研究了共轴球面系统和平面镜棱镜系统的成像性质。实际的光学系统都是由若干透镜组和平面镜棱镜系统组成的。每个光学零件都有一定的大小，能够进入系统成像的光束总是有一定限度的。决定每个光学零件尺寸的是系统中成像光束的位置和大小，因此在设计光学系统时，都必须考虑如何选择成像光束的位置和大小的问题。这就是本章所要讨论的内容。

不同的光学系统中，选择成像光束位置的原则也不同，本章中分析了几种不同类型的光学系统中选择成像光束的原则，并通过对这些具体仪器的分析来掌握选择成像光束的一般规律。

§5-1　光阑及其作用

本节先从简单的照相机入手引入光阑的概念。

在第三章中讲眼睛的构造时曾说过，人的眼睛中的虹膜能随着外界光线的强弱改变瞳孔的直径，进入眼睛的光能量将随着瞳孔直径的改变而改变。当外界景物过亮时，瞳孔就缩小，以减少进入眼睛的光能量，避免过度刺激视神经细胞；当外界景物较暗时，虹膜自动收缩，瞳孔直径加大，使进入眼睛的光能量增加。

照相机的构造实际上与眼睛很相似。图5-1就是一个简单的照相机的示意图。前面的透镜相当于人眼的水晶体，用来使外界景物成像。景物通过透镜以后在感光底片 K 上成一倒像。底片的作用相当于人眼的网膜。透镜的后面还有一个和人眼虹膜作用相似的圆孔 MN，其作用为限制到达感光底片上一个点的成像光束口径。这种限制成像光束的圆孔称为“光阑”。照相机光阑的孔径一般是可以改变的，用以调节光能量。当外界景物较亮时，可以缩小光阑口径；反之，当景物较暗时，可以加大光阑口径，使像平面上的光能量不致过多或过少。这种孔径可以改变的光阑称为“可变光阑”。

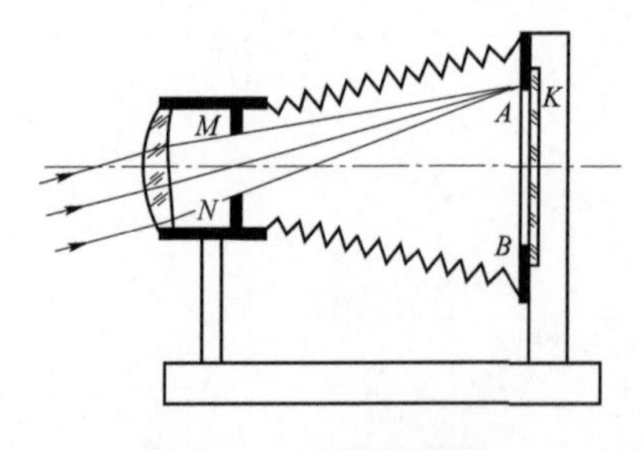

图5-1　光阑示意图

至于成像的范围（视场）则是由照相机的底片框 AB 的大小确定的。超出了底片框的范围，光线被遮拦，底片就不能感光。

在光学系统中，不论是限制成像光束的口径，还是限制成像范围的孔或框，都统称为

“光阑”。限制进入光学系统的成像光束口径的光阑称为“孔径光阑”，例如，照相机中的可变光阑 MN 即为孔径光阑。限制成像范围的光阑称为“视场光阑”。例如，照相机的底片框 AB 就是视场光阑。另外光学系统中由于折射面和镜筒内壁的反射而生的杂光，会降低像的对比，因此在一些要求较高的长焦距照相物镜中，必须设置几个光阑以遮拦杂光，限制进入光学系统杂光的光阑称为“消杂光光阑”。

实际上，光学系统中每个光学零件的外框，如透镜框、棱镜框，都能起到限制光束的作用，也可以看作光阑。例如图5－1 所示的简单照相机中，当透镜口径一定时，视场角超过某一范围，成像光束就不能充满孔径光阑 MN，而被透镜框切割，如图 5－2 所示。它虽然不限制轴上点成像光束的口径，但对视场边缘成像光束口径仍有限制作用。

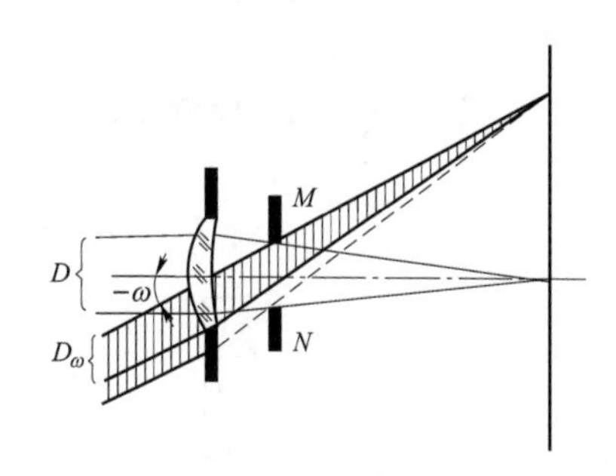

图 5－2　渐晕示意图

由图 5－2 可以看到，这时斜光束的宽度比轴上点的光束宽度小，因此像平面边缘部分比像平面中心暗，这种现象称为“渐晕”。假定轴向光束口径为 D、视场角为 ω 的斜光束在子午截面（主光线和光轴决定的平面）内的光束宽度为 D_ω，则 D_ω 与 D 之比称为“线渐晕系数”，用 K_D 表示，即

$$K_D = \frac{D_\omega}{D} \tag{5-1}$$

轴外光束截面面积与轴上光束截面面积之比称为“面渐晕系数”，用 K_S 表示。

为了缩小光学零件的外形尺寸，实际光学系统中视场边缘一般都有一定的渐晕。视场边缘的线渐晕系数有的达 0.5，即视场边缘成像光束的宽度只有轴上点光束宽度的一半，有的甚至更小。

根据上面的分析显然可以看到，在有渐晕时，斜光束的宽度不仅由孔径光阑的口径确定，还与其余光学零件或光阑的口径有关。这就是说，在有渐晕时，仅仅是轴上像点或靠近光轴的像点的成像光束口径才由孔径光阑确定，视场边缘部分的成像光束口径则还与其他光阑的直径有关。因此要了解整个视场内不同部分像点的成像光束，仅仅知道孔径光阑的口径和位置是不够的，必须考虑系统中所有光阑的影响。后面将仔细研究这个问题。

§5－2　望远系统中成像光束的选择

一般军用光学仪器中的望远系统，都是由若干光学零件和光阑组合而成的。系统中限制光束的情况比较复杂，如何选择成像光束的问题，直接影响到系统中各个光学零件尺寸和整个仪器的大小，在设计光学系统时必须很好地考虑。下面结合两个实际光学仪器——双目望远镜和周视瞄准镜加以说明。

一、双目望远镜

双目望远镜的光学系统如图 5－3 所示，它由一个物镜、两个棱镜、一个分划镜和一组

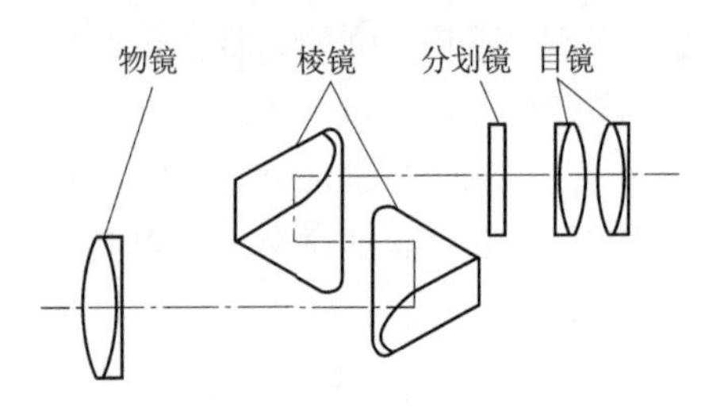

图 5-3 双目望远镜系统

目镜构成，有关光学性能数据如下：

视放大率：	$\Gamma=6^{\times}$
出射光束口径：	$D'=5$ mm
成像范围（视场角）：	$2\omega=8°30'$
出瞳距离：	$L'_z\geqslant 11$ mm
物镜焦距：	$f'_{物}=108$ mm
目镜焦距：	$f'_{目}=18$ mm

如果把棱镜展开，并将展开以后的平行玻璃板用相当空气层代替，则系统便成为图 5-4 所示的形式。

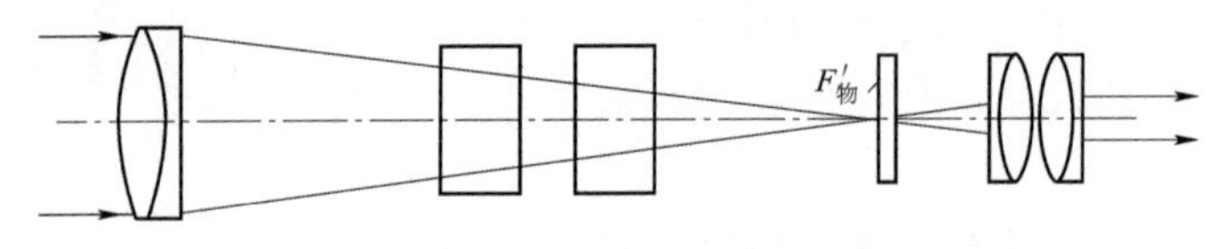

图 5-4 双目望远镜展开

首先看轴上点成像光束的传播情况。根据系统光学性能的要求，以及入射和出射光束口径的关系式（3-10），有

$$\Gamma=\frac{D}{D'}$$

将 $\Gamma=6$，$D'=5$ mm 代入上式，得 $D=30$ mm，即系统入射光束的口径应等于 30 mm。平行光束经过物镜聚焦以后，显然应汇聚在物镜的像方焦点 $F'_{物}$ 上。光束通过分划镜以后，又经过目镜组的汇聚，仍然以平行光束出射。出射光束的口径为 5 mm。

由图 5-5 可以看到，对轴向光束来说，物镜的口径最大。

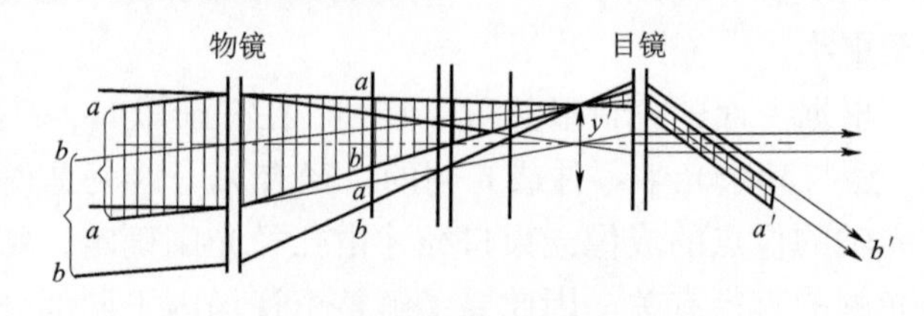

图 5-5 双目望远镜轴外光束

显然，系统中各个光学零件的通光口径不得小于对应的轴向光束的口径。由于仪器有一定的视场，仅根据轴向光束的口径还不能决定系统中每个零件的尺寸。根据光学特性，系统的视场角 $2\omega=8°30'$，也就是要求和光轴倾斜角 $\omega=4°15'$的轴外光束也能通过系统成像。如果要求轴外光束的出射口径和轴向光束相同，等于 5 mm，即边缘视场没有渐晕，则入射斜光束的口径也要等于 30 mm。为了保证斜光束的通过，它所要求的各个光学零件的尺寸不仅和光束口径有关，而且和所选取的成像光束的位置有关。例如图 5-5 中，分别取两束口径为30 mm 的斜平行光束 $a-a$ 和 $b-b$，它们和光轴的夹角都等于望远镜的视场角 $\omega=4°15'$。这两束光线通过物镜以后，显然应聚交在分划镜上的同一点，对应的像高根据无限远物体理想像高的计算公式（2-47）为

$$y'=-f'_{物}\cdot\tan\omega=8\ \text{mm}$$

分划镜的通光直径等于 2 倍的像高，即

$$D_{分}=2y'=16\ \text{mm}$$

显然，分划镜框起到了照相机中底片框的作用，限制了系统的视场，它就是系统的“视场光阑”。视场光阑在物空间的像称作入射窗，在像空间的像称作出射窗。入射窗和出射窗

对整个系统是共轭的。

除了分划镜的口径完全确定以外，为了保证这两束光线能够通过系统成像，它们所要求的各个光学零件的通光直径并不相同。$a-a$ 光束要求的物镜口径小，等于轴向光束的口径即可，但棱镜和目镜的口径要求比轴向光束的口径大。$b-b$ 光束则要求物镜的口径比轴向光束的口径大。棱镜的尺寸虽然也要求比轴向光束的口径大，但应比 $a-a$ 光束增加得少些。目镜的口径则要比 $a-a$ 光束所要求的口径大些。由于轴向光束在物镜上的口径已经比较大（$D=30$ mm），再要加大，物镜的尺寸就更大了，而轴向光束在棱镜和目镜的口径相对来说要小得多，适当加大它们的口径是允许的，所以实际仪器中采用的是 $a-a$ 光束的情况，如图 5－6 所示。

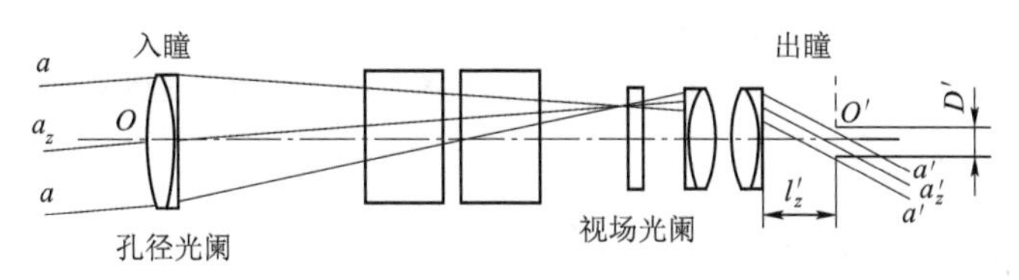

图 5－6　光阑和瞳面示意图

这时无论是轴上像点或者是轴外像点，成像光束的口径都是由物镜框确定的。因此，物镜框就是系统的“孔径光阑”。

孔径光阑在系统像空间所成的像称为“出瞳”，如图 5－6 中 O' 所示。出瞳的直径显然就等于出射光束的口径 D'。出瞳 O' 离开系统最后一个表面的距离称为“出瞳距离”，通常用 L_z' 表示。不同视场角成像的斜光束必然都通过孔径光阑，它们通过系统以后在像空间也必然通过出瞳。为了使人眼能同时看到整个视场，必须使不同视场角的出射光束能同时进入人眼，显然只有把人眼的瞳孔放到 O' 点附近才有可能。如果出瞳距离太短，则眼睛无法放到 O' 点，就可能看不到全视场，所以出瞳距离不能小于一定限度。

为了保证人眼瞳孔和仪器出瞳重合，而眼睛睫毛又不致和透镜最后一个表面相碰而妨碍观察，仪器所需要的最小出瞳距离大约为 6 mm。在军用光学仪器中，由于考虑到加眼罩和在戴防毒面具的情况下仍能观察，出瞳距离一般为 20 mm 左右。

由此可见，出瞳直径和出瞳距离都是目视光学仪器的重要光学特性。

和出瞳相对应，我们把孔径光阑在物空间的共轭像称为“入瞳”，入瞳和出瞳对整个系统来说显然是物和像的关系。在上面举的例子中，孔径光阑就是物镜框，它的前面已没有光学零件，因此入瞳就是物镜框本身，而出瞳就是物镜框通过整个系统以后所成的像。入瞳的位置和直径代表了入射光束的位置和口径，而出瞳的位置和直径则代表了出射光束的位置和口径。

二、周视瞄准镜

为了对望远系统中的光束限制有更进一步的认识，下面再来分析比双目望远镜更复杂的周视瞄准镜的光束限制情况。周视瞄准镜的光学系统如图 5－7 所示，如果把系统中的棱镜展开并把展开以后的玻璃平板用相当空气层代替，则系统成为图 5－8 的形式。它的光学特性如下：

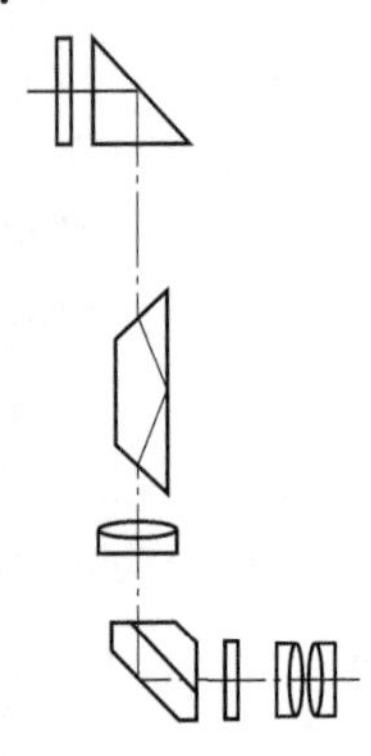

图 5-7 周视瞄准镜

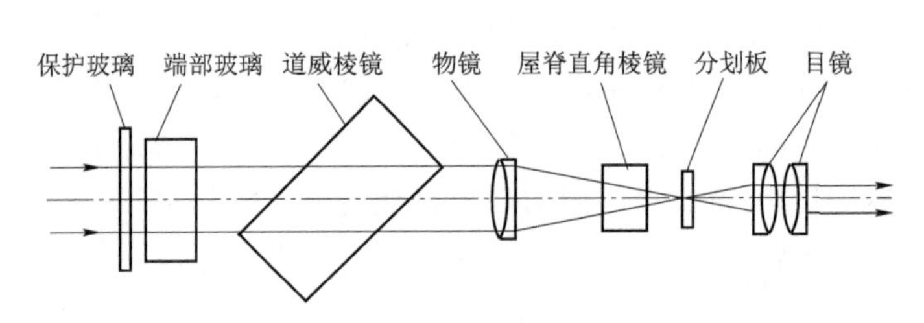

图 5-8 周视瞄准镜系统展开

视放大率： $\Gamma=3.7^{\times}$

物方视场角： $2\omega=10°$

出瞳直径： $D'=4$ mm

出瞳距离： $L'_z \geqslant 20$ mm

物镜焦距： $f'_{物}=80$ mm

目镜焦距： $f'_{目}=21.6$ mm

和前面分析双目望远镜一样，首先察看轴向光束。根据仪器的光学特性要求，出瞳直径 $D'=4$ mm，也就是出射光束的口径。根据入射光束的口径 D 和出射光束的口径 D'之间的关系式（3-10），得

$$D=\Gamma D'=3.7\times 4=14.8 \text{ mm}$$

轴向光束的光路如图 5-8 所示。由图 5-8 可以看到，轴向光束在保护玻璃、直角棱镜、道威棱镜以及物镜上的口径都等于 14.8 mm，在其他光学零件上的口径便大大缩小。

根据视场角的要求，分划镜的直径，即视场光阑直径应为

$$D_{分}=2y'=-2f'_{物}\cdot \tan\omega=14 \text{ mm}$$

为了确定系统中其他光学零件的尺寸，必须选择轴外点成像光束的位置，也就是确定入瞳或孔径光阑的位置。和前面双目望远镜相似，为了使系统中各个光学零件的尺寸比较均匀，应该把孔径光阑选在前面四个光学零件上。但究竟应选在其中的哪一个零件上呢？我们认为选在道威棱镜上最合理，因为在相同的通光口径下，道威棱镜的体积最大，因此希望它的通光口径尽量小。同时，它位于前面四个光学零件的中间位置，其他光学零件和它比较靠近，当斜光束通过时，它们的口径比轴向光束的口径加大较少。实际的光学系统中就是采用这种方案。

如果取道威棱镜的通光口径等于轴向光束的口径，则道威棱镜就起着孔径光阑的作用。由于道威棱镜有一定的长度，它在像空间的共轭像在光轴方向上也有一定的范围，所以出瞳距离就无法确定，必须作新的规定。

如前所述，对一个光学系统出瞳距离的要求，实际上就是对系统出射光束位置的要求。因此，在孔径光阑像的位置不确定的情形下，可以直接根据光束位置来确定出瞳位置。

现在来分析周视瞄准镜的情形。由于道威棱镜有一定长度，和光轴成一定夹角的斜光束被棱镜的两端所切割，斜光束宽度小于轴向光束口径，存在渐晕，如图 5-9 所示。

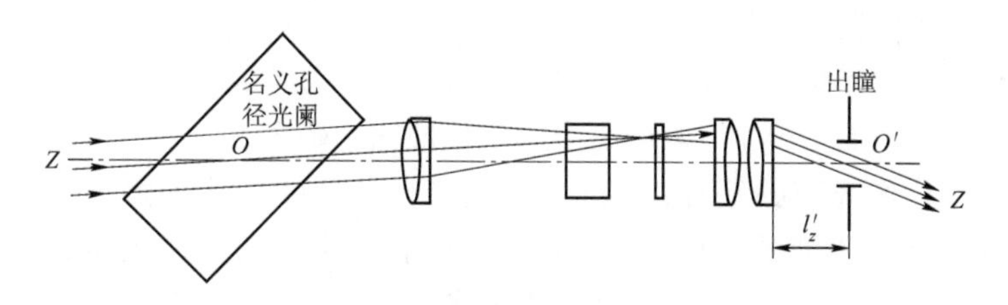

图 5－9　周视瞄准镜孔径光阑

斜光束的中心光线，如图 5－9 中 $Z-Z$ 光线，称为“主光线”。主光线通过系统以后和光轴的交点 O'决定了像空间出射光束的位置，我们就把它作为出瞳位置。系统的出瞳距离就等于出射主光线和光轴交点到系统最后一面的距离。当系统没有渐晕时，主光线显然通过孔径光阑中心。因此出射主光线和光轴的交点就是孔径光阑在像空间的共轭像的位置，也就是出瞳的位置。和出瞳相对应，入射主光线和光轴的交点位置就是入瞳的位置。所以在有两个或两个以上的光阑的直径和轴向光束口径相同的情况下，系统的入瞳、出瞳、孔径光阑的位置，可根据实际成像光束的主光线来确定。例如在上面的周视瞄准镜中，就把入射与出射主光线和光轴交点的位置作为入瞳和出瞳的位置；而把系统中主光线和光轴的交点，即道威棱镜的中点，作为孔径光阑。

根据上面的分析可知，周视瞄准镜中整个视场都有渐晕，但不同视场的主光线和光轴交点的位置是不变的，可以根据主光线的位置找到确定的入瞳和出瞳。但是在有些光学系统中，并不是所有视场都存在渐晕，而是当视场大于一定范围才开始有渐晕。例如，在多数望远系统中，为了减小目镜或棱镜的尺寸，视场边缘允许有较大的渐晕，而视场中央则没有渐晕。例如图 5－10 中的望远系统，当视场小于 ω_0 时，没有渐晕；大于 ω_0 时，开始有渐晕，视场边缘的渐晕达 50%。在这样的系统中，一般按视场中央没有渐晕的部分来确定系统的孔径光阑和出瞳的位置。因此，图中物镜框仍是孔径光阑，出瞳就是物镜框通过系统所成的像。但这时边缘视场成像光束的中心光线就不再通过入瞳、出瞳和孔径光阑中心，有时二者可能相差很大。为了区别起见，把边缘视场出射光束的中心光线和光轴的交点称为“眼点”，眼点到系统最后一面的距离称为“眼点距离”，用 L'_z 表示。

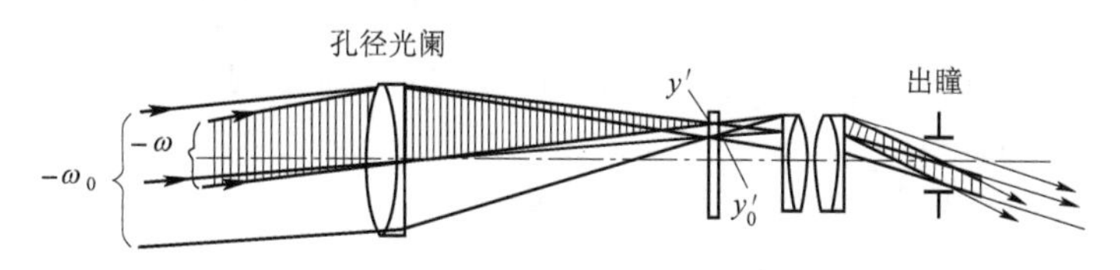

图 5－10　周视瞄准镜轴外光束渐晕

当系统的成像光束位置（即孔径光阑位置）和渐晕大小确定以后，就可以计算出各个光学零件的尺寸。因此，如何选择成像光束位置，即如何限制光束，是进行光学系统外形尺寸计算时首先需要考虑的问题。

通过对前面两个实际光学仪器选择成像光束的分析可以看到，光学系统中成像的光束位置，即系统的光束限制情况，直接影响仪器的外形尺寸与各个光学零件的大小和重量。在军用光学仪器中，对它们都有比较严格的要求。因此，在这些仪器中，大多根据外形尺寸来选择系统的成像光束位置，并决定系统中限制光束的方式。

通过对几个具体仪器的分析，我们把如何选择成像光束位置的要点归纳如下：

（1）首先确定轴向光束在系统中的光路，以及它们在每个光学零件或光阑上的口径。因此在系统光学特性确定的情况下，轴向光束的口径便完全确定了。

（2）所谓选择成像光束的位置，实际上就是选择轴外像点的成像光束位置。由于轴外光束的位置在光学特性不变的条件下可以改变，这就产生了选择什么样的成像光束位置最为有利的问题。成像光束位置不同主要是影响各个光学零件的口径。为了使系统中各个光学零件的口径比较均匀，一般都使轴外光束的主光线通过轴向光束口径最大的光学零件或光阑中心，即把它们作为孔径光阑，这个光学零件或光阑的口径就等于轴向光束的口径。

在有些仪器中，根据具体使用要求也可能对系统中成像光束的位置提出一定的要求，例如后面将要讲到的远心光路。因此如何确定轴外像点的成像光束位置，必须进行具体分析。

在成像光束位置确定以后，系统中各个系统零件的口径也就完全确定了，同时也就可以找到相应的入瞳、出瞳、孔径光阑和眼点的位置，用它们来概略地表示系统中成像光束的位置。在设计光学系统时，我们的注意力应该集中在如何根据具体的情况，选择最有利的轴外光束位置，而绝不能离开光束的位置抽象地讨论如何寻找入瞳、出瞳和孔径光阑，那样做实际上是舍本逐末。在成像光束位置确定的情况下，实际上并不一定需要找出它们对应的入瞳、出瞳或孔径光阑的位置。

（3）实际光学系统中，对成像光束的限制情况是十分复杂的。例如有的有渐晕，有的没有渐晕；有的中心视场没有渐晕，而边缘视场有渐晕；有的虽有渐晕，但主光线和光轴交点位置不变；有的随着渐晕改变主光线和光轴交点的位置改变。因此入瞳、出瞳和孔径光阑这些名词在不同情况下实际含义就有所差别，不必过分在意这些名词的不同含义。因为我们所关心的本质问题是系统中成像光束的位置和大小。下面再就各种不同情况下这些名词的含义作些说明。

① 当光学系统没有渐晕时，孔径光阑既确定了轴向光束的口径，也确定了轴外光束的口径，因此孔径光阑就是限制光束口径的光阑。孔径光阑在物空间的共轭像称为入瞳，在像空间的共轭像称为出瞳。通过孔径光阑中心的光线就是光束的对称轴线，称为主光线；入射主光线和光轴的交点，就是孔径光阑中心在物空间的共轭点，也就代表了入瞳的位置。同理，出射主光线和光轴交点的位置就是出瞳位置。因此也可以通过确定主光线的位置来确定入瞳、出瞳或孔径光阑的位置。

② 如果中心视场没有渐晕，而边缘视场有渐晕，一般按没有渐晕的那部分视场来确定孔径光阑、入瞳或出瞳位置。这时孔径光阑只决定没有渐晕的这一部分视场的光束口径，而有渐晕的边缘视场的光束口径不仅和孔径光阑有关，而且和其他光阑也有关。

③ 当系统中有两个或两个以上光阑的口径和轴向光束的口径相同时，除了轴上点以外，其他像点都有渐晕，并随着视场角的加大渐晕逐渐增加。这时可根据轴外斜光束的主光线位置来确定入瞳、出瞳和孔径光阑的位置。例如前面所讲的周视瞄准镜中道威棱镜的两个端面就是和轴向光束口径相同的两个光阑。根据主光线的位置，相当于孔径光阑位在道威棱镜的中点，而实际上那里并没有限制光束的光阑。

④ 随着视场角的增加，由于渐晕使主光线和光轴交点的位置发生变化，一般则按近轴区内的主光线和光轴交点的位置来确定入瞳、出瞳和孔径光阑。如果边缘视场出射光束的主光

线和光轴交点的位置与近轴区内出射光束的主光线和光轴交点的位置相差很远，必要时，则把边缘视场出射主光线和光轴的交点，称为“眼点”。眼点到系统最后一面的距离，称为“眼点距离”，用 L_z' 表示，它和出瞳距离 L_z' 一起作为光学系统的一个特性指标。如果二者相差不大，一般就不必加以区分。

⑤ 在有些目视光学仪器中，系统的后面不存在实际出瞳，例如伽利略望远镜、低倍单片放大镜。当与人眼配合使用时，人眼瞳孔也起限制光束的作用。在这种情况下，人眼瞳孔可认为是孔径光阑，也是出瞳，它在物空间的像就是入瞳。

(4) 限制光学系统成像范围的光阑称为视场光阑，视场光阑必须和系统的实像平面重合，或者和实像平面接近，才能使系统具有一个清晰的视场边界。例如照相机的底片框，开普勒望远镜中的分划镜框。在有的光学系统中，不存在实像平面。例如伽利略望远镜，在这种系统中无法设置视场光阑，因此也就没有视场光阑。随着视场角的加大，渐晕增加，光束口径逐渐减小，最后消失。视场边缘存在一个由亮到暗的过渡区域，但没有清晰的视场边界。

§5－3　显微镜中的光束限制和远心光路

显微镜也是由物镜和目镜所组成的，在一般情况下，系统中成像光束的口径由物镜框限制，物镜框就是孔径光阑，如图5－11所示。

位于目镜物方焦面上的圆孔光阑或分划镜框限制了系统的成像范围，成为系统的视场光阑。

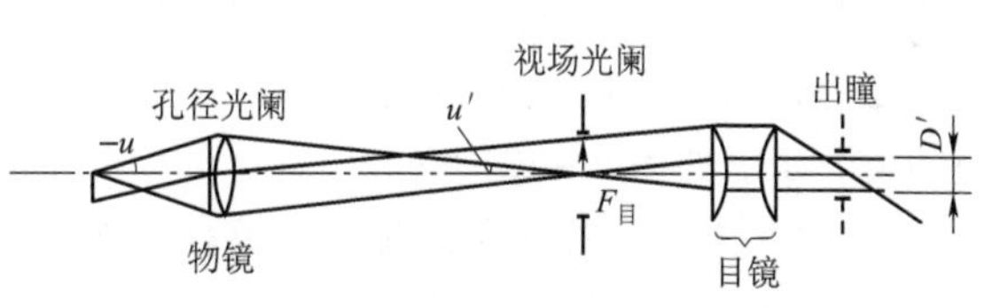

图5－11　显微镜光路

在显微镜中，成像范围不用视场角表示，而直接用成像物体的最大尺寸表示。一般显微镜视场光阑的直径大约为20 mm，它就决定了物镜的视场。根据放大率公式

$$\beta = \frac{y'}{y} \quad 或 \quad y = \frac{y'}{\beta}$$

将 $y' = 20$ mm 代入上式，得显微镜的最大线视场为

$$y_{\max} = \frac{20}{\beta} \tag{5-2}$$

例如一个 $40^{\times}$ 的显微镜物镜的最大线视场只有0.5 mm。

显微镜物镜成像光束的大小，一般用轴上点光束和光轴的最大夹角 u 和 u' 表示，如图5－11所示，称为“孔径角”。u 称为“物方孔径角”，u' 称为“像方孔径角”。

如图5－11所示，假定显微镜出射光束的口径为 D'，则物镜的像方孔径角 u' 应为

$$u' = \frac{D'}{2f_目'}$$

根据物像空间不变式（2－34）

$$\beta = \frac{y'}{y} = \frac{nu}{n'u'} \quad 或 \quad nu = \beta \cdot n'u'$$

对显微物镜来说，n'显然等于1。将u'代入上式，得

$$nu = \beta \cdot \frac{D'}{2f'_{目}}$$

根据式（2-22）

$$\beta = -\frac{x'}{f'} = -\frac{\Delta}{f'_{物}}$$

考虑到上式的关系，得

$$nu = \frac{D'}{2} \cdot \frac{-\Delta}{f'_{物} \cdot f'_{目}}$$

上式右边后面这一项就是显微镜系统组合焦距的倒数$1/f'$。根据显微镜的视放大率公式

$$\Gamma = \frac{250}{f'} \quad 或 \quad \frac{1}{f'} = \frac{\Gamma}{250}$$

这样

$$nu = D'\frac{\Gamma}{500} \tag{5-3}$$

显微镜物方孔径角和折射率的乘积nu称为“数值孔径”，用NA表示。

当显微镜的出射光束直径为1 mm时，由式（5-3）得

$$NA = \frac{\Gamma}{500} \tag{5-4}$$

式（5-4）表示不同视放大率要求的显微镜物镜数值孔径值。数值孔径是显微镜物镜的重要性能指标之一，一般与放大率一起标注在物镜的镜管上，如图5-12所示。

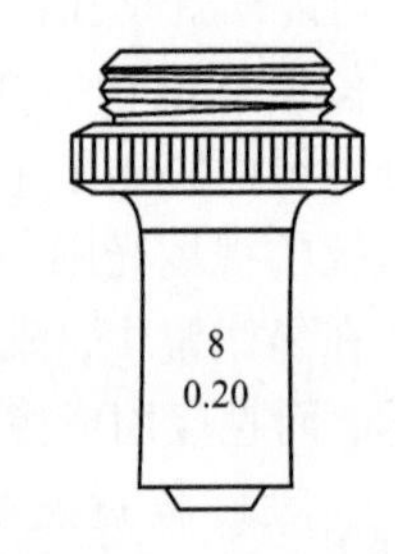

图5-12　物镜数值孔径

由式（5-4）可以看到，欲得到较高的视放大率Γ，则必须用数值孔径较大的物镜。增大数值孔径的方法首先是增大物方孔径角u，其次也可以增加物方介质折射率n，即把物体浸在高折射率液体中，譬如油中，那么n就是油的折射率。这就是在高倍显微镜中采用浸液物镜的理由。

在设计显微镜物镜时，根据视放大率即可由式（5-4）求出所需要的NA值，从而确定显微镜物镜的数值孔径。例如，一个采用$15^{\times}$目镜的显微镜，使用一个$3^{\times}$的物镜，则系统总的视放大率为

$$\Gamma = \beta \cdot \Gamma_{目} = 3 \times 15 = 45^{\times}$$

将$\Gamma = 45^{\times}$代入式（5-4），得

$$NA \geqslant \frac{\Gamma}{500} = \frac{45}{500} = 0.09$$

一般$3^{\times}$的显微镜物镜的数值孔径取为0.1。

在某些用于测量的显微镜中，往往需要在物镜的像方焦平面上加入一个光阑作为系统的孔径光阑，以消除由于像平面位置的误差所引起的测量误差。如图5-13（a）所示，物体AB通过物镜成像于$A'B'$。如果在像平面$A'B'$上测量出像的高度y'，则根据共轭面的放大率就能求得物体的高度AB。测量标尺或分划镜离开物镜的距离是一定的，对应的放大率是一个不变的常数，可以预先测定。但是，如果物平面的位置不准确，如图中A_1B_1所示，则相应

的像平面 $A_1'B_1'$ 和标尺不重合。假定孔径光阑和透镜框重合，并且 A_1B_1 等于 AB，即如图5－13（a）的情形，则 $A_1'B_1'$ 两点分别在标尺平面上形成两个弥散圆，显然这时所测得的像高是两个弥散圆中心间的距离 y_1'，它小于 y'。这样按已知放大率求出来的物高也一定小于实际的物高，从而造成误差。

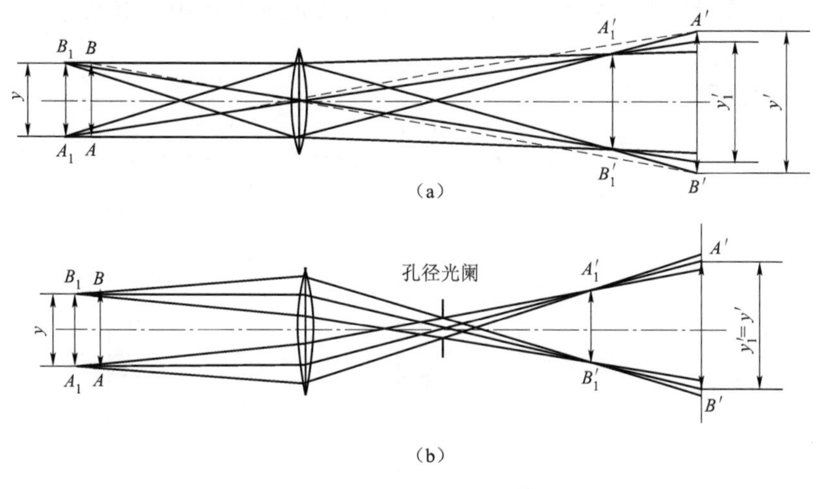

图5－13　物方远心光路

（a）非远心光路；（b）远心光路

如果把孔径光阑安置在物镜的后焦面上，如图5－13（b）所示，这时即使像面 $A_1'B_1'$ 和 $A'B'$不重合，但两个弥散圆中心间的距离不变，总是等于 y'，因此不会影响测量结果。这时成像光束的特点是，入射光束的主光线都和光轴平行。孔径光阑位在物镜后焦面上，入瞳位于无穷远，因此把这样的光路称为“物方远心光路”。

在某些用于大地测量的物镜中，常常需要在物方焦平面处加一个光阑作为系统的孔径光阑，以消除由于像平面和标尺分划刻线面不重合而造成的测量误差。如图5－14（a）所示，已知高度为 y 的物体 AB 通过物镜成像于$A'B'$，如果在像平面 $A'B'$ 上测量出像高 y'，根据图中几何关系可得

$$l=\frac{f'}{y'}y$$

其中，f'、y 已知，测得 y'后，便可求得被测物体的距离。假定孔径光阑位在物镜框上，如果调焦不准，$A'B'$和标尺不重合，那么在标尺上形成两个弥散圆，两弥散圆中心间的距离 $y''\neq y'$，则造成测距误差。如果把孔径光阑安置在物镜的前焦面上，如图5－14（b）所示，由于出射主光线平行光轴，因此，即使像面 $A'B'$与标尺分划刻线面 $A''B''$不重合，也不会造成测距误差。这样的光路称为“像方远心光路”。物方远心光路和像方远心光路统称“远心光路”，它不仅在测量显微镜和

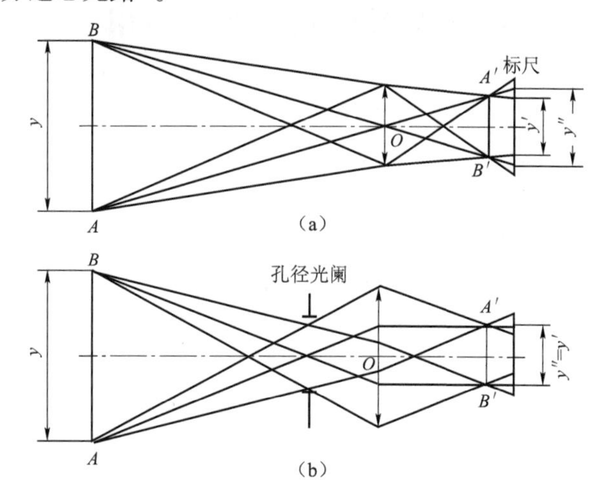

图5－14　像方远心光路

大地测量仪器中，而且在其他一些仪器中也得到应用。

严格的远心光路通常难以做到，一般是准远心光路，也就是出射主光线和光轴的夹角小于一定的数值，达到近似远心，这样的准远心光路在成像系统中有很重要的应用。

现代的传感器通常会给出一个 CRA（Chief Ray Angle，主光线和光轴之间的夹角）参数，要求不大于某一个数值，或者给出一个像方主光线角度随像方视场角限值的曲线，这个要求实际上就是像方远心度的要求。传感器通常采用将微透镜阵列与传感器单片集成制作出高灵敏度的传感器器件，这样可以提高传感器的填充系数进而改善传感器的灵敏度和信噪比。

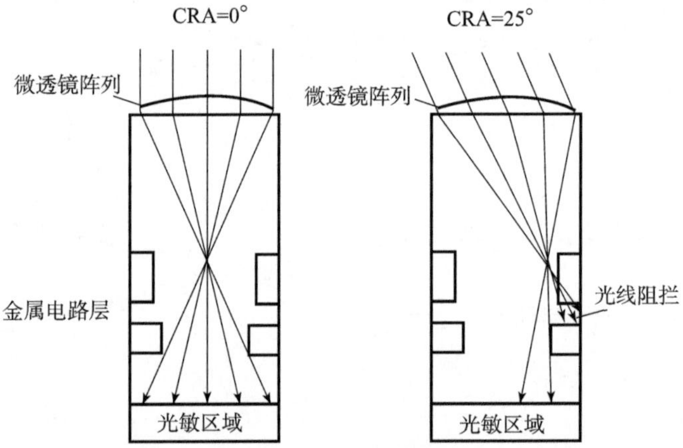

图 5－15　CRA 示意图

如图 5－15 所示，通常带微透镜的传感器都有一个类似光子井的结构用来收集光子，当 CRA 增加时，光线会被金属电路层阻挡掉一部分，导致传感器接受光的效能降低。

可见，微透镜阵列的主要作用是使原本落入光敏区之外的光子由于微透镜的作用使之偏折落入光敏区，提高传感器的填充系数，其量子效率在可见光谱范围内平均提高 2 倍，灵敏度得到大幅提高。因此，我们在设计成像光学系统时，需要将光学系统设计成准远心光路，满足传感器的要求。

§5－4　场镜的特性及其应用

在一些复杂的光学系统中，系统各个部件的外形尺寸可能对成像光束的位置或者说对入瞳、出瞳位置提出一定的要求。例如在前面分析过的双目望远镜中，假定物镜和目镜的焦距按照系统的光学特性已经被确定，成像光束在系统中的光路也就确定了，如图 5－16（a）所示。如果希望系统光学特性不变，即在物镜和目镜焦距不变的条件下，把出射光束在目镜上的投射高度降低一些，使目镜组的口径减小。由图 5－16（b）可以看到，在像平面 $F'_{物}$ 上加一个正透镜就可以达到此目的，而不会影响系统的光学特性。这时因为它和物镜所成的像重合，即物镜所成的像正好位于它的主平面上，通过它以后所成的像和原来像的大小相等，从而不会影响系统的成像特性。这种和像平面重合，或者和像平面很靠近的透镜称为“场镜”。由以上

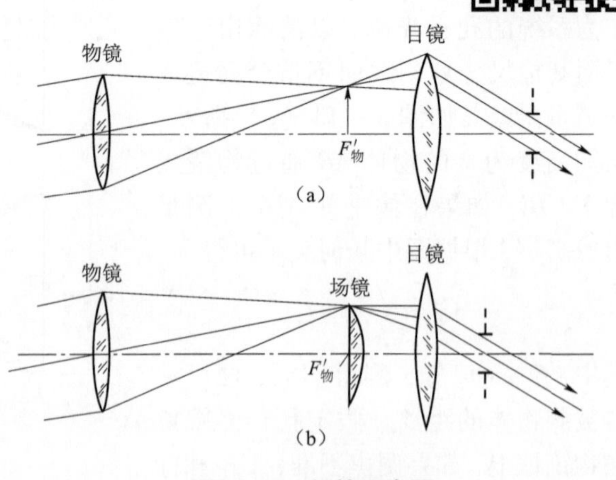

图 5－16　场镜示意图

讨论可知，场镜能够改变成像光束的位置，而不影响系统的光学特性。

场镜在一些连续成像的组合系统中经常被采用。当两个系统组合在一起成像时，为了使前一个系统的出射光束都能进入后一个系统，而又不使后一个系统的通光口径过大，这就需要在中间像平面上加入一个场镜，如图 5－17 所示。物体 AB 先经前组透镜成像在 $A'B'$。为了减小前组透镜的口径，把入瞳和前组透镜的镜框重合。$A'B'$将继续通过后组透镜成像，为了使成像光束能进入后组透镜，则后组透镜的口径将大到难以想象的地步。如果在中间像平面 $A'B'$处加入一个场镜，把成像光束向光轴折转，使主光线正好通过后组透镜中心，则后组透镜的口径便大大减小。

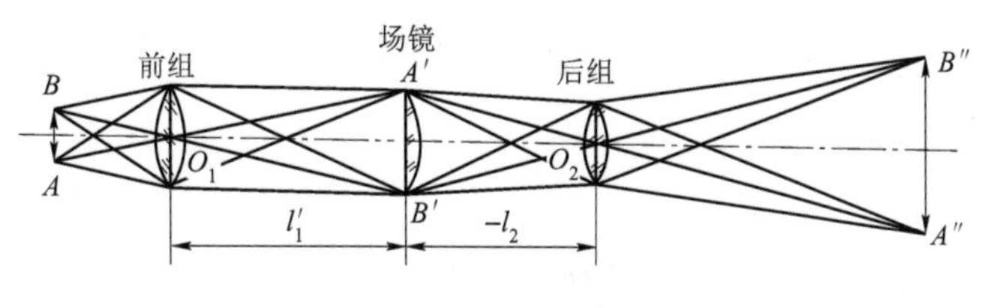

图 5－17　场镜应用示例

确定场镜焦距的方法，可以根据某一条光线通过场镜前后所要求的位置，用成像关系公式或组合系统的光路计算公式求得。例如在图 5－17 中，假定前组透镜到它的像平面的距离 $l'_1=150$ mm，后组透镜离开中间像平面的距离 $l_2=-100$ mm，要求主光线既通过前组透镜的中心又通过后组透镜的中心，即要求前组透镜经过场镜以后正好成像在后组透镜上。写出物像关系式

$$\frac{1}{l'}-\frac{1}{l}=\frac{1}{f'}$$

对于场镜，其 $l'=-l_2=100$ mm，$l=-l'_1=-150$ mm，把 l'和 l 值代入上式，得

$$\frac{1}{f'}=\frac{1}{100}-\frac{1}{-150}$$

由方程式解出场镜的焦距 $f'=60$ mm。

§5－5　空间物体成像的清晰深度——景深

上面讨论光学系统的成像性质时，只讨论垂直于光轴的物平面，但是实际的景物都有一定的空间深度，本节就是研究空间的物体在同一个像平面上的成像情况。假定像平面 A'的共轭面是 A，如图 5－18 所示。位于 A 平面前后的 A_1 和 A_2 两物平面，同样将通过光学系统成像，它们的像平面为 A'_1 和 A'_2，A_1 平面上的 B_1 点通过系统后成像于 A'_1 平面上的 B'_1 点，它在像平面 A'上形成了一个光斑 Z'；同理，A_2 平面上的 B_2 点在 A'平面上也形成一个光斑。如果光斑的直径很小，那么在像平面 A'上仍然能够看清 A_1 和 A_2 物平面上各物点所成的像。例如照相机所拍摄的照片就是这种情况，照片上的景物并不都位于一个平面上，在基准物平面（即底片在物空间的共轭面）的前后一定距离范围内的景物，在照片上仍旧可以看清楚。但是，如果距离太远，在照片上就显得模糊不清。能在像面上获得清晰像的物空间深度，就是系统的景深。然而，能否看清这只是一个主观的相对概念。因此，它必须对一定的标准来说才有意义，同样景深也必须在一定的标准下才有意义。在几何光学中，一般将像平面上允许的最大光斑直径 Z'作为景深的标准。下面来求一定光斑直径时的景深范围。

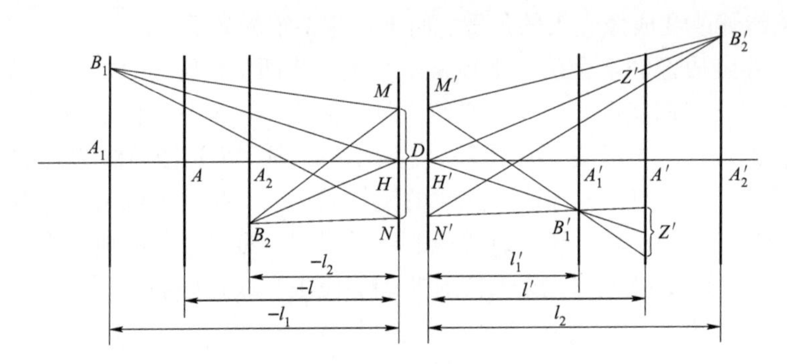

图 5－18　景深示意图

由图 5－18 可以得到

$$\frac{Z'}{D}=\frac{l'-l_1'}{l_1'} \tag{5-5}$$

$$\frac{Z'}{D}=\frac{l_2'-l'}{l_2'} \tag{5-6}$$

式中，D 表示主平面上对应的光束口径。假定物空间和像空间介质的折射率相同，对物平面 A 和 A_1 使用共轭点方程式，有

$$\frac{1}{l'}-\frac{1}{l}=\frac{1}{f'},\ \frac{1}{l_1'}-\frac{1}{l_1}=\frac{1}{f'}$$

两式相减通分后得到

$$\frac{l_1'-l'}{l_1'l'}=\frac{1}{l}-\frac{1}{l_1}$$

或者

$$l'-l_1'=\left(\frac{1}{l_1}-\frac{1}{l}\right)l_1'l'$$

代入式（5－5）得

$$\frac{Z'}{D}=\left(\frac{1}{l_1}-\frac{1}{l}\right)l'$$

由上式求解$\frac{1}{l_1}$，并将$\frac{1}{l'}$用$\left(\frac{1}{l}+\frac{1}{f'}\right)$代替得

$$\frac{1}{l_1}=\frac{1}{l}+\frac{Z'}{D}\left(\frac{1}{l}+\frac{1}{f'}\right) \tag{5-7}$$

同理，利用式（5－6）可以得到

$$\frac{1}{l_2}=\frac{1}{l}-\frac{Z'}{D}\left(\frac{1}{l}+\frac{1}{f'}\right) \tag{5-8}$$

利用以上公式就可以根据像平面上的容许光斑直径 Z' 和主平面上的光束口径 D，以及基准物平面 A 的位置 l，计算出该物平面前后能够清晰成像的范围。由 A_1 平面到 A_2 平面的总距离，就是景深。将式（5－7）、式（5－8）两式相减得

$$\frac{1}{l_1}-\frac{1}{l_2}=\frac{2Z'}{D}\left(\frac{1}{l}+\frac{1}{f'}\right) \tag{5-9}$$

下面根据式（5－7）～式（5－9）来讨论景深的有关性质。

（1）容许的光斑直径越大，景深越大。这一点从式（5－9）很容易看到，Z'越大，$\frac{1}{l_1}-\frac{1}{l_2}$越大，也就是说，像的清晰度要求越低，景深就越大。例如有的摄影师，为了加大景深，在镜头前面挂上窗纱，利用窗纱上产生的漫射光使像面变得柔和，同时也就加大了景深。

（2）照相物镜的相对孔径和焦距与景深的关系。对照相物镜来说，物距 l 一般比焦距大得多，因此式（5－9）可以近似写成

$$\frac{1}{l_1}-\frac{1}{l_2}\approx\frac{2Z'}{Df'}=\frac{2Z'}{\frac{D}{f'}\cdot f'^2} \tag{5-10}$$

式中，$\frac{D}{f'}$称为相对孔径。在后面第六章中将会讲述，照相物镜像面的照度和相对孔径的平方成比例，因此它和焦距均是照相物镜重要的性能指标。由以上公式可以看到，照相物镜的景深和相对孔径$\left(\frac{D}{f'}\right)$成反比，相对孔径越大，景深越小。为了加大景深，照相时在照明情况许可的条件下光圈应尽量取得小一些。在光圈相同的条件下，景深和焦距的平方成反比，焦距越小，则景深越大。例如135#相机的景深比120#相机的景深大得多，因为同样视场角的135#相机物镜的焦距，要比120#相机物镜的焦距小。

（3）如果我们要求最远的清晰范围直到无限远，即 $l_1=-\infty$，求最近的基准物平面位置和总的成像深度。

将 $l_1=-\infty$代入式（5－7），并把相应的 l 用 l_∞表示，得到

$$\frac{1}{l_\infty}+\frac{Z'}{D}\left(\frac{1}{l_\infty}+\frac{1}{f'}\right)=0$$

由上式求解$\frac{1}{l_\infty}$，得

$$\frac{1}{l_\infty}=-\frac{Z'}{Df'}\frac{1}{1+\frac{Z'}{D}} \tag{5-11}$$

式中，l_∞即为前方最远清晰范围直到无限远时，基准物平面的最近位置。

为了求总的成像深度，必须求出最近的清晰物平面位置，其值用 $l_{2\infty}$来表示，即 $l_2=l_{2\infty}$。将式（5－11）中的 l_∞代入式（5－8），得到

$$\frac{1}{l_{2\infty}}=-\frac{2Z'}{Df'}\frac{1}{1+\frac{Z'}{D}}=\frac{2}{l_\infty}$$

或

$$l_{2\infty}=\frac{1}{2}l_\infty \tag{5-12}$$

由无限远到 $l_{2\infty}$即为总的成像深度。

【应用举例】已知照相机物镜的焦距$f'=50$ mm，像平面上容许的光斑直径为0.05 mm，物镜的相对孔径为1∶10，要求最远的清晰范围直到无限远。求最近的基准物平面位置和总的成像深度。

根据已知条件，物镜采用的相对孔径为1/10，因此有

$$D = \frac{f'}{10} = \frac{50}{10} = 5(\mathrm{mm})$$

$$\frac{Z'}{D} = \frac{0.05}{5} = 0.01$$

将$\frac{Z'}{D}$代入式（5－11）得

$$\frac{1}{l_\infty} = -\frac{1}{f'}\frac{\frac{Z'}{D}}{1+\frac{Z'}{D}} = -\frac{1}{50}\frac{0.01}{1+0.01}$$

$$l_\infty = -5\ 050\ \mathrm{mm} = -5.05\ \mathrm{m}$$

最近的清晰物平面根据式（5－12）为

$$l_{2\infty} = \frac{1}{2}l_\infty = -2.525(\mathrm{m})$$

从上面景深的讨论可以看出，若物平面、镜头和像平面都垂直于光轴时，当成像质量的要求、镜头的相对孔径、焦距和视场范围确定以后，其景深的范围也就固定的。但是在实际应用中，有时候需要对景深比较大的物空间进行清晰成像。例如机器视觉应用场景就需要有一个比较大的景深范围，但往往成像镜头的景深范围非常小，难以满足要求。例如，一个典型的机器视觉镜头的参数为：焦距为50 mm，基准物距为260 mm，相对孔径为1∶3，像平面上容许的光斑大小为0.008 mm。利用前面推导出的焦深计算公式，可以计算出，l_1 = 260.776 mm，l_2 = 259.229 mm，景深范围为1.547 mm。可见，景深非常小，无法满足机器视觉大景深的要求。此时，可以利用沙姆定律来进行设计，提高景深范围。

在正常情况下，镜头平面与物平面以及像平面平行，景深范围的前后界限自然也与镜头平面平行。为增大景深范围，可以将物平面相对于镜头转动一个角度，此时，像平面也会旋转一个角度。沙姆定律内容如下：在子午面内，当物平面、像平面和透镜镜头平面这三个面的延长面相交于一点时，即可得到清晰的影像，如图5－19所示。此时能够清晰成像的范围从物平面上端到物平面下端，景深范围大大增大。这种利用镜头的旋转来增大景深的镜头称为沙姆镜头或移轴镜头。

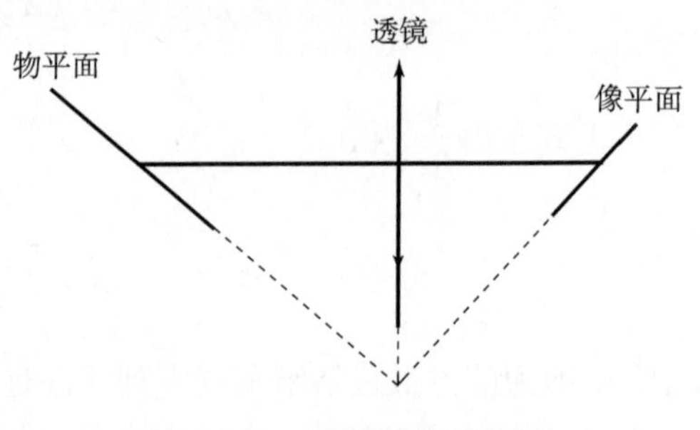

图5－19　沙姆定律示意图

§5－6　红外光学系统的冷光阑效率

通常红外辐射波段是指其波长在0.75～1 000 μm的电磁波，人们将其划分为近、中、远红外三部分。近红外指波长为0.75～3.0 μm；中红外指波长为3.0～20 μm；远红外则指波长为20～1 000 μm。由于大气对红外辐射的吸收，只留下三个重要的“窗口”区，即1～3 μm、3～5 μm和8～13 μm可让红外辐射通过，因而在军事应用上又分别将这三个波段称

为近红外、中红外和远红外。8 ~ 13 μm 还称为热波段。在自然界中，任何温度高于绝对零度（0K 或 -273℃）的物体都在向外辐射各种波长的红外线，物体的温度越高，其辐射红外线的强度也越大。根据各类目标和背景辐射特性的差异，就可以利用红外技术在白天和黑夜对目标进行探测、跟踪和识别，以获取目标信息。

对于致冷型红外探测器，一般是被封装在真空杜瓦瓶内，在器件光敏面前放置了冷屏、冷滤光片，有时还需要对筒壁和光阑进行冷却，其作用都是尽量降低来自视场外的背景辐射。如图 5 -20 所示。

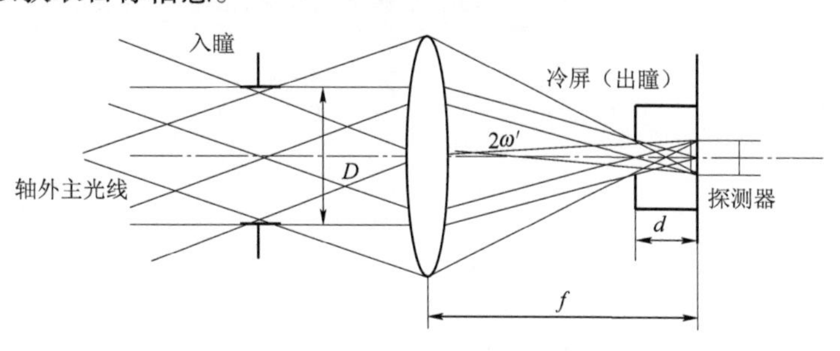

图 5 -20　冷光阑效率示意图

为提高冷屏的屏蔽效率，可将冷屏选作孔径光阑（即出瞳），或者说使出瞳与冷屏重合。探测器中心对冷屏孔的张角应与 *F* 数（或数值孔径）匹配。另外，冷屏中心对探测器的张角应大于像方视场角，否则探测器不再是视场光阑。

如果出瞳不能与冷屏重合，则意味着从像面上边缘点向光学系统反向看过去，可以看见系统内壁。也就是说，从光学系统内壁辐射的热能可以到达系统像面，这样就会造成像面的噪声，影响系统的分辨力。但是，一般来说，孔径光阑的位置，或者说出瞳的位置会直接影响到系统的像差，从像差优化的角度，出瞳的位置应该是使像差最小的位置，所以往往出瞳位置的确定是一个比较复杂的问题。

对于一个对无限远一次成像的红外光学系统，既要满足系统的焦距和像高，又要满足出瞳与冷屏重合，一般是难以满足要求的。通常，可以采用二次成像的方法，即先成一次中间像，然后再利用一个透镜组（通常称为中继系统）将像成在探测器上，以同时满足出瞳与冷屏重合的要求。

下面看一个例子，这是一个长波红外的系统，如果不考虑出瞳与冷屏重合，则设计的结果如图 5 -21 所示。

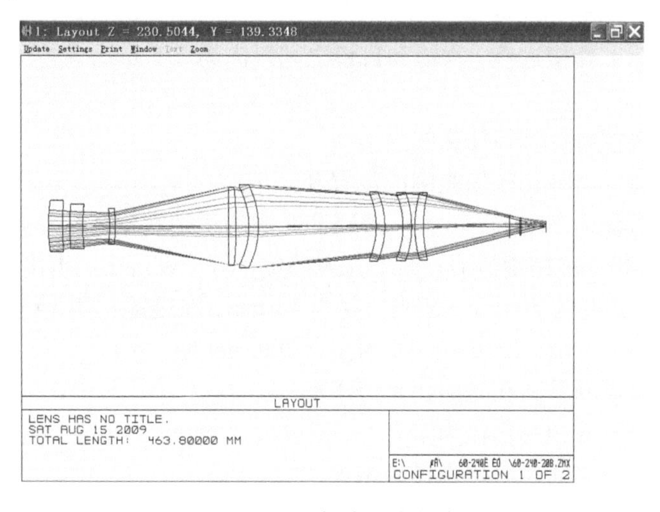

图 5 -21　长波红外系统

可以看见，由于出瞳与冷屏不重合，则在冷屏处各视场的光束不能完全充满，造成轴外视场有渐晕，而且系统内壁热辐射会到达像面，造成像面分辨力下降。将系统改进，采用二次成像，系统如图5-22所示。

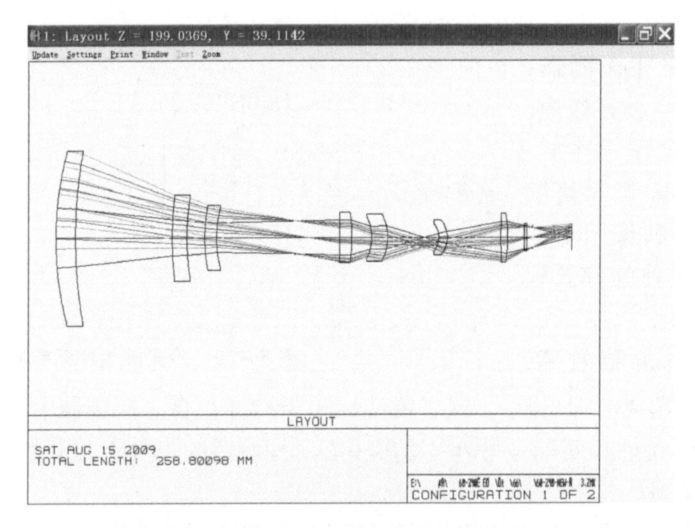

图5-22　长波红外系统满足冷光阑效率示例

这样，出瞳与冷屏重合，即满足百分之百冷光阑效率，同时也满足光学系统的各种特性参数的要求。一般来说，采用制冷型探测器的红外光学系统都需要满足百分之百冷光阑效率的要求。

习　题

1. 在设计一个光学系统时，应如何考虑选择孔径光阑的位置？

2. 怎样表示显微物镜的成像光束大小和成像范围大小？一般观察用显微镜的孔径光阑选在何处？测量用显微镜的孔径光阑选在何处？为什么？

3. 照相物镜的焦距等于75 mm，底片尺寸为55 mm×55 mm，求视场光阑位在何处？该照相物镜的最大视场角等于多少？

4. 有一架$10^{\times}$刻卜勒望远镜，物镜和目镜之间距离为275 mm，物镜相对孔径为1∶5，视场角$2\omega=6°$，求：

（1）孔径光阑选在何处？为什么？

（2）分别求入瞳、出瞳、视场光阑的位置和大小。

5. 一圆形光阑直径为10 mm，放在一透镜和光源的正中间作为孔径光阑，透镜的焦距为100 mm，在透镜后140 mm的地方有一屏，光源的像正好成在屏上，求出瞳直径。

6. 有一薄透镜，焦距为50 mm，通光口径为40 mm，在透镜左侧30 mm处放置一个直径为20 mm的圆孔光阑，一轴上物点位于光阑左方200 mm处，求：

（1）限制光束口径的是圆孔光阑还是透镜框？

（2）此时该薄透镜的相对孔径为多大？

（3）出瞳离开透镜多远？出瞳直径为多大？

7. 分别用图表示什么叫物方远心光路，什么叫像方远心光路，它们的作用是什么？

第六章

辐射度学和光度学基础

发光体实际上是一个电磁波辐射源，光学系统可以看作辐射能的传输系统。前面研究光学系统成像性质时，只是研究了有关辐射能传播方向的问题，而没有讨论光学系统中辐射能传输的数量问题。光学系统中传输辐射能的强弱，是光学系统除了光学特性和成像质量以外的另一个重要性能指标。波长在 400～760 nm 范围内的电磁波称为“可见光”。研究可见光的测试、计量和计算的学科称为“光度学”；研究电磁波辐射的测试、计量和计算的学科称为“辐射度学”。

本章先介绍有关辐射度学和光度学的一些基本概念、基本量的定义和度量单位，以及有关的基本公式，作为研究光学系统中辐射能计算的基础，最后讨论几种有关辐射度和光度的计算问题。

§6－1　立体角的意义和它在光度学中的应用

本节介绍一个在光度学中常用的几何量——立体角。在平面几何中，把整个平面以某一点为中心分成 360°或 2π 弧度。但是，发光体都是在它周围一定空间内辐射能量的，因此有关辐射能量的讨论和计算问题，将是一个立体空间问题。与平面角相似，我们把整个空间以某一点为中心，划分成若干立体角。立体角的定义是：一个任意形状的封闭锥面所包含的空间称为立体角，用 Ω 表示，如图 6－1 所示。

立体角的单位：假定以锥顶为球心，以 r 为半径作一圆球，如果锥面在圆球上所截出的面积等于 r^2，则该立体角为一个“球面度”(sr)。整个球面的面积为 $4\pi r^2$，因此对于整个空间有

$$\Omega = \frac{4\pi r^2}{r^2} = 4\pi$$

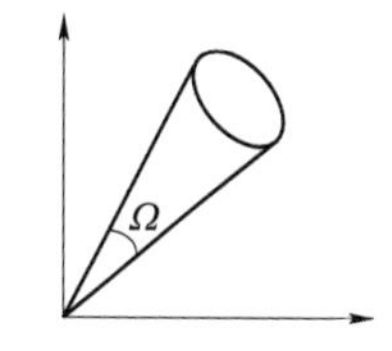

图 6－1　立体角示意图

即整个空间等于 4π 球面度。

下面举一个计算立体角的实例。如图 6－2 所示，假定一个圆锥面的半顶角为 α，求该圆锥所包含的立体角大小。

以 r 为半径作一圆球，假定在圆球上取一个 $\mathrm{d}\alpha$ 对应的环带，则环带的宽度为 $r\mathrm{d}\alpha$，环带半径为 $r\sin\alpha$，所以环带的长度为 $2\pi r\sin\alpha$，而环带的总面积为

$$\mathrm{d}S = r\mathrm{d}\alpha \cdot 2\pi r\sin\alpha = 2\pi r^2\sin\alpha\mathrm{d}\alpha$$

它对应的立体角为

$$d\Omega = \frac{dS}{r^2} = 2\pi\sin\alpha d\alpha = -2\pi d\cos\alpha \tag{6-1}$$

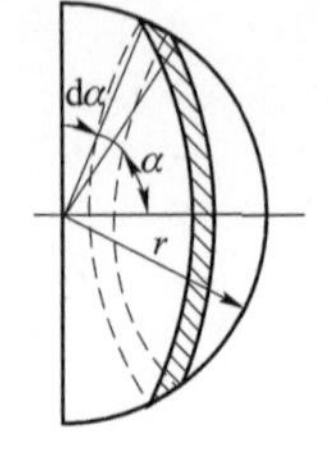

图6-2　立体角计算

将上式积分得

$$\Omega = -\int_0^\alpha 2\pi d\cos\alpha = 2\pi(1-\cos\alpha)$$

或者

$$\Omega = 4\pi\sin^2\frac{\alpha}{2} \tag{6-2}$$

当 α 较小时，可用$\frac{\alpha}{2}$代替 $\sin\frac{\alpha}{2}$，则得

$$\Omega = \pi\alpha^2 \tag{6-3}$$

§6-2　辐射度学中的基本量

为了研究光学系统中辐射能传输的强弱问题，首先介绍辐射度学中常用的几个基本量及它们的计量单位。

一、辐射通量

一个辐射体辐射的强弱，可以用单位时间内该辐射体所辐射的总能量表示，称为“辐射通量”，用符号 Φ_e 表示，并采用一般的功率单位瓦特作为辐射通量的计量单位。实际上，辐射通量就是辐射体的辐射功率。

大部分辐射体的电磁波辐射，都有一定的波长范围，通常用图6-3所示的辐射通量的光谱密集度 $\Phi_{e\lambda}$ 曲线来表示辐射体的辐射通量按波长分布的特性。

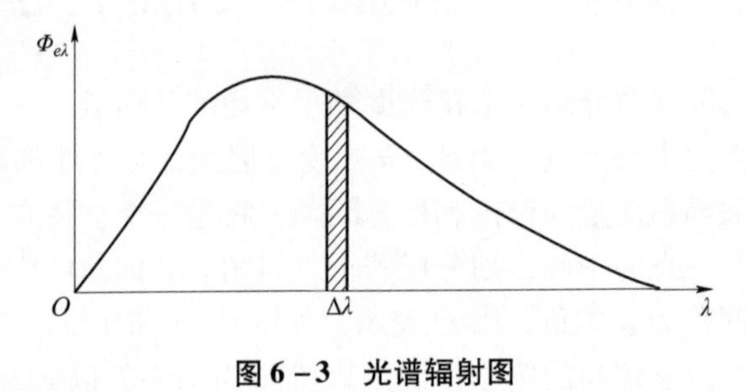

图6-3　光谱辐射图

图6-3中纵坐标 $\Phi_{e\lambda}$ 的意义如下

$$\Phi_{e\lambda} = \lim_{\Delta\lambda\to 0}\frac{\Delta\Phi_\lambda}{\Delta\lambda} = \frac{d\Phi_\lambda}{d\lambda}$$

或写成

$$d\Phi_\lambda = \Phi_{e\lambda}d\lambda \tag{6-4}$$

辐射体的总辐射通量，也即辐射体的总辐射功率为

$$\Phi_e = \int_0^\infty \Phi_{e\lambda}d\lambda \tag{6-5}$$

二、辐射强度

上述的辐射通量只表示辐射体以辐射形式发射、传播或接收的功率大小，而不能表示辐射体在不同方向上的辐射特性。为了表示辐射体在不同方向上的辐射特性，我们在给定方向上取立体角 $d\Omega$，在 $d\Omega$ 范围内的辐射通量为 $d\Phi_e$，如图6-4所示。我们把 $d\Phi_e$ 与 $d\Phi$ 之比称为辐射体在该方向上的“辐射强度”，用符号 I_e 表示

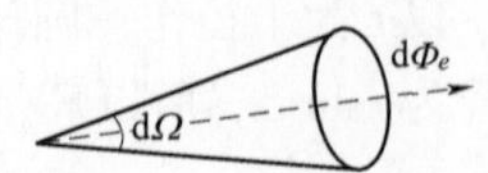

图6-4　辐射强度计算

$$I_e = \frac{d\Phi_e}{d\Omega} \tag{6-6}$$

辐射强度的单位为瓦每球面度（W/sr）。

三、辐（射）出射度、辐（射）照度

辐射强度表示辐射体在不同方向上的辐射特性，但不能表示辐射体表面不同位置的辐射特性。为了表示辐射体表面上任意一点 A 处的辐射强弱，在 A 点周围取微小的面积 dS，不管其辐射方向，也不管在多大立体角内辐射，假定 dS 微面辐射出的辐射通量为 $d\Phi_e$，如图 6-5（a）所示，则 A 点的辐（射）出射度为

$$M_e = \frac{d\Phi_e}{dS} \tag{6-7}$$

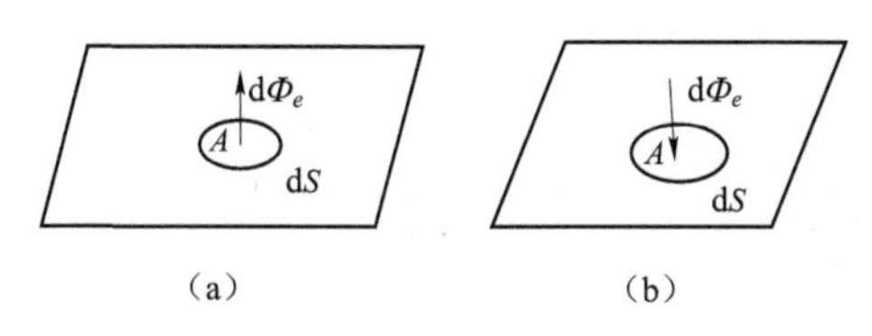

图 6-5　辐出射度和辐照度

我们把 $d\Phi_e$ 与 dS 之比称作“辐（射）出射度”，单位为瓦每平方米（W/m^2）。

如果某一表面被其他辐射体照射，如图 6-5（b）所示。为了表示 A 点被照射的强弱，在 A 点周围取微小面积 dS，假定它接收的辐射通量为 $d\Phi_e$，我们把微面 dS 接收的 $d\Phi_e$ 与 dS 之比称为“辐（射）照度”，用符号 E_e 表示，即

$$E_e = \frac{d\Phi_e}{dS} \tag{6-8}$$

辐（射）照度与辐（射）出射度的单位一样，也是瓦每平方米（W/m^2）。

四、辐（射）亮度

辐（射）出射度只表示辐射表面不同位置的辐射特性，而不考虑辐射方向，为了表示辐射体表面不同位置和不同方向上的辐射特性，我们引入辐（射）亮度的概念。如图 6-6 所示，在辐射体表面 A 点周围取微面 dS，在 AO 方向上取微小立体角 $d\Omega$，dS 在 AO 垂直方向上的投影面积为 dS_n，$dS_n = dS \cdot \cos\alpha$。假定在 AO 方向上的辐射强度为 I_e，则我们把 I_e 与 dS_n 之比称为“辐（射）亮度”，用符号 L_e 表示

$$L_e = \frac{I_e}{dS_n} \tag{6-9}$$

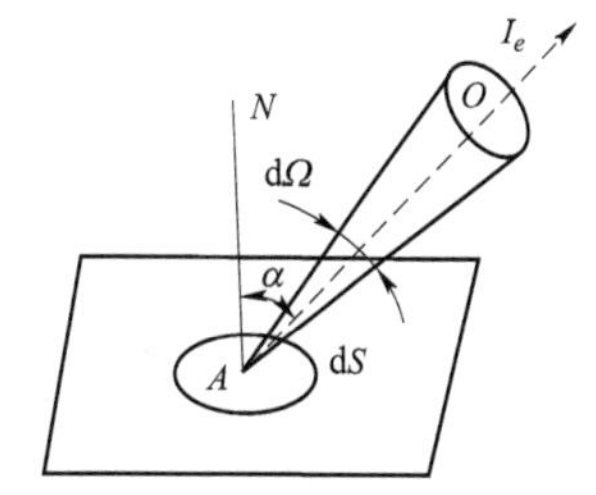

图 6-6　辐亮度示意图

辐（射）亮度等于辐射体表面上某点周围的微面在给定方向上的辐射强度除以该微面在垂直于给定方向上的投影面积，它代表了辐射体不同位置和不同方向上的辐射特性，单位为瓦每球面度平方米（$W/(sr \cdot m^2)$）。

§6-3　人眼的视见函数

当人眼从某一方向观察一个辐射体时，人眼视觉的强弱不仅取决于辐射体在该方向上的

辐射强度，同时还和辐射的波长有关。前面说过，人眼只能对波长在400～760 nm范围内的电磁波辐射产生视觉，在此波长范围内的电磁辐射称为可见光，即使在可见光范围内，人眼对不同波长光的视觉敏感度也是不一样的，对黄绿光最敏感，对红光和紫光较差，对可见光以外的红外线和紫外线则全无视觉反应。光度学中，为了表示人眼对不同波长辐射的敏感度差别，定义了一个函数 $V(\lambda)$，称为“视见函数”（“光谱光视效率”）。

把对人眼最灵敏的波长 $\lambda=555$ nm 的视见函数规定为1，即 $V(555)=1$，假定人眼同时观察两个位在相同距离上的辐射体 A 和 B，这两个辐射体在观察方向上的辐射强度相等，A 辐射的电磁波波长为 λ，B 辐射的波长为555 nm，人眼对 A 的视觉强度与人眼对 B 的视觉强度之比作为 λ 波长的视见函数 $V(\lambda)$，显然 $V(\lambda)\leqslant 1$。

不同人在不同观察条件下，视见函数略有差别，为统一起见，1971年国际光照委员会（CIE）在大量测定基础上，规定了视见函数的国际标准。表6－1就是明视觉视见函数的国际标准，图6－7所示为相应的视见函数曲线。

表6－1　明视觉视见函数国际标准

光线颜色	波长/nm	$V(\lambda)$	光线颜色	波长/nm	$V(\lambda)$
紫	400	0.000 4	黄	580	0.870 0
紫	410	0.001 2	黄	590	0.757 0
靛	420	0.004 0	橙	600	0.631 0
靛	430	0.011 6	橙	610	0.503 0
靛	440	0.023 0	橙	620	0.381 0
蓝	450	0.038 0	橙	630	0.265 0
蓝	460	0.060 0	橙	640	0.175 0
蓝	470	0.091 0	橙	650	0.107 0
蓝	480	0.139 0	红	660	0.061 0
蓝	490	0.208 0	红	670	0.032 0
绿	500	0.323 0	红	680	0.017 0
绿	510	0.503 0	红	690	0.008 2
绿	520	0.710 0	红	700	0.004 1
绿	530	0.862 0	红	710	0.002 1
黄	540	0.954 0	红	720	0.001 05
黄	550	0.995 0	红	730	0.000 52
黄	555	1.000 0	红	740	0.000 25
黄	560	0.995 0	红	750	0.000 12
黄	570	0.952 0	红	760	0.000 06

有了视见函数就能比较两个不同波长的辐射体对人眼产生视觉的强弱。例如人眼同时观察距离相同的两个辐射体 A 和 B，假定 A 和 B 在观察方向的辐射强度相等，辐射体 A 辐射波长600 nm，辐射体 B 辐射波长500 nm。由表6－1可得：$V(600)=0.631$，$V(500)=0.323$，这样辐射体 A 对人眼产生的视觉强度是辐射体 B 对人眼产生的视觉强度的0.631/0.323倍，即近似等于2倍。

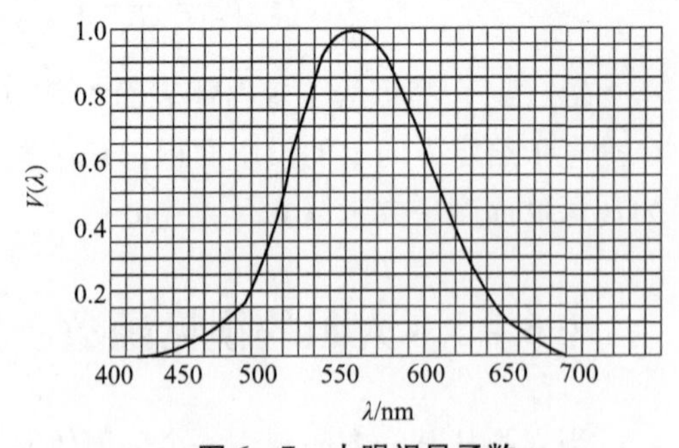

图6－7　人眼视见函数

反之，欲使辐射体 A 和辐射体 B 对人眼产生相同的视觉强度，则辐射体 A 的辐射强度应该是辐射体 B 辐射强度的一半。

§6－4　光度学中的基本量

一、发光强度和光通量

发光强度是光度学中的一个最基本的量，它和辐射度学中的辐射强度相对应，下面首先介绍它的意义。

某辐射体辐射波长为 λ 的单色光，在人眼观察方向上的辐射强度为 I_e，人眼瞳孔对它所张的立体角为 $\mathrm{d}\Omega$，则人眼接收到的辐射通量为

$$\mathrm{d}\Phi_e = I_e \mathrm{d}\Omega$$

根据视见函数的意义，人眼产生的视觉强度应与辐射通量 $\mathrm{d}\Phi_e$和视见函数 V（λ）成正比，因此我们用

$$\mathrm{d}\Phi = C \cdot V(\lambda) \cdot \mathrm{d}\Phi_e \tag{6-10}$$

来表示该辐射产生的视觉强度。$\mathrm{d}\Phi$ 就是按人眼视觉强度来度量的辐射通量，称为“光通量”。公式右边的常数 C 由 $\mathrm{d}\Phi$ 和 $\mathrm{d}\Phi_e$所采用的单位决定，为单位换算常数。我们把人眼所接收的光通量 $\mathrm{d}\Phi$ 与辐射体对瞳孔所张立体角 $\mathrm{d}\Omega$ 之比用 I 代表，它和辐射强度相对应称为“发光强度”。发光强度表示在指定方向上光源发光的强弱

$$I = \frac{\mathrm{d}\Phi}{\mathrm{d}\Omega} \tag{6-11}$$

把式（6－10）中的 $\mathrm{d}\Phi$ 代入式（6－11）得

$$I = C \cdot V(\lambda) \cdot \frac{\mathrm{d}\Phi_e}{\mathrm{d}\Omega} = C \cdot V(\lambda) \cdot I_e \tag{6-12}$$

发光强度的单位为坎（德拉）（cd）。如果发光体发出电磁波频率为 540×10^{12} Hz 的单色辐射（波长 λ＝555 nm），且在此方向上的辐射强度为（1/683）W/sr，则发光体在该方向上的发光强度为1cd（坎德拉）。坎（德拉）是光度学中最基本的单位，也是七个国际基本计量单位之一。根据坎（德拉）的定义，把

$$V(555) = 1,\ I_e = (1/683)\mathrm{W/sr},\ I = 1\mathrm{cd}$$

代入式（6－12）得

$$C = 683(\mathrm{cd} \cdot \mathrm{sr})/\mathrm{W}$$

把 C 代回式（6－12）得

$$I = 683V(\lambda)I_e \tag{6-13}$$

以上公式中，辐射强度以 W/sr 为单位，发光强度以 cd 为单位。

由式（6－11）可得

$$\mathrm{d}\Phi = I\mathrm{d}\Omega \tag{6-14}$$

式中，光通量 $\mathrm{d}\Phi$ 的单位为流明（lm）。如果发光体在某方向上的发光强度为1cd，则该发光体辐射在单位立体角内的光通量为 1 lm，即

$$1\ \mathrm{lm} = 1\mathrm{cd} \cdot \mathrm{sr}$$

把式（6－10）中的系数 $C \cdot V(\lambda)$ 用符号 $K(\lambda)$ 表示，则有

$$K(\lambda) = C \cdot V(\lambda) = 683V(\lambda) \tag{6-15}$$

$K(\lambda)$ 称为 λ 波长的“光谱光视效能”，单位为（cd·sr）/W，显然它的最大值 K_m 为

$$K_m = 683(\mathrm{cd} \cdot \mathrm{sr})/\mathrm{W}$$

称为“最大光谱光视效能”。将 $K(\lambda)$ 代入式（6－10）得

$$\mathrm{d}\Phi = K(\lambda)\mathrm{d}\Phi_e \tag{6-16}$$

以上公式中辐射通量 $\mathrm{d}\Phi_e$ 以瓦（W）为单位，光通量 $\mathrm{d}\Phi$ 以流明（lm）为单位。

在上面的讨论中，都假定辐射体的辐射为同一波长。但是自然界中实际辐射体的辐射都有一定的波长范围，对这类辐射体来说，求它们的光通量和辐射通量之间的关系时，应对式(6－16)在整个波长范围内进行积分

$$\Phi = \int_{\lambda=0}^{\infty}\mathrm{d}\Phi = \int_{\lambda=0}^{\infty}K(\lambda)\mathrm{d}\Phi_e = \int_{\lambda=0}^{\infty}K(\lambda)\Phi_{e\lambda}\mathrm{d}\lambda \tag{6-17}$$

我们用 Φ 和 Φ_e 之比 K 表示发光体的发光特性

$$K = \frac{\Phi}{\Phi_e} = \frac{\int_0^{\infty}K(\lambda)\Phi_{e\lambda}\mathrm{d}\lambda}{\int_0^{\infty}\Phi_{e\lambda}\mathrm{d}\lambda} \tag{6-18}$$

K 称为发光体的“光视效能”。Φ 的单位为流明（lm），Φ_e 的单位为瓦（W），因此 K 的单位为流明每瓦（lm/W）。K 表示辐射体消耗1W 功率所发出的流明数。

在表6－2中列出了一些常用光源的光视效能。

表6－2　常用光源光视效能

光源种类	光视效能/（$\mathrm{lm} \cdot \mathrm{W}^{-1}$）	光源种类	光视效能/（$\mathrm{lm} \cdot \mathrm{W}^{-1}$）
钨丝灯（真空）	8～9.2	日光灯	27～41
钨丝灯（充气）	9.2～21	高压水银灯	34～45
石英卤钨灯	30	超高压水银灯	40～47.5
气体放电管	16～30	钠光灯	60

【计算举例】 一个功率（辐射通量）为60W 的钨丝充气灯泡，假定它在各个方向上均匀发光，求它的发光强度。

根据表6－2，钨丝充气灯泡的光视效能为9.2～21 lm/W，假定取它的平均值等于15 lm/W，则该灯泡所发光的总光通量为

$$\Phi = K\Phi_e = 15 \times 60 = 900\ (\mathrm{lm})$$

由于假定光源向整个空间各方向均匀发光，根据发光强度的定义有

$$I = \frac{\Phi}{\Omega} = \frac{\Phi}{4\pi} = \frac{900}{4\pi} = 71.62\ (\mathrm{cd})$$

二、光出射度和光照度

对于具有一定面积的发光体，表面上不同位置发光的强弱可能是不一致的。为了表示任

意一点 A 处的发光强弱，在 A 点周围取微小面积 dS，假定它发出的光通量为 $d\Phi$（不管它的辐射方向和辐射范围立体角的大小），如图 6－8（a）所示，则 A 点的光出射度表示为

$$M = \frac{d\Phi}{dS} \tag{6-19}$$

式（6－19）所表示的光出射度，就是发光表面单位面积内所发出的光通量，与辐射度学中的辐（射）出射度相对应。在发光表面均匀发光的情况下，公式表示为

$$M = \frac{\Phi}{S} \tag{6-20}$$

反之，某一表面被发光体照明，为了表示被照明表面 A 点处的照明强弱，在 A 点周围取微小面积 dS，它接收了 $d\Phi$ 光通量，如图 6－8（b）所示，则 $d\Phi$ 与 dS 之比称作 A 点处的"光照度"，用下式表示：

$$E = \frac{d\Phi}{dS} \tag{6-21}$$

在均匀照明情况下，公式可表示为

$$E = \frac{\Phi}{S} \tag{6-22}$$

光照度表示被照明的表面单位面积上所接收的光通量，与辐射度学中的辐（射）照度相对应。显然，光出射度和光照度具有相同的单位，只不过是一个用于发光体，而另一个用于被照明体，它们的单位是勒克斯（lx）。1lx 等于 1 m^2 面积上发出或接收1 lm 的光通量，即1 lx = 1 lm/m^2。

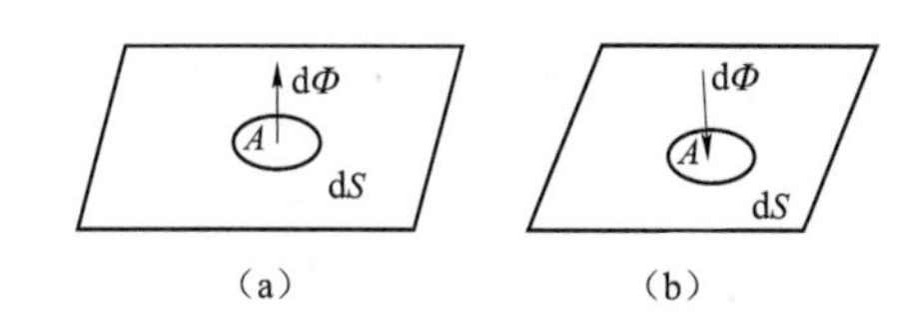

图 6－8　光出射度和光照度

表 6－3 中列出了一些常见的光照度值。

表 6－3　常见的物体光照度值　（单位：lx）

观看仪器的示值	30 ~ 50
一般阅读及书写	50 ~ 75
精细工作（修表等）	100 ~ 200
摄影场内拍摄电影	10 000
照相制版时的原稿	30 000 ~ 40 000
明朗夏日采光良好的室内	100 ~ 500
太阳直照时的地面照度	100 000
满月在天顶时的地面照度	0.2
无月夜天光在地面产生的照度	3×10^{-4}

【计算举例】 利用图 6－9 所示的照明器，在 15m 远的地方照明直径为 2.5m 的圆面积。

要求达到的平均照度为 50 lx，聚光镜的焦距为 150 mm，通光直径也等于 150 mm。试求灯泡的发光强度和灯泡通过聚光镜成像后在照明范围内的平均发光强度，以及灯泡的功率

和位置。

根据式（6－22），在均匀照明的情况下

$$\Phi = ES = 50 \times \pi \times (1.25)^2 = 246\ (\mathrm{lm})$$

式中，Φ 为照明范围内接收的总光通量。

从图中看到，照明范围对应的光锥角 u' 为

$$\tan(-u') = \frac{1.25 - 0.075}{15} = 0.0783$$

或者

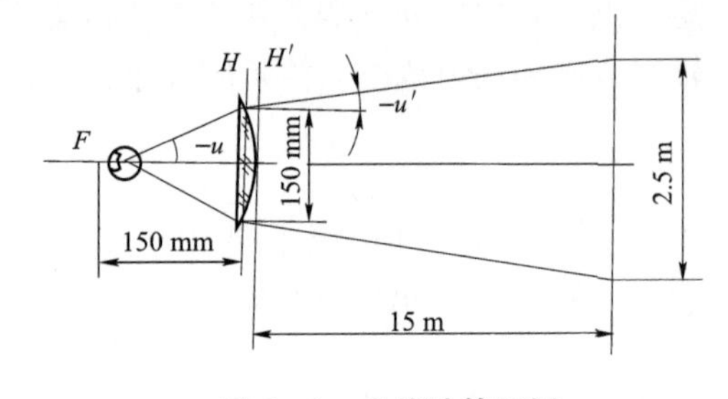

图6－9　光能计算示例

$$u' = -4.5°$$

根据理想光学系统中光路计算公式

$$n'\tan u' - n\tan u = h\frac{n'}{f'}$$

将 $n = n' = 1$，$\tan u' = -0.0783$，$h = 75$ mm，$f' = 150$ mm 代入上式，得

$$\tan u = \tan u' - \frac{h}{f'} = -0.0783 - \frac{75}{150} = -0.578$$

$$u = -30°$$

对应的立体角可根据式（6－2）求得

$$\Omega' = 4\pi\sin^2\frac{u'}{2} = 4\pi\sin^2(2.25°) = 0.0195\ (\mathrm{sr})$$

$$\Omega = 4\pi\sin^2\frac{u}{2} = 4\pi\sin^2(15°) = 0.845\ (\mathrm{sr})$$

照明空间的平均发光强度为

$$I' = \frac{\Phi}{\Omega'} = \frac{246}{0.0195} = 1.26 \times 10^4\ (\mathrm{cd})$$

假定忽略聚光镜的光能损失，则灯泡的发光强度为

$$I = \frac{\Phi}{\Omega} = \frac{246}{0.845} = 292\ (\mathrm{cd})$$

如果灯泡在各方向均匀发光，则灯泡所发出的总光通量为

$$\Phi = 4\pi I = 4\pi \times 292 = 3670\ (\mathrm{lm})$$

若采用充气钨丝灯泡，假定光视效能 $K = 15$ lm/W，则根据式（6－18）求出灯泡的功率为

$$\Phi_e = \frac{\Phi}{K} = \frac{3670}{15} = 245\ (\mathrm{W})$$

灯泡的位置

$$l = \frac{h}{\tan u} = \frac{75}{-0.578} = -130\ (\mathrm{mm})$$

式中，l 为灯泡离开聚光镜物方主平面的距离。

从以上结果可以看到，照明空间的发光强度 I' 比原来灯泡的发光强度 I 大得多，也就是说，可以利用光学系统大大地提高光源在某一方向上的发光强度。在探照灯中，照明方向上的发光强度可以达到上亿坎（德拉）。

三、光亮度

仅仅有了光出射度还不足以充分表示出具有一定面积的发光体的全部发光特性，因为光出射度只表示单位面积上发出的光通量的多少，而不考虑辐射的方向，所以不能表示发光面不同方向的发光特性。光亮度则能表示发光表面不同位置和不同方向的发光特性。下面介绍光亮度的意义。

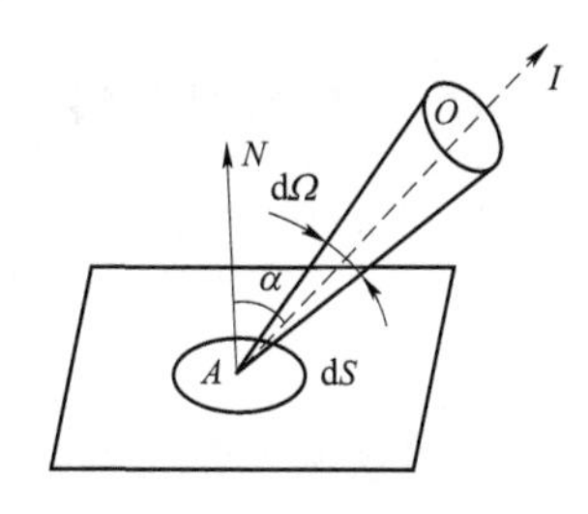

图 6－10　光亮度示意图

假定在发光面上 A 点周围取一个微小面积 $\mathrm{d}S$，如图 6－10 所示。某一方向 AO 的发光强度为 I，且 $\mathrm{d}S$ 在垂直于 AO 方向上的投影面积为 $\mathrm{d}S_n$，则光亮度用下式表示：

$$L=\frac{I}{\mathrm{d}S_n}=\frac{I}{\mathrm{d}S\cdot\cos\alpha} \tag{6-23}$$

式中，L 代表发光面上 A 点处在 AO 方向上的发光特性，它等于发光表面上某点周围的微面在给定方向上的发光强度除以该微面在垂直于给定方向的投影面积。光亮度与辐射度学中的辐亮度相对应。

光亮度的单位为坎（德拉）/米^2（$\mathrm{cd/m^2}$）。假定 $I=1\ \mathrm{cd}$，$\mathrm{d}S_n=1\ \mathrm{m^2}$，则光亮度 L 为 $1\mathrm{cd/m^2}$。

下面求光亮度与光通量之间的关系。根据式（6－11）

$$I=\frac{\mathrm{d}\Phi}{\mathrm{d}\Omega}$$

将上式代入式（6－23），得

$$L=\frac{I}{\mathrm{d}S_n}=\frac{\mathrm{d}\Phi}{\mathrm{d}S\cdot\cos\alpha\cdot\mathrm{d}\Omega} \tag{6-24}$$

由式（6－24）可知，光亮度表示发光面上单位投影面积在单位立体角内所发出的光通量。表 6－4 列出一些常见物体的光亮度。

表 6－4　常见物体的光亮度

光源名称	光亮度/（$\mathrm{cd\cdot m^{-2}}$）	光源名称	光亮度/（$\mathrm{cd\cdot m^{-2}}$）
在地球上看到的太阳	1.5×10^9	在地球上看到的月亮表面	2.5×10^3
普通电弧	1.5×10^8	人工照明下书写阅读时的纸面	10
钨丝白炽灯灯丝	$(5\sim15)\times10^6$	白天的晴朗天空	5×10^3
太阳照射下漫射的白色表面	3×10^4		

§6－5　光照度公式和发光强度的余弦定律

一、光照度公式

假定点光源 A 照明一个微小的平面 $\mathrm{d}S$，如图 6－11 所示。$\mathrm{d}S$ 离开光源的距离为 l，其表

面法线方向 ON 和照明方向成夹角 α，假定光源在 AO 方向上的发光强度为 I，则光源射入微小面积 $\mathrm{d}S$ 内的光通量为

$$\mathrm{d}\Phi = I\mathrm{d}\Omega$$

由图 6－11 得到

$$\mathrm{d}\Omega = \frac{\mathrm{d}S\cos\alpha}{l^2}$$

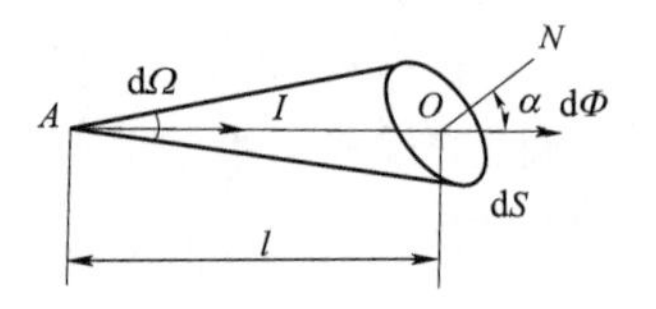

图 6－11　光照度公式示意图

代入上式，得

$$\mathrm{d}\Phi = I\frac{\mathrm{d}S\cos\alpha}{l^2}$$

根据光照度公式（6－21），则有

$$E = \frac{\mathrm{d}\Phi}{\mathrm{d}S} = \frac{I\cos\alpha}{l^2} \tag{6-25}$$

上式就是实际应用的光照度公式。从式（6－25）可以看出，被照明物体表面的光照度和光源在照明方向上的发光强度 I 及被照明表面的倾斜角 α 的余弦成正比，而与距离的平方成反比。以上由点光源导出的公式，对于光源大小与距离 l 比较起来不大的情况，同样可以应用。在应用以上公式时，I 以坎为单位，l 以米为单位，E 的单位为勒克斯。

上述的光照度公式常用来测量光源的发光强度。如图 6－12 所示，假定 A_1 为一个已知发光强度为 I_1 的标准光源，A_2 是一个待测光源，设它的发光强度为 I_2，用它们来照明两个同样的表面，改变两光源到照射表面的距离 l_1 和 l_2，当我们看到两表面的光照度相等时，以下关系显然成立：

$$\frac{I_1\cos\alpha}{l_1^2} = \frac{I_2\cos\alpha}{l_2^2}$$

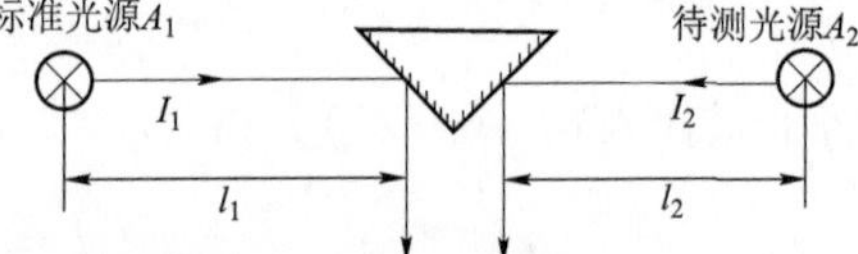

图 6－12　发光强度测量

或写成

$$\frac{I_1}{I_2} = \frac{l_1^2}{l_2^2}$$

根据已知的 I_1，并测出 l_1 和 l_2，代入上式即可求得待测光源的发光强度 I_2。

二、发光强度余弦定律

大多数均匀发光的物体，不论其表面形状如何，在各个方向上的光亮度都近似一致。例如，太阳虽然是一个圆球，但我们看到在其整个表面上中心和边缘都一样亮，和看到一个均匀发光的圆形平面相同，这说明太阳表面各方向的光亮度是一样的。下面讨论当发光体在各方向的光亮度相同时，不同方向上的发光强度变化规律。

假定发光微面 $\mathrm{d}S$ 在与该微面垂直方向上的发光强度为 I_0，如图 6－13 所示。设发光体在各方向上的光亮度一致，根据光亮度公式（6－23）有

$$L = \frac{I_0}{\mathrm{d}S} = \frac{I}{\mathrm{d}S\cdot\cos\alpha}$$

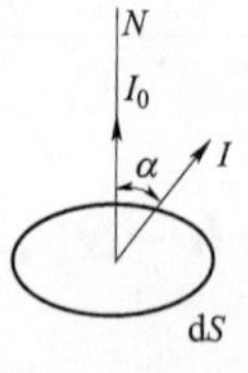

图 6－13　发光面发光

由上式得

$$I = I_0\cos\alpha \tag{6-26}$$

式（6－26）就是发光强度余弦定律，又称“朗伯定律”。该定律可用图 6－14 表示。

符合余弦定律的发光体称为“余弦辐射体”或“朗伯辐射体”。

下面根据发光强度的余弦定律，求发光微面发出的光通量。

假定发光面的光亮度为 L，面积为 dS，如图 6－15 所示。求它在半顶角为 u 的圆锥内所辐射的总光通量。

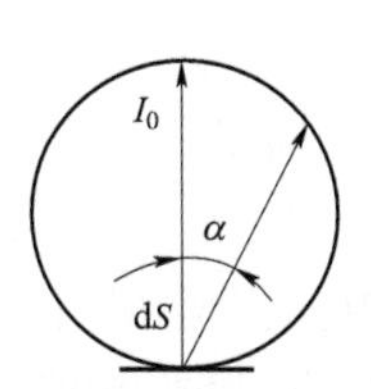

图 6－14　发光强度余弦定律示意图

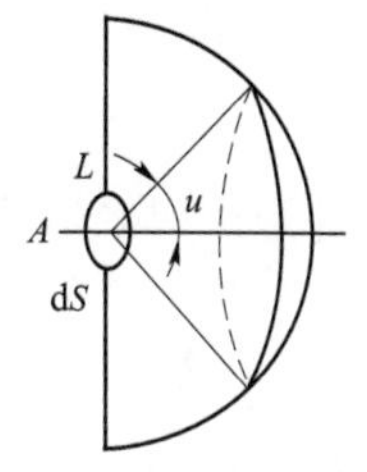

图 6－15　余弦定律应用示例

对式（6－14）进行积分，得

$$\Phi = \int_0^{\Omega} I \mathrm{d}\Omega$$

根据发光强度的余弦定律有

$$I = I_0 \cos\alpha$$

以 A 为球心，以 r 为半径作球面，在球面上取一个 $d\alpha$ 的环带，它所对应的立体角 $d\Omega$ 根据式（6－1）为

$$\mathrm{d}\Omega = -2\pi \mathrm{d}\cos\alpha$$

将 I 和 $d\Omega$ 的关系一并代入 Φ 的公式，则有

$$\Phi = -\pi\int_0^{u} I_0 2\cos\alpha \mathrm{d}\cos\alpha = -\pi\int_0^{u} I_0 \mathrm{d}\cos^2\alpha$$

由此得到

$$\Phi = \pi I_0(1-\cos^2 u) = \pi L \mathrm{d}S \sin^2 u \qquad (6-27)$$

如果发光面为单面发光，则发光物体发出的总光通量 Φ，相当于以上公式中 $u=90°$，则得

$$\Phi = \pi L \mathrm{d}S \qquad (6-28)$$

如发光面为两面发光，则

$$\Phi = 2\pi L \mathrm{d}S \qquad (6-29)$$

【计算举例】假定一个钨丝充气灯泡的功率为 300 W，光视效能为 20 lm/W，灯丝尺寸为 $8\times8.5\ \mathrm{mm}^2$，如图 6－16 所示，双面发光，求在灯丝面内的平均光亮度。

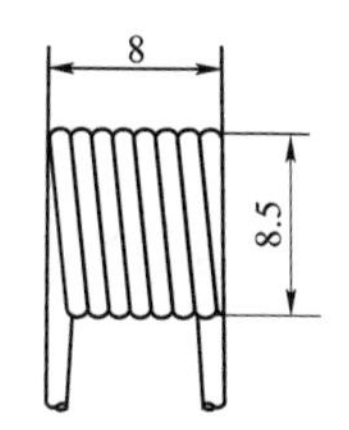

图 6－16　灯丝示意图

发光面所发出的总光通量为

$$\Phi = K\Phi_e = 20\times300 = 6\,000\ (\mathrm{lm})$$

由于灯丝两面发光，则代入式（6－29），得

$$L = \frac{\Phi}{2\pi \mathrm{d}S} = \frac{6\,000}{2\pi\times8\times10^{-3}\times8.5\times10^{-3}} = 1.4\times10^{7}(\mathrm{cd/m^2})$$

§6－6　全扩散表面的光亮度

在自然界中，我们所看到的大多数物体本身并不发光，而是被其他发光体照明以后，光

线在物体表面进行漫反射。本节就是讨论不发光物体表面的光亮度问题。

如果被照明物体的表面在各方向上的光亮度是相同的，则称这样的表面为全扩散表面。全扩散表面具有余弦辐射特性。

假定一个全扩散表面 dS，它的光照度为 E，则根据式（6－21），dS 微面接收的光通量 dΦ 为

$$\mathrm{d}\Phi = E\mathrm{d}S$$

假定该全扩散表面的漫反射系数为 ρ，则它所反射出来的总光通量 dΦ' 为

$$\mathrm{d}\Phi' = \rho\mathrm{d}\Phi = \rho E\mathrm{d}S$$

根据前面所述的全扩散表面的定义，表面光亮度 L 对各方向都是相同的，即符合发光强度余弦定律，因此可按照式（6－28）求出表面发出的总光通量 dΦ' 和光亮度 L 之间的关系为

$$\mathrm{d}\Phi' = \pi L\mathrm{d}S$$

将前面 dΦ' 关系代入上式，则得

$$\pi L\mathrm{d}S = \rho E\mathrm{d}S$$

或写成

$$L = \frac{1}{\pi}\rho E \tag{6-30}$$

式（6－30）就是全扩散表面的光亮度公式，公式中光照度以勒克斯（lx）为单位，光亮度的单位则为坎（德拉）每平方米（cd/m^2）。

表6－5列出了一些常见的漫反射系数。

表6－5　物体表面漫反射系数值

照明表面	漫反射系数/%	照明表面	漫反射系数/%
氧化镁	96	黏土	16
石灰	91	月亮	10～20
雪	78	黑土	5～10
白纸	70～80	黑呢绒	1～4
白砂	25	黑丝绒	0.2～1

§6－7　光学系统中光束的光亮度

上面介绍了光度学的基本知识，现在开始进行光学系统中光能的讨论。为了全面地了解光学系统中光束光亮度变化的规律，我们对光束在均匀透明介质中传播与在两介质分界面上的折射和反射等三种情况分别加以研究。

一、均匀透明介质情形

假定 A_1A_2 直线为均匀透明介质中的一条光线，如图6－17所示。我们讨论该光线上的任意两点 A_1 和 A_2 在光线进行方向上的光亮度 L_1 和 L_2 之间的关系。在 A_1 和 A_2 两点垂直于

光线的方向上分别取两个微面 dS_1 和 dS_2。dS_1 输入到 dS_2 内的光通量为 $d\Phi_1$。

根据式（6-24），且 $\alpha=0°$，有

$$d\Phi_1 = L_1 dS_1 d\Omega_1 = L_1 \frac{dS_1 \cdot dS_2}{l^2}$$

式中，l 为 dS_1 和 dS_2 的距离。

同理，得到从 dS_2 射出的光通量 $d\Phi_2$ 为

$$d\Phi_2 = L_2 dS_2 d\Omega_2 = L_2 \frac{dS_2 \cdot dS_1}{l^2}$$

假定不考虑光能损失，则从 dS_1 输入到 dS_2 中的光通量应该等于 dS_2 所射出的光通量，即

$$d\Phi_1 = d\Phi_2$$

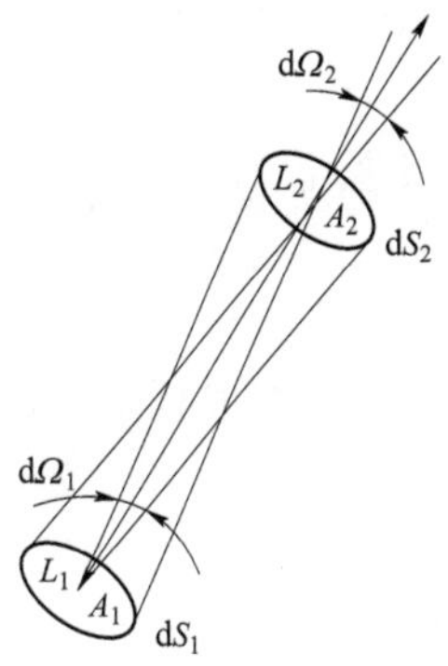

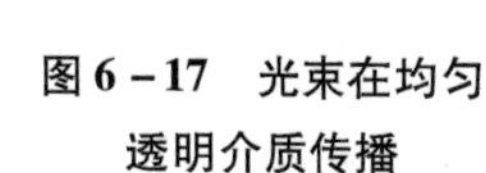

图 6-17　光束在均匀透明介质传播

由此得到

$$L_1 = L_2 \tag{6-31}$$

根据以上讨论可以得到如下结论：在均匀透明介质中，如果不考虑光能损失，则位于同一条光线上的各点，在光线进行的方向上光亮度不变。

二、折射情形

假定 AO 光线通过两介质的分界面 P 折射后进入第二种介质，如图 6-18 所示。以 O 点为球心，以 r 为半径作一球面，在球面上取一微面 $ABCD$，所对应的立体角为 $d\Omega_1$，由图得到

$$d\Omega_1 = \frac{dS_1}{r^2} = \frac{r\sin I_1 d\varphi \; r dI_1}{r^2} = \sin I_1 dI_1 d\varphi$$

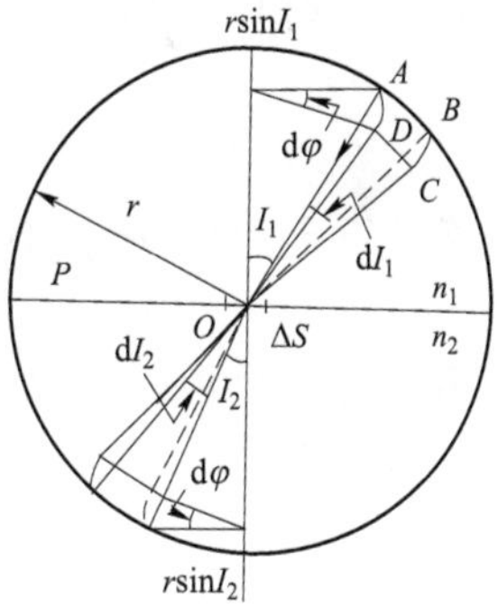

假定入射光束的光亮度为 L_1，在介质分界面上 O 点附近取一微面 ΔS，设 ΔS 位于折射率为 n_1 的第一种介质内，则通过 ΔS 输出的光通量根据式（6-24）有

$$d\Phi_1 = L_1 \Delta S \cos I_1 d\Omega_1 = L_1 \Delta S \cos I_1 \sin I_1 dI_1 d\varphi$$

也可以把 ΔS 看作位于折射率为 n_2 的介质内，并设它的光亮度为 L_2。假定 $d\Omega_1$ 经过折射以后对应的立体角为 $d\Omega_2$，同理可以找到与 $d\Omega_1$ 相似的计算式

图 6-18　光束在两种介质分界面传播

$$d\Omega_2 = \sin I_2 dI_2 d\varphi$$

由 ΔS 输出的光通量为

$$d\Phi_2 = L_2 \Delta S \cos I_2 d\Omega_2 = L_2 \Delta S \cos I_2 \sin I_2 dI_2 d\varphi$$

无论把 ΔS 看作位于 n_1 介质内还是位于 n_2 介质内，它所输出的光通量应该相同，即 $d\Phi_1 = d\Phi_2$。将 $d\Phi_1$ 和 $d\Phi_2$ 的公式代入上述等式，得

$$L_1 \Delta S \cos I_1 \sin I_1 dI_1 d\varphi = L_2 \Delta S \cos I_2 \sin I_2 dI_2 d\varphi$$

或者

$$\frac{L_2}{L_1} = \frac{\cos I_1 \sin I_1 dI_1}{\cos I_2 \sin I_2 dI_2}$$

根据折射定律有

$$n_1\sin I_1 = n_2\sin I_2$$

微分上式，得

$$n_1\cos I_1 \mathrm{d}I_1 = n_2\cos I_2 \mathrm{d}I_2$$

或者

$$\frac{\cos I_1 \mathrm{d}I_1}{\cos I_2 \mathrm{d}I_2} = \frac{n_2}{n_1}$$

将以上关系代入前面光亮度关系式，得

$$\frac{L_2}{L_1} = \frac{n_2^2}{n_1^2}$$

或者

$$\frac{L_2}{n_2^2} = \frac{L_1}{n_1^2} \tag{6-32}$$

当光线处在同一种介质中，即 $n_1 = n_2$ 时，$L_1 = L_2$，这就是前面曾得到的结论。

三、反射情形

反射可以看成 $n_2 = -n_1$ 的折射，代入式（6-32），得

$$L_2 = L_1$$

由此可以看到，光束在均匀介质中传播，或在两种介质的分界面上反射时，光亮度变化都可看成折射时的特例。因此，可以写出以下普遍关系式：

$$\frac{L_1}{n_1^2} = \frac{L_2}{n_2^2} = \cdots = \frac{L_k}{n_k^2} = L_0 \tag{6-33}$$

公式（6-33）中，不论光束经过任意次折射、反射，或者在均匀介质中传播，永远成立。

我们称式中的 L_0 为“折合光亮度”。当光束位于空气中，即 $n=1$ 时，折合光亮度和实际光亮度相等。

以上关系式可以表达如下：如果不考虑光束在传播中的光能损失，则位于同一条光线上的所有各点，在该光线传播方向上的折合光亮度不变。

在理想成像时，由于物点 A 发出的光线均通过像点 A'，因此物和像的光亮度 L 和 L' 之间有以下关系

$$L' = L\left(\frac{n'}{n}\right)^2 \tag{6-34}$$

如图6-19所示，n 和 n' 分别为物、像空间介质的折射率，当物、像空间折射率相同时，则

$$L' = L$$

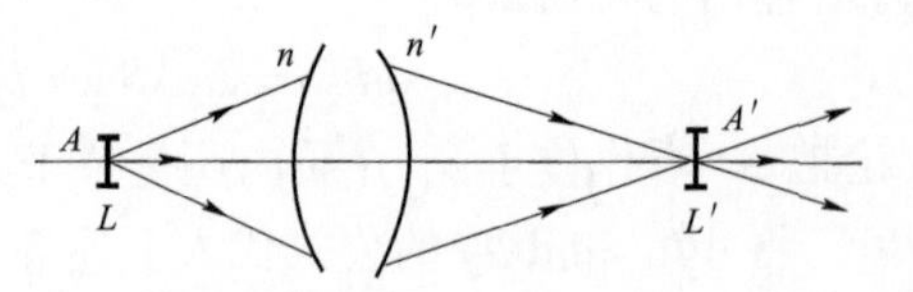

图6-19　物像空间光亮度计算

在实际光学系统中，必须考虑光能损失，则式（6-34）可表示为

$$L' = \tau L\left(\frac{n'}{n}\right)^2 \tag{6-35}$$

式中，τ 称为光学系统的透过率。显然 τ 永远小于1。因此，当系统物像空间介质相同时，像

的光亮度永远小于物的光亮度。

§6-8　像平面的光照度

一、轴上点的光照度公式

假定物平面上轴上物点 A 的光亮度为 L，且各方向上光亮度相同，相应的像平面上 A' 点的光亮度为 L'，如图 6-20 所示，像平面上光轴周围微小面积 dS' 所输出的光通量，根据式(6-27) 有

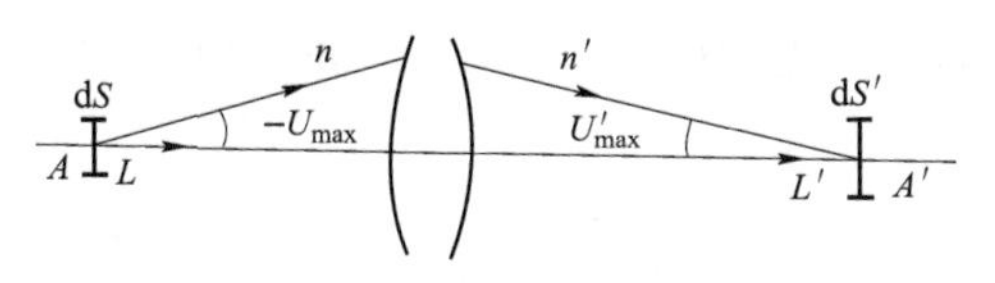

图 6-20　轴上点光照度计算

$$\Phi' = \pi L' dS' \sin^2 U'_{max}$$

由此得到光轴周围像平面的光照度公式如下：

$$E_0' = \frac{\Phi'}{dS'} = \pi L' \sin^2 U'_{max} \qquad (6-36)$$

将物像之间光亮度关系公式（6-35）代入上式，则有

$$E_0' = \tau \pi L \left(\frac{n'}{n}\right)^2 \sin^2 U'_{max} \qquad (6-37)$$

在物空间和像空间折射率相等的情况下，将 $n' = n$ 代入式（6-37）得

$$E_0' = \tau \pi L \sin^2 U'_{max} \qquad (6-38)$$

以上公式中，L 以坎（德拉）/米^2 为单位，E_0' 以勒克斯为单位。

二、轴外像点的光照度公式

上面得出了轴上像点的光照度公式，如果知道了轴上点和轴外点的光照度之间的关系，就可以求得轴外点的光照度。假定物平面的光亮度是均匀的，并且轴上点和轴外点对应的光束截面积相等，即不存在斜光束渐晕，如图 6-21 所示。

由图 6-21 可以看到，像平面上每一点对应的光束都充满了整个出瞳，光学系统的出瞳好像是一个发光面，照亮了像平面上的每一点。出瞳射向像平面上不同像点的光束，是由物平面上不同的对应点发出的。如果物平面的光亮度是均匀的，则出瞳射向不同方向的光束光亮度也是相同的。假定出瞳的直径和出瞳离开像平面的距离比较起来不大，即光束孔径角较小，则可以近似应用光照度公式(6-25) 表示像平面光照度

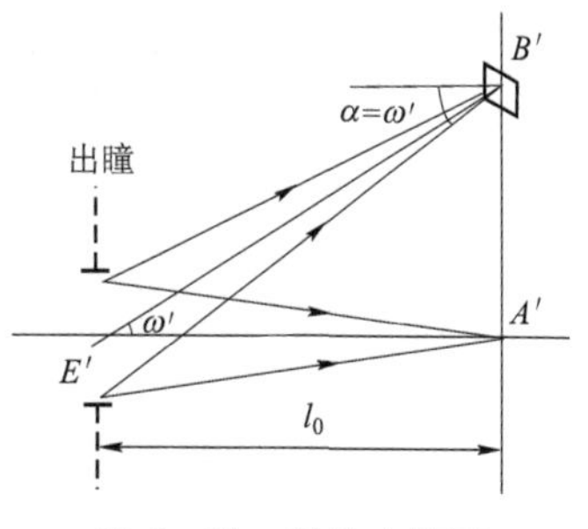

图 6-21　轴外点情形

$$E' = \frac{I\cos\alpha}{l^2}$$

式中，α 即为像方视场角 ω'。

由图可以看到，像平面上轴外点的光照度一定小于轴上点的光照度，其主要原因如下：

(1) 由于轴外光束倾斜以后，出瞳在光束垂直方向上的投影面积减小。根据式(6-26) 有

$$I = I_0 \cos\omega'$$

因此轴外点的发光强度比轴上点的发光强度 I_0 小。

（2）照明距离比轴上点的照明距离增加，其关系为

$$l = \frac{l_0}{\cos \omega'}$$

将以上关系式代入光照度式（6－26），则得到

$$E' = \frac{I_0 \cos \omega' \cos \omega'}{\left(\dfrac{l_0}{\cos \omega'}\right)^2} = \frac{I_0}{l_0^2} \cos^4 \omega'$$

根据式（6－26），当 $\alpha = 0°$时，$E = \dfrac{I}{l^2}$，显然，轴上点光照度 $E_0{}' = \dfrac{I_0}{l_0^2}$。由此得到

$$\frac{E'}{E_0{}'} = \cos^4 \omega' \tag{6-39}$$

上式说明：在没有斜光束渐晕时，随着像方视场角 ω' 的增加，像平面光照度按 $\cos \omega'$ 的四次方降低。表 6－6 所示为不同 ω' 对应的 $E'/E_0{}'$ 值。

表 6－6　不同视场角的 $E'/E_0{}'$ 值

ω'	$E'/E_0{}'$	ω'	$E'/E_0{}'$
10°	0.941	40°	0.344
20°	0.780	50°	0.171
30°	0.563	60°	0.063

由表 6－6 可以看到，当像方视场角 ω' 达到 60°时，边缘光照度不到视场中央的 10%，这是设计 100°～120°特广角照相物镜时所遇到的主要困难之一。

在实际光学系统中，往往存在斜光束渐晕现象。假定斜光束的通光面积和轴向光束的通光面积之比为 K，则

$$\frac{E'}{E_0{}'} = K \cos^4 \omega' \tag{6-40}$$

在一般系统中，K 均小于 1，因此像平面边缘光照度下降得更快。

§6－9　照相物镜像平面的光照度和光圈数

照相物镜的作用是把景物成像在感光底片上。由于景物距离和物镜焦距比较，一般都达到数十倍，因此，可以认为像平面近似位于物镜的像方焦面上，如图 6－22 所示。由图 6－22 得到

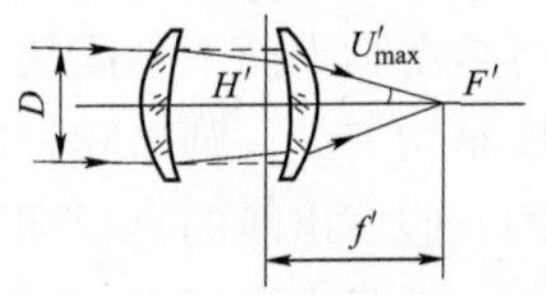

$$\sin U'_{\max} \approx \frac{D}{2f'}$$

图 6－22　照相物镜系统

将以上关系代入式（6－38），得

$$E_0{}' = \frac{\pi}{4} \tau L \left(\frac{D}{f'}\right)^2 \tag{6-41}$$

式（6－41）即为照相物镜的像平面光照度公式，D/f' 称为物镜的相对孔径，用 A 表示。照相物镜的像平面光照度和相对孔径平方成比例，所以相对孔径是照相物镜的重要光学

特性，一般和物镜的焦距 f' 一起标注在镜框上，如图 6－23 所示。

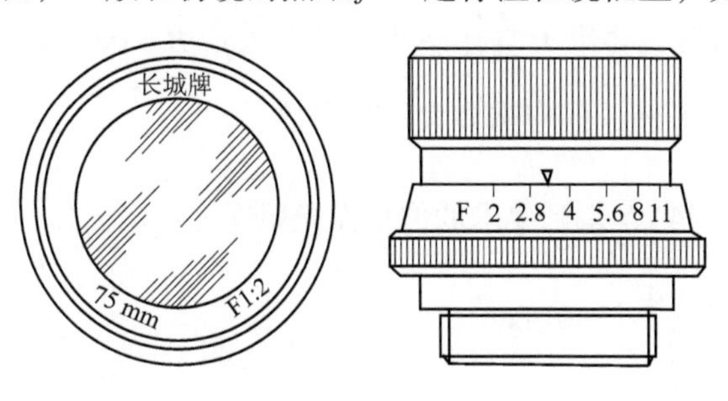

图 6－23　照相物镜示意图

在 §5－1 节中说过，照相物镜孔径光阑的口径是可变的，可以根据镜圈上的刻度值来改变物镜的孔径。分度的方法一般是按每一刻度值对应的像平面光照度依次减少一半，由于像平面光照度与相对孔径平方成比例，所以相对孔径按 $1/\sqrt{2}$ 等比级数变化，一般分度值为

1∶1；　1∶1.4；　1∶2；　1∶2.8；　1∶4；　1∶5.6；

1∶8；　1∶11；　1∶16；　1∶22；　1∶32

为了简便，镜圈上的刻度值并不是相对孔径值，而是相对孔径的倒数（f'/D），称为光圈数，用 F 表示。因此，镜圈上的实际刻度值为

1；　1.4；　2；　2.8；　4；　5.6；　8；　11；　16；　22；　32

如图 6－23 所示。

由于不同型式的物镜结构不同，透过率 τ 也不一样，由式（6－41）可知，即使它们的相对孔径相同，像平面光照度仍然不等。为了避免透过率的影响，近来实行一种 T 制光圈。T 制光圈的意义如下：假定某一个物镜透过率为 τ，相对孔径为 D/f'，T 制光圈的相对孔径为 $(D/f')_T$，三者之间存在以下关系：

$$\left(\frac{D}{f'}\right)_T^2 = \tau\left(\frac{D}{f'}\right)^2$$

或者

$$\frac{D}{f'} = \frac{1}{\sqrt{\tau}}\left(\frac{D}{f'}\right)_T \tag{6-42}$$

为了区别起见，把一般相对孔径 D/f' 的倒数称为 F 制光圈。

例如，某一个照相物镜的透过率为 0.85，T 制光圈为 $(D/f')_T = 1:2$，由式（6－42）求得对应的 F 制光圈为

$$\frac{D}{f'} = \frac{1}{\sqrt{\tau}}\left(\frac{D}{f'}\right)_T = \frac{1}{\sqrt{0.85}}\frac{1}{2} = \frac{1}{1.84}$$

将式（6－42）的关系代入式（6－41），得

$$E_0' = \frac{\pi}{4}L\left(\frac{D}{f'}\right)_T^2 \tag{6-43}$$

由式（6－43）可以看到，只要 T 制光圈数相同，景物的光亮度相同，尽管物镜的焦距和结构不同，它们的透过率也不同，但像平面光照度都是相等的。

假定照相物镜的像平面光照度为 E，曝光时间为 t，显然底片上单位面积接收的曝光量 H 为

$$H = Et \tag{6-44}$$

式中，H 的单位为勒克斯·秒（lx·s）。为了使底片曝光，要求底片达到一定的曝光量。光圈下降一挡，像平面光照度 E 就要减小一半，欲获得同样的曝光量，曝光时间就需要增加

一倍。

【计算举例】 在晴朗的白天进行外景摄影，要求天空在底片上的曝光量 $H=0.4\ \mathrm{lx\cdot s}$，假定取曝光时间 $t=\frac{1}{100}$ s，物镜的透过率 $\tau=0.85$，问应选多大的光圈数。

将 $H=0.4\ \mathrm{lx\cdot s}$，$t=\frac{1}{100}$ s 代入式（6-44），得到要求的像平面光照度为

$$E=\frac{H}{t}=\frac{0.4}{\frac{1}{100}}=40(\mathrm{lx})$$

由表6-4查得晴朗白天天空的光亮度为5 000 cd/m²，将 $E=40$ lx，$L=5\ 000\ \mathrm{cd/m^2}$，$\tau=0.85$ 代入式（6-41），得

$$\left(\frac{D}{f'}\right)^2=\frac{4E}{\pi\tau L}=\frac{4\times40}{\pi\times0.85\times5\ 000}=0.012$$

$$\frac{D}{f'}=0.11=\frac{1}{9.1}$$

根据前面光圈数的刻度值，可以选用光圈数8或11，也可以取二者之间。

§6-10 人眼的主观光亮度

外界物体通过眼睛成像在网膜上，刺激视神经细胞引起视觉。由于刺激的强度不同，从而产生亮暗的感觉。我们把刺激强度称为主观光亮度。下面研究主观光亮度如何表示，它由哪些因素决定。首先，根据网膜上成像情况的不同，将外界物体分成两类：第一类，假定物体对眼睛的视角很小，在网膜上所成的像小于一个视神经细胞的直径，这样的物体称为发光点；第二类，物体比较大，在网膜上所成的像具有较大的面积，这样的发光体称为发光面。下面分别进行讨论。

一、发光点

由于发光点的像小于一个视神经细胞的直径，显然对该细胞刺激的强度取决于它所接收的光通量，因此，对发光点的情形，主观光亮度由光通量决定。

假定某一发光点，它的发光强度为 I，离开眼睛的距离为 l，眼睛的瞳孔直径为 a，如图6-24（a）所示，则进入眼睛的光通量根据式（6-14）为

$$\mathrm{d}\Phi=I\mathrm{d}\Omega=I\frac{\pi a^2}{4l^2}\qquad(6-45)$$

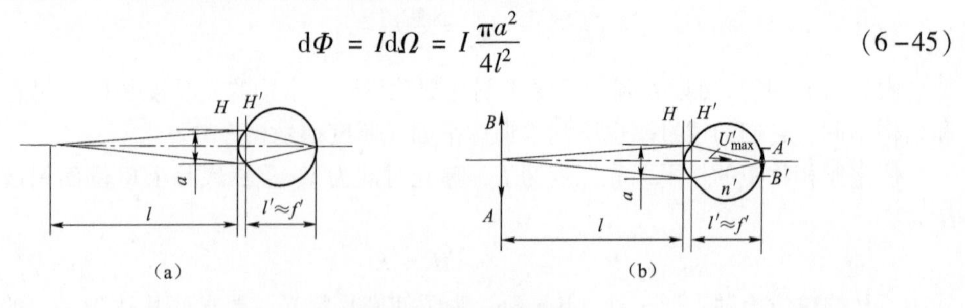

图6-24 发光点和发光面示意图

由式（6－45）可以看到，在发光点的情况下，主观光亮度和光源的发光强度 I 以及瞳孔直径的平方成正比，而和光源到眼睛的距离平方成反比。例如，晚上观察发光强度相同、距离不同的两个电灯时，距离远的感觉暗，近的就感觉亮。

二、发光面

发光面在网膜上所成的像具有一定大小，如图 6－24（b）所示。显然，对于视神经细胞刺激的强弱取决于网膜上单位面积所接收的光通量，即取决于像面的光照度。因此，发光面的主观光亮度用网膜上的光照度表示。根据成像的光照度公式（6－37）有

$$E' = \tau \pi L\left(\frac{n'}{n}\right)^2 \sin^2 U'_{max}$$

通常物体位于空气中，因此 $n=1$，n'为眼睛玻璃液的折射率，等于 1.336。另外，根据前面已经用过的关系，$\sin U'_{max}=\frac{a}{2f'}$，代入上式，得

$$E' = 1.4\,\tau L\left(\frac{a}{f'}\right)^2 \tag{6-46}$$

式中，L 为物体的光亮度，τ为眼睛的透过率，f'为眼睛的像方焦距，a 为眼睛瞳孔直径。由此可知，人眼观察发光面时的主观光亮度和物体的光亮度及瞳孔直径的平方成正比，而和物体的距离无关。当我们同时观察两个发光面时，瞳孔的直径 a 显然相同，不论两物体的距离如何，感觉明亮的发光面的光亮度就一定大。

§6－11　通过望远镜观察时的主观光亮度

上节研究了人眼直接观察时的主观光亮度，本节讨论使用望远镜观察时人眼的主观光亮度，并且把它和人眼直接观察时的主观光亮度进行比较。

一、发光点

人眼直接观察时，主观光亮度的式（6－45）为

$$d\Phi = I\frac{\pi a^2}{4l^2}$$

当使用仪器观察时，如果仪器的出瞳直径 D'小于或等于眼睛的瞳孔直径 a，则进入仪器的光通量除了一部分损失以外，都能进入眼睛。如果仪器的出瞳直径 D'大于眼睛的瞳孔直径，则进入仪器的光通量不能全部进入眼睛。在计算主观光亮度时，应按能进入眼睛的有效光通量计算，下面分别进行讨论。

（1）$D'\leqslant a$。假定仪器的入瞳直径为 D，发光点的发光强度为 I，它离观察者的距离为 l，和式（6－45）相似，进入仪器的光通量 $d\Phi_{仪}$ 为

$$d\Phi_{仪} = I\frac{\pi D^2}{4l^2}$$

假定仪器的透过率为$\tau_{仪}$，则进入眼睛的光通量 $d\Phi'_{仪}$ 为

$$d\Phi'_{仪} = \tau_{仪} I\frac{\pi D^2}{4l^2} \tag{6-47}$$

眼睛能感觉发光点的存在，必须接收一定的光通量。当 $d\Phi'_{仪}$ 和物点的发光强度 I 一定时，观察距离 l 和物镜口径 D 成正比。因此，使用了望远镜以后，有可能大大地增加观察距离。为了能够观察到更远的宇宙星体，要求采用更大口径的望远镜。在一定的观察距离 l 内，望远镜的口径 D 越大，I 可以越小。因此，使用大口径的望远镜可以观察到更为微弱的发光点。

下面再把用望远镜观察和用眼睛直接观察二者进行比较，将式（6－47）除以式（6－45），得

$$\frac{d\Phi'_{仪}}{d\Phi} = \tau_{仪}\left(\frac{D}{a}\right)^2 \tag{6-48}$$

由此可知，如果不考虑仪器的光能损失，使用望远镜观察和人眼直接观察时主观光亮度的比，就等于仪器入瞳直径 D 和人眼瞳孔直径 a 的平方之比。所以使用望远镜可以大大地提高对发光点的主观光亮度。

（2）$D' > a$。当仪器的出瞳直径 D' 大于眼睛的瞳孔直径 a 时，能够进入眼睛的有效光束显然由眼睛的瞳孔所确定，如图6－25所示。这时，有效的入射光束口径为 D_a，根据式（3－10）

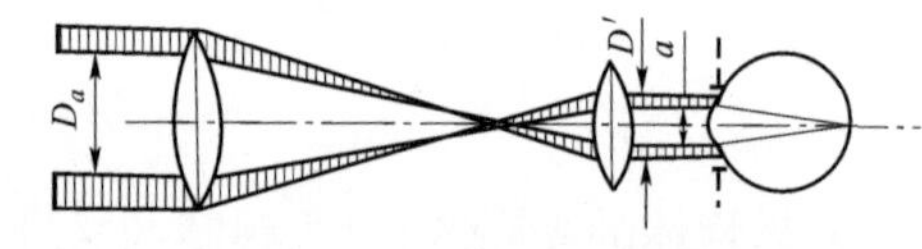

图6－25　出瞳直径大于瞳孔直径

$$\Gamma = \frac{1}{\beta} = \frac{D_a}{a}$$

或者

$$D_a = \Gamma a$$

进入眼睛的有效光通量 $d\Phi'_{仪}$ 为

$$d\Phi'_{仪} = \tau_{仪} I \frac{\pi D_a^2}{4l^2} = \tau_{仪} I \frac{\pi a^2}{4l^2}\Gamma^2 \tag{6-49}$$

用式（6－49）除以式（6－45），得

$$\frac{d\Phi'_{仪}}{d\Phi} = \tau_{仪}\Gamma^2 \tag{6-50}$$

由此可知，当仪器的出瞳直径大于眼睛的瞳孔直径时，如果忽略系统的光能损失，则通过望远镜观察时的主观光亮度等于人眼直接观察时主观光亮度的 Γ^2 倍。

二、发光面

同样分两种情况来讨论。

（1）$D' < a$。发光面的主观光亮度由网膜上的光照度确定。当人眼直接观察时，根据式（6－46），网膜上的光照度为

$$E' = 1.4\,\tau L\left(\frac{a}{f'}\right)^2$$

当通过仪器观察时，系统所成的像相当于眼睛的物，但像的光亮度不等于物的光亮度 L，而等于 $\tau_{仪} L$，$\tau_{仪}$ 为系统的透过率。同时进入眼睛的光束口径不等于 a，而等于 D'。把以上公式中的 L 用 $\tau_{仪} L$ 代替，a 用 D' 代替，就得到通过仪器观察时网膜上的光照度 E'' 为

$$E'' = 1.4\,\tau\tau_{仪} L\left(\frac{D'}{f'}\right)^2 \tag{6-51}$$

用式（6-51）除以式（6-46），得

$$\frac{E''}{E'} = \tau_{仪}\left(\frac{D'}{a}\right)^2 \tag{6-52}$$

系统的透过率$\tau_{仪}$永远小于1，在$D' < a$的情况下，D'/a也小于1。因此，通过仪器观察的主观光亮度E''就大大小于用眼睛直接观察的主观光亮度E'。

（2）$D' \geqslant a$。这时进入眼睛的有效光束口径仍为a。因此，网膜上的光照度为

$$E'' = 1.4\,\tau\tau_{仪}\,L\left(\frac{a}{f'}\right)^2$$

用以上公式除以式（6-46），得

$$\frac{E''}{E'} = \tau_{仪} \tag{6-53}$$

由于$\tau_{仪}$永远小于1，所以通过仪器观察的主观光亮度仍然小于用眼睛直接观察的主观光亮度。由此得出结论：使用望远镜观察发光面时的主观光亮度，永远小于眼睛直接观察时的主观光亮度。这和发光点的情形完全不同。

以上结论看起来似乎不好理解，使用了仪器以后，进入眼睛的光通量增加了，为什么主观光亮度反而降低了呢？这是因为虽然光通量增加了，但是由于仪器的放大作用，网膜上所成的像也加大了，所以单位面积上的光通量并没有增加，反而减少了。

§6-12　光学系统中光能损失的计算

任何实际光学系统都不可能完全透明，从系统射出的光通量Φ'永远比进入系统的光通量Φ要少，即系统的透过率τ永远小于1。为了求出光学系统成像的实际光亮度和光照度，必须求出τ的数值。

首先分析一下光学系统中造成光能损失的原因，以及由它造成的影响。

如图6-26所示，假定一束光线Φ投射到透镜的表面上，其中必有一部分光线Φ_1''被反射回来，其中光线Φ_1'则经过折射以后进入透镜内部。Φ_1'光线在通过介质时，由于介质不可能绝对透明，将有一部分光线被吸收。光线通过介质后，在透镜第二表面上同样有一部分光线Φ_2''被反射。于是进入透镜的光线只有经过第二表面折射后的光线Φ_2'被利用来成像。由以上分析可以知道，造成光学系统光能损失的原因有两个：第一，光束在光学零件表面的反射；第二，光束通过介质时的吸收。

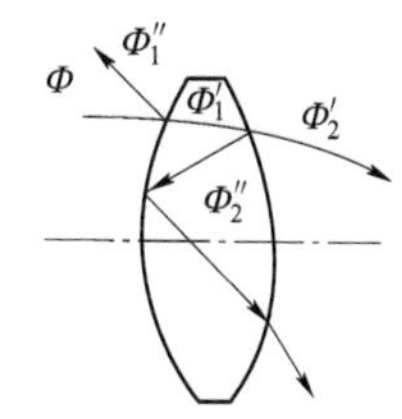

图6-26　光能损失示意图

光能损失首先使光学系统成像光亮度降低。另外，由于反射光再经过它前面的表面反射回到像平面上（例如图6-26中第二表面反射光Φ_2''的情况），使像平面上形成一个亮的背景，降低了像平面的对比，使像的清晰度下降。在有些情况下，多次反射的光线可能在像平面附近成像，即出现所谓的寄生像，对像质特别有害。

下面分别讨论光学系统中光能反射和吸收损失的计算。

一、反射损失计算

介质分界面上反射光通量和入射光通量之比，称为反射系数，用ρ表示。

假定入射光通量为 Φ，折射光通量为 Φ'，反射光通量为 Φ''，根据能量守恒定律有

$$\Phi = \Phi' + \Phi''$$

根据反射系数定义

$$\rho = \frac{\Phi''}{\Phi}$$

将此关系式代入 $\Phi = \Phi' + \Phi''$，并消去 Φ''，则得

$$\Phi' = \Phi(1-\rho) \tag{6-54}$$

对光学系统第一表面来说，可写成

$$\Phi_1' = \Phi_1(1-\rho_1)$$

如果不考虑介质吸收损失，则从第一表面折射出的光通量 Φ_1' 便是第二表面的入射光通量 Φ_2，即

$$\Phi_1' = \Phi_2$$

因此，对第二表面可写出

$$\Phi_2' = \Phi_2(1-\rho_2) = \Phi_1(1-\rho_1)(1-\rho_2)$$

对具有 K 个折射面的系统，同理可写出

$$\Phi_K' = \Phi_1(1-\rho_1)(1-\rho_2)\cdots(1-\rho_K) \tag{6-55}$$

式中，Φ_1 为入射光通量，Φ_K' 为出射光通量，$\rho_1 \cdots \rho_K$ 为各折射面的反射系数。式（6-55）即为计算反射损失的公式。

二、吸收损失的计算

光束通过介质时，由于介质的吸收，光通量逐渐减少。因此，通过介质的光通量随着介质厚度的增加而减少。

如图6-27所示，我们在介质中取出一个无限小的薄层 dl，假定进入 dl 的光通量为 Φ，通过 dl 以后变化了 dΦ（显然 d$\Phi<0$）。dΦ 的大小与薄层厚度 dl 和光通量 Φ 成正比例。因此有

$$\mathrm{d}\Phi = -K\Phi\mathrm{d}l$$

或写成

$$\frac{\mathrm{d}\Phi}{\Phi} = -K\mathrm{d}l$$

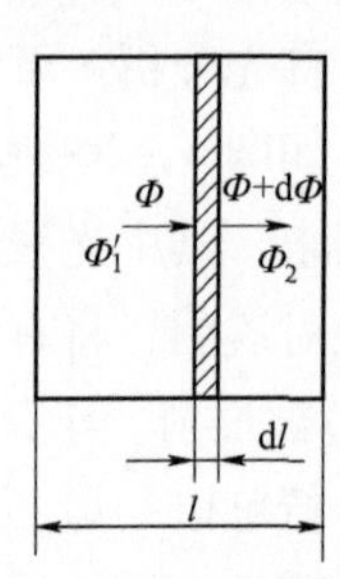

图6-27　吸收损失计算

对上式积分，得到

$$\int_{\Phi_1'}^{\Phi_2} \frac{\mathrm{d}\Phi}{\Phi} = -K\int_0^l \mathrm{d}l$$

由此得到

$$\ln\Phi_2 - \ln\Phi_1' = -Kl = \ln \mathrm{e}^{-Kl}$$

所以

$$\ln\Phi_2 = \ln \mathrm{e}^{-Kl} + \ln\Phi_1'$$

或写成

$$\Phi_2 = \Phi_1' \mathrm{e}^{-Kl}$$

令

$$\mathrm{e}^{-K} = P$$

则

$$\Phi_2 = \Phi_1' P^l \tag{6-56}$$

由式（6-56）可以看到，当 $l=1$ 时，得

$$P=\frac{\Phi_2}{\Phi_1'}$$

所以 P 就代表光束通过单位长度的介质时，出射和入射光通量之比，称为介质的透明系数。通常规定 l 以厘米为单位，P 就是通过 1 cm 的介质时，出射和入射光通量之比。

如果同时考虑到光能的反射和吸收损失，则有

$$\Phi_2'=\Phi_2(1-\rho_2)$$

$$\Phi_2=\Phi_1'P_1^{l_1}$$

$$\Phi_1'=\Phi_1(1-\rho_1)$$

将以上三式合并，则得

$$\Phi_2'=\Phi_1(1-\rho_1)(1-\rho_2)P_1^{l_1}$$

同理，当系统中有 m 个折射表面和 n 种介质时，则有

$$\Phi_m'=\Phi_1(1-\rho_1)(1-\rho_2)\cdots(1-\rho_m)P_1^{l_1}P_2^{l_2}\cdots P_n^{l_n}$$

或写成

$$\tau=\frac{\Phi_m'}{\Phi_1}=(1-\rho_1)(1-\rho_2)\cdots(1-\rho_m)P_1^{l_1}P_2^{l_2}\cdots P_n^{l_n} \tag{6-57}$$

式（6-57）就是计算光学系统透过率的公式。

反射系数 ρ 是分界面两边介质的折射率 n、n' 和光束入射角 I 的函数。图 6-28 所示为介质折射率 n 改变时空气和介质的分界面（包括光线由空气到介质或由介质到空气）反射系数变化曲线。图 6-29 则为当入射角 I 改变时，反射系数变化曲线。由图 6-29 中看到，当入射角 $I<40°$ 时，反射系数基本不变。因此，可以不考虑由于入射角的改变引起的反射系数的变化。在实际计算中，为了简便起见，取冕牌玻璃的平均反射系数为 0.04，火石牌玻璃的平均反射系数为 0.05。在透镜组的胶合面和棱镜的全反射面上的反射损失一般可以忽略不计。

对于具有金属镀层的反射镜，由于一部分光能被反射层吸收和散射，也要产生光能损失。光能损失的大小随所镀物质的种类和工艺方法而不同。不同反射膜层的反射系数和物理性能可以在《光学仪器设计手册》中查到。目前最常用的是真空镀铝后氧化加固或化学镀银后镀铜，再涂保护漆。前者用于光学零件外表面反射，后者用于光学零件内表面反射（例如棱镜的非全反射面）。镀铝的平均反射系数为 0.85，镀银的平均反射系数为 0.9。光学玻璃的透明系数 P 通常取平均值 0.99。将以上这些数据代入式（6-57），得到计算光学系统透过系数 τ 的近似公式如下：

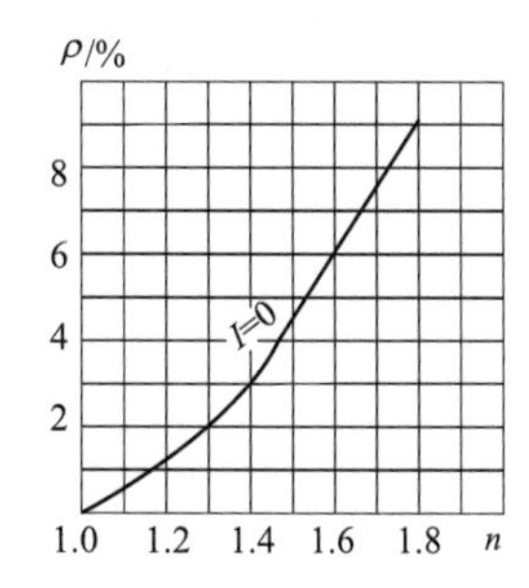

图 6-28　反射系数与折射率变化曲线

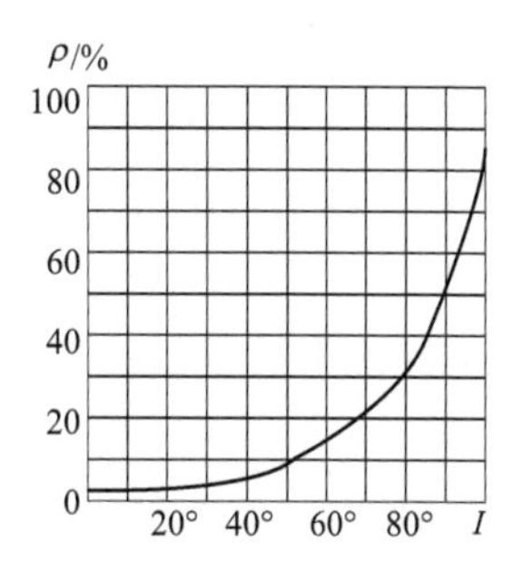

图 6-29　反射系数与入射角变化曲线

$$\tau = (0.85)^{N_1}(0.90)^{N_2}(0.96)^{N_3}(0.95)^{N_4}(0.99)^{l} \tag{6-58}$$

式中，N_1 为镀铝面数；N_2 为镀银面数；N_3 为冕牌玻璃和空气接触面数；N_4 为火石牌玻璃和空气接触面数；l 为沿光轴计算的玻璃总厚度（以厘米为单位）。

下面举一个具体例子说明上述公式的应用。

根据前面§5-2节中周视瞄准镜的光学系统（见图5-7），各个光学零件的材料和它们与空气接触的表面数如表6-7所示。

表6-7　光学零件的材料和其与空气接触的表面数

<table>
<tr><th>零件号</th><th>名　称</th><th>材料</th><th>透镜厚度或棱镜展开厚度/cm</th><th>与空气接触的表面数</th><th>镀银面数</th></tr>
<tr><td>1</td><td>保护玻璃</td><td>冕</td><td>0.3</td><td>2</td><td rowspan="11">1</td></tr>
<tr><td>2</td><td>直角棱镜</td><td>冕</td><td>2.6</td><td>2</td></tr>
<tr><td>3</td><td>道威棱镜</td><td>冕</td><td>5.28</td><td>2</td></tr>
<tr><td rowspan="2">4</td><td>物镜正透镜</td><td>冕</td><td>0.35</td><td>1</td></tr>
<tr><td>物镜负透镜</td><td>火石</td><td>0.2</td><td>1</td></tr>
<tr><td>5</td><td>屋脊棱镜</td><td>冕</td><td>2.9</td><td>2</td></tr>
<tr><td>6</td><td>分划板</td><td>冕</td><td>0.3</td><td>2</td></tr>
<tr><td rowspan="4">7</td><td>目镜第一透镜</td><td>火石</td><td>0.1</td><td>1</td></tr>
<tr><td>目镜第二透镜</td><td>冕</td><td>0.52</td><td>1</td></tr>
<tr><td>目镜第三透镜</td><td>冕</td><td>0.52</td><td>1</td></tr>
<tr><td>目镜第四透镜</td><td>火石</td><td>0.1</td><td>1</td></tr>
</table>

由表6-7中看到，镀银面1个，冕牌玻璃与空气接触表面13个，火石玻璃与空气接触表面3个，光学系统中介质总厚度为13.17 cm。将以上数据代入式（6-58），得

$$\tau = (0.90)^{1}(0.96)^{13}(0.95)^{3}(0.99)^{13.17} = 0.39$$

由计算结果可见，复杂的光学系统中光能损失是十分严重的，而造成光能损失的主要原因则是反射损失。

为了减少光学零件表面的反射损失，可以在光学零件表面镀增透膜。不同的增透膜的反射系数同样可以在《光学仪器设计手册》中查得。最常用的化学镀双层增透膜使反射损失降到0.01，目前，镀多层增透膜可以使反射系数降低到0.5%。如果所有透镜表面的反射系数都按0.01计算，则式（6-58）变为

$$\tau = (0.85)^{N_1}(0.90)^{N_2}(0.99)^{N_3+N_4+l} \tag{6-59}$$

将前面周视瞄准镜的有关数据代入上式，得

$$\tau = (0.90)^{1}(0.99)^{29.17} = 0.67$$

由以上结果看到，镀增透膜以后，光学系统的透过率大大提高。因此，目前几乎所有的光学零件表面都要镀增透膜，以减少表面的反射损失。

习　题

1. 一般钨丝白炽灯各方向的平均发光强度（cd）大约和灯泡的功率（W）相等，问灯泡的光视效能如何？

2. 日常生活中人们说 40 W 的日光灯比 40 W 的白炽灯亮，是否说明日光灯的光亮度比灯泡大？这里所说的亮是指什么？

3. 我们晚上看天空的星星，有的亮有的暗，是否说明亮的星星光亮度大？我们白天看到天空的白云比蓝天亮，这里所说的亮是指什么？

4. 照相时光圈数取 8，曝光时间用$\frac{1}{50}$ s，为了拍摄运动目标，将曝光时间改为$\frac{1}{500}$ s，问应取多大光圈数？

5. 用于跟踪天空飞行目标的电视摄像机，摄像管要求最低的像面光照度为 20 lx，假定天空的光亮度为 2 500 cd/m^2，光学系统的透过率τ等于 0.7，问要求使用多大相对孔径的摄影物镜？

6. 在如图 5－3 所示的双目望远镜的光学系统中，所有凹透镜都是用火石玻璃做的，凸透镜和棱镜是用冕玻璃做的，透镜和棱镜中总的光路长为 110 mm，计算光学零件表面不镀增透膜和镀增透膜两种情况下系统的透过率。

第七章
色度学基础

§7－1　颜色视觉

颜色科学的一个重要发展是把主观的颜色感知和客观的物理刺激联系起来，建立起高度准确的定量学科——色度学。色度学是对颜色刺激进行测量、计算和评价的学科。

一、颜色辨认

颜色视觉正常的人在光亮条件下能看到的各种颜色从长波一端向短波一端的顺序是红色、橙色、黄色、绿色、蓝色和紫色。表7－1所示为各种颜色的波长和光谱的范围。

表7－1　各种颜色的波长和光谱的范围　nm

颜　色	波长	范围
红	700	640～750
橙	620	600～640
黄	580	550～600
绿	510	480～550
蓝	470	450～480
紫	420	400～450

颜色和波长的关系并不是完全固定的，光谱上除了三点，即572 nm（黄）、503 nm（绿）和478 nm（蓝）是不变的颜色外，其他颜色在光强增加时都略向红色或蓝色变化。例如，660 nm红色的视网膜照度由2 000楚蓝德减低到100楚蓝德时必须减少34 nm波长才能保持原来的色调。颜色随光强度而变化的现象叫作贝楚德－朴尔克效应。图7－1所示为各种波长的恒定颜色线。

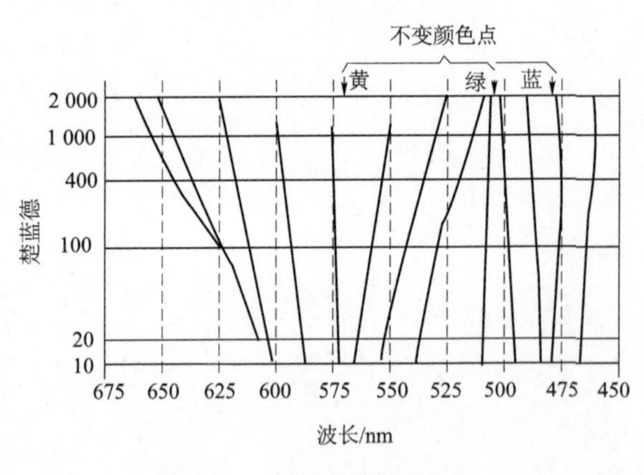

图7－1　颜色和波长的关系

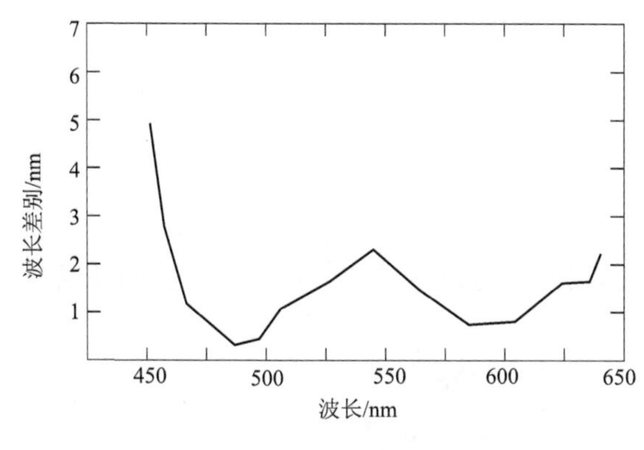

图 7－2　人眼的波长分辨率

人眼的波长分辨力，在光谱中部较高，尤其是在蓝绿色 490 nm 和黄色 590 nm 左右分辨力最强，590 nm 附近约为 1 nm，见图 7－2。人眼的波长分辨力随光强而改变，当视网膜照度增到 3 000 楚蓝德时，580 nm 处分辨力可达 0.4 nm。波长分辨力随视场的增大而升高，10°视场的波长分辨力比 2°视场高 3 倍。2°视场时整个可见光谱上人眼能分辨出约 150 种颜色，而在 10°视场时可以分辨出 400～500 种颜色。

二、颜色的分类和特性

颜色可分为彩色和非彩色两类。

非彩色指白色、黑色和各种深浅不同的灰色组成的系列，称为白黑系列。

当物体表面对可见光谱所有波长反射比都在 80%～90% 以上时，该物体为白色；其反射比均在 4% 以下时，该物体为黑色；介于两者之间的是不同程度的灰色。纯白色的反射比应为 100%，纯黑色的反射比应为 0。在现实生活中没有纯白、纯黑的物体。对发光物体来说，白黑的变化相当于白光的亮度变化，亮度高时人眼感到是白色，亮度很低时感到是灰色，无光时是黑色。非彩色只有明亮度的差异。

彩色是指黑白系列以外的各种颜色。

彩色有三种特性：明度、色调、饱和度。

明度：人眼对物体的明暗感觉。发光物体的亮度越高，则明度越高；非发光物体反射比越高，明度越高。

色调：彩色彼此相互区分的特性，即红、黄、绿、蓝、紫等。不同波长的单色光具有不同的色调。发光物体的色调决定于它的光辐射的光谱组成。非发光物体的色调决定于照明光源的光谱组成和物体本身的光谱反射（透射）的特性。

饱和度：是指彩色的纯洁性。可见光谱中的各种单色光是最饱和的彩色。物体色的饱和度决定于物体反射（透射）特性。如果物体反射光的光谱带很窄，则它的饱和度就高。

用一个三维空间纺锤体可以将颜色的三个基本特性——明度、色调、饱和度表示出来，见图 7－3。立体的垂直轴代表白黑系列明度的变化；圆周上的各点代表光谱上各种不同的色调（红、橙、黄、绿、蓝、紫等）；从圆周向圆心过渡表示饱和度逐渐降低。

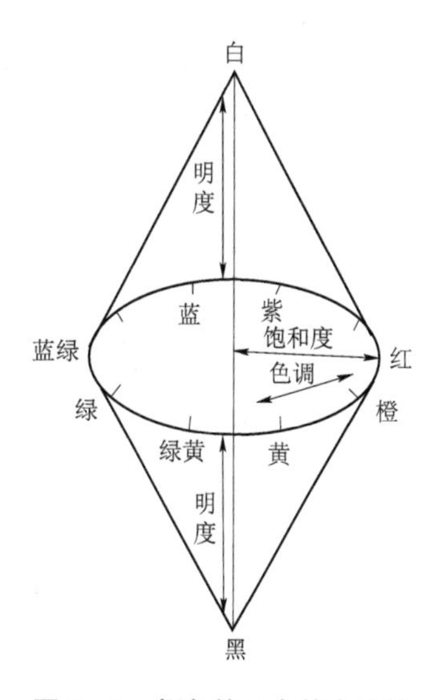

图 7－3　颜色的三个基本特性

§7-2 颜色匹配

一、颜色匹配实验

颜色可以相互混合，颜色混合可以是颜色光的混合，也可以是染料的混合。这两种混合方法所得到的结果不同。在光的混合中，光谱上各种颜色相加混合可以产生白色，称为颜色相加混合。图7-4中介绍的颜色匹配实验方法就是利用颜色光相加来实现的。用不同的颜色光照射在白色屏幕的同一位置上，光线经过屏幕的反射而达到混合，混合后的光线作用在视网膜上便产生一个新的颜色。其中红、绿、蓝三种颜色称为三原色。调节三原色灯光的强度比例，便产生看起来与另一侧颜色相同的混合色。把两个颜色调节到视觉上相同的方法叫作颜色匹配。

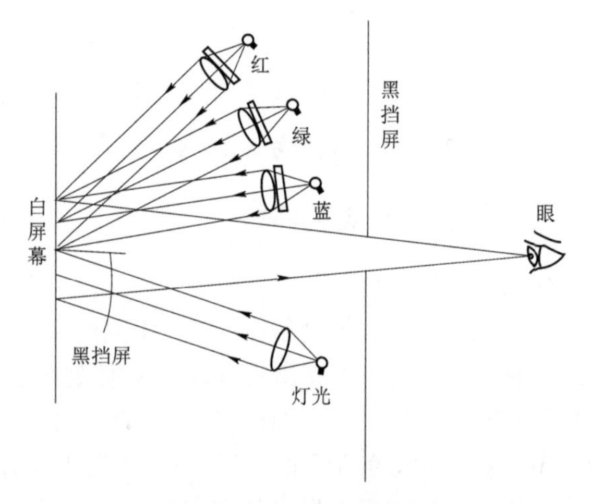

图7-4 颜色匹配实验

二、格拉斯曼颜色混合定律

1854年，格拉斯曼（H. Grassmann）将颜色混合现象总结成颜色混合定律：

（1）人的视觉只能分辨颜色的三种变化，即明度、色调、饱和度。

（2）在由两个成分组成的混合色中，如果一个成分连续地变化，混合色的外貌也连续地变化。由这一定律导出两个定律：

补色律　每一种颜色都有一个相应的补色。如果某一颜色与其补色以适当比例混合，便产生白色或灰色；如果二者按其他比例混合，便产生近似比重大的颜色成分的非饱和色。

中间色律　任何两个非补色相混合，便产生中间色，其色调取决于两颜色的相对数量，其饱和度决定于二者在色调顺序上的远近。

（3）颜色外貌相同的光，不管它们的光谱组成是否一样，在颜色混合中具有相同的效果。换言之，凡是在视觉上相同的颜色都是等效的。由这一定律导出颜色的代替律：

代替律　相似色混合后仍相似。如果颜色A=颜色B，颜色C=颜色D，那么

$$颜色A + 颜色C = 颜色B + 颜色D$$

代替律表明，只要在感觉上颜色是相似的，便可以互相代替，所得的视觉效果是同样的。设$A+B=C$，如果没有B，而$X+Y=B$，那么$A+(X+Y)=C$。这个由代替而产生的混合色与原来的混合色在视觉上具有相同的效果。

根据代替律，可以利用颜色混合方法来产生或代替各种所需要的颜色。颜色混合的代替律是一条非常重要的定律，现代色度学就是建立在这一定律基础上的。

（4）混合色的总亮度等于组成混合色的各颜色光亮度的总和，这一定律叫作亮度相

加律：

亮度相加律　由几个颜色光组成的混合色的亮度是各颜色光亮度的总和。

格拉斯曼定律是色度学的一般规律，适用于各种颜色光的相加混合，但不适用于染料或涂料的减光混合。

三、颜色匹配方程

颜色方程就是表示颜色匹配的代数式。若以（C）代表被匹配颜色的单位，（R）、（G）、（B）代表产生混合色的红、绿、蓝三原色的单位。R、G、B、C 分别代表红、绿、蓝和被匹配色的数量。当实验达到两半视场匹配时，此结果可用下列方程表示为

$$C(C) \equiv R(R) + G(G) + B(B) \tag{7-1}$$

式中，“≡”号表示视觉上相等，即颜色匹配；方程中 R、G、B 为代数量，可为负值。

格拉斯曼定律指出两种光刺激的光谱分布不同，但是颜色外貌可以完全匹配。这种现象称为同色异谱现象，这样的两种光刺激叫作同色异谱色。

四、三刺激值

颜色匹配实验中选取三种颜色，由它们相加混合产生任意颜色，这三种颜色称为三原色。三原色可以任意选定，但三原色中任何一种原色不能由其余两种原色相加混合得到，最常用的是红、绿、蓝三原色。

在颜色匹配实验中，与待测色达到色匹配时所需要的三原色的数量称为三刺激值，也就是颜色匹配方程式（7-1）中的 R、G、B 值。一种颜色与一组 R、G、B 数值相对应，颜色感觉可以通过三刺激值来定量表示。任意两种颜色只要 R、G、B 数值相等，颜色感觉就相同。

在色度学中，三刺激值的单位（R）、（G）、（B）不是用物理量为单位，而是选用色度学单位，亦称三 T 单位。它的确定方法是：选一特定白光（W）作为标准，在颜色匹配实验中用选定的三原色（红、绿、蓝）相加混合与此白光（W）相匹配，如测得所需三原色光的光通量值（R）为 L_R 流明，（G）为 L_G 流明，（B）为 L_B 流明，则将比值 $L_R : L_G : L_B$ 定为三刺激值的相对亮度单位，即色度学单位。

§7-3　CIE 标准色度系统

现代色度学采用 CIE（国际照明委员会）所规定的一套颜色测量原理、数据和计算方法，称为 CIE 标准色度系统。它是以两组基本视觉实验数据为基础，一组数据叫作“CIE 1931 标准色度观察者”，适用于1°~4°视场的颜色测量；另一组数据叫作“CIE 1964 补充标准色度观察者”，适用于大于4°视场的颜色测量。按 CIE 规定，必须在明视觉条件下使用这两类数据。

一、CIE 1931 标准色度系统

1928—1930 年莱特（W. D. Wright）和吉尔德（J. Guild）分别使用单色原色光进行了匹配光谱色的实验，如果把他们所使用的三原色光波长转换成 700 nm（R）、546.1 nm（G）、

435.8 nm（B），并把三原色光的光量调整到相等数量以匹配等能白光（E），结果表明两人的研究结论相同。根据这些实验及关于视亮度灵敏度实验的结果，CIE 于 1931 年建立了一组函数，称为“1931 CIE - RGB 系统标准色度光谱三刺激值”。为了消除使用负数表示的不便，CIE 采用假想三原色的方法建立起一个新的色品图——CIE 1931 色品图，把匹配等能光谱的三原色量值标准化，称为“CIE 1931 标准色度观察者光谱三刺激值”（也称为“CIE 1931 标准色度观察者颜色匹配函数”，简称“CIE 1931 标准观察者”），并把相应的色度学系统称为“CIE 1931 标准色度系统”或“1931 CIE - XYZ 系统”。

由假想原色混合产生的色域包括了所有真实的颜色。颜色匹配函数定义了 CIE 1931 标准观察者，它是以 2°小视场角的实验数据为基础的，适用于 1°～4°的视场角范围，这相当于观察距眼 2.5 m 处的直径为 4.4～17 cm 的圆面积。

图 7－5 就是 CIE 1931 标准色度观察者光谱三刺激值曲线图（实线部分）。

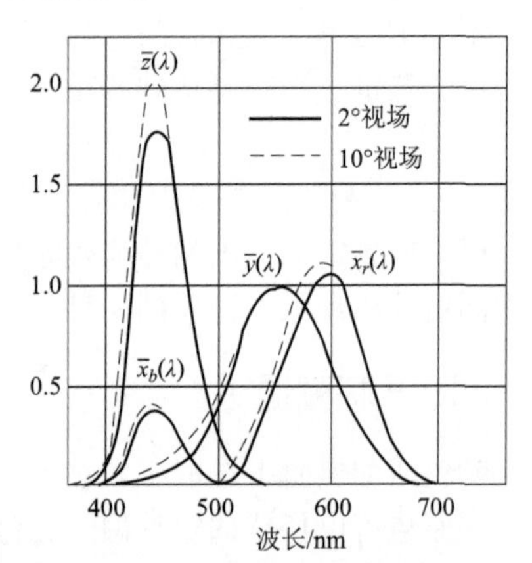

图 7－5　光谱三刺激值曲线

图 7－5 中，$\bar{x}$（λ）包括 $\bar{x}_b$（λ）和 $\bar{x}_r$（λ）两部分。各曲线下包括的总面积分别代表三刺激值 X、Y、Z。$\bar{x}$（λ）、$\bar{y}$（λ）、$\bar{z}$（λ）称为“CIE 1931 标准色度观察者光谱三刺激值”，调整 $\bar{y}$（λ）曲线使其符合明视觉光谱光效率函数 V（λ），因此可以用曲线 $\bar{y}$（λ）计算颜色的亮度特性。如果要得到某一波长 λ_0 的光谱色，可以从 CIE 1931 光谱三刺激值表上查出与 λ_0 相应的 $\bar{x}$（λ_0）、$\bar{y}$（λ_0）、$\bar{z}$（λ_0）值，红、绿、蓝三原色按此数量相加，便可得到波长 λ_0 的光谱色。计算时，用色匹配函数获得 CIE 三刺激值 X、Y、Z，它们代表了假想三原色在加色法混合匹配任何颜色时的相对分量，等量三原色将匹配出等能白光 E。

假想原色红和蓝的一个重要特点是它们的亮度为零，而假想原色绿则被用来代表亮度。在匹配时所说的“光量”是指色光的辐射通量被眼睛的光谱光效率函数加权后的结果。亮度是经常被使用的量，但是它仅是近似与视亮度感知相对应。

前面所讨论的是对于光源颜色的描述，如灯的直射光。对于不透明和透明的非自发光物体的颜色情况也类似，如果其表面被散射光照明，那么测量的是表面的漫反射光或物体的透射光，其颜色取决于物体的反射或透射特性以及照明光的光谱组成。物体表面色也可以用三刺激值 X、Y、Z 及标准照明体（如 D_{65}）来表示。但是，对于不透明和透明物体来说，Y 具有不同的意义。对不透明物体，Y 是亮度因数（或反射比），它是相对于在相同照明观察条件下理想白表面的亮度进行评价的表面亮度。对于透明物体，Y 是指光的透射比，它是物体的透射光通量除以入射光能量。

CIE 三刺激值按下式定义：

$$X = k\int_{\lambda} \Phi(\lambda)\bar{x}(\lambda)\mathrm{d}\lambda$$

$$Y = k\int_{\lambda} \Phi(\lambda)\bar{y}(\lambda)\mathrm{d}\lambda$$

$$Z = k\int_{\lambda}\Phi(\lambda)\bar{z}(\lambda)\mathrm{d}\lambda \tag{7-2}$$

式中，Φ（λ）称为颜色刺激函数，即进入人眼产生颜色感觉的光能量；k 是调整因数。

被测物体是自发光体时，$\Phi(\lambda)$ 为发光物体辐射的相对光谱功率分布 $S(\lambda)$。

被测物体是非自发光物体时，透明体或不透明体的颜色刺激函数 $\Phi(\lambda)$ 分别为

$$\Phi(\lambda) = \tau(\lambda)\cdot S(\lambda)$$
$$\Phi(\lambda) = \beta(\lambda)\cdot S(\lambda)$$
$$\Phi(\lambda) = \rho(\lambda)\cdot S(\lambda) \tag{7-3}$$

式中，$\tau(\lambda)$ 为物体的光谱透射比；$\beta(\lambda)$ 为物体的光谱辐亮度因数；$\rho(\lambda)$ 为物体的光谱反射比；$S(\lambda)$ 为照明光源的相对光谱功率分布。

在实用中式（7-2）可以用求和的方法来近似，即

$$X = k\sum_{\lambda}\Phi(\lambda)\bar{x}(\lambda)\Delta\lambda$$
$$Y = k\sum_{\lambda}\Phi(\lambda)\bar{y}(\lambda)\Delta\lambda$$
$$Z = k\sum_{\lambda}\Phi(\lambda)\bar{z}(\lambda)\Delta\lambda \tag{7-4}$$

式中，$\bar{x}$（λ），$\bar{y}$（λ），$\bar{z}$（λ）分别为光谱三刺激值函数。

将照明体（或光源）的 Y 值调整为 100，可以求出上述方程中的调整因数 k，即

$$k = 100/\sum_{\lambda}S(\lambda)\bar{y}(\lambda)\Delta\lambda \tag{7-5}$$

由式（7-4）计算出物体颜色的三刺激值后，由下式计算出物体的色品坐标：

$$x = \frac{X}{X+Y+Z}$$
$$y = \frac{Y}{X+Y+Z}$$
$$z = \frac{Z}{X+Y+Z} \tag{7-6}$$

由于 $x+y+z=1$，因此只用 x，y 两个色品坐标即可限定一个色品。色品并没有提供关于亮度或相对亮度的任何信息，因此只能由三刺激值中的 Y 来表示有关亮度的信息。

图 7-6 所示为 CIE 1931（x，y）色品图。

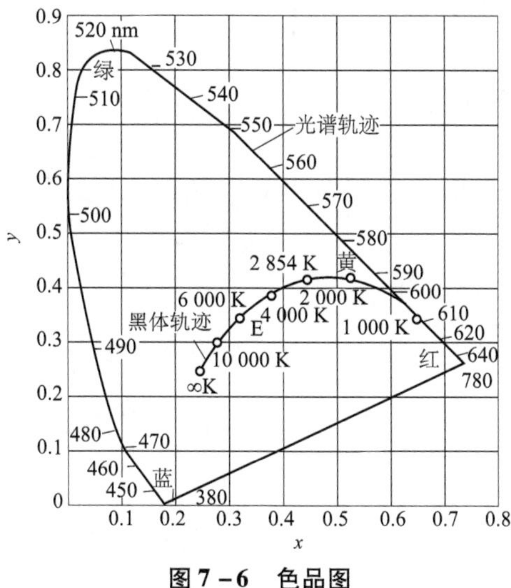

图 7-6　色品图

所有真实颜色的色品都落在如图 7-6 所示的马蹄形轨迹包围的区域内或边界线上，而图形以外的点则代表假想色的色品而不予考虑。马蹄形的顶部是绿色，左下方是蓝色，右下方是红色。所有单色光（光谱色）的色品均位于马蹄形的弯曲边界上，该边界称为光谱轨迹，沿该轨迹标有波长分度。连接光谱轨迹

两端波长 780 nm 和 380 nm 色品点的直线称为紫红线，它代表红、蓝两色混合产生的部分红色和全部紫色的色品，这些颜色具有最大的饱和度，且均为非光谱色。

色品点的位置可以揭示感知色饱和度的性质，即色品点越接近光谱轨迹或紫红线，则饱和度越高。如果色品点位于环绕 E 点的中央区域，则饱和度为零。

二、CIE 1964 补充标准色度系统

CIE 1931 年标准色度系统建立后，经过多年实践证明，它代表了人眼 2°视场的色觉平均特性。但是，当观察视场增大到 4°以上时，发现 $\bar{x}$（λ），$\bar{y}$（λ），$\bar{z}$（λ）在波长 380 ~ 640 nm 区间内数值偏低。

“CIE 1964 补充标准色度观察者”是建立在斯泰尔斯（W. S. Stiles）与伯奇（J. M. Burch）以及斯伯林斯卡娅（N. I. Speranskaya）两项颜色匹配实验的基础上，适用于观察视场在 4°以上的颜色匹配。这一系统称为“CIE 1964 补充标准色度系统”，也叫作 10°视场 X_{10}，Y_{10}，Z_{10}色度学系统，如图 7 – 5 中虚线部分所示。

表 7 – 2 和表 7 – 3 分别为 CIE 1931 标准光谱三刺激值和 CIE 1964 补充标准光谱三刺激值。

三、CIE 主波长和色纯度

颜色的色品除用色品坐标表示外，CIE 还推荐可以用主波长和色纯度来表示。

（一）主波长

一种颜色 S_1 的主波长，指的是某一种光谱色的波长，用符号 λ_d 表示，这种光谱色按一定比例与一种确定的参照光源相加混合，能匹配出颜色 S_1。

但是，并不是所有的颜色都有主波长，色品图中连接白点和光谱轨迹两端点所形成的三角形区域内各色品点都没有主波长，因此引入补色波长这个概念。一种颜色 S_2 的补色波长是指某一种光谱色的波长，此波长的光谱色与适当比例的颜色 S_2 相加混合，能匹配出某一种确定的参照白光。补色波长用符号 λ_0 或 $-\lambda_d$ 表示。

如果已知样品的色品坐标 x、y 和特定白光的色品坐标为 x_n、y_n，可以用作图法决定样品的主波长和补色波长。

如图 7 – 7 所示，在色品图上标出样品点和白点（O 点），由白点（O）向颜色 S_1 引一直线，延长直线与光谱轨迹相交于 L 点，交点 L 的光谱色波长就是样品的主波长 λ_d。由此得到样品 S_1 的主波长约为 λ_d = 565 nm，我们以样品 S_2 为例说明如何求得样品的补色波长。在色品图上标出样品 S_2 的位置，由样品点 S_2 向白点（O）引一直线，延长与光谱轨迹相交，交点处的光谱色波长就是样品的补色波长。图中所示 S_2 的补色波长 λ_c = 500 nm，也可写成 λ_d = – 500 nm。

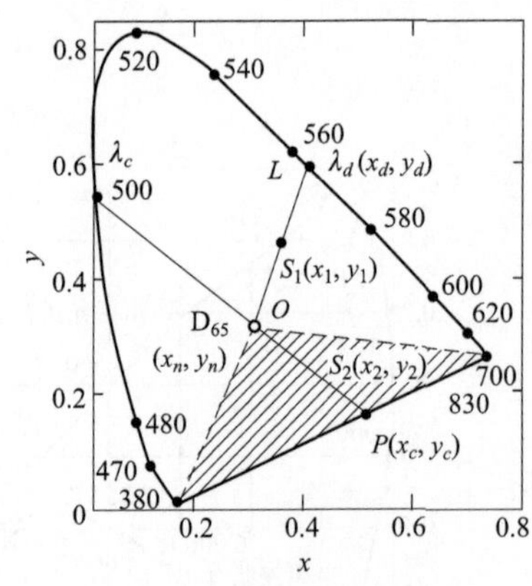

图 7 – 7　色品图主波长

另外，根据色品图上连接白点与样品点的直线的斜率，可以查表读出该样品的主波长。

（二）兴奋纯度和色度纯度

色纯度是指样品的颜色同主波长光谱色相接近的程度。色纯度有兴奋纯度和色度纯度两种表示法。

表 7－2　CIE 1931 标准光谱三刺激值

波长/nm	$\bar{x}(\lambda)$	$\bar{y}(\lambda)$	$\bar{z}(\lambda)$	波长/nm	$\bar{x}(\lambda)$	$\bar{y}(\lambda)$	$\bar{z}(\lambda)$
380	0.001 4	0.000 0	0.006 5	580	0.916 3	0.870 0	0.001 7
385	0.002 2	0.000 1	0.010 5	585	0.978 6	0.816 3	0.001 4
390	0.004 2	0.000 1	0.020 1	590	1.026 3	0.757 0	0.001 1
395	0.007 6	0.000 2	0.036 2	595	1.056 7	0.694 9	0.001 0
400	0.014 3	0.000 4	0.067 9	600	1.062 2	0.631 0	0.000 8
405	0.023 2	0.000 6	0.110 2	605	1.045 6	0.566 8	0.000 6
410	0.043 5	0.001 2	0.207 4	610	1.002 6	0.503 0	0.000 3
415	0.077 6	0.002 2	0.371 3	615	0.938 4	0.441 2	0.000 2
420	0.134 4	0.004 0	0.645 6	620	0.854 4	0.381 0	0.000 2
425	0.214 8	0.007 3	1.039 1	625	0.751 4	0.321 0	0.000 1
430	0.283 9	0.011 6	1.385 6	630	0.642 4	0.265 0	0.000 0
435	0.328 5	0.016 8	1.623 0	635	0.541 9	0.217 0	0.000 0
440	0.348 3	0.023 0	1.747 1	640	0.447 9	0.175 0	0.000 0
445	0.348 1	0.029 8	1.782 6	645	0.360 8	0.138 2	0.000 0
450	0.336 2	0.038 0	1.772 1	650	0.283 5	0.107 0	0.000 0
455	0.318 7	0.048 0	1.744 1	655	0.218 7	0.081 6	0.000 0
460	0.290 8	0.060 0	1.669 2	660	0.164 9	0.061 0	0.000 0
465	0.251 1	0.073 9	1.528 1	665	0.121 2	0.044 6	0.000 0
470	0.195 4	0.091 0	1.287 6	670	0.087 4	0.032 0	0.000 0
475	0.142 1	0.112 6	1.041 9	675	0.063 6	0.023 2	0.000 0
480	0.095 6	0.139 0	0.813 0	680	0.046 8	0.017 0	0.000 0
485	0.058 0	0.169 3	0.616 2	685	0.032 9	0.011 9	0.000 0
490	0.032 0	0.208 0	0.465 2	690	0.022 7	0.008 2	0.000 0
495	0.014 7	0.258 6	0.353 3	695	0.015 8	0.005 7	0.000 0
500	0.004 9	0.323 0	0.272 0	700	0.011 4	0.004 1	0.000 0
505	0.002 4	0.407 3	0.212 3	705	0.008 1	0.002 9	0.000 0
510	0.009 3	0.503 0	0.158 2	710	0.005 8	0.002 1	0.000 0
515	0.029 1	0.608 2	0.111 7	715	0.004 1	0.001 5	0.000 0
520	0.063 3	0.710 0	0.078 2	720	0.002 9	0.001 0	0.000 0
525	0.109 6	0.793 2	0.057 3	725	0.002 0	0.000 7	0.000 0
530	0.165 5	0.862 0	0.042 2	730	0.001 4	0.000 5	0.000 0
535	0.225 7	0.914 9	0.029 8	735	0.001 0	0.000 4	0.000 0
540	0.290 4	0.954 0	0.020 3	740	0.000 7	0.000 2	0.000 0
545	0.359 7	0.980 3	0.013 4	745	0.000 5	0.000 2	0.000 0
550	0.433 4	0.995 0	0.008 7	750	0.000 3	0.000 1	0.000 0
555	0.512 1	1.000 0	0.005 7	755	0.000 2	0.000 1	0.000 0
560	0.594 5	0.995 0	0.003 9	760	0.000 2	0.000 1	0.000 0
565	0.678 4	0.978 6	0.002 7	765	0.000 1	0.000 0	0.000 0
570	0.762 1	0.952 0	0.002 1	770	0.000 1	0.000 0	0.000 0
575	0.842 5	0.915 4	0.001 8	775	0.000 1	0.000 0	0.000 0
				780	0.000 0	0.000 0	0.000 0
				总和	21.371 4	21.371 1	21.371 5

表7-3　CIE 1964 补充标准光谱三刺激值

波长/nm	$\bar{x}_{10}(\lambda)$	$\bar{y}_{10}(\lambda)$	$\bar{z}_{10}(\lambda)$	波长/nm	$\bar{x}_{10}(\lambda)$	$\bar{y}_{10}(\lambda)$	$\bar{z}_{10}(\lambda)$
380	0.000 2	0.000 0	0.000 7	580	1.014 2	0.868 9	0.000 0
385	0.000 7	0.000 1	0.002 9	585	1.074 3	0.825 6	0.000 0
390	0.002 4	0.000 3	0.010 5	590	1.118 5	0.777 4	0.000 0
395	0.007 2	0.000 8	0.032 3	595	1.134 3	0.720 4	0.000 0
400	0.019 1	0.002 0	0.086 0	600	1.124 0	0.658 3	0.000 0
405	0.043 4	0.004 5	0.197 1	605	1.089 1	0.593 9	0.000 0
410	0.084 7	0.008 8	0.389 4	610	1.030 5	0.528 0	0.000 0
415	0.140 6	0.014 5	0.656 8	615	0.950 7	0.4618	0.000 0
420	0.204 5	0.021 4	0.972 5	620	0.856 3	0.398 1	0.000 0
425	0.264 7	0.029 5	1.282 5	625	0.754 9	0.339 6	0.000 0
430	0.314 7	0.038 7	1.553 5	630	0.647 5	0.283 5	0.000 0
435	0.357 7	0.049 6	1.798 5	635	0.535 1	0.228 3	0.000 0
440	0.383 7	0.062 1	1.967 3	640	0.431 6	0.179 8	0.000 0
445	0.386 7	0.074 7	2.027 3	645	0.343 7	0.140 2	0.000 0
450	0.370 7	0.089 5	1.994 8	650	0.268 3	0.107 6	0.000 0
455	0.343 0	0.106 3	1.900 7	655	0.204 3	0.081 2	0.000 0
460	0.302 3	0.128 2	1.745 4	660	0.152 6	0.060 3	0.000 0
465	0.254 1	0.152 8	1.554 9	665	0.112 2	0.044 1	0.000 0
470	0.195 6	0.185 2	1.317 6	670	0.081 3	0.031 8	0.000 0
475	0.132 3	0.219 9	1.030 2	675	0.057 9	0.022 6	0.000 0
480	0.080 5	0.253 6	0.772 1	680	0.040 9	0.015 9	0.000 0
485	0.041 1	0.297 7	0.570 1	685	0.028 6	0.011 1	0.000 0
490	0.016 2	0.339 1	0.415 3	690	0.019 9	0.007 7	0.000 0
495	0.005 1	0.395 4	0.302 4	695	0.013 8	0.005 4	0.000 0
500	0.003 8	0.460 8	0.218 5	700	0.009 6	0.003 7	0.000 0
505	0.015 4	0.531 4	0.159 2	705	0.006 6	0.002 6	0.000 0
510	0.037 5	0.606 7	0.112 0	710	0.004 6	0.001 8	0.000 0
515	0.071 4	0.685 7	0.082 2	715	0.003 1	0.0012	0.000 0
520	0.117 7	0.761 8	0.060 7	720	0.002 2	0.000 8	0.000 0
525	0.173 0	0.823 3	0.034 1	725	0.001 5	0.000 6	0.000 0
530	0.236 5	0.875 2	0.030 5	730	0.001 0	0.000 4	0.000 0
535	0.304 2	0.923 8	0.020 6	735	0.000 7	0.000 3	0.000 0
540	0.376 8	0.962 0	0.013 7	740	0.000 5	0.000 2	0.000 0
545	0.451 6	0.982 2	0.007 9	745	0.000 4	0.000 1	0.000 0
550	0.529 8	0.991 8	0.004 0	750	0.000 3	0.000 1	0.000 0
555	0.616 1	0.999 1	0.001 1	755	0.000 2	0.000 1	0.000 0
560	0.705 2	0.997 3	0.000 0	760	0.000 1	0.000 0	0.000 0
565	0.793 8	0.982 4	0.000 0	765	0.000 1	0.000 0	0.000 0
570	0.878 7	0.955 6	0.000 0	770	0.000 1	0.000 0	0.000 0
575	0.951 2	0.915 2	0.000 0	775	0.000 0	0.000 0	0.000 0
580	1.014 2	0.868 9	0.000 0	780	0.000 0	0.000 0	0.000 0
				总和	23.329 4	23.332 4	23.334 3

兴奋纯度：它是用 CIE(x，y) 色品图上两个线段的长度比率来表示的。如图 7－7 所示，第一线段是由白点到样品点的距离 OS_1，第二线段是由白点到主波长点的距离 OL。如果用符号 Pe 表示兴奋纯度，则 $Pe = OS_1/OL$，对补色波长的 $Pe = OS_2/OP$。一种颜色的兴奋纯度表示了主波长的光谱色被白光冲淡的程度。

Pe 也可以用色品坐标来计算：

$$Pe = \frac{x_1 - x_n}{x_d - x_n} \quad 或 \quad Pe = \frac{y_1 - y_n}{y_d - y_n} \tag{7-7}$$

样品的主波长和兴奋纯度随所选用的白点不同而结果不同。计算自发光体的主波长和兴奋纯度时通常选用等能白（E 点）作为白点，对非自发光的物体色则用 CIE 标准照明体（如 A、B、C、D_{65}）作为白点。

色度纯度：当样品颜色的纯度用亮度的比例来表示时称为色度纯度，它是指主波长的光谱色在样品中所占亮度的比重，用符号 Pc 表示：

$$Pc = \frac{Y_\lambda}{Y} \tag{7-8}$$

式中，Y_λ 为主波长光谱色的亮度；Y 为样品的亮度。

四、近似均匀的 CIE 色品图

对于特定的亮度或亮度因数水平，CIE 1931(x，y) 色品图中不同部位两点间的相等距离通常并不代表相等的感知色差。观察色品图可以发现绿色占据了很大的区域，而红色和蓝色却挤在一个很小的区域，这正表明了色品图的不均匀性。在图 7－8 中，G_1 和 G_2 代表了具有相同绿色调的两个颜色的色品，它们的感知色差等于具有相同红紫色调的两个颜色 R_1 和 R_2 的感知色差，这四种颜色的亮度因数都等于 0.20。尽管它们的感知色差相同，但是 G_1 和 G_2 之间的距离却是 R_1 和 R_2 之间距离的 3 倍。

长期以来许多人一直致力于改进色品图以使图中色品点间相等的距离代表相等的感知色差的大小。1960 年 CIE 推荐了 CIE 1960（u，v）色品图，u，v 可以由 x，y 计算得到；1976 年 CIE 又推荐了 CIE 1976（u'，v'）色品图（又称 CIE 1976UCS 图，如图 7－9 所示）代替 CIE 1960（u，v）色品图，同时 CIE 也推荐了新的色差计算公式。但是，所有这些色品图都只能称为近似均匀的色品图。

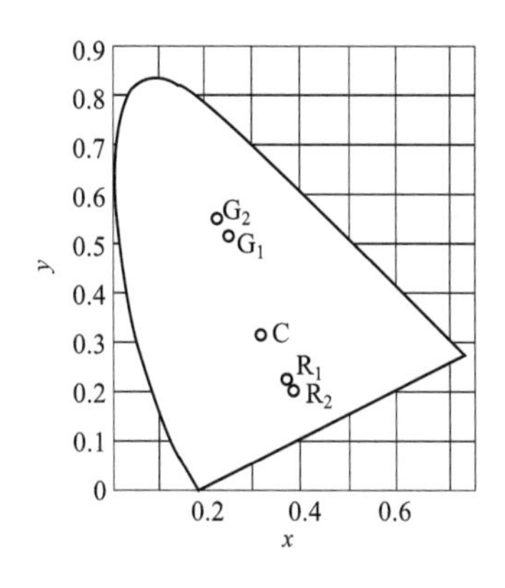

图 7－8　CIE 1931 色品图

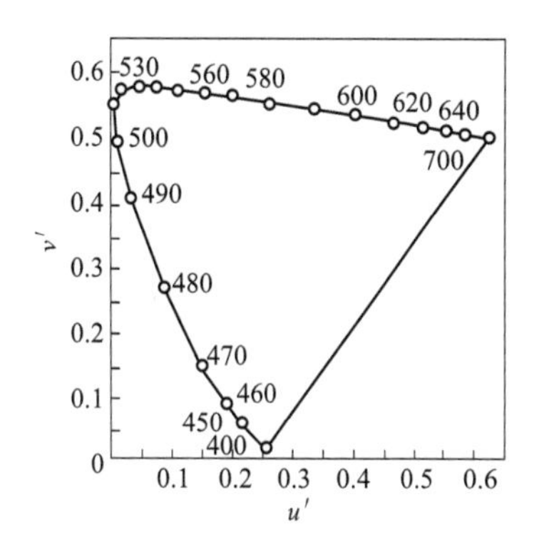

图 7－9　CIE 1960 色品图

在色品图（u，v）和（u'，v'）中均可用直线代表色刺激的加色法混合。其他一些色品图可能在均匀性方面更好一些，但是不能用直线表示色刺激的加色法混合。

图7－9中坐标u'，v'与三刺激值X，Y，Z及色品坐标x，y的关系如下：

$$u' = \frac{4X}{X + 15Y + 3Z} = \frac{4x}{-2x + 12y + 3} \tag{7-9}$$

$$v' = \frac{9Y}{X + 15Y + 3Z} = \frac{9y}{-2x + 12y + 3} \tag{7-10}$$

五、色差

色差是色知觉差异的定量表示，常用符号ΔE表示色差。$\Delta E = 1$时称1个NBS色差单位。NBS（美国国家标准局）色差单位原是由1942年亨特的均匀色空间推导出的色差公式所决定的。不同的色差公式导出的色差单位不同，有的NBS单位有较大的差异。一个NBS色差单位大约相当于在最优实验条件下人眼能知觉的恰可察觉差的5倍。在CIE的$x-y$色品图的中心，一个NBS色差单位相当于（0.001 5～0.002 5）x或y的色品坐标变化。

由于出现了许多计算色差的公式，1976年CIE推荐了两个近似均匀的色空间及相应的色差公式，以便在实用中进一步统一色差评价的方法，这两个色空间是CIE 1976（L^*，u^*，v^*）（或CIE LUV）色空间和CIE 1976（L^*，a^*，b^*）（或CIE LAB）色空间。

（一）CIE LUV色空间及色差公式

图7－10所示为CIE LUV色空间示意图。图中表示了CIE 1976的恒定色调角、饱和度和彩度面。

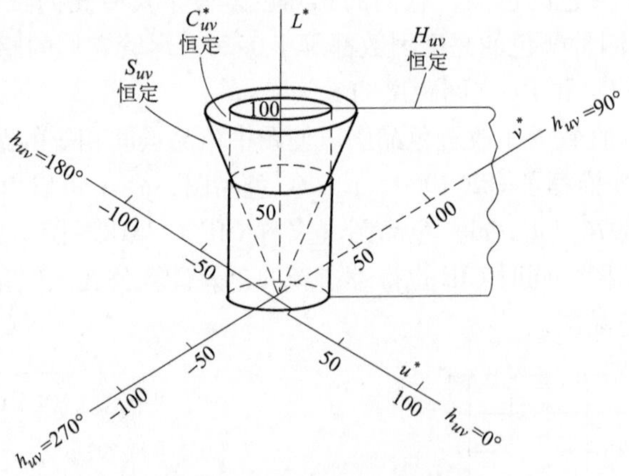

图7－10　CIE LUV色空间

CIE LUV色空间是三维直角坐标系统：

$$\begin{cases} L^* = 116(Y/Y_n)^{1/3} - 16, & (Y/Y_n > 0.008\,856), \\ L^* = 903.3(Y/Y_n), & (Y/Y_n \leqslant 0.008\,856) \\ u^* = 13L^*(u' - u'_n) \\ v^* = 13L^*(v' - v'_n) \end{cases} \tag{7-11}$$

式中，Y为颜色样品的三刺激值；Y_n为完全反射漫射体的三刺激值；u'、v'为CIE 1976 UCS

色品坐标；u'_n、v'_n为完全反射漫射体的色品坐标；L^* 为明度指数；u^*、v^* 为色品指数。

另外还有如下有关参数：

色调角：　$h_{uv} = \arctan\ (v^*/u^*)$

彩度指数：　$C^*_{uv} = (u^{*2} + v^{*2})^{1/2}$

饱和度（章度）指数：　$S_{uv} = 13[(u' - u'_n)^2 + (v' - v'_n)^2]^{1/2}$

用此空间计算两个颜色之间的色差

$$\Delta E^*_{uv} = [(\Delta L^*)^2 + (\Delta u^*)^2 + (\Delta v^*)^2]^{1/2} \quad (7-12)$$

它近似等于在 CIE LUV 色空间中两色品点之间的距离。ΔL^*、Δu^*、Δv^* 分别代表两个色刺激的坐标 L^*、u^*、v^* 之差。

色调差：　$$\Delta H^*_{uv} = [(\Delta E^*_{uv})^2 - (\Delta L^*)^2 - (\Delta C^*_{uv})^2]^{1/2} \quad (7-13)$$

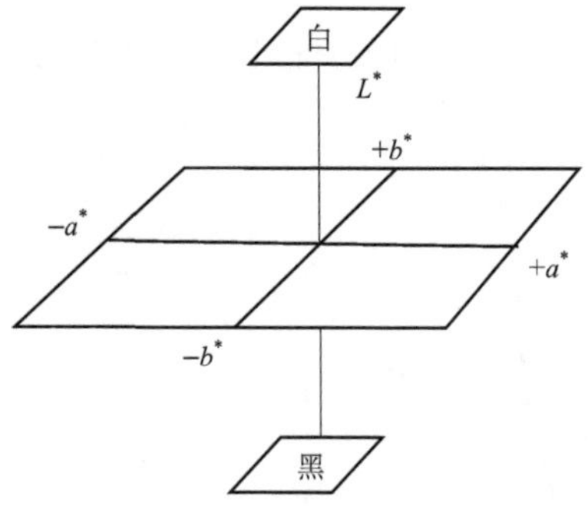

图 7-11　CIE LUV 色空间

（二）CIE LAB 色空间及其色差公式

图 7-11 所示为 CIE 1976（L^*，a^*，b^*）色空间示意图。

CIE LAB 色空间是三维直角坐标系统：

$$\begin{cases} L^* = 116(Y/Y_n)^{1/3} - 16(Y/Y_n > 0.008\ 856) \\ a^* = 500[(X/X_n)^{1/3} - (Y/Y_n)^{1/3}] \\ b^* = 200[(Y/Y_n)^{1/3} - (Z/Z_n)^{1/3}] \end{cases} \quad (7-14)$$

式中，X、Y、Z 为颜色样品的三刺激值；X_n、Y_n、Z_n 为完全反射漫射体的三刺激值；L^* 为明度指数；a^*、b^* 为色品指数。

如果 X/X_n、Y/Y_n、Z/Z_n 三项中有比值小于 0.008 856 的项，则式中的这一项用下式代替：

$$7.787F + 16/116$$

式中，F 代表 X/X_n 或 Y/Y_n 或 Z/Z_n。

另外还有其他的有关参数：

色调角：　$$h_{ab} = \arctan(b^*/a^*) \quad (7-15)$$

彩度指数：　$C^*_{ab} = (a^{*2} + b^{*2})^{1/2}$

用此空间计算两个颜色之间的色差：

$$\Delta E^*_{ab} = [(\Delta L^*)^2 + (\Delta a^*)^2 + (\Delta b^*)^2]^{1/2} \quad (7-16)$$

由此可见，CIE 1976 两个色空间的明度指数是一样的，而色品指数则不同，但是它们都与 CIE 1931 色品图有关。当视场观察角大于 4°时，上述所有公式的变量都加下标“10”。

§7-4　CIE 标准照明体和标准光源

由于物体的感知色随观察的照明条件而改变，为了统一测量标准，CIE 规定了标准照明体和标准光源。

CIE 对“光源”和“照明体”的定义有区别。“光源”是指能发光的物理辐射体，如灯、太阳。“照明体”是指特定的光谱分布，这样的光谱分布不一定能用一个具体的光源来实现。

一、标准照明体

CIE 推荐的标准照明体有 A、B（已废弃），C、D、E。

标准照明体 A：代表绝对温度 2 856 K 的完全辐射体的辐射。

标准照明体 B：代表相关色温大约 4 874 K 的直射日光，它的光色相当于中午的日光。

标准照明体 C：代表相关色温大约 6 774 K 的平均昼光，它的光色近似于阴天的天空光。

标准照明体 D：代表各时相日光和相对光谱功率分布，也叫作典型日光或重组日光。

标准照明体 E：将在可见光波段内光谱辐射功率为恒定值的刺激定义为标准照明体 E，亦称等能光谱或等能白光。这是一种人为规定的光谱分布，实际上不存在这种光谱分布的光源。

图 7－12 所示为 CIE 标准照明体 A、B、C 及等能光谱 E 的相对光谱功率分布曲线。图 7－13 所示为 CIE 标准照明体 D_{65} 及 C 的相对光谱功率分布曲线。

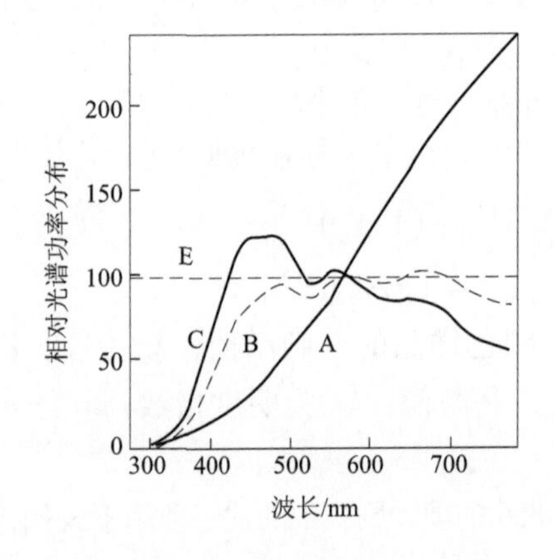

图 7－12　相对光谱功率分布曲线 1

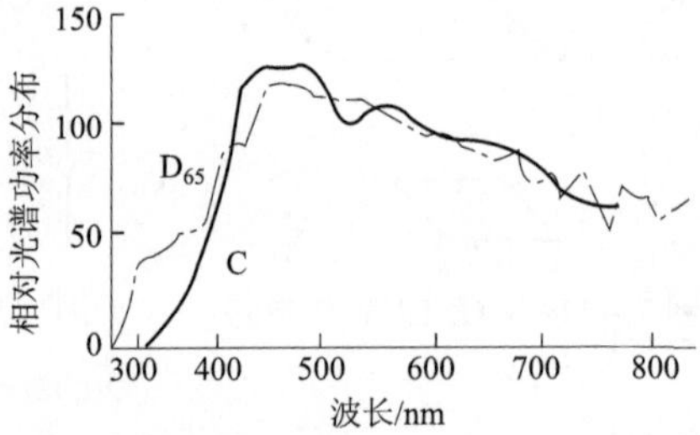

图 7－13　相对光谱功率分布曲线 2

表 7－4 所示为 CIE 标准照明体 A、B、C、D_{65} 相对光谱功率分布。

		A	B	C	D_{65}
色品坐标：	x	0.447 6	0.348 4	0.310 1	0.312 7
	y	0.407 4	0.351 6	0.316 2	0.329 0
	u	0.256 0	0.213 7	0.200 9	0.197 8
	v	0.349 5	0.323 4	0.307 3	0.312 2
	x_{10}	0.451 2	0.349 8	0.310 4	0.313 8
	y_{10}	0.405 9	0.352 7	0.319 1	0.331 0
	u_{10}	0.259 0	0.214 2	0.200 0	0.197 9
	v_{10}	0.349 5	0.323 9	0.308 4	0.313 0

二、标准光源

CIE 规定用下列人工光源来实现标准照明体 A 与 C。

标准光源 A：分布温度为 2 856 K 的充气钨丝灯。

表 7-4　CIE 标准照明体 A，B，C，D_{65}相对光谱功率分布

波长/nm	A $S(\lambda)$	B $S(\lambda)$	C $S(\lambda)$	D_{65} $S(\lambda)$	波长/nm	A $S(\lambda)$	B $S(\lambda)$	C $S(\lambda)$	D_{65} $S(\lambda)$
300	0.93			0.03	480	48.24	95.20	123.90	115.9
305	1.13			1.7	485	51.04	96.23	122.92	112.4
310	1.36			3.3	490	53.91	96.50	120.70	108.8
315	1.62			11.8	495	56.85	95.71	116.90	109.1
320	1.93	0.02	0.01	20.2	500	59.86	94.20	112.10	109.4
325	2.27	0.26	0.20	28.6	505	62.93	92.37	106.98	108.6
330	2.66	0.50	0.40	37.1	510	66.06	90.70	102.30	107.8
335	3.10	1.45	1.55	38.5	515	69.25	89.65	98.81	106.3
340	3.59	2.40	2.70	39.9	520	72.50	89.50	96.90	104.8
345	4.14	4.00	4.85	42.4	525	75.79	90.43	96.78	106.2
350	4.74	5.60	7.00	44.9	530	79.13	92.20	98.00	107.7
355	5.41	7.60	9.95	45.8	535	82.52	94.46	99.94	106.0
360	6.14	9.60	12.90	46.6	540	85.95	96.90	102.10	104.4
365	6.95	12.40	17.20	49.4	545	89.41	99.16	103.95	104.2
370	7.82	15.20	21.40	52.1	550	92.91	101.00	105.20	104.0
375	8.77	18.80	27.50	51.0	555	96.44	102.20	105.67	102.0
380	9.80	22.40	33.00	50.0	560	100.00	102.80	105.30	100.0
385	10.90	26.85	39.92	52.3	565	103.58	102.92	104.11	98.2
390	12.09	31.30	47.40	54.6	570	107.18	102.60	102.30	96.3
395	13.35	36.18	55.17	68.7	575	110.80	101.90	100.15	96.1
400	14.71	41.30	63.30	82.8	580	114.44	101.00	97.80	95.8
405	16.15	46.62	71.81	87.1	585	118.08	100.07	95.43	92.2
410	17.68	52.10	80.60	91.5	590	121.73	99.20	93.20	88.7
415	19.29	57.70	89.53	92.5	595	125.39	98.44	91.22	89.3
420	20.99	63.20	98.10	93.4	600	129.04	98.00	89.70	90.0
425	22.79	68.37	105.80	90.1	605	132.70	98.08	88.83	89.8
430	24.67	73.10	112.40	86.7	610	136.35	98.50	88.40	89.6
435	26.64	77.31	117.75	95.8	615	139.99	99.06	88.19	88.6
440	28.70	80.80	121.50	104.9	620	143.62	99.70	88.10	87.7
445	30.85	83.44	123.45	110.9	625	147.24	100.36	88.06	85.5
450	33.09	85.40	124.00	117.0	630	150.84	101.00	88.00	83.3
455	35.41	86.88	123.60	117.4	635	154.42	101.56	87.86	83.5
460	37.81	88.30	123.10	117.8	640	157.98	102.20	87.80	83.7
465	40.30	90.08	123.30	116.3	645	161.52	103.05	87.99	81.9
470	42.87	92.00	123.80	114.9	650	165.03	103.90	88.20	80.0
475	45.25	93.75	124.09	115.4	655	168.51	104.59	88.20	80.1

续表

波长/nm	A $S(\lambda)$	B $S(\lambda)$	C $S(\lambda)$	D_{65} $S(\lambda)$	波长/nm	A $S(\lambda)$	B $S(\lambda)$	C $S(\lambda)$	D_{65} $S(\lambda)$
660	171.96	105.00	87.90	80.2	750	227.00	85.20	59.20	63.6
665	175.38	105.08	87.22	81.2	755	229.59	84.80	58.50	55.0
670	178.77	104.90	86.30	82.3	760	232.12	84.70	58.10	46.4
675	182.12	104.55	85.30	80.3	765	234.59	84.90	58.00	56.6
680	185.43	103.90	84.00	78.3	770	237.01	85.40	58.20	66.8
685	188.70	102.84	82.21	74.0	775	239.37			65.1
690	191.93	101.60	80.20	69.7	780	241.68			63.4
695	195.12	100.38	78.24	70.7	785	243.92			63.8
700	198.26	99.10	76.30	71.6	790	246.12			64.3
705	201.36	97.70	74.36	73.0	795	248.25			61.9
710	204.41	96.20	72.40	74.3	800	250.33			59.5
715	207.41	94.60	70.40	68.0	805	252.35			55.7
720	210.36	92.90	68.30	61.6	810	254.31			52.0
725	213.27	91.10	66.30	65.7	815	256.22			54.7
730	216.12	89.40	64.40	69.9	820	258.07			57.4
735	218.92	88.00	62.80	72.5	825	259.86			58.9
740	221.67	86.90	61.50	75.1	830	261.60			60.3
745	224.36	85.90	60.20	69.3					

标准光源C：A光源加一组特定的戴维斯—吉伯逊液体滤光器，以产生分布温度为6 774 K的辐射。

对于标准照明体D，CIE尚未推荐出相应的标准光源。现在正在研制的模拟D_{65}的人工光源有带滤光器的高压氙弧灯、带滤光器的白炽灯和带滤光器的荧光灯3种。

§7-5 颜色测量

一、光谱光度测色原理

CIE标准色度系统的建立，为人们客观地测量物体的颜色奠定了基础，可以通过对物体三刺激值的测量来测量颜色，三刺激值的计算公式为

$$X = k\int_{\lambda} \Phi(\lambda)\bar{x}(\lambda)\mathrm{d}\lambda$$

$$Y = k\int_{\lambda} \Phi(\lambda)\bar{y}(\lambda)\mathrm{d}\lambda$$

$$Z = k\int_{\lambda} \Phi(\lambda)\bar{z}(\lambda)\mathrm{d}\lambda$$

式中，$\bar{x}(\lambda)$，$\bar{y}(\lambda)$，$\bar{z}(\lambda)$为CIE标准观察者的光谱三刺激值。自发光体、透射物体和反射物体的$\Phi(\lambda)$值分别为$S(\lambda)\cdot\beta(\lambda)$、$S(\lambda)\cdot\tau(\lambda)$和$S(\lambda)\cdot\rho(\lambda)$。$S(\lambda)$为光源的

相对光谱功率分布，可通过光谱辐射测量得到。

颜色测量方法除上述光谱光度测色法外，还有刺激值直读测色法以及三色密度法和目视测色法等。

二、比较法测量

分光光度计是颜色测量中最基本的仪器，它并不直接测量颜色，而是测量样品的反射特性或透射特性，经过计算求得样品颜色的三刺激值。

分光光度计采用比较法测量光谱透射比或光谱反射比，是通过定量地比较某些已知光谱特性的“标准”（参照物）和样品在同一波长上透射或反射的单色辐射功率，从而测出样品的光谱透射比或光谱辐亮度因数。

测量透射样品时选用空气作为参照标准，在整个可见光谱范围内透射比均为1。

测量反射样品时，用完全反射漫射体作为参照标准，完全反射漫射体的反射比在各波长上均为1。由于没有一种实际材料有这样的特性，目前一般用烟熏、压粉或喷涂的氧化镁（MgO）、硫酸钡（$BaSO_4$）、海伦（Halon）及白陶瓷板等作为参照物。

为了实现比较法测量，最简单的是采用单光路，仪器只有一条光路，将参照物和样品依次放在光路中进行测量。现代分光光度计中广泛采用的是双光路法。将单色光分成两束光，一束通过参照物，另一束通过样品。

三、测量的几何条件

颜色测量时，光源照明和探测器收集光能的几何条件很重要，几何条件不一致会造成测量结果出现差异。

CIE 推荐的四种测量反射色的标准照明和观测条件如图 7－14 所示。

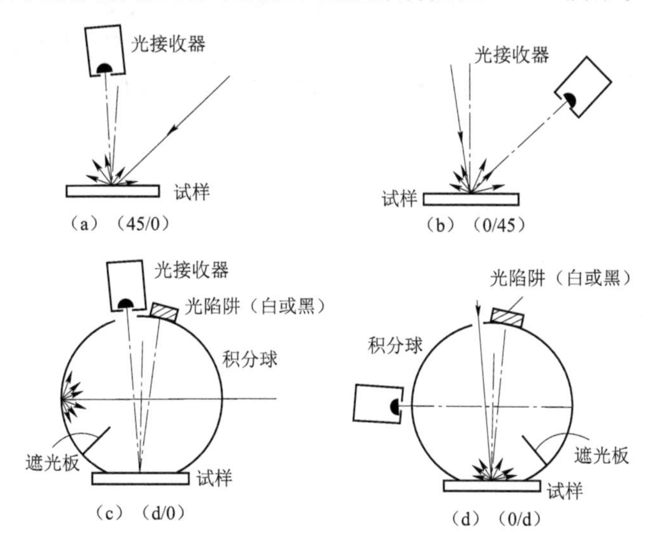

图 7－14 测量反射色的标准照明和观测条件

（一）45°/垂直（45/0）

照明光束的光轴与试样表面的法线成 45°±5°，可用一束或多束光照明试样，观测方向和试样的法线之间的夹角不应超过 10°。照明光束和观测光束中的任一光线与其中心线之间的夹角不得大于5°。

（二）垂直/45°（0/45）

用一束光照明试样，照明光束的光轴和试样表面法线的夹角不应超过10°，在与试样表面法线成45°±5°的方向上观测。照明光束和观测光束中的任一光线与其中心线之间的夹角不得大于5°。

（三）漫射/垂直（d/0）

用积分球漫射照明试样，在与试样表面法线成10°以内的方向上观测反射光。观测光束中的任一光线与其中心线的夹角不应大于5°。

（四）垂直/漫射（0/d）

用一束光照明试样，试样表面的法线和照明光束的光轴之间的夹角不应超过10°。试样的漫反射光由积分球收集，照明光束中的任一光线与其中心线的夹角不得大于5°。

根据CIE规定，在0/45，45/0，d/0三种条件下测得的光谱反射因数称为光谱辐亮度因数，分别记为$\beta_{0/45}$，$\beta_{45/0}$，$\beta_{d/0}$。在0/d条件下测得的光谱反射因数称为光谱反射比ρ。

测量透射样品的标准照明和观察条件如图7－15所示。

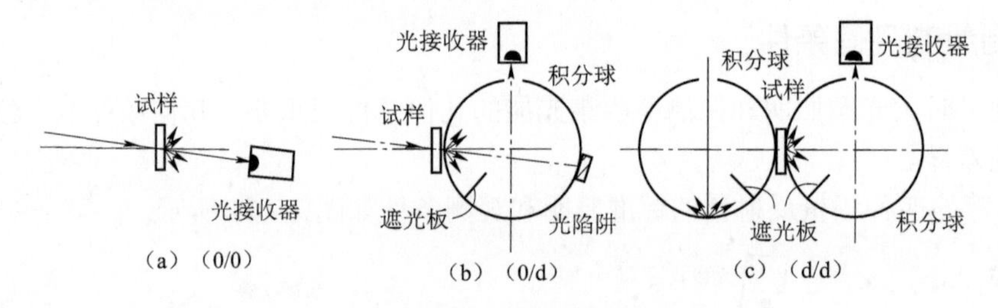

图7－15 透射测量的标准照明和观察条件

（五）垂直/垂直（0/0）

照明光束的光轴与试样表面的法线间的夹角不应大于5°，并在透射方向上观测。照明和观测光束中的任一光线对其中心线夹角不得大于5°。

（六）垂直/漫射（0/d）

照明光束的光轴与试样表面的法线间的夹角不应大于5°，用积分球收集全部方向上的透射光。照明光束中的任一光线与中心线的夹角不得大于5°。

（七）漫射/漫射（d/d）

用积分球对试样进行漫射照明，用另一积分球收集透过试样的光。

根据CIE规定，在0/0，0/d，d/d三种条件下测得的透过率分别叫作正透过率、漫射透过率和双重漫射透过率。

由条件（五）、（六）测得的正透过率与漫射透过率之和是全透过率。

图7－16所示为一种测色分光光度计的光学系统，它是由照明光源、单色器、光度计部

分和光接收器等组成的。

对于荧光材料的测量不能采用普通的光谱光度法，因为不但要测量材料在波长 λ 处的反射辐亮度因数 β_S（λ），同时还必须测量在波长 λ 处的荧光发射辐亮度因数 β_L（λ），在波长 λ 处总光谱辐亮度因数 $\beta_T(\lambda)=\beta_S(\lambda)+\beta_L(\lambda)$。荧光材料颜色的精确测量可以采用双单色仪法来进行。

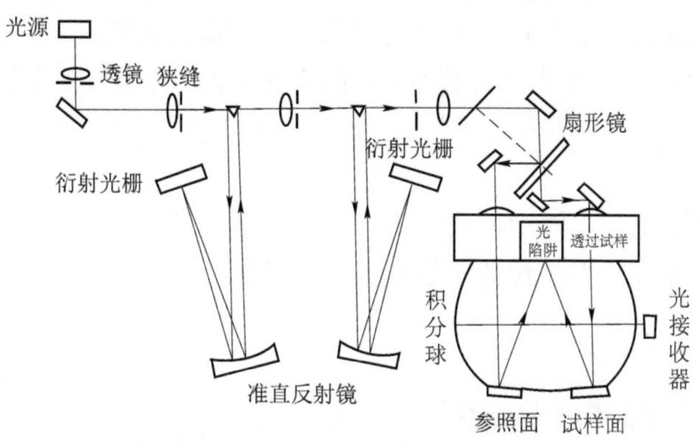

图 7－16　一种测色分光光度计的光学系统

§7－6　孟塞尔表色系统

孟塞尔系统是目前世界上广泛应用的颜色系统，已成为美国国家标准研究院和材料试验学会的标准，日本工业标准也以孟塞尔标准为基础。1976 年出版的《孟塞尔颜色图册》分有光泽和无光泽两类，光泽本共有颜色卡 1 488 块，中性色 37 块；无光泽本有颜色卡 1 277 块，中性色 32 块。每一颜色卡片的尺寸大约是 1. 8 cm × 2. 1 cm。

孟塞尔色立体由三个方面组成：明度值、色调、彩度。孟塞尔立体外形图如图 7－17 所示。

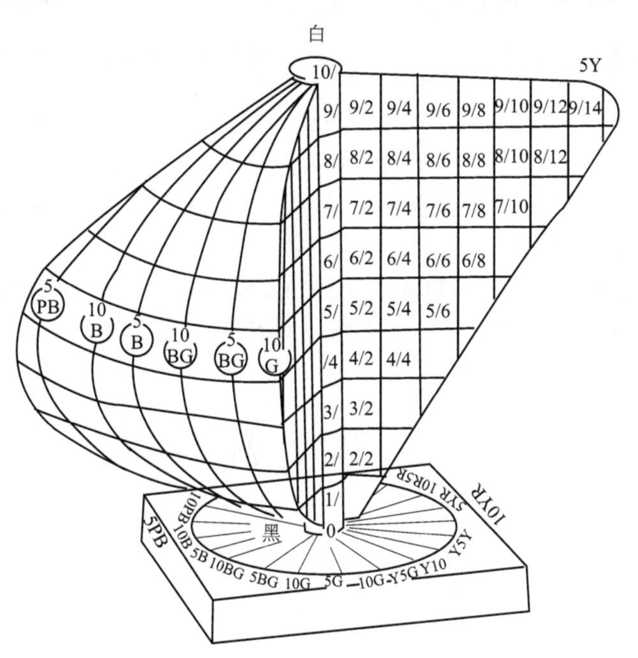

图 7－17　孟塞尔立体外形图

（一）孟塞尔明度值 *V*

孟塞尔颜色立体的中心轴，代表从底部的黑色到顶部白色的白黑系列中性色的明度等级，称为孟塞尔明度，以符号 *V* 表示。将亮度因数 *Y* 为“102%”的理想白色定为明度值“10”，而亮度因数为“0”的理想黑色定为“0”。孟塞尔明度值由 0～10 共分为 11 个等级，每一个等级的明度值都对应于在日光下颜色样卡的一定亮度因数。

彩色的明度值在颜色立体中以离开基底平面的高度代表，并用与相等明度的灰度色来度量。

（二）孟塞尔彩度 *C*

颜色的饱和度在孟塞尔立体中以离开中央轴的距离来代表，称为孟塞尔彩度。彩度被分成许多视觉上相等的等级，中央轴的中性色彩度为“0”，离开中央轴越远彩度越大。

（三）孟塞尔色调 *H*

颜色的色调是用围绕孟塞尔立体中央轴的角位置来代表的，孟塞尔色调以符号 *H* 表示。孟塞尔立体水平剖面上以中心轴为中心，将圆周分为相等的 10 个部分，5 个主要色调红（R）、黄（Y）、绿（G）、蓝（B）、紫（P）和五个中间色调黄红（YR）、绿黄（GY）、蓝绿（BG）、紫蓝（PB）、红紫（RP），其位置如孟塞尔色立体水平剖面图 7－18 所示。

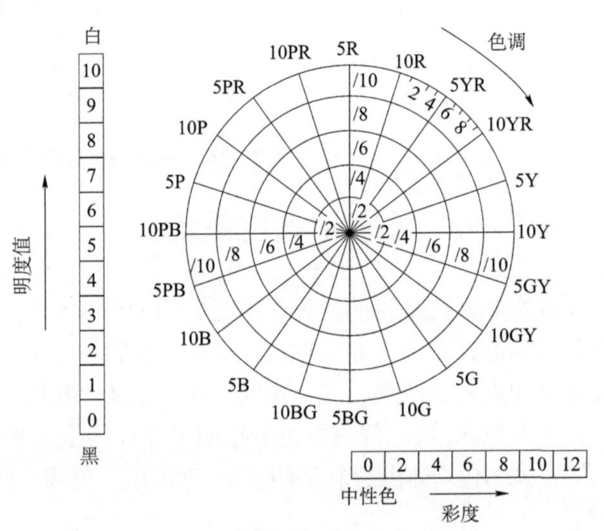

图 7－18　孟塞尔色立体水平剖面图

（四）孟塞尔颜色标注方法

标注顺序为：对于有彩色为色调明度/彩度，即 *HV/C*；对于无彩色为 *NV/*，*N* 代表无彩色。例如一个色样的色调是 7.5Y，明度值为 7，彩度为 8，其孟塞尔标注为：7.5Y7/8；对于无彩色，例如明度值 6 的灰色，其标注为 *N*6/。可以查表或通过孟塞尔——CIE 色品图进行孟塞尔与 CIE 之间的参数转换。

利用颜色卡片及相应的字符和数码表示颜色的系统，由于编排原则不同，这类系统繁多，除孟塞尔系统外，还有奥斯瓦尔德系统、瑞典的自然色系统、美国光学学会匀色制 OSA－UCS 系统等。

习　题

1. 什么叫三原色？什么叫三刺激值？
2. CIE 标准色度系统包含哪些内容？
3. CIE 标准照明体和标准光源包含哪些内容？
4. 颜色测量有哪些方法？

第八章
光学系统成像质量评价

§8-1 概述

任何一个光学系统不管用于何处，其作用都是把目标发出的光，按仪器工作原理的要求，改变它们的传播方向和位置，送入仪器的接收器，从而获得目标的各种信息，包括目标的几何形状、能量强弱等。因此，对光学系统成像性能的要求，可以分为两个主要方面：第一方面是光学特性，包括焦距、物距、像距、放大率、入瞳位置、入瞳距离等；第二方面是成像质量，光学系统所成的像应该足够清晰，并且物像相似，变形要小。有关第一方面的内容即满足光学特性方面的要求在前面各章中已经介绍，本章讨论第二方面的内容，即光学系统成像质量的评价问题。

任何一个实际的光学系统都不可能理想成像，即成像不可能绝对的清晰和没有变形，所谓像差就是光学系统所成的实际像与理想像之间的差异。由于一个光学系统不可能理想成像，因此就存在一个光学系统成像质量优劣的评价问题。成像质量评价的方法分为两大类，第一类用于在光学系统实际制造完成以后对其进行实际测量，第二类用于在光学系统还没有制造出来，即在设计阶段通过计算就能评定系统的质量。

对于第一类像质评价方法，主要有“分辨率检验”和“星点检验”。光学系统成像的变形大小，可以通过测量像的几何尺寸得到，比较简单。对成像清晰度的评价问题，则要复杂得多。最早用来评价光学系统成像清晰度的指标是分辨率。所谓分辨率就是光学系统成像时，所能分辨的最小间隔。绝大多数成像光学系统，都是用于扩大人的视觉能力，帮助人眼观察那些直接观察时看不清的细小物体。因此，光学系统能够清晰成像的最小间隔，可以用来代表该系统成像的清晰度。实际检验时，使用类似图8-1那样的图案作为物平面，通过被检验的光学系统成像，在像平面上检查所能分辨的最小间隔δ（mm），用它作为该系统分辨率的指标，有时也用它的倒数作为分辨率的指标，即

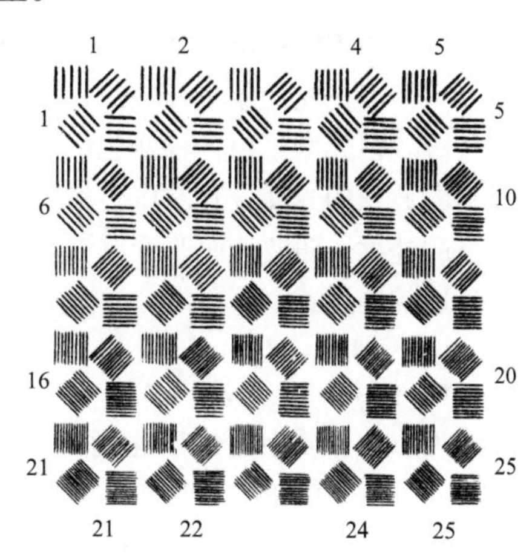

图8-1 分辨率图案

$$\mu = \frac{1}{\delta}(\mathrm{lp/mm}) \tag{8-1}$$

式中，μ 的单位（lp/mm）代表每毫米能分辨的线对数，也称空间频率。光学系统的分辨率越高，能分辨的最小间隔越小，对应的空间频率 μ 越大。这种方法称为“分辨率检验”。

另一种评价光学系统成像质量的方法是“星点检验”，即把一个发光点通过被检系统成像。从几何光学的观点出发，人们把光看作“能够传输能量的几何线”即“光线”，光线是“具有方向的几何线”，一个理想光学系统应能使一个点物发出的所有光线通过光学系统后仍然聚交于一点。在理想成像时，像点是一个理想的几何点，如果成像不符合理想成像，则形成有一定大小的弥散斑（实际上，由于光的波动性，即使理想成像，像点也不是一个几何点）。根据弥散斑的大小和能量分布的情况，就可以评定系统成像质量的优劣。“分辨率检验”和“星点检验”仍然是目前使用最广泛的像质检验方法。

以上两种方法，只能在光学系统实际制造完成以后才能进行。我们希望在光学系统还没有制造出来以前，即在设计阶段就能通过计算评定所设计系统的质量。考虑到加工误差的影响之后，如果能够在保证最后成品质量的前提下才投入制造，就能避免造成人力和物力的浪费。因此，还需要有一种在设计阶段评价系统质量的标准。

通过研究可以知道，在汇聚光束的聚焦点附近，几何光学误差较大，而讨论成像质量的问题，正是在光束的聚焦点前后考虑像平面上光能的分布问题，几何光学不能满足要求，必须应用物理光学的方法。因此，光学系统成像质量评价的问题，是一个比较复杂的问题。

本章主要介绍在设计阶段评价成像质量的方法。它们可以分成两大类：一类是几何光学的方法，包括几何像差、波像差、点列图、几何光学传递函数等；另一类是物理光学的方法，包括点扩散函数、相对中心光强、物理光学传递函数等。这里只对此两类方法作简要介绍。

§8－2　介质的色散和光学系统的色差

第一章中曾经指出，光实际上是波长为400～760 nm的电磁波，不同波长的光具有不同的颜色，一般把光的颜色分成红、橙、黄、绿、蓝、靛、紫七种。红光的波长最长，紫光的波长最短。白光则是由各种颜色的光混合而成的。

不同波长的光线在真空中传播的速度 c 都是一样的，但在透明介质（例如水、玻璃等）中传播的速度 v 随波长而改变。波长长的速度 v 大，波长短的速度 v 小。根据第一章中折射率与光速的关系式

$$n = \frac{c}{v}$$

可见，在介质中的传播速度 v 大，折射率 n 就小；反之，传播速度 v 小，折射率 n 就大。因此，红光的折射率最小，紫光的折射率最大。某一种介质对两种不同颜色光线（用波长 λ_1 和 λ_2 表示）的折射率之差（$n_{\lambda1} - n_{\lambda2}$）称为该介质对这两种颜色光的“色散”。一般用波长为656.28 nm的C光和波长为486.13 nm的F光的折射率之差（$n_F - n_C$）代表介质色散的大小，称为该介质的“中部色散”。

前面讨论透镜成像的成像性质时，都把某一种介质的折射率看作常数，实际上只是对同一波长的光线而言，这样的光线称为“单色光”。

如图 8－2 所示，薄透镜的焦距公式为

$$\frac{1}{f'} = (n-1)\left(\frac{1}{r_1} - \frac{1}{r_2}\right)$$

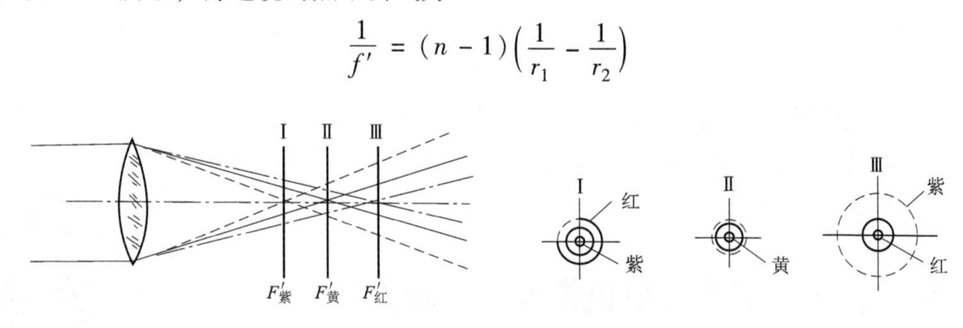

图 8－2　单透镜轴向色差示意图

因为折射率 n 随波长的不同会发生改变，焦距 f' 显然也要随着波长不同而改变。折射率越大，焦距越短。因此，对同一个透镜，红光的焦距最长，紫光的焦距最短。如果把一个简单的正透镜用来对无限远的物体成像，由于各种颜色光线的焦距不同，所成像的位置也就不同。

红光的像点最远，紫光的像点最近，各种颜色光线的像点依次排列在光轴上。这种不同颜色光线的像点沿光轴方向的位置之差称为“轴向色差”。如果在紫光的像点 $F'_{紫}$ 处用屏幕观察，则屏幕上呈现一个圆形的光斑，光斑中心带一紫色亮点，外边绕有红色边缘，如图 8－2 中位置Ⅰ所示。如果在 $F'_{黄}$ 位置处观察，则光斑中心带一黄色亮点，周围为绛色（红光和紫光混合后成为绛色），如图 8－2 中位置Ⅱ所示。如果在 $F'_{红}$ 位置处观察，则光斑中心为红色亮点，周围绕有紫色边缘，如图 8－2 中位置Ⅲ所示。因此，像平面在任何位置上，都不能得到一个清晰的白色像点。在不同像平面位置观察时像都带有颜色，使像模糊不清。通常用 C、F 两种波长光线的像平面间的距离表示轴向色差，即若 l_F' 和 l_C' 分别表示 F、C 两种波长光线的近轴像距，则轴向色差 $\Delta l'_{FC}$ 为

$$\Delta l'_{FC} = l_F' - l_C' \tag{8-2}$$

同样，如图 8－3 所示，根据无限远物体像高 y' 的计算公式，当 $n' = n = 1$ 时，有

$$y' = -f'\tan\omega$$

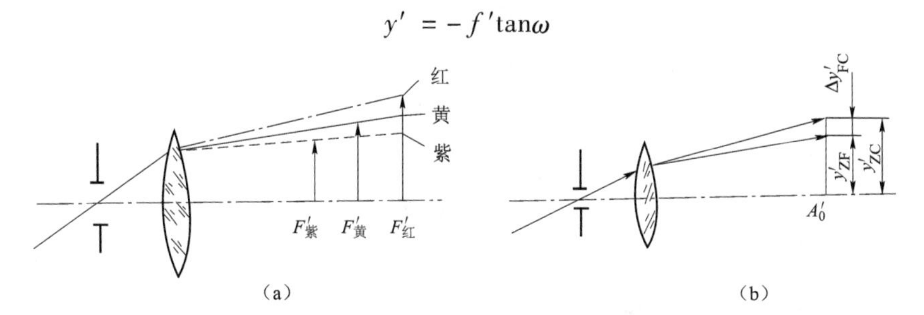

图 8－3　单透镜垂轴色差示意图

当焦距 f' 随波长改变时，像高 y' 也就随之改变。因此，不同颜色光线所成的像高也不一样。如图 8－3（a）所示，红光的像高最大，紫光的像高最小。换句话说，不同颜色光线的放大率不一样。这种像的大小的差异称为“垂轴色差”。当光学系统存在垂轴色差时，像的周围出现由红到紫或由紫到红的色边，它同样也会使像模糊不清。如图 8－3（b）所示，垂轴色差一般用 C、F 光线在同一像平面（通常在 D 光的理想像平面）上的像高之差表示。

若y'_{ZF}和y'_{ZC}分别表示F、C两种波长光线的主光线在D光理想像平面上的交点高度，则垂轴色差$\Delta y'_{FC}$为

$$\Delta y'_{FC} = y'_{ZF} - y'_{ZC} \tag{8-3}$$

用不同的玻璃做成正透镜和负透镜，把它们组合在一起，就可以消除色差。实际光学系统中所使用的透镜组，都是由正透镜和负透镜组合起来的。例如在望远镜中，最常用的物镜就是由一个正透镜和一个负透镜胶合在一起做成的。

§8-3　轴上像点的单色像差——球差

上面讨论了光学系统的色差，现在讨论单色像差，首先讨论轴上点的单色像差。前面已经指出，本书所讨论的是共轴光学系统，面形是旋转曲面。对于共轴系统的轴上点来说，由于系统对光轴对称，进入系统成像的入射光束和出射光束均对称于光轴，如图8-4所示。轴上有限远物点发出的以光轴为中心、与光轴夹角相等的同一锥面上的光线（对轴上无限远物点来说，对应以光轴为中心的同一柱面上的光线），经过系统以后，其出射光线位于一个锥面上，锥面顶点就是这些光线的聚交点，而且必然位于光轴上，因此这些光线成像为一点。但是，由于球面系统成像不理想，不同高度的锥面（柱面）光线（它们与透镜的交点高度不同，也即孔径不同）的出射光线与光轴夹角是不同的，其聚交点的位置也就不同。虽然同一高度锥面（柱面）的光线成像聚交为一点，但不同高度锥面（柱面）的光线却不聚交于一点，这样成像就不理想了。最大孔径的光束聚交于$A'_{1.0}$，0.85孔径的光线聚交于$A'_{0.85}$，以此类推。从图8-4中可见，轴上有限远同一物点发出的不同孔径的光线通过系统以后不再交于一点，成像不理想。为了表示这些对称光线在光轴方向的离散程度，用不同孔径光线对理想像点A'_0的距离$A'_0A'_{1.0}$；$A'_0A'_{0.85}$；…表示，称为球差，用符号$\delta L'$表示，$\delta L'$的计算公式为

$$\delta L' = L' - l' \tag{8-4}$$

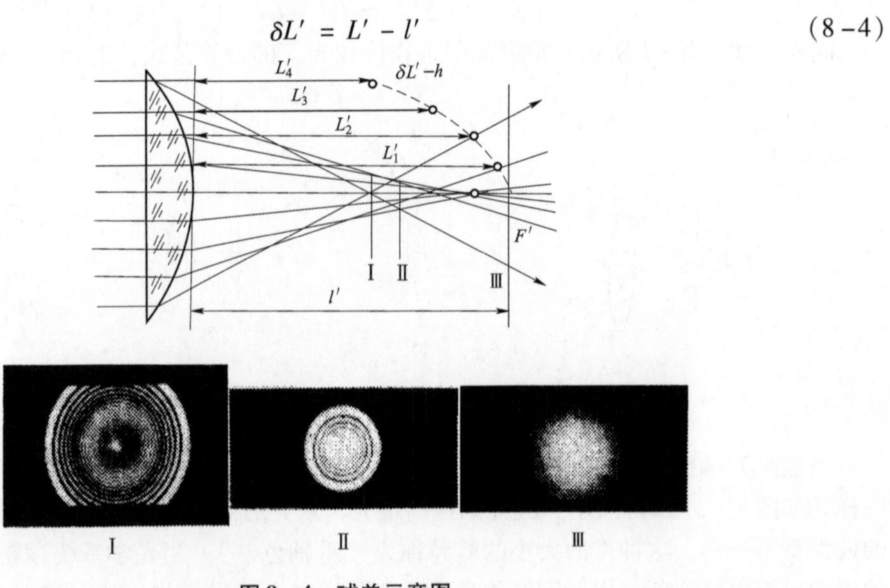

图8-4　球差示意图

式中，L'代表一宽孔径高度光线的聚交点的像距；l'为近轴像点的像距，如图 8－4 所示。$\delta L'$的符号规则是，光线聚交点位在A'_0的右方为正，左方为负。为了全面而又概括地表示出不同孔径光线的球差，一般从整个公式中取出 1.0、0.85、0.707 1、0.5、0.3 这 5 个孔径光束的球差值 $\delta L'_{1.0}$、$\delta L'_{0.85}$、$\delta L'_{0.707\,1}$、$\delta L'_{0.5}$、$\delta L'_{0.3}$来描述整个光束的结构。如果系统理想成像，则所有出射光线均交于理想像点 A'_0，球差 $\delta L'_{1.0}=\delta L'_{0.85}=\delta L'_{0.7071}=\delta L'_{0.5}=\delta L'_{0.3}=0$。反之，球差值越大，成像质量越差。

当存在球差时，在不同像平面位置得到的实际像点图形如下：当像平面在 $A'_{1.0}$位置时，光线的弥散图形为一个周围带有亮圈的圆斑；当像平面逐渐往右移时，弥散图形面积逐渐缩小，亮度增大，并且除了四周的亮圈以外，中心开始出现亮斑；当像平面继续往右移动时，就会找到一个合适的位置，弥散图形的面积最小，亮度最大，称为“最小弥散圆”；当像平面由此位置继续右移时，弥散图形周围的亮圈逐渐消失；再往右移动，则弥散图形面积很快扩大，亮度迅速减小，最后中央亮斑消失。总之，在任何位置处都不能得到一个理想的像点，不过比较来说，当像平面位于最小弥散圆位置时成像质量最好。上面实际像点的弥散图形之所以出现复杂的花纹，是由于光波的衍射引起的。

利用正负透镜的组合，可以消除球差。例如，设计良好的双胶合透镜，它的球差曲线如图 8－5 所示。这时边缘光线的交点和近轴光线的像点重合，而其他高度光线的交点并不完全和近轴像点重合，仍有少量球差存在。当边缘光线的交点位于近轴像点左边时，球差为负，称为“球差欠校正”，如图 8－4 所示；反之，当边缘光线交点位在近轴像点右边时，球差为正，称为“球差过校正”。适当地选择玻璃材料和球面半径，有可能使边缘球差为零，如图 8－5 所示。

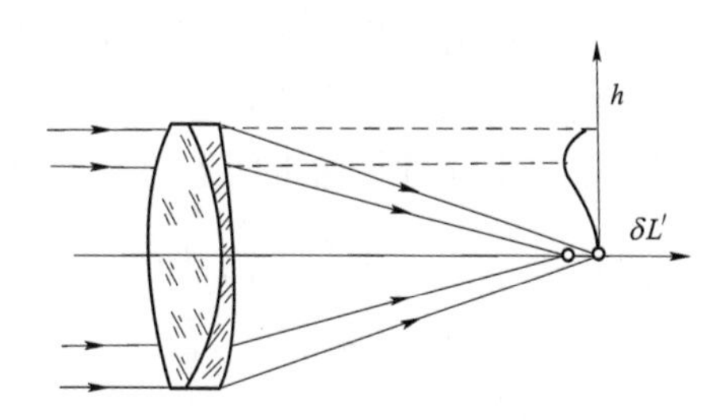

图 8－5　校正了边缘球差情形

对于轴上点来说，仅有轴向色差 $\delta L'_{FC}$和球差 $\delta L'$这两种像差，用它们就可以表示一个光学系统轴上点成像质量的优劣。

§8－4　轴外像点的单色像差

由于共轴系统对称于光轴，当物点位于光轴上时，光轴就是整个光束的对称轴线，通过光轴的任意截面内光束的结构都是相同的。位于过光轴的某一个截面内的光束结构可以用球差曲线表示。球差曲线能够表示轴上物点的光束结构，它代表了系统轴上物点成像质量的优劣。对于轴外点来说，成像光线的聚交情况就比轴上点要复杂得多。

如图 8－6 所示，由轴外无限远物点进入共轴系统成像的光束，经过系统以后不再像轴上点的光束那样具有一条对称轴线，只存在一个对称平面，这个对称平面就是由物点和光轴构成的平面，如图 8－6 中的 BOZ 平面所示。由于轴外物点发出的通过系统的所有光线在像空间的聚交情况比轴上点复杂得多，为了能够简化问题同时又能够

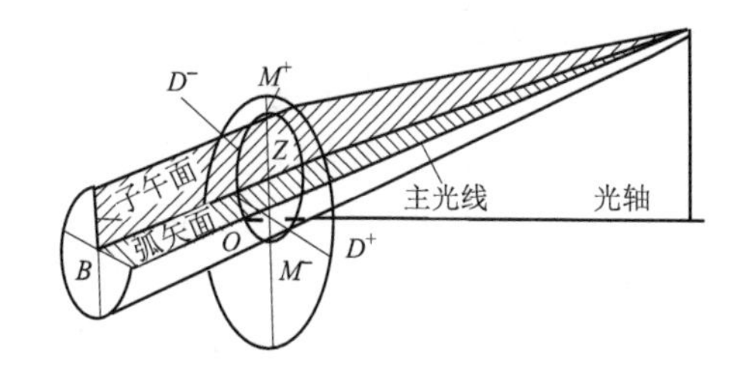

图 8－6　子午面和弧矢面

定量地描述这些光线的弥散程度，我们从整个入射光束中取两个互相垂直的平面光束，用这两个平面光束的结构来近似地代表整个光束的结构。其中一个是光束的对称面BM^+M^-，即主光线和光轴决定的平面，称为子午面；另一个是过主光线 BZ 与子午面 BM^+M^- 垂直的 BD^+D^- 平面，称为弧矢面。如果要更全面地了解光束结构，仅仅了解这两个截面内光线的情况还是不够的，还需要研究截面以外的其他光线。

为了表示两个截面内的光束结构，需要规定若干描述光束结构的几何量，用以度量光束的成像质量。用来描述这两个平面光束结构的几何参量分别称为子午像差和弧矢像差，下面分别按子午面和弧矢面进行说明。

一、子午像差

由于子午面既是光束的对称面，又是系统的对称面，位于该平面内的子午光束通过系统后永远位于同一平面内，因此计算子午面内光线的光路是一个平面的三角、几何问题，可以在一个平面图形内表示出光束的结构，如图 8－7 所示。

图 8－7 所示为轴外无限远物点发来的斜光束的光路图。与轴上点的情形一样，为了表示子午光束的结构，取主光线两侧具有相同孔径高的两条成对的光线 BM^+ 和 BM^-，称为子午光线对。该子午光线对通过系统以后也位于子午面内，如果光学系统没有像差，则所有光线对都应交在理想像平面上的同一点。由于有像差存在，故 BM^+ 和 BM^- 光线对的交点 B'_T 既不在主光线上，也不在理想像平面上。为了表示这种差异，我们用子午光线对的交点 B'_T离理想像平面的轴向距离 X'_T表示此光线对交点与理想像平面的偏离程度，称为“子午场曲”；用光线对交点 B'_T离开主光线的垂直距离 K'_T表示此光线对交点偏离主光线的程度，称为“子午彗差”。子午彗差 K'_T表示子午光线对相对于主光线不对称的程度，如果子午彗差为零，则表示折射以后的子午光线对相对于主光线仍然是对称的，它们的交点在主光线上。当光线对对称地逐渐向主光线靠近，宽度趋于零时，它们的交点 B'_T趋近于一点 B'_t，B'_t点显然应该位于主光线上，它离开理想像平面的距离称为“细光束子午场曲”，用 x'_t表示。不同宽度子午光线对的子午场曲 X'_T和细光束子午场曲 x'_t之差（$X'_T-x'_t$），代表了细光束和宽光束交点前后位置的差。此差值和轴上点的球差具有类似的意义，因此也称为“轴外子午球差”，用 $\delta L'_T$表示：

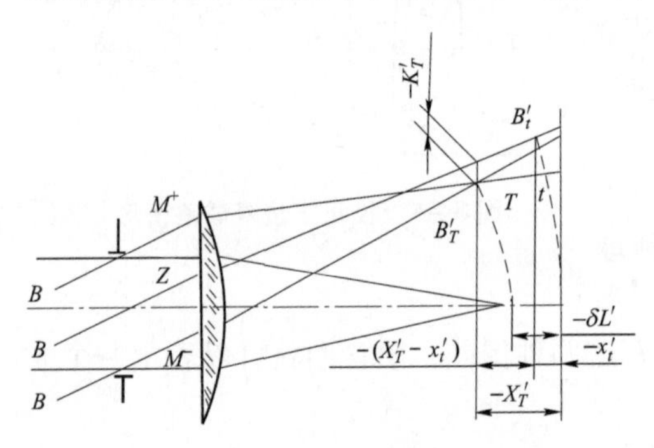

图 8－7　子午面像差

$$\delta L'_T = X'_T - x'_t$$

它描述光束宽度改变时交点前后位置的变化情况，X'_T、K'_T和 $\delta L'_T$这三个量即可表示子午光线对 BM^+ 和 BM^- 的聚交情况。

一般随着光束口径的减小，K'_T和 $\delta L'_T$都逐渐减小。因此用 x'_t与最大口径子午光线对的K'_T和 $\delta L'_T$就可以大体说明子午光束的成像质量。如果要更仔细、更全面地了解整个子午光束的结构，一般取不同孔径高的若干个子午光线对，每一个子午光线对都有它们自己相应的 X'_T、K'_T和 $\delta L'_T$值。孔径高的选取和轴上点相似取（±1，±0.85，±0.7，±0.5，±0.3）h_m。同时，为了了解整个像平面的成像质量，还需要知道不同像高轴外点的像差，一般取 1、

0.85、0.7、0.5、0.3 这 5 个视场计算出不同孔径高的子午像差 X'_T、K'_T和 $\delta L'_T$的值。

当像高减小时，$\delta L'_T$和 x'_t也随着减小，如图 8－7 中曲线 T 和 t 所示。当像高等于零时(即对应轴上点的情形)，子午细光束的焦点也就是近轴像点，x'_t显然等于零，K'_T也必然等于零，此时，

$$X'_T - x'_t = X'_T = \delta L'$$

子午球差也就等于轴上球差。

二、弧矢像差

弧矢像差可以和子午像差类似定义，只不过现在是在弧矢面内。如图 8－8 所示，阴影部分所在平面即为弧矢面。处在主光线两侧与主光线距离相等的弧矢光线对 BD^+ 和 BD^- 相对于子午面显然是对称的，它们的交点必然位于子午面内。和子午光线对的情形相对应，我们把弧矢光线对的交点 B'_S到理想像平面的距离用 X'_S表示，称为“弧矢场曲”，B'_S到主光线的距离用 K'_S表示，称为“弧矢彗差”。主光线附近的弧矢细光束的交点 B'_s到理想像平面的距离用 x_s'表示，称为“细光束弧矢场曲”，$X'_S - x'_s$称为“轴外弧矢球差”，用 $\delta L_S'$表示：

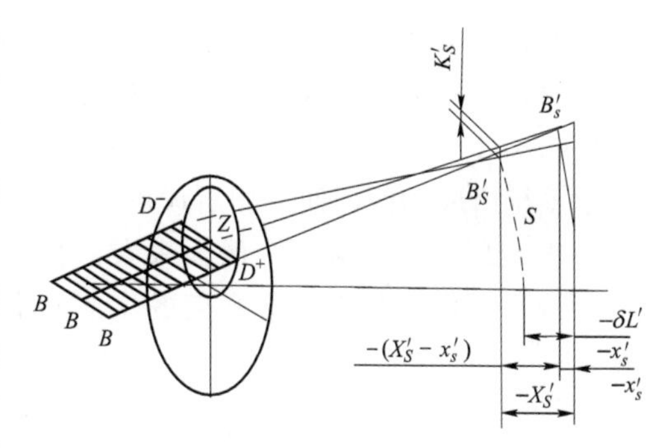

图 8－8 弧矢面像差

$$\delta L'_S = X'_S - x'_s$$

由于弧矢像差和子午像差比较，变化比较缓慢，所以一般比子午光束少取一些弧矢光线对。另外，与子午光线一样，为了了解整个像平面的成像质量，还需要知道不同像高轴外点的像差，一般取 1、0.85、0.7、0.5、0.3 这 5 个视场计算出不同孔径高的弧矢像差 X'_S、K'_S和 $\delta L'_S$的值。

对于某些小视场大孔径的光学系统来说，由于像高本身较小，彗差的实际数值更小，因此用彗差的绝对数量不足以说明系统的彗差特性。一般改用彗差与像高的比值来代替系统的彗差，称为“正弦差”，用符号 SC'表示：

$$SC' = \lim_{y' \to 0} \frac{K'_S}{y'}$$

SC'的计算公式为

$$SC' = \frac{\sin U_1 u'}{\sin U' u_1} \cdot \frac{l' - l'_z}{L' - l'_z} - 1$$

对于用小孔径光束成像的光学系统，它的子午和弧矢宽光束像差 $\delta L'_T$、K'_T和 $\delta L'_S$、K'_S不起显著作用，它在理想像平面上的成像质量由细光束子午和弧矢场曲 x'_t、x'_s决定。x'_t和 x'_s之差反映了主光线周围的细光束偏离同心光束的程度，称为“像散”，用符号 x'_{ts}表示：

$$x'_{ts} = x'_t - x'_s$$

像散 x'_{ts}等于零说明该细光束为一同心光束，否则为像散光束。$x'_{ts} = 0$，但是 x'_t、x'_s不一定为零，也就是光束的聚交点与理想像点不重合，因此仍不能认为成像符合理想。

如果（$x_t'-x_s'$）、（$X_T'-x_t'$）、（$X_S'-x_s'$）、K_T'、K_S'都等于零，则所有的光线将交于一点，从而获得一个清晰的像点，如图8－9所示。但该像点并不一定在理想像平面上。这时，理想像平面上得到的是一个弥散圆。弥散圆的中心就是主光线和理想像平面的交点 B_z'，它也不一定和理想像点 B_0'重合。这里把实际像点B'到理想像平面的距离称为“场曲”，用X'表示。当像高改变时，实际像点B'沿着曲线变化，如图8－9中曲线所示，整个像平面在一个曲面上，这就是所以称为“场曲”的由来。

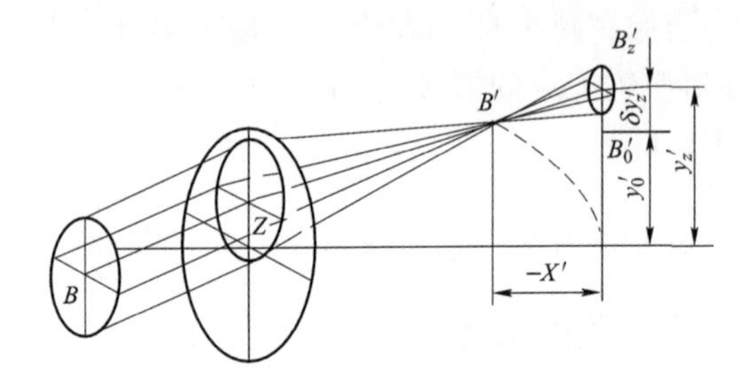

图8－9　场曲示意图

另外，对于一个理想的光学系统来说，不仅要求成像清晰，而且要求物像要相似。上面介绍的轴外子午和弧矢像差，只能用来表示轴外光束的结构或轴外像点的成像清晰度。实际光学系统所成的像即使上面所说的子午像差和弧矢像差都等于零，但对应的像高并不一定和理想像高一致。从整个像面来看，物和像的几何形状就不相似。如图8－9中，弥散圆中心相当于理想像平面上光束的实际成像位置，它和理想像点 B_0'之差称为“畸变”，用$\delta y_z'$表示：

$$\delta y_z' = y_z' - y_0'$$

在一般情况下，像散、球差和彗差都不可能完全消除。这时把子午焦线和弧矢焦线的中点到理想像平面的距离作为系统实际场曲大小的度量，称为“平均场曲”：

$$x' = \frac{x_t' + x_s'}{2}$$

而把成像光束的主光线和理想像平面交点 B_z' 到理想像点 B_0' 的距离作为系统的畸变度量。

在实际光学系统中，球差、彗差、像散、场曲和畸变这五类像差一般同时存在。但是在一定的光学系统中，往往以其中某一二种像差为主。为了便于在实际工作中判断系统中究竟以哪一种像差为主，下面讨论各种像差单独存在时，光束的结构和像差的形状，以及它们的主要特性。

（一）球差

轴外球差和轴上球差的性质基本相同。在视场不大的情形下，轴外球差的大小和轴上球差也基本相等。轴上球差的性质在前面已经讨论过，这里不再重复。

（二）彗差

在斜光束中子午彗差和弧矢彗差一般都同时存在，并且弧矢彗差总比子午彗差小，大约等于子午彗差的1/3。因此，根据其中任意一个就能判断系统彗差的大小。如果光学系统只存在彗差，光束结构如图8－10所示，像点的形状如图8－11所示。图8－11所示分别为彗差由小到大的像点形状。

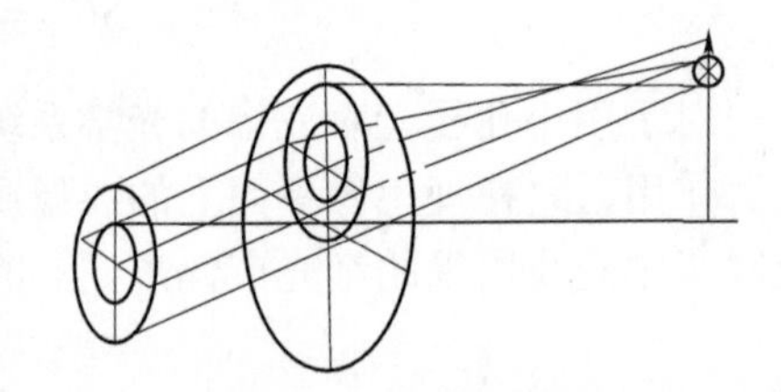
图8－10　彗差示意图

（三）像散

如果光学系统只存在像散，则子午光束和弧矢光束均分别交于主光线上的同一点。但是，两交点的位置并不重合，光束结构如图 8－12 所示。整个光束形成两条焦线，分别称为“子午焦线”和“弧矢焦线”。子午焦线和弧矢焦线之间的距离即为像散 $(x'_t - x'_s)$。当像平面在子午焦线位置时，得到一条水平焦线，在弧矢焦线位置时，得到一条垂直焦线，如图 8－13（a）所示。在两焦线中间得到的弥散图形如图 8－13（b）所示。光学系统的像散通常用图 8－12 中的像散曲线 t、s 表示。

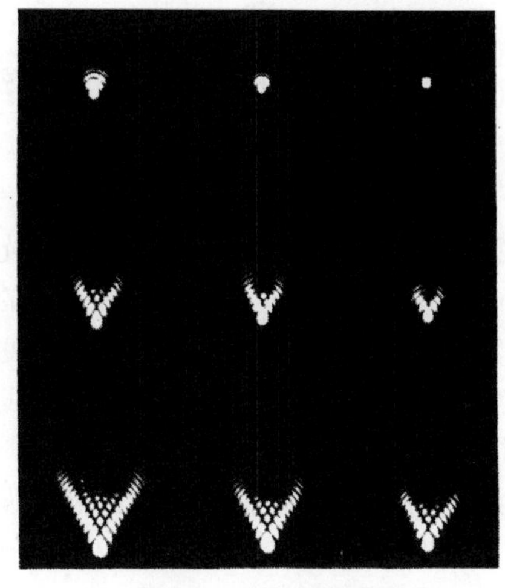

图 8－11　像散图形

（四）场曲

如前所述，当其他像差都等于零，而只存在场曲时，整个光束交于一点，但交点和理想像点并不重合。虽然对每一物点都能得到一个清晰的像点，但是整个像面不在一个平面上，而是在一个回转的曲面上。因此，不能得到一个清晰的像平面，它实际上仍然要影响像平面上的清晰度。每一个像点在像平面上得到一个弥散圆，如图 8－9 所示。

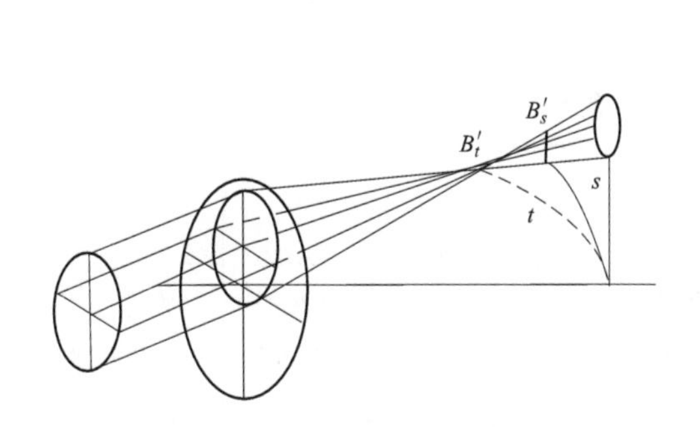

图 8－12　子午和弧矢焦线

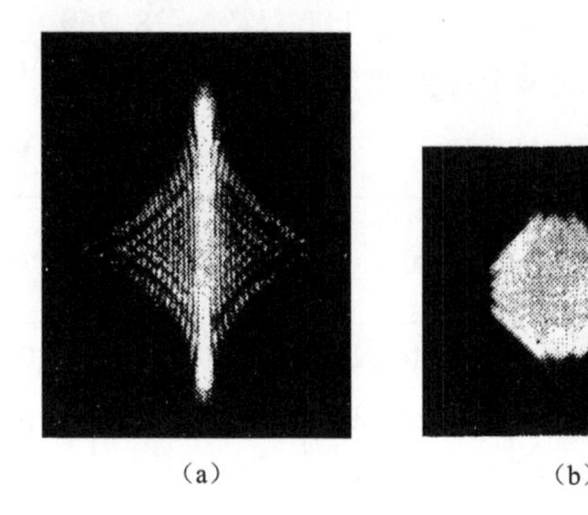

图 8－13　子午和弧矢焦线图形

（五）畸变

当光学系统只存在畸变时，整个物平面能够成一清晰的平面像，但像的大小和理想像高不等，整个像就要发生变形。如果实际像高小于理想像高，则像的变形如图 8－14（a）所示；反之，实际像高大于理想像高，则像的变形如图 8－14（b）所示。通常把图 8－14（a）称为“桶形畸变”，而把图 8－14（b）称为“鞍形畸变”。畸变随着视场减小而迅速减小。因此，在视场比较小的光学系统中畸变不显著，同时因为它不影响像平面的清晰度，故一般要求不是很严格。

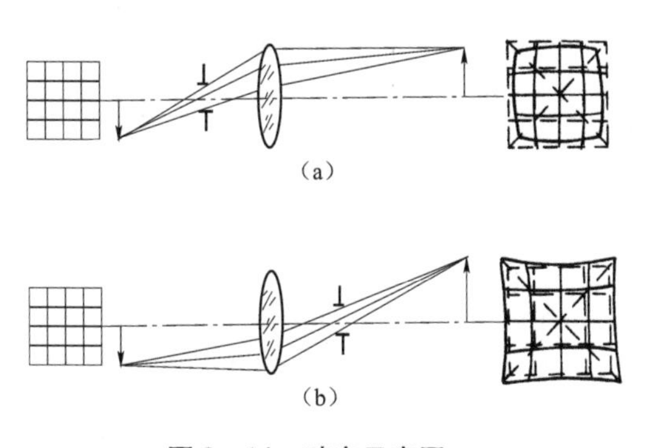

图 8－14　畸变示意图

§8－5　几何像差的曲线表示

上面介绍的几何像差，是用于设计阶段评价光学系统成像质量的最简单的方法。当光学系统结构参数确定以后，就可以用光路计算的方法，求出它的各种几何像差的数值。两个不同结构的系统，通过比较它们像差的大小，就可以确定它们质量的优劣。

当前，新一轮科技革命和产业变革突飞猛进，学科交叉融合不断发展，科学研究范式发生深刻变革，科学技术和经济社会发展加速渗透融合，基础研究转化周期明显缩短，国际科技竞争向基础前沿前移。应对国际科技竞争、实现高水平自立自强，推动构建新发展格局、实现高质量发展，迫切需要我们加强基础研究，从源头和底层解决关键技术问题。在应用光学和光学设计研究领域中，像质评价是光学系统设计极为重要的基础数据，像质评价指标是利用光学设计软件计算出来的。为解决卡脖子的难题，我们研制了国内第一套具有自主知识产权的光学设计软件 SOD88，本章中所有的像质评价指标数据均是采用 SOD88 软件计算的。

下面是一个实际光学系统的全部像差计算结果，系统的结构形式如图 8－15 所示。系统光学特性为

$$L = \infty,\ \omega = -18°,\ h = 10$$

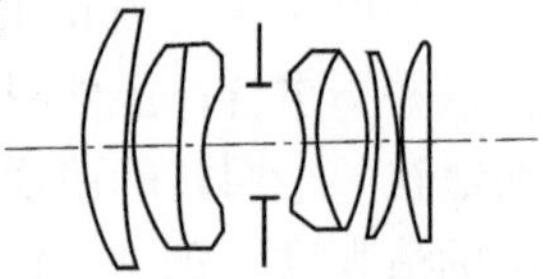

系统的主要近轴参数为

$$f' = 40.111,\ l_F' = 28.269,\ y' = 13.42$$

图 8－15　双高斯镜头

系统的轴上球差和色差如表 8－1 所示。

表 8－1　轴上球差和色差

像差＼孔径	1.0 h	0.85 h	0.7 h	0.5 h	0.3 h	0.0 h
$\delta L'$	0.016 32	－0.033 19	－0.045 16	－0.033 77	－0.014 51	0.000 00
SC'	－0.000 48	－0.000 36	－0.000 26	－0.000 14	－0.000 05	0.000 00
$\delta L_g{}'$	0.082 03	0.021 28	0.002 62	0.008 08	0.024 16	0.037 04
$\delta L_C{}'$	0.050 59	0.000 44	－0.012 13	－0.001 44	0.017 40	0.031 69
$\Delta L'_{gC}$	0.031 43	0.020 84	0.014 76	0.009 52	0.006 76	0.005 35

表 8－2 所示为轴外细光束像差。

表 8－2　轴外细光束像差

视场＼像差	$\delta y_z{}'$	x_t'	x_s'	x_{ts}'	$\Delta y'_{gC}$
1.0 ω	－0.111 20	－0.063 95	－0.039 40	－0.024 55	0.004 45
0.85 ω	－0.073 04	－0.018 26	－0.052 70	0.034 44	－0.002 41
0.7 ω	－0.044 09	0.000 68	－0.050 38	0.051 06	－0.005 65
0.5 ω	－0.016 34	0.006 05	－0.033 63	0.039 68	－0.006 55
0.3 ω	－0.003 63	0.003 73	－0.013 90	0.017 63	－0.004 84

表 8－3 所示为轴外宽光束像差。

表 8－3　轴外宽光束像差

视场＼像差	$\delta L'_{T1 \cdot h}$	$K'_{T1 \cdot h}$	$\delta L'_{T \cdot 7h}$	$K'_{T \cdot 7h}$	$\delta L'_{S1 \cdot h}$	$K'_{S1 \cdot h}$
1.0 ω	0.394 84	−0.006 66	0.110 69	−0.010 40	0.633 99	−0.031 92
0.85 ω	0.373 38	−0.008 57	0.095 54	−0.008 78	0.458 24	−0.021 01
0.7 ω	0.314 59	−0.009 41	0.069 42	−0.007 12	0.320 02	−0.013 43
0.5 ω	0.198 27	−0.006 47	0.023 27	−0.004 48	0.167 16	−0.006 01
0.3 ω	0.089 93	−0.005 95	−0.018 02	−0.002 78	0.070 41	−0.002 58

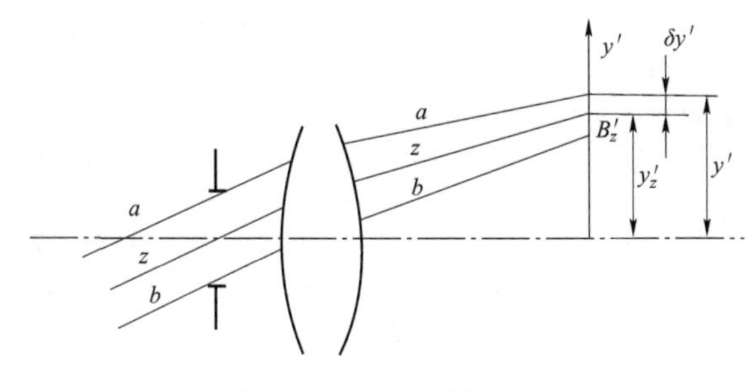

图 8－16　子午垂轴像差

除了上面的各种单项几何像差外，用像面上子午光束和弧矢光束的弥散范围来评价系统的成像质量有时更加方便。如图 8－16 所示，为了表示子午光束的成像质量，我们在整个子午光束截面内取若干对光线，一般取 ±1.0 h、±0.85 h、±0.7 h、±0.5 h、±0.3 h这样十条光线，求出它们与像面的交点到主光线的距离 $\delta y'$：

$$\delta y' = y' - y_z' \tag{8-5}$$

表 8－4 即为上述系统的子午垂轴像差，根据表中给出的像差值，即可了解子午光束的弥散情况。

表 8－4　子午垂轴像差

孔径＼视场	1.0 ω	0.85 ω	0.7 ω	0.5 ω	0.3 ω	0. ω
+1.0 h	0.070 63	0.076 17	0.067 67	0.044 79	0.017 95	0.004 20
+0.85 h	0.018 23	0.025 18	0.022 99	0.012 51	−0.000 56	−0.007 20
+0.7 h	−0.002 85	0.004 11	0.004 85	0.000 65	−0.005 32	−0.008 09
+0.5 h	−0.009 80	−0.004 23	−0.002 24	−0.002 52	−0.003 89	−0.004 25
+0.3 h	−0.006 48	−0.003 08	−0.001 56	−0.001 06	−0.001 17	−0.001 09
0	0.000 00	0.000 00	0.000 00	0.000 00	0.000 00	0.000 00
−0.3 h	0.000 82	−0.000 154	−0.002 07	−0.001 32	−0.000 16	0.001 09
−0.5 h	−0.003 90	−0.007 00	−0.006 63	−0.003 19	0.000 62	0.004 25
−0.7 h	−0.017 95	−0.021 66	−0.019 08	−0.009 61	−0.000 24	0.008 09
−0.85 h	−0.039 42	−0.044 46	−0.039 76	−0.023 06	−0.007 01	0.007 20
−1.0 h	−0.083 94	−0.093 31	−0.086 50	−0.057 72	−0.029 84	−0.004 20

对于弧矢光束也采用同样的方法，在光束的弧矢截面内选取若干条光线，如图 8－17 所示。由于弧矢光束对子午面对称，这里只要计算子午面上一半光线即可。一般计算 1.0 h、

0.85 h、0.7 h、0.5 h、0.3 h 五条光线，每条光线与像平面的交点相对主光线的位置用 y、z 轴两个分量$\delta y_s'$、$\delta z'_s$表示。表 8－5 即为弧矢垂轴像差的数值。

表 8－5　弧矢垂轴像差

孔径 \ 视场	像差	1.0 ω	0.85 ω	0.7 ω	0.5 ω	0.3 ω
1.0 h	$\delta y_s'$	−0.031 92	−0.021 01	−0.013 43	−0.006 01	−0.002 58
	$\delta z_s'$	0.147 15	0.101 56	0.068 14	0.03407	0.014 50
0.85 h	$\delta y_s'$	−0.022 28	−0.014 70	−0.009 43	−0.004 35	−0.001 86
	$\delta z_s'$	0.071 63	0.044 67	0.025 74	0.00747	−0.002 31
0.7 h	$\delta y_s'$	−0.015 25	−0.010 11	−0.006 53	−0.003 11	−0.001 34
	$\delta z_s'$	0.032 48	0.016 98	0.006 79	−0.002 15	−0.006 28
0.5 h	$\delta y_s'$	−0.007 63	−0.005 10	−0.003 33	−0.001 64	−0.000 72
	$\delta z_s'$	0.006 75	0.000 70	−0.002 57	−0.004 47	−0.004 56
0.3 h	$\delta y_s'$	−0.002 76	−0.001 86	−0.001 22	−0.000 61	−0.000 27
	$\delta z_s'$	−0.000 66	−0.002 58	−0.003 17	−0.002 77	−0.001 83

上面对轴外像差、子午垂轴像差和弧矢垂轴像差只列出了 D 光的像差值，如果要全面了解 g 光和 C 光的像差，还必须和 D 光一样给出它们的轴外像差和子午、弧矢垂轴像差。

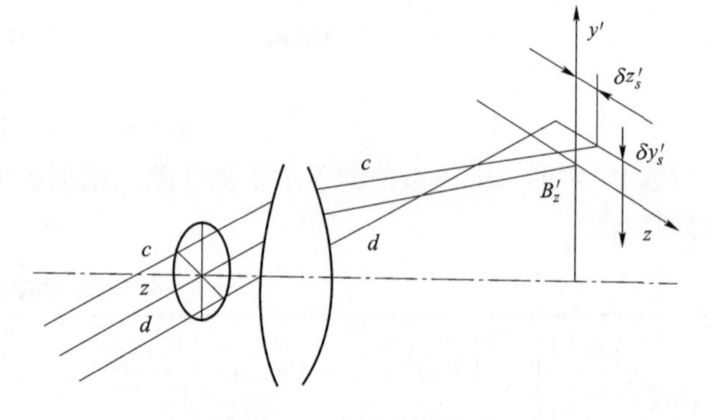

图 8－17　弧矢垂轴像差

从上面给出的像差数据可以看到，要比较全面地了解一个系统的成像质量需要计算很多像差。根据如此大量的像差数据不容易马上对整个系统的成像质量有一个全面、明确的认识，为此我们把计算的各种像差数据做成曲线，以便对成像质量有一个一目了然的概念。图 8－18 即为前面系统的主要像差曲线，根据这些像差曲线，就可以很快了解系统的全部像差情况，也很容易比较两个不同系统成像质量的优劣。

§8－6　用波像差评价光学系统的成像质量

上面介绍的几何像差的优点是计算方便，意义直观。本节将介绍另一种用于设计阶段评价光学系统质量的指标——波像差。下面首先介绍波像差的意义。如果光学系统成像符合理想成像，则各种几何像差都等于零，由同一物点发出的全部光线均聚交于理想像点。根据光线和波面的对应关系，光线是波面的法线，波面为与所有光线垂直的曲面。因此，在理想成像的情况下，对应的波面应该是一个以理想像点为中心的球面——理想波面。如果光学系统

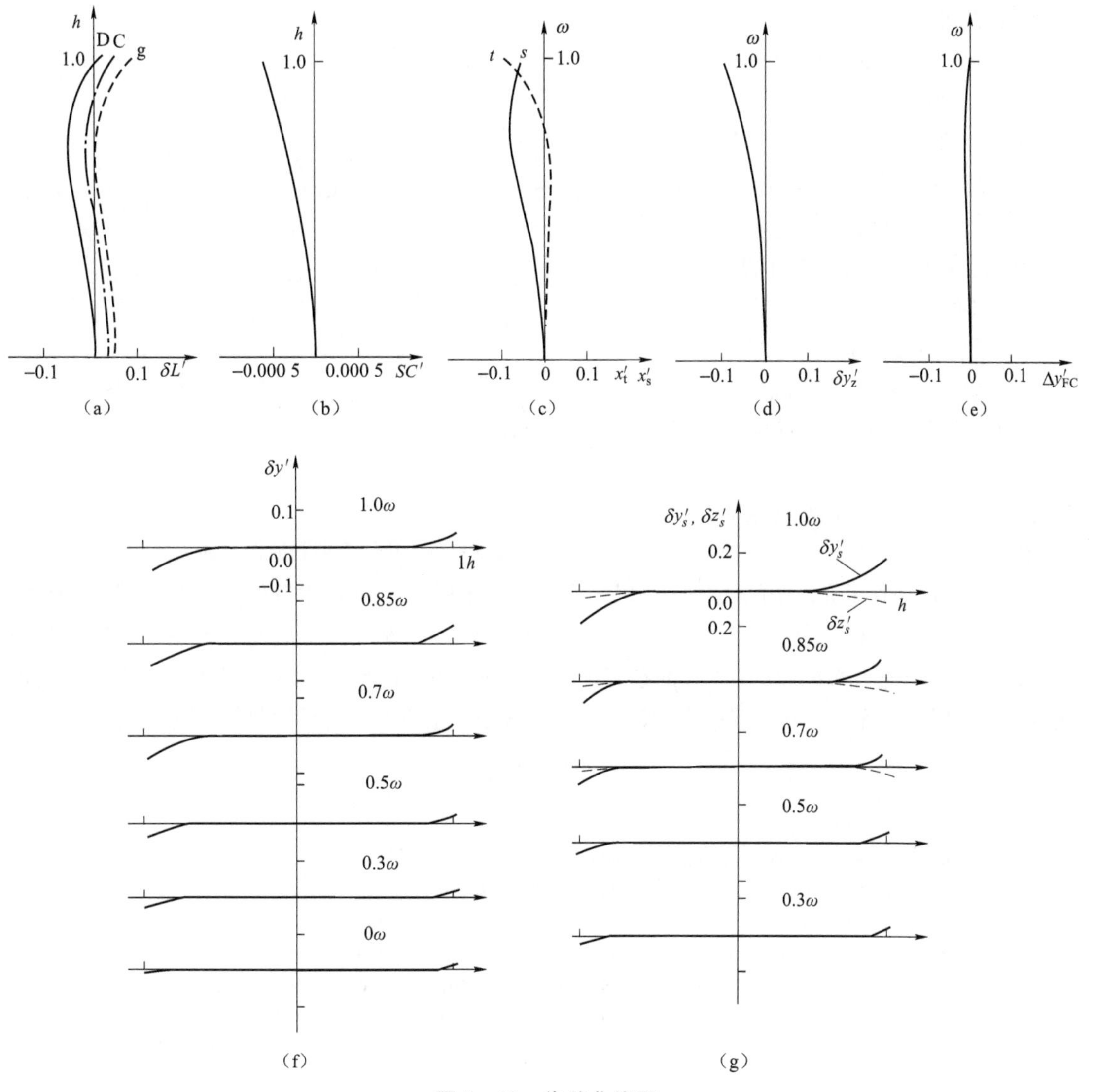

图 8－18　像差曲线图

成像不符合理想，存在几何像差，则对应的波面也不再是一个以理想像点为中心的球面。我们可以把实际波面和理想波面之间的光程差，作为衡量该像点质量优劣的指标，称为波像差，如图 8－19 所示。

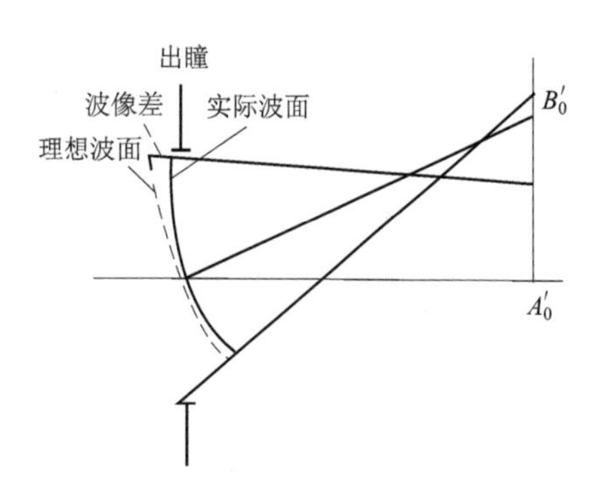

图 8－19　波像差示意图

由于波面和光线存在着互相垂直的关系，因此，几何像差和波像差之间必然存在一定的对应关系。根据这种关系，可以由波像差求出对应的几何像差，也可以由几何像差求出波像差。在很多情况下，波像差比几何像差更能反映系统的成像质量。一般认为最大波像差小于1/4 波长，则系统质量与理想光学系统没有显著差别。这是长期以来评价高质量光学系统质量的一个经验标准，称为瑞利（Lord

Rayleigh）准则。

不同的几何像差对应的波像差 W 如图 8－20 所示。

图 8－20（a）～图 8－20（e）分别为球差、彗差、像散、场曲、畸变对应的波像差。色差的波像差则用 C 光和 F 光波面之间的光程差表示，称为波色差。

一般用整个光瞳面内最大的波像差作为评价系统质量的指标。对于不同的几何像差，即使它们的最大波像差相同，但对应的波像差形状并不一定相同，成像质量也不完全相同。

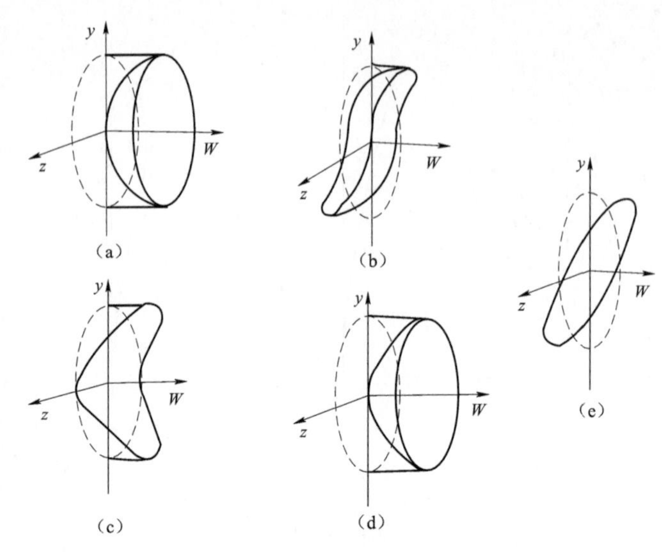

图 8－20　几何像差和波像差的关系

为了更确切地评价系统的质量，可以采用图 8－21 所示的瞳面波像差分布图。图 8－21 中只给出了半个瞳面的波像差。由于共轴系统的对称性，波面对子午面对称。子午面前后的两个半部是完全相同的。图 8－21 中把瞳面在半径方向分成了 10 等份，左边和上边的一排数字代表瞳面的相对坐标。瞳面上不同位置给出的数字，即为该坐标位置上以波长为单位的波像差数值。

波像差

	0	1	2	3	4	5	6	7	8	9	10
10	-1.479	-1.470	-1.436								
9	-1.444	-1.454	-1.480	-1.506	-1.499						
8	-1.165	-1.186	-1.246	-1.334	-1.433	-1.503	-1.479				
7	-0.820	-0.844	-0.917	-1.034	-1.186	-1.350	-1.480	-1.494			
6	-0.507	-0.530	-0.601	-0.722	-0.893	-1.101	-1.318	-1.480	-1.479		
5	-0.271	-0.290	-0.351	-0.461	-0.625	-0.844	-1.101	-1.350	-1.503		
4	-0.120	-0.134	-0.181	-0.271	-0.416	-0.625	-0.893	-1.186	-1.433	-1.499	
3	-0.040	-0.049	-0.081	-0.149	-0.271	-0.461	-0.722	-1.034	-1.334	-1.506	
2	-0.008	-0.013	-0.032	-0.081	-0.181	-0.351	-0.601	-0.917	-1.246	-1.480	-1.436
1	-0.001	-0.002	-0.013	-0.049	-0.134	-0.290	-0.530	-0.844	-1.186	-1.454	-1.470
0	0.000	-0.001	-0.008	-0.040	-0.120	-0.271	-0.507	-0.820	-1.165	-1.444	-1.479
-1	-0.001	-0.002	-0.013	-0.049	-0.134	-0.290	-0.530	-0.844	-1.186	-1.454	-1.470
-2	-0.008	-0.013	-0.032	-0.081	-0.181	-0.351	-0.601	-0.917	-1.246	-1.480	-1.436
-3	-0.040	-0.049	-0.081	-0.149	-0.271	-0.461	-0.722	-1.034	-1.334	-1.506	
-4	-0.120	-0.134	-0.181	-0.271	-0.416	-0.625	-0.893	-1.186	-1.433	-1.499	
-5	-0.271	-0.290	-0.351	-0.461	-0.625	-0.844	-1.101	-1.350	-1.503		
-6	-0.507	-0.530	-0.601	-0.722	-0.893	-1.101	-1.318	-1.480	-1.479		
-7	-0.820	-0.844	-0.917	-1.034	-1.186	-1.350	-1.480	-1.494			
-8	-1.165	-1.186	-1.246	-1.334	-1.433	-1.503	-1.479				
-9	-1.444	-1.454	-1.480	-1.506	-1.499						
-10	-1.479	-1.470	-1.436								

图 8－21　一半瞳面的波像差

§8－7　理想光学系统的分辨率

在§8－1节中已经介绍过，目前检验实际光学系统成像质量用得最多的方法是“分辨率”检验。为了根据检验结果评定系统质量，还必须给出一个标准，这个标准就是理想光学系统的分辨率。所谓理想光学系统的分辨率，就是完全没有像差、成像符合理想的光学系统所能分辨的最小间隔。实际光学系统由于存在像差和加工、装配误差，分辨率必然下降，它和理想分辨率的差，就可以作为衡量这个系统设计、制造质量优劣的综合指标。为此，本节将讨论理想光学系统的分辨率。

按照第一章中理想像的定义，由同一物点发出的光线，通过光学系统以后，应全部聚交于一点——理想像点。光线是传输能量的几何线，这些几何线的交点应该是一个既没有体积也没有面积的几何点。但是，在像面上实际得到的是一个具有一定面积的光斑，如图8－22所示。

为什么会出现上述现象呢？这是因为：把光看作光线只是几何光学的一个基本假设，实际上光并不是几何线，而是电磁波，虽然大部分光学现象可以利用光线的假设进行说明，但是，在某些特殊情况下，就不能用它来准确地说明光的传播现象。在前面已经说过在光束的聚交点附近，几何光学的误差很大，不能应用，而必须采用把光看作电磁波的物理光学方法进行研究。上述现象的产生，是因为电磁波通过光学系统中限制光束口径的孔径光阑发生衍射造成的。

根据物理光学中圆孔衍射原理可以求得：衍射光斑的中央亮斑集中了全部能量的80%以上，其中第一亮环的最大强度不到中央亮斑最大强度的2%。衍射光斑中各环能量分布如图8－23中曲线所示。

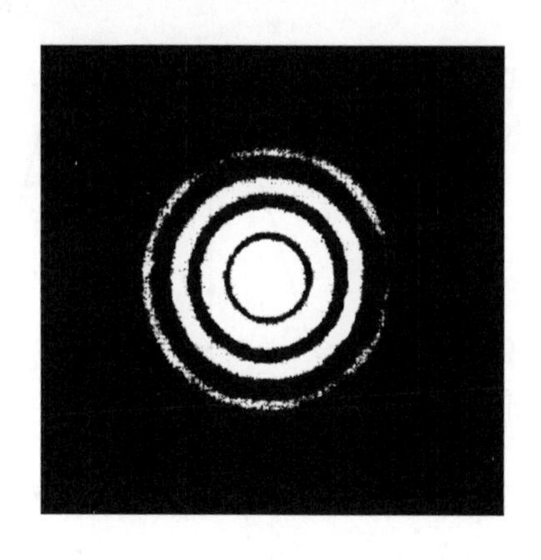

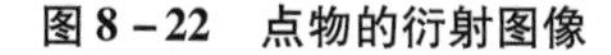

图8－22　点物的衍射图像

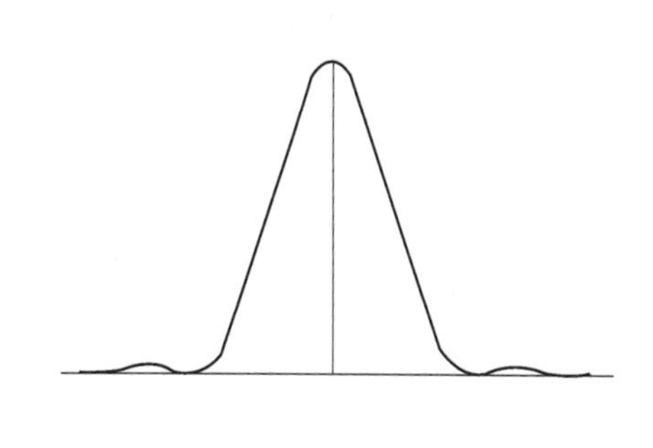

图8－23　衍射能量曲线

通常把衍射光斑的中央亮斑作为物点通过理想光学系统的衍射像。中央亮斑的直径由下式表示：

$$2R = \frac{1.22\lambda}{n'\sin U'_{max}} \qquad (8-6)$$

式中，λ 为光的波长；n'为像空间介质的折射率；U'_{max}为光束的汇聚角，如图8－24所示。

由于衍射像有一定的大小，如果两个像点之间的距离太短，就无法分辨出这是两个像点。我们把两个衍射像间所能分辨的最小间隔称为理想光学系统的衍射分辨率。

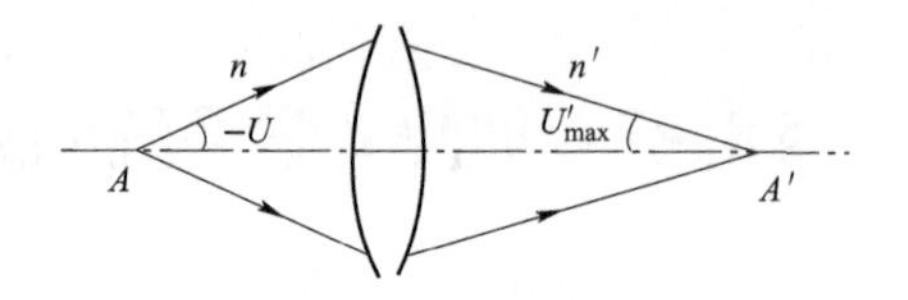

图8－24　理想光学系统图

假定A、B两发光点间的距离足够大，它们的理想像点A'、B'间的距离较中央亮斑的直径大，如图8－25（a）所示。这时，在像面上出现两个分离的亮斑，显然能够分清这是两个像点。当两物点逐渐靠近时，像面上的亮斑随之靠近，当A'、B'间的距离小于中央亮斑的直径时，二亮斑将部分重叠，如图8－25（b）所示，像面上总的能量分布如图中的实线所示。在能量的两个极大值之间，存在一个极小值，如果极大值和极小值之间的差足够大，则仍然能够分清这是两个像点。随着二物点继续接近，极大值和极小值间的差减小，最后能量极小值消失，合成一个亮斑，如图8－25（c）所示。此时，显然无法分清这是两个像点。根据实验证明，两个像点间能够分辨的最短距离约等于中央亮斑的半径R，如图8－26所示。从式（8－6）得到

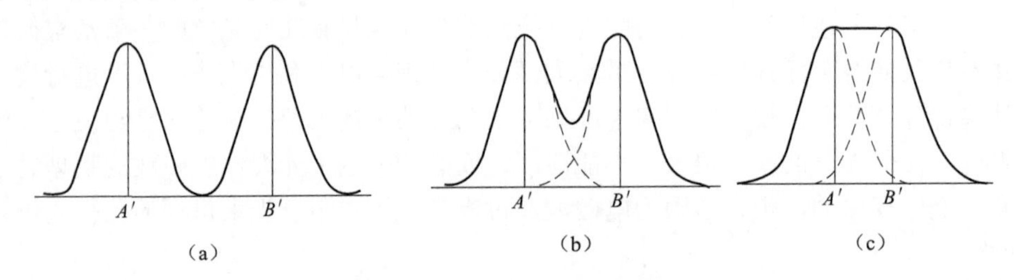

图8－25　两衍射像位置图

$$R = \frac{0.61\lambda}{n'\sin U'_{max}} \tag{8-7}$$

式（8－7）即为理想光学系统的衍射分辨率公式。光强度分布曲线上极大值和极小值之差与极大值和极小值之和的比称为对比，用K表示：

$$K = \frac{E_{max} - E_{min}}{E_{max} + E_{min}} \tag{8-8}$$

式中，E为光强度。在上述条件下，相应的对比为0.15。实际上，当对比为0.02时，人眼就可能分辨出两个像点，这时相应的二像点间距离约为$0.85R$。

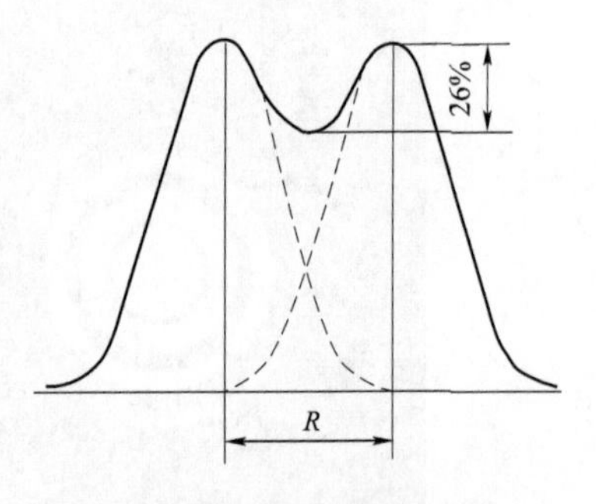

图8－26　能分辨的两像点距离

上面给出的是理想光学系统的分辨率，实际光学系统由于存在像差和加工、装配误差，像点弥散斑将比理想像点的衍射斑扩大，能量分散。前面如图8－11、图8－13中所给出的，就是不同像差对应的实际像点的弥散斑形状，前面说过它们所以形成各种复杂的图案，也是由于光的衍射造成的。当存在像差时，像点的能量分散，弥散图形扩大，分辨率显然会下降。因此，我们把实际光学系统的分辨率和理想光学系统的衍射分辨率的差，作为评价实际光学系统成像质量的指标。分辨率检验，只有在实际光学系统制成以后才能进行，所以它只能用于生产过程中检验具体系统的实际成像质量，而不能用于设计阶段。因为很难根据系统的结构参数直接计算出它的分辨率。

§8-8　各类光学系统分辨率的表示方法

光学系统的分辨率代表了该系统分辨物体细节的能力。不同类型的光学系统，由于用途不同，成像的物体位置不同，其分辨率采用不同的表示方法。下面分别予以介绍。

一、望远镜分辨率

对望远镜而言，被分辨的物体位于无限远，所以分辨率就以能分辨开的两物点对望远物镜的张角 α 表示，如图 8-27 所示。

根据无限远物体理想像高的公式可得

$$y' = f \cdot \tan\alpha$$

式中，f 为物镜的物方焦距，y' 为像平面上刚被分辨开的二衍射光斑间的距离。由于此像高等于理想的衍射分辨率 R，所以，

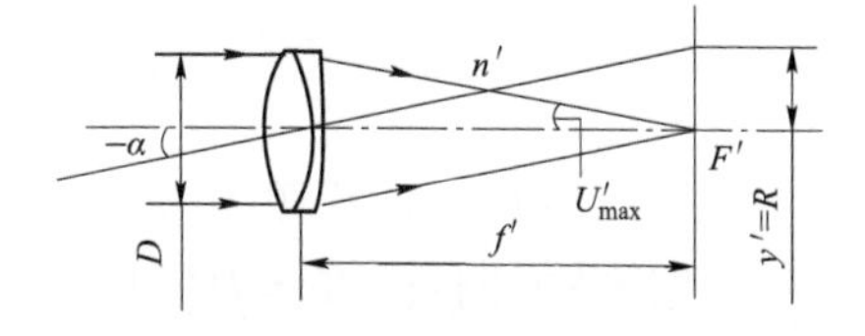

图 8-27　望远镜分辨率计算

$$y' = \frac{0.61\lambda}{n'\sin U'_{max}}$$

将 y' 值代入理想像高的公式，由于 α 很小，近似用 α 代替 $\tan\alpha$，即得

$$\alpha = \frac{0.61\lambda}{n'\sin U'_{max} f}$$

通常系统位于空气中，所以 $n'=1$，$f'=-f$。另外，从图 8-27 中有

$$\sin U'_{max} \approx \frac{D}{2f'}$$

将以上关系一并代入 α 的公式并取绝对值，则得

$$\alpha = \frac{1.22\lambda}{D} \tag{8-9}$$

由式（8-9）可以看出，分辨率和光的波长 λ，以及望远物镜的光束口径 D 有关。对眼睛最灵敏的谱线的波长为 $\lambda = 555$ nm，代入上式并将角度化成以秒为单位表示，得

$$\alpha = \frac{1.22 \times 0.000\,555}{D} \times 206\,000'' \approx \frac{140''}{D} \tag{8-10}$$

式（8-10）即为望远镜的衍射分辨率公式，其中物镜的光束口径 D 以毫米为单位。从式(8-10）中可以看出，欲提高望远镜分辨率，必须增大物镜的口径。

二、照相系统分辨率

照相物镜的作用是将外界物体成像在感光胶片上。照相物镜分辨率一般以像平面上每毫米内能分辨开的线对数 N 表示。下面求出它的关系式。

照相物镜与望远镜一样，也可以近似地认为对无限远物体成像。由图 8-27 可以得出

$$\sin U'_{max} \approx \frac{D}{2f'}$$

将此关系式代入理想衍射分辨率公式（8-7），则有

$$R = \frac{1.22\lambda f'}{n'D}$$

照相系统通常在空气中工作，所以 $n'=1$，并设

$$F=\frac{f'}{D}\quad 或 \quad D=\frac{f'}{F}$$

F 称为物镜的光圈数。将以上关系代入 R 式中，得

$$R=1.22\lambda F$$

这就是像平面上刚被分辨开的两个像点间的最短距离。前面已经叙述，照相物镜的分辨率用每毫米能够分辨的线对数 N 表示，它应该等于 R 的倒数，因此，

$$N=\frac{1}{R}=\frac{1}{1.22\lambda F}$$

如果用 $\lambda=0.000\ 555$ mm 代入，则得

$$N\approx\frac{1\ 500}{F}(\mathrm{lp/mm}) \tag{8-11}$$

式（8－11）便是照相物镜目视分辨率公式。物镜的光圈数 F 一般直接标在物镜的镜框上，光圈数的倒数 $1/F=D/f'$ 即为“相对孔径”。由上式可知，照相物镜的相对孔径越大，光圈数越小，分辨率越高。

三、显微镜物镜分辨率

在显微镜系统中，物体位于近距离，一般以物平面上刚能分辨开的两物体间的最短距离 σ 表示。

理想衍射分辨率公式（8－7）表示显微镜物镜像平面上刚被分辨开的两个像点间的最短距离。下面求物平面上对应的两物点间距离 σ 值，根据理想成像的物象空间不变式

$$\beta=\frac{y'}{y}=\frac{R}{\sigma}=\frac{nu}{n'u'}$$

将式（8－7）代入上式，并将 $\sin U'_{\max}$ 近似用 u' 代替，得

$$\sigma=\frac{0.61\lambda}{nu}=\frac{0.61\lambda}{NA} \tag{8-12}$$

式中，$NA=nu$，在显微镜中 $nu=n\sin U_{\max}=NA$，NA 称为显微镜物镜的数值孔径。十分明显，欲提高显微镜物镜的分辨率，应该增大物镜数值的孔径。

§8－9 光学传递函数

前面介绍了三种评价光学系统成像质量的方法，第一种是几何像差，第二种是波像差，第三种是分辨率。前两种主要用于设计阶段评价系统的设计质量，后者主要用于生产过程中检验产品的实际成像质量。由于像差和分辨率之间没有简单的数量对应关系，因此，光学系统设计完成以后，必须试制出实际的产品，通过分辨率检验才能确定实际光学系统的质量。如果不满足要求，就要重新修改设计，把像差校正得更小，再进行试制，直到获得满意的像质为止，这样做既浪费时间又浪费人力物力。因此，很久以来，人们希望找到一种对设计和使用都适用的统一的像质评价指标，在设计阶段就能预知光学系统的实际使用质量。直到20世纪40年代，把傅里叶分析的方法应用到光学系统的质量评价中，并且使用了电子计算机以后，这个问题才得到解决，这就是光学传递函数。

为了说明光学传递函数的意义，首先介绍图像分解与合成的概念。前面在讨论光学系统的成像性质时，我们总是把光强度连续分布的物面图形看作由无限多个点构成的，这就相当于把物平面分解成无限多个物点。每个物点通过光学系统以后，在像面上形成一个弥散斑。假定每个弥散斑的形状相同，它们的光强度与物点的光强度成正比，把这些弥散斑累加起来，就得到物面通过光学系统所成的像，这样的系统我们称为空间不变的线性系统。前一个过程是物面图形的分解，后一个过程是像面图形的合成，这是前面研究光学系统成像质量的一种常用方法。显然，这种分解与合成的研究方法只有对空间不变线性系统才可以应用。

实际光学系统在使用非相干光照明的条件下，在一定成像区域内，才近似符合线性和空间不变性。今后我们都假定光学系统是符合线性和空间不变性的，这将使研究大大简化。

把物平面分解成无穷多个物点，这只是讨论光学系统成像性质的一种方法。利用傅里叶分析的方法，还可以对物平面作另一种形式的分解。根据傅里叶级数和傅里叶变换的性质，我们知道，任意周期函数可以展开成傅里叶级数。例如，图 8－28（a）中的一个以 p 为周期的矩形周期函数，它就是与我们前面介绍的分辨率相对应的光强度分布函数，可以把它分解为以下的傅里叶级数：

$$I(y)=\frac{\pi}{4}+\cos\omega y-\frac{1}{3}\cos 3\omega y+\frac{1}{5}\cos 5\omega y-\frac{1}{7}\cos 7\omega y+\cdots$$

式中，$\omega=2\pi/p$ 称为空间圆频率；空间频率 $\mu=1/p$（lp/mm）。

对光学系统来说，这个分解过程的物理意义是：如果物平面的强度分布函数是一个周期函数，可以把它看作由很多频率、振幅和初位相不同的余弦函数合成的。例如上面这个矩形周期函数就是由空间圆频率为 ω、3 ω、5 ω、…，振幅分别为 1、－1/3、1/5、…，初位相均为零的余弦函数合成的。振幅与空间频率之间的函数关系称为振幅频谱函数，初位相与空间频率之间的函数关系称为位相频谱函数。图 8－28（b）即为矩形周期函数的振幅频谱函数，该函数的位相频谱函数恒等于零。对周期函数来说，它们的频谱函数只是若干不连续的离散点。

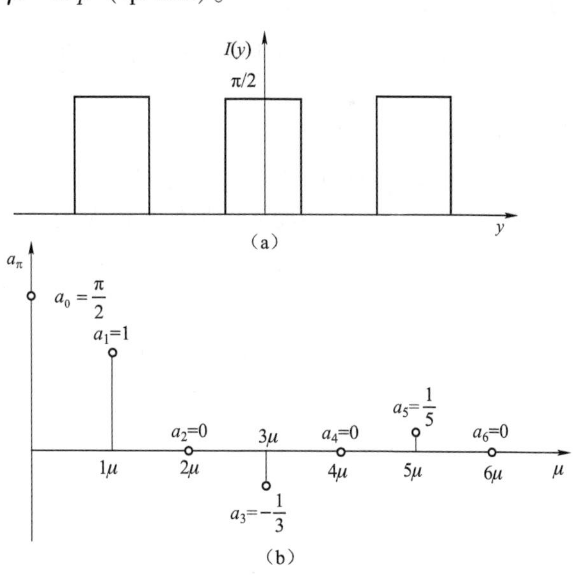

图 8－28　矩形周期函数频谱

对于非周期函数，可以把它看作周期 p 趋于无限大的周期函数，对应的空间频率 ω、μ 趋于无限小量 dω、dμ。与周期函数相似，非周期函数可以分解成无限多个频率间隔为 dμ 的余弦函数。不过，这些余弦函数对应的振幅频谱函数和位相频谱函数变成了空间频率的连续函数，而不再像周期函数那样只是不连续的离散点。

例如图 8－29（a）所示的非周期的矩形函数，它的振幅频谱函数如图 8－29（b）所示，它的位相频谱函数恒等于零。

综上所述，无论是周期函数还是非周期函数，都可以把它们分解成频率、振幅和位相不同的余弦函数。不过，对于周期函数只存在与原周期函数成整倍数的频率的余弦函数；而非周期函数则存在无限多个频率连续改变的余弦函数。一般把这些余弦函数称为原函数的余弦基元。

把物面图形分解成余弦基元来研究光学系统的成像性质，这就是光学传递函数理论的基本出发点。

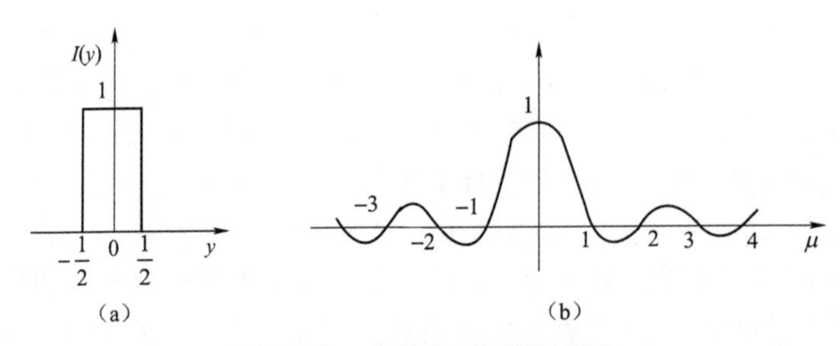

图 8-29　非周期矩形函数频谱

假定光学系统符合线性和空间不变性，物平面上强度按余弦函数分布的余弦基元，通过光学系统以后，在像面上也是一个余弦分布，但是，两者的初位相和对比都将发生变化。两个余弦函数的空间频率之比等于光学系统的放大率。这就是空间不变线性系统的基本成像性质。

下面对上述成像性质作进一步具体说明，设物平面输入的余弦基元为

$$I(y) = 1 + a\cos(2\pi\mu y)$$

如图 8-30（a）所示。该余弦基元的空间频率为μ，周期为p，振幅等于a，初位相等于零。在余弦函数前面加 1，是因为光强度必须是正值（$a<1$），该物平面的平均强度等于 1。根据公式（8-8），物面图形的对比K为

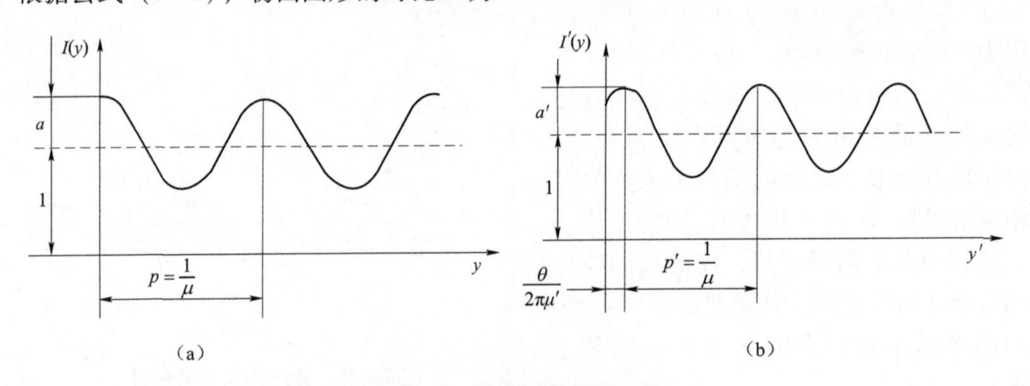

图 8-30　物像对比度示意图

$$K = \frac{I_{\max} - I_{\min}}{I_{\max} + I_{\min}} = \frac{2a}{2} = a$$

在像面上相应输出的余弦基元为

$$I(y') = 1 + a'\cos(2\pi\mu' y' + \theta)$$

它的空间频率为μ'，周期为p'，初位相为θ，振幅为a'，如图 8-30（a）所示。a'同样是按平均强度等于 1 进行归一化后得到的规化值。像面的对比K'为

$$K' = \frac{I'_{max} - I'_{min}}{I'_{max} + I'_{min}} = \frac{2a'}{2} = a'$$

这两个余弦函数的空间频率μ和μ'符合以下关系：

$$\beta = \frac{p'}{p} = \frac{\mu}{\mu'} \tag{8-13}$$

式中，β为光学系统的垂轴放大率。

像面和物面对比之比称为光学系统对指定空间频率μ的对比传递因子，用MTF_{μ}表示：

$$MTF_{\mu} = \frac{K'}{K} = \frac{a'}{a} \tag{8-14}$$

由式（8－14）看到，对比传递因子MTF_{μ}也等于像面和物面余弦基元振幅之比（在物面和像面平均强度同时规化为1的条件下），因此，MTF_{μ}也称为振幅传递因子。

像面和物面两余弦基元的初位相之差θ，用PTF_{μ}表示，称为位相传递因子：

$$PTF_{\mu} = \theta \tag{8-15}$$

光学系统的振幅传递因子和位相传递因子，随空间频率μ不同而改变。它们都是μ的函数，用以下形式表示这两个函数：

$$MTF(\mu) = \left(\frac{a'}{a}\right)_{\mu}, \qquad PTF(\mu) = \theta_{\mu} \tag{8-16}$$

其中，MTF（μ）称为振幅传递函数；PTF（μ）称为位相传递函数，二者统称为光学传递函数，用OTF（μ）表示。以上即为光学传递函数的物理意义。

已知光学系统对指定共轭面的光学传递函数，这一对共轭面的成像性质就完全确定了。因为我们能够找出物平面上任意的强度分布图形所对应的像面图形。只要把物面图形分解成不同空间频率的余弦基元，然后根据系统的光学传递函数，利用式（8－14）和式（8－15）即可求出它们相应的像面余弦基元。把这些像面余弦基元合成以后，就是要求的像面图形。

因此，光学传递函数能全面地代表光学系统的成像性质。一个完全没有像差的理想光学系统，它的像点是一个如图8－22所示的理想衍射图形，对应的理想光学系统的振幅传递函数曲线如图8－31所示，由于弥散图形对称，所以位相传递函数等于零。

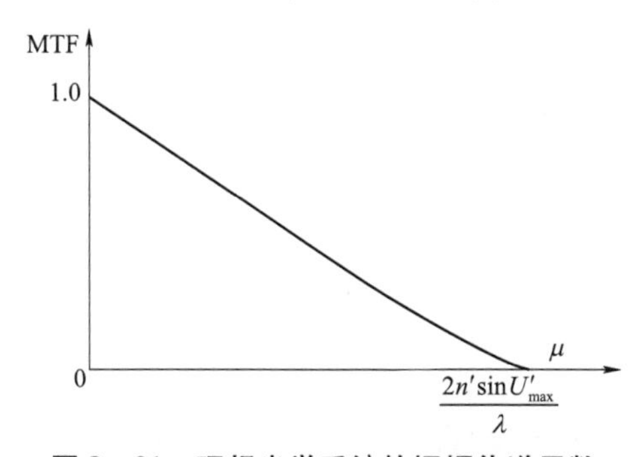

图8－31　理想光学系统的振幅传递函数

§8－10　用光学传递函数评价系统的像质

由于光学传递函数能全面反映光学系统的成像性质，因此，可以用它来评价成像质量。除了共轴系统的轴上点而外，像点的弥散图形一般是不对称的，因此，不同方向上的光学传递函数也不相等。为了全面表示该像点在不同方向上的光学传递函数，必须用一个三维空间曲面来表示。但是，这样的三维立体图形，既不容易绘制，也不便于使用。为了简化，和前面研究几何像差的方法相似，我们用子午和弧矢两个方向上的光学传递函数曲线来代表该像点的光学传递函数。另外，实践证明，决定光学系统成像质量的主要是振幅传递函数，因此，一般只给出振幅传递函数曲线，而不考虑位相传递函数。光学传递函数的基本出发点是系统必须满足线性和空间不变性，否则物面的余弦基元通过系统以后，在像面上不再是余弦基元，因此，也就不存在所谓的光学传递函数。但是，实际光学系统不可能在整个像面上成像质量完全一致，也就是说，不完全符合空间不变性。为了表示整个像面的成像质量，选取不同像高的若干像点，在每个像点周围的一定区域内，近似符合空间不变性。因此，可以用光学传递函数来评价它的成像质量。图 8－32 就是前面举例的照相物镜的传递函数曲线图。每个轴外视场有两条曲线，分别代表子午和弧矢的振幅传递函数。轴上点只有一条曲线，因为轴上点是对称的，故各方向的振幅传递函数相同。图 8－32 中的点画线代表相同光学特性的理想光学系统的光学传递函数。

由前面图 8－31 可以看到，即使是理想光学系统，它的光学传递函数超过一定空间频率以后也就等于零了，该空间频率称为系统的截止频率。物面上超过截止频率的余弦基元，在像面上的振幅为零，实际上就是不能获得余弦分布而是一个均匀背景，也就是说光学系统已不传递这样空间频率的余弦基元了。因此，可以把光学系统看作一个只能通过较低空间频率余弦基元的低通空间滤波器。它使我们对光学系统成像质量的研究大为简化，不再需要研究由零到无限的整个空间频率范围内余弦基元的成像性质，而只要研究低于截止频率的余弦基元就可以了，即把一个无限的问题变成了一个有限的问题。特别是对强度按周期函数分布的图像，只要研究在截止频率以内与原函数空间频率成整数倍数的若干个空间频率的余弦基元的成像性质就可以了。实际工作中总是采用周期性的图像来检验光学系统的成像质量。从这里可以看出，把物面图形分解成余弦基元的傅里叶分析方法与传统的把物面图形分解成无限多物点的方法比较，有很大的优越性。光学传递函数还有很多优越性，例如由两个系统构成的组合系统，它的光学传递函数等于该两个分系统的光学传递函数的乘积，如下式所示：

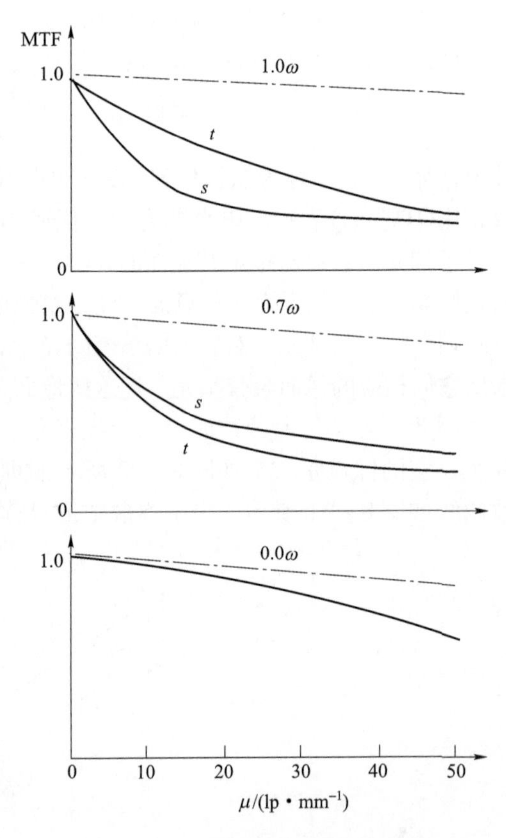

图 8－32　不同视场的 MTF 曲线

$$\mathrm{MTF}(\mu) = \mathrm{MTF}_1(\mu) \cdot \mathrm{MTF}_2(\mu) \tag{8-17}$$

式中，MTF（μ）为组合系统的光学传递函数，$\mathrm{MTF}_1(\mu)$ 和 $\mathrm{MTF}_2(\mu)$ 为两个分系统的光学传递函数。但是，如果知道了每个分系统独立成像的弥散图形，要想得到组合系统的弥散图形则几乎是不可能的。

光学系统的截止空间频率就是该系统的分辨率极限。实际光学系统的像总要用一定的接收器接收，例如目视光学仪器的接收器是人的眼睛，照相机的接收器是感光胶片，电视摄像机的接收器是摄像管的光电阴极面。实际光学系统的分辨率一般是指通过光学系统成像以后，这些特定的接收器所能分辨的最高空间频率。因此，分辨率的高低不仅与光学系统有关，而且也和这些接收器的特性有关。接收器的特性常用阈值曲线表示。图 8－33 中曲线 1 为某种照相底片的阈值曲线，它代表底片在不同对比度下所能分辨的极限空间频率，图中曲线 2 为照相物镜的 MTF 曲线。两曲线的交点对应的空间频率就是光学系统加接收器构成的组合系统的分辨率，也就是照相物镜的摄影分辨率。

应用光学传递函数来表示系统的成像质量，使很多用点光源成像的概念很难解决的问题变得比较容易解决了。在使用电子计算机的条件下，给出光学系统的结构参数，就可以计算出系统的光学传递函数，而且实际光学系统的传递函数也能方便地利用仪器进行测量。因此，光学传递函数就把光学系统设计质量和实际使用性能统一起来了。使我们在设计阶段就能预知系统的实际使用性能，而不用像过去那样，设计完成以后，必须试制出实际的光学仪器才能通过分辨率检验，确定系统的实际使用性能。这就大大增加了设计的可靠性，避免了人力、物力的浪费。

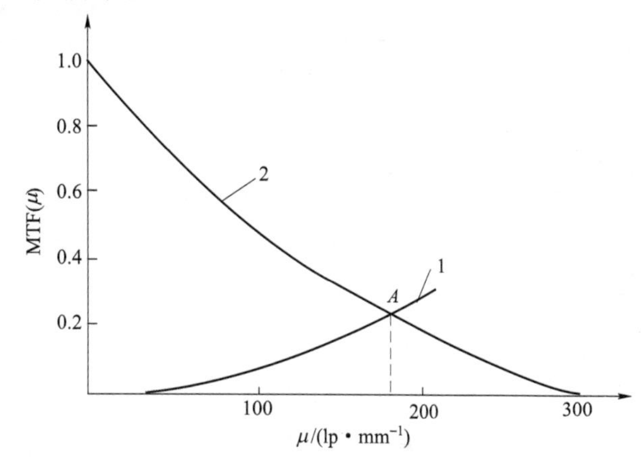

图 8－33　照相物镜摄影分辨率

用光学传递函数评价像质，除了像前面那样给出不同视场的振幅传递函数曲线以外，为了进一步简化，也可直接选用若干指定空间频率的传递函数值表示，这些选用的空间频率称为特征频率。特征频率的选取，随仪器的用途不同而不同。例如用于电视摄像的物镜，由于电视画面在水平方向的总扫描行数约为 600 线，相当于 300 线对（lp）。如果采用一英寸的摄像管，像面尺寸约为 15 mm×20 mm，则垂直方向上的扫描空间频率为

$$\mu = \frac{300}{15}\ \mathrm{lp/mm} = 20\ \mathrm{lp/mm}$$

它就是摄像管的截止频率。因此，一般取 20 lp/mm 和 10 lp/mm 作为与这种摄像管配合使用的光学镜头的特征频率。

照相物镜的特征频率，我国规定为 25 lp/mm 与 10 lp/mm，国外也有选用 30 lp/mm 和 15 lp/mm的。

用特征空间频率的传递函数值来评价光学系统的成像质量是一种最简单、直观的像质评价方法。

评价不同类型系统成像质量优劣的光学传递函数标准尚在陆续制定中，对照相物镜，我国已制定了 MTF 的评价标准。对画幅为 24 mm×36 mm 的 $135^{\#}$照相物镜，其 MTF 的标准如表 8－6 所示。

表 8-6　135#照相物镜 MTF 标准

孔径 \ MTF \ 视场 \ 特征频率	10 lp/mm		25 lp/mm	
	轴　上	0.707ω	轴　上	0.707ω
全孔径	0.7	0.35	0.4	0.15
F5.6	0.8	0.4	0.5	0.2

对画幅为 56 mm×56 mm 的 120#照相物镜，其 MTF 的标准如表 8-7 所示。

表 8-7　120#照相物镜 MTF 标准

孔径 \ MTF \ 视场 \ 特征频率	10 lp/mm		25 lp/mm	
	轴　上	0.707ω	轴　上	0.707ω
全孔径	0.55	0.3	0.3	0.15
F5.6	0.6	0.35	0.35	0.15

习　　题

1. 周视瞄准的出瞳直径为 4 mm，视放大率为 3.7×，求周视瞄准镜的分辨率。

2. 有一照相物镜，相对径孔为 1∶2，问该照相物镜的目视分辨率多大?

3. 有一架显微镜，视放大率为 45×，出瞳直径为 2 mm，问显微镜物镜的理想分辨率多大?（假定波长为 555 nm）

4. 检验实际光学系统成像质量的常用方法有哪几种?

5. 在光学系统设计阶段评价成像质量的方法有哪几种?

6. 什么叫理想光学系统的分辨率? 它具有什么实际意义? 理想光学系统的分辨率是怎样确定的?

7. 目前世界上最大的天文望远镜通光口径为 5 m，求能被它分辨的双星的最小夹角（λ=555 nm），与人眼相比，分辨率提高了多少倍?

第九章

望远镜和显微镜

前面各章已分别研究了光学系统的各种普遍性质，还没有深入研究根据这些普遍原理和性质制作的各类光学仪器，在第三章中我们简单地介绍了目视光学仪器的工作原理，主要的目的是在学习第二章共轴球面系统的物像关系之后，马上通过对几种实际仪器光学原理的介绍，说明这些原理和公式的实际运用，以使学生对高斯光学有一个深刻的理解。对于目视光学仪器的光学性能技术条件、各部件的性能和类型、外形尺寸计算等还没具体介绍。从本章开始，我们陆续研究各种光学仪器的这些特点，并通过计算实例讨论外形尺寸计算的有关问题。

我们知道，一个光学系统的设计大致分为两个步骤：第一步是根据使用单位提出的战术技术要求（如光学性能、外形、重量及有关技术条件）拟定光学系统原理图，并确定系统中各透镜组的焦距、各光学部件和零件的尺寸及相互间的间隔等，称为初步设计，亦即外形尺寸计算。在此基础上，第二步进行像差设计，通过大量的光线追迹和人工或利用程序对结构参数的修改确定保证成像质量优良的各种透镜的半径 r、厚度和间隔 d 以及透镜的材料等。像差设计不是本课题的内容，有关像差理论、光线追迹和评价方法等像差设计的原理与方法将在“光学设计”课程中介绍。光学系统初步设计的问题由“应用光学”课程解决，它是应用光学各章知识的综合运用。本章将给出一家工厂已经生产的较为复杂的望远镜系统外形尺寸计算的实例，以做示范。望远系统外形尺寸计算相对较为复杂，掌握了望远系统外形尺寸计算的方法，其他系统也就不是很难了。

§9-1 望远镜的光学性能和技术条件

对一个望远镜的要求，首先是它的光学性能，主要有：

视放大率——Γ；

视场角——2ω；

出瞳直径——D'；

出瞳距离——l_z'。

另外，对于军用光学仪器来说，仪器的外形、体积和重量也是十分重要的技术指标，它和系统的光学性能往往形成突出的矛盾。

除了系统的光学性能和对仪器的外形、体积和重量提出的要求以外，一般还提出一些保证产品质量的技术条件，例如：

分辨率——α；

视差角——ε。

对双眼仪器，还有光轴平行性和相对像倾斜的要求。

上述这些光学性能和技术条件之间，彼此具有密切的联系。如何合理地选择各种指标，对仪器的性能具有决定性的意义。

这些光学性能和技术条件，一般是由使用单位提出来的，但设计人员也必须对它有所了解。下面分别讨论它们之间的相互关系，以及确定这些性能指标的一般原则。

一、视放大率 $\boldsymbol{\Gamma}$

视放大率是望远镜最重要的光学性能之一，表示仪器放大作用的大小，和其他性能指标之间有着十分密切的关系。视放大率必须满足对仪器的精度要求，且对不同的仪器精度要求也不一样。例如：

（1）观察仪器。对观察仪器的精度要求，就是它的分辨角。望远镜的分辨角和视放大率之间有以下关系：

$$\alpha = \frac{60''}{\Gamma} \tag{9-1}$$

根据式（9－1），由要求的分辨角 α 即可求出需要的视放大率 Γ。

（2）瞄准仪器。对瞄准仪器的精度要求是它的瞄准误差 $\Delta\alpha$，它与视放大率之间的关系和瞄准方式有关。

使用压线瞄准时为

$$\Delta\alpha = \frac{60''}{\Gamma}$$

用对线、双线或叉线瞄准时为

$$\Delta\alpha = \frac{10''}{\Gamma} \tag{9-2}$$

以上这些关系在第三章中已经说明。

（3）测距仪器。测距仪器的精度要求是测距误差。双眼体视测距仪的测距误差和视放大率的关系已由式（3－17）表示，即

$$\Delta l = 5 \times 10^{-5}\frac{l^2}{B\Gamma}$$

根据一定距离 l 上要求的测距误差 Δl 和仪器的基线 B，即可求得视放大率 Γ。

由以上这些关系所确定的视放大率只是作为确定仪器视放大率的初步依据，因为视放大率除了和仪器的工作精度有关外，还与其他一系列因素有关，必须同时兼顾。下面分别加以介绍。

（1）视放大率和仪器体积、重量的关系。由式（3－9）和式（3－10）得

$$\Gamma = -\frac{f'_{物}}{f'_{目}},\ \Gamma = \frac{D}{D'}$$

在目镜焦距 $f'_{目}$ 和出瞳直径 D' 一定的条件下（$f'_{目}$ 和 D' 的确定将在后面讨论），Γ 越大，物镜的焦距 $f'_{物}$ 和口径 D 越大。因此，必须增加仪器的体积和重量，这往往是军用光学仪器中增大视放大率的重要障碍。

（2）视放大率 Γ 和视场角 2ω 的关系。由式（3－8）得

$$\Gamma = \frac{\tan \omega'}{\tan \omega}$$

式中，ω'为望远镜的像方视场角，也就是目镜的视场角；ω 则为望远镜的物方视场角，它标志着仪器的观察范围。一定类型的目镜，它的视场角 $2\omega'$是一定的。增大视放大率 Γ 必须同时减小视场角 2ω，因此视放大率总是和仪器的视场同时加以考虑的。

（3）仪器的使用条件对视放大率的限制。例如，地面观察瞄准仪器，由于气流的影响，引起景物抖动达 $1''\sim2''$。因此，限制了仪器的有效分辨率。这就使地面仪器的视放大率一般不超过 $30^{\times}\sim40^{\times}$。另外，手持的仪器，由于人体的颤动，视放大率一般不超过 $8^{\times}$。$8^{\times}$ 以上的仪器必须使用支架。

（4）望远镜的有效放大率。由式（8－10）望远镜衍射分辨率可得 $\alpha = 140''/D$，要提高望远镜的分辨率，必须加大物镜口径。望远镜是目视光学仪器，因此受到人眼生理特性的限制。当通过望远镜观察两个发光点时，必须使它们通过仪器后对应的视角大于人眼的视角分辨率 $60''$，人眼才能分辨开这两个点。因此，要提高望远镜的分辨本领，除了增大物镜口径以提高衍射分辨率外，还要同时增大系统的视放大率，使其符合人眼分辨角的要求。在一定的物镜口径条件下，仪器的衍射分辨率一定，无限度地增大视放大率也不会看到更多的物体细节。下面来讨论它们之间的关系。

人眼的视角分辨率为 $60''$，根据视放大率公式，有

$$\Gamma = \frac{\tan \omega'}{\tan \omega} \approx \frac{60''}{\alpha}$$

或写成

$$\alpha = \frac{60''}{\Gamma}$$

利用上式求出的分辨率称为仪器的视角分辨率。如果要求仪器的视角分辨率和衍射分辨率相等，则应满足下列关系：

$$\frac{60''}{\Gamma} = \frac{140''}{D} \quad 或 \quad \Gamma_{效} = \frac{D}{2.3} \tag{9-3}$$

符合以上关系的视放大率称为望远镜的“有效放大率”。当望远镜的实际视放大率大于有效放大率时，虽然仪器的视角分辨率提高了，但由于受到衍射分辨率的限制，并不能看清更多的物体细节。但对于实验室或车间使用的检验仪器（如前置镜和检验用的显微镜等），由于操作人员往往需要连续工作，为了保证检验精度和减轻操作人员的疲劳，一般仪器的实际视放大率是有效放大率的 2～3 倍。

二、视场角 2ω

视场角代表望远镜能够同时观察到的最大范围。前面说过，对于一定视场角 $2\omega'$的目镜，望远镜的视场角 2ω 和视放大率 Γ 成反比。因此，选择仪器的视场角和视放大率时，二者必须同时考虑。目前常用的目镜视场角 $2\omega' \approx 40°\sim70°$，一些结构特别复杂的目镜的视场角 $2\omega'$可以达到 $80°\sim100°$。但由于光能损失严重，像差较大，像质不好，因而应用不多。

对于双眼仪器，一般要求左右两目镜的最小瞳孔间隔不能大于 55～57 mm，除去镜框以后目镜的通光口径不得大于 42～44 mm，因而限制了目镜视场角的扩大，一般视场角 $2\omega'$不大于 $70°\sim75°$。

三、出瞳直径 D'

和出瞳直径直接相关的是仪器的主观光亮度。根据§6－11节的讨论，当观察发光面时，为了尽可能提高仪器的主观光亮度，仪器出瞳的直径应不小于人眼瞳孔的直径。但人眼瞳孔的直径是随着外界景物的光亮度改变的，白天大约为2 mm，黄昏为4～5 mm，夜间可达8 mm。从主观光亮度的要求出发，大部分军用观察瞄准仪器都要求能够同时在白天和黄昏使用。因此，出瞳直径一般取4 mm左右。专为夜间使用的仪器，出瞳直径有的达到8 mm；对于某些只在白天使用的仪器，如经纬仪和水平仪，出瞳直径为1.5～2 mm。

除了主观光亮度以外，出瞳直径还间接和仪器的衍射分辨率有关。按望远镜的衍射分辨率公式（8－10）有

$$\alpha = \frac{140''}{D}$$

根据仪器鉴别角 α 的要求，由上式可以求出入瞳的直径 D，根据式（3－10）

$$\Gamma = \frac{D}{D'}$$

将仪器的视放大率确定以后，就可以求出相应的出瞳直径 D'。假定仪器的衍射分辨率（$140''/D$）正好等于视角分辨率（$60''/\Gamma$）时，相应的视放大率称为有效放大率，根据式（9－3）有

$$\Gamma_{效} = \frac{D}{2.3}$$

将 Γ 和 $\Gamma_{效}$ 二式进行比较，显然可以得到出瞳直径 $D'=2.3$ mm。出瞳直径大于2.3 mm的仪器，衍射分辨率高于视角分辨率；小于2.3 mm则视角分辨率高于衍射分辨率。

前面已经说过，对于检验仪器，为了减轻操作人员的疲劳，一般取实际的视放大率为有效放大率的2～3倍，这时相应的出瞳直径约为1 mm。至于它们主观光亮度的降低，可以用增强照明的办法加以弥补。

另外，仪器的使用条件也对出瞳直径提出了一定的要求，当仪器在不规则振动状态下工作时，为了保证不致由于仪器的振动而使观察中断，要求适当加大仪器的出瞳直径。例如，坦克和飞机上使用的仪器，出瞳直径有的达到8～10 mm。

四、出瞳距离 l'_z

在§5－2节中曾经说过，为了避免观察时眼睫毛碰到镜面，要求 l'_z 不小于6 mm，对于军用光学仪器一般要求不小于20 mm。在某些武器上使用的瞄准镜，为了防止武器后坐力的撞击，出瞳距离可达到数十毫米。

前面说过，除了对望远镜的光学性能和外形、体积以及重量提出要求以外，为了保证仪器的质量，通常对产品还提出一些技术条件。下面讨论规定这些技术条件的原则。

五、分辨率 α

根据式（8－10），一个理想的望远镜系统，它的衍射分辨率由入瞳直径 D 确定。在望远镜的视放大率 Γ 和出瞳直径 D' 确定以后，入瞳直径 D 也就确定了。因此，对应的理想衍

射分辨率就是一个确定的数值。实际仪器的衍射分辨率，由于系统设计的剩余像差，以及加工装配误差的影响，一般都要低于理想的衍射分辨率。因此，通常把系统的实际衍射分辨率 α 作为控制仪器质量的一个综合指标，它的数值一般略高于理想的衍射分辨角：

$$\alpha = K\frac{140''}{D} \tag{9-4}$$

式中，系数 K 一般在 1.05 ~2，视产品质量要求而定，另外，其也和仪器的出瞳直径有关。如果仪器的出瞳直径比 2.3 mm 大得多，则系统理想的衍射分辨率大大地高于视角分辨率，K 可以取大些；如果出瞳直径比 2.3 mm 小，K 应尽量取小些。

六、视差角 ε

对装有分划镜的瞄准仪器，要求分划线和像平面重合。对望远镜来说，也就是要求分划线应该准确地安装在物镜的像方焦平面上。如果分划线和像平面不重合，便产生“视差”。仪器有视差，就可能引起瞄准误差。如图 9 - 1 所示，假定分划线离开物镜像方焦平面的距离为 b，轴上无限远的目标通过物镜成像在 $F'_{物}$，再经过目镜成像在无限远。平行于光轴入射的光线平行于光轴出射。由于分划线不在物镜的像方焦点 $F'_{物}$ 上，所以经过目镜以后，成像在有限距离。轴上点 K 发出的光线经过目镜以后，不是平行光束。由图中可以看到，当人眼在出瞳的上边缘观察时，看到分划线 K 位于目标的下方；如果人眼逐渐由上往下移动，这时看到分划线和目标产生相对位移，二者逐渐靠拢；当眼睛在光轴上观察时，目标和分划线重合；如果眼睛继续向光轴下方移动，这时分划线 K 便位于目标的上方。这样，分划线和目标的相对位置便不固定，随眼睛位置的改变而改变，就会引起瞄准误差。所以，必须根据仪器要求的瞄准精度规定视差的公差范围。

视差有三种不同的表示形式。

(1) 线视差。所谓线视差就是用像平面和分划线之间的轴向距离 b 表示的系统视差。

(2) 角视差。角视差就是由视差引起的最大瞄准角误差。它可以用物空间的角度 ε 表示，也可以用像空间的角度 ε' 表示。下面推导角视差和线视差的关系。

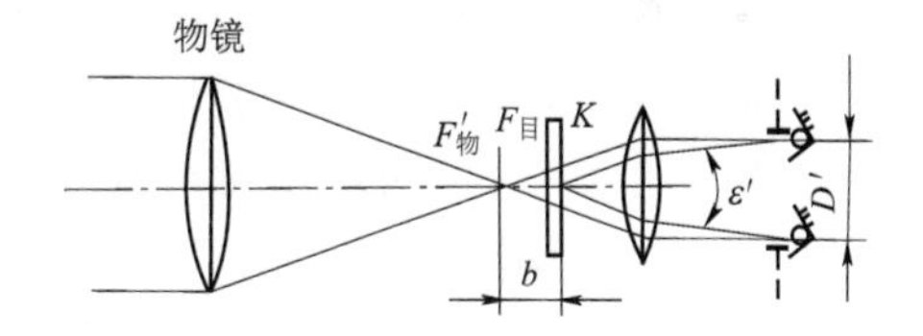

图 9 - 1　望远镜视差

假定系统的线视差为 b，根据牛顿公式，经过目镜以后分划线的像距 x' 为

$$x' = -\frac{f'^2_{目}}{b}$$

出瞳边缘光束的最大发散角即像空间的视差角 ε' 为

$$\varepsilon' \approx \frac{D'}{x'} = \frac{D'b}{-f'^2_{目}}$$

根据望远镜的视放大率公式，在物空间对应的视差角 ε 应为

$$\varepsilon = \frac{\varepsilon'}{\Gamma} = \varepsilon'\left(-\frac{f'_{目}}{f'_{物}}\right)$$

将 ε' 代入上式，并以“分”为单位，得到

$$\varepsilon = 3\ 438\frac{D'b}{f'_{物}f'_{目}} \tag{9-5}$$

式中，常数3 438为一个弧度对应的“分”值。

(3) 用视度表示视差。根据视度公式（3－11）有

$$SD = -\frac{1\ 000x}{f'^2_{目}}$$

将 $x=b$ 代入上式，就得到以视度表示视差的公式

$$\Delta SD = -\frac{1\ 000b}{f'^2_{目}} \tag{9-6}$$

作为望远镜的技术条件，一般标注角视差 ε。

望远镜的技术条件除了分辨率和视差角外，对双眼仪器还要规定光轴平行差和像倾斜，它们在§3－6节中已经讨论过，这里不再重复。

以上就是望远镜系统光学性能和技术条件的一般要求。由上面的分析可以看到，望远镜的各种光学性能和技术条件之间并非是彼此孤立的，而是相互联系和相互制约的。因此，在确定它们的指标时，必须全面考虑，不应片面地追求某一两个指标，而应该使它们之间达到合理的配合。这一任务往往不是单纯地依靠理论上的分析所能完成的，必须通过实际的调查研究才能解决。

§9－2　望远镜物镜

望远镜由物镜和目镜组合而成。对望远镜的光学性能和技术条件的要求，决定了对物镜和目镜的要求。例如，望远镜的物方视场角 2ω 就是物镜的视场角，而像方视场角 $2\omega'$ 就等于目镜的视场角。因此，当我们根据望远镜的要求来拟定光学系统的结构时，就要预先考虑到对物镜和目镜的要求。下面分别介绍一些常用的望远镜物镜和目镜的结构型式，以及它们可能达到的光学性能，作为拟定光学系统结构的参考。

物镜的光学特性主要有3个：焦距 $f'_{物}$、相对孔径 $D/f'_{物}$ 和视场 2ω。

一、焦距 $f'_{物}$

望远镜物镜的焦距和系统的视放大率有关，由式（3－9）

$$\Gamma = -\frac{f'_{物}}{f'_{目}} \quad 或 \quad f'_{物} = -\Gamma f'_{目}$$

物镜的焦距是目镜焦距的 Γ 倍，通常首先确定目镜的焦距。根据视放大率 Γ 即可由上式求出物镜焦距。

二、相对孔径

根据式（3－10）

$$\Gamma = \frac{1}{\beta} = \frac{D}{D'} \quad 或 \quad D = \Gamma D'$$

在望远镜的光学性能中，对仪器的出瞳直径和视放大率提出了一定要求。根据上式即可

求得入瞳直径 D。

入瞳直径 D 和物镜焦距 $f'_{物}$ 之比 $D/f'_{物}$ 称为物镜的相对孔径。当 $f'_{物}$ 和 D 确定之后，物镜的相对孔径也就确定了。这里不直接用光束口径，而采用相对孔径来代表物镜的光学特性，是因为相对孔径近似等于光束的孔径角 $2U'_{max}$。相对孔径越大，光束和光轴的夹角 U'_{max} 越大，像差也就越大。为了校正像差，必须使物镜的结构复杂化。换句话说，相对孔径代表物镜复杂化的程度。例如，一个物镜的焦距为 200 mm，光束口径为 40 mm；另一个物镜的焦距为 100 mm，光束口径为 35 mm。前者相对孔径为 1∶5，而后者为 1∶2.86。尽管前者光束口径比后者大，但是后者必须采用比前者更为复杂的物镜结构。

三、视场角

系统所要求的视场角，也就是物镜的视场角。由式（3－8）得

$$\tan\omega = \frac{\tan\omega'}{\Gamma}$$

式中，ω' 即目镜的视场角。一般望远镜物镜的视场角都不大，通常不超过 10°～15°。

由于物镜视场角不大，并且视场边缘的成像质量允许适当降低，因此只需校正球差、彗差和轴向色差。

下面介绍几种常用的望远镜物镜的结构和光学特性。

（一）折射式望远物镜

（1）双胶物镜。双胶物镜是一种最常用最简单的望远镜物镜，由一个正透镜和一个负透镜胶合而成，如图 9－2 所示。这种物镜的优点是：结构简单，安装方便，光能损失小，合适的选择玻璃可以校正球差、彗差和轴向色差三种像差，满足望远镜物镜的像差要求。

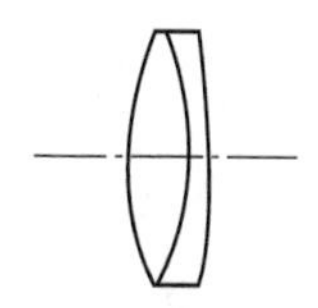

图 9－2 双胶物镜

不同焦距时，双胶物镜可得到满意的成像质量的相对孔径，如表 9－1 所示。

表 9－1 双胶物镜焦距和对应的相对孔径

焦距/mm	50	100	150	200	300	500	1 000
相对孔径	1∶3	1∶3.5	1∶4	1∶5	1∶6	1∶8	1∶10

由于这种物镜不能校正像散和场曲，所以视场一般不能超过 8°～10°。如果物镜后面有很长光路的棱镜，由于棱镜的像散和物镜的像散符号相反，故可以抵消一部分物镜的像散，视场可达到 15°～20°。一般双胶物镜的最大口径不能超过 100 mm，这是因为当透镜直径过大时，由于透镜的重量过大，胶合不牢固。同时，当温度改变时，胶合面上可能产生应力，使成像质量变坏，严重时可能脱胶。

（2）双不胶物镜。双不胶物镜同样由一块正透镜和一块负透镜组成，但两透镜中间有一个空气间隔，如图 9－3 所示。

它和双胶物镜比较，具有下列优点：

① 物镜的口径不受限制。因此，一些大口径的物镜都用双不胶物镜，而不用双胶物镜。

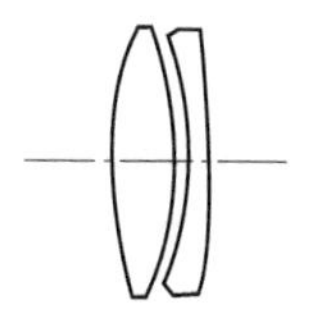

图 9－3 双不胶物镜

② 能够利用空气间隔校正剩余球差，增大相对孔径。在一般焦距（100 ~ 150 mm）时，相对孔径可达1∶2.5 ~1∶3。

它的缺点是：光能损失增加，加工安装比较困难，特别是两透镜的共轴性不易保证。

（3）双单和单双物镜。如果物镜的相对孔径大于1∶3，一般采用一个双胶合透镜和一个单透镜进行组合，根据它们前后位置排列不同，分双单和单双两种物镜，如图9－4（a）和图9－4（b）所示。

这种形式的物镜，如果双胶合透镜和单透镜之间的光焦度分配适当，双胶合透镜玻璃选择恰当，孔径高级球差和色球差都比较小，相对孔径可达1∶2，这是目前采用较多的大相对孔径望远物镜。

（4）三分离物镜。这种形式的物镜由三个单透镜构成，如图9－5所示。它能很好地控制孔径高级球差和色球差，相对孔径可达1∶2。缺点是装配调整困难，光能损失和杂光都比较大。

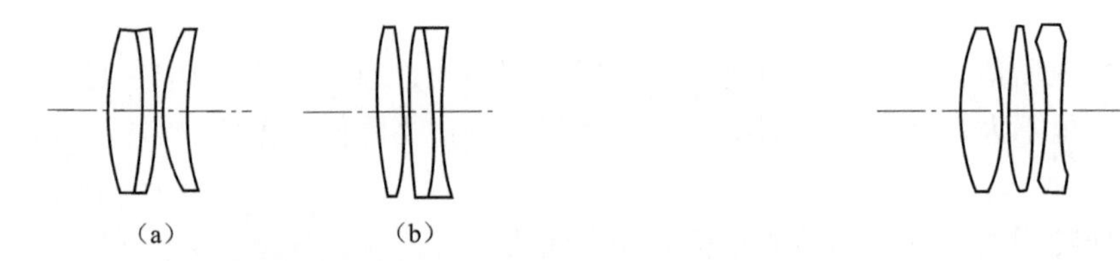

图9－4　双单和单双物镜　　图9－5　三分离物镜

（5）摄远物镜。摄远物镜由一个正透镜组和一个负透镜组构成，如图9－6所示。

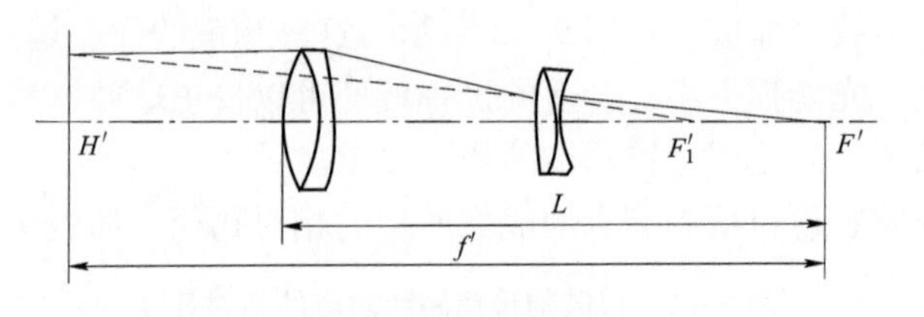

图9－6　摄远物镜

它的优点如下：

① 使系统的总长度L小于物镜的总焦距f'。因此，可以缩短仪器的外形尺寸。

② 能增加视场。因为具有正透镜组和负透镜组，除了校正球差和彗差而外，还能校正场曲和像散。

它的缺点是：相对孔径比较小。因为前组的相对孔径比整个物镜的相对孔径高得多，如前所述，双胶物镜的相对孔径不能太大，因而整个物镜的相对孔径受到前组相对孔径的限制。前组用双胶透镜，相对孔径不超过1∶4，整个物镜的相对孔径不超过1∶7。若前组用相对孔径为1∶3的双不胶透镜，则整个物镜的相对孔径可达到1∶5左右。

（6）由两个双胶合组构成的物镜。如图9－7所示，随着两透镜组相对位置的不同，可以分为图中9－7（a）和图9－7（b）所表示的两类。图9－7（a）形式的物镜可以增大相对孔径达到1∶2.5 ~1∶3；图9－7（b）形式的物镜可以增加视场。例如，相对孔径为1∶5时，视场可以达到30°。

（二）反射式望远镜物镜

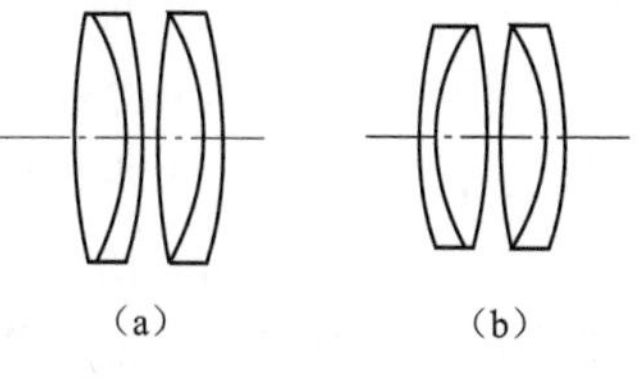

图 9－7 两双胶合物镜

消色差物镜发明以后，虽然很多小口径望远物镜都改用透镜，但大口径的望远镜，例如从几百毫米到几米口径的物镜，目前仍然全部采用反射式物镜，这是因为它具有以下优点：

（1）完全没有色差，各种波长的光所成像严格一致，完全重合。

（2）可以在紫外到红外很大波长范围内工作。

（3）反射镜的材料比透镜的材料容易制造，特别是对大口径零件更是如此。

它的主要缺点是反射面加工精度比折射面要求高得多，表面变形对像质影响较大。

由于天文望远镜要求的视场比较小，被观察物体基本上位于光轴上，所以大型天文望远镜物镜多由对轴上点等光程的反射面构成，主要有以下 3 种形式：

（1）牛顿系统。由一个抛物面和一块与光轴成 45°的平面反射镜构成。如图 9－8 所示，无限远轴上点经抛物面反射后，在它的焦点 F_1'成一理想像点，再经平面反射镜后同样得到一个理想像点 F'。

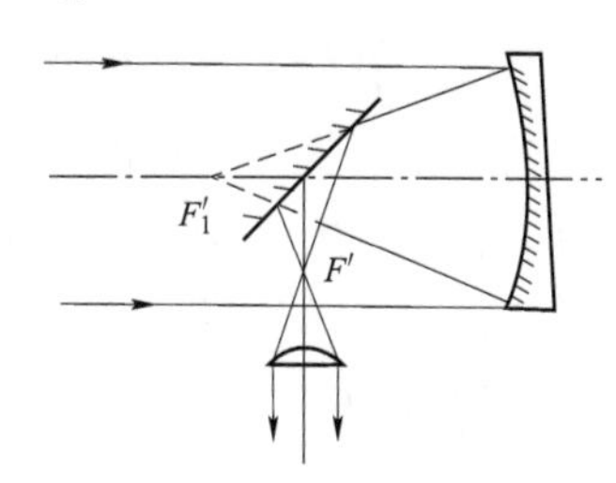

图 9－8 牛顿式物镜

（2）格里高利系统。由一个抛物面主镜和一个椭球面副镜构成。如图 9－9 所示，抛物面焦点 F_1'与椭球面的一个焦点重合，所以无限远轴上点经抛物面后在 F_1'处成一个理想像点，再经椭球面理想成像于另一个焦点 F_2'。格里高利系统成正像，但系统较长。

（3）卡塞格林系统。由一个抛物面主镜和一个双曲面副镜构成。如图 9－10 所示，抛物面的焦点和双曲面的虚焦点重合于 F_1'，无限远轴上点经抛物面理想成像于 F_1'，再经双曲面理想成像于实焦点 F_2'。卡塞格林系统成倒像。由于系统长度短，主镜和副镜的场曲符号相反，有利于扩大视场，因此目前被广泛采用。

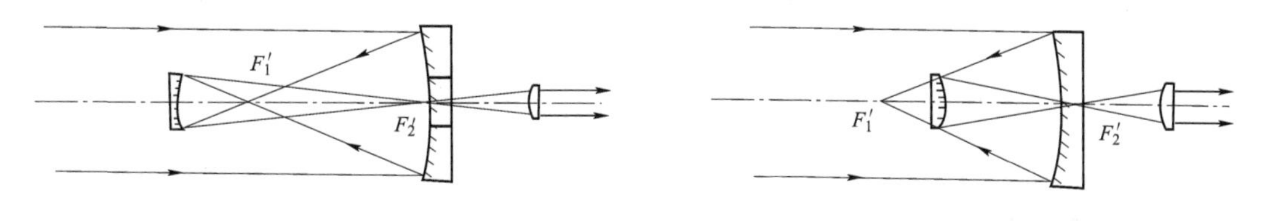

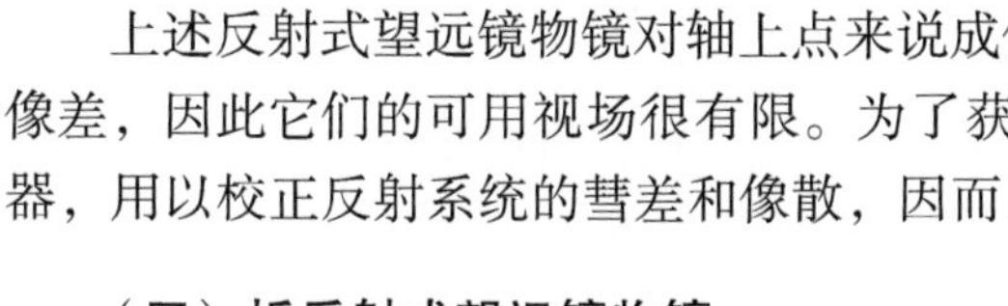

图 9－9 格里高利物镜

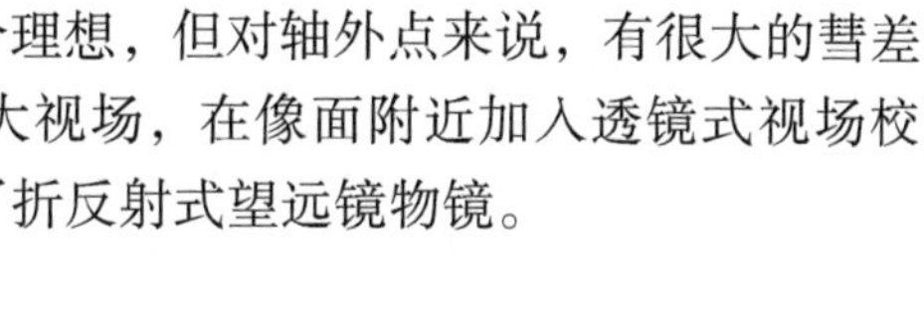

图 9－10 卡塞格林物镜

上述反射式望远镜物镜对轴上点来说成像符合理想，但对轴外点来说，有很大的彗差和像差，因此它们的可用视场很有限。为了获得较大视场，在像面附近加入透镜式视场校正器，用以校正反射系统的彗差和像散，因而出现了折反射式望远镜物镜。

（三）折反射式望远镜物镜

为了避免非球面制造的困难，以及改善轴外成像质量，采用球面反射镜作主镜，校正透镜用于校正球面镜产生的像差。根据校正透镜形式的不同，折反射式望远镜主要有以下 3 种形式：

（1）施密特物镜。它的构成如图 9－11 所示。在球面反射镜的球心上，放置一块非球面校正板（施密特校正板），一方面用于校正球面反射镜的球差；另一方面作为整个系统的入瞳，使球面不产生彗差和像散，相对孔径可达1∶2，甚至达到1∶1，视场可达到20°。缺点是系统长度较大，等于主反射镜焦距的两倍。

（2）马克苏托夫物镜。由两个球面构成的弯月形透镜，也能校正球面反射镜产生的球差和彗差。这种校正透镜称作马克苏托夫弯月镜，如图9－12所示。这种系统不能校正整个光束的球差，只能校正边缘球差，因此存在剩余球差，对轴外像差来说，只能校正彗差，不能校正像散。它的相对孔径一般不大于1∶4，视场为3°。

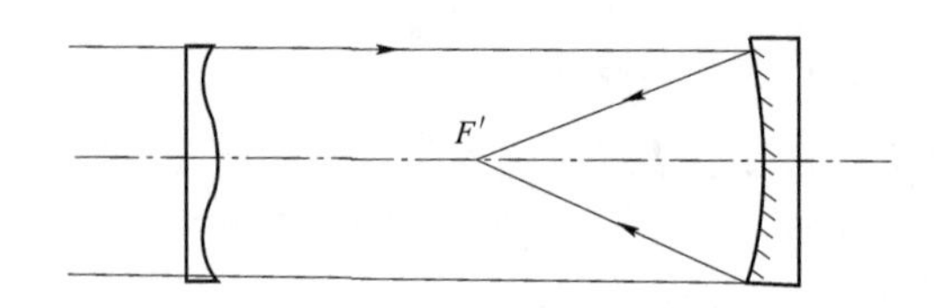

图9－11　施密特物镜

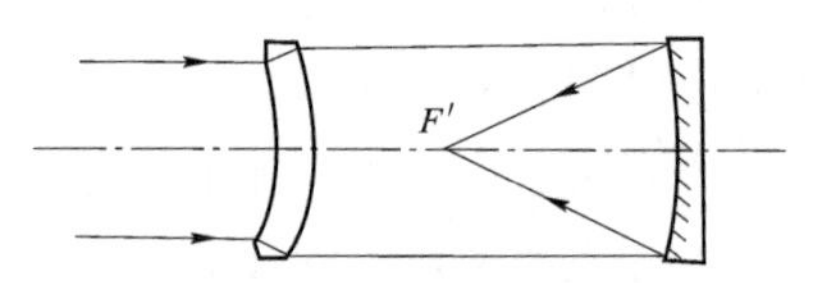

图9－12　马克苏托夫物镜

（3）同心系统。如图9－13所示，用与主反射镜同心的透镜（称为同心透镜）作校正透镜，既能校正反射镜的球差，又不产生轴外像差。但存在剩余球差和少量色差，因此相对孔径不能太大。

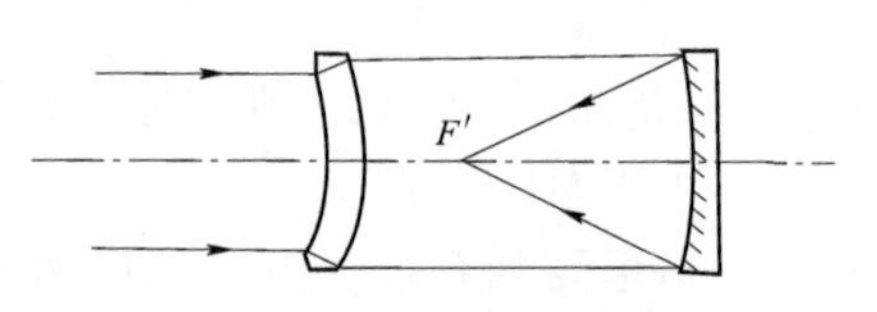

图9－13　同心系统

某些小型望远镜物镜也采用折反射系统，一是利用反射镜折叠光路，以缩小仪器体积和减轻重量；二是主反射镜不产生色差，因此一些相对孔径较大、焦距特别长的物镜，常采用折反射式物镜。

§9－3　望远镜目镜

望远镜目镜的作用相当于放大镜，它把物镜所成的像放大后成像在人眼的远点，以便进行观察。对于正常人眼睛，远点在无限远。因此，一般要求物镜所成的像平面应与目镜的物方焦平面重合。

目镜的光学特性主要有3个：像方视场角$2\omega'$、相对出瞳距离$l'_z/f'_目$和工作距离S。下面分别加以说明。

一、像方视场角$2\omega'$

根据望远镜的视放大率公式（3－8）可以看到，如果望远镜的视放大率和视场角一定，就要求一定的目镜视场。无论是提高望远镜的视放大率Γ或者视场角ω，都需要相应地提高目镜的视场。目前，提高望远镜视放大率和视场角主要是受到目镜视场角的限制。

一般目镜的视场角为40°～50°，广角目镜的视场角为60°～80°，90°以上的目镜称为特广角目镜。双眼仪器的目镜视场角不超过75°。

当目镜的视场角一定时，增大望远镜的视放大率Γ必然要减小整个系统的视场角2ω。例如，当目镜的视场角为45°时，不同视放大率对应的视场角如表9－2所示。

表 9-2　不同视放大率对应的视场角

视放大率	$4^{\times}$	$6^{\times}$	$8^{\times}$	$10^{\times}$	$20^{\times}$
视场角 2ω	12°	8°	6°	4.8°	2.4°

如果要设计大视场角和高视放大率的望远镜，则必须采用广角和特广角目镜。

增大目镜视场的主要矛盾是轴外像差不易校正。尽管广角和特广角目镜的光学结构都比较复杂，但像质仍不理想，使用受到限制。

二、相对出瞳距离 $l'_z/f'_目$

目镜的出瞳距离 l_z' 和目镜焦距 $f'_目$ 之比 $l'_z/f'_目$ 称为相对出瞳距离。

出瞳乃是望远镜的孔径光阑在望远镜像空间所成的像，它与入瞳对整个系统互为物像关系。在一般情形，望远镜的孔径光阑和物镜框重合，如图 9-14 所示。应用牛顿公式

$$xx' = f_目 f'_目 = -f'^2_目$$

将 $x = -f'_物$，$\Gamma = -f'_物/f'_目$ 代入上式，得

$$x' = -\frac{f'_目}{\Gamma}$$

相对出瞳距离 $l'_z/f'_目$ 为

$$\frac{l'_z}{f'_目} = \frac{l'_F}{f'_目} + \frac{x'}{f'_目}$$

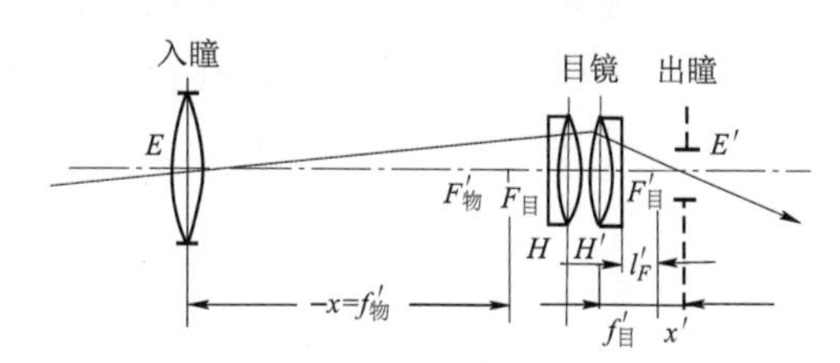

图 9-14　望远镜入瞳和出瞳

当望远镜的放大率 Γ 较大时，x' 和 $f'_目$ 比较起来很小，l'_z 近似地等于目镜的像方顶焦距 l'_F。因此，对于一定形式的目镜，l'_z 和焦距之比近似地为一个常数。所以可以用相对出瞳距离作为目镜的一个特性参数。下面讨论目镜的相对出瞳距离对望远镜结构的影响。

出瞳距离 l'_z 是根据使用要求给出的。当 l'_z 要求一定时，$l'_z/f'_目$ 之比越大，则 $f'_目$ 越小。望远镜的总长度 L 等于目镜和物镜焦距之和，即

$$L = f'_目 + f'_物 = f'_目(1 - \Gamma)$$

由上式可知，总长度 L 和目镜的焦距 $f'_目$ 成比例。所以目镜的相对出瞳距离直接影响仪器的外形尺寸。

另外，当目镜视场 ω' 一定时，$l'_z/f'_目$ 越大，光线在目镜上的投射高增加，像差也越严重。欲得到满意的像质，目镜的结构必然随着 $l'_z/f'_目$ 比值增大而趋于复杂。

一般目镜的相对出瞳距离为 $l'_z/f'_目 = 0.5 \sim 0.8$，有些目镜的相对出瞳距离达到 1 以上。

提高目镜的相对出瞳距离，实质上是使目镜的像方主平面 H' 向后移。在目镜物方焦平面附近加入负场镜也可以适当地增大出瞳距离。

三、工作距离 S

目镜第一面顶点到物方焦平面的距离称为目镜的工作距离。如第三章所述，目视光学仪器为了适应远视眼和近视眼使用，视度是可以调节的。视度的调节范围一般为 ±5 视度。有些仪器的视度是固定的，在 −0.5 ~ −1 视度。

当要求视度调节范围 $SD = \pm 5$ 视度时，根据式（3-11），目镜的轴向移动量 x 等于

$$x=-\frac{SD\cdot f'^2_{\text{目}}}{1\,000}=-\frac{\pm 5f'^2_{\text{目}}}{1\,000}$$

由此可见，当要求负视度时，x 为正值，目镜必须移近物镜的像平面。

为了保证在调负视度时目镜的第一面不致与装在物镜像平面上的分划板相碰，要求目镜的工作距离 S 大于目镜调视度所需要的最大轴向移动量（如果没有分划板，则上述要求就不必要了）

在简单的望远镜中，目镜和物镜的相对孔径相等，但是目镜的焦距一般比物镜焦距小得多，同时所用透镜组也比较多。因此，目镜的球差和轴向色差一般都比较小，用不着特别注意校正便可满足要求。但是，由于目镜的视场大，和视场有关的彗差、像散、场曲、畸变和垂轴色差都相应地大，目镜主要需要校正这五种像差。然而，由于目镜视场过大，无法完全校正。因此，望远镜视场边缘的成像质量一般比视场中心差。在装有瞄准或测量分划板的望远镜中，物镜（包括棱镜）和目镜应尽可能分别校正像差。如果没有分划板，设计时可使物镜和目镜的像差互相补偿。

除此而外，对于目镜的光阑球差也有一定要求。所谓光阑球差，就是孔径光阑经过在它后方的光学系统成像时的球差。当存在光阑球差时，不同视场斜光束的主光线不交于一点，如图 9 – 15 所示。如果光阑球差过大，当眼睛瞳孔在 E_1' 位置时，边缘视场的光束不能进入眼睛。因此，不能看到整个视场。瞳孔在 E_2' 位置时，虽能看到视场的边缘和视场的中心部分，但区域视场的一部分光束不能进入眼睛，因而看不清楚。所以，眼睛放在任何位置上都不能同时看清整个视场，因而必须对目镜的光阑球差进行验算。

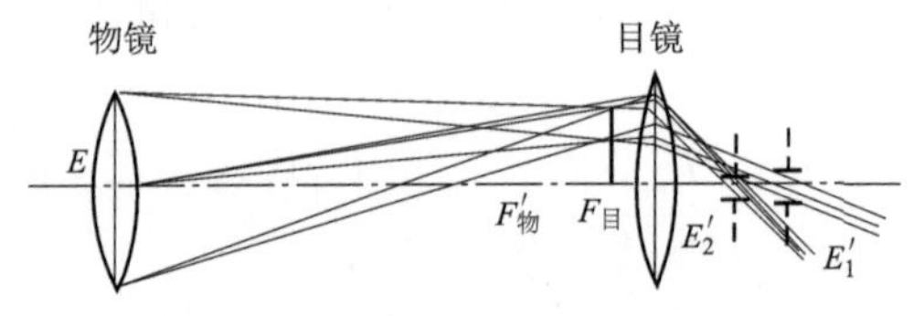

图 9 – 15 光阑球差示意图

下面介绍在望远镜中经常采用的一些目镜形式和它们的光学特性。

（一）惠更斯目镜

惠更斯目镜由两个单透镜构成，如图 9 – 16 所示。光学特性为

$$2\omega'=40^\circ\sim 50^\circ$$

$$\frac{l'_z}{f'_{\text{目}}}\approx\frac{1}{4}$$

天文望远镜中常采用惠更斯目镜。它的缺点是由于不存在实像面，因此不能安装分划镜。

（二）冉斯登目镜

冉斯登目镜由两个平凸透镜构成，如图 9 – 17 所示。其光学特性为

$$2\omega'=30^\circ\sim 40^\circ$$

$$\frac{l'_z}{f'_{\text{目}}}\approx\frac{1}{3}$$

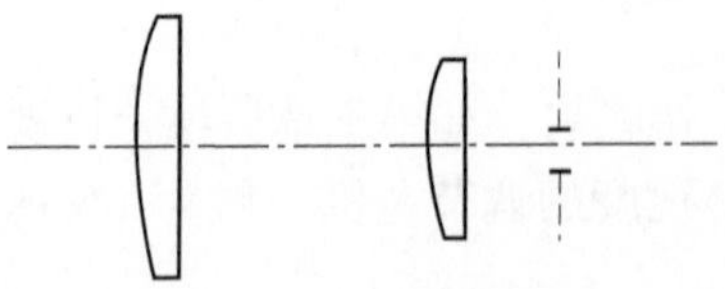

图 9 – 16 惠更斯目镜

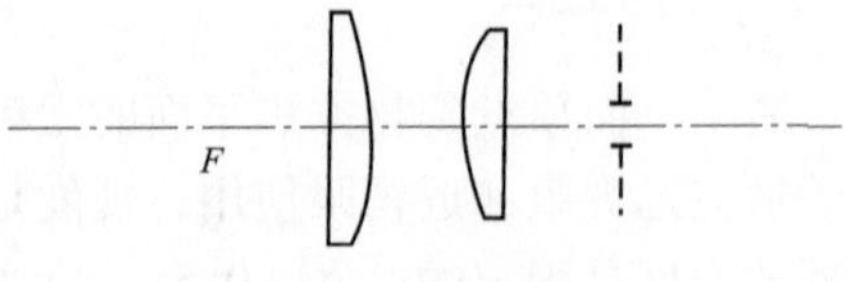

图 9 – 17 冉斯登目镜

冉斯登目镜主要用于大地测量仪器的望远镜目镜，一般用作测量和读数。

（三）凯涅尔目镜

凯涅尔目镜由一个单透镜和一个胶合透镜构成，如图 9－18 所示。其光学特性为

$$2\omega' = 45° \sim 50°$$

$$\frac{l'_z}{f'_{目}} \approx \frac{1}{2}$$

（四）对称目镜

对称目镜由两个双胶透镜构成，如图 9－19 所示。其光学特性为

$$2\omega' = 40° \sim 42°$$

$$\frac{l'_z}{f'_{目}} \approx \frac{3}{4}$$

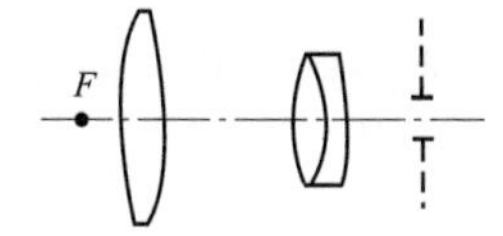

图 9－18　凯涅尔目镜

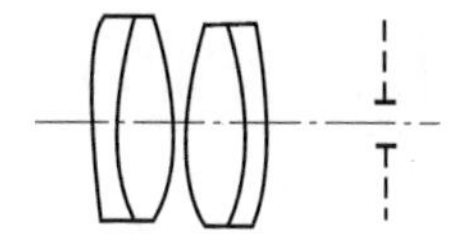

图 9－19　对称目镜

对称目镜的像质优于凯涅尔目镜。由于结构对称，加工方便，相对出瞳距离大，故其在军用观察和瞄准仪器中应用很广。

（五）无畸变目镜

无畸变目镜的结构如图 9－20 所示，其光学特性为

$$2\omega' = 40°$$

$$\frac{l'_z}{f'_{目}} \approx \frac{3}{4}$$

无畸变目镜并非完全校正了畸变，只是畸变略小些，适用于测量仪器中。

（六）艾尔弗目镜

艾尔弗目镜结构如图 9－21 所示，其光学特性为

$$2\omega' = 65° \sim 72°$$

$$\frac{l'_z}{f'_{目}} \approx \frac{3}{4}$$

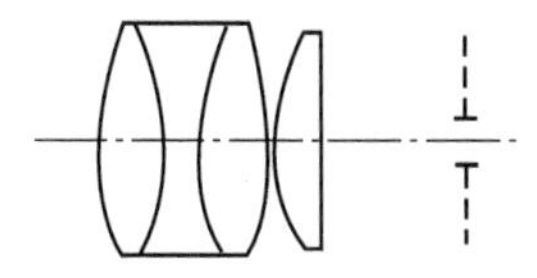

图 9－20　无畸变目镜

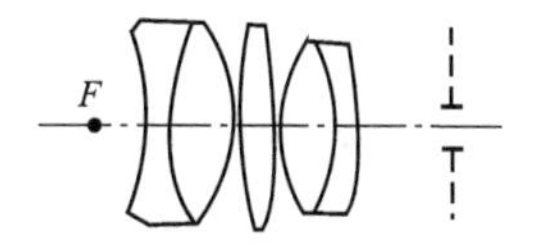

图 9－21　艾尔弗目镜

它适合于大视场和大出瞳距离的情形，是应用很广的一种广角目镜。

（七）特广角目镜

特广角目镜结构如图9－22所示，其光学特性为

$$2\omega' = 80°$$

$$\frac{l'_z}{f'_目} \approx \frac{4}{5}$$

当视场减为60°时，

$$\frac{l'_z}{f'_目} \approx 1$$

这是一种性能较好的目镜，结构也比较紧凑。

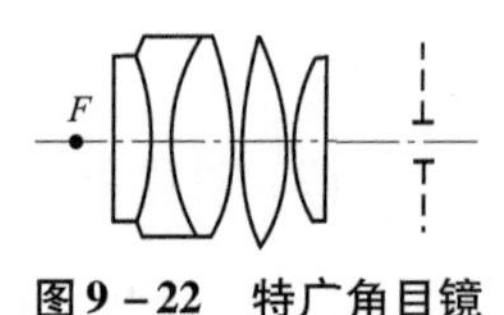

图9－22　特广角目镜

（八）长出瞳距离目镜

长出瞳距目镜结构如图9－23所示，相对出瞳距离可达到$\frac{l'_z}{f'_目}\approx 1.37$，但视场不大，仅为40°。

目镜的形式很多，在满足光学性能（视场和出瞳距离）的条件下，设计选用时，一方面要注意它的成像质量，同时也要充分考虑到结构简单和工艺性好。

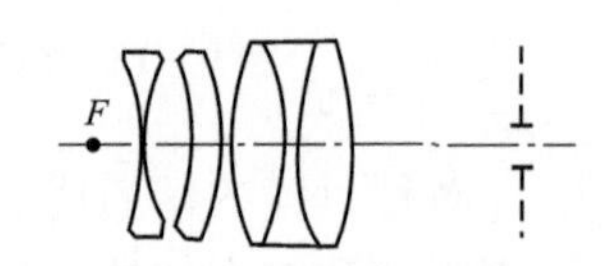

图9－23　长出瞳距目镜

在进行望远镜系统外形尺寸计算时，往往首先根据对目镜的视场角$2\omega'$和出瞳距离l'_z的要求选定目镜的形式。l'_z要求大的，应选相对出瞳距离$\frac{l'_z}{f'_目}$大的目镜，否则目镜的焦距过大会增加仪器的体积和重量。选定了目镜的形式以后，由相对出瞳距离$\frac{l'_z}{f'_目}$和仪器要求的出瞳距离l'_z即可初步确定目镜的焦距$f'_目$。

§9－4　望远镜的外形尺寸计算

前面分别介绍了望远镜的各个部件（物镜和目镜）的性能和类型，这里就讨论本章所要解决的主要问题——望远镜外形尺寸计算的问题。

在着手进行具体计算以前，首先要明确对仪器的要求。任何一个光学仪器，根据它的用途和使用条件，必须对它的光学系统提出一定的要求。这些要求概括起来有以下几个方面：

（1）系统的光学性能和技术条件，这在§9－1节中已作过详细讨论；

（2）系统的外形、体积和重量；

（3）系统的稳定性、牢固性和便于调整；

（4）对系统成像质量的要求。

光学系统外形尺寸计算的主要内容包括：

（1）根据上述光学特性和外形、体积等要求，拟定光学系统的结构原理图。例如，系统中采用几个透镜组？它们之间的成像关系如何？用什么形式的棱镜系统？各个光学零件位置

大体如何安排？

（2）确定每个透镜组的光学特性，如焦距、相对孔径和视场角等；同时确定各个透镜组的相互间隔。

（3）选择系统的成像光束位置，并计算每个透镜的通光口径。

（4）根据成像质量和光学特性的要求，选定系统中每个透镜组的型式。

在初步设计中不考虑系统的像差，完全根据理想光学系统公式进行计算。同时，由于初步设计的各个透镜组的具体结构尚未确定，因而每个透镜组物方主平面和像方主平面之间的距离无从得知。所以在计算中一律假定物方主平面和像方主平面重合，如图 9－24（a）所示。

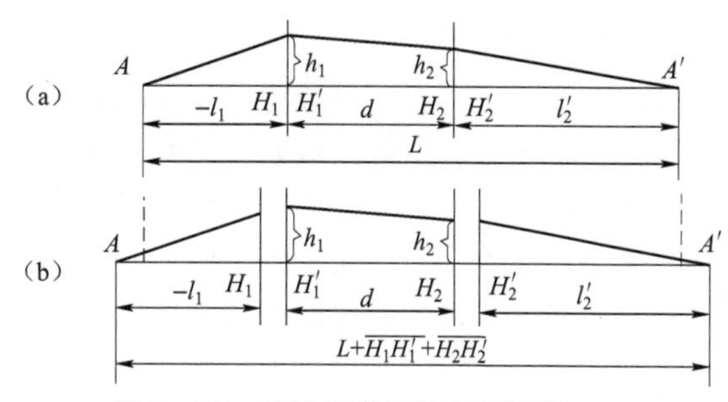

图 9－24　理想光学系统主面计算

当确定了实际透镜组的结构以后，把它们组合成整个系统时，可以使各个透镜组的主平面之间的距离保持不变，如图 9－24（b）所示，则系统的光学特性和成像特性也就能够保持不变。但实际系统的长度将等于原来的长度 L 加上各个透镜组的主平面间隔 H_1H_1' 和 H_2H_2'。

随着仪器的用途和使用条件不同，对仪器提出的要求也就改变。例如，有的仪器要求尽可能长（如潜望镜），有的仪器则要求尽可能短。因此，在进行外形尺寸计算时，必须根据仪器的要求进行具体分析，计算的步骤也必须根据具体的情况而定。下面结合实例进行说明。

这里给出的是一个昼夜合一的车载观察镜的光学系统外形尺寸计算的实例。

一、光学系统的技术要求

昼夜合一车载观察镜要求在白天和夜晚均能对目标进行观察，因此分别提出了可见光与夜视系统的光学性能和技术要求。

1. 可见光系统的光学性能要求

（1）视放大率　　$\Gamma=5^{\times}$

（2）视场角　　$2\omega=12°$

（3）出瞳直径　　$D'=5$ mm

（4）出瞳距离　　$l_z'=22$ mm

（5）鉴别率　　$\alpha\leqslant10''$

（6）目距调节范围　　60～68 mm

（7）潜望高　　200 mm

由于该光学仪器使用时受到外部条件的限制，因此，还要在总体上满足：

（8）头部入射口大小　　122 mm×60 mm

（9）光学系统的总高度　　360 mm

（10）光学系统的总厚度　　180 mm

2. 夜视系统的光学性能要求

（1）视放大率　　$\Gamma=6^{\times}$

（2）视场角　　$2\omega=8°$

（3）出瞳直径　　　　　　$D'=6$ mm

（4）出瞳距离　　　　　　$l_z'=22$ mm

（5）鉴别率　　　　　　　25 对线/mm

目距调节范围要求均与可见光系统相同。

仪器使用中的水平方向转动由车体本身的转动来完成，而俯仰的转动则由仪器整体的俯仰来完成。

上述这些要求一般由使用单位提出，但是设计者在着手进行设计之前，必须对仪器的用途和工作条件有所了解。根据用途和使用条件必须对系统的要求进行初步分析，了解提出这些要求的根据，并且知道哪些要求是最重要的，对仪器的工作性能有决定性的影响；哪些是比较次要的，万一不能完全满足要求时，如何进行取舍或修改。

这里所要求设计的仪器是用于车辆上的观察镜，仪器要求全天候使用，因此要含有可见光系统和夜视系统。为满足夜间使用和承受车辆的颠簸，要求具有较大的出瞳直径 D'、出瞳距离 l_z'以及较大的视场 2ω。同时还应具有水平和垂直方向的转动，以便进行方位和俯仰观察，由于这些运动由车体本身和仪器整体完成，因此光学系统无须考虑设置转动零件。

二、拟定系统的原理方案

如前所述，光学系统初步设计的第一步工作就是拟定系统的结构原理图。下面，结合仪器的光学性能和技术要求来讨论系统的结构。

（1）由于系统用于对远距离目标进行观察，具有较大的视放大率，因此它必然是一个开卜勒望远镜，要使用正光焦度的物镜和目镜。

（2）为了便于观察，系统应成正像，所以必须加入倒像系统。

（3）要实现仪器的白天和夜间的观察，可以有两种方案。第一种方案是分别设计白天和夜间观察的两个分系统，其优点是仪器设计简单；缺点是增加了仪器，使用中的调换麻烦。第二种方案是设计成昼夜合一的观察镜，这种方案的优点是使用方便，但相应地增加了仪器设计的复杂性。

（4）要完成仪器的夜间观察任务，必须采用夜视器件。因此，对第二种即昼夜合一的方案，也有两种不同的实现形式。其一是采用左右两个完全相同的光路，使用两个夜视器件以组成一个双目观察镜。这样的结构设计比较简单，但由于夜视器件在性能上不可能完全一致，因而会带来观察上的误差。其二是为了克服变像管性能不可能完全一致的缺点，改用一个夜视变像管，再利用分光的结构来达到双目观察。这种方法也给设计带来了一定的复杂性。

（5）要做到昼夜合一，在结构上，可见光光学系统与夜视光学系统有相同的光路部分，也有不同的光路部分，最后还需有一个转换部件来完成两者的统一。

在上述分析的基础上，从尽可能满足使用要求的角度出发，我们采用昼夜合一单管双目的光学系统结构较为合理。这样，一台仪器昼夜共用，无须调换，夜视系统共用一个变像管，有利于观察。

（6）光学系统的结构原理图。

① 该仪器在白天和夜间观察时，应具有相同的入射窗和同一组目镜。因此，可在仪器的入射口放置一个 122 mm×60 mm 的头部棱镜，作为共同的入射窗口，在入射窗的后面，放置两个可见光物镜和一个夜视物镜。仪器的最后是昼夜共用的双眼目镜。

② 要满足正像的要求，在系统中还要加入转像系统组，根据总高度、总厚度的结构尺寸要求，采用透镜转像为好。

③ 双目观察采用一个荧光屏像，所以在夜视系统中须引入分像棱镜。

④ 对于昼夜观察的转换功能，可以采用最简单的平面反射镜的旋转来实现。

⑤ 为了达到 60 ~ 68 mm 的目距调节范围的要求，可采用斜方棱镜的摆动来实现。因为当斜方棱镜绕入射光轴摆动时，对系统前面所成的像不会产生影响，但会使后面部分的光轴平移一定的距离。

⑥ 在可见光系统中，为了不致造成后续棱镜和转像棱镜的口径过大，可在物镜的像方焦平面上放置一聚光分划镜。

⑦ 夜视器件的选择需考虑到鉴别率的要求及我国的生产条件，这里采用的是国产二级串联红外变像管，在它的荧光屏上成的是一正像。在夜视系统中还要加入一个下反射棱镜，使得夜视光路与可见光光路合拢。

这样，拟定出的光学系统结构原理图如图 9 – 25 所示。

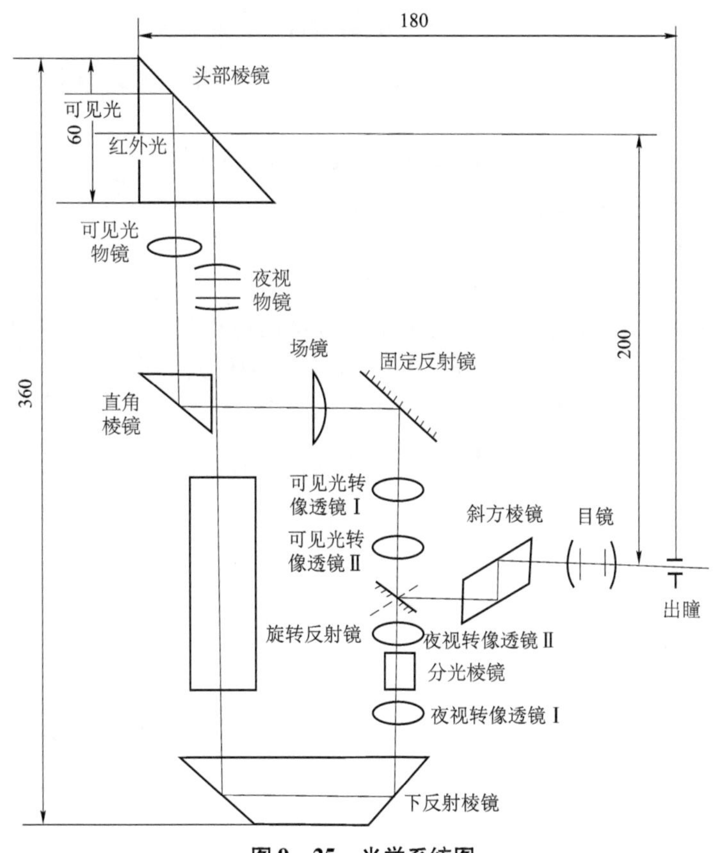

图 9 – 25　光学系统图

三、光学系统的外形尺寸计算

我们设计的昼夜合一车载观察镜，实际上是由可见光系统和夜视系统组成的。在外形尺寸计算时，首先要解决的是可见光和夜视系统共同部分的计算问题，然后再分别对可见光和夜视两个分系统进行计算。

（一）共同部件的计算

（1）头部棱镜的尺寸确定。入射口的尺寸即为头部棱镜入射面的尺寸，如图 9－26 所示。

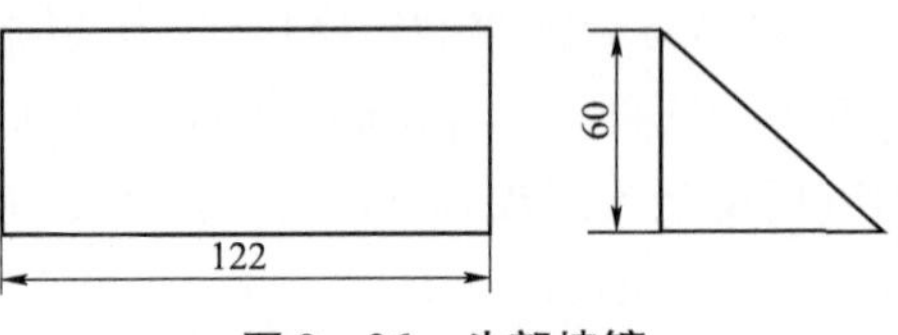

图 9－26　头部棱镜

（2）目镜的形式和焦距。

① 可见光系统对目镜的要求。先求目镜的视场角，将视放大率 $\Gamma=5^{\times}$，视场角 $\omega'_{物}=6°$ 代入公式 $\tan\omega'_{目}=\Gamma\cdot\tan\omega'_{物}$，可求出 $\omega'_{目}=27°43'$，$2\omega'_{目}=55°26'$。

然后求目镜的焦距，因为物镜前方有尺寸较大的棱镜，但它离物镜很近，因此可将孔径光阑放置在物镜框处，即入射光瞳与物镜重合，则有

$$(l'_z-l_f')=f'_{目}/\Gamma$$

由 $2\omega'_{目}=55°26'$ 和 $l'_z=22$ mm 可知，须采用一个长出瞳距离、大视场的目镜。选用艾尔弗目镜较为合适，艾尔弗目镜的焦截距 $l'_f=0.7f'_{目}$，代入上式后得

$$f'_{目}\approx 24\ \text{mm}$$

② 夜视系统对目镜的要求。同样将视放大率 $\Gamma=6^{\times}$，视场角 $\omega'_{物}=4°$ 代入公式 $\tan\omega'_{目}=\Gamma\cdot\tan\omega'_{物}$，可求出

$$\omega'_{目夜}=22°45',\ 2\omega'_{目夜}=45°30'$$

夜视系统目镜的焦距主要取决于夜视鉴别率，根据公式

$$\theta_{\min}=\frac{\beta}{m_k f'_{目}}\times 3\,440'$$

式中，$\theta_{\min}$ 为红外系统人眼观察荧光屏时屏上可分辨的最小尺寸对人眼的张角，一般为 9′；m_k 为阴极面的分辨率，为 25 对线/mm；β 为变像管垂轴放大率，为 1.5。

将有关数据代入公式，可求得

$$f'_{目}=\frac{1.5}{25}\times\frac{3\,440}{9}=22.94(\text{mm})$$

③ 目镜的形式和焦距的确定。综合上面的计算比较，可以知道可见光的计算结果能够满足夜视系统对目镜的要求。因此，选用艾尔弗目镜，可查出并选定一组参数为

$$2\omega'_{目}=55°26',\ f'_{目}=23.4\ \text{mm}$$

（二）可见光系统的外形尺寸计算

为了计算方便，将棱镜展开，去掉反射镜的折转作用，把整个系统看成一个共轴光学系统，如图 9－27 所示。

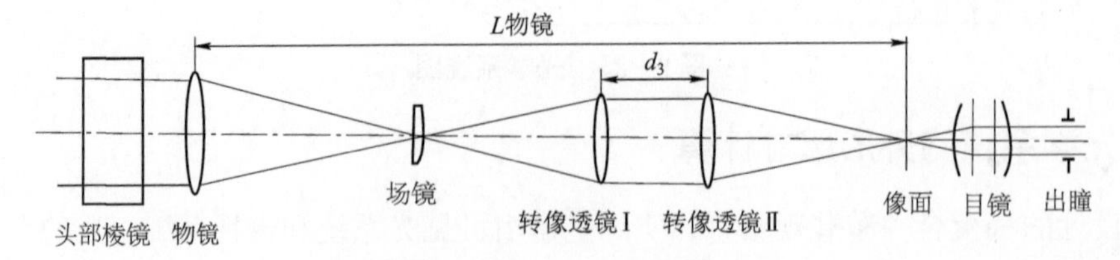

图 9－27　可见光系统

为了满足技术要求同时又便于校正像差，在放大倍率的分配中，转像透镜组放大率不按 $1^{\times}$ 分配，而是稍大于 $1^{\times}$。但也不能太大，太大会给转像系统的像差校正带来困难。

（1）第二转像透镜的计算。由图 9－27 可知

$$\frac{f'_{\text{Ⅱ转}}}{f'_{\text{目}}} = \frac{\tan \omega'_{\text{目}}}{\tan \omega'_{\text{Ⅱ转}}}$$

式中，$\omega'_{\text{目}} = 27°43'$，$f'_{\text{目}} = 23.4$，如果第二转像透镜采用双胶合透镜，则其视场不超过 15°，那么 $\omega'_{\text{Ⅱ转}} = 7°30'$，代入上式后得出 $f'_{\text{Ⅱ转}} \approx 93.4$，考虑到尽量减小总体尺寸，最后取定

$$f'_{\text{Ⅱ转}} = 92 \text{ mm}$$

轴向口径为 $D_{\text{Ⅱ转}} = d \cdot f'_{\text{Ⅱ转}}/f'_{\text{目}}$，其中 d 为出射光瞳的直径，代入已知数据

$$D_{\text{Ⅱ转}} = 5 \times 92/23.4 = 19.6(\text{mm})$$

确定 $f'_{\text{Ⅱ转}}$ 后利用公式 $\tan \omega'_{\text{Ⅱ转}} = (f'_{\text{目}}/f'_{\text{Ⅱ转}}) \tan \omega'_{\text{目}}$，可以求出第二转像透镜的视场为

$$\omega'_{\text{Ⅱ转}} = 7°37',\ 2\omega'_{\text{Ⅱ转}} = 15°14'$$

对于第二转像透镜来说，其相对孔径为 $D/f'_{\text{Ⅱ转}} = 19.6/92 = 1/4.69$。可见，第二转像透镜可以采用双胶合透镜。

（2）物镜计算。按轴向光束考虑，物镜的口径为

$$D_{\text{物}} = \Gamma \cdot d = 5 \times 5 = 25(\text{mm})$$

由图 9－27 可知，物镜的焦距为

$$f'_{\text{物}} = \frac{D_{\text{物}}}{D_{\text{Ⅱ转}}} \times f'_{\text{Ⅰ转}}$$

前面已经设定了转像系统放大率不等于 1，所以 $f'_{\text{Ⅰ转}}$ 也是一个未知数。由图 9－25 可知，总光路长度为 $L_{\text{总}} = 200 + 180 + 2D_{\text{斜}}$。为了要达到总厚度 180 的要求，把目镜的物方焦平面设置在斜方棱镜中，若设目镜焦平面上的像高为 $h_{\text{像}}$，并假定渐晕系数 $K = 25\%$，这样斜方棱镜的口径大约为 $2\left(h_{\text{像}} + \dfrac{d}{4}\right) = 2 \times (12.3 + 1.25) = 27.1(\text{mm})$，可取 $D_{\text{斜}} = 28$ mm。故有

$$L_{\text{总}} = 200 + 180 + 2 \times 28 = 436(\text{mm})$$

由图 9－25、图 9－27 可知，$L_{\text{物像}} = 436 - (60 + 10 + 23.4 + 20 + 22 + \Delta_{\text{位移}})$，其中 60 为头部棱镜口径，10 为满足装配要求物镜至头部棱镜的最小距离，20 为已选定目镜两主平面之间的距离，22 为出瞳距离，$\Delta_{\text{位移}}$ 为直角棱镜和斜方棱镜引起的位移，经计算为 25.95。这样，

$$L_{\text{物像}} = 436 - (60 + 10 + 23.4 + 20 + 22 + 25.95) = 274.65(\text{mm})$$

另外，从图 9－27 可知

$$L_{\text{物像}} = f'_{\text{物}} + f'_{\text{Ⅰ转}} + d_3 + f'_{\text{Ⅱ转}} = 274.65(\text{mm})$$

其中，$f'_{\text{Ⅰ转}} = \dfrac{D_{\text{Ⅱ转}}}{D_{\text{物}}} f'_{\text{物}} = \dfrac{19.6}{25} f'_{\text{物}} = 0.78 f'_{\text{物}}$，$f'_{\text{Ⅱ转}} = 92$ mm。由此，可求出

$$L_{\text{物像}} = 1.78 f'_{\text{物}} + d_3 + 92 = 274.65$$

即

$$1.78 f'_{\text{物}} = 182.65 - d_3$$

可见，$f'_{\text{物}}$ 与 d_3 有一定的关系，而 d_3 的大小对转像透镜的像差校正也有关系。如果 d_3

值大，则转像透镜像差校正会容易一些，但 d_3 受结构长度的限制。经过比较计算，d_3 在 28～31 比较合适，取定 $d_3=30$ mm，则

$$f'_{物}=\frac{152.65}{1.78}\approx 85.76(\text{mm})$$

至此，暂时得出物镜的参数为

$$D_{物}=25\ \text{mm}$$
$$f'_{物}=85.76\ \text{mm}$$
$$\frac{D_{物}}{f'_{物}}=\frac{1}{3.43}$$

（3）第一转像透镜计算。

$$f'_{\text{I}转}=0.78f'_{物}=0.78\times 85.76=66.89(\text{mm})$$
$$D_{\text{I}转}=D_{\text{II}转}=19.6\ \text{mm}$$
$$2\omega'_{\text{I}转}=2\omega'_{\text{II}转}=15°14'$$
$$\frac{D_{\text{I}转}}{f'_{\text{I}转}}=\frac{19.6}{66.89}=\frac{1}{3.41}$$

（4）系统放大率计算。转像透镜组的视放大率为

$$\Gamma_{转}=\frac{f'_{\text{II}转}}{f'_{\text{I}转}}=\frac{92}{66.89}=1.375^{\times}$$

物镜、目镜的视放大率为

$$\Gamma_{物,目}=\frac{f'_{物}}{f'_{目}}=\frac{85.76}{23.4}=3.665^{\times}$$

总的视放大率为

$$\Gamma_{总}=\Gamma_{转}\times\Gamma_{物,目}=3.665\times 1.375=5.039^{\times}$$

（5）各透镜及棱镜的口径计算。

① 物镜口径的确认。因为孔径光阑选在物镜框上，物镜不会因斜光束的需求而加大，所以物镜口径由轴向光束决定，即

$$D_{物}=25\ \text{mm}$$

② 场镜的口径与焦距。场镜的口径取决于物镜的像高 $y'_{物}$：

$$y'_{物}=-f'_{物}\tan w_{物}=85.76\tan 6°=9.01(\text{mm})$$
$$D_{物}=2y'_{物}=18.02(\text{mm})$$

场镜的焦距可以这样考虑：场镜的作用是尽量降低后续光学系统上光束的投射高。它应把物镜中心成像于转像透镜Ⅱ后边一些的位置上，取 $l'_{物}=140$ mm，应用高斯公式 $\frac{1}{l'_{物}}-\frac{1}{l_{物}}=\frac{1}{f'_{物}}$，则

$$f'_{物}=\frac{l_{物}\,l'_{物}}{l_{物}-l'_{物}}=\frac{-(85.76)\times 140}{-85.76-140}=53.18(\text{mm})$$

由于系统存在光阑球差，故物镜焦距还可以在实际光路计算时予以调整。

③ 第Ⅰ,Ⅱ转像透镜口径的确认。若取渐晕系数 $K=25\%$，按保证最大视场斜光束 25%

通过转像透镜Ⅰ和Ⅱ可以验算转像透镜Ⅰ和Ⅱ的口径，经几何计算均小于按轴向光束确定的转像透镜的口径，故 $D_{Ⅰ转}=D_{Ⅱ转}=19.6$ mm。

④ 直角棱镜。直角棱镜位于物镜和场镜之间，如图 9－28 所示。从结构上考虑，确定场镜与直角棱镜出射面距离为 10 mm。渐晕系数 $K=25\%$ 时，物镜上斜光束投射高为 $\frac{12.5}{4}=3.125$，像高为 9.01，由图 9－28 可知，直角棱镜第二面投射高大，它决定了直角棱镜的尺寸。

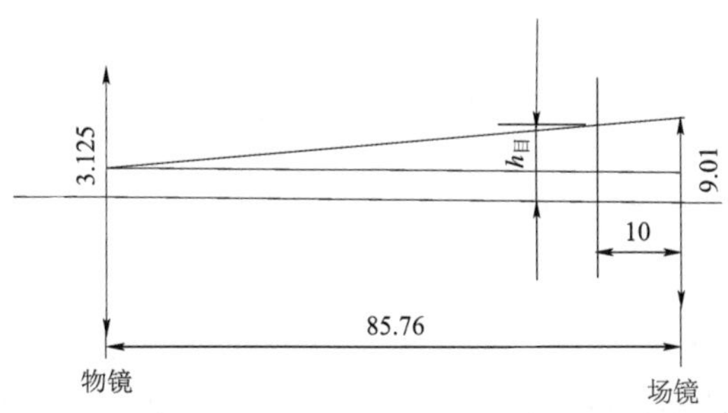

图 9－28　直角棱镜位置计算

$$f_{直}=\left(\frac{9.01-3.125}{85.76}\right)\times(85.76-10)+3.125=8.32(\text{mm})$$

且 $2h_{直}=16.64$ mm 稍取大些，直角棱镜口径取为 $D_{直}=20$ mm。

⑤ 固定反射镜计算。对于固定反射镜，由结构原理图可知，要在头部棱镜 122 mm×60 mm 的尺寸范围放置下两个可见光场镜和一个夜视物镜，因此，可以粗略估计两可见光场镜的中心（光轴）之间的距离为 92 mm 左右，两个目镜之间的距离要求为 60～68 mm。这样，对直角棱镜的要求不仅是起折转 90°的作用，还要把两光轴的间距从入射时的 92 mm 变成出射时的64 mm。直角棱镜的反射面需要绕入射光轴旋转角度 α，由图 9－29 可见

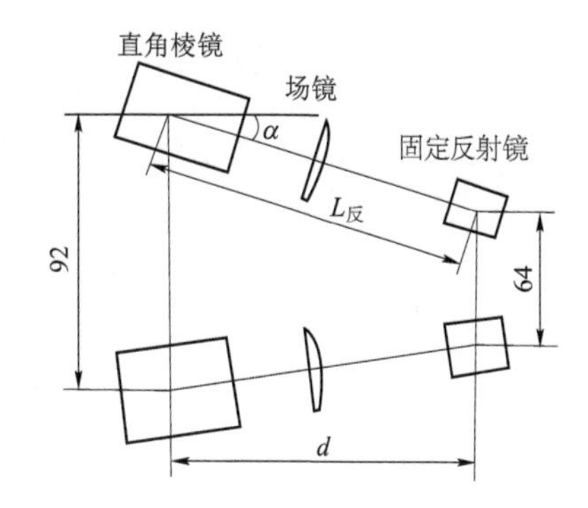

图 9－29　直角棱镜空间位置

$$\tan\alpha=\frac{92/2-64/2}{d}$$

d 的大小主要取决于变像管的外形尺寸及装配要求，我们取 $d=59$ mm，这样，

$$\tan\alpha=0.2373,\ \alpha=13.3487°$$

$$L_{反}=d/\cos\alpha=59/0.973=60.6(\text{mm})$$

固定反射镜中心到场镜的距离为

$$60.0-10-\frac{D_{直}}{2}=40.6(\text{mm})$$

把固定反射镜展开，可以得到共轴的场镜、固定反射镜和第一转像透镜的位置关系，如图 9－30所示。从图 9－30 可知，固定反射镜与第一转像透镜比较接近，因此可以取固定反射镜的宽与第一转像透镜尺寸相同，即为 19.6 mm，另一边为

$$\frac{19.6}{\cos 45°}=27.7(\text{mm})$$

考虑到安装，取固定反射镜的口径为 22 mm×30 mm。

⑥ 旋转反光镜的尺寸计算。旋转反光镜的作用是利用它的旋转对可见光和夜视系统进行转换。对夜视系统而言，视场较小，因此可以按可见光系统的要求进行计算。

渐晕系数为 25%，并粗略认为入瞳中间像在转像透镜Ⅱ上，由图 9-31 可见

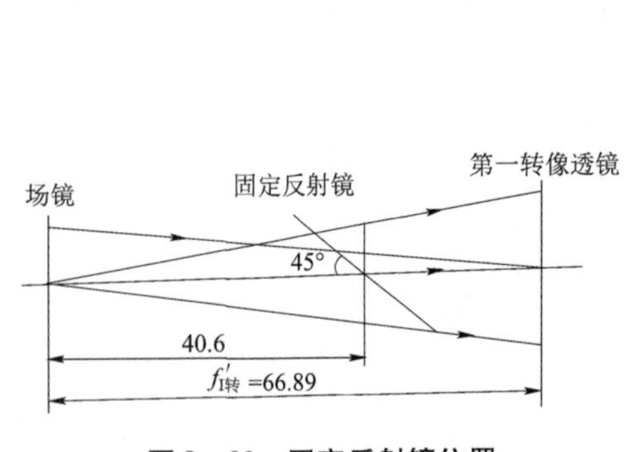

图 9-30　固定反射镜位置

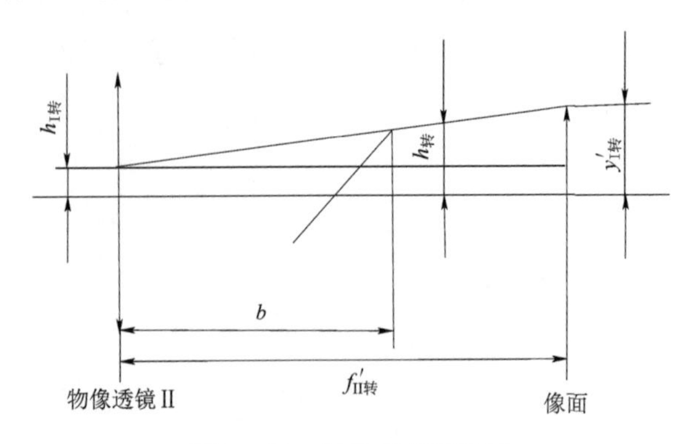

图 9-31　旋转反光镜计算

$h_{转}=\dfrac{9.8}{4}=2.45$ mm，取 $b=40$ mm。

$$h_{旋}=2.45+\frac{12.29-2.45}{92}\times 40=6.73(\mathrm{mm})$$

宽度方向上：$D_{旋}=2\times\dfrac{6.73}{\cos 45°}=19.03$（mm），实际取 22 mm。

长度方向上，考虑到双目瞳距为 64 mm，应为 $64+2\times 6.73=77.46$ mm，考虑到装配要求取成 80 mm。

⑦ 目镜口径计算。如图 9-32 所示，出瞳距离 $l'_z=22$ mm，$f'=23.4$ mm 的艾尔弗目镜后主面到最后一面顶点间距约为 8 mm，所以主面上的投射高 $h_{目}=(22+8)\tan 27°43'+2.5/4=15.76+0.625=16.4$ mm。

目镜口径取为 $D_{目}=2\times 16.4=32.8$ mm。

⑧ 斜方棱镜口径计算。如图 9-33 所示，斜方棱镜位于第Ⅱ转像透镜与目镜之间。

前面已述，为减小斜方棱镜尺寸，将像成在棱镜内部，设像离出射面7 mm，$h_{像}=f'_{目}\tan w'_{目}=12.29$ mm。

取斜方棱镜材料为 K9，$n=1.5163$，由渐晕 25% 的斜光束决定的斜方棱镜口径可从几何关系求出：

$$\frac{16.4-12.29}{23.4}\cdot\frac{7}{1.5163}+12.29=\frac{D_{斜}}{2}$$

$$\frac{D_{斜}}{2}=13.1(\mathrm{mm})$$

$$D_{斜}=26.2(\mathrm{mm})$$

这与前面的粗略计算大体一致。

实际取 $D_{斜}=28$ mm。

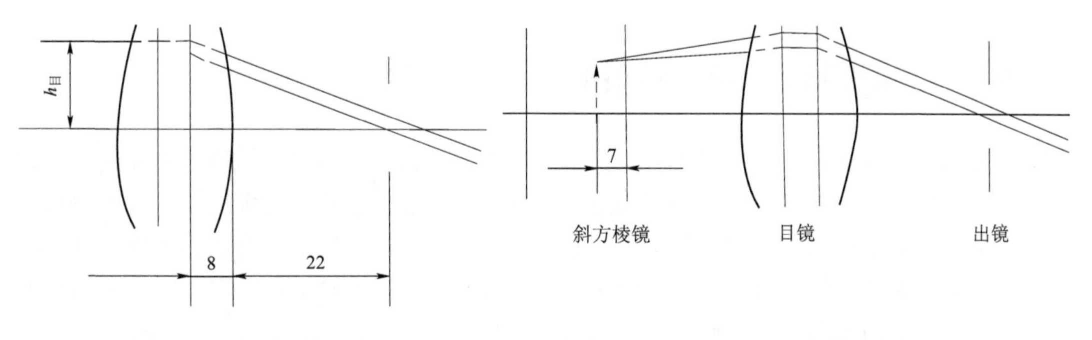

图 9－32　目镜口径计算　　　　图 9－33　斜方棱镜计算

经过以上的初步计算，得到了可见光系统各零件的口径、焦距等外形尺寸。根据相对孔径和视场要求确定各透镜的结构型式后就可以进行光学设计的第二步即像差设计了。外形尺寸计算的结果也应同时提供给结构设计者进行初步结构设计。由于上述计算中都是按理想光学系统考虑的，例如目镜上的光线投射高是主平面上的投射高，出瞳位置是理想出瞳位置，因此，在按实际系统描光路时这些尺寸还会有一些变化，各元件实际要求的通光口径等尺寸只能在像差设计完成后，根据实际光路最后确定。

以上是昼夜合一车载观察镜光学系统外形尺寸计算中的总体部分和可见光部分。至于夜视系统部分的计算与可见光部分的计算大致相同，限于篇幅这里不再赘述。系统的总图如图 9－34 所示。

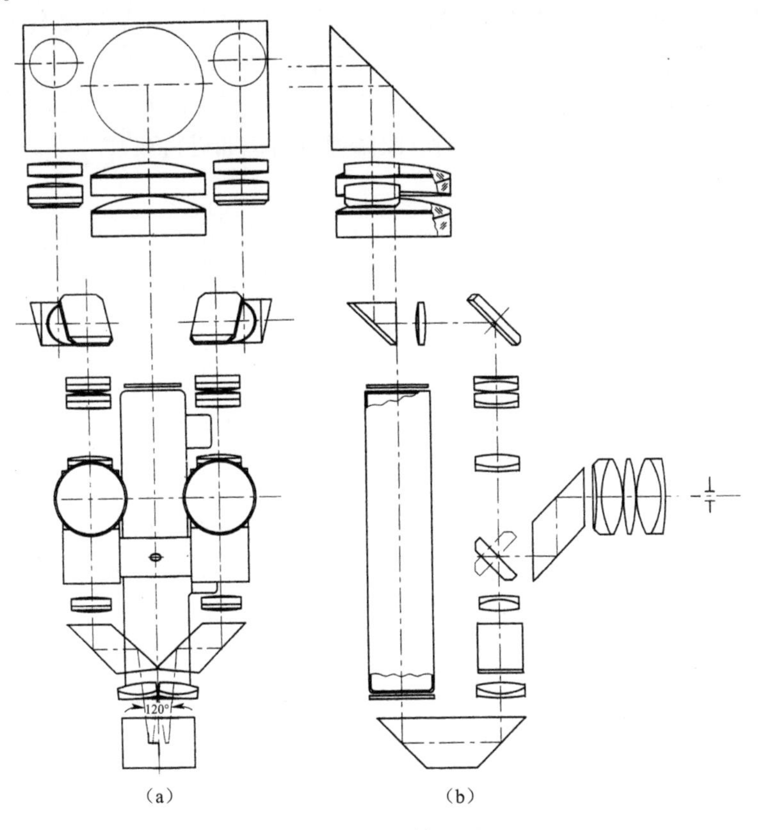

图 9－34　系统总图

§9－5　可变放大率的望远镜

望远镜的放大率和视场是相互矛盾的，增加放大率就得减小视场。当使用望远镜来搜索目标时，希望有尽可能大的视场，对视场的要求是主要矛盾；在找到目标以后，为了把目标看得更清楚，就要求尽可能大的放大率，这时，对放大率的要求则上升为主要矛盾。可变放大率的望远镜就是为了解决这一矛盾而产生的。当搜索目标时使用低放大率，以便得到较大的视场，在仔细地研究目标时，则使用高放大率小视场。

可变放大率系统可以分为两类：一类是间断变倍系统，另一类是连续变倍系统。下面分别进行讨论。

一、间断变倍系统

所谓间断变倍系统，就是系统可以改变某几种放大率。望远镜中实现间断变倍的方法一般有以下几种：更换目镜、更换物镜、更换倒像透镜、附加伽利略望远镜以及转动伽利略望远镜。

（1）更换目镜。根据望远镜视放大率公式（3－9）

$$\Gamma = -\frac{f'_{物}}{f'_{目}}$$

当更换不同焦距的目镜时，望远镜的视放大率将发生改变。通常是把不同焦距的目镜装在一个转盘上，利用改变转盘的位置更换目镜。另外，也可以采用目镜不动，用转动或者移动棱镜的方法来更换目镜。如图9－35中所示，当棱镜处在位置Ⅰ时，眼睛通过目镜Ⅰ进行观察；当棱镜转动180°以后处在位置Ⅱ时，眼睛通过目镜Ⅱ进行观察。

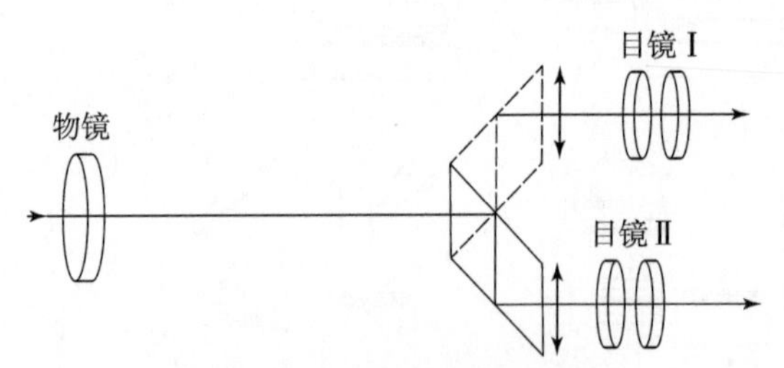

图9－35　更换目镜示意图

当更换不同目镜进行变倍时，系统出瞳的位置和直径都将发生改变。

（2）更换物镜。更换不同焦距的物镜，同样可以达到改变系统视放大率的目的。图9－36中所示，就是一种更换物镜的方法。仪器的头部由两组物镜和两个反射棱镜构成。在位置Ⅰ时，物镜A和棱镜A进入工作。如果把头部转动180°，变成位置Ⅱ时，物镜B和棱镜B进入工作，但物镜B是一个由会聚双胶透镜B_1和发散透镜B_2组成的摄远物镜，它的焦距比物镜A显著增加，因而使整个系统的放大率发生改变。

显然，这两组物镜的焦平面位置应该保持不变。

（3）更换倒像透镜。在具有透镜式倒像系统的望远镜中，系统总的放大率为

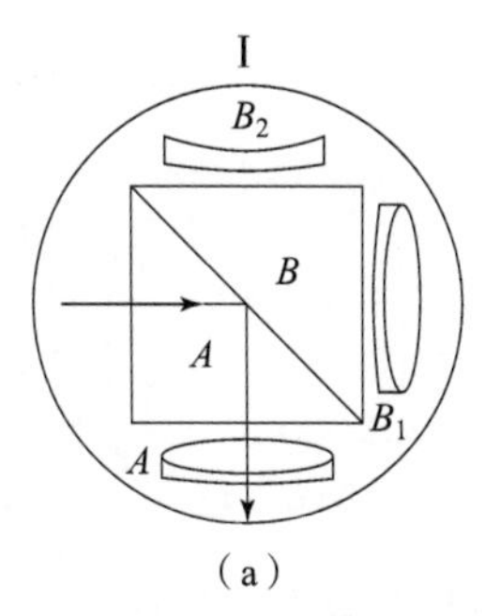

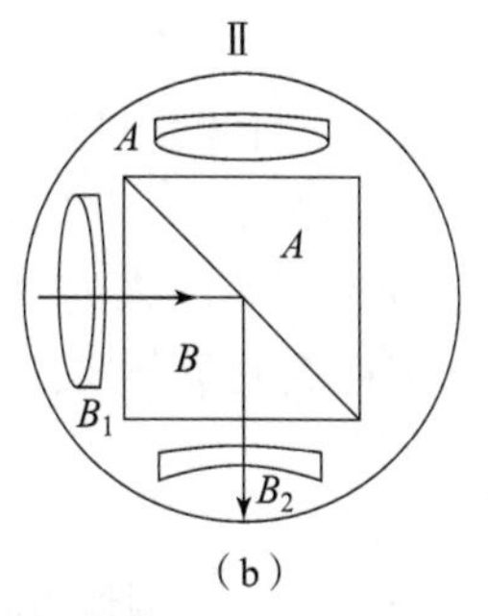

图 9－36　更换物镜示意图

$$\Gamma = \frac{f'_{物}}{f'_{目}} \cdot \frac{f'_2}{f'_1}$$

由上式可知，利用更换倒像系统中任意一组透镜的焦距（f'_1或f'_2）都能改变系统的放大率。图 9－37 中所示就是一种利用更换透镜变倍的倒像系统。倒像系统的第二个透镜有两种不同的焦距。当透镜组 φ_{2a}进入工作状态时，φ_{2b}不工作；反之，当 φ_{2b}进入工作状态时，φ_{2a}不工作，这两个透镜组的运动是由机械结构联系着的。由于 φ_{2a}和 φ_{2b}焦距不同，因此系统的放大率就发生改变。

（4）附加伽利略望远镜。假定一个望远镜原来的放大率为 Γ_2，如果在它的前面再加上一个放大率为 Γ_1 的伽利略望远镜，如图 9－38 所示。无限远的物体通过伽利略望远镜以后，成像于无限远，对于第二个系统来说，它的物仍在无限远。因此，伽利略望远镜的加入并不会影响原来系统的成像特性。下面求系统总的视放大率 Γ，根据望远镜视放大率公式（3－8）：

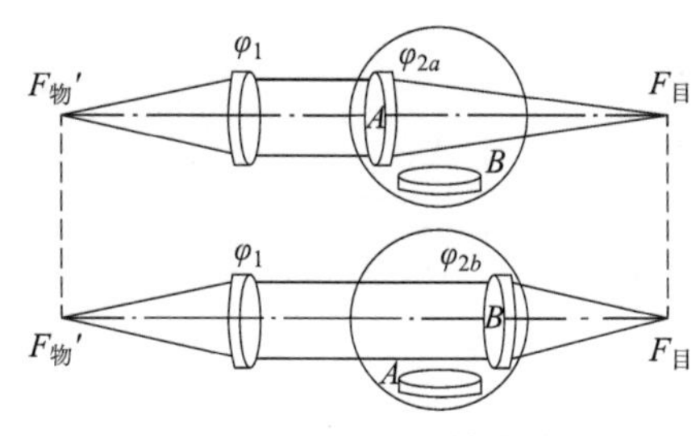

图 9－37　更换透镜变倍

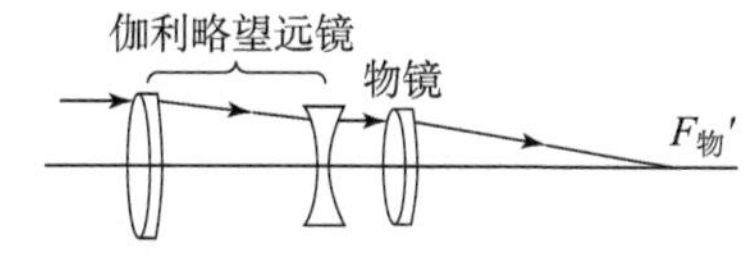

图 9－38　附加伽利略望远镜

$$\Gamma_1 = \frac{\tan\omega'_1}{\tan\omega_1};\ \Gamma_2 = \frac{\tan\omega'_2}{\tan\omega_2}$$

由于第一个系统的出射光束就是第二个系统的入射光束，所以 $\omega'_1 = \omega_2$。将以上二式相乘得到：

$$\Gamma_1 \times \Gamma_2 = \frac{\tan\omega'_1}{\tan\omega_1} \cdot \frac{\tan\omega'_2}{\tan\omega_2} = \frac{\tan\omega'_2}{\tan\omega_1}$$

根据视放大率的定义，$\tan\omega'_2$和 $\tan\omega_1$ 之比应该等于系统总的视放大率 Γ，由此得到

$$\Gamma = \Gamma_1 \times \Gamma_2 \tag{9-7}$$

上式表明，在望远镜前面加入一个视放大率为 Γ_1 的伽利略望远镜，就可以使系统的视放大率增加 Γ_1 倍。

在具有倒像系统的望远镜中，伽利略望远镜也可以加在两倒像透镜之间的平行光束内。

（5）转动伽利略望远镜。如果把图9－38的伽利略望远镜转动180°，如图9－39所示。则原来的目镜就变成了物镜，而原来的物镜就成了目镜。根据望远镜视放大率公式：

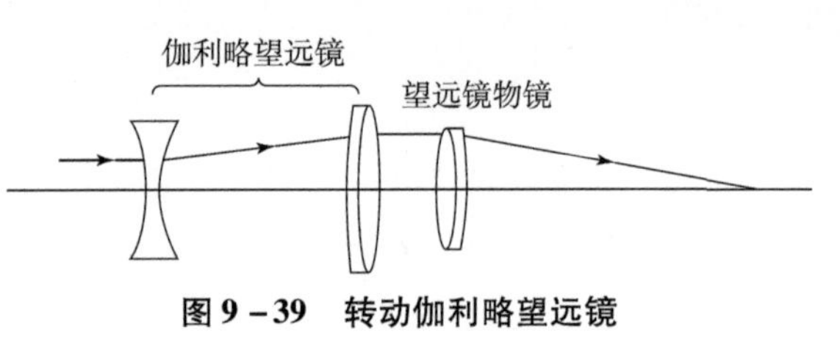

图9－39　转动伽利略望远镜

$$\Gamma=-\frac{f'_{物}}{f'_{目}}$$

既然物镜和目镜互相对调，则倒像以后的视放大率应为原来视放大率的倒数。因此，伽利略望远镜倒转后，系统总的视放大率 $\Gamma_{倒}$ 应为：

$$\Gamma_{倒}=\frac{\Gamma_2}{\Gamma_1}$$

因此有

$$\Gamma_{未倒}=\Gamma_1\times\Gamma_2=\Gamma_{倒}\times\Gamma_1^2$$

由此可知，当伽利略望远镜倒转时，系统总的视放大率改变了 Γ_1^2 倍。

例如 $\Gamma_2=10^{\times}$ 的望远镜加上 $\Gamma_1=2^{\times}$ 的伽利略望远镜以后，系统总的视放大率为 $20^{\times}$；将伽利略望远镜倒转后，则系统总的视放大率变为 $5^{\times}$。

二、连续变倍系统

上面讨论的是间断变倍的望远镜，它们的共同缺点是：在改变倍率的过程中，观察必须中断。这对观察运动目标十分不利，因为在观察中断的瞬间，目标很可能跑出仪器视场。为了解决这一矛盾，要求采用连续变倍望远系统，即在变倍过程中能够不使观察中断。最常用的连续变倍的方法是移动倒像系统的两个透镜组。

当物距 l 改变时，视放大率将发生改变，同时像平面位置也要变化。为了保证在变倍过程中始终能看到目标，希望当两透镜移动时，像平面位置保持不变，即要求两透镜组的移动应该符合一定的规律，如图9－40所示，要求：

$$-l_1+d+l_2'=L=常数\tag{9－8}$$

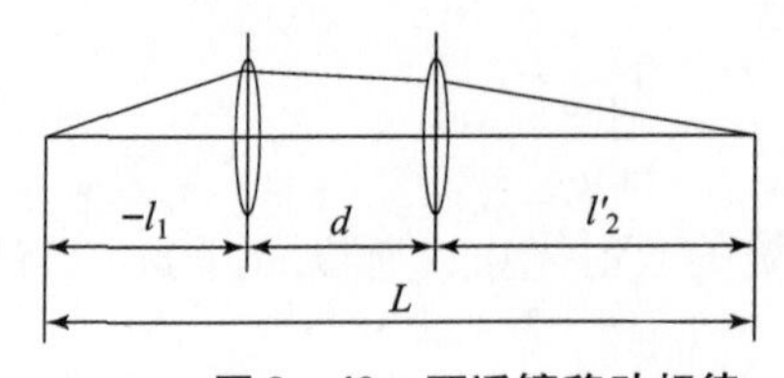

图9－40　两透镜移动规律

例如，当两透镜组的焦距 $f_1'=f_2'$，并且 $L=4f_1'$ 时，透镜组的移动规律如图9－41所示。

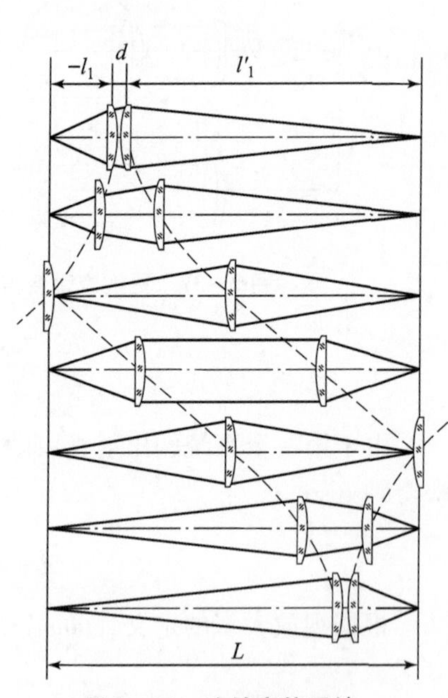

图9－41　连续变倍系统

为了保证结构实现的可能性，透镜的移动路线必须满足以下条件：

（1）透镜移动均匀，两曲线不相交。如果两曲线相交，透镜将发生碰撞；

（2）在变倍过程中，透镜只向一个方向移动，不向反方向移动，以避免透镜运动中产生死点。

§9－6　显微镜概述和显微镜的光学性能

一、概述

显微镜的发明和应用大大提高了人的视觉功能，为人们研究与认识微观世界提供了有力的工具。随着生产和科学技术的发展，显微镜与显微技术正在获得日益广泛的应用。经过近400年的发展演变，如今，适用于不同学科领域与研究对象的、各种原理与结构形式的显微镜，已构成了一个规格完备、性能优良的完整体系。

显微镜的品种虽然很多，但其基本作用是一致的，即观察研究微观世界，分辨物体的细节。对工作于可见光波长范围的光学显微镜，按用途区分，普遍使用的有3种类型：生物显微镜（主要应用于生物学、医学、农学等方面）、金相显微镜（主要应用于冶金和机械制造工业，观察研究金相组织结构）和工具显微镜（主要应用于精密机构制造工业等方面，进行精密计量）。在上述显微镜中，根据所观察标本性质的不同（如透明或不透明），可选取不同的照明方式与成像光路。如生物显微镜对透明标本的观察是采用透射式照明；而金相显微镜对不透明标本的研究则采用反射式照明。此外，还可根据被检验标本的细节与背景的亮暗对比情况，分别选择视场照明或暗视场照明的方式。为了改善观察条件，获得良好的观察效果，除了单目观察显微镜外，还发展了双目体视显微镜。近半个世纪以来，显微技术取得了重大进步，出现了基于光的干涉、衍射、偏振原理的干涉显微镜、相衬显微镜与偏光显微镜。

近代的显微技术普遍要求扩大功能。对应用于实验研究的较高级的显微镜，通常用增加附件的组合式结构来实现多功能，如进行显微摄影、显微投影以及电视显示等。有的显微镜除具有目视观察功能外，还同时具有照相、投影、电视等附件。新的电视显微镜则实现了显微光学系统与闭路电视的一体化。随着新原理、新结构、新辐射源、新接收器以及光电转换技术的发展，现代显微镜已成为光、机、电、微型计算机相结合的现代化精密光学仪器。

二、显微镜的光学性能

显微镜的光学性能主要有视放大率、线视场、出瞳直径、出瞳距离和工作距离等。

（一）视放大率

由式（3－7）知，显微镜总的视放大率为

$$\Gamma_{总} = \beta_{物} \cdot \Gamma_{目}$$

从标准化及最佳经济效益观点出发，当前国际范围的显微物镜和目镜的放大倍数系列均按优先数系组成。表9－3给出了显微物镜、目镜和显微镜放大率的优先数系系列值。

表9－3　显微镜优先数系列值

物镜倍率$\beta_{物}$	1.6	2.5	4	6.3	10	16	25	40	63	100		
目镜倍率$\Gamma_{目}$	5	6.3	8	10	12.5	16	20	25				
显微镜倍率$\Gamma_{总}$	8	10	12.5	16	20	25	32	40	50	63	80	100
	125	160	200	250	320	400	500	630	800	1 000	1 250	1 600

显微镜的视放大率与物镜的数值孔径密切相关，由式（5－4）知，要提高视放大率，必须使用NA值较大的物镜。NA值的大小又与显微镜的衍射分辨率有关。如前所述，显微物面上能分开的两发光点的最短距离为$\sigma=\dfrac{0.61\lambda}{NA}$，在倾斜照明条件下，显微镜对不发光物体的分辨率为

$$\sigma=\frac{0.5\lambda}{NA} \tag{9-9}$$

在垂直相干光照明条件下，显微镜对不发光物体的分辨率为

$$\sigma=\frac{\lambda}{NA} \tag{9-10}$$

为了充分发挥由式（9－10）确定的显微镜的分辨率，使已被显微镜分辨开的细节也能同时被眼睛所分辨，要求整个显微镜必须有适当的视放大率。

显微镜视放大率的选取应使显微镜的最小分辨距离σ的像σ'对人眼构成的视角不小于人眼的视角分辨率α。设照明波长$\lambda=0.000\ 555$ mm，则显微镜视放大率的绝对值应为

$$|\Gamma|=\frac{\alpha\times 0.000\ 291\times 250}{\dfrac{0.5\lambda}{NA}}\approx 262.16\alpha NA$$

式中，α为以分为单位的人眼分辨角。

为了使人眼观察的比较舒适，一般取$\alpha=2'\sim4'$，将其代入上式，即得到显微镜视放大率的近似适用范围：

$$500\ NA<|\Gamma|<1\ 000\ NA$$

（二）线视场

在§5－3节中讲过，线视场是指被观察物体的最大尺寸，它表征了显微镜的观察范围。线视场由目镜物方焦平面上的视场光阑大小所限定。视场光阑$2y'$也是目镜的线视场，它的大小与目镜的性能有关，如$5^{\times}$目镜线视场为20 mm，$25^{\times}$目镜线视场为6 mm，一般显微镜目镜线视场不超过20 mm，由此可使一般显微镜的最大线视场为

$$2y_{\max}=\frac{20}{\beta_{物}}$$

体视显微镜目镜线视场稍大些，我们最新研制成功的变倍体视显微镜目镜线视场为$2y'=24$。

（三）出瞳直径与出瞳距离

§5－3节中讲过，显微物镜的数值孔径 NA、显微镜视放大率 Γ 和出瞳直径 D' 之间的关系为

$$NA = D'\frac{\Gamma}{500} \quad 或 \quad D' = \frac{500}{\Gamma}\cdot NA$$

由上式可以看出，出瞳直径的大小与视放大率成反比，与物镜的数值孔径成正比。当 $\Gamma=500NA$ 时，$D'=1$ mm，通常显微镜出瞳直径均较小，一般都小于眼瞳直径。例如 $\Gamma=1\,600^{\times}$ 时，若用 $100^{\times}$ 油浸物镜，$NA=1.25$，出瞳直径 $D'=0.39$ mm。显微镜的出瞳要与人眼瞳孔重合，考虑到眼睫毛不致扫到镜表面，一般出瞳距离在10 mm以上，个别的目镜出瞳距离也有的在6～8 mm。近年来，为满足戴眼镜的观察者的要求，也出现了出瞳距离 $l_z'>20$ mm的交眼点目镜。

（四）工作距离

工作距离是指物镜第一个表面顶点到标本的距离（对无盖玻片的情况），这是显微物镜的一个重要参数，它与物镜的倍率和数值孔径密切相关。一般低倍率、小数值孔径的物镜其工作距离可达到15～17 mm，而高倍率、大数值孔径物镜其工作距离很小，可以小到0.1～0.06 mm，因此对高倍物镜设计而言，这是一个重要的限制因素。

§9－7 显微镜的物镜和目镜

一、显微镜物镜

显微镜物镜的主要光学特性有两个：数值孔径 NA 和垂轴放大率 β。

由式（5－4）和式（9－9）可见，要得到较大的视放大率和较高的分辨率，必须选用数值孔径较大的物镜。提高数值孔径的方法，一是增大物方孔径角，二是提高物方介质折射率的数值，即把物体浸在高折射率的液体中，比如浸在油中，这时 n 就是油的折射率，这就是高倍显微镜采用浸液物镜的理由。

显微镜物镜根据它们校正像差的情况不同，通常分为消色差物镜、复消色差物镜和平像场物镜三大类。

（一）消色差物镜

消色差物镜是结构相对简单、应用最多的一类显微镜物镜，它只校正球差、彗差以及一般的消色差。这类物镜根据它们的倍率和数值孔径不同又分为低倍、中倍、高倍和浸液4种。

（1）低倍消色差物镜。这类物镜的倍率为3～4，数值孔径在0.1左右，对应的相对孔径约为14，由于相对孔径不大，视场又比较小，只需校正球差、彗差和轴向色差，因此这些物镜一般都采用最简单的双胶合组，如图9－42（a）所示。

（2）中倍消色差物镜。倍率为8～12，数值孔径为0.2～0.3，由于数值孔径加大，一个双胶合已不能符合要求，这类物镜一般由两个有一定距离的双胶合组成，它相当于两个薄透

镜构成的薄透镜系统，增加了校正像差的可能性，如图9－42（b）所示。

（3）高倍消色差物镜。这类物镜倍率为40～60，数值孔径为0.6～0.8。如图9－42（c）和图9－42（d）所示，它们可以看作在中倍物镜的基础上加上一个或两个由无球差、无彗差的折射面构成的汇聚透镜，这些透镜的加入基本上不产生球差和彗差，但系统的数值孔径和倍率可以得到提高。

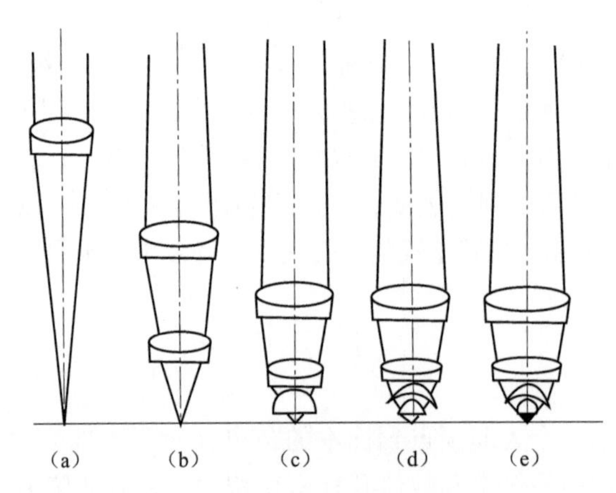

图9－42　消色差显微镜物镜

（4）浸液物镜。前面介绍的几类物镜，成像物体都位于空气中，物空间介质的折射率 $n=1$，因此它们的数值孔径 $NA=n\sin U$ 绝不可能大于1，目前这几类物镜的数值孔径最大可达0.9。为了进一步提高数值孔径，可以把成像物体浸在折射率大于1的液体中，物空间介质的折射率等于液体的折射率，因而可以大大提高物镜的数值孔径。这类物镜称为浸液物镜，其数值孔径可以达到1.2～1.4，最大倍率可达100，其结构如图9－35（e）所示。

（二）复消色差物镜

复消色差物镜是指校正二级光谱色差的物镜。通常我们说消色差是指消除或校正指定的两种颜色光线像点位置之差，如目视光学仪器一般对C、F谱线校正色差。当校正C、F光线的色差之后，C、F光线聚交于一点，但其他颜色的光线并不随着C、F光线的重合而全部重合在一点，因此仍有色差的存在，这样的色差称为二级光谱色差，如图9－43所示。

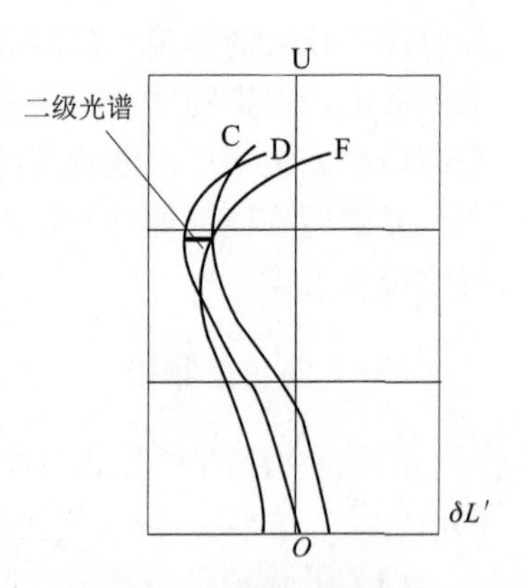

图9－43　复消色差显示图

在一般的消色差显微物镜中，二级光谱色差随着倍率和数值孔径的提高越来越严重，因此在高倍消色差物镜中，二级光谱色差往往成为影响成像质量的主要因素，需要进行校正。为校正二级光谱色差，通常需要采用特殊的光学材料，最常用的是萤石。复消色差显微物镜比相同数值孔径的消色差物镜复杂，如图9－44所示。图9－44中打斜线部分就是采用萤石的透镜。

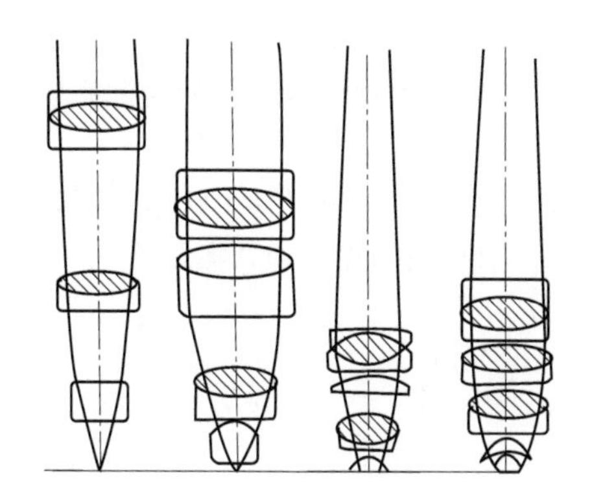

图 9－44　复消色差显微镜物镜

（三）平像场物镜

前面讲过的所有物镜中都没有校正场曲，对于高倍显微物镜和视场较大的显微物镜，由于场曲的存在，可见的清晰视场十分有限，为了看清视场中的不同部分，只能用分别调焦的方法来补救，而现代显微镜往往带有显微照相和 CCD 摄像，这就必须采用平像场物镜。一般平像场显微物镜结构往往比较复杂，常需要加入若干个弯月形厚透镜来实现。图 9－45（a）和图 9－45（b）所示分别为 $40^{\times}$ 和 $160^{\times}$ 浸液平像场物镜的结构图。

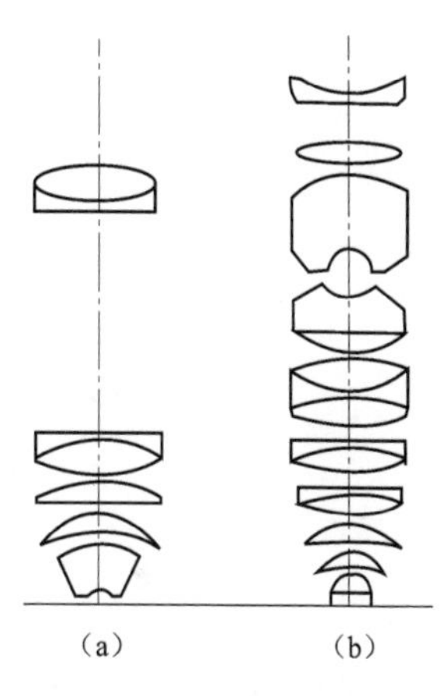

图 9－45　平像场物镜

二、显微镜目镜

显微镜目镜与望远镜目镜的功能一样，没有本质的区别，这里不再赘述。

习　　题

1. 什么叫望远镜的有效放大率？如何根据望远镜出瞳直径大小来判定望远镜实际视放大率大于、小于还是等于有效放大率？

2. 一简易望远镜由焦距分别为 100 mm 和 20 mm 的两透镜组构成，求：

（1）望远镜的视放大率；

（2）位于 1 公里之外高 60 m 的建筑物在物镜像方焦平面上的像高。

3. 一天文望远镜物镜物距焦距为 400 mm，相对孔径 1∶5（即 $f/5$），测得出瞳直径 2 mm，求望远镜的视放大率和目镜焦距。

4. 用一架 $10^{\times}$ 望远镜观察天空中的星星时，物镜和目镜之间的距离为 820 mm，目镜焦距为 20 mm，当观察一棵树时，目镜向外移动 10 mm，求树到物镜的距离。

5. 有一望远镜，物镜最大通光口径为 46 mm，求该望远镜的有效视放大率？假定该望远镜的实际视放大率为 $10^{\times}$，问用多大口径的光阑孔遮盖物镜时，恰好使仪器的衍射分辨率与视角分辨率相等？

6. 一个显微镜系统，物镜的焦距$f'_{物}=15$ mm，目镜的焦距$f'_{目}=25$ mm（均为薄透镜），二者相距190 mm，求显微镜的放大率和物体位置。如将此系统看成一个放大镜，其等效焦距和倍率是多少？

7. 要求设计一个专用显微镜，视放大率$\Gamma=100^{\times}$，如果采用一个焦距为25 mm的目镜，物镜的工作距离为15 mm，求物镜的焦距和共轭距离。

第十章

照相机和投影仪

照相机和投影仪广泛应用于社会生活的各个领域，已成为科研、国防、生产、教育以及文化生活各领域中的重要手段。例如军事上的高低空侦察摄影、航空测量摄影、科学研究中的记录摄影和高速摄影、生物学中的显微摄影、印刷业中的照相制版、文艺方面的电影电视摄影等仪器都属于照相机一类；而电影放映机、幻灯机、计量用投影仪等都属于投影仪一类。

本章首先讨论照相机，然后讨论投影仪。照相机通常由照相物镜、取景器、调焦系统三部分组成，下面分别进行讨论。

§10-1 照相物镜的光学特性

照相物镜的作用是把外界景物成像在感光底片上，使底片曝光产生景物像。照相物镜的光学特性一般用焦距 f'、相对孔径 D/f' 和视场角 2ω 表示。此外还提出分辨率的要求，作为保证产品质量的技术条件。下面分别进行说明。

一、焦距 f'

根据光学系统垂轴放大率公式

$$\beta = \frac{y'}{y} = \frac{l'}{l}$$

对一般照相物镜来说，物距 l 通常在 1 m 以上，$l > 10f'$，因此像平面十分靠近照相物镜的像方焦平面，即 $l' \approx f'$，所以有 $\beta \approx f'/l$。由此可见，物镜焦距的大小决定了底片上的像和实际被摄物体之间的比例尺，在物距 l 一定的情况下，欲得到大比例尺的照片，则必须增大物镜焦距。例如用于拍摄数千米甚至上万米的远距离照相机，为了获得足够大的比例尺，必须采用长焦距照相物镜，其焦距一般为数百毫米，甚至可达数米。

二、相对孔径 D/f'

照相物镜像平面的光照度和相对孔径的平方成正比，所以照相物镜的相对孔径主要影响像平面光照度。为了满足对较暗景物的摄影，或者对高速运动物体的摄影，都需要采用大相对孔径的物镜，以提高像平面上的光照度。根据相对孔径大小不同，普通小型照相机物镜可分为：弱光物镜（D/f'在 1∶6.3 以下）、普通物镜（D/f'在 1∶5.6～1∶3.5）、强光物镜（D/f'

在1∶2.8～1∶1.4）和超强光物镜（D/f'在1∶1～1∶0.8）。

三、视场角 2ω

照相物镜的视场角决定了被摄景物的范围。不同照相机画面的尺寸是一定的，例如：

16 mm 电影摄影机	10.4 mm×7.5 mm
35 mm 电影摄影机	22 mm×16 mm
135#照相机	36 mm×24 mm
120#照相机	55 mm×55 mm

用于航空摄影的照相机，画面要大得多，常用的有 180 mm × 180 mm、240 mm × 240 mm、300 mm×300 mm。

照相机的视场角和画面尺寸之间的关系，可由无限远物体理想像高公式表示，即

$$y' = -f'\tan\omega$$

相机的幅面一定，即 y'一定，只要焦距f'确定，视场角 2ω 便随之而定。由上式可看到，当相机幅面一定时，f'越小，则 ω 越大，因此短焦距镜头也就是大视场镜头。根据视场角的大小，照相物镜可分为：窄角镜头（2ω 在 40°以下）、常角镜头（2ω=45°～60°）、广角镜头（2ω=70°～100°）和超广角镜头（2ω 在 100°以上）。

在一定成像质量要求下，照相物镜的上述三个光学特性参数之间，存在着相互制约的关系。在物镜结构的复杂程度大致相同的情况下，提高其中任意一个光学特性，都必然导致其他两个光学特性降低。

四、分辨率

照相物镜分辨率表示照相物镜分辨被摄物体细节的能力，是衡量照相物镜成像质量的重要指标之一，通常用像平面上每毫米能分辨开黑白线条的对数表示，照相物镜的理想分辨率 $N_{物}$ 由式（8－11）得

$$N_{物} = \frac{1\,500}{F}\ \mathrm{lp/mm}$$

由上式可见，照相物镜 F 数越小，即相对孔径越大，分辨率越高。由于实际照相物镜存在像差，故实际分辨率比理想分辨率低。

照相物镜分辨率的测量方法有两种，一种是直接用显微镜来观察分辨率板通过照相物镜所成的像，称为目视分辨率；另一种是用显微镜来观察分辨率板通过照相物镜拍摄的底片，称为照相分辨率。照相分辨率用 $N_{总}$ 表示，它由照相物镜本身的分辨率 $N_{物}$ 和底片分辨率 $N_{底}$ 决定，三者之间的关系可用下面的经验公式表示：

$$\frac{1}{N_{总}} = \frac{1}{N_{物}} + \frac{1}{N_{底}}$$

随着感光材料不同，底片分辨率差别很大，例如普通 21°胶片的分辨率约为 80 lp/mm，而精密制版用的超微粒干版的分辨率可达 1 000～2 000 lp/mm。

在前面§8－10 节曾介绍过，照相物镜的照相分辨率也可以根据物镜的 MTF 曲线和底片的阈值曲线求得。

§10－2　照相物镜的基本类型

照相物镜的结构形式很多，而且不断有新的形式出现。选用照相物镜的原则应该是：既能满足光学性能和成像质量的要求，结构又要最简单。为此本节介绍一些基本类型照相物镜和它们的复杂化结构形式，以及它们所能达到的光学性能。

一、三片型照相物镜

如图10－1（a）所示的简单的三片型照相物镜，视场角$2\omega=40°\sim50°$，相对孔径$D/f'=1/4\sim1/5$，是具有中等光学特性的照相物镜中结构最简单、像质较好的一种，被广泛使用在比较廉价的135#和120#相机中，例如国产的海鸥－4、海鸥－9、天鹅相机等。这种照相物镜进一步复杂化的目的，大多是增大相对孔径，或提高视场边缘成像质量，如图10－1（b）～图10－1（d）所示。图10－2（a）所示的照相物镜称为天塞照相物镜，它用一个胶合面改善成像质量，也是一种被广泛采用的照相物镜，例如用于海鸥－205、长城、西湖等相机中。图10－2（b）所示为加入两个胶合面的结构，它可以使像质进一步提高。

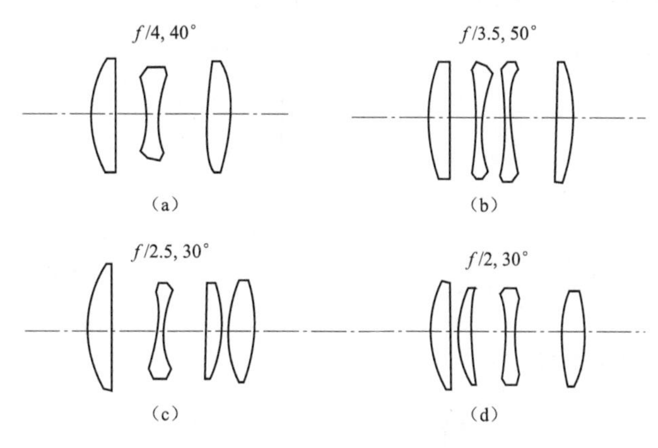

图10－1　三片型照相物镜

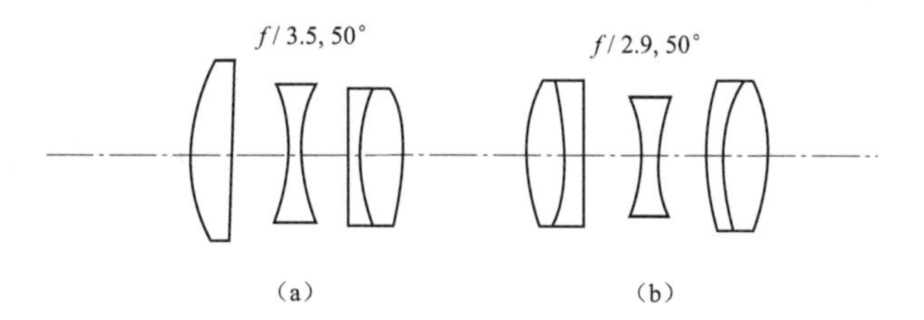

图10－2　三片型照相物镜改进型

二、双高斯照相物镜

如图10－3所示，双高斯物镜是具有较大视场（$2\omega\approx40°$）的物镜，相对孔径最先达到1:2，海鸥DF相机中使用此种物镜。双高斯照相物镜的演变型式很多，它的复杂化的目的是改善成像质量，如图10－4（a）和图10－4（b）所示，或者是增大相对孔径，如

图 10－5 所示，相对孔径可达 1∶0.95。

图 10－3　双高斯物镜

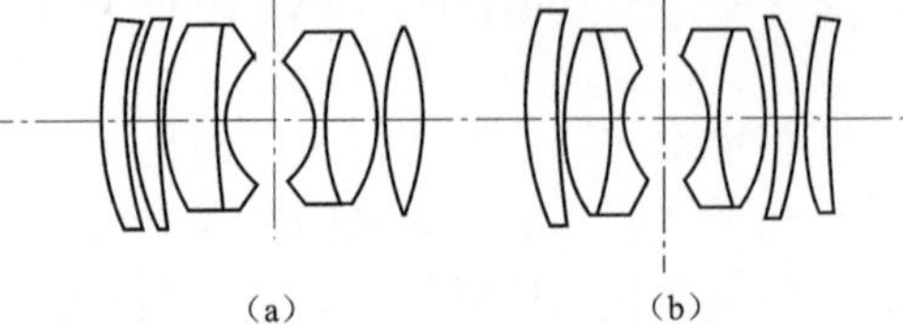

图 10－4　双高斯照相物镜改进型

三、托卜冈照相物镜

如图 10－6 所示，托卜冈物镜是一种较早使用的广角物镜，视场角 2ω 可达 90°，相对孔径为 1∶6.5，主要用于大幅面的航空摄影机上。它的复杂化的目的是减小剩余畸变，如图10－7（a）所示，或增大相对孔径，如图 10－7（b）所示，相对孔径可达 1∶5.6。

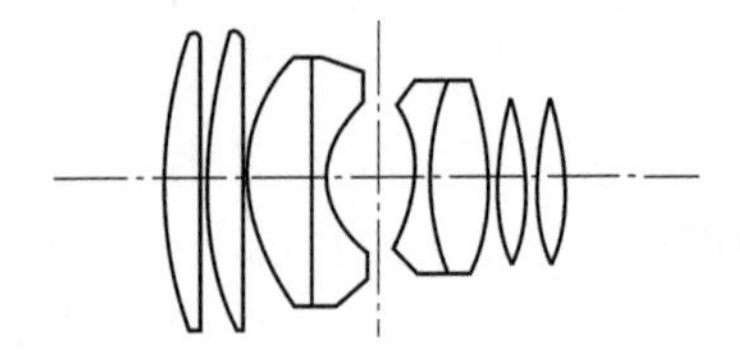

图 10－5　大相对孔径双高斯物镜

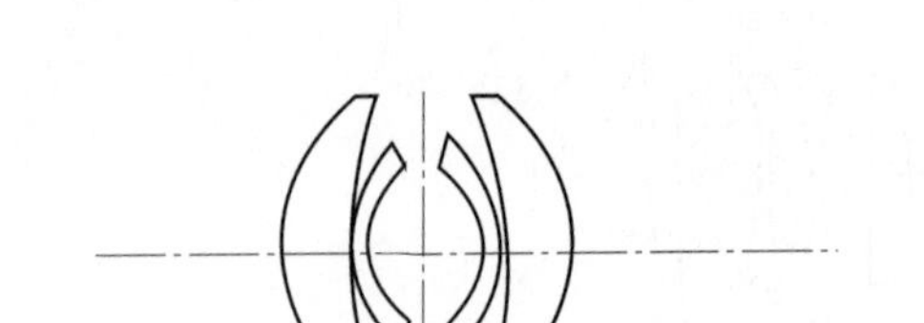

图 10－6　托卜冈物镜

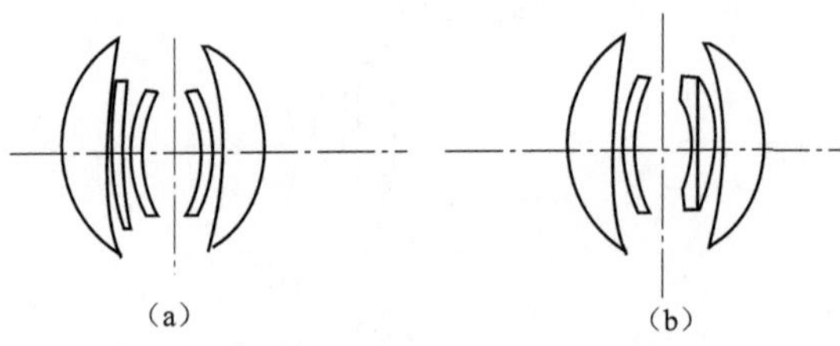

图 10－7　托卜冈物镜改进型

四、鲁沙广角照相物镜

如图 10－8 所示，鲁沙广角物镜视场角 $2\omega = 120°$，相对孔径 1∶8，主要用于航测相机。它的复杂化目的，一是增大相对孔径，如图 10－9 所示，相对孔径可达 1∶5.6，但视场角减小为$2\omega = 100°$；二是更好地校正像差，以获得更高的成像质量。

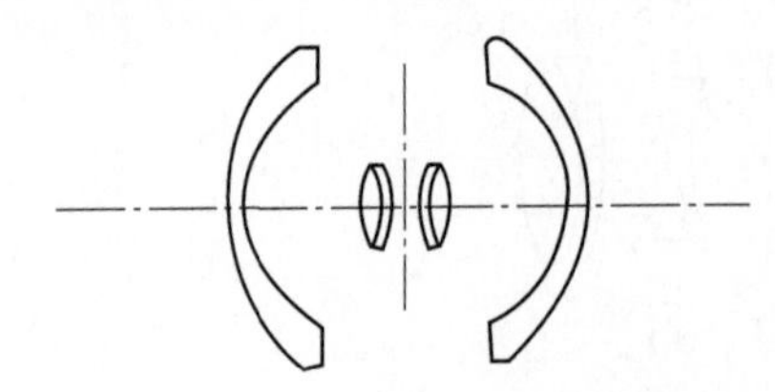

图 10－8　鲁沙广角物镜

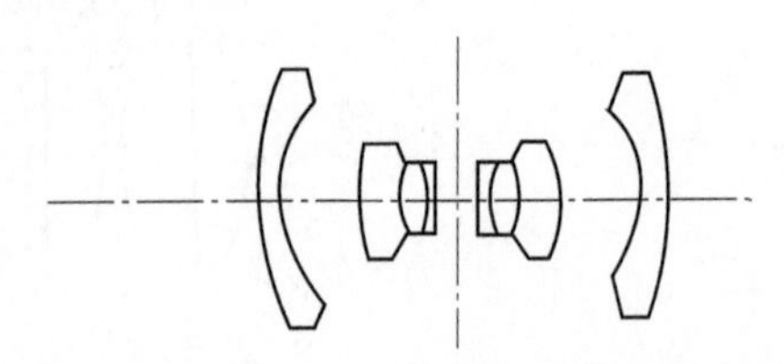

图 10－9　鲁沙广角物镜改进型

五、达哥照相物镜

如图 10－10 所示。达哥物镜是一种视场较大（$2\omega = 60°$）、相对孔径较小（1∶8）的物镜。把中间两个胶合面改为分离曲面，可提高光学性能，视场可达 70°，相对孔径可达 1∶4.5，如图 10－11 所示。

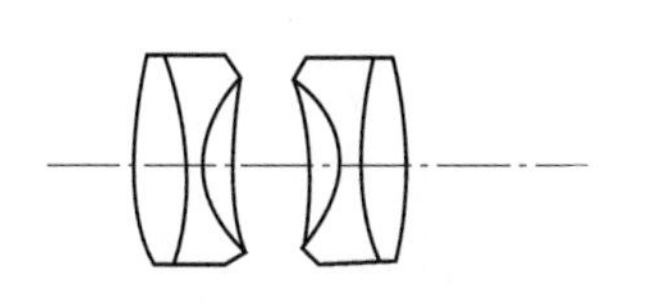

图 10－10　达哥物镜

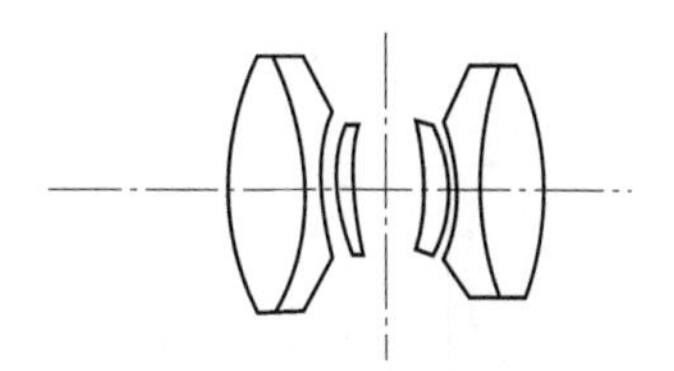

图 10－11　达哥物镜改进型

六、摄远照相物镜

如图 10－12 所示，摄远物镜由一个正的前组和一个负的后组构成。这种物镜的特点是透镜组的长度 L 可缩短到焦距 f' 的 2/3 左右，视场 $2\omega=20°$，相对孔径为 1∶8，多用作相对孔径小、视场不大的长焦距照相物镜。为了校正畸变，用两个分离薄透镜代替双胶合后组，可使视场达到 30°，如图 10－13 所示。

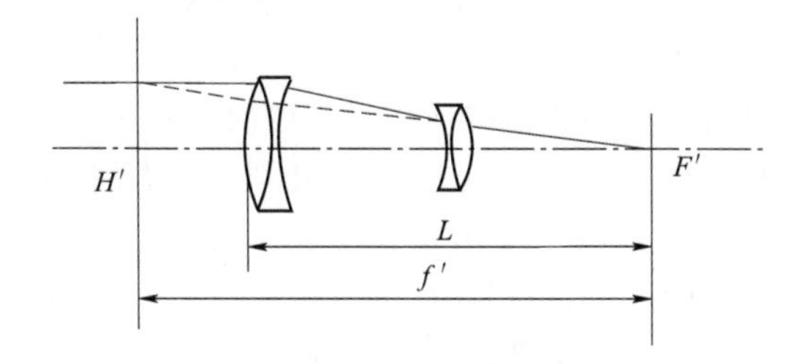

图 10－12　摄远物镜

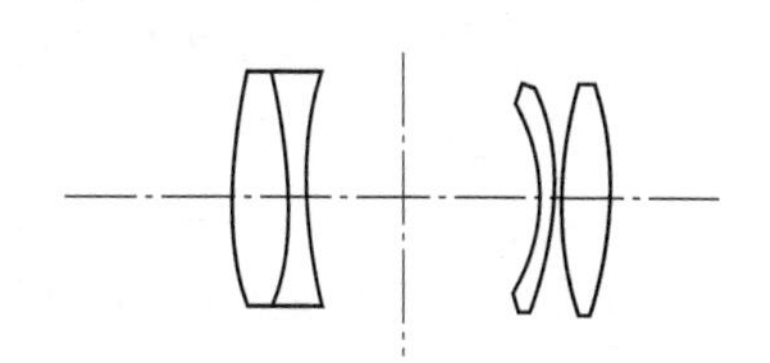

图 10－13　摄远物镜改进型

七、反摄远照相物镜

反摄远物镜的基本结构如图 10－14 所示。它由一个负的前组和一个正的后组构成。这种物镜的特点是后工作距离 l'_F 比一般物镜长得多，视场 $2\omega=80°$，相对孔径为 1∶2。由于电影和电视摄影机中，要求物镜有较长的后工作距离，因此所使用的短焦距物镜必须采用反摄远型物镜。另外，目前 120#相机的结构都朝着单镜头反光取景器的方向发展，也要求物镜有较长的后工作距离，因此反摄远物镜应用广泛，演变型式也很多。

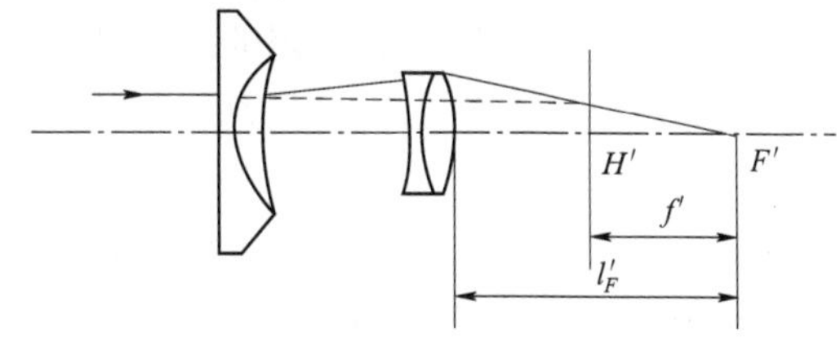

图 10－14　反摄远物镜

八、等明型照相物镜

等明型照相物镜由两个远离的正透镜组构成，如图 10－15 所示。视场 $2\omega=20°$，相对孔径为 1∶2，主要用作电影放映物镜。这种物镜的缺点是后工作距离很短，使用受到很大限制。

九、特大相对孔径照相物镜

如图 10－16 所示，这种物镜的视场不大，大约 20°，主要用于弱光下工作的仪器，例如微光、红外、荧光成像仪器等。

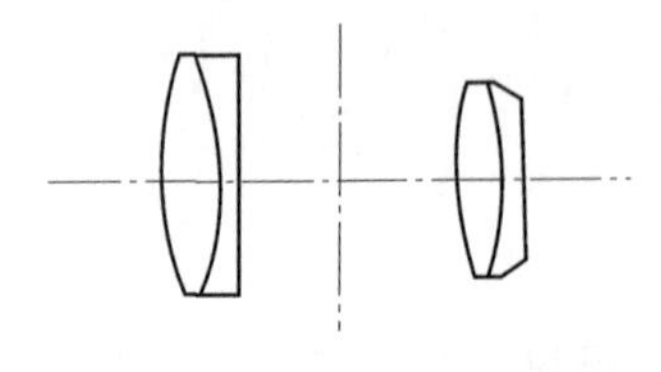

图 10-15　等明型物镜

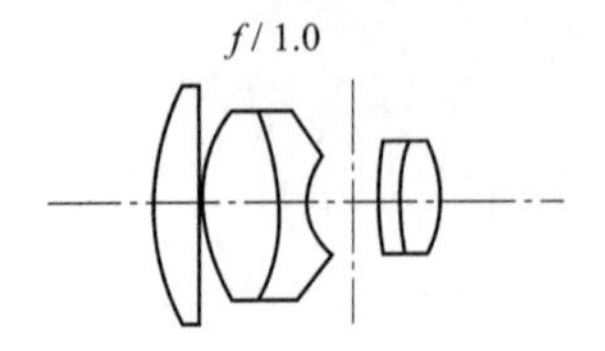

图 10-16　大相对孔径物镜

§10-3　变焦距照相物镜

定焦距系统是焦距固定不变的系统，而变焦距系统则是焦距可在一定范围内连续改变而保持像面不动的光学系统。它能在拍摄点不变的情况下获得不同比例的像，因此在新闻采访、影片摄制和电视转播等场合使用特别方便。而且在电影和电视拍摄的连续变焦过程中，随着物像之间倍率的连续变化，像面景物的大小连续改变，可以使观众产生一种由近及远或由远及近的感觉，更是定焦距物镜难以达到的。目前变焦距物镜的应用日益广泛，开始主要用于电影和电视摄影，现在已逐步扩大到照相机和小型电影放映机上。变焦距物镜的高斯光学是在满足像面稳定和焦距在一定范围内可变的条件下来确定变焦距物镜中各组元的焦距、间隔、移动量等参数的问题。高斯光学是变焦距物镜的基础，高斯光学参数的求解在变焦距物镜设计中至关重要，直接影响到最后的成像质量。若要求全部范围内成像质量都要好，就需要在所有可能解中挑选出尽量少产生高级像差的解。这相当于在系统总长一定的条件下，挑选各组焦距尽可能长的解，使各组元无论对轴上还是轴外光线产生尽量小的偏角。

早在1930年前后，就出现了采用变焦距物镜的电影放映镜头，当时为了避免凸轮加工制造误差引起的像面位移等缺陷，一般采用光学补偿法，但由于其成像质量较差，故应用并不广泛。在1940—1960年，机械补偿法变焦距物镜开始得到发展和应用，这一时期的机械补偿法变焦距物镜镜片数目较少，变倍比较小，质量也较差，所以应用并不是特别普遍。与此同时，在20世纪40年代末50年代初，出现了真正意义上的光学补偿法的变焦距物镜，由于它的机械加工工艺比较简单，所以曾风靡一时。1960年以后，电子计算机在光学设计中得到广泛的应用，并采用了高精度机床加工凸轮曲线等，使机床加工水平大大提高，光学补偿法的变焦距物镜就越来越少了，取而代之的是较高质量的机械补偿法的变焦距物镜。1960—1970年这一时期的机械补偿法变焦距物镜一般只有两个移动组元，但所用镜片数目比以前明显增加了，大大提高了镜头的像质，这个阶段的变焦镜头虽然变倍比不高，但已在电影电视中普遍使用。1970年以后，除了计算机自动设计技术的普及，以及多层镀膜技术的开发和使用外，还利用高精度数控技术加工变焦距物镜的复杂凸轮机构，并利用新型材料和非球面技术，不但大大改进了二移动组元变焦距物镜，还促使开发了多移动组元变焦距物镜，即通常所说的光学补偿法和机械补偿法相结合的变焦距物镜。1980年，小西六公司展出了5组同时移动的F4.6/28-135 mm高倍广角变焦镜物镜，1983年正式产品推出，从而揭开了全动型高倍率镜头的序幕，这种镜头采用新的变焦和调焦方式，体积小，性能优越，质量较高。从变焦镜头的发展来看，人们为了解决二移动组元变倍比较小的问题，从1970年到现在，一直致力于开发多移动组元的变焦镜头，现在，由于新材料的使用和新技术的进步，有的变焦镜头已赶上了定焦镜头的成像质量。但是变焦镜头与定焦镜头相比，在某些方面还是存在着差距，例如，相对孔径不够大、体积不够小等。但我们相信，随着光学工业的发展，将会出现一批更新型、更高质量的变焦镜头。

一、变焦距系统的分类及其特点

对于变焦距系统来说，由于系统焦距的改变，必然使物像之间的倍率发生变化，所以变焦距系统也称为变倍系统。多数变焦距系统除了要求改变物像之间的倍率之外，还要求保持像面位置不变，即物像之间的共轭距不变。

对一个确定的透镜组来说，当它对固定的物平面做相对移动时，对应的像平面的位置和像的大小都将发生变化。当它和另一个固定的透镜组组合在一起时，它们的组合焦距将随之改变。如图 10－17 所示，假定第一个透镜组的焦距为f'_1，第二个透镜组对第一透镜组焦面F'_1的垂轴放大率为β_2，则它们的组合焦距$f'=f'_1\cdot\beta_2$。

当第二透镜组移动时，β_2将改变，像的大小将改变，像面位置也随之改变，因此系统的组合焦距f'也将改变。显然，变焦距系统的核心是可移动透镜组倍率的改变。

对单个透镜组来说，要它只改变倍率而不改变共轭距是不可能的，但是有两个特殊的共轭面位置能够满足这个要求，即所谓的“物像交换位置”，如图 10－18 所示。这种情况下，第二透镜组位置的物距（绝对值）等于第一透镜组位置的像距，而像距恰恰为第一透镜组位置的物距（绝对值），前后两个位置之间的共轭距离不变，仿佛把物平面和像平面做了一个交换，因此称为“物像交换位置”。

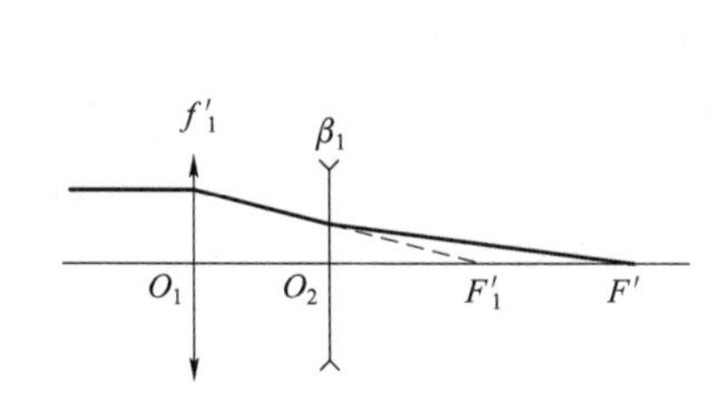

图 10－17　两透镜系统

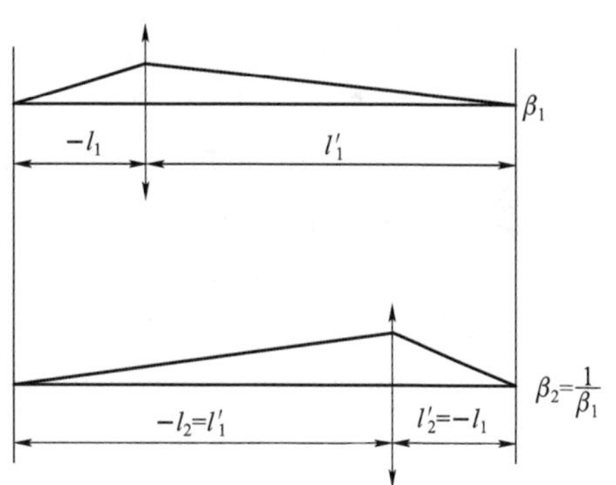

图 10－18　物像交换位置

透镜组的倍率由

$$\beta_1=\frac{l'_1}{l_1}$$

变到

$$\beta_2=\frac{l'_2}{l_2}=\frac{-l_1}{-l'_1}=\frac{1}{\beta_1}$$

前、后两个倍率β_1与β_2之比称为变倍比，用M表示为

$$M=\frac{\beta_1}{\beta_2}=\beta_1^2$$

由此可知，在满足物像交换的特殊位置上，物像之间的共轭距不变，但倍率改变了β_1^2倍。对于由β_1到β_2的其他中间位置，随着倍率的改变，像的位置也要改变，如图 10－19 所示。

图10－19中虚线表示透镜位置和像面位置中间的关系，当透镜处于 $-1^{\times}$（表示垂轴放大率或视放大率时，通常在放大率数值右上加上标×，本书各章也采用这种表示法）位置时，物像中间的距离最短。此时的共轭距 L_{-1} 为

$$L_{-1}=l'-l=2f'-(-2f')=4f'$$

当倍率等于 β 时，共轭距 L_{β} 为

$$\begin{aligned}L_{\beta}&=l'-l=(f'+x')-(f+x)\\&=(f'-\beta f')-\left(f-\frac{f}{\beta}\right)\\&=\left(2-\beta-\frac{1}{\beta}\right)f'\end{aligned}$$

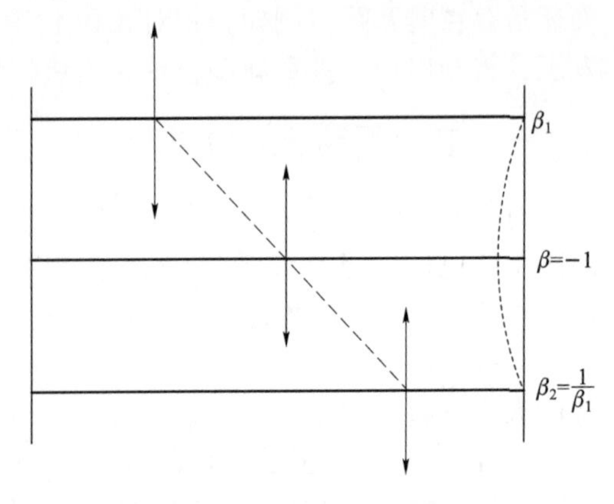

图10－19　物像共轭位置

由 $-1^{\times}$ 到 β 时相应的像面位移量为

$$\Delta L=L_{-1}-L_{\beta}=\left(2+\beta+\frac{1}{\beta}\right)f'$$

由上式看到，当在倍率等于 $1/\beta$ 时的像面位移量显然是相等的，这就是说，“物像交换位置”在变倍比 M 相同的条件下，处在物像交换条件下像面的位移量最小。在变焦距系统中起主要变倍作用的透镜组称为“变倍组”，它们大多工作在 $\beta=-1^{\times}$ 的位置附近，称为变焦距系统设计中的“物像交换原则”。

由上面的分析可以看到，要使变倍组在整个变倍过程中保持像面位置不变是不可能的，要使像面保持不变，必须另外增加一个可移动的透镜组，以补偿像面位置的移动，这样的透镜组称为“补偿组”。在补偿组移动过程中，它主要产生像面位置变化，以补偿变倍组的像面位移，而对倍率影响很小，因此补偿组一般处在远离 $-1^{\times}$ 的位置上工作。例如，对正透镜补偿组一般处于如图10－20（a）所示的4种物像位置；对负透镜补偿组，则处于图10－20（b）所示的4种物像位置。实际系统中究竟采用哪一种，则要根据具体使用要求和整个系统的方案而定。

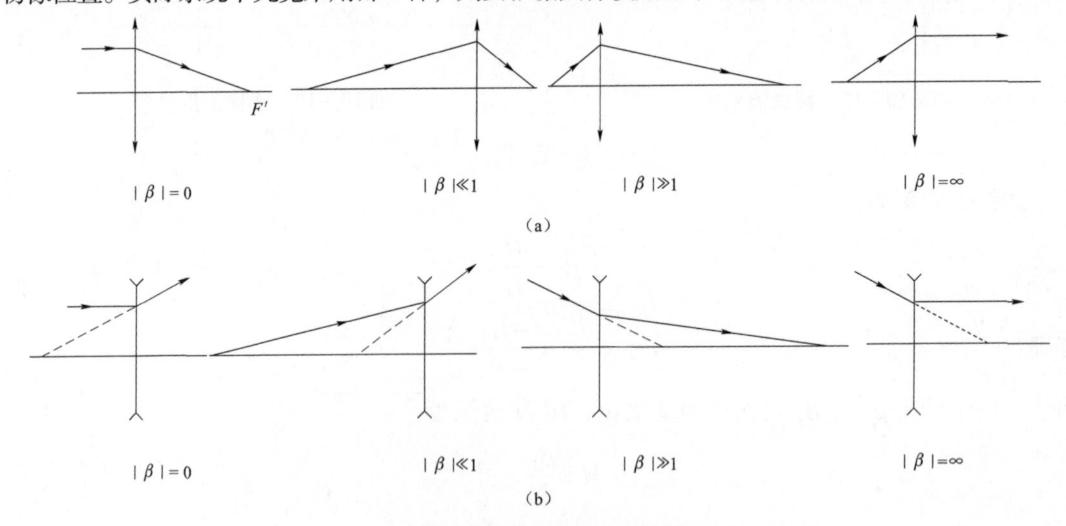

图10－20　补偿组物像位置

（a）正透镜补偿组；（b）负透镜补偿组

实际应用的变焦距系统，它的物像平面是由具体的使用要求来决定的，一般不可能符合变倍组要求的物像交换原则。例如，望远镜系统的物平面和像平面都位于无限远，照相机的物平面同样位于物镜前方远距离处。为此，必须用一个透镜组把指定的物平面成像到变倍组要求的物平面位置上，这样的透镜组称为变焦距系统的“前固定组”。如果变倍组所成的像不符合系统的使用要求，也必须用另一个透镜组将它成像到指定的像平面位置，这样的透镜组称为“后固定组”。大部分实际使用的变焦距系统均由前固定组、变倍组、补偿组和后固定组 4 个透镜组构成，有些系统根据具体情况可能省去这 4 个透镜组中的 1 个或 2 个。

变焦距物镜根据其变焦补偿方式的不同大体上可分为机械补偿法变焦距物镜和光学补偿法变焦距物镜，以及在这两种类型基础上发展起来的其他一些类型的变焦距物镜。

（一）机械补偿法变焦距物镜

机械补偿法变焦距物镜一般由典型的前固定组、变倍组、补偿组、后固定组 4 组透镜组成。机械补偿法变焦距物镜的变倍组一般是负透镜组，而补偿组可以是正透镜组也可以是负透镜组，前者称为正组补偿，后者称为负组补偿，如图 10－21 和图 10－22 所示。机械补偿变焦距物镜的变倍组和补偿组的合成共轭距，在变焦运动过程中是一个常量，理论上像点是没有漂移的，而且各组元分担职责比较明显，整体结构也比较简单。近年来，随着机械加工技术的发展，机械补偿系统中凸轮曲线的加工已不像过去那么困难，加工精度也越来越高，所以，目前此种类型变焦距物镜得到了广泛的应用。常用的几种变焦距型式如下：

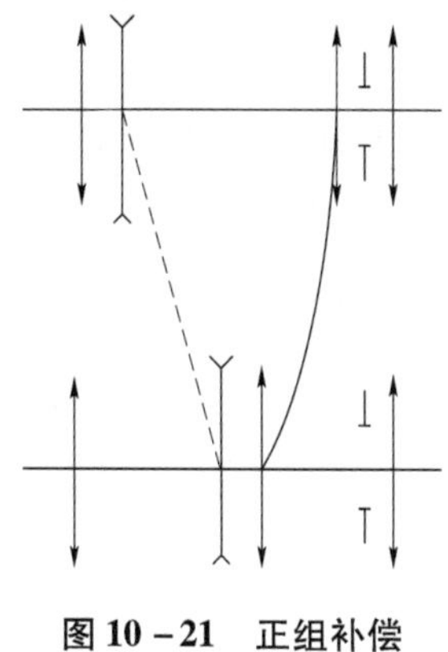

图 10－21　正组补偿

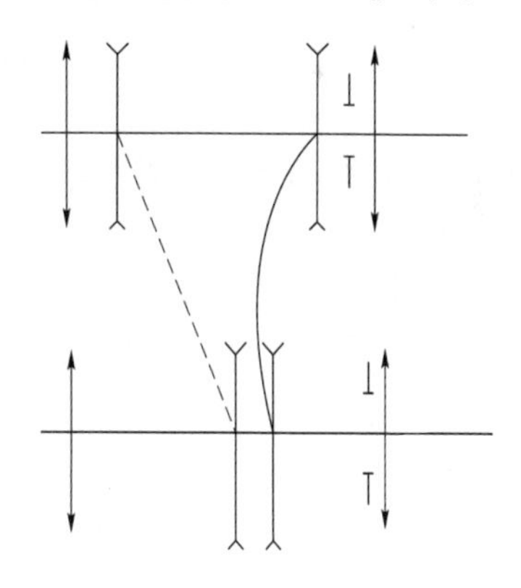

图 10－22　负组补偿

（1）用双透镜组构成变倍组。

上面说过采用变倍组移动时，除了符合物像交换条件的两个倍率像面位置不变外，对其他倍率，像面将产生移动。我们很容易想到，如果变倍组由两个光焦度相等的透镜组组合而成，在变倍过程中，两透镜组做少量相对移动以改变它们的组合焦距，就可达到所有倍率像面位置不变的要求，如图 10－23 所示。

图 10－23 中，变倍组由两个正透镜构成，符合物像交换原则的物像是实物和实像，图中标出的 β 和 $\frac{1}{\beta}$ 两个倍率符合物像交换原则，两透镜组的相对位置相同，在其他倍率，两透镜组间隔少量改变。图 10－23 中画出的一条直线和一条曲线代表不同倍率时两透镜组的移动轨迹，在 $-1^{\times}$ 位置两透镜组的间隔最大，它们的组合焦距最长。

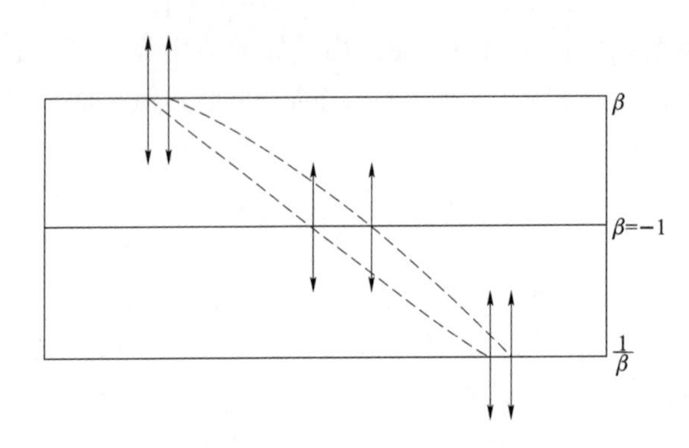

图10－23　双正透镜变倍组

这种系统被广泛应用于变倍望远镜中，由于望远镜的物平面位置在无限远，首先用一个物镜组将无限远物平面成像在变倍系统的物平面上，变倍系统的像位于目镜的前焦面上，通过目镜成像于无限远供人眼观察。望远镜物镜与目镜相当于整个变焦距系统的前固定组和后固定组，如图10－24所示。

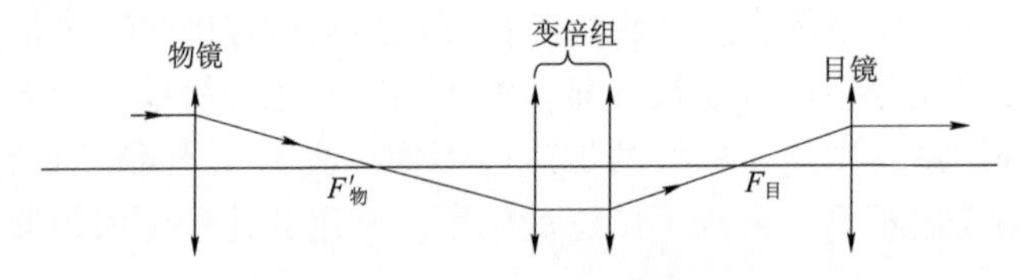

图10－24　变倍望远镜系统

如果变倍组采用两个负透镜组构成，符合物像交换条件的物与像是虚物和虚像，如图10－25所示。

在变倍过程中，两透镜组的运动轨迹如图10－25中虚线所示。由于两负透镜组组合间隔越小，焦距越长，所以在$-1^{\times}$位置两透镜组间的间隔最小。前面两正透镜组合时$-1^{\times}$位置间隔最大，因为两正透镜组间隔越大，焦距越长。为了构成一个完整的变焦距系统，图10－25中变倍组的前面要加上一个前固定组，将实物平面成像在变倍组的虚物平面上，在变倍组的后面，也要加上一个后固定组把变倍组的虚像平面成像到系统指定的像平面位置上。这种系统最多的应用是前面加正透镜组的前固定组，后面加正透镜组的后固定组构成一个变倍的望远系统。它被广泛应用于无限筒长的显微系统的平行光路中，使整个系统达到变倍的目的，如图10－26所示。

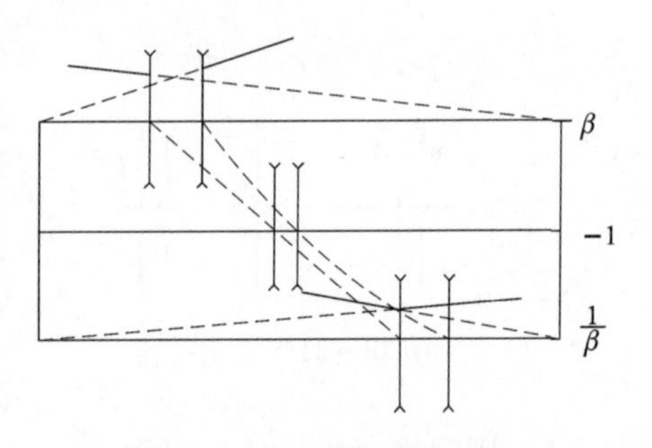

图10－25　双负透镜变倍组

（2）由一个负的前固定组加一个正的变倍组构成的低倍变焦距物镜。

照相物镜要求把远距离目标成一个实像，这类系统要实现变焦距，则必须有一个将远距离目标成像在变倍组$-1^{\times}$的物平面位置上的前固定组。为了使系统最简单，我们不再在变倍组后加后固定组，由于系统要求成实像，因此，必须采用正透镜组作变倍组，前固定组采用负透镜组。这样，一方面可以缩短整个系统的长度；另一方面整个系统构成一个反摄远系统，有利于轴外像差的校正，使系统能够达到较大的视场，如图 10－27 所示。在变倍过程中，前固定组同时还起到补偿组的作用，它们的运动轨迹同样在图 10－27 中用虚线表示。该系统所能达到的变倍比比较小，因为变倍组的移动范围受到前固定组像距的限制，其主要用于低倍变焦距的照相物镜和投影物镜中。

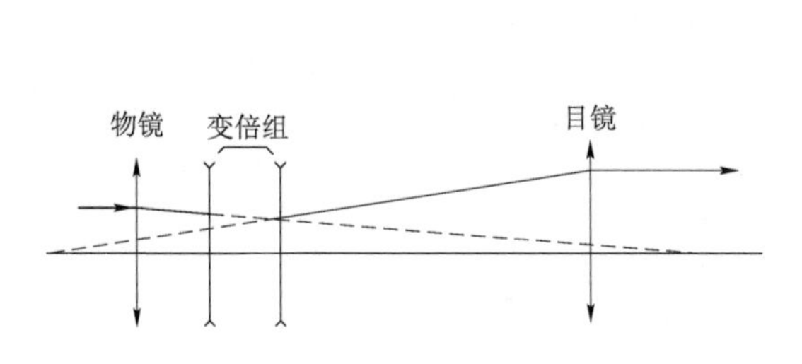

图 10－26　无限筒长变倍显微镜物镜

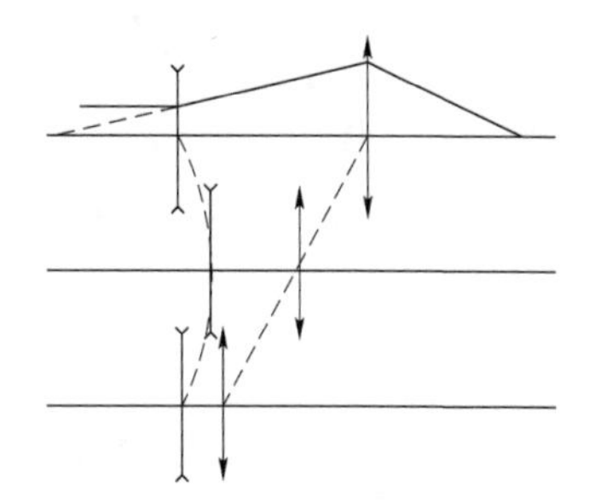

图 10－27　一负一正低变倍物镜

（3）由前固定组加负变倍组与负补偿组和后固定组构成的变焦距系统。

这种系统如图 10－28 所示，前固定组是正透镜组，把远距离的物成像在负变倍组的虚物平面上，通过变倍组成一个虚像，再通过负补偿组成一缩小的虚像，最后经过正透镜组的后固定组形成实像。变倍组工作在 $-1^{\times}$ 位置左右，补偿组工作在远离 $-1^{\times}$、$|\beta|\ll 1$ 的正值位置。

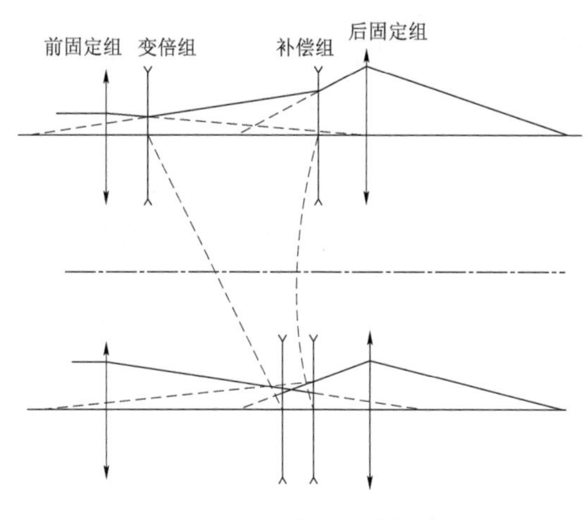

图 10－28　正负负正变倍物镜

（4）由前固定组加负变倍组和正补偿组构成的变焦距系统。

这种系统根据补偿组工作倍率的不同，又可分为两类：第一类是补偿组工作在 $|\beta|\ll 1$ 的位置上，如图 10－29 所示；第二类是补偿组工作在 $|\beta|\gg 1$ 位置上，如图 10－30 所示。它们的最大差别是补偿组的运动轨迹相反。

根据实际情况，可以在第一类系统后面加一个负的后固定组，也可以在第二类系统后面加一个正的后固定组。

（5）由前固定组加一负变倍组和一正变倍组构成的变焦距系统。

这类系统的最大特点是有两个工作在 $-1^{\times}$ 位置左右的变倍组，其中一个为负透镜组，另一个为正透镜组。在移动过程中，两个变倍组同时起变倍作用，系统总的变倍比是这两个变倍组变倍比的乘积，因此系统可以达到较高的变倍比。系统的构成如图10-31所示。

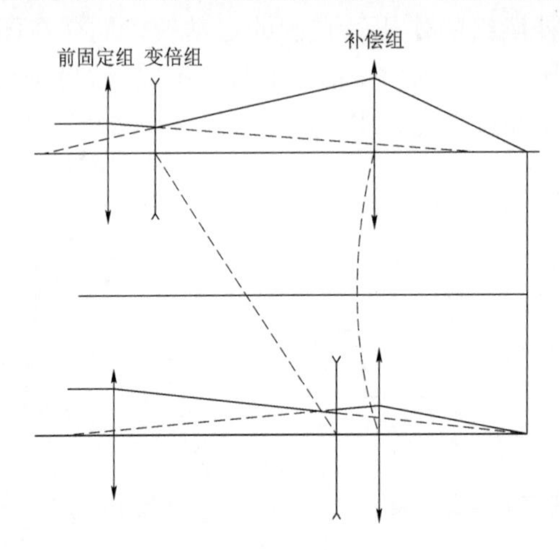

图10-29　正负正变倍系统

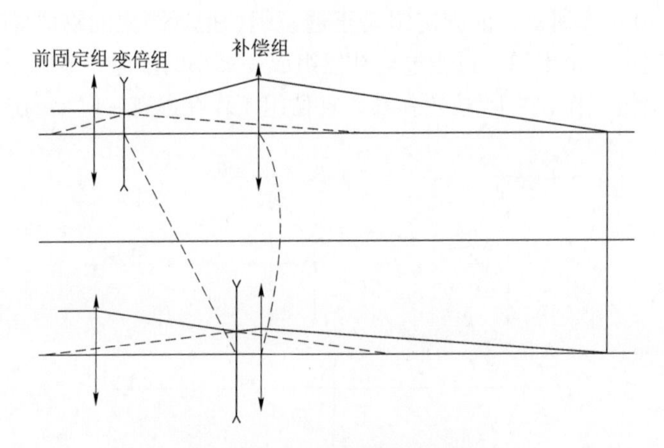

图10-30　正负正补偿组系统

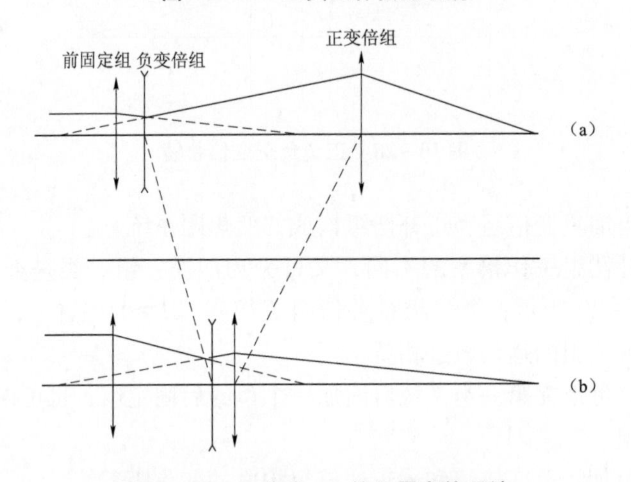

图10-31　工作在-1倍位置变倍系统

在图10-31（a）的位置，负变倍组$|\beta|<1$，正变倍组$|\beta|$也小于1，当负变倍组向右

移动，即向 $-1^{\times}$ 位置靠近时，它的共轭距减小，像点也同时向右移动，为了保证最后像面位置不变，正变倍组的共轭距也应相应减小，所以正变倍组也应向 $-1^{\times}$ 位置靠近。当负变倍组到达 $-1^{\times}$ 位置时，正变倍组也必须同时到达 $-1^{\times}$ 位置。因为当负变倍组越过 $-1^{\times}$ 位置继续向右移动时，共轭距开始加大，为了保持最后像面不变，正变倍组的共轭距也应相应加大，所以正变倍组必须和负变倍组同时越过 $-1^{\times}$ 位置，否则不能保持正变倍组运动的连续性。在图 10－31（b）的位置，正、负变倍组的倍率均大于 1，这样，整个系统的变倍比和单个变倍组相比便大大增加了。因此，这种系统一般用于变倍比大于 10 甚至达到 20 的变焦系统中，正、负变倍组光焦度的绝对值一般比较接近。

以上为最常用的一些型式，在前面的图形中，变倍组的起始和终止位置都符合物像交换原则，实际系统中根据具体使用情况或整个系统校正像差的方便，变倍组可以采用对 $-1^{\times}$ 不完全对称的运动方式，适当偏上或偏下。

（二）光学补偿法变焦距物镜

光学补偿法变焦距物镜是在变焦运动过程中用若干组透镜做线性运动来实现变焦距的，它们做同向且等速移动，在移动过程中，各组元共同完成变倍和补偿任务，使像面达到稳定的状态。但实际在变焦运动过程中，光学补偿法变焦距物镜只能在某些点做到像面稳定，所以在全范围内它的像面是有一定漂移的。正是由于这个原因，纯粹的光学补偿变焦距物镜在目前已很少使用。图 10－32 所示为一种双组元联动的光学补偿法变焦距物镜。

光学补偿法变焦距物镜仅要求一个线性运动来执行变焦的职能，避免了机械补偿法中曲线运动所需的复杂结构。这类系统的组成次序是依次交替的固定组元和移动组元，而且固定组元与移动组元光焦度反号，在系统内部没有实像。另外，若不计入后固定组，则像面稳定点的个数与组元数是相等的，即在这几个点像面位置相同，在其余各点均有像面位移。

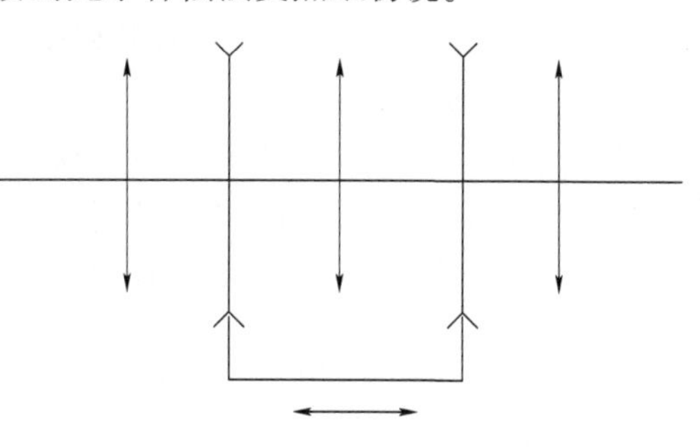

图 10－32　光学补偿法变焦物镜

（三）光学机械补偿混合型变焦距系统

这种类型的变焦距物镜是在光学补偿法的基础上发展起来的，由于光学补偿法变焦距系统仍存在一定的像面位移，为了补偿这些像面位移，可使其中另一组元做适当的非线性移动来进行补偿，这样就构成了光学机械补偿混合型变焦距系统，如图 10－33 所示，也有人称之为机械补偿双组联动型变焦距系统。

光学机械补偿混合型变焦距系统由若干组元联动实现变倍目的，另有一组元做非线性运动来补偿像面的位移，使像面严格稳定。各移动组元分工并不明确，在有的情况下，是由某一单组元执行变倍职责，而双组联动仅起补偿像面的作用。它的光焦度分配比较均匀，对像差的校正比较有利，各组元光焦度交替出现正负，系统内部无实像。

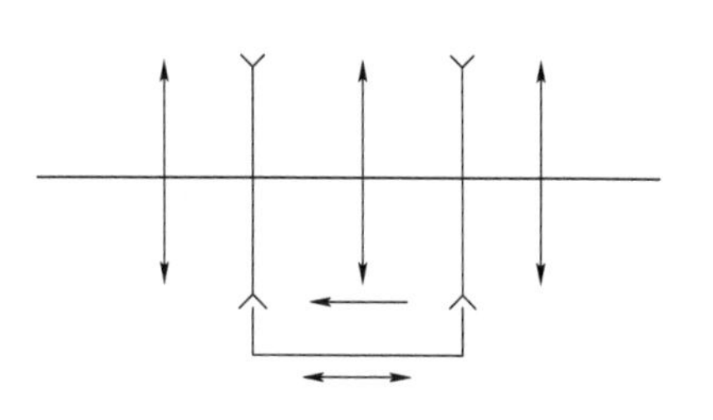

图 10－33　光学机械补偿混合型

（四）全动型变焦距物镜

这种变焦距物镜在变焦运动过程中，各组元均按一定的曲线或直线运动，若按其职能来分，可认为第一组元为补偿组，其余组元为变倍组。全动型变焦距物镜系统有以下一些特点：第一，它摆脱了系统内共轭距为常量这一约束条件，使各组元按最有利的方式移动，以达到最大限度的变焦效果。第二，第一组元用作调焦，其余组元对变倍比均有贡献。第三，像差的校正必须全系统同时进行。第四，光阑一般设在后组之前，当后组元做变焦运动时，为使光阑指数不变，则必须连续改变光阑直径，使得机械结构进一步复杂。第五，由于执行变倍的组元比较多，可以选四组或五组的结构，所以各组元倍率的变化可以比较小，各组元的光焦度分配可以比较均匀。第六，它的镜筒设计要比以上几种类型的变焦距系统复杂，但随着加工工艺的提高，这种复杂度也随之降低。图 10－34 所示为一个四组元全动型变焦距物镜。

在某些情况下，有的光学设计者在全动型基础上加一个后固定组，这样可以使全动型在运动过程中相对孔径保持不变，而且在校正像差过程中，可先使前面若干组元的像差趋于一致，再利用后固定组产生与前若干组元符号相反的像差来进行全系统的像差校正。

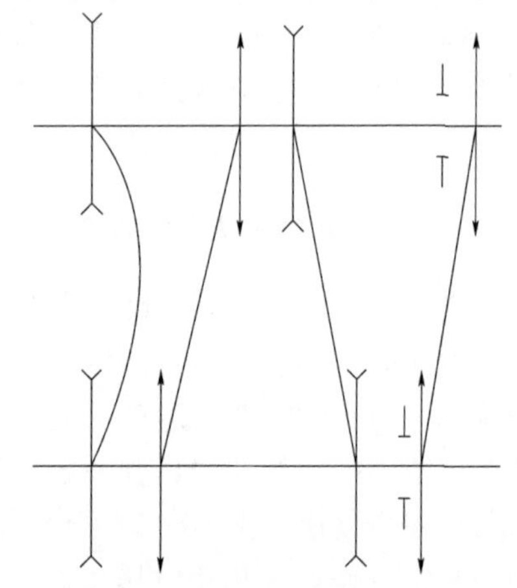

图 10－34　全动型变焦系统

以上便是几种主要类型的变焦距物镜，光学补偿法变焦距物镜由于它本身存在的缺陷，现在已很少有人使用；而对于全动型变焦距物镜，由于加工工艺等因素的制约，在目前应用并不广泛。在实际的光学设计过程中，绝大多数是机械补偿法变焦距系统。

二、变焦距物镜的高斯光学

求解变焦距物镜高斯光学参数，实际上是确定变焦距系统在满足像面稳定和焦距在一定范围内可变的条件下系统中各组元的焦距、间隔和位移量等参数。这些高斯光学参数的确定需要通过建立数学模型来解决，这里我们选择系统内各组元的垂轴放大率 β_i（$i=1, 2, 3, \cdots, n$）作为自变量，因为用 β_i 作自变量可以表示出系统及系统内各组元的其他参量，使方程的建立更加容易，形式比较规则，从而更便于分析，而且它可以直接反映变焦过程中的一些特征点，如 β_i 倍、－1 倍、$1/\beta_i$ 倍。

若一变焦距物镜由 n 个透镜组组成，用 F_1，F_2，…，F_n 表示第 1，2，…，n 组元的焦距值，β_1，β_2，…，β_n 表示第 1，2，…，n 组元的垂轴放大率。那么可以得到

$$F = F_1\beta_2\beta_3\cdots\beta_n \tag{10-1}$$

式中，F 表示系统总焦距值。由上式可知，变焦距物镜的合成焦距 F 为前固定组焦距 F_1 和其后各透镜组垂轴放大率的乘积，F 的变化即 β_2，β_3，…，β_N 乘积的变化。

$$\Gamma = \frac{F_L}{F_S} = \frac{\beta_{2L}\beta_{3L}\cdots\beta_{nL}}{\beta_{2S}\beta_{3S}\cdots\beta_{nS}} \tag{10-2}$$

式中，Γ 表示系统的变倍比，也称“倍率”，$\Gamma \geqslant 10$，称为高变倍比，否则称为低变倍比；

下标 L 表示长焦距状态，S 表示短焦距状态。

$$\gamma_i = \frac{\beta_{iL}}{\beta_{iS}} \qquad (i=1,\ 2,\ \cdots,\ n) \tag{10-3}$$

式中，γ_i表示各组元的变倍比。

由式（10－2）和式（10－3）可得

$$\Gamma = \gamma_1\gamma_2\cdots\gamma_n \qquad (i=1,\ 2,\ \cdots,\ n) \tag{10-4}$$

此式表明了系统变倍比与各组元变倍比之间的关系。

$$L_i = \left(2-\beta_i-\frac{1}{\beta_i}\right)\cdot F_i \qquad (i=1,\ 2,\ \cdots,\ n) \tag{10-5}$$

式中，L_i表示各组元的物像共轭距。

$$l_i = \left(\frac{1}{\beta_i}-1\right)\cdot F_i \qquad (i=1,\ 2,\ \cdots,\ n) \tag{10-6}$$

式中，l_i 表示各组元的物距。

$$l_i' = (1-\beta_i)\ F_i \qquad (i=1,\ 2,\ \cdots,\ n) \tag{10-6'}$$

式中，l_i' 表示各组元的像距。

$$d_{i,i+1} = (1-\beta_i)\cdot F_i + \left(1-\frac{1}{\beta_{i+1}}\right)\cdot F_i \tag{10-7}$$

从上面的公式可以看出，垂轴放大率β_i作为自变量是可以表达出其他参数的，因此在求解高斯光学过程中，就围绕着垂轴放大率来讨论变焦距系统的最佳解。

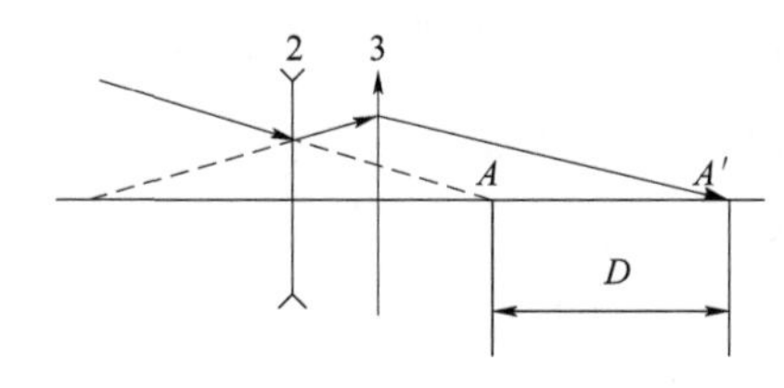

图 10－35　变倍组和补偿组移动情形

如图 10－35 所示，为达到变焦目的，变倍组需沿光轴做线性移动，设其放大率由β_{20}变为β_2，此时像点移动了，为满足像点不动的要求，补偿组需作相应的沿轴移动，使补偿组放大率从β_{30}变为β_3，此时变焦距物镜的变倍比为

$$\Gamma = \frac{\beta_2\beta_3}{\beta_{20}\beta_{30}} = \frac{\beta}{\beta_{20}\beta_{30}} \tag{10-8}$$

欲满足像点位置不变，必须使图 10－35 中的点 A 到点 A'之距离 D 为常量，即变倍组和补偿组在移动过程中合成共轭距为常量。因此可以得到

$$L_2+L_3 = \left(2-\beta_{20}-\frac{1}{\beta_{20}}\right)\cdot F_2 + \left(2-\beta_{30}-\frac{1}{\beta_{30}}\right)\cdot F_3 \tag{10-9}$$

式中，β_{20}，β_{30}对应初始位置（长焦距状态或短焦距状态）的垂轴放大率。实现变焦后，

$$L_2+L_3 = \left(2-\beta_2-\frac{1}{\beta_2}\right)\cdot F_2 + \left(2-\beta_3-\frac{1}{\beta_3}\right)\cdot F_3 \tag{10-10}$$

式中，β_2，β_3对应某一新位置的放大率。对式（10－9）和式（10－10）整理得

$$\left(\beta_2+\frac{1}{\beta_2}-\beta_{20}-\frac{1}{\beta_{20}}\right)\cdot F_2 + \left(\beta_3+\frac{1}{\beta_3}-\beta_{30}-\frac{1}{\beta_{30}}\right)\cdot F_3 = 0 \tag{10-11}$$

由式（10－11）和式（10－8）可得

$$\beta_3{}^2 - b\beta_3 + 1 = 0 \tag{10-12}$$

式中，$b = -\frac{F_2}{F_3}(1/\beta_2 - 1/\beta_{20} + \beta_2 - \beta_{20}) + (1/\beta_{30} + \beta_{30})$，式（10－12）适用于当给定初值$\beta_{20}$和$\beta_{30}$后，再任选一个$\beta_2$来求满足像面稳定的$\beta_3$。解式（10－12）得

$$\beta_3 = \frac{b \pm \sqrt{b^2 - 4}}{2} \tag{10-13}$$

通过式（10－11）还可以得到

$$a\beta_2{}^2 - b\beta_2 + C = 0 \tag{10-14}$$

式中，$a = F_2 + F_3/\beta$，$b = (1/\beta_{20} + \beta_{20}) F_2 + (1/\beta_{30} + \beta_{30}) F_3$，$C = F_2 + \beta F_3$，$\beta = \beta_2 \beta_3$。解方程（10－14）得

$$\beta_2 = \frac{b \pm \sqrt{b^2 - 4ac}}{2a}, \ \beta_3 = \beta/\beta_2 \tag{10-15}$$

式（10－15）一般用于已知初始值β_{20}、β_{30}，并给定变倍比Γ时，求出相应的β_2和β_3。由式（10－13）可以发现β_3的两个根是互为倒数的，即$\beta_{31} = 1/\beta_{32}$，这也就是保持共轭距不变的“物像交换”位置，因而对应于一个β_2必同时存在两个β_3值（β_{31}和β_{32}），都可以实现像面补偿。

当确定了β_{20}、β_{30}、β_2和β_3后，假设F_2、F_3、d_{12}、d_{23}、d_{34}均为系统的初始参数，那么很容易求出系统的其余高斯参数。

§10－4　取景系统和调焦系统

一、取景系统

取景系统的作用是观察被摄景物，以便在摄影时选取合适的摄影范围。对取景系统的基本要求当然应该是：通过取景器观察到的景物范围和实际拍摄的成像范围一致，对其成像质量要求并不高。下面介绍几种常用的取景系统的结构型式。

（一）牛顿取景器

牛顿取景器由一块负透镜和一个框架构成，如图10－36所示。被摄物体通过负透镜，在其像方焦平面附近成一正立缩小虚像y'，人眼在明视距离上进行观察。这种取景器在老式照相机上应用较多。它的缺点是通过取景器观察到的景物范围比实际成像范围小得多，取景误差较大。

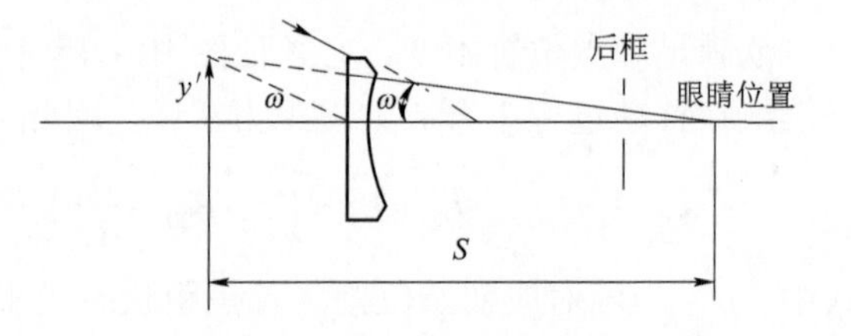

图10－36　牛顿取景器

（二）逆伽利略取景器

为克服牛顿取景器观察景物范围小的缺点，现代小型照相机中多采用逆伽利略取景器，它由一个负透镜物镜组和一个正透镜目镜组构成，如图10－37所示。取景器的视放大率一般在0.6～1。这种取景器结构比较简单，取景比较准确，在一般平视取景照相机中应用很多；缺点是取景边缘渐晕较大，轮廓不清晰，而且当眼睛的位置、瞳孔大小变化时，取景范围随之改变。所以在设计这类取景系统时，视场应缩小10%～20%作为安全系数，以保证安全取景。

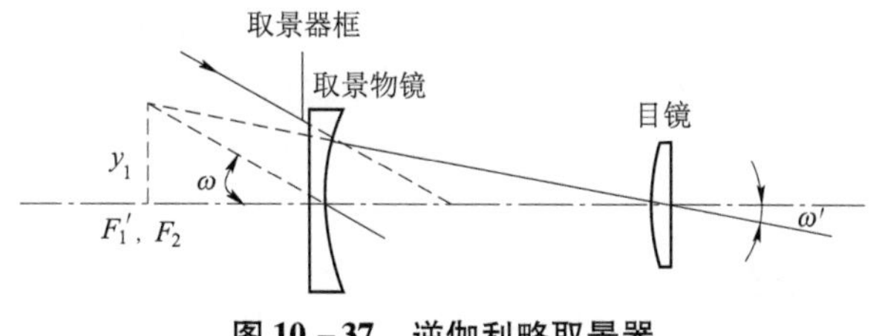

图 10－37 逆伽利略取景器

（三）亮框取景器

如上所述，逆伽利略取景器不能获得清晰的取景范围，为克服这一缺点，在逆伽利略取景器中附加亮框装置，构成亮框取景器，如图 10－38 所示。亮框通过亮框透镜成像，再经目镜放大，进入人眼。取景时，在视场中看到外界景物的同时，还看到限制景物成像范围的亮框，从而使取景系统有一清晰的视场范围。为了安全取景，亮框所限制的视场范围应等于考虑了安全系数以后的视场范围，这种取景器在 135# 相机中采用较多。

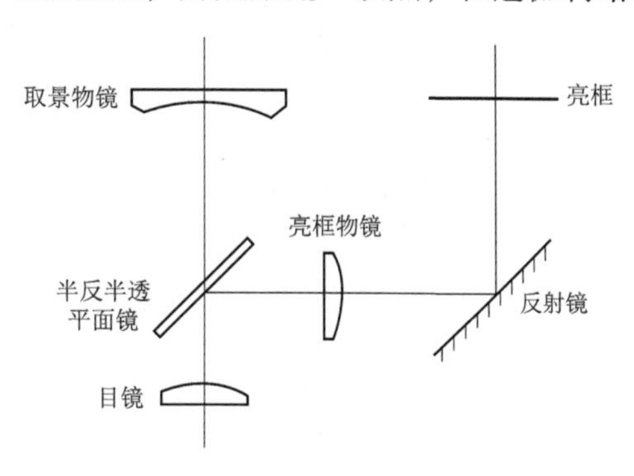

图 10－38 亮框取景器

（四）双镜头反光取景器

在双镜头反光照相机中有结构相同的两个镜头，如图 10－39 所示，上面的是取景物镜，下面的是照相物镜。外界景物通过取景物镜、平面反射镜后成像在毛玻璃上，毛玻璃的位置与感光底片位置相当（等光程），毛玻璃尺寸相当于拍照画面尺寸，拍摄范围可从毛玻璃上直接看出，使用比较方便。但由于毛玻璃的散射作用使像变暗，视场边缘更暗，为了使视场内亮暗比较均匀，通常在毛玻璃上加一块场镜，来改变散射光的方向，使更多的光线进入观察者眼睛。当视场较大时，多采用由光学塑料压制而成的螺纹透镜代替单透镜场镜。

上述几种聚景器的光轴与照相物镜的光轴不相重合，当拍摄近距离景物时，从取景器中观察到的成像范围与照相物镜底片上的实际成像范围不一致，我们把二者之间的差别称作“取景视差”。从图 10－40 中可看到，对于物平面 P，底片上的成像范围为 AB，而取景范围则为 OD，照相物镜光轴上的物点 O 通过取景物镜后，成像在 O''，而不位于取景系统的视场中央，其偏移量 e 与物距 l、两光轴之间的距离 b（基线长）有关。拍摄景物距离越近，偏移量 e 越大，即取景视差越大；基线长 b 越大，取景视差越大。在实际照相机中依靠消视差结构来实现消除取景视差。当然消除取景视差的最根本方法是使取景系统的光轴与照相物镜的光轴重合，单镜头反光照相机就是这样一种相机。

（五）单镜头反光取景器

在单镜头反光相机中，照相物镜兼作取景物镜，如图 10－41 所示，取景时，外界景物通过照相物镜、平面反射镜成像在毛玻璃上；拍摄时，平面反射镜转出光路，外界景物通过照相物镜直接成像在感光底片上，毛玻璃位置和底片位置相当。单镜头反光取景器的最大优点是取景和摄影共用一个物镜，没有取景视差，因此取景非常准确。但在毛玻璃上看到的是镜像，十分不方便。为了获得与物相似的像，在取景光路中加入五角屋脊棱镜，总反射次数变为偶数，并使光轴折转90°，人眼通过目镜进行平视取景，如图10－42所示。

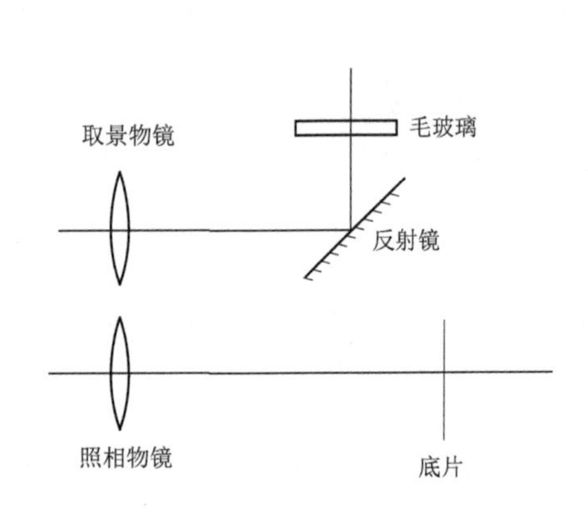

图10－39　双镜头反光取景

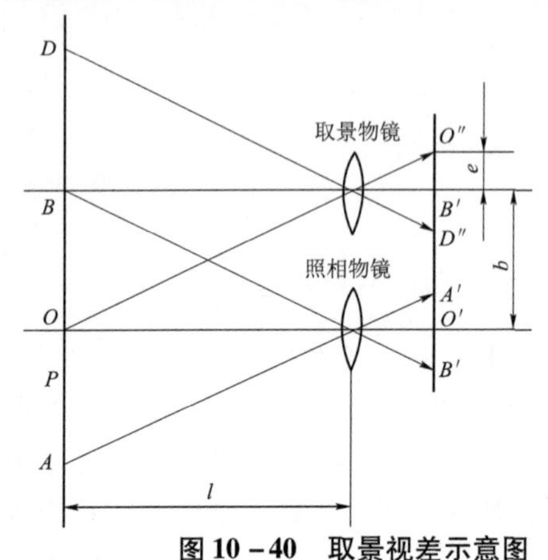

图10－40　取景视差示意图

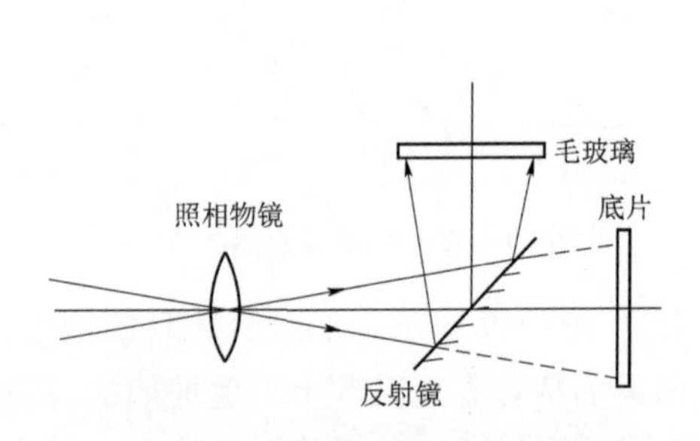

图10－41　照相物镜兼作取景

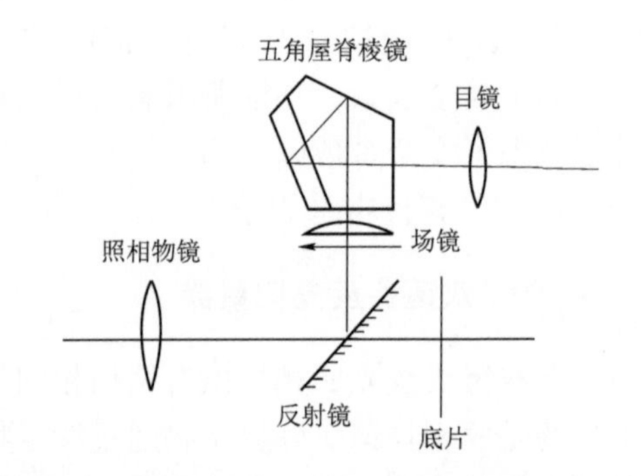

图10－42　五角棱镜加入取景

二、调焦系统

在摄影时，为了使不同距离的被摄景物能在感光底片上清晰成像，应当调节照相物镜和底片之间的距离，使底片和被摄物平面之间满足共轭关系，这就是通常所说的调焦或对焦。实现调焦的系统称为调焦系统。下面介绍几种常用的调焦系统和调焦方法。

（一）用毛玻璃调焦

如图10－43所示，这种调焦系统中，毛玻璃兼有取景、调焦两个作用。调焦时，人眼直接或者通过$3^{\times}\sim5^{\times}$目镜观察毛玻璃上的像，转动照相物镜框，使照相物镜沿光轴移动，同时取景物镜随之联动，直到毛玻璃上的像最清晰，便完成了调焦。120#双镜头反光式照相机多采用这种方式调焦。

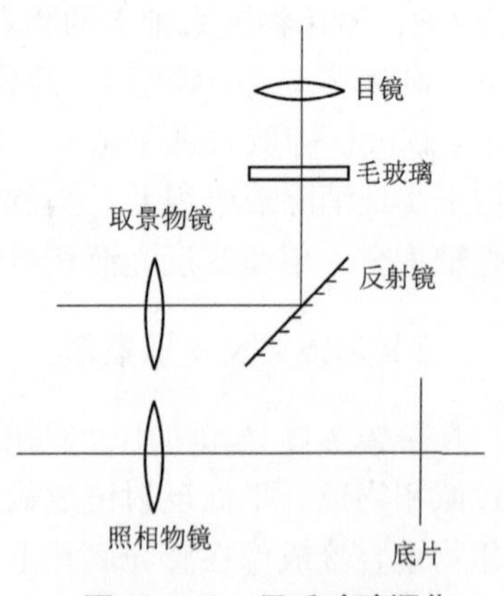

图10－43　用毛玻璃调焦

（二）用调焦光楔调焦

调焦光楔又叫裂像棱镜，它是由楔角完全相等，并呈半圆形的两个光楔斜面交叉而构成的。调焦光楔一般做在调焦毛玻璃的中央部位，并使毛玻璃面 PP 与光楔斜面交点 Q 位在同一平面内，如图 10－44 所示。它的工作原理如图 10－45 所示。假定无限远轴上物点通过物镜恰好成像在 Q 点，如图 10－45（a）所示，此时成像光束通过调焦光楔如同通过一块平行平板玻璃一样，通过目镜观察时，仍看到一个像点。如果像点 F' 与 Q 点不重合，如图 10－45（b）所示，成像光束一半通过光楔 A，另一半通过光楔 B，分别折向光楔底边，一束光被分成了两束光，从目镜观察到左右分开的两个像点，不难想象，若被观察目镜不是一个点，而是一个有一定大小的物体时，那么就会观察到左右分开的两个目标像，说明调焦不正确。若在光轴方向上移动物镜，使两个分开的像完全重合，便完成了调焦。采用这种方法，对于有明显轮廓的物体可达到精确调焦。

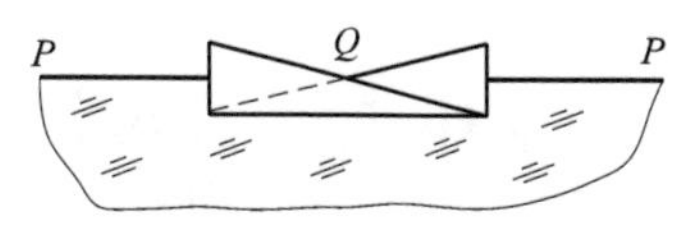

图 10－44　光楔调焦

（三）用微型棱镜调焦

如上所述，用调焦光楔的方法调焦，对有明显轮廓的物体可达到精确调焦，那么对于轮廓不明显的物体怎样达到精确调焦呢？可以用微型棱镜进行调焦。微型棱镜由许多微小的三角锥、四角锥或六角锥规则排列而成，其工作原理和调焦光楔相同。将微型棱镜置于取景毛玻璃中央部位，调焦正确时，微型棱镜部位成像清晰；离焦时，微型棱镜将目标像上下左右分开，由于每块棱镜都很小，因此在整个微型棱镜部位，影像呈现模糊。这种调焦方法准确、迅速，既不像调焦光楔那样要求被摄物体轮廓明显，又比用毛玻璃调焦时看到的像明亮。

（四）用测距、调焦联动法调焦

测距、调焦联动方法就是用单眼测距器和照相物镜（整组或照相物镜中的一部分）的位移相联动进行调焦的方法，其原理如图 10－46 所示。有限远物体 A 发出的光线，一路直接透过半反半透平面镜，进入人眼；另一路经旋转平面反射镜和半反半透平面镜反射，进入人眼。由于物体位在有限远，存在视差角 α，因而在视场中出现两个分开的像，移动照相物镜，并同时带动反射镜旋转，改变光束方向，当视场中两个分开的像完全重合时，被摄物体恰好成像在感光底片上，这样便完成了调焦。

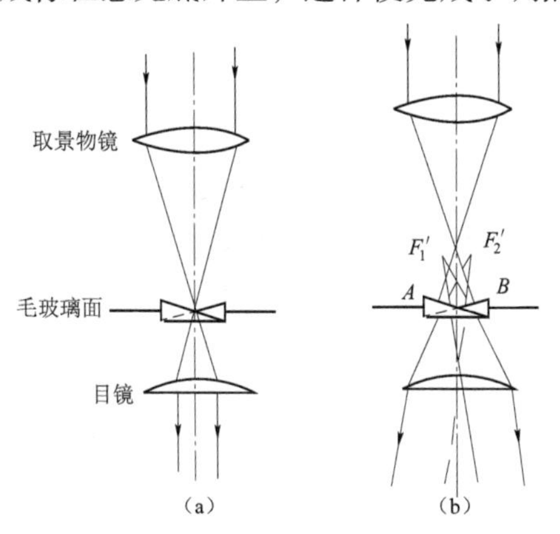

图 10－45　光楔调焦示意图

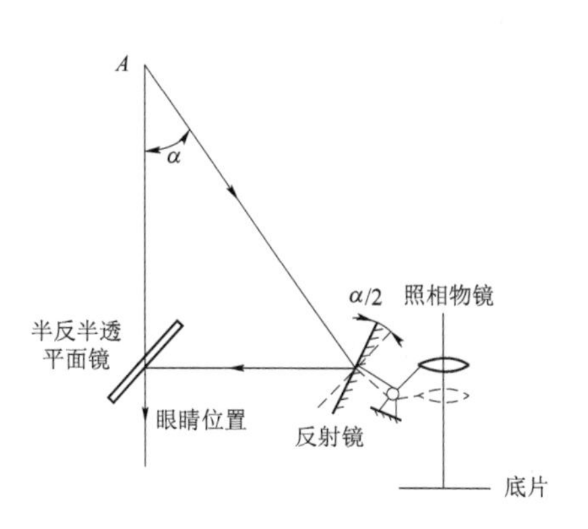

图 10－46　联动调焦

单眼测距仪中的光学补偿器和照相物镜联动，都能实现调焦，因此测距、调焦联动结构型式很多，这里不再详述。

§10－5　投影仪的作用及其类别

投影仪是将一定大小的物体，用光源照明以后成像在屏幕上进行观察或测量的一种光学仪器，例如电影放映机、幻灯机、印相放大机、计量用投影仪等。对于投影仪所成的像，除了要求成像清晰、物像相似以外，还要求像足够亮，也就是要求有足够的像面光照度，并且整个像面光照度尽可能一致。后面这两个要求决定了投影系统的主要特点。

投影系统一般由两部分构成，一部分是照明系统；另一部分是投影物镜。照明系统的作用是把光源的光通量尽可能多地聚集到投影物镜中去，并使被投影物体照明均匀。投影物镜的作用是把投影物体成像在屏幕上，并保证成像清晰、物像相似。投影系统根据照明方式不同，可以分成两大类：临界照明和柯勒照明。

一、临界照明

照明系统把光源成像在投影物体上，如图10－47所示。要求光源通过照明系统所成的像大于投影面积。为了保证照明均匀，要求发光体本身尽可能均匀发光。这种系统多用于投影物体面积比较小的情形。例如，电影放映机就是采用这种系统。这类系统中的照明器又有两种：一种是用反射镜，如图10－48所示，光源通常用电弧或短弧氙灯；另一种是用透镜组，光源通常用强光放映灯泡，如图10－49所示。为了充分利用光能量，一般在灯泡后放一球面反射镜，反射镜的球心和灯丝重合，灯丝经球面反射成像在原来的位置上。调整灯泡的位置，可以使灯丝像正好位于灯丝的间隙之间，如图10－50所示。这样可以提高发光体的平均光亮度，并且易于达到均匀的照明。

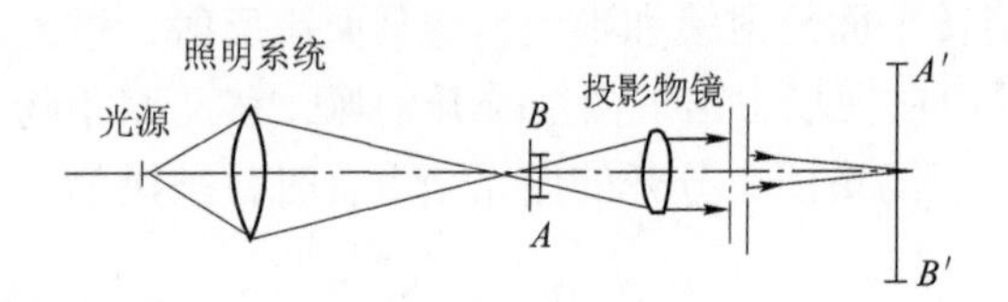

图10－47　临界照明

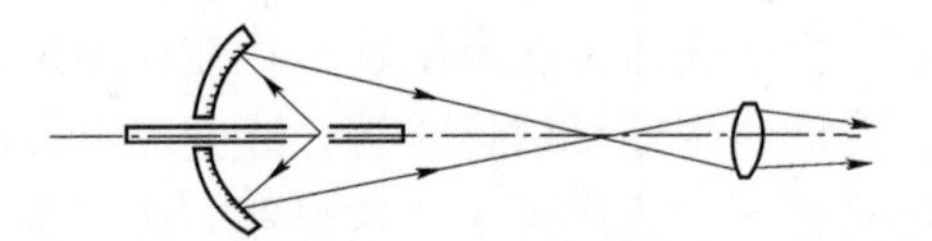

图10－48　反射照明

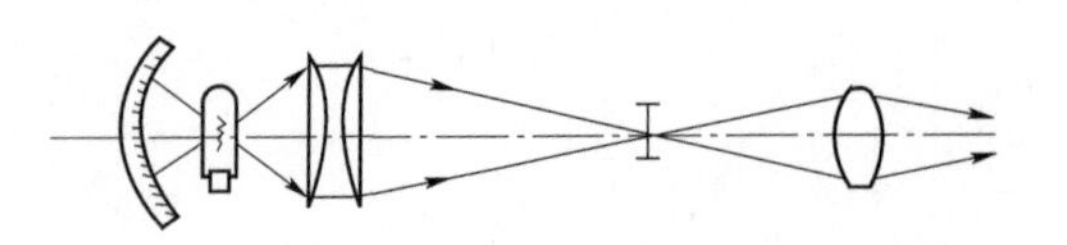

图10－49　透射加反光镜照明

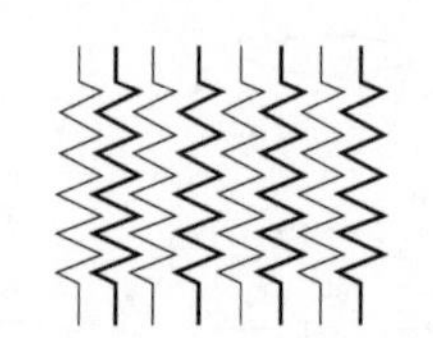

图10－50　反光镜灯丝像

二、柯勒照明

照明系统把光源成像在投影物镜的入瞳上，如图10－51所示。这种照明方式多数用于大面积的投影仪中，例如幻灯机和放大机。这种照明方式的优点是容易在像平面上获得均匀的照明。一般在灯泡后面同样放一球面反射镜，以增加光能的利用率。

在某些用于计量的投影仪中，为了避免调焦不准而引起的测量误差，和前面 §5－3 节所讲的测量用显微镜物镜相似，投影物镜采用物方远心光路，如图 10－52 所示。

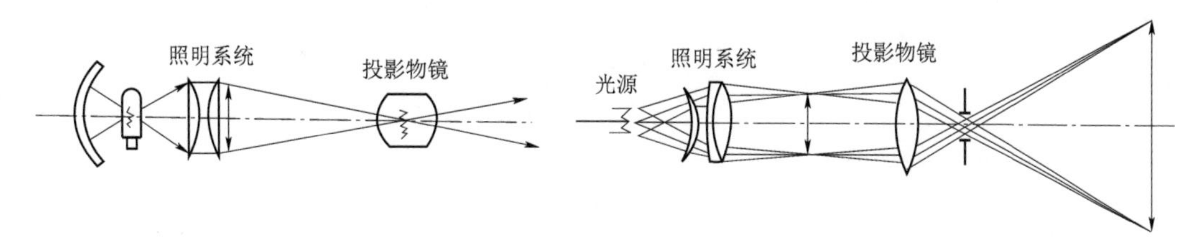

图 10－51 柯勒照明

图 10－52 投影物镜远心光路

§10－6 投影仪中的照明系统

一、聚光照明系统的作用和要求

聚光照明系统的作用大致有以下几个方面：

(1) 提高光源的利用率，使光源发出的光能尽可能多地进入投影物镜。

(2) 充分发挥投影物镜的作用，使照明光束能充满物镜的口径。

(3) 使投影物平面照明均匀，即物平面上各点的照明光束口径尽可能一致。

对照明系统的像差一般要求不严格，因为它并不影响物平面的成像质量，而只是影响像面的光照度。例如在 §10－5 节中所讲的第二类系统中，如果照明系统有较大的球差，当某一视场的主光线正好通过投影物镜光瞳中心时，其他视场的主光线就不通过光瞳中心，这就可能使投影物镜产生渐晕，导致像面上光照度不均匀，如图 10－53 所示。为了减小球差的影响，一般使投影物镜的入瞳中心与边缘视场的主光线和光轴的交点相重合，而不是和发光体的近轴像面相重合。在第一类系统中，像差将引起光源像的扩散，使视场边缘部分照明不均匀，这样有效的均匀照明范围就缩小了。由于发光体的尺寸一般都不大，即照明系统的视场较小，而照明的孔径角比较大，即相对孔径较大，因此对照明系统来说，主要的像差是球差，而对于球差的要求也不严格，不需要完全校正，只要控制到适当范围就可以了。

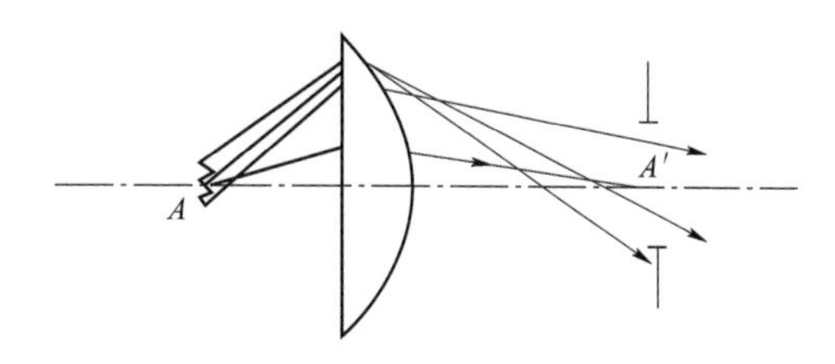

图 10－53 投影物镜渐晕

二、照明系统的基本结构型式

对照明系统中的聚光镜来说，主要的光学特性有两个，一是孔径角，另一个是倍率。

聚光镜的结构型式由光束的最大偏转角（$U'-U$）决定，表 10－1 所示为不同偏转角时，球面聚光镜的结构型式。

表10-1　不同偏转角对应的结构型式

偏转角 $U'-U$	结　构　型　式
<20°	
20°~35°	
35°~50°	

从表10-1可看出，偏转角（$U'-U$）越大，结构越复杂，这是为什么呢？因为光束通过聚光镜的偏转，是由透镜的各个表面折射而产生的。在透镜个数一定的情况下，光束的总偏转角越大，每个折射面分担的偏转角越大，这就会增大光线在透镜表面的入射角，从而导致两个不良后果：第一，光线的入射角增大，球差增加，过大的球差将使投影物镜产生渐晕，使像面光照度不均匀；第二，光线入射角增加，光线在透镜表面的反射损失增加，在第一类系统中使整个像面光照度下降。在第二类系统中，将引起像面光照度不均匀。所以，在照明系统中一般用限制光线最大入射角的方法，达到控制系统的球差及保证照明均匀的要求，最好每个面的偏转角不超过10°，这样就必须随着总偏转角的增大而增加透镜的个数。

为了简化聚光镜的结构，并能很好地校正球差，通常将聚光镜的一个表面做成非球面，如图10-54所示。一般采用二次非球面就能使孔径边缘光线的球差得到校正。当然，在非球面聚光镜中仍然存在孔径边缘光线由于入射角增大而使反射损失增加的缺点。

某些要求孔径角和口径都很大的照明系统，如果聚光镜采用一般的球面或非球面的透镜，它们的体积和重量都很大，球差也很大，为此常采用环带状的螺纹透镜，如图10-55所示。它的每一个环带相当于一个透镜的边缘部分，利用改变不同环带的球面半径，达到校正球差的目的，由于存在暗区，故不适用于第二类照明系统。

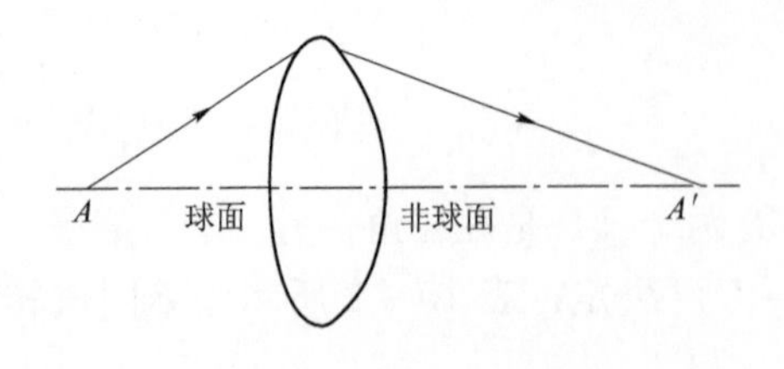

图10-54　非球面聚光镜

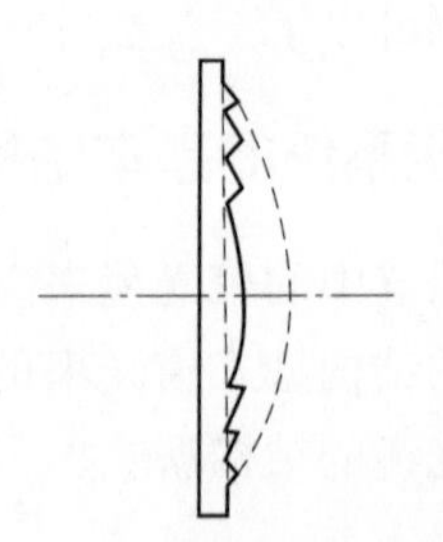

图10-55　螺纹透镜

以上均为透射式照明系统，也可使用反射式照明系统，一般反射镜多采用椭球面反射镜，把光源放在椭球面的一个焦点上，经椭球面反射后，光源像成在另一焦点上，这种照明系统只适用于第一类系统中。反射式照明系统和透射式照明系统比较，它的优点是更能充分利用光能，孔径角可超过 90°，同时光能损失也不会随孔径角增大而增大。近来由于光学镀膜技术的发展，可在反射镜上镀反射可见光而透过红外线的冷光膜，以减轻被照明物平面过热的问题，所以，目前反射式照明系统的应用正在逐步扩大。

§10－7　投影物镜

一、投影物镜的作用及光学特性

投影物镜的作用是将被光源照明的投影物体成像在屏幕上，保证成像清晰、物像相似，与照明系统合理配合，保证屏幕上有足够的光照度。投影物镜的光学特性通常用视场、相对孔径、放大率和工作距离表示，下面分别进行说明。

（一）视场

投影系统中，成像范围不用视场角表示，而直接用投影物体的最大尺寸——线视场表示。屏幕尺寸是确定的，例如测量用投影仪的屏幕是圆形的，常见的屏幕尺寸有 ϕ400 mm、ϕ600 mm、ϕ800 mm、ϕ1 200 mm、ϕ1 500 mm 等，屏幕框实际上就是投影系统的视场光阑，它的大小就决定了投影物镜的线视场。根据放大率公式

$$\beta = \frac{y'}{y} \quad \text{或} \quad y = \frac{y'}{\beta}$$

将已知屏幕尺寸代入 y'，便可根据放大率 β 求出投影物镜的最大线视场。

例如一个 $100^{\times}$ 的投影物镜，屏幕直径为 1 500 mm，最大的视线场为

$$y_{\max} = \frac{1\ 500}{100} = 15(\text{mm})$$

（二）相对孔径

投影物镜的作用是把投影物体成像在屏幕上，屏幕距离和投影物镜焦距相比，通常都达数十倍。因此，可认为投影物平面近似位于物镜的物方焦平面，所以物方孔径角 U 为

$$\sin U = \frac{D}{2f'}$$

投影物镜的放大率 β 为

$$\beta \approx \frac{\sin U}{\sin U'}$$

或写成

$$\sin U' \approx \frac{\sin U}{\beta}$$

将 $\sin U \approx D/2f'$ 代入上式得

$$\sin U' \approx \frac{D}{2f'}\frac{1}{\beta} \tag{10-16}$$

将式（10－16）代入像面光照度公式（6－38）得

$$E_0' = \frac{1}{4}\tau \pi L\left(\frac{D}{f'}\right)^2 \cdot \frac{1}{\beta^2} \tag{10-17}$$

式中，D/f'称为投影物镜的相对孔径，光照明与相对孔径平方成正比，因此相对孔径是投影物镜的一个重要光学性能。从式（10－17）中还可看出，照度与放大率的平方成反比，当放大率增大时，为了保证屏幕上具有一定光照度，必须加大相对孔径。相对孔径加大，像差也加大，为了获得清晰的像，物镜的结构必然要复杂。

（三）放大率

从上面的讨论可知，放大率和投影物镜的最大线视场以及相对孔径有关。除此之外还与测量精度、投影仪的结构尺寸有关。根据放大率公式可知，当投影物体尺寸一定时，放大率越高，在屏幕上的像越大，测量精度则越高。投影物镜的物距$|l| \approx f'$，所以放大率公式为

$$\beta \approx -\frac{l'}{f'}$$

或写成

$$l' \approx -\beta f'$$

由上式可得：当物镜焦距一定时，放大率增加，像距l'加大，物像之间共轭距加大，整个投影仪的结构尺寸加大。因此放大率也是投影物镜的重要光学性能之一。

一般幻灯机中物镜放大率较低，中型和大型投影仪中的投影物镜有$10^\times$、$20^\times$、$50^\times$、$100^\times$等各种不同放大率，通常都标注在镜筒上。

对于测量用投影仪，放大率的准确性有十分重要的意义，它直接影响测量精度，为此必须严格校正投影物镜的畸变，通常要求不同视场的相对畸变量不超过0.1%。

（四）工作距离

投影仪的屏幕距离是确定的，我们把与屏幕共轴的物平面到投影物镜第一面的距离叫作工作距离。工作距离的大小将直接影响投影仪的使用范围。因为投影物体不仅有图片、幻灯片、照相底片等，还有具有一定体积的物体，例如齿轮、各种工件等，如果工作距离太小，则投影仪的使用范围必将受到限制。

投影物镜的工作距离与物镜的放大率、物像之间共轭距有关。物镜焦距一定时，放大率低，工作距离则长；当放大率一定时，物像共轭距大，工作距离就长。物镜的工作距离与它的结构型式有关，在焦距相同条件下，反摄远物镜具有较长的工作距离。

二、投影物镜的结构型式

投影物镜和照相物镜的工作状态恰好相反，但从视场角、相对孔径等光学特性角度来看，二者同属一类光学系统。§10－2节中曾介绍了各种类型照相物镜的结构型式以及它们所能达到的光学性能，在选用投影物镜时可作参考。例如，电影放映物镜的相对孔径较大，一般为1∶2～1∶1.2，而视场较小，只需校正球差、彗差、轴向色差，因此电影放映物镜多采用等明型物镜；当视场比较大，成像质量要求高时，除了校正以上三种像差之外，还需校正像散、场曲，这时通常采用三片型物镜、天塞型物镜，有时还采用双高斯型物镜；如果对工作距离有特殊要求，则必须采用长工作距离物镜。长工作距离物镜是在反摄远型物镜基础上发展起来的，如图10－56所示，图10－56（a）所示为测量用长工作距离物镜，相对工

作距离 $l/f'=1.9$，这种物镜结构较简单，但系统较长，大约是焦距的 3.9 倍；图 10－56（b）所示为检查仪上用的长工作距离物镜，相对工作距离 $l/f'=1.2$，系统长度较小，仅为焦距的 1.4 倍。

如果投影物体是不透明的，投影物镜只能用被光源照明后从投影物体上漫反射出来的光线成像，其光能量仅为透明物体情况下的几十分之一。为了在屏幕上得到足够光照度，必须采用大相对孔径物镜，如图 10－57 所示。

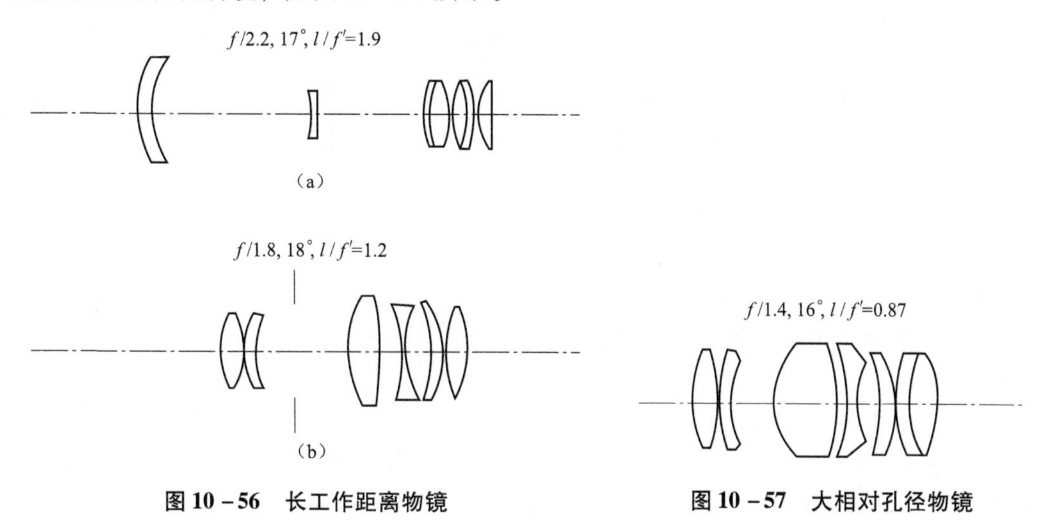

图 10－56　长工作距离物镜　　**图 10－57　大相对孔径物镜**

§10－8　投影系统中的光能计算

在进行投影系统计算时，为保证像面上有足够光照度，光能的计算就占有重要的地位。下面结合具体例子说明投影系统中光能计算的方法。

【例 1】 假定一个 35 mm 的电影放映机，采用电弧作光源，要求银幕照度为 100 lx，放映机离开银幕的距离为 50 m，银幕宽 7 m，求放映物镜的焦距和相对孔径。

35 mm 电影机的片框尺寸为 21 mm × 16 mm，要求放映物镜的放大率为

$$\beta=-\frac{7\,000}{21}=-333^{\times}$$

根据放大率公式 $\beta=-\frac{x'}{f'}$，x' 为物镜的像方焦点到像点的距离。由于像距比焦距大得多，所以 $x'\approx l'=50\,000$ mm。将 $\beta=-333$ 代入以上公式，得

$$f'=-\frac{x'}{\beta}=-\frac{50\,000}{-333}=150(\text{mm})$$

根据像平面光照度公式（6－38）有

$$E_0'=\tau\,\pi L\sin^2 U'_{\max}$$

假定整个系统的透过率为 0.5，电弧的光亮度由表 6－4 查得为 $1.5\times10^8\ \text{cd/m}^2$，代入上式，得

$$\sin^2 U'_{\max}=\frac{E_0'}{\tau\,\pi L}=\frac{100}{0.5\times3.141\,6\times1.5\times10^8}=\frac{1}{236\times10^4}$$

$$\sin U'_{max} = \frac{1}{1\ 535}$$

要求物镜的口径为

$$D = 2l'\sin U'_{max} = 2 \times 50\ 000 \times \frac{1}{1\ 535} = 65(\text{mm})$$

放映物镜的相对孔径为

$$A = \frac{D}{f'} = \frac{65}{150} = \frac{1}{2.3}$$

根据放映物镜的相对孔径和投影面积的要求，就可以进行照明系统光学特性的计算。假定片门离照明反射镜的距离为850 mm，如图10－58所示，则反射镜的口径$D_{反}$为

$$D_{反} = 850 \times \frac{1}{2.3} = 370(\text{mm})$$

如果电弧焰口的直径为9 mm，而片门的对角线尺寸为27 mm，为了使照明反射镜所成的像大于投影面积，假定反射镜将电弧放大$3.5^{\times}$，则焰口像的最大尺寸为

$$y' = \beta y = 3.5 \times 9 = 31.5(\text{mm})$$

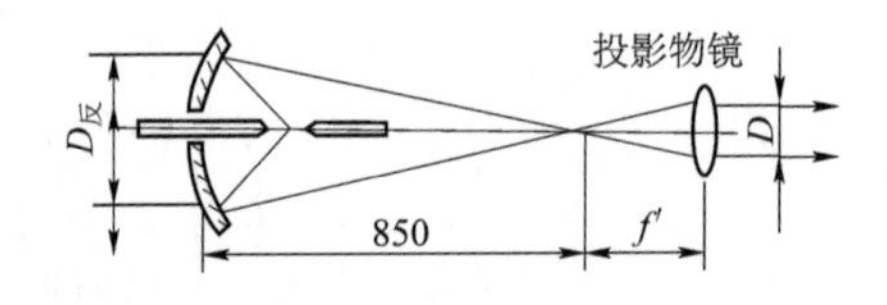

图10－58　反射镜尺寸

由放大率$\beta = -3.5^{\times}$，像距$l' = 850$ mm，就可以求得照明反射镜的焦距。由式（2－15），对反射的情形$n' = -n$，得

$$l = l'\frac{-1}{\beta} = \frac{-850}{-3.5} = 243(\text{mm})$$

将l、l'、$f' = f$代入式（2－25），得

$$\frac{1}{f'} = \frac{1}{l'} + \frac{1}{l} = \frac{1}{850} + \frac{1}{243} = 0.005\ 3$$

$$f' = 189(\text{mm})$$

根据上面的计算，要求照明反射镜的焦距为189 mm，口径为370 mm。

【例2】一个小型投影仪采用6V30 W的白炽灯照明。灯泡的光视效能为15 lm/W，灯丝为直径3 mm、长3 mm的螺线管，如图10－59所示。投影物镜的焦距为50 mm，相对孔径为1∶3.5，放大率为$15^{\times}$，投影仪的光学系统如图10－60所示。采用第二种照明方式，照明系统的放大率为$2^{\times}$，系统的透过率$\tau = 0.6$，求像平面的光照度。

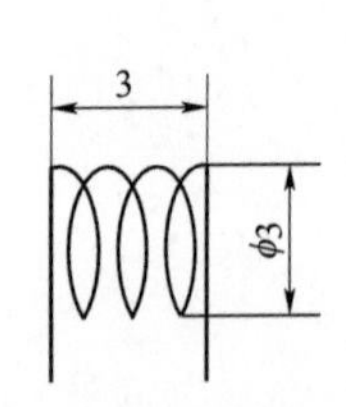

图10－59　螺线管灯丝

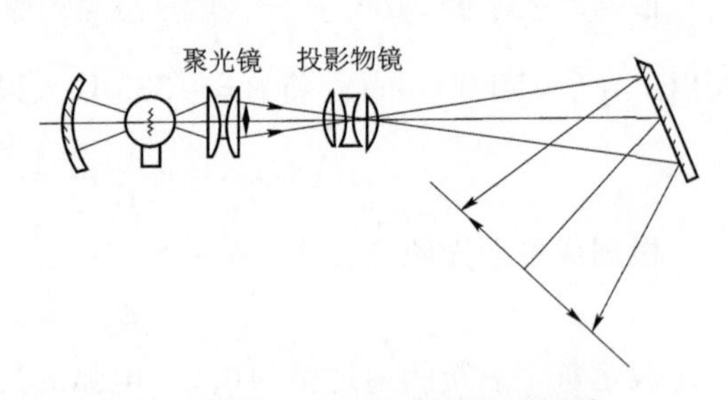

图10－60　投影仪光学系统

首先求发光体的平均光亮度。由式（6－18），光源发出的总光通量为

$$\Phi = K\Phi_e = 15 \times 30 = 450(\text{lm})$$

由于发光体在各方向投影面积近乎相等，所以可近似假定各方向均匀发光，发光强度为

$$I = \frac{\Phi}{4\pi} = \frac{450}{4\pi} = 35.8(\mathrm{cd})$$

根据式（6－24）求得

$$L = \frac{I}{\mathrm{d}S_n} = \frac{35.8}{0.003 \times 0.003} = 4 \times 10^6(\mathrm{cd/m^2})$$

考虑到后面加了球面反光镜，使平均光亮度提高50%，则得到发光体的平均光亮度为

$$L = 1.5 \times 4 \times 10^6 = 6 \times 10^6(\mathrm{cd/m^2})$$

照明器的放大率为$2^\times$，因此，投影物镜的有效通光面积为$S=6\times6=36$（$\mathrm{mm^2}$），相应的通光口径D为

$$\frac{\pi D^2}{4} = 36 \quad 或 \quad D = 6.77(\mathrm{mm})$$

投影物镜的放大率为$-15^\times$，焦距为50 mm，像距l'为

$$l' = f' + x' = f'(1-\beta) = 50 \times (1+15) = 800(\mathrm{mm})$$

对应的像方孔径角为

$$\sin U'_{\max} = \frac{D}{2l'} = \frac{6.77}{2 \times 800} = 0.004\ 23$$

将已知的L、$\sin U'_{\max}$和τ代入式（6－38），得

$$E_0' = \pi \tau L \sin^2 U'_{\max} = 3.141\ 6 \times 0.6 \times 6 \times 10^6 \times (0.004\ 23)^2 = 200(\mathrm{lx})$$

即投影仪像面的光照度为200 lx。

习　题

1. 照相物镜的作用是什么？表示照相物镜光学特性的参量有哪些？

2. 说明变焦距物镜的工作原理，并说明常见的变焦类型有哪几种。

3. 投影物镜的作用是什么？表示投影物镜光学特性的参量有哪些？

4. 投影仪中聚光照明系统的作用是什么？对聚光照明系统有哪些要求？

5. 什么叫临界照明？什么叫柯勒照明？它们各自的特点是什么？

6. 假定照相机镜头是薄透镜组，焦距为100 mm，通光口径为8 mm，在镜头前5 mm处装有一个直径为7 mm的光阑，求照相镜头的F数；如果将光阑装在镜头后5 mm处，镜头的F数为多大？

7. 有一焦距为50 mm的照相物镜，对镜头前200 mm处的物体进行调焦，问镜头伸缩量多大？伸缩方向如何？

8. 有一对称型照相物镜，相对孔径为1∶5，每一半焦距为200 mm，两透镜组相距20 mm，在透镜组中央有一孔径光阑，在物镜前方400 mm处，有一个垂直光轴的物体，其光亮度为5 000 cd/m²，如果不考虑光能损失，求像平面光照度。当物体移至无穷远时，像平面光照度又为多大？

9. 幻灯机离开投影屏幕的距离为45 m，投影屏幕尺寸为5 m×4 m，幻灯片尺寸为20 mm×16 mm，光源的光亮度为1.2×10^8 cd/m²，聚光系统使幻灯片均匀照明，并使光束充满物镜口径，投影物镜的透过率为0.6，要求屏幕上的光照度为100 lx，求投影物镜的焦

距和相对孔径。

10. 用一个 250 W 的溴钨灯作为 16 mm 电影放映机的光源，光源的光视效能为 30 lm/W，灯丝面积为 5 mm × 7 mm，可以近似看作一个两面发光的发光面，采用临界照明方式。灯泡后面加有球面反光镜，使灯丝的光亮度提高 50%，银幕宽度为 4 m，放映物镜的相对孔径为 1∶1.8，系统的透过率 $\tau=0.6$，求银幕上的光照度（16 mm 放映机的片门尺寸为 $10\times7\ \mathrm{mm}^2$）。

11. 设有一投影物镜，采用 100 W 的灯泡照明，灯泡的光视效能为 20 lm/W，发光体为直径 4 mm、各方向均匀发光的球形灯丝，要求银幕上的光照度为 60 lx，银幕离开投影仪的距离为 10 m，银幕宽 2 m，投影仪片门宽为 20 mm，整个系统的透过率 $\tau=0.6$，求投影物镜焦距和相对孔径。

第十一章

光纤光学系统

§11-1 概　述

光纤一般是指由透明介质构成的，直径与长度之比小于1∶1 000的细丝。光线由光纤的一端入射，沿着光纤传播，最后由另一端出射。单条光纤只能起传光的使用，不能成像，如图11-1所示。如果把许多光纤固定在一起，构成光纤束，就可以把具有一定面积的像面通过每根光纤，逐点地把像由光纤束的一端传至另一端。

上述用来传递光能的单根光纤或光纤束，统称为光纤光学元件。它早在20世纪50年代就开始出现，目前已形成一系列实用化的光纤光学仪器。它们能够完成很多传统光学仪器无法完成的任务，其中应用最广的是医学和工业上广泛使用的各种内窥镜。近年来，一种新的梯度折射率光纤，在通信系统中得到了迅速的发展，它正在使整个通信系统发生一次革命。由于光纤的应用日益扩大，因此对光纤的研究也不断深入。

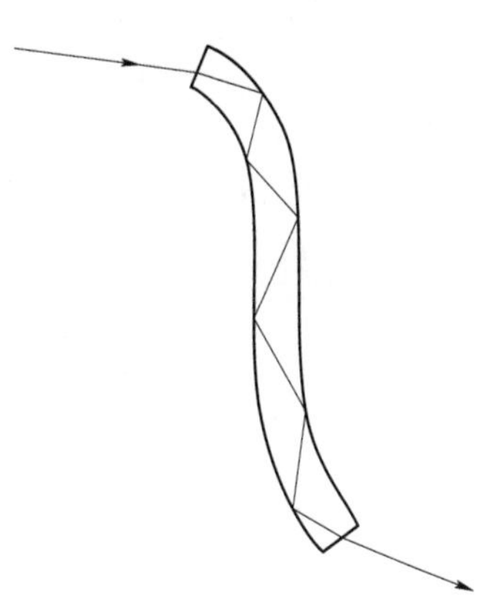

图11-1　光纤示意图

光纤根据它们传输光线的方式不同，可以分成两大类。一类是由均匀透明介质构成的，光线在光纤内部通过表面的全反射和直线传播进行传输，称为全反射光纤或阶梯型光纤。另一类光纤由非均匀介质构成，中心折射率高，边缘折射率低，光线在光纤内部沿着曲线传播，称为梯度折射率光纤。这两类光纤传播光线的方式不同，应用的范围也不同，本章将分别介绍它们的工作原理和应用。

§11-2 全反射光纤的光学性质

大多数光纤的直径比光的波长大得多，对这类光纤可以用几何光学的方法研究它的光学性质，本节研究全反射光纤的光学性质。

最简单的光纤是由均匀透明介质构成的圆柱形细丝，称为单质光纤，如图11-2所示。

光线在光纤内表面发生多次全反射，使光线由一端沿着光纤传播至另一端。这种光纤的缺点是光纤表面很小的缺陷、尘埃、污物都将使光发生散射而射出光纤，引起光能损失。在一般光学系统中的全反射棱镜的反射面上，虽然也存在这些缺陷，但是在一个棱镜系统中只有若干次反射，因而影响不大。而在光纤中，光线可能要经过上千次、上万次全反射，如果每次全反射都损失一部分光能，总的损失就十分巨大了。这种单质光纤特别不适用于传像的光纤束，因为在光纤束中，光纤之间是紧密接触的，光线有可能从一根光纤进入另一根光纤，这将影响传像的清晰度。

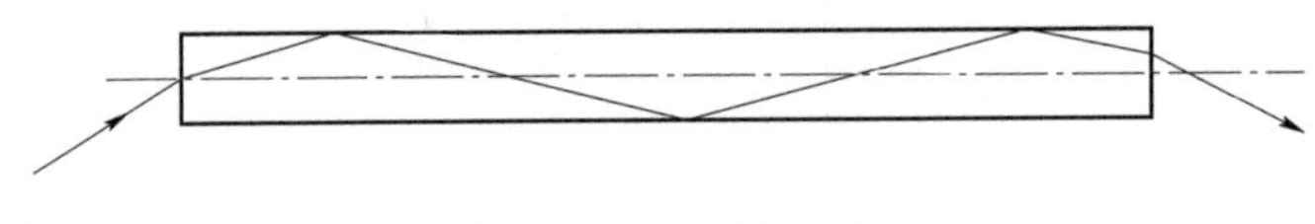

图 11-2　单质光纤

为了克服光纤的上述缺点，在光纤的外面包上一层折射率比芯料低的玻璃，如图 11-3 所示，这样的光纤称为外包光纤。

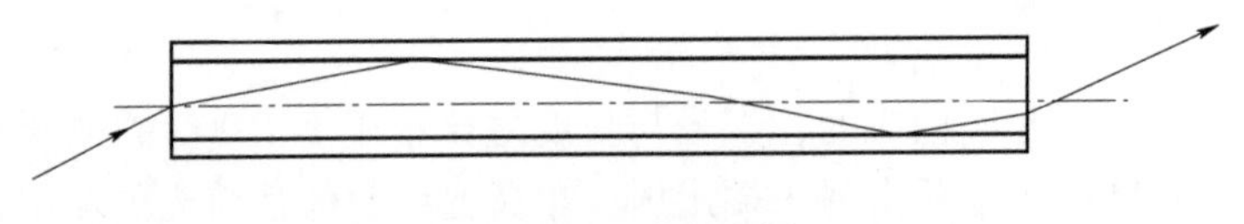

图 11-3　外包光纤

在这种光纤中，光线在光纤内、外两种玻璃的分界面上进行全反射。这样光纤表面的缺陷和污物，就不会影响全反射。目前使用的光纤大多属于外包光纤。下面研究这种光纤的光学性质。

设光纤芯料的折射率为 n，外包材料的折射率为 n'，并且 $n > n'$，光纤所在空间介质的折射率为 n_0，如图 11-4 所示。

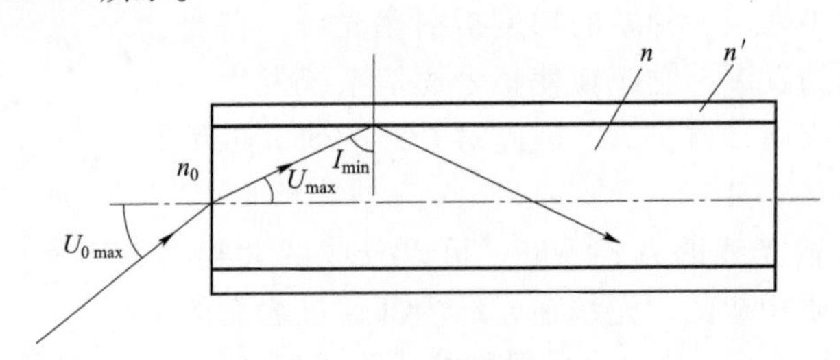

图 11-4　光纤数值孔径

欲使光线在光纤的内外介质分界面上发生全反射，则入射角 I 必须大于或等于临界角 I_{min}：

$$\sin I \geqslant \sin I_{min} = \frac{n'}{n}$$

由图 11-4 得

$$U = \frac{\pi}{2} - I, U_{max} = \frac{\pi}{2} - I_{min}$$

由上式得到

$$\sin U_{max} = \sin\left(\frac{\pi}{2} - I_{min}\right) = \cos I_{min} = \sqrt{1 - \sin^2 I_{min}}$$

将 $\sin I_{\min}=\dfrac{n'}{n}$ 代入上式化简得

$$n\sin U_{\max}=\sqrt{n^2-n'^2}$$

光线在光纤端面上发生折射，根据折射定律有

$$n_0\sin U_{0\max}=n\sin U_{\max}=\sqrt{n^2-n'^2}$$

以上公式中，$U_{0\max}$ 为光线在光纤端面与光纤轴线的夹角，$n_0\sin U_{0\max}$ 或 $n\sin U_{\max}$ 称为光纤的数值孔径。和一般光学系统对应，数值孔径用符号 NA 代表：

$$NA=\sqrt{n^2-n'^2} \tag{11-1}$$

对位于空气中的单质光纤，可以看作是 $n'=1$ 的外包光纤，将 $n'=1$ 代入 NA 公式，得到单质光纤的数值孔径公式如下：

$$NA=\sqrt{n^2-1} \tag{11-2}$$

由式（11-1）、式（11-2）可以看到，外包光纤的数值孔径总是比同一芯料的单质光纤小。在实际使用中，一般入射光束的数值孔径都小于光纤的数值孔径。因此光纤的数值孔径代表了光纤的传光能力，它是光纤的重要性能指标。

欲增大光纤的数值孔径，必须增加内、外两种玻璃的折射率差。由于高折射率光学玻璃的发展，目前玻璃光纤的最大数值孔径可以达到 1.4。当然对 $NA>1$ 的情形，光纤的两端必须位于浸液中，就像显微物镜的数值孔径大于 1 时必须采用浸液物镜一样。

超出光纤数值孔径的光线就会漏出光纤，并进入相邻的光纤。这种光线，对传像光纤束来说会降低像的清晰度，形成噪声。为了防止漏光，在光纤的外包层外边再加一层由高吸收玻璃构成的包层，它可以把漏光吸收，防止噪声的产生。

上面的讨论实际上仅限于位于过光纤对称轴线的截面内的光线，相当于共轴系统中的子午光线，这些光线在光纤中永远位于同一平面内。假定光纤是直的，则出射光线与光纤轴线的夹角等于入射光线与光纤轴线的夹角，但角度可能是负，也可能是正，视光线在光纤内部反射次数的奇偶而定。

如果是一束具有一定口径的平行光射入光纤，位于子午面外的光线每经过一次反射都将扩散，因此最后射出光纤时将形成一个锥面，如图 11-5（a）所示。

如果入射光是一束斜入射的光锥，出射光束如图 11-5（b）所示。

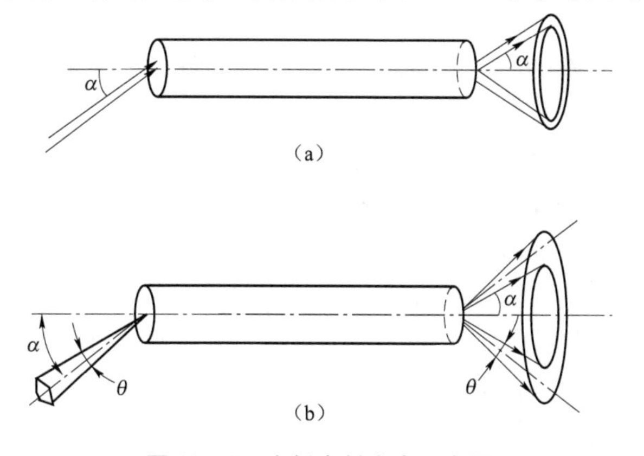

图 11-5　光纤出射光束示意图

光通过光纤的光能损失，可以分成两部分。一部分是入射端面和出射端面上的反射损失，它的计算和一般透镜表面的反射损失计算相似；另一部分是光纤内部的光能损失，它是由很多因素造成的，包括吸收、散射和非全反射等。综合的结果可用下式表示：

$$I = I_0 e^{-\omega(U,\lambda)L} \tag{11-3}$$

式中，I_0 和 I 分别为入射和透射的光强度；L 为光纤的长度；$\omega(U, \lambda)$ 为衰减系数，它是入射光锥角 U 和波长 λ 的函数，同时也和光纤类型有关。对一般的高透过率光纤，在可见光的中心波段，ω 值大约为 0.002 5 cm^{-1}。

当光纤发生弯曲时，一般弯曲半径比光纤直径大得多，对光纤的工作性质几乎没有影响。实验证明当弯曲半径大于20倍光纤直径时，光纤的数值孔径、透过率等光学性质仍无显著变化。

除了圆柱形光纤之外，有时也使用圆锥形光纤，如图11-6所示。由光纤大端入射的光线，在光纤内部每经过一次反射，入射角 I 减小到圆锥 θ 的2倍，直到 I 小于临界角而逸出光纤。因此，一般圆锥光纤的长度都比较短。相反，由光纤小端入射的光线，每经过一次反射，入射角 I 将增加 2θ，光线与光纤轴线的夹角逐次减小，直到光线从大端射出光纤为止。

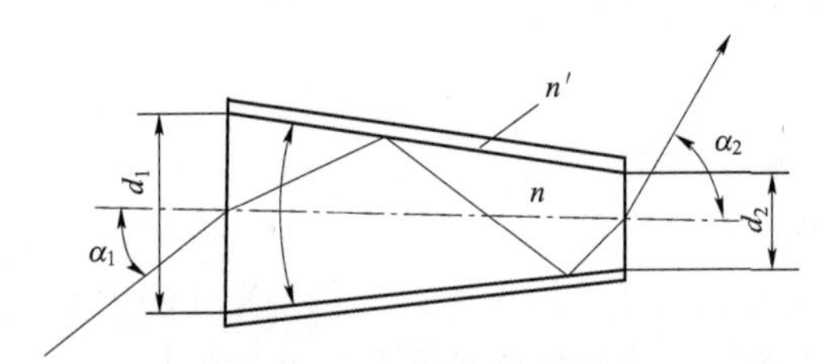

图11-6 圆锥形光纤

锥状光纤主要用于压缩光束的截面积，增大孔径角，提高出射面的光照度。入射端的直径 d_1 和光锥角 α_1 与出射端的直径 d_2 和光锥角 α_2 之间满足以下关系：

$$d_1 \sin \alpha_1 = d_2 \sin \alpha_2 \tag{11-4}$$

在锥状光纤的外面如再包上一层高吸收率的介质，可以用来防止有效孔径之外的杂光。

§11-3 全反射光纤的应用

光纤的应用大致可以分成两大类。第一类用于传递光能，称为导光束；第二类用于传递图像，称为传像束。下面分别介绍这两个方面的应用。

一、导光束

导光束可由刚性或柔性的光纤束构成。光纤束中光纤在入射端和出射端的排列顺序可以是任意的，导光束一般用于目标的照明。

导光束的输入端和输出端，光纤可以排列成不同的截面形状，以满足各种特殊的照明需要。例如用一个点状光源照明一个长狭缝，可以把导光束的输入端排成圆形，通过透镜把光源发出的光聚焦在导光束的输入端面上；而把光纤束的输出端排列成线状，以照明整个狭缝。如果用一般光学系统，直接把光源成像在狭缝上，则像的直径必须大于狭缝长度，如图11-7所示，这样大部分光线都不能进入狭缝而被浪费了。

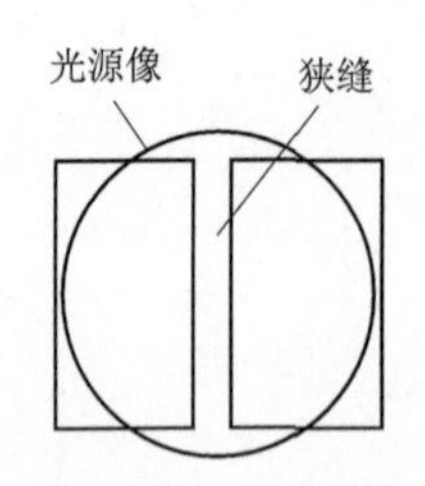

图11-7 导光束

导光束的另一种应用是用于扫描系统，把光纤的一端与扫描头连接，另一端与光能接收器连接，可以进行大面积的扫描，它比用一般光学系统来完成同样的任务要简单得多。

二、传像束

用于传像束的光纤必须有很好的外包层，并且输入端和输出端的排列顺序应完全相同。用传像束传像有许多特殊的优点，如长度和空间无严格限制，具有很大的数值孔径，没有像差。它的缺点是：光纤束中的少数光纤可能被折断，使输出像面上出现盲点；输入输出端的排列形状可能有变形，引起像的变形；只存在一对共轭面，而且景深很小；分辨率受光纤直径的限制。

传像光纤束的用处很多，下面分别介绍几种主要的应用。

（一）内窥镜

内窥镜的主要结构是在光纤束输入端前面用一个物镜把观察目标成像在光纤束的输入端面上，通过光纤束把像传至输出端，然后通过目镜来观察输出端的像，或者通过透镜组把像成到感光底片上。

由于光纤束能任意弯曲，可以用来观察人眼无法直接看到的目标。例如检查涡轮发动机的叶片，观察人体内部的组织和器官，如胃、肠等。这些内窥镜往往还需要同时进行照明，可用另一条导光束，把光从外部引入到内部目标上。一般把导光束和传像束装在同一根软管内。

内窥镜使用的传像束端面直径一般在 10 ~ 25 mm，长度最大可以达到 4 ~ 5 m。如果要传送更长的距离，也可以把两根传像束连接起来使用，不过这将增加光的损失和降低分辨率。如果将若干条传像束联结起来使用，则最后的分辨率 R（以每毫米能分辨的线对数表示——lp/mm）与每条光纤束分辨率 R_1，R_2，…（lp/mm）之间近似符合以下关系：

$$\frac{1}{R^2}=\frac{1}{R_1^2}+\frac{1}{R_2^2}+\cdots \tag{11-5}$$

前面说过传像束的景深比较小，可以近似按以下公式计算：

$$\Delta l=\frac{B}{2\tan U_{\max}} \tag{11-6}$$

式中，Δl 为景深，B 为允许的弥散斑直径，$U_{\max}$为光纤的最大孔径角。

用作传像束的单根光纤的直径大约为 0.01 mm，光纤束的分辨率可能超过 50 lp/mm。

在计算光纤束的光能损失时，除了前面已经提到的单根光纤端面的反射损失和光纤内部的损失外，还要考虑实际导光面积和光纤端面总面积的比，如图 11 – 8 所示。实际导光面积只是每条光纤的芯料面之和，它显然要比光纤束端面的总面积小。

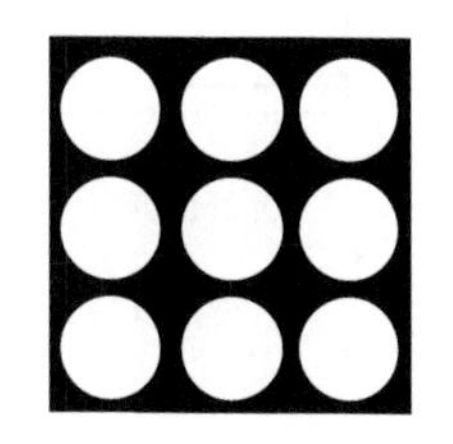

图 11 – 8　传像束光纤

（二）光纤面板

光纤面板是把很多光纤通过加温、加压熔接在一起的光纤棒，然后把它切成片状。光纤面板中光纤的直径一般为 5 ~ 7 μm，适当选择光纤的芯料和外包层玻璃的折射率，数值孔径可达0.2 ~ 0.85。如果把输入和输出端浸在液体中，就像显微镜的浸液物镜那样，数值孔径可达 1.4。

光纤面板的最大用途是作为各种电子束成像器件的输出、输入面板使用。图 11 – 9 所示为一种使用光纤面板作为输出端的阴极射线管记录装置。光纤面板封接在管子的输出端，荧光层直接镀在光纤面板的内侧，电子束打在荧光层上产生的像通过光纤面板直接传递到紧贴在光纤面板外侧的感光胶片上，被记录下来。如果不用光纤面板，而用透镜把荧光屏成像到感光胶片上，光能的利用率只有前一种装置的1/40～1/20，而且整个装置的体积加大。

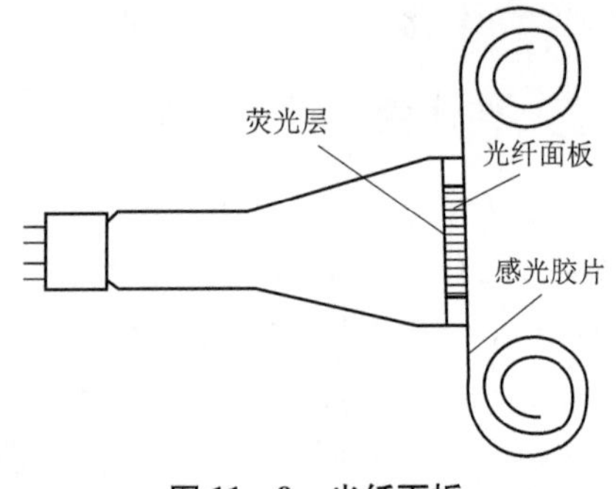

图 11－9　光纤面板

图 11－10 所示为把光纤面板使用在像增强器的输入和输出端，通过光纤面板可以把若干个像增强器连接起来使用，使整个系统获得极大的增益。光纤面板的内侧做成球面，可以用来补偿电子光学系统的像面弯曲，外侧做成平面，以便多级耦合使用。用于上述电真空器件的光纤面板一个最重要的要求是保证不能漏气。

（三）光学系统平场器

光纤面板的另一个用途是在普通光学系统中，作为补偿像面弯曲的平场器。在设计大视场、大孔径的光学系统时，经常遇到系统像面弯曲的校正和其他像差的校正发生矛盾的问题。如果光学系统不校正像面弯曲，则往往可以使其他像差达到更好的校正，这样的光学系统可以在一个曲面上得到清晰的像。如果直接用感光底板来接收，仍然不能使整个像面清晰。假如在系统的像面上放置一块光纤面板，把光纤面板的一面磨成和弯曲的像面相一致，另一面磨成平面，如图 11－11 所示，就可以在光纤面板的平面上得到一个清晰的平面像。当然光纤面板的加入，会带来附加的光能损失和分辨率下降。

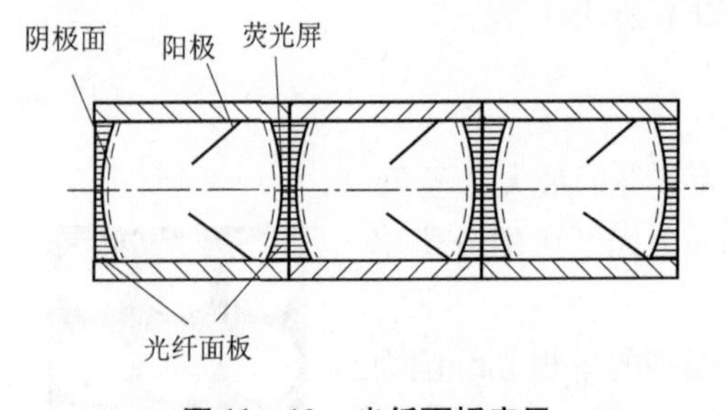

图 11－10　光纤面板应用

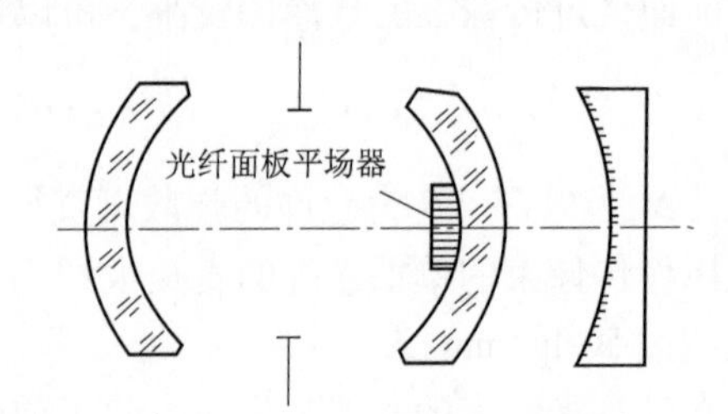

图 11－11　光纤面板平场器

§11－4　梯度折射率光纤

在全反射光纤中，不同入射角的光线，在光纤内部所走的路程和全反射的次数都不相同，因此每条光线的光程都不相等。由同一点进入光纤的光线，在输出端将产生位相差。如果输入的是瞬时的光脉冲，则同一个脉冲中以不同入射角入射的光线，到达输出端的时间不同，瞬时脉冲将被展宽，即同一脉冲的延续时间增加。如果把光纤用来作为传递信息的导体，能够传递的信息量就会受到限制。因为信息都是以脉冲的形式来传递的，脉冲的时间宽度越大，单位时间内能够传递的信息越少。为了克服上述缺点，产生了梯度折射率光纤。梯度折射率光纤的折射率在光纤截面内是不均匀分布的，中心折射率最高，随着半径增加，折射率逐步下降，折射率分布近似符合以下关系：

$$n^2 = n_0^2(1 - \alpha^2 r^2) \tag{11-7}$$

式中，n_0 为光纤中心的折射率，α 为常数，r 为光纤截面内的半径，如图 11－12（a）所示。梯度折射率光纤也叫变折射率光纤，图 11－12（b）就表示折射率随半径 r 变化的曲线。

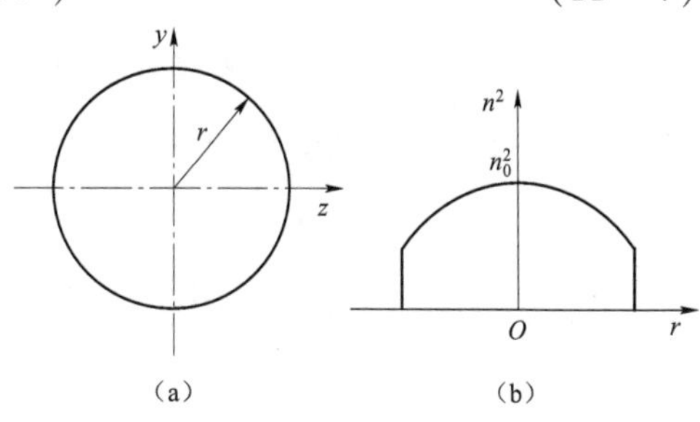

图 11－12　梯度折射率光纤

下面讨论光线在变折射率光纤中的传播路径。这是一个非均匀介质中光线的传播问题。我们先来找出非均匀介质中光线传播的微分方程式，再把它应用于光纤，根据光纤的特点做某些近似，得出简化的、在梯度折射率光纤中近轴光线的轨迹方程。

一、非均匀介质中的光线微分方程式

梯度折射率光纤的介质折射率是连续变化的，因此，为讨论光线在梯度折射率光纤中的轨迹，必须首先导出非均匀介质中的光线传播方程式。

光波是一种电磁波，在空间的传播应严格遵循电磁场在空间传播的麦克斯韦波动方程。如果把光波波长看作无限小，便可得到不均匀介质中波动方程式的几何光学近似式，即程函方程

$$(\nabla L)^2 = n^2 \tag{11-8}$$

式中，L 为光程；∇L 为光程的梯度；n 是光传输空间介质折射率。

若用直角坐标表示，程函方程又可以写为

$$\left(\frac{\partial L}{\partial x}\right)^2 + \left(\frac{\partial L}{\partial y}\right)^2 + \left(\frac{\partial L}{\partial z}\right)^2 = n^2 \tag{11-9}$$

程函方程是几何光学中描述光程传播的基本方程式。它指出，光程梯度的绝对值与介质的折射率相等。

下面再将程函方程做适当变换，让它表示成折射率的不均匀性和光线的弯曲路径之间的关系式。

设光线在空间传播的方向单位向量为 $\boldsymbol{S}$，光的传播方向就是波面法线的方向，也就是光程的梯度方向，即 ∇L 的方向。所以，沿光线方向的单位向量为

$$\boldsymbol{S} = \frac{\nabla L}{|\nabla L|}$$

利用程函方程（11－8），单位向量 $\boldsymbol{S}$ 又可表示为

$$\boldsymbol{S} = \frac{\nabla L}{n} \tag{11-10}$$

为了用坐标表示光线的路径，把 $\boldsymbol{S}$ 表示成位置向量的变化更为方便，所以，需要求出 $\boldsymbol{S}$ 和位置向量的关系。在图 11－13 中，曲线表示在非均匀介质中传播的任意一条光线路径。曲线上任意点 P（x，y，z）的位置向量为 $\boldsymbol{r}$，当沿曲线移动 $\mathrm{d}s$ 距离后，位置向量的变化量为 $\mathrm{d}\boldsymbol{r} = \boldsymbol{S}\mathrm{d}s$，所以，

$$\boldsymbol{S} = \frac{\mathrm{d}\boldsymbol{r}}{\mathrm{d}s} \tag{11-11}$$

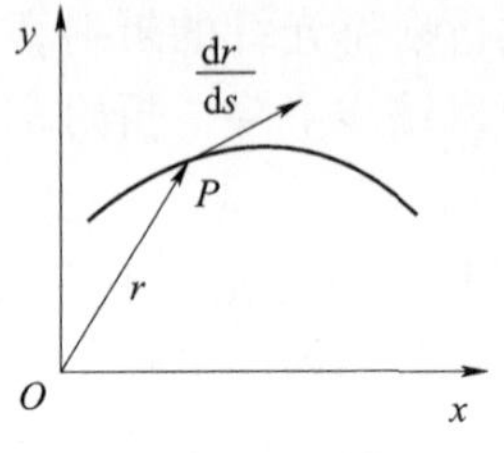

图 11-13 非均匀介质光线传播

将其代入式（11-10），得

$$n\frac{\mathrm{d}\boldsymbol{r}}{\mathrm{d}s} = \nabla L \tag{11-12}$$

将式（11-12）写成其分量形式

$$\begin{cases} n\dfrac{\mathrm{d}x}{\mathrm{d}s} = L_x \\ n\dfrac{\mathrm{d}y}{\mathrm{d}s} = L_y \\ n\dfrac{\mathrm{d}z}{\mathrm{d}s} = L_z \end{cases} \tag{11-13}$$

式中，
$$L_x = \frac{\partial L}{\partial x},\ L_y = \frac{\partial L}{\partial y},\ L_z = \frac{\partial L}{\partial z}$$

将式（11-13）的第一式进行 s 全微分，因为 x，y，z 是 s 的函数，所以，

$$\begin{aligned} \frac{\mathrm{d}}{\mathrm{d}s}n\frac{\mathrm{d}x}{\mathrm{d}s} = \frac{\mathrm{d}L_x}{\mathrm{d}s} &= \left(\frac{\mathrm{d}x}{\mathrm{d}s}\frac{\partial}{\partial x} + \frac{\mathrm{d}y}{\mathrm{d}s}\frac{\partial}{\partial y} + \frac{\mathrm{d}z}{\mathrm{d}s}\frac{\partial}{\partial z}\right)L_x \\ &= \frac{\mathrm{d}x}{\mathrm{d}s}L_{xx} + \frac{\mathrm{d}y}{\mathrm{d}s}L_{xy} + \frac{\mathrm{d}z}{\mathrm{d}s}L_{xz} \end{aligned} \tag{11-14}$$

将式（11-13）代入式（11-14），得

$$\begin{aligned} \frac{\mathrm{d}}{\mathrm{d}s}n\frac{\mathrm{d}x}{\mathrm{d}s} &= \frac{1}{n}(L_xL_{xx} + L_yL_{xy} + L_zL_{xz}) \\ &= \frac{1}{2n}\frac{\partial}{\partial x}(L_x^2 + L_y^2 + L_z^2) \end{aligned} \tag{11-15}$$

利用程函方程（11-9），上式又可写成

$$\frac{\mathrm{d}}{\mathrm{d}s}n\frac{\mathrm{d}x}{\mathrm{d}s} = \frac{1}{2n}\frac{\partial}{\partial x}n^2 = \frac{\partial n}{\partial x}$$

对于 y，z 分量，也可用同样方法，归纳其结果可得到下式：

$$\frac{\mathrm{d}}{\mathrm{d}s}\left(n\frac{\mathrm{d}\boldsymbol{r}}{\mathrm{d}s}\right) = \nabla n \tag{11-16}$$

式（11-16）的右边表示折射率的变化量，因为 $\mathrm{d}\boldsymbol{r}/\mathrm{d}s$ 是沿路径的单位向量 $\boldsymbol{S}$，所以，左边表示沿路径的单位向量的变化，即路径的弯曲量。式（11-16）直接表示了光线传播路径与折射率变化量之间的关系，称为在非均匀介质中的光线微分方程式。

二、梯度折射率光纤中的光线轨迹

利用非均匀介质的光线微分方程式，就可以求得光线在梯度折射率光纤中的传播路径，但上述微分方程在大多数情况下很难求解，如果光线和光纤对称轴之间的夹角很小，这样的光线称为近轴光线，和共轴系统的近轴光线相类似。对这类光线可以用 $\mathrm{d}x$ 代替 $\mathrm{d}s$，将 $\mathrm{d}s = \mathrm{d}x$ 代入式（11-16）就可得到近轴光线的微分方程式：

$$\frac{\mathrm{d}}{\mathrm{d}x}\left(n\frac{\mathrm{d}\boldsymbol{r}}{\mathrm{d}x}\right) = \nabla n \tag{11-17}$$

在梯度折射率光纤中，折射率 n 与 x 无关，上式可以写作

$$n\frac{\mathrm{d}^2\boldsymbol{r}}{\mathrm{d}x^2} = \nabla n \tag{11-18}$$

设 $\boldsymbol{r}=x\boldsymbol{i}+y\boldsymbol{j}+z\boldsymbol{k}$，得到

$$\frac{\mathrm{d}^2\boldsymbol{r}}{\mathrm{d}x^2} = \frac{\mathrm{d}^2y}{\mathrm{d}x^2}\boldsymbol{j} + \frac{\mathrm{d}^2z}{\mathrm{d}x^2}\boldsymbol{k}$$

由于 n 与 x 无关，因此 ∇n 化简为

$$\nabla n = \frac{\partial n}{\partial y}\boldsymbol{j} + \frac{\partial n}{\partial z}\boldsymbol{k}$$

将 $\mathrm{d}^2\boldsymbol{r}/\mathrm{d}x^2$ 和 ∇n 代入式（11－18），对 y 轴方向的分量有

$$n\frac{\mathrm{d}^2y}{\mathrm{d}x^2} = \frac{\partial n}{\partial y} \tag{11-19}$$

把式（11－7）中的 r^2 用（y^2+z^2）代替得

$$n^2 = n_0^2[1-\alpha^2(y^2+z^2)]$$

两边对 y 求偏导数得到

$$2n\frac{\partial n}{\partial y} = -2n_0^2\alpha^2y$$

或者

$$\frac{\partial n}{\partial y} = \frac{-n_0^2\alpha^2y}{n}$$

将 $\partial n/\partial y$ 代入式（11－19），并将公式左边的 n 移至右边得

$$\frac{\mathrm{d}^2y}{\mathrm{d}x^2} = -\frac{n_0^2}{n^2}\alpha^2y$$

对近轴光线可以近似地认为 $n^2\approx n_0^2$，因此上式变为

$$\frac{\mathrm{d}^2y}{\mathrm{d}x^2} = -\alpha^2y$$

上述微分方程的通解为

$$y(x) = A\cos(\alpha x) + B\sin(\alpha x) \tag{11-20}$$

对 z 坐标轴方向可以得到相似的关系：

$$z(x) = C\cos(\alpha x) + D\sin(\alpha x) \tag{11-21}$$

式（11－20）和式（11－21）即为梯度折射率光纤中近轴光线的轨迹方程，式中的常数 A、B、C、D 由入射光线的位置坐标和方向余弦确定。

下面讨论一种特例，假定光线位于过光纤对称轴线 x 轴的平面内。由于光纤对 x 轴对称，不失一般性，可以假定光线位于 xy 坐标面内，并假定通过坐标原点 O 入射，如图 11－14 所示。

将 $x=y=0$ 代入式（11－20），得到 $A=0$，因此，这样的近轴光线的轨迹方程为

$$y(x) = B\sin(\alpha x) \tag{11-22}$$

上式说明，光线的轨迹为一条过原点的正弦曲线，如图 11－14 所示。正弦曲线的周期为

$$p = \frac{2\pi}{\alpha} \tag{11-23}$$

式中，p 和振幅 B（光线离开光轴的最大距离）无关。由 O 点发出的近轴光线沿着周期相同、振幅不同的正弦曲线传播，它们都通过 x 轴上的以下各点：

$$x = \frac{\pi}{\alpha}, \frac{2\pi}{\alpha}, \frac{3\pi}{\alpha}, \cdots$$

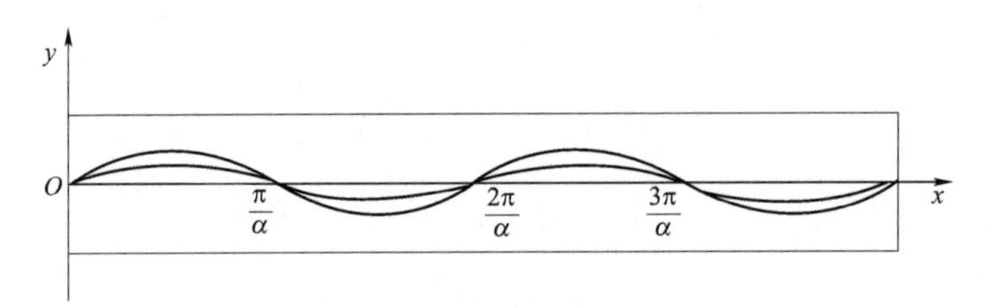

图 11-14　正弦曲线光纤

换句话说，这些点都是近轴光线的聚焦点，所以这种光纤也称为自聚焦光纤。根据等光程条件，这些聚焦点之间所有光线的光程应该相等。当然与 x 轴成较大夹角的非近轴光线，不再聚焦于同一点，而且光程也不相等，就像一般光学系统中轴上点边缘光线存在球差一样。

根据上面的讨论结果，自聚焦光纤中，当光线限制在光纤对称轴周围较小范围之内时，光线不再与光纤表面接触，当然也没有全反射。在光纤内部的各聚焦点上，所有光线的光程相同，即传播时间相同。因此瞬时光脉冲通过自聚焦光纤时，输出脉冲的展宽很小，这就大大提高了光纤在单位时间内可能传递的信息总量。所以自聚焦光纤是通信光纤的发展方向。

习　题

1. 某光纤束芯材折射率为 1.62，外包层折射率为 1.52，试求此光纤束的数值孔径 NA。
2. 某光纤束中光纤芯直径为 D，长度为 L，折射率为 n，根据全反射光纤的原理，求和光纤轴线成 θ_t 角入射的子午光线在光纤中走过的几何路程 l 和反射次数 N。
3. 某光纤束的光纤芯直径 $D=50$ mm，折射率 $n=1.6$，子午光线入射角 $\theta_t=30°$，在光纤长度 $L=254$ mm 内，试求在此光纤内光线反射的次数为多少。
4. 欲提高光纤的数值孔径可以采取哪些方法？
5. 光纤束的光能损失主要是由哪些原因造成的？

第十二章
激光光学系统

§12－1　概　述

20 世纪 60 年代，激光的出现给人类带来了一种崭新的强相干光源，使光学领域的面貌焕然一新。同时，它对现代科学技术的发展也产生了巨大的影响。

激光具有光亮度高、单色性好、方向性强、相干性好的优点，因而应用在很多领域。激光可用于加工难熔和硬质材料，可进行微细加工和无接触加工；激光可进行超远距离的精密测量与高精度零件线性尺寸和几何形状的测量；激光进入通信领域，使可用的电磁波范围大大拓宽，通信容量大大增加；用激光作光源，可拍摄和再现物体的全息相，全息照相术已用于全息干涉计量、全息存储等多个方面。此外，激光用于信息处理、图像识别等其他方面，有力地促进了现代科学技术的发展。激光技术在工农业生产、医疗卫生和国防建设等众多的领域内正在发挥越来越大的作用，发展前景十分广阔。

由于激光的出现，产生了很多新的光学领域，激光束光学就是其中之一。激光束光学研究激光束在各种介质中的传播形式、传播规律以及利用这些规律解决工程应用问题的方法。在应用光学课程中研究激光束光学，主要是讨论激光束的传输和通过光学系统的变换规律。激光仪器中大多含有光学系统，激光器发射的激光要通过光学系统输出，这类光学系统的设计与一般光学仪器如望远镜、显微镜中光学系统的设计是有差别的。学习激光束光学的知识，了解激光束传输和变换的规律，将会帮助我们解决这类光学系统设计和计算的问题。至于有关激光原理、各种激光器等其他问题，不是本课程的内容，必要时可参看有关的专著。

§12－2　激光束在均匀介质中的传播规律

激光器谐振腔的结构不同，产生不同波面的激光束。输出端为平面反射镜的谐振腔产生平面波激光束，如图 12－1（a）所示；输出端为球面反射镜的谐振腔产生球面波激光束，

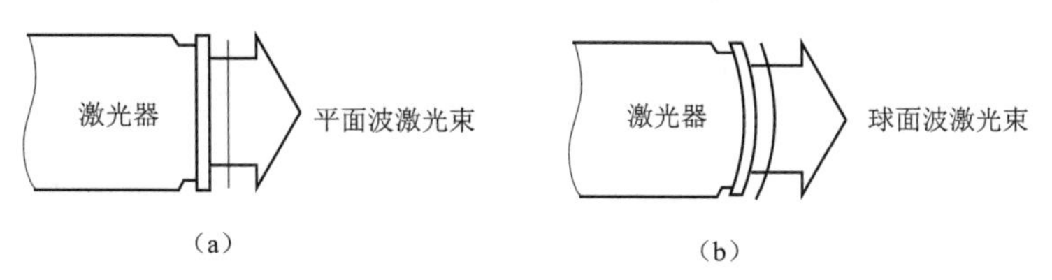

图 12－1　激光器谐振腔

如图12－1（b）所示。激光束和一般光束比较，除了单色性好、相干性强这些突出的优良物理性质以外，作为一种光源，它和一般光束的差别主要有两个方面：第一，激光束的光亮度大大高于一般光束；第二，光束截面内的强度分布是不均匀的。前面我们研究光学系统成像时，都假定物点发出的光束在各方向上的光亮度是相同的，即光束波面上各点的振幅相等，但激光束波面上各点的振幅是不同的。振幅 A 与光束截面半径 r 之间的函数关系为

$$A = A_0 e^{-r^2/\omega^2} \tag{12-1}$$

式中，A_0 为光束中心的振幅，ω 为一个与光束截面半径有关的常数。图12－2所示为激光束截面内的振幅分布曲线图。中心振幅最大，离开中心振幅迅速下降，到光束边缘振幅下降又变得十分缓慢，一直延伸到无限远。因此整个光束不存在一个鲜明的光束边界，也就是没有一个确定的光束截面半径。但是由式(12－1)可以得到，当 $r=\omega$ 时，振幅 A 为

$$A = \frac{A_0}{e}$$

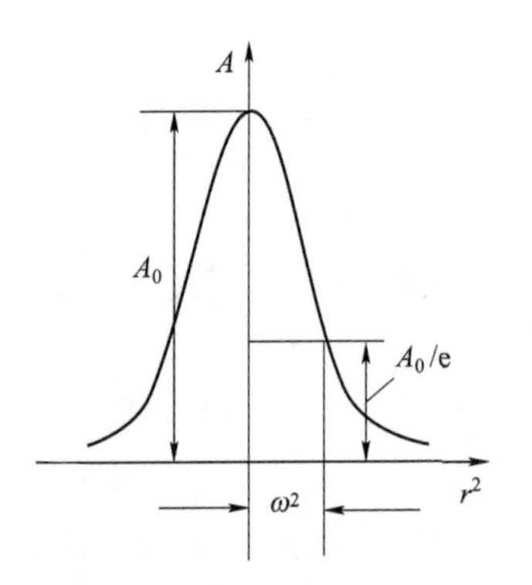

图12－2　激光束振幅分布

由此可以看到，常数 ω 的物理意义为：当振幅下降到中心振幅 A_0 的1/e时，对应的光束截面半径等于 ω。一般把 ω 作为激光束的名义光束截面半径，简称为光束截面半径或光斑半径。激光束在均匀透明介质中传播时，光束截面半径 ω 和中心振幅 A_0 同时变化，但是在任意一个截面内振幅分布函数保持不变。式（12－1）表示，振幅分布函数是一个高斯函数，因此这样的光束也称为高斯光束。

高斯光束的传播问题不能用几何光学的方法进行研究，必须用物理光学中的衍射理论来研究，上述问题超出了本书的内容范围，因此不进行这方面的详细讨论。但是激光束的传播规律对于设计激光光学系统来说又是十分必要的。所以下面将直接给出用衍射理论研究激光束传播问题所得的某些主要结论，作为今后设计激光光学系统的基础。正如前面第七章中我们直接给出理想光学系统衍射成像的有关结果作为研究光学系统分辨率的基础一样。

在一般同心光束中光束截面半径 ω 与传播距离 x 之间符合线性关系，如图12－3（a）所示。但高斯光束在传播过程中光束半径 ω 与 x 之间不符合线性关系，它们之间的关系如图12－3（b）所示。由图可以看到，光束截面半径 ω 随传播距离 x 的变化是一条曲线，而且不存在聚焦点。光束中截面最小的位置称为高斯光束的束腰，最小的光束截面半径称为束腰半径，用 ω_0 代表。距离束腰为 x 处的光束截面半径可由下式计算：

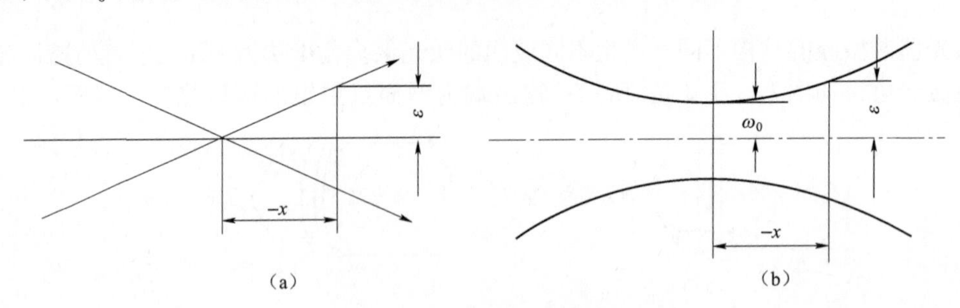

图12－3　高斯光束传播

$$\omega^2 = \omega_0^2\left[1 + \left(\frac{\lambda x}{\pi\omega_0^2}\right)^2\right] \tag{12-2}$$

式中，λ 为激光的波长，ω_0 为束腰半径。

输出端为平面镜的谐振腔，输出激光的波面为平面，束腰位于谐振腔的输出端上，如图 12-4（a）所示。球面谐振腔输出的激光波面为球面，束腰位于激光器内部，如图 12-4（b）所示。无论是平面谐振腔还是球面谐振腔，在它们所产生的激光束的束腰位置上，波面均为平面。离开束腰，波面就不再是平面而变成了曲面，如图 14-4 中虚线所示。波面中心部分的曲率半径 R 与波面顶点到束腰的距离 x 之间符合以下关系：

$$R = x\left[1 + \left(\frac{\pi\omega_0^2}{\lambda x}\right)^2\right] \tag{12-3}$$

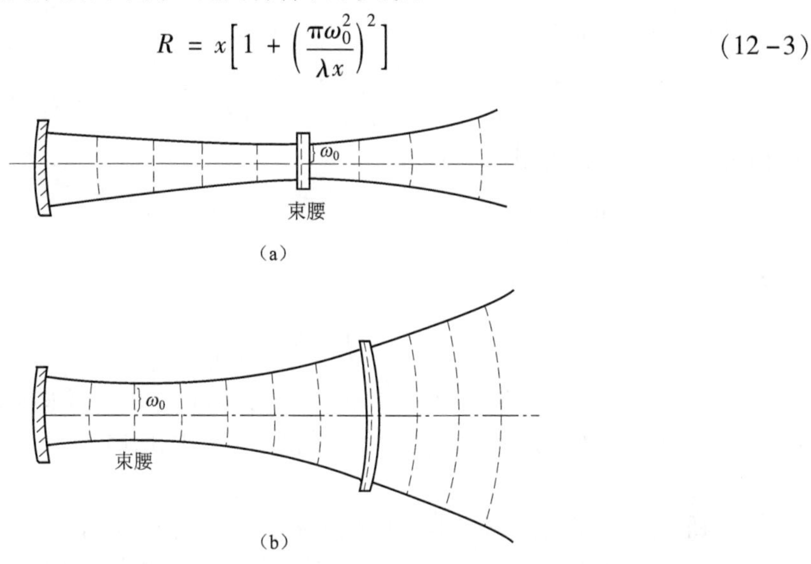

图 12-4　激光束束腰

根据式（12-2）和式（12-3），如果已知激光束的束腰位置 x 和束腰半径 ω_0，就可以计算出任意指定位置的光束截面半径 ω 和波面曲率半径 R。

在实际工作中，有时已知某一位置的光束截面半径 ω 和波面半径 R 时，需要求此激光束的束腰位置 x 和束腰半径 ω_0。为此可由式（12-2）、式（12-3）解出 ω_0 和 x，得到

$$\omega_0^2 = \frac{\omega^2}{1 + \left(\frac{\pi\omega^2}{\lambda R}\right)^2} \tag{12-4}$$

$$x = \frac{R}{1 + \left(\frac{\lambda R}{\pi\omega^2}\right)^2} \tag{12-5}$$

当已知高斯光束某个位置的光束截面半径 ω 和波面半径 R 时，代入式（12-4）、式（12-5）即可求出束腰位置 x 和束腰半径 ω_0。

以上公式中 ω 和 ω_0 都是以平方形式出现的，因此它们的正负并不影响计算结果，可以把它作为绝对值看待。R 与 x 的符号规则和前面规定的球面半径符号规则相似。

R——从波面顶点到曲率中心，向右为正，向左为负。

x——从波面顶点到束腰，向右为正，向左为负。

应用上面得到的式（12－2）～式（12－5），就可以解决高斯光束在均匀透明介质中的各种传播问题。

在一般光束中，不同位置光束截面边界的连线可以看作一条实际光线，在均匀透明介质中它是一条直线。在高斯光束中，如果也把由光束截面半径 ω 所确定的光束截面边界的连线设想为一条光线，那么，此假想光线并不是直线而是一条曲线，由式(12－2)可以知道，这是一条双曲线。此假想光线不符合均匀介质中的直线传播定律。

双曲线是以两条直线为渐近线的，所以当高斯光束离开束腰较远时，此假想光线近似成为一条直线。因此在远离束腰的条件下，高斯光束的传播问题可以近似用几何光学方法进行研究。

渐近线和光束对称轴的夹角，可以用来代表高斯光束的孔径角，如图12－5所示。在一般激光束光学的文献中，孔径角又称为束散角。下面求孔径角 U 的公式，由图12－5得

$$\lim_{x\to\infty}\frac{\mathrm{d}\omega}{\mathrm{d}x}=\tan U$$

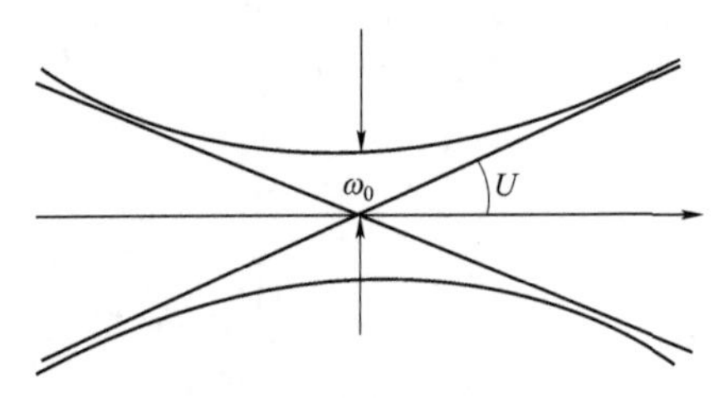

图12－5　高斯光束渐近线

把公式对 x 求导数，并经适当化简可以得到

$$\tan U=\frac{\lambda}{\pi\omega_0} \tag{12-6}$$

式（12－6）是激光束孔径角与束腰半径之间的关系式。在远离束腰的情形，可以直接利用以上公式由孔径角求束腰半径，或者反之由束腰半径求孔径角。下面举两个实例，说明前面公式的应用。

【例1】 设有一台氦氖激光器，其光束束腰位于平面镜输出端，束腰半径 $\omega_0=0.3$ mm，求距激光器1 m处的光束截面半径 ω、波面曲率半径 R 和孔径角 U。

氦氖激光器激光波长 $\lambda=0.000\,632\,8$ mm，又已知 $\omega_0=0.3$ mm，$x=-1\,000$ mm，将 ω_0，x 和 λ 代入式（12－2）有

$$\omega^2=\omega_0^2\left[1+\left(\frac{\lambda x}{\pi\omega_0^2}\right)^2\right]=0.3^2\times\left[1+\left(\frac{-1\,000\times0.000\,632\,8}{3.141\,6\times0.3^2}\right)^2\right]=0.540\,807$$

$$\omega=0.735\,4(\mathrm{mm})$$

将 λ、ω_0 和 x 代入式（12－3）有

$$R=x\left[1+\left(\frac{\pi\omega_0^2}{\lambda x}\right)^2\right]=(-1\,000)\times\left[1+\left(\frac{3.141\,6\times0.3^2}{-1\,000\times0.000\,632\,8}\right)^2\right]=-1\,199.64(\mathrm{mm})$$

将 λ、ω_0 代入孔径角公式（12－6）得

$$\tan U=\frac{\lambda}{\pi\omega_0}=\frac{0.000\,632\,8}{3.141\,6\times0.3}=0.000\,671\,4$$

由于 U 角很小，对应的弧度值与其正切近似相等，所以孔径角 U 为0.671 4 mrad。

【例2】 设有一输出波长为 $\lambda=0.000\,488$ mm的 Ar^+ 离子激光器，其谐振腔由两球面反射镜构成。已知输出端处光束截面半径为0.722 5 mm，且波面半径 $R=-1\,600$ mm，求束腰位置 x 和束腰半径 ω_0。

将已知的 ω、R 和 λ 代入式（12－4）得

$$\omega_0^2 = \frac{\omega^2}{1+\left(\frac{\pi\omega^2}{\lambda R}\right)^2} = \frac{(0.722\ 5)^2}{1+\left(\frac{3.141\ 6\times 0.722\ 5^2}{-1\ 600\times 0.000\ 488}\right)^2} = 0.096\ 465$$

$$\omega_0 = 0.310\ 6(\text{mm})$$

将 ω、R 和 λ 代入式（12－5）得

$$x = \frac{R}{1+\left(\frac{\lambda R}{\pi\omega^2}\right)^2} = \frac{-1\ 600}{1+\left(\frac{-1\ 600\times 0.000\ 488}{3.141\ 6\times 0.722\ 5^2}\right)^2} = -1\ 304.33(\text{mm})$$

由 x 的符号可知，束腰位于激光器内部，离输出端 1 304.33 mm 处，束腰半径为 0.310 6 mm。

§12－3　高斯光束的透镜变换

上节介绍了高斯光束在均匀介质中的传播规律，在实际应用中需要把高斯光束通过透镜进行变换，以改变光束的束腰位置、束腰半径，或改变光束的光束截面半径和孔径角等。本节讨论高斯光束通过透镜时的特性。

在近轴光学中，认为由同一物点 A 发出的同心光束，经过透镜以后仍为一同心光束，聚交于 A'点。A 和 A'分别为入射波面和出射波面的球心，如图 12－6（a）所示。对高斯光束来说，在近轴区域，它的波面可以看作一个球面波，通过物方主点 H 的波面的曲率中心 C，可以看作透镜的物点，波面半径 R 等于物距 l，如图 12－6（b）所示。通过透镜以后，过像方主点 H'的出射波面的曲率中心 C'，可以看作 C 点通过透镜以后所成的像，出射波面半径 R'等于像距 l'。C 和 C'对透镜来说是一对共轭点，应该符合共轭点方程式，将 $l=R$，$l'=R'$代入透镜成像公式

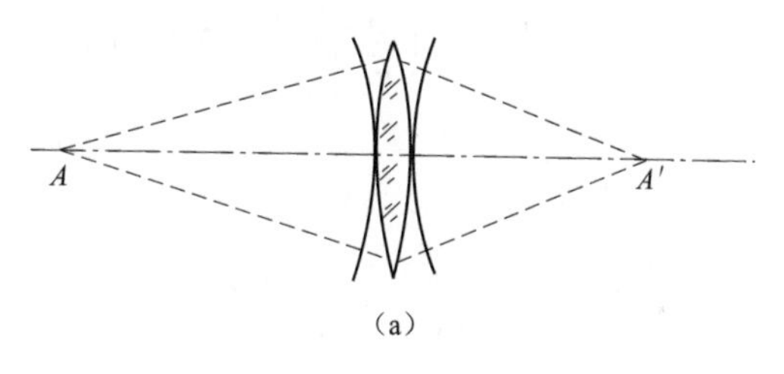

（a）

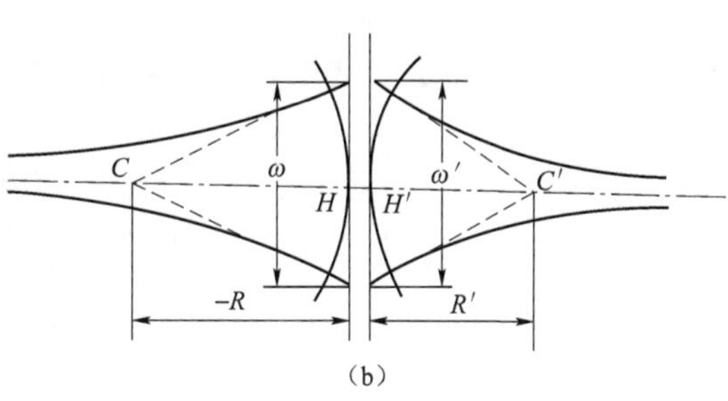

（b）

图 12－6　高斯光束透镜变换

$$\frac{1}{l'} - \frac{1}{l} = \frac{1}{f'}$$

得到

$$\frac{1}{R'} - \frac{1}{R} = \frac{1}{f'} \tag{12-7}$$

由于光束在物方主面和像方主面上的口径相等，因此入射光束的光束截面半径 ω 和出射光束的光束截面半径 ω'应该相等，即

$$\omega' = \omega \tag{12-8}$$

式（12－7）、式（12－8）就是高斯光束通过透镜变换的基本公式。利用以上公式即可由入射高斯光束的光束截面半径 ω 和入射波面半径 R，求得出射光束的截面半径 ω'和出射波面半径 R'。有了 ω'和 R'，则像空间高斯光束的全部性质就确定了。出射高斯光束在像空间的传

播问题可以用前面的式（12－2）~式（12－5）解决。总之，应用式（12－2）~式（12－8）可以解决有关高斯光束通过透镜变换的各种问题。

在实际应用中经常遇到这样的问题，已知激光束的束腰到透镜的距离 x 和束腰半径 ω_0，以及透镜的焦距 f'，求出射激光束的束腰位置和束腰半径。解决上述问题可以分3个步骤：

（1）根据束腰位置 x 和束腰半径 ω_0，应用式（12－2）、式（12－3），求出激光束在透镜上的光束截面半径 ω 和波面半径 R。

（2）利用式（12－7）、式（12－8），由入射波面的 R、ω 求得出射波面的 R'、ω'。

（3）利用式（12－4）、式（12－5），由 R'、ω' 计算出射光束的束腰位置 x' 和束腰半径 ω_0'。

下面举两个实例，说明如何应用上述方法解决高斯光束的透镜变换问题。

【例1】已知一台氦氖激光器输出的激光束束腰半径 ω_0 为0.5 mm，在离束腰100 mm处放置一个焦距 f' 为100 mm的单透镜，试求经透镜变换后的束腰大小及束腰位置。

按照前面指出的三个步骤，先根据束腰位置 x 和束腰半径 ω_0，求出激光束在透镜上的光束截面半径 ω 和波面半径 R。将 $\omega_0=0.5$ mm和 $x=-100$ mm代入式（12－2）可得

$$\omega^2 = \omega_0^2\left[1+\left(\frac{\lambda x}{\pi\omega_0^2}\right)^2\right] = 0.5^2\times\left[1+\left(\frac{-100\times 0.000\,632\,8}{3.141\,6\times 0.5^2}\right)^2\right] = 0.251\,623$$

$$\omega = 0.501\,6(\text{mm})$$

将 ω_0 和 x 代入式（12－3）得

$$R = x\left[1+\left(\frac{\pi\omega_0^2}{\lambda x}\right)^2\right] = -100\times\left[1+\left(\frac{3.141\,6\times 0.5^2}{-100\times 0.000\,632\,8}\right)^2\right] = -15\,504.5(\text{mm})$$

根据求得的入射波面的 R 和 ω，代入式（12－7）和式（12－8）就可求得经透镜变换后出射波面的 R' 和 ω'，代入式（12－7），得

$$\frac{1}{R'}-\frac{1}{R}=\frac{1}{f'}$$

有

$$\frac{1}{R'}=\frac{1}{-15\,504.5}+\frac{1}{100}$$

$$R' = 100.65(\text{mm})$$

由于在透镜两主面上光束截面相等，即 $\omega'=\omega$，所以 $\omega'=0.501\,6(\text{mm})$。

根据已求得的 R' 和 ω'，利用式（12－4）和式（12－5）即可求出出射光束的束腰位置 x' 和束腰半径 ω_0。

先将 $R'=100.65$ mm及 $\omega'=0.501\,6$ mm代入式（12－4），得

$$\omega_0^2 = \frac{\omega^2}{1+\left(\frac{\pi\omega^2}{\lambda R}\right)^2} = \frac{0.5^2}{1+\left(\frac{3.141\,6\times 0.501\,6^2}{0.000\,632\,8\times 100.65}\right)^2} = 0.001\,613$$

$$\omega_0 = 0.040\,16(\text{mm})$$

再将 R'、ω' 代入式（12－5），得

$$x = \frac{R}{1+\left(\frac{\lambda R}{\pi\omega^2}\right)^2} = \frac{100.65}{1+\left(\frac{0.000\,632\,8\times 100.65}{3.141\,6\times 0.501\,6}\right)^2}$$

$$x = 100.00(\text{mm})$$

从上面的计算可以看出，当入射光束的束腰位于透镜前焦点时，出射光束的束腰位于透镜的后焦点，这与几何光学中物位于透镜前焦点、像在无限远的规律是截然不同的。因此不能简单地把束腰当作物点或像点用几何光学的方法进行激光束的计算。

【例 2】 利用伽利略望远镜对红宝石激光器发射的激光束进行扩束。激光器输出端为束腰位置，束腰半径为 1 mm，输出波长为 694.3 nm，激光器输出端离望远镜目镜 100 mm，目镜焦距 −20 mm，物镜焦距 80 mm。望远镜目镜后焦点与物镜前焦点重合。试求扩束后出射光束的束腰位置和束腰半径。

伽利略望远镜由一负目镜和一正物镜组合而成，可先求出入射光束通过负目镜的出射光束束腰，由此束腰位置和大小再求出通过物镜最后的出射光束束腰位置和大小。

下面先来求激光束通过目镜后的束腰位置和大小，仍然按照前面所说的 3 个步骤。

已知入射激光束束腰半径 $\omega_{01} = 1$ mm，束腰到目镜的距离 $x_1 = -100$ mm，输出波长 $\lambda = 0.000\,694\,3$ mm。将 ω_{01}、x_1 和 λ 代入式（12－2）可求出目镜前主面上的光束截面半径

$$\omega_1^2 = \omega_{01}^2\left[1 + \left(\frac{\lambda x_1}{\pi\omega_{01}^2}\right)^2\right] = 1 \times \left[1 + \left(\frac{-100 \times 0.000\,694\,3}{3.141\,6 \times 1^2}\right)^2\right] = 1.000\,488$$

$$\omega_1 = 1.000\,244$$

将 ω_{01}、x_1 和 λ 代入式（12－3）得

$$R_1 = x_1\left[1 + \left(\frac{\pi\omega_{01}^2}{\lambda x_1}\right)^2\right] = -100 \times \left[1 + \left(\frac{3.141\,6 \times 1^2}{0.000\,694\,3 \times (-100)}\right)^2\right] = -204\,841.3(\text{mm})$$

将 $R_1 = -204\,841.3$ mm 和 $f'_{目} = -20$ mm 代入式（12－7），求出经透镜变换后目镜像方主面上的波面半径 R_1'：

$$\frac{1}{R_1'} = \frac{1}{R_1} + \frac{1}{f'} = \frac{1}{-204\,841.3} + \frac{1}{-20}$$

$$R_1' = -19.998(\text{mm})$$

由式（12－8）有 $\omega_1' = \omega_1 = 1.000\,244(\text{mm})$，再根据已求出的 ω_1' 和 R_1'，利用式（12－4）、式(12－5) 求出经目镜后出射光束的束腰位置 x'_1 和束腰半径 ω_{02}：

$$\omega_{02}^2 = 1.000\,244^2 \Big/ \left[1 + \left(\frac{3.141\,6 \times 1.000\,244^2}{-19.998 \times 0.000\,694\,3}\right)^2\right]$$

$$\omega_{02} = 0.004\,418\,5(\text{mm})$$

$$x_1' = -19.998 \Big/ \left[1 + \left(\frac{-19.998 \times 0.000\,694\,3}{3.141\,6 \times 1.000\,244^2}\right)^2\right] = -19.998(\text{mm})$$

这样，求出了经目镜后的激光束束腰在目镜后面左侧 19.998 mm 处，束腰半径为 0.004 418 5 mm。这束激光对物镜来说是入射光束，采用上面同样的步骤，可以求出通过整个望远镜扩束系统后的束腰大小和位置。

入射光束束腰离物镜距离为

$$x_2 = x_1' - d = -19.998 - (80 - 20) = -79.998(\text{mm})$$

由 x_2 和 ω_{02} 可以求出物镜前主面上的光束截面半径 ω_2 和波面半径 R_2：

$$\omega_2^2 = 0.004\,418\,5^2 \times \left[1 + \left(\frac{-79.998 \times 0.000\,694\,3}{3.141\,6 \times 0.004\,418\,5^2}\right)^2\right]$$

$$\omega_2 = 4.001\,306\,6(\text{mm})$$

$$R_2 = -79.998 \times \left[1 + \left(\frac{3.1416 \times 0.0044185^2}{-79.998 \times 0.0006943}\right)^2\right] = -79.998(\text{mm})$$

对光束进行物镜变换，求出物镜后主面上的光束截面半径 ω_2' 和波面半径 R_2'：

$$\omega_2' = \omega_2 = 4.0013066(\text{mm})$$

$$\frac{1}{R_2'} = \frac{1}{-79.998} + \frac{1}{80}$$

$$R_2' = -3199920(\text{mm})$$

由 R_2' 和 ω_2' 可求出最后的束腰位置 x_2' 和束腰半径 ω_{03}：

$$x_2' = -3199920 \Big/ \left[1 + \left(\frac{-3199920 \times 0.0006943}{3.1416 \times 4.0013066^2}\right)^2\right] = -1639.27(\text{mm})$$

$$\omega_{03}^2 = 4.0013066^2 \Big/ \left[1 + \left(\frac{3.1416 \times 4.0013066}{-3199920 \times 0.0006943}\right)^2\right]$$

$$\omega_{03} = 4.0002816(\text{mm})$$

至此，根据已知的激光束束腰位置和束腰半径，连续运用传输和变换公式，求出了经望远镜扩束后激光束的束腰位置和束腰半径。在实际设计光学系统时，一般还需要确定各透镜的通光口径大小。根据光束截面半径 ω 的定义，在以 ω 为半径的圆内并没有包含激光束的全部光能，因此不能以透镜表面上光束截面半径 ω 的两倍确定透镜的通光口径。经积分计算可得，当实际光束截面半径 $r=\omega$ 时，以 ω 为半径的圆内通过的光能为激光束总光能的 86.4%；当实际光束截面半径 $r=1.5\omega$ 时，以 1.5ω 为半径的圆内通过的光能为总光能的 98.8%。所以透镜的通光口径至少应取为光束截面半径 ω 的3倍。本例中目镜和物镜上的光束截面半径分别为 1.000 244 mm 和 4.001 306 6 mm，因此目镜和物镜的通光口径可取为 3.1 mm 和 12.1 mm。这个尺寸要求一般是很容易满足的。考虑到加工和装配等其他因素，实际口径还要取大一些。

从这一实例的计算结果可知，束腰半径为 1 mm 的激光束经过 $4^\times$ 望远镜的扩束，出射激光束的束腰半径约为 4 mm。对于这种目镜后焦点与物镜前焦点重合的望远镜，出射光束束腰半径与入射光束束腰半径之比等于望远镜的视放大率 Γ。由孔径角公式 $\tan U = \lambda/\pi\omega_0$ 可知，孔径角与束腰半径成反比，显然，由于扩束后束腰半径为入射束腰半径的 Γ 倍，所以扩束后的孔径角为入射光束孔径角的 $1/\Gamma$，或称为压缩 Γ 倍。

§12-4　激光谐振腔的计算

从激光器出射的激光束的束腰位置和束腰半径，取决于谐振腔的结构。在激光仪器的设计中往往会遇到由谐振腔的结构参数计算激光束的束腰位置和束腰半径；或者反之，根据要求的束腰位置和束腰半径，确定谐振腔的结构参数。本节就介绍解决上述问题的计算公式。

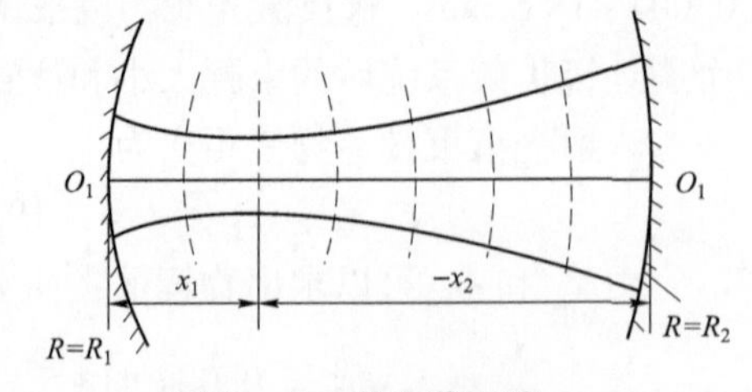

图 12-7　激光谐振腔

下面求谐振腔的结构参数与激光束的束腰位置和束腰半径之间的关系。图 12-7 所示为一个由半径分别为 R_1 和 R_2 的两球面反射镜所构成的谐振腔，第一

个反射镜 O_1 要求反射率尽可能高；第二个反射镜 O_2 则要求大部分光反射，一小部分光透射，激光束正是透过反射镜 O_2 出射的。

下面寻找该谐振腔产生的激光束的束腰半径和束腰位置。

设激光束在谐振腔两端 O_1 和 O_2 处的波面半径分别为 $R(x_1)$ 和 $R(x_2)$，x_1 和 x_2 为两波面到束腰的距离。要求激光束能在谐振腔内形成往复振荡的条件是球面反射镜面与波面一致，即要求 $R_1=R(x_1)$，$R_2=R(x_2)$。根据式（12－3）有

$$R_1 = R(x_1) = x_1\left[1+\left(\frac{\pi\omega_0^2}{\lambda x_1}\right)^2\right]$$

$$R_2 = R(x_2) = x_2\left[1+\left(\frac{\pi\omega_0^2}{\lambda x_2}\right)^2\right]$$

假定谐振腔的长度 $O_1O_2=d$，由图 12－7 可得如下关系：

$$x_1 - x_2 = d \tag{12-9}$$

把上面 3 个公式联立，求解 x_1，x_2，ω_0，并设

$$g_1 = 1-\frac{d}{R_1},\ g_2 = 1+\frac{d}{R_2} \tag{12-10}$$

得到以下公式：

$$x_1 = \frac{dg_2(1-g_1)}{g_1+g_2-2g_1g_2} \tag{12-11}$$

$$x_2 = \frac{-dg_1(1-g_2)}{g_1+g_2-2g_1g_2} \tag{12-12}$$

$$\omega_0^4 = \frac{\lambda^2}{\pi^2}\frac{d^2g_1g_2(1-g_1g_2)}{(g_1+g_2-2g_1g_2)^2} \tag{12-13}$$

根据式（12－2）有

$$\omega^2 = \omega_0^2\left[1+\left(\frac{\lambda x}{\pi\omega_0^2}\right)^2\right]$$

将 x_1，ω_0 代入式（12－2），并经化简以后得到

$$\omega_1^2 = \frac{\lambda d}{\pi}\sqrt{\frac{g_2}{g_1(1-g_1g_2)}} \tag{12-14}$$

将 x_2，ω_0 代入式（12－2），并经化简以后得到

$$\omega_2^2 = \frac{\lambda d}{\pi}\sqrt{\frac{g_1}{g_2(1-g_1g_2)}} \tag{12-15}$$

利用式（12－9）~式（12－15）就可以根据谐振腔的结构参数 R_1、R_2、d，求得出射的激光束的全部特性参数。

由式（12－13）可以看到，只有使 $\omega_0^4>0$ 的解才具有实际意义。也就是说，要求

$$g_1g_2(1-g_1g_2) > 0$$

满足上述不等式的解有两种可能的情况。

第一种情况：$g_1g_2>0$，$(1-g_1g_2)>0$；

第二种情况：$g_1g_2<0$，$(1-g_1g_2)<0$。

第二种情况显然不存在，因此只能有第一种情况。由它的两个不等式求解得到 g_1g_2 应

满足的条件为

$$0 < g_1 g_2 < 1$$

满足以上不等式的 g_1 和 g_2 必须位于图12－8中划有斜线的区域之内。

在设计谐振腔时，一般不要把 g_1 和 g_2 正好取在斜线区域的边界上，因为这些边界上的点对应的谐振腔稳定性较差。下面举一个谐振腔计算的实例。

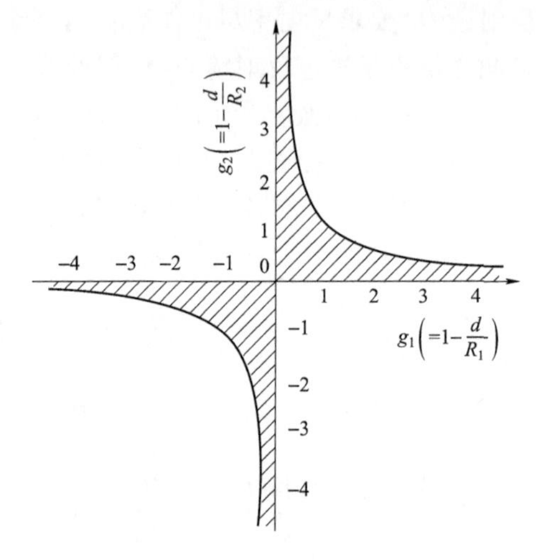

图12－8 谐振腔参数计算

【计算举例】 设计一个氦氖激光器的谐振腔，输出端为平面反射镜，要求束腰直径 $2\omega_0$ 等于0.2 mm，确定该谐振腔的长度 d 和第一反射镜的半径 R_1。

由于 $R_2=\infty$，由式（12－10）得 $g_2=1$。将 $g_2=1$，$\omega_0=0.1$ mm，$\lambda=0.000\ 632\ 8$ mm，代入式（12－13）得到

$$0.000\ 1=\left(\frac{0.000\ 632\ 8}{3.141\ 6}\right)^2\frac{d^2 g_1}{1-g_1}$$

即

$$\frac{d^2 g_1}{1-g_1}=2\ 464.727$$

如果我们取 $d=500$ mm，代入上式求解 g_1，得到

$$g_1=0.009\ 858\ 9$$

将 g_1 和 d 代入式（12－10）即可求得

$$R_1=504.92(\text{mm})$$

将 d，g_1，g_2 代入式（12－11）、式（12－12）得

$$x_1=500,\ x_2=0$$

将 λ，d，g_1，g_2 代入式（12－14）得

$$\omega_1^2=\frac{0.000\ 632\ 8\times500}{3.141\ 6}\sqrt{\frac{1}{0.009\ 858\ 9\times(1-0.009\ 858\ 9)}}$$
$$=1.019\ 35$$

$$\omega_1=1.009\ 63(\text{mm})$$

由于输出端反射镜为平面，束腰和反射镜重合，因此 $\omega_2=\omega_0=0.1$(mm)。

§12－5 激光扫描系统和 $f\theta$ 镜头

激光扫描系统是将时间信息转变为可记录的空间信息的一种系统。它首先使某种信息通过光调制器对激光进行调制，调制后的激光通过光束扫描器在空间改变方向，再经聚焦镜头在接收器上成一维或二维扫描像。

激光扫描系统广泛应用在激光打印机、传真机、印刷机和用于制作半导体集成电路的激光图形发生器以及激光扫描精密计量设备中。下面以激光打印机为例，说明激光扫描系统的

工作原理。图 12－9 所示为激光打印机的基本工作过程；图 12－10 所示为激光打印机的结构示意图。经计算机处理后的文件信息输送到激光打印机的光调制器，用来控制光束的开与关。经过调制的激光束通过光束扫描器和聚焦透镜在感光鼓上形成静电图像，显影后，感光鼓上的像转印到印刷纸上，最后图像在印刷纸上定影。

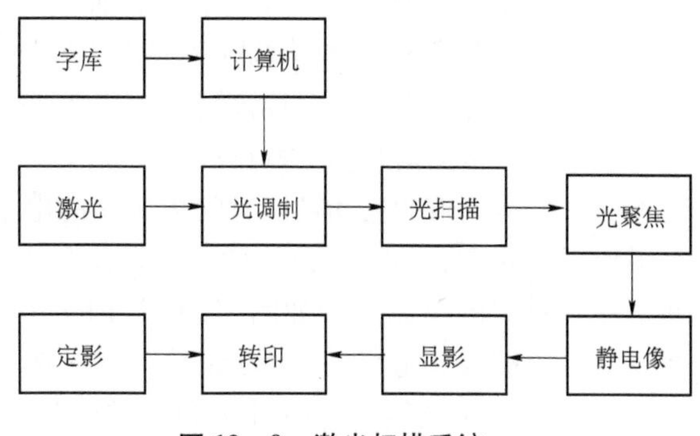

图 12－9　激光扫描系统

在激光扫描系统中，一个关键部件是实现光束空间扫描的扫描器，光束扫描器

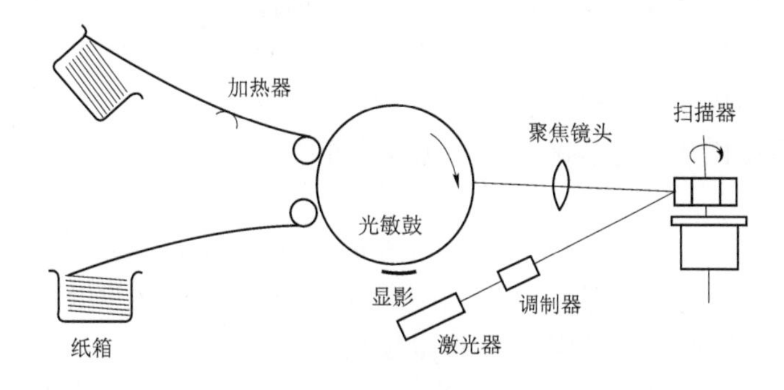

图 12－10　激光打印机系统

的形式较多，目前普遍采用的是旋转多面体，图 12－11 所示为典型的旋转多面体扫描器。多面体由多个反射面组成，在电动机带动下按箭头方向旋转，激光束被多面体的反射镜面反射后，经透镜聚焦为一个微小的光斑投射到接收屏上。多面体旋转时，每块反光镜表面在接收屏上产生的扫描线都是按 x 轴方向移动的，要想在屏上产生 y 轴方向的扫描，屏本身必须按图中 y 轴方向以预设定的恒定速度移动。在激光打印机中目前几乎都采用多面体调整旋转的扫描方式，多面转镜的加工要求非常严格，反射面的平面度影响聚焦光斑直径，反射镜面的位置准确度影响扫描线的位置准确度。为降低光学加工成本，多面旋转体也可采用铝、铜等材料，通过超精密切削机械加工而成。

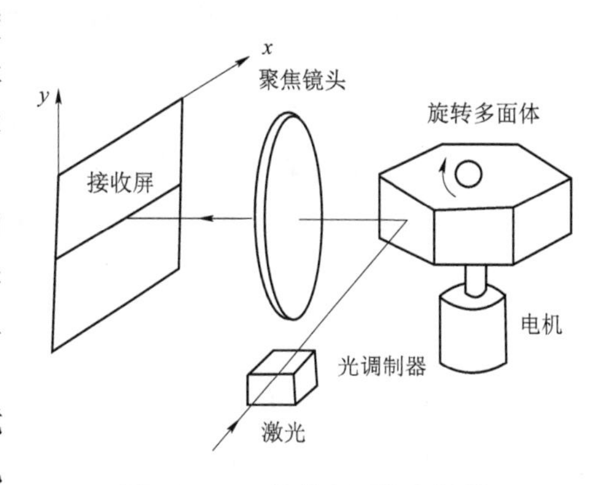

图 12－11　旋转多面体扫描器

激光扫描系统的另一个重要部件是聚焦镜头。聚焦镜头的位置可以在光束扫描器之前，也可在元素扫描器之后。当镜头位于扫描器之前时，如图 12－12（a）所示，由激光器发出的激光束首先经聚焦镜头聚焦，然后由置于焦点前的扫描器使焦点像呈圆弧运动。由于像面是圆弧形的，与接收面不一致，故这种方案不甚理想。当聚焦镜头位在扫描器之后时，如图12－12（b）所示，扫描后的光束以不同方向射入聚焦镜头，在其后焦面上形成一维扫描像，像面是平的，但该镜头设计较困难，要求当激

光束随扫描器旋转而均匀转动时，在像面上的线扫描速度必须恒定，即像面上像点的移动与扫描反射镜转动之间必须保持线性关系，所以称该镜头为线性成像镜头。

线性成像镜头具有如下特点：

(1) 扫描光束的运动被以时间为顺序的电信号控制，为了使记录的信息与原信息一致，像面上的光点应与时间呈一一对应的关系，即如图 12－12（b）所示，理想像高 y' 与扫描角 θ 呈线性关系：$y' = -f' \cdot \theta$（θ 角符号规定以光轴转向光线，逆时针为负，顺时针为正）。但是，一般的光学系统，其理想像高为：$y' = -f'\tan\theta$，显然，理想像高 y' 与扫描角 θ 之间不再呈线性关系，即以等角速度偏转的入射光束在焦平面上的扫描速度不是常数。为了实现等速扫描，应使聚焦透镜产生一定的负畸变，即其实际像高应比几何光学确定的理想像高小，对应的畸变量

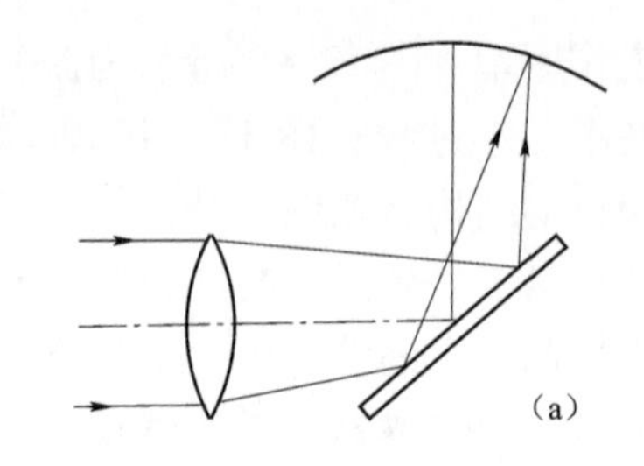

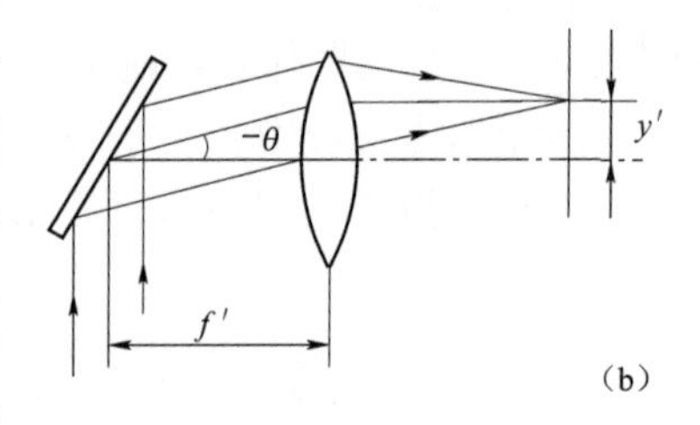

图 12－12　聚焦镜头光路

$$\Delta y' = -f'\theta - (-f'\tan\theta) = f'(\tan\theta - \theta) \tag{12-16}$$

具有上述畸变量的透镜系统，对以等角速度偏转的入射光束在焦面上实现线性扫描，其像高 $y' = f \cdot \theta$，所以这种线性成像物镜又称 $f\theta$ 镜头。

(2) 单色光成像，像质要求达到波像差小于 $\lambda/4$，而且整个像面上像质要求一致，像面为平面，且无渐晕存在。

(3) 像方远心光路。入射光束的偏转位置（扫描器位置）一般置于物空间前面焦点处，构成像方远心光路，像方主光线与光轴平行。如果系统校正了场曲，就可在很大程度上实现轴上、轴外像质一致，并提高照明均匀性。

线性成像物镜光学参数的确定：

从使用要求出发，再考虑光信息传输中各环节（光源、调制器、偏转器、记录介质）的性能，来确定线性成像物镜的光学参数。下面简要介绍两个参数的确定方法。

(1) F 数。由于使用高亮度的激光光源，所以不同于一般摄影物镜由光照度确定 F 数，而是根据记录的光点尺寸来确定 F 数。光学系统的几何像差小到可以忽略，成像质量由衍射极限限定，即像点尺寸由衍射斑的直径所决定。衍射斑直径 d 与相对孔径 D/f' 的关系为

$$d = \frac{K\lambda}{D}f' = K\lambda F \tag{12-17}$$

式中，D 由镜头通光口径、扫描器通光直径和激光束的有效直径所确定；K 是与实际通光孔径形状有关的常数，$K = 1 \sim 3$。若通光孔为圆孔，则衍射光斑为艾利斑，其直径为 $d = 2.44\lambda F$。

该光点尺寸随激光扫描仪的不同，使用场合不同。用于制作半导体集成电路的激光图形发生器，光点尺寸为 0.001 ~ 0.005 mm；用于高密度存储及图像处理的，其光点尺寸为 0.005 ~ 0.05 mm；用于传真机、印刷机、打字机、汉字信息处理等的，其光点尺寸为 0.05 mm 以上。

（2）f'——由要求扫描的像点排列的长度 L 和扫描角度 θ 决定，用下式求焦距，即

$$f' = \frac{L}{2\theta} \times \frac{360°}{2\pi} \tag{12-18}$$

当扫描长度 L 一定时，f' 与 θ 呈反比关系。在 F 数一定时，尽可能用大的 θ 角、小的 f'，这样可减小透镜和反射镜尺寸，从而使扫描棱镜表面角度的不均匀性和扫描轴承不稳定而造成的不利影响减小。又由于入射光瞳位于扫描器上，在实现像方远心光路时，f' 小可以使物镜与扫描器之间的距离及仪器轴向尺寸减小。但 L 一定时，f' 小，θ 就大，这给光学设计带来困难，使光学系统复杂，加工制造成本增大。反之，仪器纵向尺寸加大，使用不便。实际工作中，经常要反复几次，才能最后确定。

大多数线性成像物镜属于小相对孔径（一般 F 数为 5 ~ 20）大视场的远心光学系统。线性成像物镜的设计要求具有一定的负畸变，在整个视场上有均匀的光照度和分辨率，不允许轴外渐晕的存在，并达到衍射极限性能。玻璃材料的质量与透镜表面的准确性比一般透镜更为严格。

§12-6　光学信息处理系统和傅里叶变换镜头

光学镜头可以作为成像和传递信息的工具，又可以作为计算元件，具有傅里叶变换的能力，为这个目的而设计的镜头叫作傅里叶变换镜头。傅里叶变换镜头由于具有进行运算和处理信息的能力，而且运算速度为光速，信息容量大，因此广泛用于光学信息处理系统中。

图 12-13 所示为一个用于空间滤波的光学信息处理基本系统，整个系统由激光扩束望远镜和两个傅里叶变换镜头串联而成。激光器发出的激光束首先经过一扩束望远镜把光束口径扩大到被处理面（输入面）的尺寸，被处理面经过第一个傅里叶变换镜头的傅里叶变换作用，得到其频谱。频谱再经第二个傅里叶变换镜头的傅里叶变换作用又合成输入物面的像。当采用两个相同的傅里叶变换镜头时，输出图像与输入物面尺寸同样大小。如果在频谱面上加进另一个起选频作用的光学器件，那么输出图像便能得到改造，从而实现了光学信息处理的功能。

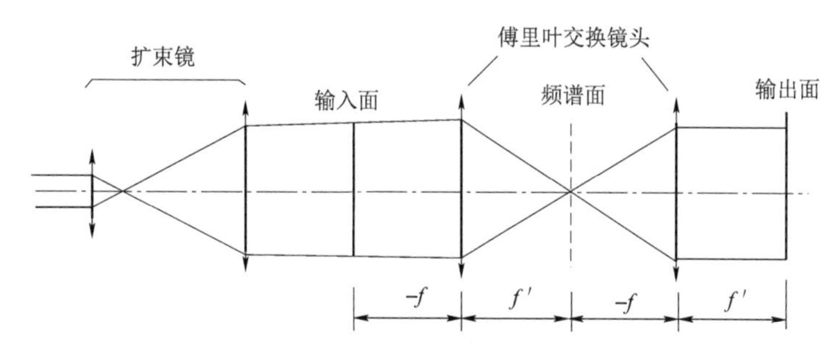

图 12-13　光学信息处理系统图

为了获得严格的傅里叶变换关系，应把被处理面放在透镜的前焦点上，频谱面和输出面置于傅里叶变换镜头相应的后焦面上。

光学信息处理系统中傅里叶变换镜头所能传递的信息容量为

$$W = 2h_1 \times N_{max} \tag{12-19}$$

式中，$2h_1$ 为输入面的直径（mm）；N_{max} 为能处理的最高空间频率（lp/mm）。

如图12－14所示，$2h_1$ 相当于常规光学系统中的物面直径，$N_{\max}$ 相当于分辨率。由衍射决定的相干光学系统的截止空间频率，即最高分辨率为

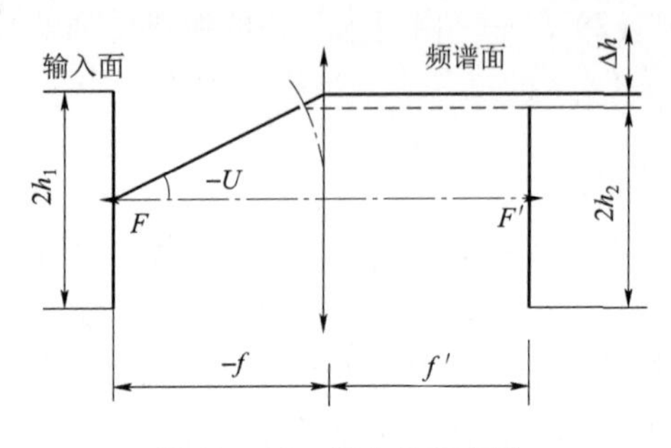

图12－14　镜头信息容量

$$N_{\max}=\frac{\sin U}{\lambda}=\frac{h_2}{\lambda f'} \tag{12-20}$$

式中，h_2 为频谱面半径（mm）；f'为傅里叶变换镜头的焦距（mm）；λ 为光波波长（mm）。

将式（12－20）代入式（12－19），得

$$W=\frac{2h_1h_2}{\lambda f'} \tag{12-21}$$

式中，h_1 相当于几何光学中的物高 y，h_2/f'相当于几何光学中的孔径角 U，所以信息容量 W 实际上等价于几何光学中的拉赫不变量 $J=nuy$。对于信息系统，J 表示能传递的信息量大小；对于成像系统，J 表示传递能量的大小。而从光学设计角度看，J 表征了光学系统本身设计、制造的难度。综上所述，表征傅里叶变换镜头性能高低的参数主要有两个，一个是被处理面的大小；另一个是能处理的最高空间频率。

和普通成像镜头相比，傅里叶变换镜头具有以下特点。

（一）必须对两物像共轭位置校正像差

如图12－15所示，当平行光照射输入面上的物体，如光栅时，发生衍射。不同方向的衍射光束经傅里叶变换透镜后，在后焦面（频谱面）上形成夫琅和费衍射图样。所以第一对物像共轭位置是以输入面衍射后的平行光作为物方，对应的像方是频谱面。换言之，傅里叶变换镜头必须使无穷远来的平行光束在后焦面上完善地成像，如图12－15中实线所示。第二对必须控制像差的共轭平面是以输入面作为物体，对应的像在像方无穷远，如图12－15中虚线所示。

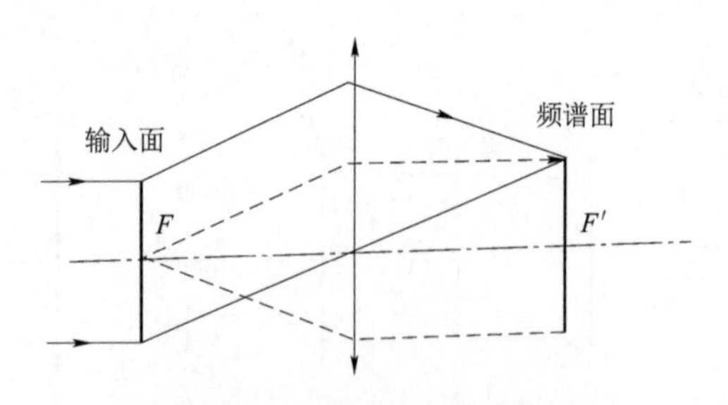

图12－15　两对共轭面校正像差

为了减少杂散光的影响，宜在输入面和频谱面上放置光阑，以控制输入面和频谱面的大小，使之既能保证所需要的直径，又能减少杂光，而且不能使傅里叶变换透镜本身的外径起拦光作用。输入面和频谱面中的任一个都要视为孔径光阑，而另一个视为视场光阑，与此对应有两种处理方法：

(1) 设“物”在无穷远，孔径光阑在前焦面，出瞳在像方无穷远（像方远心光路），频谱面为视场光阑。

（2）设“物”在前焦面，孔径光阑在后焦面，入瞳在物方无穷远（物方远心光路），输入面为视场光阑。

两种处理方法的几何光路与最终效果完全相同。无论按何种方法，必须同时对两个共轭面校正像差，也即一个傅里叶变换镜头具有两对成像质量优良的共轭面。

（二）必须补偿谱点位置的非线性误差

常规透镜在几何成像时的理想像高为

$$h_2' = -f'\tan U$$

式中，U 为视场角；h_2' 为对应 U 视场角时的理想像高。

而在光学信息处理系统中，频谱面上的频谱分布实际上是平行光经物体后产生的衍射图像。由夫琅和费衍射理论，某一衍射角 U 所对应的衍射斑，即谱点位置为

$$h_2 = -f'\sin U$$

式中，h_2 便是傅里叶变换镜头要求的像高。显然，傅里叶变换镜头的实际像高不等于理想像高，存在误差

$$\Delta h = f'(\sin\theta - \tan\theta) \tag{12-22}$$

称 Δh 为谱点的非线性误差。为保证频谱的准确分布，必须让傅里叶变换镜头能产生一个与谱点非线性误差大小相等、符号相反的畸变值，如图 12-14 所示。

（三）必须严格校正畸变之外的各种像差

在光学信息处理系统中，频谱图像和输出像面要清晰，要求各级衍射光束必须具有准确的光程，即要求除畸变之外的各种单色像差的波差控制在 $\lambda/4$ 以内，而且对物面和光阑面都要按此标准校正像差。如果傅里叶变换镜头的工作波长需要变换，则应使不同波长具有同样的球差校正，使用时可按不同波长选用不同的焦面位置。

输入面与频谱面的直径决定了傅里叶变换镜头的相对孔径和视场。为此把相对孔径和视场控制在适当范围内，以保证整个像面上的优良像质。目前大多数傅里叶变换镜头的焦距都较长，通常在 300～1 000 mm。由于光学信息处理的空间滤波系统从输入面到输出面的总长为 $4f'$，傅里叶变换镜头的长焦距会导致系统结构过于庞大。所以，长焦距的傅里叶变换镜头都采用正组在前负组在后的摄远型结构。为了同时校正物面像差和频谱面像差，可采用图 12-16所示的对称结构型式，该四组元对称摄远型的前焦点到后焦点距离可以缩小到 $0.7f'$左右。这类对称摄远型的优点是总长度短，可供消像差的变量多，有利于提高像质或扩大孔径和视场。缺点是结构复杂，价格昂贵，尤其是片数较多时，由于镜片表面污点、玻璃内部缺陷和杂光等引起的相干噪声将更加严重。因此，在焦距不太长、孔径和视场较小时，可以采用单个组元来构成傅里叶变换镜头。

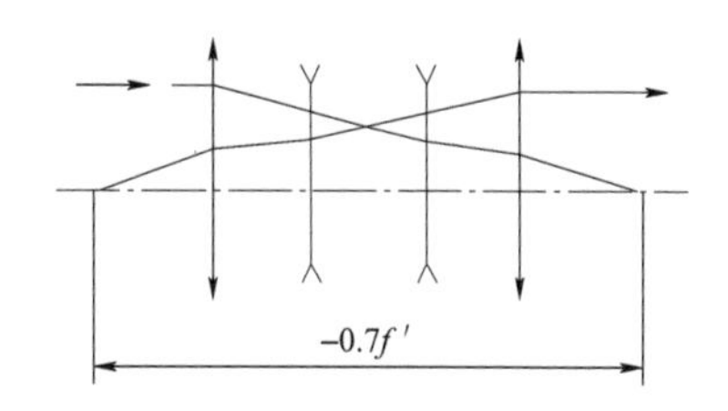

图 12-16　四组元对称系统

习　题

1. 已知一波长为 1.06 mm 的高斯光束束腰半径为 1.14 mm，试求与束腰相距 1 m、10 m、100 m、1 km 处的光束截面半径和波面曲率半径各为多少？

2. 使用氦氖激光器发射激光束，要求在 1 km 处照射 1 m 直径的圆。问激光束的束腰半径应为多少？

3. 已知某氦氖激光谐振腔结构参数为 R_1 等于 1 000 mm，R_2 为平面，腔长 d 为 250 mm，求束腰位置和束腰大小。

第十三章
红外光学系统

§13－1　概　述

本书第一章介绍了电磁波按波长分类的情况，0.4～0.76 μm 称为可见光，这是最常使用的人眼可见的电磁波段。波长在 0.76～1 000 μm 的波段称为红外波段。红外波段通常分为 4 个区域：近红外（0.76～3 μm）、中红外（3～6 μm）、中远红外（6～20 μm）和远红外（20～1 000 μm）。红外波段人眼不可见，但是它可以被对红外敏感的探测器接收到。例如，若用手从黑板的背面摸一下，然后将手移开，用红外热像仪对准黑板，就可以从监视器上看到手的图像，虽然手已移开，但黑板上手的余温发出的红外辐射依然存在，热像仪接收了这个辐射并把它转换成视频信号，在监视器上就形成了手的图像。红外光自 1800 年被发现之后至今已逾 200 年，早期发展缓慢，直至 20 世纪第二次世界大战期间和战后，随着军事上和航天上的需要，红外技术才得到了迅猛的发展。近年来，红外技术在军事、医学、工业等领域的应用越来越广泛。例如，导弹的红外导引头、人造卫星上的红外扫描仪、医学上的乳腺癌诊断仪、工业红外测温计等仪器和装置都是应用红外技术制作出来的。

红外系统通常由光学接收器、光电探测器、信号处理与显示器三大部分组成，整个系统涉及大气传输特性、光电探测器件和光电转换等多种知识和技术，本章仅就红外仪器中的红外光学系统及与之有密切关系的内容作一简要讨论。

§13－2　红外光学系统的功能和特点

一、红外光学系统的功能

红外光学系统的基本功能是接收和聚集目标所发出的红外辐射并传递到探测器而产生电信号。

对于红外成像系统，由于红外探测器光敏面积很小，例如单元锑化铟仅为 ϕ0.1 mm，在红外物镜焦距一定的条件下，对应的物方视场角极小，因此，为了实现对大视场目标和景物成像，必须利用光机扫描的方法。红外成像系统中常含有扫描元件，从而实现大视场的搜索与成像。

对于红外探测系统，利用调制盘将目标的辐射能量编码成目标的方位信息，从而确定辐射目标的方位。

对于红外观察和瞄准系统，除了物镜系统外，在红外变像管后面装有目镜，可以用于人眼的观察测量与瞄准。

二、红外光学系统的特点

（1）红外光学系统通常是大相对孔径系统。红外系统的目标一般较远，辐射能量也较弱，所以红外物镜应有较大的孔径，以收集较多的红外辐射；为了在探测元件上得到尽可能大的照度，物镜焦距应较短，这就使红外光学系统相对孔径一般都较大。

（2）红外光学系统元件必须选用能透红外波段的锗、硅等材料，或者采用反射式系统。可见光学系统中使用的普通光学玻璃透红外性能很差，最高也只能透过3 μm以下的辐射，对于中远红外区域，必须采用某些特殊玻璃如含有氧化锆（ZrO）和氧化镧（La_2O_3）的锗酸盐玻璃、晶体如蓝宝石（Al_2O_3）和石英（SiO_2）、热压多晶、红外透明陶瓷和光学塑料如TPX塑料等，必须根据使用波段的要求和材料的物理化学性能确定所用的材料。

随着红外技术的发展，目前已制造出上百种能透过一定红外波段的光学材料，但是真正满足一定使用要求、物理化学性能又好的材料只有二三十种。所以很多红外光学系统仍然采用反射元件。反射系统没有色差，工作波段不受限制，对材料的要求不高，镜面反射率可以很高，系统通光口径可以做得较大，焦距可以很长，因此许多红外光学系统采用反射式的结构。但反射式结构视场小，有中心遮拦，在有些场合也不太适用。

（3）红外光学系统的接收器为红外探测器。与可见光光学系统不同，它的接收器不是人眼或感光胶片，而是能接收红外信号的光敏元件，如锑化铟、碲镉汞等。因此红外系统最终的像质不能简单地以光学系统的分辨率来判定，而要考虑探测器的灵敏度、信噪比等光电器件本身的特性。对于红外光学系统，目前国外多采用点像能量分布（点扩散函数）的方法或者红外光学传递函数的方法评价成像质量。

§13－3　红外物镜

红外物镜的作用是将目标的红外辐射接收和收集进来并传递给红外探测器。它的主要类型有透射式、反射式和折反射式3种。

一、透射式物镜

（一）单透镜

单折射透镜是最简单的折射物镜，它可应用于像质要求不太高的红外辐射计中。这种物镜一般应满足最小球差条件，球差和正弦差均较小，孔径像差较小，但不适合用于大视场。当红外工作波段宽时，色差也较严重，它适用于工作波段不宽的视场，且配上干涉滤光片使用。某红外辐射计中所用锗物镜就是一个单个弯月形物镜，与之配合的探测器表面又加入了浸没透镜（参看§13－4节），热敏电阻探测器紧贴在浸没物镜上，如图13－1所示。

（二）双胶合物镜和双分离物镜

双胶合物镜中正透镜用低色散材料，负透镜用高色散材料，除了能校正球差、正弦差并保证光焦度外，还可以校正色差。但实际上可用的红外材料不多，通常把两个透镜分开，中间有一定的空气间隔，r_2 和 r_3 也可以不相等，这就可以在较大范围内选用材料。通常，在近红外区采用氟化钙和玻璃，中远红外区采用硅和锗作为透镜材料。图 13－2 所示为用热压氟化镁（MgF_2）和热压硫化锌（ZnS）做成的双分离消色差物镜，在 3.0～5.5 μm 波段使用。这种物镜的缺点是装调较困难。

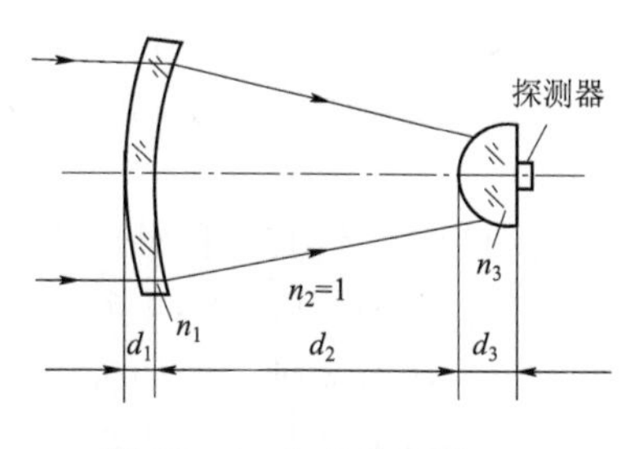

图 13－1　红外单透镜

（三）多组元透镜组

为了达到较大的视场和相对孔径，红外物镜必须复杂化，要增加透镜个数，并采用合理的结构型式，如图 13－3（a）所示的 Ge－Si－Ge 三透镜组和图 13－3（b）所示的 Ge 的四透镜组。

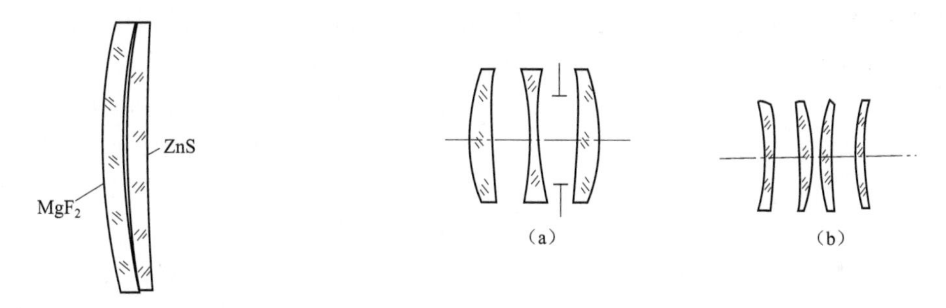

图 13－2　红外双透镜组

图 13－3　红外多透镜组

二、反射式物镜

前面说过，红外光学系统很多都采用反射式，主要原因是红外透射材料较少，选择余地不大。另外，红外系统工作波段通常较宽，用透射式物镜色差校正比较困难，而反射式物镜完全没有色差，且对反射镜本身的材料要求不高，所以反射式物镜在红外光学系统中应用广泛。但反射式物镜视场小，体积大，这是它的缺点。下面简要介绍各种类型的反射式物镜。

（一）单球面反射镜

如果将孔径光阑置于球心处，轴外视场主光线通过孔径光阑中心，也就是通过球心，因此任意视场主光线均可视为光轴，各视场成像质量与轴上点相同，没有彗差、像散和畸变，但存在球差和场曲，像面为球面。实际使用中，常将球面镜本身作为光阑位置，各种单色像差均会存在，当视场加大时，像质迅速变坏。因此，它适合于视场较小、相对孔径较大的情况。

（二）单非球面反射镜

常使用的是二次曲面反射镜，由二次曲面方程知，二次曲面镜都有两个焦点，它们之间是等光程的，视场不大时可以得到较好的像质。常用的单非球面反射镜有抛物面反射镜、双曲面反射镜、椭球面反射镜和扁球面反射镜等。

（1）抛物面反射镜。将方程

$$y^2 = 2r_0 x$$

决定的扫描线绕其对称轴旋转一周即形成抛物面。图 13－4 所示为它的截面。平行光轴入射的轴向光束成像在抛物面的焦点，小视场成像优良，比球面反射镜要好得多，但抛物面加工比较困难。当球面反射镜不能满足要求时，常使用抛物面反射镜。图 13－4 所示为常用的两种抛物面反射镜：图 13－4（a）中光阑位于抛物面焦面上，球差和像散为零，像质较好；图 13－4（b）为离轴抛物面镜，焦点在入射光束之外，放置探测器较为方便。离轴抛物面镜应用较多，例如传递函数测定仪中使用的平行光管物镜许多为离轴抛物面镜，在红外光学系统中多使用抛物面镜与另一反射镜的组合，下面将要提到。

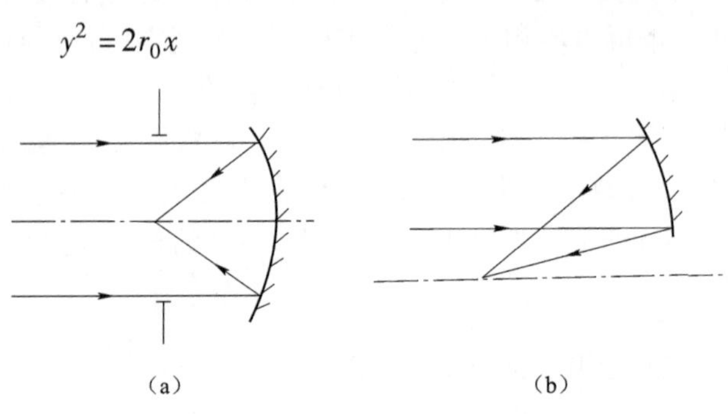

图 13－4　抛物面反射镜

（2）双曲面反射镜。双曲面反射镜是由方程的两根双曲线中的一根绕对称轴 x 旋转一周而成的，取其一部分即为回转双曲面，如图 13－5 所示，其两个焦点之间等光程

$$\frac{x^2}{a^2} - \frac{y^2}{b^2} = 1$$

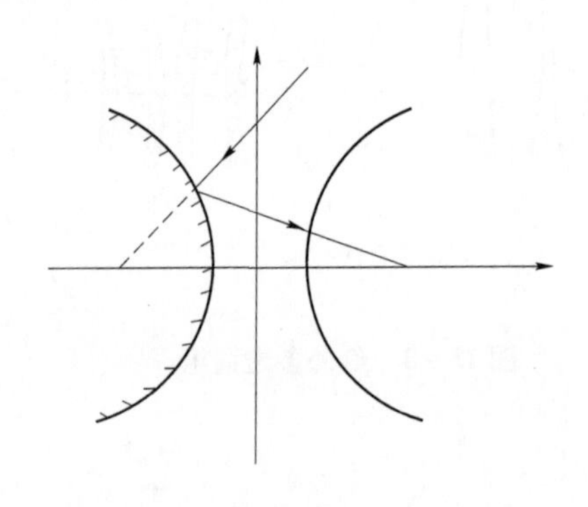
图 13－5　双曲面反射镜

（3）椭球面和扁球面反射镜。将椭圆方程的轨迹绕长轴旋转一周，得到回转椭球面，如图 13－6（a）所示。椭球面的两个焦点之间等光程。椭圆曲线绕短轴旋转一周，得到回转扁球面，如图 13－6（b）所示。扁球面一般利用凸面，很少单独使用。

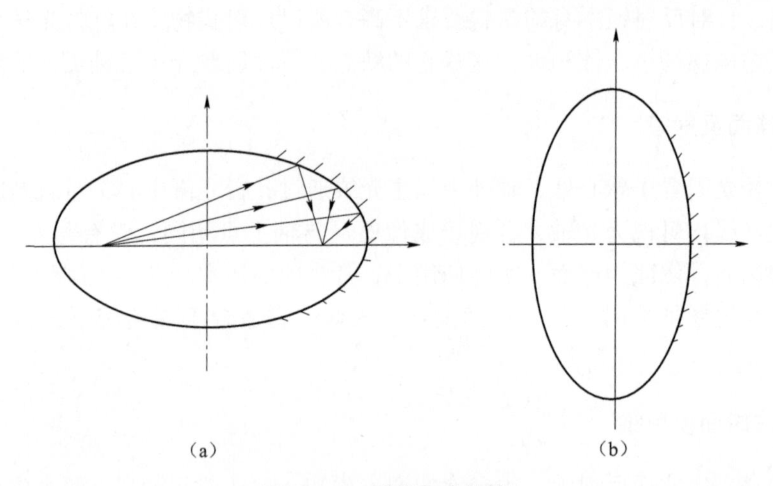

图 13－6　椭球面反射镜

双曲面镜、椭球面镜和抛物面镜都可以单独作为一个物镜使用，但用在不同的情况下。如前所述，抛物面镜是把无限远发来的平行光轴的光线汇聚在其焦点上；椭球面镜是把一点发出的光束汇聚到另外一点；而双曲面镜则是把汇聚到一点的光束再汇聚到另外一点处。尽管使用情况不同，但它们都是利用二次曲面均有两个焦点及二者之间等光程、无像差的特点。

（三）双反射镜系统

双反射镜系统由两面反射镜组成，其中大的为主镜，另一块小的为次镜。较常用的有牛顿系统、格里高里系统和卡塞格林系统。这些系统在第九章望远镜和显微镜中已作过介绍，这里不再赘述。

三、折反射系统

折反射系统在第九章中也介绍过，如施密特物镜、马克苏托夫物镜和同心系统。在红外光学系统中也有时会用到类似马克苏托夫物镜的曼金物镜，如图 13－7 所示。

曼金折反射镜是由一个球面反射镜和一个与它相贴的弯月形折射透镜组成的。弯月形物镜也是用来校正球面反射镜的像差，主要是球差和彗差，但色差较大，有时为了校正色差，常把弯月物镜做成双胶合消色差物镜。

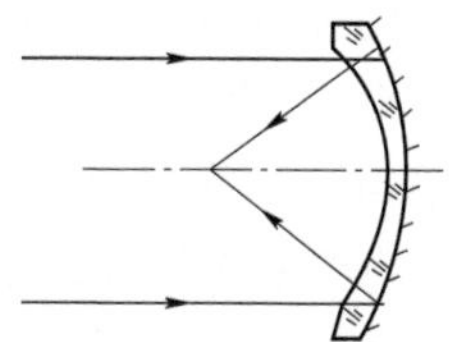

图 13－7　曼金物镜

上面介绍了各种红外物镜，从设计角度看，红外物镜的设计与可见光光学系统没有本质的区别，但在设计折射式和折反射式物镜时，要特别注意光学材料的选择，因为透镜系统的像差和色差与材料的折射率 n 及色散有关，不同材料对不同波段有不同的透过率，这些都要精心考虑，设计时要参考有关的材料手册，本书不做专门介绍。另外，红外系统还存在冷反射的问题，即被冷却的探测器在系统中经过各种表面的反射，还有可能成像在像面附近，影响了系统的质量，必要时也应该进行冷反射的计算。

§13－4　辅助光学系统

红外系统接收器为对红外光敏感的探测器，如碲镉汞、锑化铟等。探测器尺寸一般都比较小，若光学系统的焦距 f' 较长，视场 ω 较宽，入瞳直径 D 较大，则要求探测器尺寸也相应地加大，但探测器尺寸大时噪声就大，整个红外系统的信噪比降低。因此就需要在红外物镜后面加入一些辅助系统。在保持 f'、ω、D 不变的情况下尽可能缩小探测器尺寸，或者说把光能尽可能多地收集到探测器中去，这些辅助光学系统就是场镜、光锥和浸没透镜，它们也常称为探测器光学系统。

一、场镜

在可见光系统中，场镜是经常用到的，特别是光路很长的情况下，不使用场镜，系统的体积就会很大，或者有较大的渐晕。场镜通常加在像平面附近，它是在不改变光学系统光学特性的前提下，改变成像光束的位置。在红外光学系统中场镜经常应用。在大多数红外辐射计、红外雷达系统中，需要在光学系统焦平面上安放调制盘，探测器放在焦点附近，这样在探测器上接收的光束就要增大，或者说探测器就要加大，如在焦后放一场镜，使全视场主光线折向探测器中心，就可以用较小的探测器接收整个光束，且整个探测器照度均匀，如图 13-8 所示。

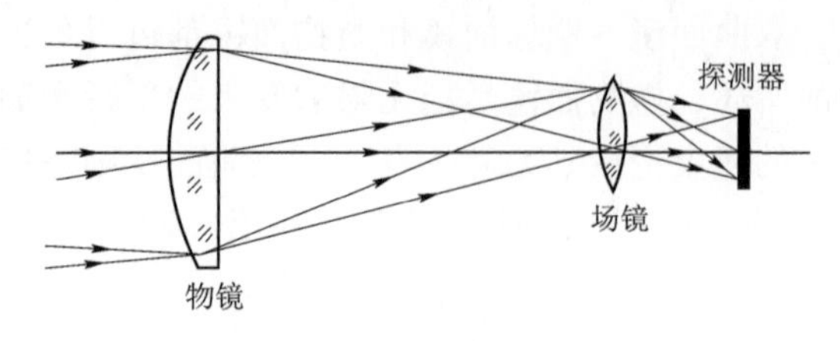

图 13-8 加场镜示意图

二、光锥

光锥为一种空心圆锥或由一定折射率材料形成的实心圆锥。光锥内壁具有高反射率，它的大端口放在光学系统焦平面附近，收集光线并依靠光锥内壁多次反射传递到小端，小端口放置探测器，这样就可以用较小尺寸的探测器收集进入大端范围的光能。实心光锥光线传播情况如图 13-9 所示。

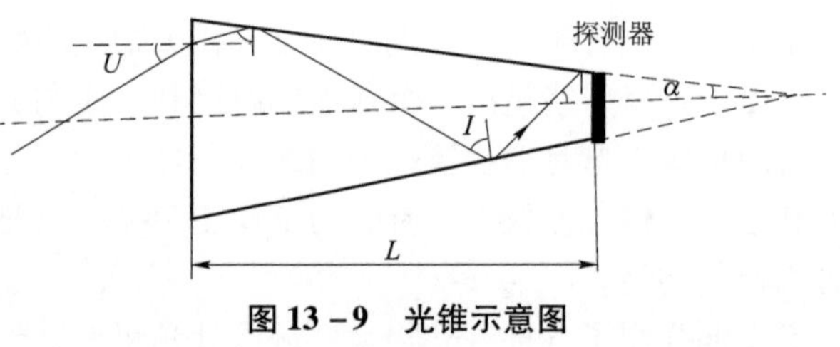

图 13-9 光锥示意图

实际使用中也采用场镜与光锥的组合结构。如图 13-10 所示，图 3-10（a）为空心光锥加场镜，图3-10（b）为将场镜与实心光锥做成一体。来自物镜的大角度光线先经场镜汇聚再进入光锥大端，将减小进入光锥的入射角，或者说组合结构的临界入射角将高于单个光锥的临界入射角，有利于收集更大范围内的光能。

三、浸没透镜

浸没透镜是黏结在探测器表面的高折射率球冠状透镜。前表面为球面，后表面为平面，平面与探测器表面光胶或黏接，如图 13-11 所示。它与高倍显微镜中的浸液物镜类似，浸液物镜是将标本浸在高折射率液体中，提高了物镜的数值孔径 NA 值，使更多的光能进入物镜，提高了像的照度和分辨率。红外系统探测器前加入的浸没透镜一般用 Ge、Si 等高折射率红外材料做成，它可以有效地缩小探测器的尺寸，从而提高信噪比。

浸没透镜的加入改变了光线进行的方向，像的位置发生了变化，如图 13-12 所示。加入浸没透镜前的像点位置 A 和加入浸没透镜后的像点位置 A' 之间应该满足共轭点方程式。由于浸没透镜的后表面与探测器黏接，所以浸没透镜的成像可以看作单个折射球面成像问题。如图 13-12 所示，设球面半径为 r，浸没透镜厚度为 d，球面顶点到 A 和 A' 的距离分别为物距 L 和 L'，可以写出单个球面折射的物像关系式：

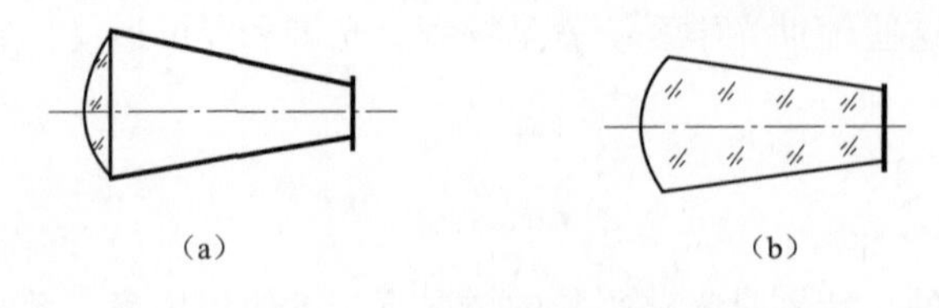

图 13-10 场镜加光锥

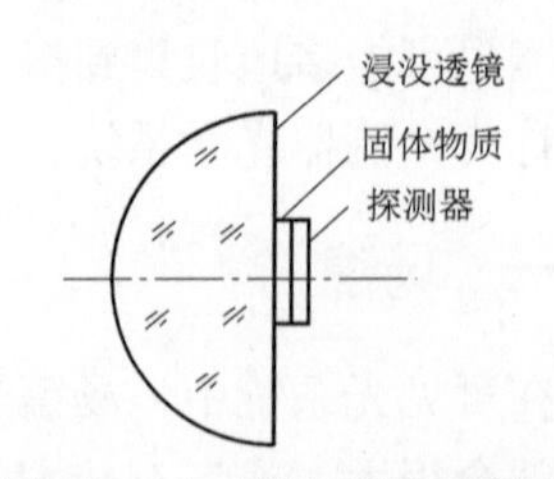

图 13-11 浸没透镜示意图

$$\frac{n'}{L'}-\frac{n}{L}=\frac{n'-n}{r}$$

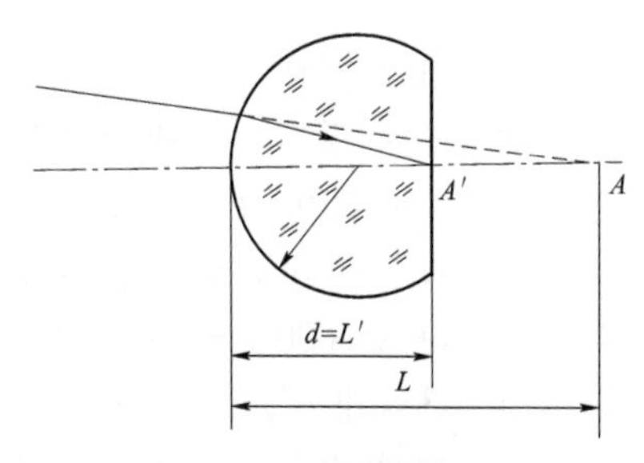

图 13 -12　浸没透镜光路

式中，物方折射率 $n=1$，像方折射率 $n'=n$，像点要成在浸没透镜的后表面即探测器表面处，所以 $L'=d$，上式可写成

$$\frac{n}{d}-\frac{1}{L}=\frac{n-1}{r}$$

根据垂轴放大率公式又可写出

$$\beta=\frac{y'}{y}=\frac{nL'}{n'L}=\frac{d}{nL}$$

联立上面两式，消去 L，即可得到浸没透镜结构参数和放大率的关系式：

$$\beta=1-\frac{n-1}{n}\cdot\frac{d}{r}$$

或

$$d=\frac{n}{n-1}(1-\beta)r$$

单个折射球面一般是有像差的，适当选择共轭点位置可以消除宽光束小视场的像差。但实际上还是要考虑和主光学系统像差的匹配，使包括浸没透镜的整个系统达到最好的校正。

§13 -5　典型红外光学系统

红外系统按功能大致可以分为以下几类：

（1）探测与测量系统。如辐射计、测温计、光谱仪等用于辐射通量的测定和光谱辐射的测量。

（2）搜索与跟踪系统。用于发现红外目标、确定方位并进行跟踪、测量，常用于导弹的红外制导。

（3）热成像光学系统。接收红外目标的辐射并形成图像，供人眼观察。

（4）红外测距和通信系统等。

下面介绍几种典型红外系统，通过对这些典型系统的分析，使我们对红外光学系统的组成、功能等各个方面有一个概貌的了解。

一、红外测温光学系统

温度高于绝对零度的物体都会产生红外辐射，红外辐射特性与物体表面温度有着密切的联系，所以，测定物体的红外辐射特性就可以准确地确定物体表面温度，它在工农业生产中，例如在炼钢生产、机械加工等领域内应用很广。红外测温依据不同的测量原理分成不同类型，如全辐射测温、亮度法测温、双波段测温等，但各类测温方法所采用的光学系统有许多共同之处。图 13 -13 给出的就是一个红外测温仪光学系统的实例。

图 13 -13 中 2 为主镜，3 为次镜，目标光线通过双反射系统主镜、次镜的反射后，经分光片 4 分成两路，反射红外光通过调制盘 7 成像在 $\phi0.6$ mm 的硫化铅器件上，透射的可

见光成像在分划板5上，人眼通过目镜6进行观察、瞄准。主镜与次镜的间隔可在 $-74.71 \sim -55$ mm的范围内调节，以保证距离在500～5 000 mm内的目标能被准确地瞄准与测温。

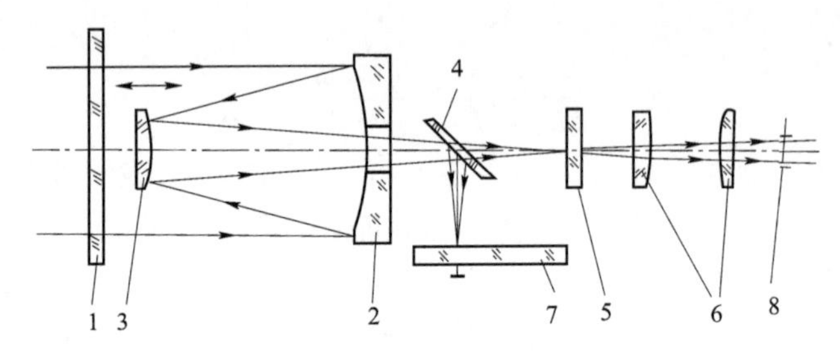

图13－13 红外测温系统

1—窗口；2—主镜；3—次镜；4—分光片；5—分划板；6—目镜；7—调制盘；8—出瞳

系统成像质量要求不高，所以主光学系统采用双反射球面系统，有利于降低成本，观察系统采用简单的冉斯登目镜，两凸面半径相同，具有良好的工艺性。

二、红外跟踪光学系统

红外跟踪系统是接收远距离目标的红外辐射并跟踪其位置的系统。它采用调制盘或多元探测器进行扫描，产生目标位置的误差信号，由此误差信号驱动伺服系统使仪器不断修正方向对准目标。它主要用于导弹和飞行器的制导等军事方面。

下面给出一个双反射主系统和光锥、浸没透镜组合的红外跟踪系统的实例。

如图13－14所示，主系统采用卡塞格林系统，主镜为抛物面，次镜为双曲面，主系统焦平面位于主镜之后，光线先经主镜反射，再经次镜反射，最后由主镜中间的洞中穿出到达焦平面。焦面上安置可绕 AA' 轴旋转的调制盘。该系统采用 $\phi 4$ mm的硫化铅器件，工作波长为1～3 μm，中心波长为1.8 μm，相对孔径为1∶1.45，视场角 $2\omega = \pm 1.5°$，主系统焦距为 $f' = 334$ mm。由于相对孔径很大，焦平面尺寸也较大，为了使光线聚焦到尺寸较小的探测器表面上，该系统采用了空心光锥和浸没透镜，硫化铅元件用高折射胶直接胶黏在浸没透镜后表面中心。浸没透镜采用锗材料，保护窗口采用HWC21红外玻璃材料。

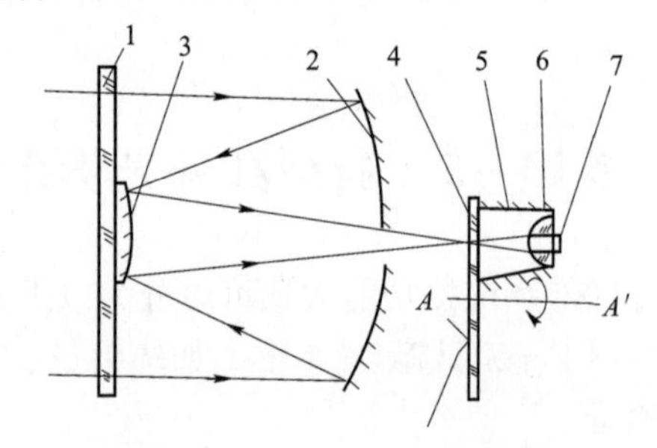

图13－14 红外跟踪系统

1—保护窗口；2—主镜；3—次镜；4—调制盘；5—光锥；6—浸没透镜；7—探测器

三、热成像光学系统

红外热成像系统是收集目标上各点的红外辐射，经光电转换，使光信号变成模拟电信号，再经处理，最终在监视器上显示出目标的空间图形，虽然它反映的是目标各点温度的差异，但与可见光景物十分相似。由于它反映了目标各部分的热分布和各部分发射本领的差异，所以可根据所成的热像分析目标各部分的状况，如医用热像仪可据此判断局部的病变。

热像仪大体可分为工业热像仪和医用热像仪两大类，它们原理是一样的，只不过工业热像仪的空间分辨率和热分辨率一般要求低一些。另外，工业热像仪拍摄的电网、轧制板材、水泥筒式转炉等工业热图，温度较高，常采用InSb探测器；医用热像仪拍摄对象是人体，温度为32℃左右，常采用HgCdTe探测器。

下面给出一个红外热像仪光学系统的实例。

如图 13－15 所示，该系统由近距离目标成像物镜、八面外反射行扫描转鼓、平面摆动帧扫描器、准直透镜组组成。

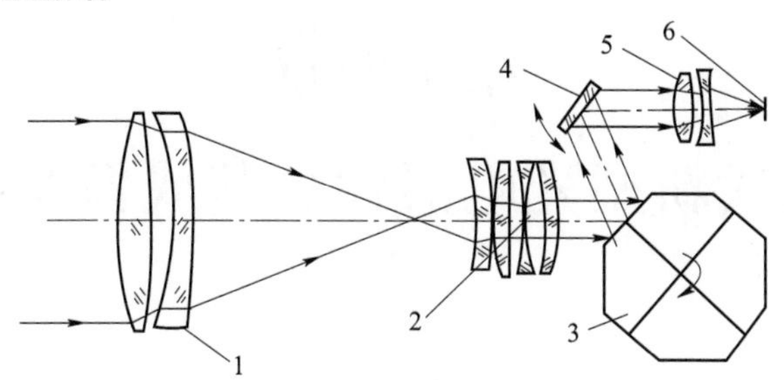

图 13－15　红外热成像系统

1—成像系统前组；2—成像系统后组；3—外反射行扫描转鼓；4—平面摆动帧扫描器；5—准直透镜组；6—探测器

系统要求工作距离为 2m，孔径角为 $-1.4°$，物高为 50 mm，工作波长为 8 ~ 14 μm，中心波长为 10 μm，探测器采用 ϕ0.15 mm 的单元碲镉汞器件，要求整个光学系统像点弥散斑直径小于 0.1 mm。

根据上述要求，光学系统应对有限距离成像；由于采用单元探测器，为了使目标上各点都能在探测器上成像，所以用行扫描方式，即利用八面外反射行扫描转鼓 3 进行行扫描，用平面摆动帧扫描器 4 进行帧扫描，使整个物面各点先后在探测器上成像。由于像质要求高，故这里采用透射式成像系统。实际上前组 1 和后组 2 构成了一个出射平行光的准望远系统，转鼓和平面摆镜均位于平行光路中，可以避免处于汇聚光束中的散焦，有利于像质的保证。前组 1 与后组 2 相对孔径大体相同，但后组视场大，所以后组复杂一些，由四片诸透镜组成。准直物镜接收由平面摆镜反射的平行光并将其成像在碲镉汞探测器上。

习　题

1. 红外光学系统有什么特点？
2. 常用的能够透红外波段的材料有哪些？
3. 红外光学系统与可见光系统相比，在设计上有哪些特点？

第十四章
现代新型光电器件及其成像系统

§14－1　CCD 和 CMOS 光电器件

电荷耦合器件（Charge-Coupled Devices，CCD），是一种以电荷包形式存储和传递信息的半导体器件，具有光电转换、信息存储和延时等功能。由于 CCD 集成度高、功耗小，已经在摄像、信号处理和信号存储三大领域中得到广泛的应用，尤其是作为一种固体摄像器件，CCD 在图像传感应用方面已经取得令人瞩目的发展，成为当今图像传感器市场的主流。

CCD 是在 MOS（Metal Oxide Semiconductor）晶体管电荷存储器的基础上发展起来的。传统的 CCD 由大量密排的 MOS 电容器构成，能够存储由入射光在 CCD 光敏单元激发出的光信息电荷，并能在适当相序的时钟脉冲驱动下，把存储的电荷以电荷包的形式定向传输转移，实现自扫描，完成从光信号到电信号的转换。

CCD 的概念最早于 1969 年由美国贝尔实验室的 W. S. Boyle 和 G. E. Smith 提出，近 50 年来对它进行的研究速度惊人，已经从最初简单的 8 像素移位寄存器发展到具有数百万至数千万像素，其应用领域涵盖了航空航天、空间遥感、微光夜视、激光干涉测量、传真扫描、医疗仪器、摄影摄像和机器视觉等诸多领域。与其他成像器件相比，CCD 电荷耦合器件有以下特点：

（1）作为一种固体化器件，CCD 集成度高、体积小、重量轻、耗电少、启动快、寿命长和可靠性高；

（2）像元位置可用数字代码确定，便于与计算机结合；

（3）光敏元件间距的几何尺寸精确，可以获得很高的定位精度和测量精度；

（4）光谱响应范围宽。一般的 CCD 器件可工作在 400～1 100 nm 的波长范围内。另外，对应特殊波段的 CCD 器件使其光谱响应扩大到从 X 射线、紫外线、可见光到红外范围；

（5）具有较高的光电灵敏度和较大的动态范围；

（6）具有较高的空间分辨率：线阵器件已有上万像元；量产的面阵器件已跃过 4 000 万像素；

（7）图像畸变小、尺寸重现性好，特别适合尺寸测量、定位及成像传感等应用。

一、CCD 的基本结构和工作原理

（一）基本结构

CCD 主要由光敏元件、输入部分和输出部分构成。光敏元件可以采用 MOS 电容及光电

二极管。CCD 是由金属－氧化物－半导体 MOS 构成的密排器件，这些 MOS 电容即 CCD 的光敏元件，也是 CCD 的基本构成单元。MOS 一般是在单晶硅 Si 的衬底上生长一层 SiO_2层，再在 SiO_2层上沉积具有一定形状的金属电极（栅极），金属通常采用铝。

根据采用的衬底材料不同，MOS 电容可分为 NMOS 和 PMOS，这两种电容在结构上基本相似。所不同的是 NMOS 采用 p 型硅的衬底，通过选择掺杂形成 n 型的掺杂区，而 PMOS 则是在 n 型硅的衬底上通过选择掺杂形成 p 型的掺杂区。

（二）CCD 的工作原理

与其他成像器件不同，CCD 以电荷作为信号来进行存储和传输，而不是以电流或者电压作为信号。CCD 的基本工作过程包括三部分，即信号电荷的产生和存储、电荷的转移及电荷的检测。

（1）信号电荷的产生与储存。

CCD 信号电荷的产生主要有两种方式：一种是电注入，另一种是光注入。

电注入仅适用于 CCD 被用作信号处理或存储器件的情况。这时，CCD 通过输入结构（输入二极管、输入栅）对信号电压或电流进行采样，将信号电压或电流转换为信号电荷。

用作图像传感器的 CCD 采用的信号电荷产生方式必须是光注入。所谓光注入就是通过光电转换，将光敏元件接收的光转换成信号电荷的过程。

当一束光线投射到 MOS 电容器上时，光子穿过透明电极及氧化层进入 p 型 Si 衬底，衬底中处于价带的电子将吸收光子的能量而跃入导带。光子进入衬底时产生的电子跃迁形成电子－空穴对，电子－空穴对在外加电场的作用下，分别向电极的两端移动，多数载流子进入耗尽区以外的衬底，然后通过接地消失，少数载流子便被收集到势阱中成为信号电荷。当输入栅开启后，在第一个转移栅上加以时钟电压，这些代表光信号的少数载流子就会进入到转移栅下的势阱中，完成光注入过程。

至于信号电荷的储存，如前所述，CCD 的基本结构单元 MOS 中形成的势阱能够吸收这些信号电荷并加以存储，所收集的电荷大小取决于照射光的强度和照射时间。

（2）信号电荷的转移。

信号电荷的转移也称为电荷的耦合。转移电荷的目的是使 CCD 中势阱电荷从一个位置转移到另一个位置。为实现信号电荷的转移，必须使 CCD 中的 MOS 电容阵列排列足够紧密，以致相邻 MOS 电容的势阱能够相互沟通，即相互耦合。同时，由于电荷总是要向最小势能方向转移，故可以通过控制相邻 MOS 电容栅极电压的高低来调节势阱深浅，使信号电荷由势阱浅的地方流向势阱深处。

因此，可以将一定规律变化的电压加到各电极上，周期性地改变时钟脉冲的相位和幅度，势阱深度会随时间相应地变化，电极下的电荷包就能沿半导体表面按一定方向移动。通常把 CCD 电极分为几组，每组施加同样的时钟脉冲。根据每组中包含的电极个数，CCD 通常有二相、三相、四相几种结构。它们所施加的时钟脉冲也分别为二相、三相、四相。

（3）信号电荷的检测。

信号电荷的检测是指 CCD 将转移到最后一个势阱的电荷转换成电信号的过程，即 CCD 的输出部分。进行电荷检测的基本原理是将转移过来的电荷转换成电容器两端的电流或电压变化。

CCD电荷检测的主要方法有电流输出和电压输出两种。其中，电压输出有浮置扩散放大器（FDA）输出和浮置栅放大器（FGA）输出。CCD对电荷的检测输出是每检测一个电荷包，在输出端就得到一个脉冲，其幅度正比于信号电荷包的大小。不同信号电荷包的大小转换为信号对脉冲幅度的调制，即CCD输出调幅信号脉冲列。每个像元输出的信号浮置在一个正的直流电平（7~8 V）上，信号电平在几十至几百毫伏范围内变化。输出信号随时间轴，按离散形式出现，每个电荷包对应着一个像元，中间由复位电平隔离。

因此，由CCD的工作过程可看出，CCD图像传感器既具有光电转换功能，又具有信号电荷的存储、转移和检测功能，它能把一幅空间域分布的光学图像变换成为一列按时间域分布的离散的电信号“图像”。

二、CCD图像传感器的基本特性

CCD图像传感器件的基本特性可以用特性参数来描述，主要包括：电荷转移效率和转移损失率，光谱响应，灵敏度与动态范围，分辨率，工作频率，暗电流及噪声。

（一）电荷转移效率和转移损失率

电荷转移效率是表征CCD性能好坏的参数。由图像传感器的工作原理可知，信号电荷是通过对各个电极施加不同电压实现转移的。通常把一次转移后到达下一个势阱中的电荷与原来势阱中的电荷之比称为转移效率，用符号 η 表示。

设原有信号电荷为 Q_0，转移到下一个电极下的电荷为 Q_1，那么转移效率为

$$\eta = \frac{Q_1}{Q_0}$$

剩余未转移的部分用转移损失率 ε 来表示，即 $\varepsilon = 1 - \eta$。

理想情况下，转移效率 η 应等于1。但由于电荷在转移过程中有损失，故 η 是一个小于1的数。在实际器件中，信号电荷需要经历成百上千次的转移，一个电荷 Q_0 经过 n 次转移后所剩下的电荷 Q_n 为

$$Q_n = Q_0 \eta^n$$

由此可见，如果转移效率不高，那么最终总的转移效率就会很低，将失去实用价值。为保证较高的转移效率，经常采用的方法有增加信号电荷的转移速度、改变栅极结构以减小边缘势垒、采用体沟道CCD以减少表面态和体内陷阱对电荷的俘获等。

（二）光谱响应

CCD对于不同波长的响应度是不相同的。光谱响应特性表示CCD对于各种单色光能的相对响应能力，其中响应度最大的波长称为峰值响应波长，响应度小于10%或更低所对应的波长称为截止波长，长波和短波截止波长之间的范围称为光谱响应范围。有时也把响应度下降到峰值的50%对应的波长当作截止波长。

CCD器件的光谱响应范围基本上是由使用的材料性质决定的，但也与器件的光敏元结构和所采用的电极材料密切相关。普通硅衬底CCD的光谱响应均在400~1 100 nm范围，如图14-1所示。但近年来随着微电子技术的发展，出现了响应范围扩大的特殊

CCD。如长波方向可以探测到 3 ~ 5 μm 的中红外及 8 ~ 14 μm 远红外波段；短波方向可以延伸到200 nm 左右的紫外波段。

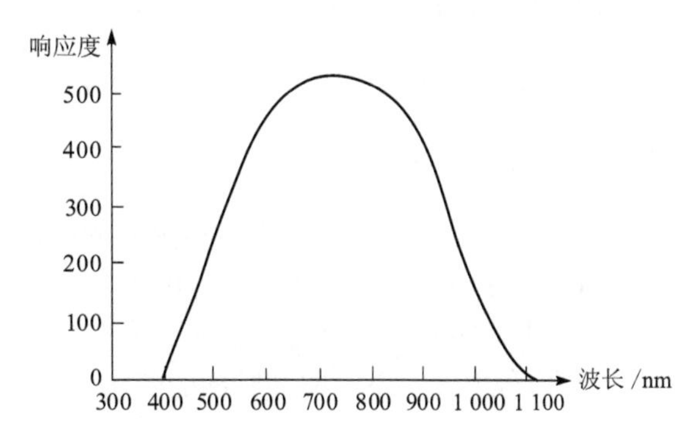

图 14－1　普通 CCD 光谱响应曲线

（三）灵敏度与动态范围

灵敏度表示了 CCD 将光信号转换为电信号的能力。它是指在一定光谱范围内，单位曝光量的输出信号电压或电流。灵敏度反映了 CCD 对光的响应能力。

动态范围代表了器件输出信号随输入曝光量线性变化的范围，其定义为最大信号量，也就是饱和信号量与噪声之比。因此，饱和信号量和最大信号电荷传送量是影响动态范围的重要因素。

理想的 CCD 应该具有高灵敏度和宽的动态范围。动态范围宽的图像，从亮到暗有明确的灰度表现，曝光过度和曝光不足的情况较少。相反，动态范围较窄时，则会形成平板多噪声的图像。

（四）分辨率

分辨率是评价 CCD 器件优劣的一个重要指标，它表示 CCD 器件分辨图像细节的能力，简单来说，分辨率就是表示可照出多细微图像的指标，一般来说，像素数越多，分辨率也越高，所以常以像素数取代分辨率。然而，即使是相同的像素数，随着像素排列方式的不同得到图像的分辨率也会发生变化。

对 CCD 分辨率的评价有极限分辨率和调制传递函数 MTF 两种方式。极限分辨率方法是采用分辨率测试卡通过光学系统成像在 CCD 光敏面上，通过人眼在输出端观察，能够分辨的最细线条数目（线对数），即为 CCD 的极限分辨率。调制传递函数 MTF 评价方法与一般的成像系统相同，用来表示信号转移前后调制度的比值，它与图像的形状、尺寸、照度等无关，因此是客观的科学的。同时由于 MTF 是正弦波空间频率振幅的响应，在给定的空间频率下，整个系统的 MTF 等于系统各部分 MTF 的乘积，因而使用起来非常方便。因此，目前国际上一般采用 MTF 来表示 CCD 的分辨率。

随着 CCD 制作技术的不断提高和光敏元件的高度集成化，获得高像素数及高分辨率成为可能。但是如果在不增加 CCD 面积的情况下增加像素数，由于单位像素的面积减小，必然会降低 CCD 的灵敏度和动态范围，信噪比也会降低，因而会引起图像质量的下降。因此在增加 CCD 像素的同时若想维持现有的图像质量，就必须在至少维持单位像素面积不减小的基础上增大 CCD 的总面积。

（五）工作频率

CCD 的工作频率是指视频信号的采样频率，用 f 表示。采样频率的下限与由于热产生的少数载流子寿命有关。为避免少数载流子对输入信号的干扰，信号电荷从一个电极转移到另

一个电极所用的时间 t 必须小于少数载流子的平均寿命 τ。以三相 CCD 为例，

$$t=\frac{T}{3}=\frac{1}{3f}<\tau$$

因此工作频率下限满足 $f>\frac{1}{3\tau}$。

工作频率的上限主要受电荷转移快慢的限制。电荷在 CCD 相邻电极之间移动所需的平均时间叫作转移时间，其大小与相邻电极中心距成正比，而与转移速度成反比。当工作频率升高时，若电荷本身从一个电极转移到另一个电极所需的时间大于驱动脉冲使其转移地时间 $T/3$，那么信号电荷跟不上驱动脉冲的变化，使转移效率大大降低。故要求

$$t\leqslant\frac{T}{3}=\frac{1}{3f}$$

即 $f\leqslant\frac{1}{3t}$。

（六）暗电流

CCD 图像传感器在既无光注入又无电注入情况下的输出信号称为暗信号，是由暗电流引起的。产生暗电流的根本原因在于半导体的热激发，固体摄像器件均存在有暗电流，其来源有：

（1）耗尽区中的本征热激发产生的暗电流；

（2）耗尽区边缘少数载流子热扩散产生的暗电流；

（3）表面能级的热激发产生的暗电流。

其中以第（1）项影响为主。所以，暗电流受温度的影响是最大的。由于暗电流会加入到信号电荷包中和信号电荷一起积分，其直观影响便是光信号图像上会叠加暗信号图像，成为系统的固定图像噪声。同时，暗电流还会存在于势阱中，占据其容量，降低器件的动态范围。为了减少暗电流的影响，应当尽量缩短信号电荷的积分和转移时间。这样，CCD 的工作频率就不会太低。因此，暗电流限制了 CCD 工作频率的下限，从而不能应用在一些工作频率较低的场合。

（七）噪声

噪声是 CCD 的一个重要参数，它是决定信噪比的重要因素。信号电荷包在 CCD 内存储和转移时，与外界是隔离的，因此从本质上来说，CCD 是个低噪声器件。但是，随着 CCD 器件向小型化、集成化的不断发展，CCD 光敏元件个数不断增加，其面积势必减小，从而降低了 CCD 的输出饱和信号，而噪声叠加在信号电荷上，形成对信号的干扰，降低了信息复原的精度，并降低了 CCD 的灵敏度。为了扩大 CCD 的动态范围，必须对 CCD 噪声的种类和特点加以研究，并在此基础上采取相应的措施加以抑制。

CCD 的噪声主要包括输入噪声、电荷量变化引起的转移噪声和检测时产生的输出噪声。

（1）输入噪声。

在 CCD 图像传感器中，采用光注入方法向 CCD 注入信号电荷时，由于光具有光子的粒子特性，因此一次储存时间内入射的光，每次的光子数不会相同，这种由于光源本身辐射光子数的变化所引起的光散粒噪声成分也同时输入到 CCD 势阱中。若入射光子数为 N_s，则输

入的光散粒噪声 N_n 为 N_s 的平方根，即 $N_n = \sqrt{N_s}$。因此，若光注入 CCD 势阱中产生的自由载流子数目为 n，则光注入产生的散粒噪声光子数为 $n^{\frac{1}{2}}$。

（2）转移噪声。

电荷注入 CCD 以后，就在 CCD 中定向转移。当某一单元势阱中填充了信号电荷包后，表面态就被填充。信号电荷向下一个单元转移时，被填充的界面态就将释放电荷，这一过程具有随机性。由于释放电荷的界面态数目的起伏，在这一转移过程中将引入噪声，用载流子（电子）数目均方根表示。

（3）输出噪声。

CCD 的输出噪声就是检测 CCD 中转移到输出端的电荷包时产生的噪声，因此，它与具体的检测方法有关。以浮置扩散放大器 FD 为例，主要有复位噪声和 FD 放大电路的热噪声、$1/f$ 噪声。

在 FD 放大器中，当信号电荷包进入浮置扩散区时，复位管是截止的，此时信号电荷通过 MOS 放大管读出。复位时，加在复位管上的脉冲使之导通，从而将浮置扩散区里的信号电荷抽走，随后复位管又截止，等待着下一个电荷包的到来。由此可见，复位开关管交替导通和截止两种工作状态中都会产生热噪声。这些热噪声通过浮置扩散结构与输出信号混在一起，就形成了复位噪声。

由于 FD 放大电路中采用了 MOS 晶体管，因此存在着由晶体管的沟道电阻所产生的热噪声。而 $1/f$ 噪声主要在 MOS 晶体管沟道的界面能级因捕获或放出电子而产生。这一名称的由来缘于这一噪声与 $1/f$ 成正比关系。这两种噪声可以通过提高 MOS 晶体管的性能加以抑制。

三、CCD 的主要分类

CCD 可以从不同的角度进行分类。

按照不同的电荷存储机构可以分为表面沟道 SCCD（Surface Charge Coupled Device）和体沟道 BCCD（Body Charge Coupled Device）。

按光谱分类，CCD 可分为可见光 CCD、红外 CCD、X 射线 CCD 和紫外光 CCD。

CCD 图像传感器按照结构可以分为两类：一类是用于获取线图像的，称为线阵 CCD；另一类用于获取面图像，称为面阵 CCD。

线阵 CCD 传感器主要由一列光敏元、一列 CCD 移位寄存器和转移栅构成。线阵 CCD 结构简单，成本较低，多用于直线轮廓的检测，因为线阵 CCD 只需一列分辨单元，芯片面积小，读出结构也简单，故容易获得沿器件光敏元排列方向上很高的空间分辨率。但由于线阵 CCD 只能接收一维光信息，为了得到被测物体的二维平面图像，必须通过扫描的方法实现。

线阵 CCD 图像传感器有两种基本形式，即单沟道线阵 CCD 图像传感器和双沟道线阵 CCD 图像传感器。现在普通使用的是双沟道线阵 CCD，它与单沟道线阵 CCD 的区别是采用两个读出移位寄存器，相当于两个单沟道的合成。在同样工作总长度上排列 2 倍数量的光敏元，分辨率提高一倍。

面阵 CCD 图像传感器的光敏元件呈二维矩阵排列，能检测二维平面图像，广泛用于摄影摄像、多媒体技术及医疗设备领域。由于传输与读出方式不同，面阵 CCD 有许多类型，按照电荷的不同转移方式常分为帧转移、行间转移以及帧行间转移3种。

（一）帧转移方式（Frame Transfer，FT）

帧转移方式是最早研究出来的转移方式。该类型器件由成像部分、存储部分和读出寄存器三部分组成，如图14－2所示。其中，成像部分是光敏元件阵列，产生光电荷；存储部分不能感光，只用来存储待转移的光电荷，因此存储部分和读出移位寄存器都需要遮光。存储区的像素和成像区像素数是对应的，因此存储区与成像区具有一样的面积。

在这种转移方式中，图像信号在电极的控制下，在场扫描正程期间被积累在成像区。在场扫描逆程期间，通过时钟脉冲与电极的配合，使成像区内整场的信号电荷快速、一次性地转移到存储区。在下一个场正程期间，成像区再次积累电荷形成下一场图像信号，而存储区的信号电荷则在脉冲作用下，在行扫描逆程期间将最上面一行光电荷送进读出移位寄存器。这样，信息电荷被逐行地转移到移位寄存器，再通过电极的驱动，将每一行光电信号转移输出。如此周而复始，由一行一行的图像信号构成了视频图像信息。

帧转移方式的优点是结构和驱动简单，像素单元密集程度高，能得到较高的分辨率和灵敏度；但因成像区和存储区占同样大小的芯片面积，导致CCD芯片尺寸较大；同时电荷在转移期内能受到连续光照造成的干扰，会产生垂直拖尾现象。目前已经出现了在帧转移方式基础上改进得到的全帧（Full Frame，FF）方式，能够较好地解决上述问题。

（二）行间转移方式（Interline Transfer，IT）

行间转移方式是数字照相机和摄像机最常采用的方式，其基本结构如图14－3所示。不同于帧转移方式，IT方式下成像部分和存储部分垂直放置，呈水平相间排列，成对紧紧地靠在一起；上部是水平读出移位寄存器。

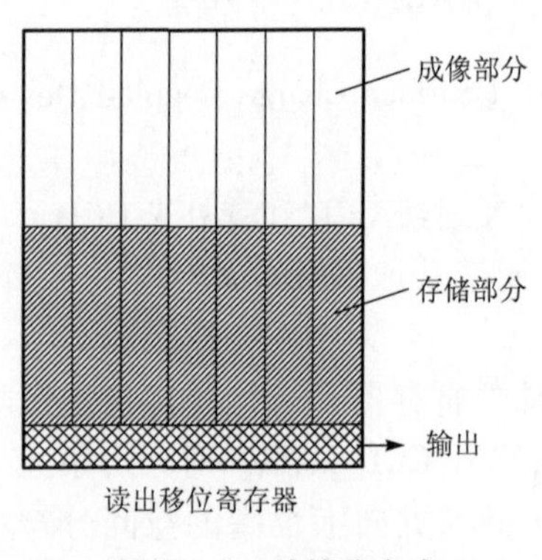

图14－2　帧转移方式

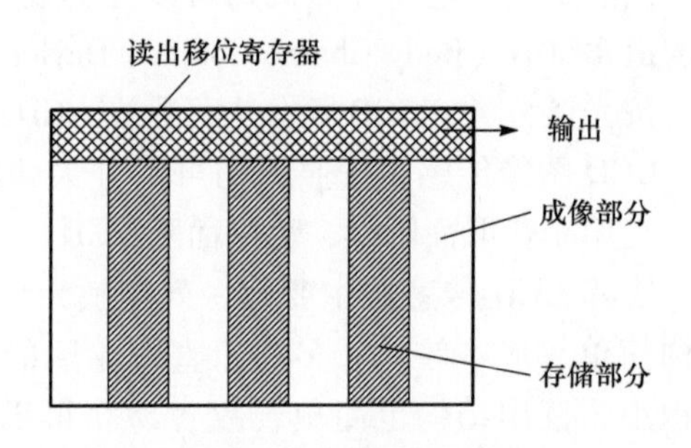

图14－3　行间转移方式

在场正程期间，感光成像部分产生光生电荷；在场逆程期间，受转移栅的控制，各列成像单元内的光电荷被快速地水平转移到各自对应的存储单元即垂直移位寄存器中；在下一个场正程期间，感光部分再次积累光生电荷。存储单元中的电荷在电极作用下，每个行逆程期间将逐行向上移动到读出移位寄存器，并进而通过后续电路逐一转换为信号电压后输出，如此形成视频信号。

行间转移方式由于不需要单独的存储部分，可以实现CCD芯片的小型化。但是在强光照射下，仍有一部分强光（包括反射、散射的光线）通过不同途径照射到下面的存储条上，由于电荷是一位一位地向上移动，速度较慢，使这些光线的作用时间较长，因此仍会产生类似垂直拖尾现象。在要求极高的专业领域，通常采用下面的帧行间转移方式来避免这一漏光现象。

（三）帧行间转移型（Frame Interline Transfer，FIT）

这种方式是前面两种方式的组合运用，即在行间转移型结构的基础上增加了场存储区，使其又具有了帧转移型的结构特点，如图 14－4 所示。

在场正程期间，成像区产生光生电荷；在场逆程期间，所有成像区的光生电荷以极快的速度一次性转移到相应的存储区即垂直寄存器中，紧接着又以极快的速度转移到下面的场存储器中。在下一场正程期间，成像区再次积累电荷，而场存储区则将电荷逐行向下转移，其过程与帧转移方式完全一样。

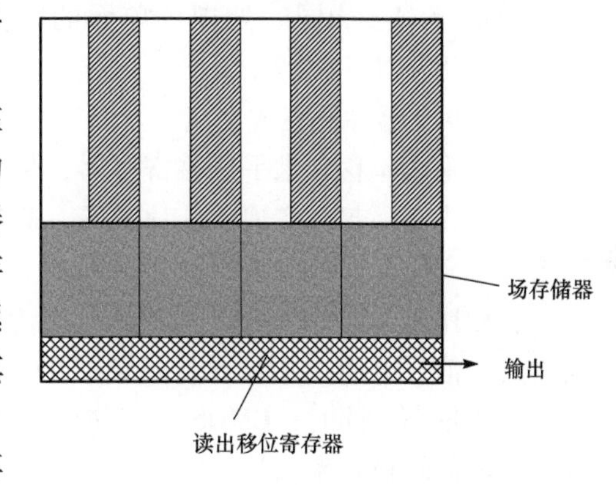

图 14－4　FIT 帧行间转移方式示意图

这一过程中，转移速度比行间转移方式要快 60～100 倍，缩短了信号电荷在存储区的时间，能有效减轻漏光和垂直拖尾的现象。

帧行间转移方式常用于一些高性能的专业摄像领域，在手机照相机中也经常被采用。

四、CMOS 图像传感器

另一种被广泛采用的图像传感器是 CMOS（Complementary Metal Oxide Semiconductor）互补金属－氧化物－半导体传感器。近几年，CMOS 传感器的研究发展速度飞快，由于其制作工艺与微电子工艺兼容，因而具有体积小、功耗和价格低的特点，已经与 CCD 一样成为数字照相机、摄像机、高清电视、可视通信、图像采集和监控设备中的关键器件。

CMOS 图像传感器与 CCD 图像传感器的研究几乎是同时起步的，但由于受当时工艺水平的限制，CMOS 图像传感器图像质量差、灵敏度低、分辨率低、噪声明显，因而没有得到重视和发展。很长一段时间内，CCD 器件主宰着图像传感器市场，CMOS 只能用于一些低端场合。而随着集成电路设计技术和工艺水平的提高，CMOS 图像传感器过去存在的缺点和技术难题相继得到了解决，图像质量得到极大改善，分辨率达到甚至超过了 CCD 的水平。同时，由于 CMOS 具有一些 CCD 器件无法比拟的固有优点，故有超越 CCD 图像传感器的发展趋势。

根据像素的不同结构，CMOS 可分为无源像素被动式传感器（Passive Pixel Sensor，CMOS-PPS）、有源像素主动式传感器（Active Pixel Sensor，CMOS-APS）及数字像素传感器（Digital Pixel Sensor，CMOS-DPS）。目前实用化的 CMOS 普遍采用 APS 结构。

与 CCD 一样，CMOS 也采用光敏元件接收光信号并进行光电转换。不同之处在于 CCD 光敏元件产生的信号电荷不经处理直接输入到存储单元并转移到输出部分，通过输出电路放大并转换成信号电压；而 CMOS 的每一个光敏元件都带有放大器。当光敏元件接受光照、产生模拟的电信号之后，电信号首先被放大器放大，然后经模数转换电路直接转换成对应的数字信号，通过输出电路输出。图14－5所示为CMOS的构成示意图。

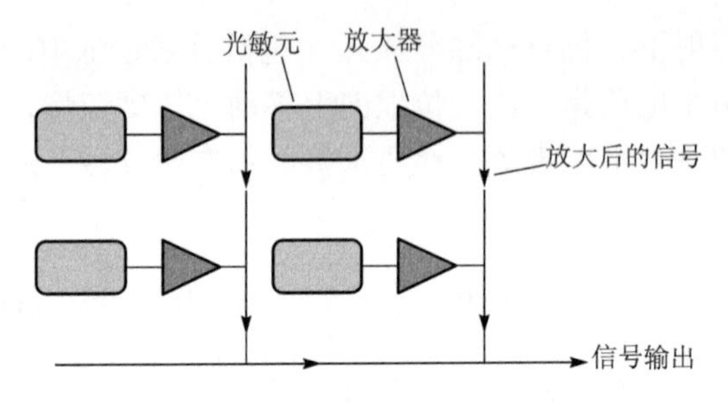

图14－5　CMOS构成示意图

与CCD相比，CMOS有以下优点：

（1）高速性是CMOS电路的固有特性，CMOS经光电转换后直接产生电压信号，信号读取十分简单，还能同时处理各单元的图像信息，速度比CCD快得多。

（2）CMOS器件的集成度高，具备高度系统整合的条件。理论上，图像传感器所需的所有功能，如垂直位移和水平位移寄存器、传感器阵列驱动与控制系统、模/数转换器接口电路等可以集成在一起，实现单芯片成像，避免使用外部芯片和设备，能极大地减小器件的体积和重量。

（3）相比于CCD在转移信号电荷时，容易产生由于漏光引起的噪声，而CMOS直接在像素内放大信号电荷，不易在传输信号的过程中受到噪声的影响，没有拖影、光晕等假信号，图像质量高；同时，CMOS在工作中不需电荷逐级转移，回避了影响CCD性能的主要参数——电荷转换效率。

（4）CCD传感器需要特殊工艺，使用专用生产流程，成本高；而CMOS传感器使用与制造半导体器件90%相同的基本技术和工艺，成品率高，制造成本低。

（5）CMOS的另一突出优点是无须CCD那样高的驱动电压，能使各种信号处理电路与成像器件实现单片集成，这是未来成像系统小型化、低成本、低功耗的关键。

CMOS存在的问题主要是暗电流的影响。由于CMOS成像器件均具有较大的像素尺寸，因此，在正常范围内也会产生一定的暗电流。同时，光敏元件各自的放大器放大率的偏差也会引起固定的图形噪声。再加上载流子及材料缺陷等产生的噪声，必然会降低信噪比。通过改进CMOS的结构设计和制造工艺，在每一光敏元件内部增加复杂功能，可以降低或消除噪声的影响。近几年国外开发的CMOS－APS具有微透镜阵列结构，在CMOS－APS像元上放置一个微透镜将光集中到有效面积上，可以允许在各像素单元内增加处理电路数目，同时大幅度提高灵敏度。

§14－2　数码相机光学系统

数码相机又称为数字相机，简称DSC（Digital Still Camera），其实质是一种非胶片相机，它采用CCD（电荷耦合器件）或CMOS（互补金属氧化物半导体）作为光电转换器件，将被摄物体以数字形式记录在存储器中。数码相机与传统的照相机的主要区别在于它们的接收器，传统相机的接收器是感光胶片，而数码相机的接收器是CCD或CMOS。

CCD与CMOS的结构不同，CCD仅能输出模拟信号，输出信号还需经后续地址译码器、A/D转换器、图像信号处理器等芯片处理，并且还需要提供3组不同电压的电源和同步时钟电路控制，集成度非常低。CMOS将数码相机上的所有部件芯片的功能集中到一块芯片上，如光敏元件、图像信号放大器、信号读取电路、A/D转换器、图像信号处理器及控制器都集中到一个芯片上，只需一片芯片就可以实现数码相机上的所有功能，使得数码相机整体成本低，速度更快。CCD 在同步时钟控制下，以行为单位一位一位地输出数据。CMOS 在采集信号的同时就可取出信号，同时处理电路单元的图像信息，可以使耗电更省，CCD 需要三组电源处理 RGB 三原色的数据信息，CMOS 只需一组电源，没有静态电量的消耗，只有接通电路才有电量消耗，它的耗电量只是 CCD 的 1/10 左右，大大地节省了耗电量，但是 CMOS 消除噪声的能力稍差。

数码相机是集光学、机械、电子于一体的现代高技术产品，它集成了影像信息的转换、存储和传输等多种部件，具有数字化存取模式、与计算机交互处理和实时拍摄的特点。因此数码相机有如下特性：

（1）立即成像。数码相机属于电子取像，可立即在液晶显示器、计算机显示器或电视上显示，可实时监视影像效果，也可随时删除不理想的图片。

（2）与计算机兼容。数码相机存储器里的图像输送到计算机后通过影像处理软件，可进行剪切、编辑、打印，并可将影像存储在计算机中。

（3）电信传送。数码相机可将图像信号转换为电子信号，经电信传输网或内部网进行传输。

数码相机光学系统的设计与传统相机既有相似之处也有明显的区别，CCD 或 CMOS 的成像特性给数码相机的光学系统提出了一些新的结构和性能方面的要求。数码相机镜头的作用与传统相机镜头一样，即将景物清晰地成在 CCD（CMOS）感光器上，并具备对焦、光圈和快门功能。因此，镜头是数码相机的核心部件之一。

由于数码相机的成像接收器件为 CCD 或 CMOS，通常 CCD 或 CMOS 的面积较小，例如 1/3 英寸的 CCD 尺寸为 6.4 mm×4.8 mm，其对角线为 8 mm，因此数码相机光学系统的焦距一般较小，在几毫米至十几毫米，而相应的其视场一般较大。由于感光器件是离散器件，当景物像的空间频率高于感光器件的奈奎斯特频率时，在像面上有可能出现莫尔条纹的干扰图像，为消除或减少这一现象，在光学系统中可加入一低通滤波器。此外为消除 CCD 对红外光的感应，使成像在人眼的色觉范围内，在系统中还可加入截止大于 0.76 μm 的红外滤光片（膜）。有时为降低 CCD 噪声，还可加入蓝色滤镜（膜）。这样，就要求光学系统具有一定的后工作距离。所以，数码相机基本上是典型的广角短焦距镜头，在结构上一般采用的是反摄远型，即负 - 正结构，负组在前、正组在后。反摄远型系统的特点是后工作距离比一般系统的物镜大很多，可以满足较长工作距离的要求，同时反摄远型物镜的前组负透镜可以减小物镜内部斜光束的倾斜角，使主光线在物镜内部与光轴的倾斜角大大小于物方和像方的视场角，容易在比较大的视场内获得良好的成像质量。另外，反摄远型物镜的像方视场角比物方视场角小，因此像面的光照度比相同物方视场角的一般类型系统要均匀得多。

由于普通数码相机的 CCD 比传统相机的胶片小得多，一般只有 1/3″~2/3″，所以对镜头的分辨率要求比较高。无论对光学系统的成像质量还是对镜头结构和运动精度的要求都很高。200 万以上像素级的镜头，其分辨率通常都会超过 200 线对/mm。

数码相机的曝光宽容度由面阵感光器件的暗电流噪声和饱和电荷量所决定，它比传统的光化学胶片的曝光宽容度要小，因此数码相机的光圈和快门的曝光精度要求高，而且在逐行扫描的 CCD 中必须使用机械式快门。

数码相机按其档次不同，其镜头基本结构可分为单反镜头和普通镜头。按其焦距不同，又可分为单焦距式、双焦距式和变焦距式。单反镜头与胶卷式单反相机镜头一样，同一厂家的镜头可以拆换。有的单反数码相机就直接使用胶卷式相机的单反镜头，单反镜头一般用于质量较高或专业型的高档数码相机中。普通镜头与一般胶卷式傻瓜相机镜头类似，其中单焦距式和双焦距式的结构比较简单、制造容易、成本低，一般用于中、低档数码相机中。而变焦距式镜头结构复杂，但因它兼有远摄（长焦）和广角（短焦）功能，使用灵活自如，故成为中、高档数码相机镜头的基本结构。目前数码相机变焦距式镜头的市场占有率最大，是购买者首选的数码相机机种。

数码相机变焦镜头的变倍范围为2～10倍，而3倍的光学变焦为最多，相当于35 mm胶卷相机的镜头焦距为35～105 mm。数码相机变焦镜头的基本结构是由变焦组、补偿组和微距组组成的。变焦组和补偿组按设计规律做伸缩运动，完成变焦和稳定像面功能。变焦有分级变焦和连续变焦两种形式，主要由控制电路确定。微距组用作相机拍摄特近景物时的附加透镜组，其调节运动同时兼作对焦时的微量移动。这些运动透镜组的运动均由数码相机的控制电路，经由电动机和传动机构来驱动。其中变焦组和补偿组的运动互相关联，通常用同一个电动机带动；而微距组（兼作对焦）的运动比较独立，用另外一个电动机带动。

在数码相机变焦距物镜中，最常采用的是由一个负的前固定组加一个正的变倍组构成的变焦距物镜。我们知道，照相物镜要求把远距离目标成一个实像，这类系统要实现变焦距，则必须有一个将远距离目标成像在变倍组 $-1^{\times}$ 的物平面位置上的前固定组。为了使系统最简单，我们不再在变倍组后加后固定组，由于系统要求成实像，因此，必须采用正透镜组作变倍组，前固定组采用负透镜组。这样，一方面可以缩短整个系统的长度；另一方面整个系统构成一个反摄远系统，有利于轴外像差的校正，使系统能够达到较大的视场。在变倍过程中，前固定组同时还可起到补偿组的作用，它们的运动轨迹在图14－6中用虚线表示。这种系统所能达到的变倍比比较小，因为变倍组的移动范围受到前固定组像距的限制，主要用于低倍变焦距的照相物镜和投影物镜中。

当相机不拍摄时，为了尺寸最紧凑，镜头将收缩到最短位置。为此依据变倍范围不同，镜头的镜筒分成2～3节可伸缩的镜筒。由于机构运动的需要，这些伸缩镜筒除了带动镜组沿光轴运动而收缩外，有时镜筒自身又绕光轴做旋转运动。那些自动开关镜头盖（入口为长方形）的相机中前面第一节镜筒不宜有旋转运动。图14－6所示为一典型的数码相机镜头光学系统示意图。

数码相机光学系统的像差设计与传统的照相机光学系统设计基本上是一样的，需要校正球差、彗差、像散、场曲、畸变、轴向色差和垂轴色差。与传统的照相机物镜相比，数码相机的镜头结构要复杂一些，因为数码相机需要较大的相对孔径、较短的焦距和较长的后工作距离，给像差校正带来了一定的困难。

由于数码相机物镜设计比传统的照相机物镜设计难度要大，成像质量要求也要高得多，因此很多数码相机物镜都采用了非球面。采用非球面有很多优点，例如可以提高成像质量，提高镜头的光学性能，使镜头小型化和轻量化，减少镜头数量，缩小外形尺寸，减轻重量，降低镜头成本等。当然，采用非球面要求掌握先进的非球面的设计和加工技术。

对于传统的照相机镜头，由于底片分辨率的限制，成像质量无须像目视光学系统那样

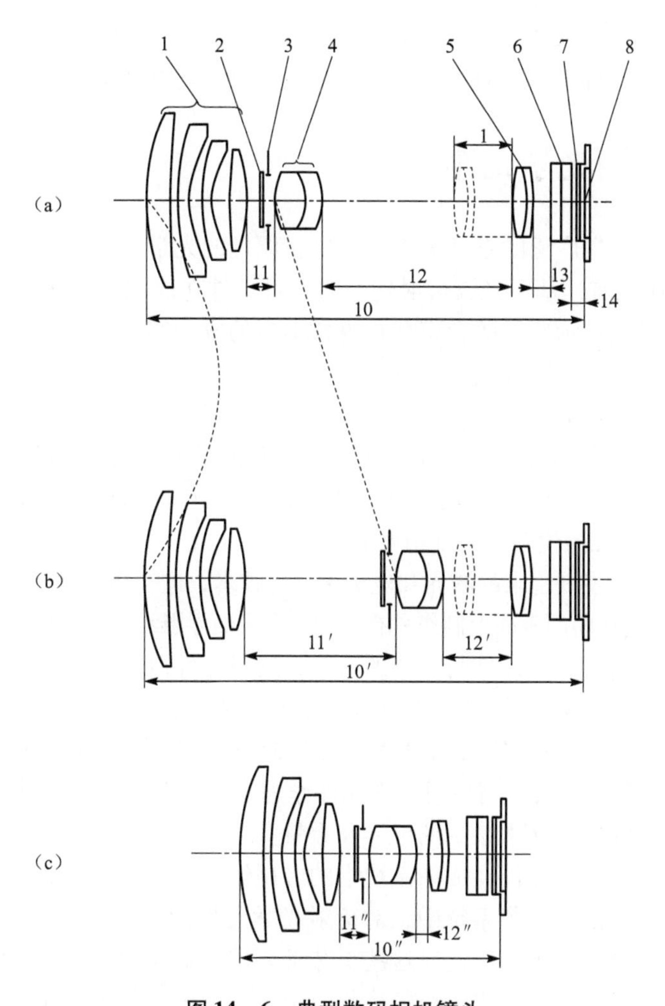

图 14－6　典型数码相机镜头

(a) 长焦；(b) 广角；(c) 复位

1—光学补偿组；2—中性滤光片；3—快门和光阑；4—光学变焦组；

5—微距和对焦组；6—低通滤波组；7—CCD 玻盖片；8—CCD 感光面

好，一般认为照相物镜的像差公差可以比目视光学系统大得多。标准 35 mm 照相机物镜的分辨率国家标准轴上为 40 线对/mm，轴外为 25 线对/mm，MTF 在全孔径时 30 线对/mm 轴上为 0. 30 线对/mm，轴外为 0. 15 线对/mm。而对于数码相机物镜来说，成像质量明显要比传统相机物镜高得多。由于数码相机是成像在二维光电阵列上的，故图像信息由离散的光电探测器获取。根据奎斯特定理，一个光电成像器件能够分辨的最高空间频率等于它的采样频率的一半。例如，对于 1/3 英寸的 CCD，假定其像元的尺寸大小为 8 μm，则其分辨率应该为$\frac{1}{2}\times\frac{1}{0.008}=62.5$（线对/mm）。很显然，这个要求比传统相机物镜的要求高得多。

由于数码相机的接收器是在二维光电阵列上，是由离散的光电探测器获取，因此通常不采用单项独立的几何像差作为像质评价指标，因为设计中像质评价是在最佳像平面上，而最佳像平面与理想像平面一般不重合，在最佳像面上单项几何像差没有定义。对于像 CCD 这样的光电器件，我们通常采用垂轴像差、波像差或光学传递函数来作为像质评价指标。采用最多的仍然是 MTF，一般认为，在最大频率处，如果轴外点最大视场的子午和弧矢振幅传递函数 MTF 大于0.3，轴上点 MTF 大于0.5，则成像质量已经相当好了，可以满足要求。

§14－3　衍射光学元件

在光学系统中应用最广泛的是基于折射和反射原理的光学元件，如透镜、棱镜、反射镜等。20 世纪 80 年代之前，基于光波衍射理论的衍射元件在成像系统中的应用较少，全息光学元件作为战斗机平视显示器上的合束器是为数不多的成功实例之一。全息元件制作工艺复杂，成本高昂，较难推广到其他应用领域。

自从美国麻省理工学院林肯实验室提出二元光学的概念后，衍射光学元件在国际上得到迅速发展。这种新型衍射元件表面带有浮雕结构，在设计波长上可以形成极高的衍射效率。在二元光学发展的早期，人们采用大规模集成电路的生产方法制作二阶相位型元件。随着高分辨率掩模板制作技术的发展和掩模套刻对准精度的提高，得以加工多阶相位二元光学元件以提高衍射效率。20 世纪 90 年代发展起来的激光和电子束直写技术，进一步消除了掩模套刻对准误差和离散化相位的影响，使在曲面表面上制作具有连续分布表面浮雕结构的衍射光学元件成为可能。

在成像系统中，衍射光学元件与传统的折射、反射元件混合使用，综合平衡，给系统的设计引入了新的自由度，为提高系统性能、简化系统结构、减轻系统重量提供了新的可能性。例如 2000 年 9 月，日本佳能公司发表了用于 35 mm 照相机上的、使用多层衍射光学元件的 400 mm 长焦距摄远镜头，用衍射光学元件作为复消色差元件来消除长焦距镜头中的二级光谱色差，有效地降低了光学系统的尺寸和重量。

我国学者也对衍射光学元件在成像系统中的应用做了大量探讨，其中多数为对设计方案的研究。在实际完成研制的几个系统中，对衍射光学元件的制作分别采用了多层掩模刻蚀、多层掩模镀膜和旋转掩模镀膜等工艺。这些工艺都要求衍射面的基底为平面。因此，上述各个设计虽然通过加入衍射元件获得了新的优化自由度，但由于衍射浮雕结构（通常为环带）所在的光学面的曲率需要固定为 0，故不得不损失这一对系统像质有重要影响的设计变量。

对于红外热成像系统，由于对锗、硫化锌、砷化镓等常用红外材料都可以采用金刚石车床车削工艺加工，因此可以相对容易地将衍射元件制作在曲面基底上。在国际上，衍射光学元件首先在红外成像系统中实现广泛应用，除了金刚石车削可提供便利的加工条件外，更是因为红外波段可供设计者选择的材料种类不多，色差的校正比较困难，而具有相同符号光焦度的折射元件和衍射元件产生的色差符号相反，可以利用这一特性帮助校正系统色差。红外材料的价格高，比重大，衍射元件的应用可以有效降低成本，减轻系统重量。红外材料的热膨胀系数和折射率温度系数较大，工作环境温度对红外系统成像质量影响大，衍射光学元件还可以有效地帮助实现无热化设计。近年来，我国已有多个研究和生产单位引进了金刚石车床设备，为衍射光学元件在红外系统中的实际应用创造了条件。

（一）衍射光学元件在成像系统中消色差的方法

折射光学系统工作在较宽谱段范围时需要消除色差。只使用一片透镜无法消除色差，只能选择低色散材料尽量降低色散。要消除色差就要使用至少两种色散系数不同的光学材料，而这势必要增加光学系统的尺寸和重量。使用折衍混合元件可以达到消色差的目的。如图14－7所示，衍射光学元件与普通光学玻璃的色散特性相反，适当选择光学材料和进行折衍光焦度的分配就能达到消色差的目的。

按照薄透镜理论，折－衍射混合单透镜的总光焦度是折射元件的光焦度和衍射元件的光焦度之和，即

$$\phi = \phi_r + \phi_d \qquad (14-1)$$

按照初级像差理论，为消除色差，ϕ_r和ϕ_d应满足以下关系：

$$\phi_r = \left(\frac{\nu_r}{\nu_r - \nu_d}\right)\phi,\ \phi_d = \left(\frac{\nu_d}{\nu_d - \nu_r}\right)\phi \qquad (14-2)$$

式中，ν_r是折射元件材料的阿贝数，ν_d是衍射元件的阿贝数，分别用以下公式计算

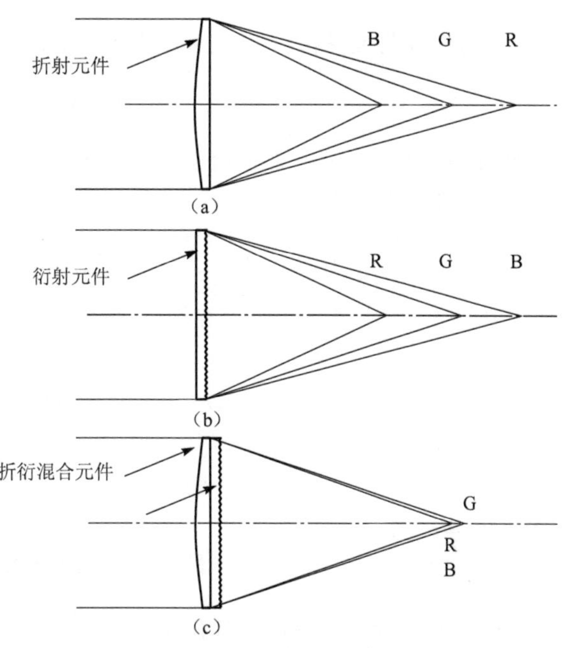

图14－7　衍射光学元件色散特性

$$\nu_r = \frac{n_M - 1}{n_S - n_L},\ \nu_d = \frac{\lambda_M}{\lambda_S - \lambda_L} \qquad (14-3)$$

式中，λ_M、λ_L、λ_S分别是系统的中心波长和接收谱段的长、短波长，n_M、n_L、n_S分别是折射元件材料对应上述波长的折射率。

衍射元件与两种光学材料配合使用，可以校正二级光谱，实现复消色差光学系统。

当然，实际光学系统的结构通常不会是单透镜、双胶合这样的简单形式，各元件所应承担的光焦度也未必能够通过解方程计算。一般需要在光学CAD软件中，将衍射元件的参数（如相位多项式的系数）作为变量，与折（反）射元件的曲率半径、折射率、厚度等参数同时进行优化，综合平衡，以便得到良好的设计结果。

（二）衍射光学元件在成像系统中对于热像差的校正

很多光学系统需要在较大的温度范围内工作，尤其是军用和空间光学设备，其工作温度范围可达－40～60 ℃。温度变化时，光学元件的曲率、厚度、间隔以及光学材料的折射率都将发生变化。对于成像透镜来说，这些改变将导致系统焦距的改变。同时光学系统封装材料的尺寸也将随着温度的变化发生变化，如图14－8所示。当这两种变化不一致时就导致了离焦的发生。由于红外光学材料的折射率温度变化系数dn/dt较大，环境温度对红外光学系统的影响显得尤为严重。因此，在红外成像系统中经常需要加入主动或被动补偿机构，以补偿温度变化造成像面移动所引起的系统性能的降低。

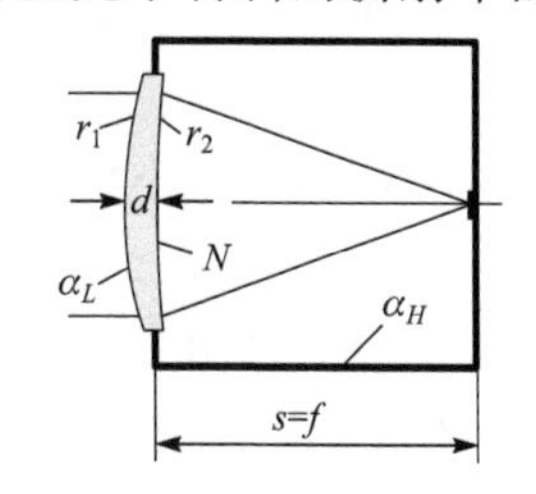

图14－8　封装系统图

定义透镜和镜筒材料的线性热膨胀系数X_g和X_H为

$$X_g = (1/L)\ \mathrm{d}L/\mathrm{d}t$$

$$X_H = (1/L)\ \mathrm{d}L/\mathrm{d}t$$

式中，L 为透镜或镜筒材料的长度。此外，定义介质的光热膨胀系数为

$$T = X_g - \frac{\mathrm{d}n/\mathrm{d}t}{n-1} \tag{14-4}$$

如图 14－9 所示，一个单透镜成像系统因温度变化而导致透镜焦距与透镜到探测器的距离不一致，即产生离焦。

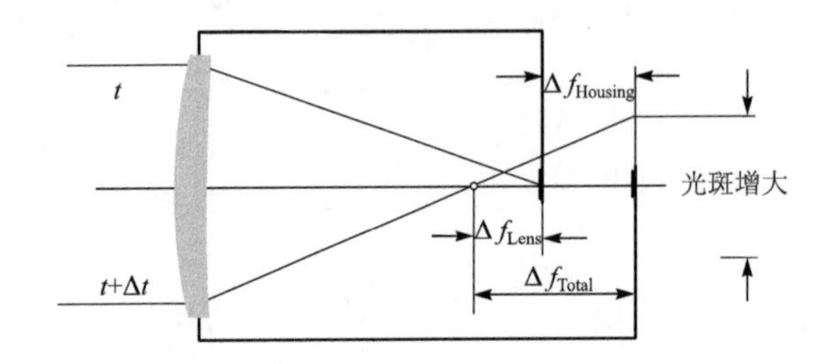

图 14－9　透镜因温度变化离焦

根据薄透镜理论，单透镜的焦距为

$$\frac{1}{f} = (n-1)\left(\frac{1}{r_1} - \frac{1}{r_2}\right) \tag{14-5}$$

以简单的平凹透镜为例，$r_1 = r$，$r_2 = \infty$，$\frac{1}{f} = (n-1)\left(\frac{1}{r} - \frac{1}{\infty}\right) = \frac{n-1}{r}$，$\Rightarrow f = \frac{r}{n-1}$。透镜曲率半径是温度的函数，$r(t) = r(1 + X_g\Delta t)$，故

$$\frac{\mathrm{d}f}{\mathrm{d}t} = \frac{\mathrm{d}}{\mathrm{d}t}\left(\frac{r}{n-1}\right) = \frac{\frac{\mathrm{d}r}{\mathrm{d}t}(n-1) - \frac{\mathrm{d}}{\mathrm{d}t}(n-1)\,r}{(n-1)^2} = \frac{rX_g - \frac{\mathrm{d}n}{\mathrm{d}t}\cdot\frac{r}{n-1}}{n-1} = \frac{r\left(X_g - \frac{\mathrm{d}n/\mathrm{d}t}{n-1}\right)}{n-1} = \frac{Tr}{n-1} = Tf$$

当温度变化不大时，可以写作

$$\Delta f = Tf\Delta t \tag{14-6}$$

T 为式（14－4）中定义的光热膨胀系数，它只与透镜的材料有关，而与透镜的形状无关。式（14－6）表明，一个折射光学透镜的焦距随温度的改变只与其使用的材料和透镜焦距有关，而与透镜的形状无关。

工作温度由 t 变为 $t+\Delta t$ 时，由于镜筒材料的热膨胀效应，透镜与探测器的间隔 s 变为 $s(1+X_H\Delta t)$。单（薄）透镜对无限远成像时，$s=f$，即

$$\Delta s = fX_H\Delta t \tag{14-7}$$

当 Δs 与 Δf 大小相等、符号一致时并不产生离焦，我们关心的是它们的差值

$$\Delta f_{\text{Total}} = \Delta f - \Delta s = Tf\Delta t - fX_H\Delta t \Rightarrow \Delta f_{\text{Total}} = f\Delta t\,(T - X_H) \tag{14-8}$$

表 14－1 列出了一些常用的红外光学材料的光热膨胀系数和镜筒外壳材料的膨胀系数。从中可以看出红外光学材料的光热膨胀系数为负值，而可见波段常用的光学玻璃 BK7 的系数却为正值，而且前者的绝对值是后者的几十甚至上百倍。也就是说当工作温度升高时，由 BK7 做成的透镜焦距会增大，而由红外材料做成的透镜焦距会减小。而绝大多数镜筒材料的热膨胀系数都是正的，由此不难看出为何红外成像系统热像差更严重。

表 14-1　光学材料的光热膨胀系数和镜筒材料的热膨胀系数

透镜材料	光热膨胀系数 $T\times10^{-6}$	镜筒材料	热膨胀系数 $X_H\times10^{-6}$mm/mm/℃
BK7	0.98 VIS	Aluminum	24
ZnS	-25 IR	Steel 1015	12
ZnSe	-36 IR	Invar 36	1.3
Si	-60 IR		
Ge	-126 IR		

考虑一个有效焦距为 100 mm 的锗材料单透镜，镜筒材料为铝。当环境温度升高 20℃时，有

$$\Delta f=100\times20\times(-126-24)\times10^{-6}=-0.252-0.048=-0.30\ (\mathrm{mm})$$

对于由多个（间距很小的）薄透镜组成的系统，总光焦度为各透镜光焦度之和，即

$$\Phi=\sum_i\Phi_i,\ \frac{\mathrm{d}\Phi}{\mathrm{d}t}=\sum_i\frac{\mathrm{d}\Phi_i}{\mathrm{d}t}$$

故

$$\frac{\mathrm{d}\Phi_i}{\mathrm{d}t}=\frac{\mathrm{d}}{\mathrm{d}t}\left(\frac{1}{f_i}\right)=-\frac{1}{f_i^2}\frac{\mathrm{d}f_i}{\mathrm{d}t}=\left(-\frac{1}{f_i^2}\right)T_if_i=-\frac{T_i}{f_i}$$

所以总的光焦度改变为

$$\mathrm{d}\Phi=-\sum_i\frac{T_i}{f_i}\mathrm{d}t$$

总焦距改变为

$$\mathrm{d}f=\mathrm{d}\left(\frac{1}{\Phi}\right)=-\frac{1}{\Phi^2}\mathrm{d}\Phi=f^2\sum_i\frac{T_i}{f_i}\mathrm{d}t$$

这里 f 为系统总的光焦距，f_i 为各个透镜的有效焦距，T_i 为各个透镜光学玻璃的光热膨胀系数。该系统的离焦量为

$$\Delta f_{\mathrm{Total}}=\left[f^2\sum_{i=1}^{j}\left(\frac{T_i}{f_i}\right)-X_Hf\right]\Delta t \tag{14-9}$$

对由两个薄透镜组成的系统来说，

$$\Delta f_{\mathrm{Total}}=f\left[f\left(\frac{T_A}{f_A}+\frac{T_B}{f_B}\right)-X_H\right]\Delta t \tag{14-10}$$

如果要使总的离焦量 $\Delta f_{\mathrm{Total}}=0$，则

$$f_A=\frac{(T_B-T_A)}{(T_B-X_H)}f,\ f_B=\frac{(T_A-T_B)}{(T_A-X_H)}f \tag{14-11}$$

这里并没有考虑色差的校正，而假定系统是工作在单色波长下的。两片透镜光焦度的分配的目的是消除热像差。在对这样的系统进行设计优化时，要通过在保证各透镜光焦度的前提下改变透镜的表面曲率来消除单色像差。

如果既要消除热像差又要消除色差，则需要同时满足系统总的光焦度 $\Phi = \sum_i \Phi_i$；消色差条件 $\sum_i \left(\frac{\Phi_i}{v_i}\right) = 0$；消热像差条件 $\sum_i (T_i \Phi_i) = X_H \Phi$。要同时满足这3个公式就至少需要3个自变量，也就是需要3个 Φ_i 值。如果只使用折射元件，就至少需要3片透镜。可以解出

$$\frac{1}{f_2} = \Phi_2 = \frac{\dfrac{1/\nu_1}{1/\nu_3 - 1/\nu_1} - \dfrac{T_1 - X_H}{T_3 - T_1}}{\dfrac{1/\nu_1 - 1/\nu_2}{1/\nu_3 - 1/\nu_1} - \dfrac{T_1 - T_2}{T_3 - T_1}} \Phi \tag{14-12}$$

$$\frac{1}{f_3} = \Phi_3 = \frac{\dfrac{1}{\nu_1} - \dfrac{1}{\nu_2}}{\dfrac{1}{\nu_3} - \dfrac{1}{\nu_1}} \Phi_2 - \frac{\dfrac{1}{\nu_1}}{\dfrac{1}{\nu_3} - \dfrac{1}{\nu_1}} \Phi \tag{14-13}$$

$$\frac{1}{f_1} = \Phi_1 = \Phi - \Phi_2 - \Phi_3 \tag{14-14}$$

衍射光学元件可以有效地帮助消除热像差，简化光学系统结构。实际系统的结构通常不会是密接双透镜、三透镜这样的简单形式，设计消色差和热像差光学系统时，各元件所应承担的光焦度也不一定能够通过解方程获得。一般还是需要通过反复优化，综合平衡，最终取得良好的设计结果。

§14-4　非球面成像特性

随着科学技术的飞速发展，对光电仪器中的光学系统要求越来越高。新一代光电仪器系统，不仅要求高成像质量和宽光谱范围，还要实现轻量化和小型化，比如下一代轻型宽谱段高分辨率空间侦察卫星相机、基于共形光学的新型导弹整流罩、各种飞行员和单兵作战信息系统头盔显示器、多谱段光电稳瞄系统和战略激光武器等，均急需能够反映新颖设计概念的非球面光学元件。非球面光学零件具有优良的光学性能，它能够很好地校正多种像差，改善成像质量。非球面在光学系统中的应用主要受到两个方面的束缚，一是非球面的设计，二是非球面的加工测量。进入21世纪以来，非球面的设计与加工测量已经取得了显著的进展，我国已经有很多单位可以加工和测量非球面，因此非球面在新型的光电仪器中已经得到了广泛的应用。

一、非球面的表示方法

为了设计出系统的具体结构参数，必须明确系统结构参数的表示方法。共轴光学系统的最大特点是系统具有一条对称轴——光轴，系统中每个曲面都是轴对称旋转曲面，它们的对称轴均与光轴重合。国内的光学设计软件，例如北京理工大学研制的SOD88软件，系统中每个曲面的形状用方程式（14-15）表示，所用坐标系如图14-10所示。

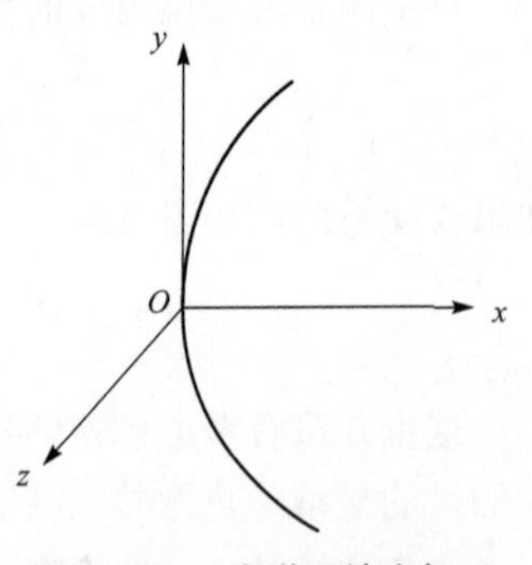

图14-10　光学系统坐标系

$$x=\frac{ch^2}{1+\sqrt{1-Kc^2h^2}}+a_4h^4+a_6h^6+a_8h^8+a_{10}h^{10}+a_{12}h^{12} \tag{14-15}$$

式中，$h^2=y^2+z^2$，c 为曲面顶点的曲率，K 为二次曲面系数，a_4、a_6、a_8、a_{10}、a_{12} 为高次非曲面系数。

方程（14－15）可以普遍地表示球面、二次曲面和高次非曲面。公式右边第一项代表基准二次曲面，后面各项代表曲面的高次项。基准二次曲面系数 K 值不同，所代表的二次曲面如表 14－2 所示。

表 14－2　二次曲面面型

K 值	$K<0$	$K=0$	$0<K<1$	$K=1$	$K>1$
面形	双曲面	抛物面	椭球面	球面	扁球面

不同的面形，对应不同的面形系数，例如

球面：

$$K=1,\ a_4=a_6=a_8=a_{10}=a_{12}=0$$

二次曲面：

$$K\neq1,\ a_4=a_6=a_8=a_{10}=a_{12}=0$$

球面和二次曲面的图形如图 14－11 所示。

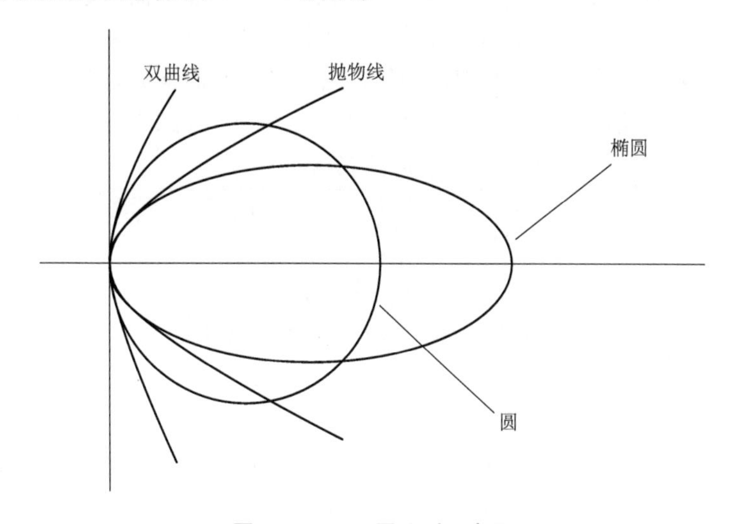

图 14－11　不同面型示意图

在不同的光学设计软件中，非球面的表示略有不同，在 ZEMAX 软件中，非球面的表示有以下几种：

偶数次非球面：旋转对称的多项式非球面是在一个球面（或是用二次曲面确定的非球面）基础上加上一个多项式的增量来描述的。偶数次非球面仅用径向坐标值的偶数次幂来描述非球面。标准基面用曲率半径和二次曲面系数确定。面型坐标由式（14－16）确定

$$z=\frac{cr^2}{1+\sqrt{1-(1+k)cr^2r^2}}+\sum_{i=1}^{8}\alpha_i r^{2i} \tag{14-16}$$

式中，r 为径向坐标，$\alpha_1 \sim \alpha_8$ 为高次非球面系数。

奇数次非球面：奇数非球面与偶数非球面相似，只是采用径向坐标 r 值的奇数次幂来描述非球面。面型坐标由式（14－17）确定

$$z = \frac{cr^2}{1 + \sqrt{1 - (1 + k)cr^2r^2}} + \sum_{i=1}^{8} \beta_i r^i \tag{14－17}$$

式中，$\beta_1 \sim \beta_8$ 为高次非球面系数。

双曲率面：双曲率面由 YZ 平面内定义的一条曲线绕平行于 Y 轴的轴旋转且与 Z 轴相交而生成。定义双曲率面需要 YZ 平面中的基底半径、二次曲面常数和多项式非球面系数。YZ 平面的曲线定义由式（14－18）表示，即

$$z = \frac{cy^2}{1 + \sqrt{1 - (1 + k)c^2y^2}} + \sum_{i=1}^{7} \alpha_i y^{2i} \tag{14－18}$$

式中，$\alpha_1 \sim \alpha_8$ 为高次非球面系数。

这条曲线与偶数次非球面方程相似，只是这里省略了16次方项，且方程中的自变量为 y，不是 r。然后这条曲线绕到顶点的距离为 R 的轴旋转，R 为旋转半径，可正也可为负。如果要描述一个在 X 方向为平面的柱面透镜，只需令 α_1 为0即可，ZEMAX认为半径无穷大。如果 YZ 面内的半径设为无穷大，则认为在 X 方向有光焦度、在 Y 方向无光焦度，因此可以在 Y 或 Z 任意方向上描述柱面。其他 α 参数用于设定任意的非球面系数。如果要求一个在 X 方向的非球面，那么用两个坐标变换面将系统绕 Z 轴旋转即可。

双二次曲面：双二次曲面与双曲率面相似，只是二次曲面常数以及 X、Y 方向的基底半径值可能不同。双二次曲面可以直接定义 R_x、R_y、k_x 和 k_y。双二次曲面的坐标方程为

$$z = \frac{c_x x^2 + c_y y^2}{1 + \sqrt{1 - (1 + k_x)\, c_x^2 x^2 - (1 + k_y)\, c_y^2 y^2}} \tag{14－19}$$

式中，

$$c_x = \frac{1}{R_x},\ c_y = \frac{1}{R_y}$$

X 方向的半径值如果设为0，则 X 方向的半径值被认为是无穷大。

二、非球面的特性

非球面在光学系统校正像差中具有显著的优点，它增加了自变量，校正像差的能力得到加强，因此有可能获得更好的成像质量或在保持成像质量不变的情况下简化系统。非球面在系统中的位置对校正像差的影响是有差别的，一般来说，非球面接近系统的孔径光阑对校正系统的球差是有利的，而如果非球面位置远离孔径光阑，则有利于校正系统的轴外像差。但是非球面表面各处曲率的变化率大、不具有旋转对称性，传统的光学设计方法、数控加工技术很难在精度及效率上满足要求。

非球面的应用主要受加工和检验的限制，光学非球面的特性使得其加工和检验远比球面困难。非球面加工有如下特点：

（1）大多数非球面只有一个对称轴，面形比较复杂，一般只能单件加工。

（2）对于非球面来说，其表面上各点曲率不同，抛光时面型修正难度大。

（3）球面光学零件加工中的定心磨边技术比较成熟，精度较好，而对于非球面来说，其

对另一平面或球面的偏斜无法用磨边来纠正，球面的方法对非球面光学零件不适用。

球面光学零件通常采用样板来检验光圈，方便简捷，精度很好，而光学非球面的检验不像球面那样容易实现，一般不能用样板法。非球面的检测主要有如下方法：

（1）接触法测量。例如采用三坐标测量仪来进行测量。这种测量方法采用直接接触进行逐点测量，相对来说，测量的效率比较低，容易损伤被测面，测量精度也不高。

（2）非接触法测量。这类方法包括激光扫描测量法、阴影法、干涉法等。激光扫描测量法易于实现仪器化，控制比较简单。采用刀口仪来进行阴影法测量需要较好的测量技术和测量经验，不能完全定量，只能确定一个范围，测量效率比较低，但其设备简单、直观，适用于现场检测。干涉法测量可以做到灵敏度高，随着补偿镜、计算全息、移相、外差、锁相、条纹扫描等先进技术的出现，这种测量方法或将成为非球面检测的主要方法。

光学非球面的加工方法通常有：

（1）去除加工法：包括研磨法、磨削法、切削、离子抛光法等。

（2）模压成型法：包括热压成型法、注射成型法、浇铸成型法。

（3）附加法：包括镀膜法、复制法。

（4）复合法：由玻璃球面镜和树脂非球面镜复合而成。

在光学系统的设计过程中，是全部采用球面还是部分采用非球面，采用多少非球面合适，需要设计者根据具体情况具体分析。球面的加工和检验简单，成本低，但校正像差的能力低，因此系统中可能会使用较多的透镜，系统比较复杂；采用非球面，可以增加校正像差的自变量，同时也会增加校正像差的能力，但是非球面的加工和检验比较复杂，加工成本高昂，而且加工的精度有可能达不到要求，甚至由于加工的误差抵消掉采用非球面所带来的好处。如果使用非球面使得系统大为简化、外形体积和重量大大减小，以上代价都是值得付出的。

三、反射二次非球面的应用

反射式光学系统有很多优点，例如没有色差，适合于紫外、可见和红外等宽光谱情形；反射式光学系统口径可以做得很大，而折射式光学系统口径不可能做太大；同时，反射式光学系统可以折叠光路，在系统不太长的外形下，焦距可以很长，而对于折射式系统来说，通常系统的长度会大于焦距，如果焦距很长，则系统就会更长，对于空间光学系统等情形往往难以满足要求。对于反射面，通常都是利用二次曲面满足等光程的条件，二次曲面有：

（1）椭球面：对两个定点距离之和为常数的点的轨迹，是以该两点为焦点的椭圆。因此椭球面对两个焦点符合等光程条件。

（2）双曲面：到两个定点距离之差为常数的点的轨迹，是以该两点为焦点的双曲面。因此双曲面对内焦点和外焦点符合等光程条件，其中一个是实的，另一个是虚的。

（3）抛物面：到一条直线和一个定点的距离相等的点的轨迹，是以该点为焦点、该直线为准线的抛物面。因此抛物面对焦点和无限远轴上点符合等光程。

这样，我们可以根据具体情况，合理地选择这些二次曲面，以符合等光程的条件，满足光学系统的要求。需要注意的是，二次曲面满足等光程的条件只是针对轴上点才成立，对轴外点不符合等光程条件，因此，这些反射二次曲面系统的视场一般不能过大。如果视场过大，成像质量则不能得到保证，只有加入折射式系统才有可能获得良好的成像质量。反射式系统通常采用两镜和三镜系统，两镜系统如图14－12所示。

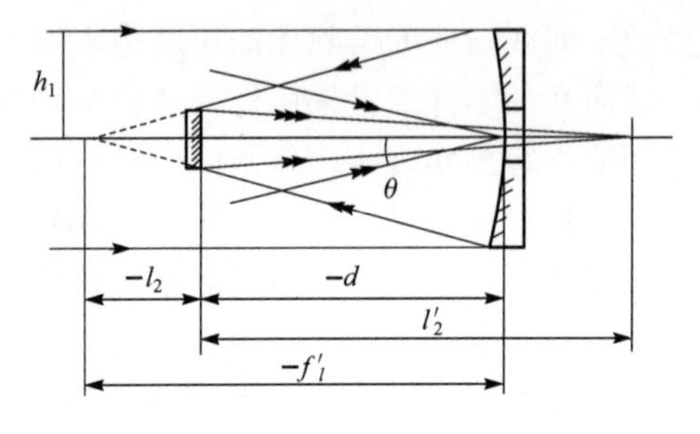

图14－12　两镜系统示意图

常用的两镜系统有：

（1）经典卡塞格林（Cassegrain）系统。经典的卡塞格林系统主镜为凹的抛物面，副镜为凸的双曲面，抛物面的焦点和双曲面的虚焦点重合，经双曲面后成像在其实焦点处。卡塞格林系统的长度较短，主镜和副镜的场曲符号相反，有利于扩大视场。

（2）格里高利（Gregory）系统。格里高里系统的主镜为凹的抛物面，副镜为凹的椭球面，抛物面的焦点和椭球面的一个焦点重合，经椭球面后成像在其另一个实焦点处。

（3）R－C系统。最早的卡塞格林系统和格里高利系统因为轴外像差没有校正，使用上受到某些限制。为此，Chrétien提出了主镜和次镜都为双曲面，使球差和彗差同时得到校正的改进形式的卡塞格林系统。该系统由Ritchey实现，故称为R－C系统，如图14－13所示。目前，很多大型天文望远镜最常用的就是R－C系统。

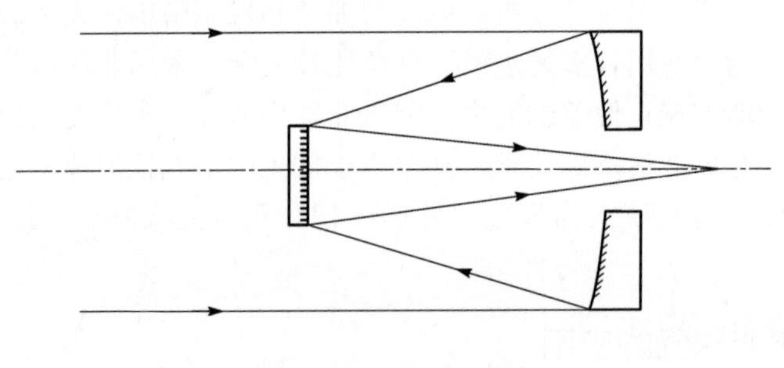

图14－13　R－C系统

（4）马克苏托夫系统。马克苏托夫系统的主镜和副镜均为椭球面。主镜椭球面的一个焦点与次镜椭球面的一个焦点重合，如图14－14所示。

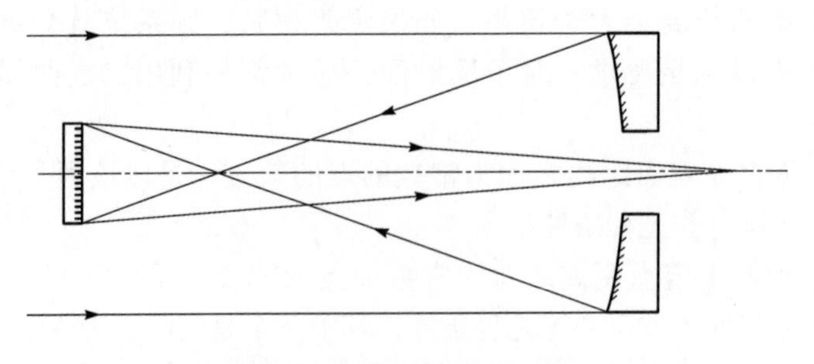

图14－14　马克苏托夫系统

（5）无焦系统。无焦系统的主镜副镜均为抛物面，两个抛物面的焦点重合，使得入射平行光仍然以平行光出射，可用于优质激光扩束系统，如图14－15所示。但是此系统的缺点是中心有遮栏，影响了光能的利用，为克服此缺点，可以采用离轴的抛物面，当然，离轴抛物面并不是非共轴，两个抛物面仍然是共轴，只是离轴使用，避开中心遮栏。

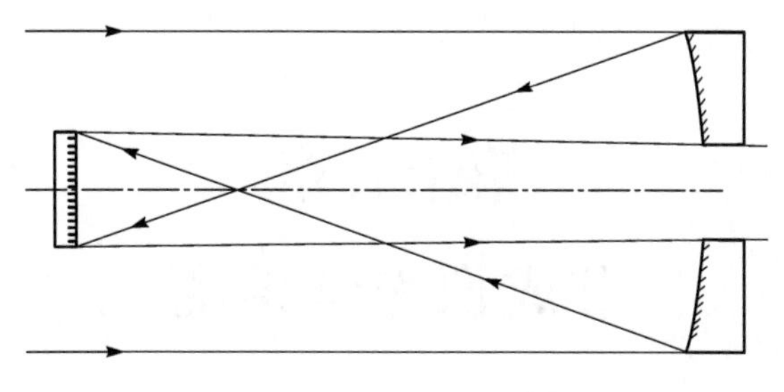

图 14－15　无焦系统示意图

需要指出的是，反射式系统由于通常只有两个或三个反射表面，因此广泛地使用甚至有时必须使用非球面，如果上面所介绍的反射系统不能满足轴外视场成像质量的要求，则可以将这些反射面改为高次非球面，当然，高次非球面的加工和检验比二次非球面要复杂得多，需要综合考虑。另外，反射式系统与折射式系统的一个区别是反射式系统的加工和装调公差要比折射式系统严，难度也相应加大。通常折射式系统的加工、偏心和倾斜等误差控制在一定范围内即可获得很好的成像质量，而对于反射式系统可能会引起成像质量的严重下降，这是需要设计和装调人员应该注意的问题。

习　题

1. 叙述 CCD 的工作原理。
2. CCD 有什么光电特性？
3. 叙述 CMOS 的工作原理。
4. 与 CCD 相比，CMOS 有什么优缺点？
5. 衍射光学元件有什么用途？
6. 非球面有什么优缺点？

第十五章
非成像光学系统

非成像光学是相对于成像光学而言的。所谓成像光学，指的是采用一个光学系统，对一个确定的物平面成一个确定的像平面，物平面和像平面之间的关系可以用物像距离、放大倍率、光阑位置来表示。通常假定物平面上的图像是理想的，也就是没有像差，由于光学系统有像差，在像平面上所成的图像相对于物平面上的图像来说，会有两方面的变化，一是图像会产生变形，有畸变；二是图像的清晰度或对比度会下降，出现模糊。这两种变化我们统称为像差，系统成像质量的好坏可以采用第一章中定义的各种像质评价指标来表示，对成像光学系统来说，设计者的任务就是既要满足物像距离、放大倍率、光阑位置等光学特性参数，又要校正或消除像差，使系统的成像质量符合使用要求。而非成像光学，则通常没有一个确定的像平面，它关注的是物面辐射能量的传输和效率，对物面的辐射能量按照设计要求在像空间进行重新分配，一般要求获得最大的传输效率，并同时在像空间获得一个均匀的能量分布。

非成像光学的典型例子是常见的照明光学系统和太阳能获取系统。照明光学系统在显微镜照明、医用内窥镜照明、激光探测照明、光刻机照明和汽车前照灯等领域中有广泛的应用。同时，近年来，人类在太阳能获取方面进行了大量的研究，在太阳能电池、太阳光泵浦的激光器等方面取得了一些进展，这同样也是非成像光学研究的重点。

§15－1　照明光学系统基本组成

照明系统是非成像光学系统的典型例子，也是光学仪器的一个重要组成部分。一般来说，凡是研究对象为不发光物体的光学系统都要配备照明装置，如显微镜、投影系统、机器视觉系统和工业照明系统等。

照明系统通常包括光源、聚光镜及其他辅助透镜、反射镜。其中，光源的亮度、发光面积、均匀程度决定了聚光照明系统可以采用的形式。照明系统可采用的光源有卤钨灯、金属卤化物灯、高压汞灯、发光二极管（LED）和氙灯、电弧灯等。有些光源在其发光面内具有足够的亮度和均匀性，可以用于直接照明，但大多数情况下，光源后面需要加入由聚光镜等构成的照明光学系统来实现一定要求的光照分布，同时使光能量损失最小，这两方面是对不同照明系统进行设计时需要解决的共同问题。

对于照明光学系统的设计，可以借助于常规的光学设计软件。近年来，国际上也已经有了非常成熟的针对照明系统设计的商业软件，如 ASAP、LightTools、Tracepro 等。这些软件可以精确地定义各种实际光源的形状和发光特性，通过光线追迹，能计算出某个（或某几个）指定表面上的光照度、强度或亮度。软件优良的仿真特性也为照明系统的设计提供了良好的检验手段。

传统的成像光学旨在通过光学系统的作用，获得高质量的像，其目标专注于信息传递的真实性、高效性；而非成像光学中的照明光学系统，其着眼点则在于光能量传递的最大化，以及被照明面上的照度分布及大小。

与成像光学系统相比，照明光学系统具有以下特点：

（1）照明光学系统设计时必须考虑到光源的特性，如形状、发光面积、色温、光亮度分布等，而传统的成像光学设计中一般不需要考虑物空间的光分布问题。

（2）照明光学系统结构形式的确定主要考虑满足不同光能大小和不同光能量分布的需要，一般情况下对像差要求并不严格；而成像系统的结构布局是从减小像差出发的。

（3）有些照明系统不构成物像共轭关系，无法采用传统成像系统的像质评价指标。普遍来说，对照明光学系统设计优劣的判断通常是光能量的利用率，以及光照度分布是否均匀等。

对照明系统的设计要求大致如下：

（1）充分利用光源发出的光能量，使被照明面具有足够的光照度。

（2）通过合理的结构形式实现被照明面的光照度均匀分布。

（3）照明系统的设计应考虑到与后续成像系统配合使用的问题。比如，在投影系统中，为发挥投影物镜的作用，照明系统的出射光束应充满整个物镜口径；在显微镜系统中，应保证被照点处的数值孔径。

（4）尽量减少杂光并防止多次反射像的形成。

在讨论第十章投影仪中的照明系统时，已经对照明系统根据照明方式的不同进行了分类，大致可以分为临界照明和柯勒照明两类。

（1）临界照明。临界照明是把光源通过聚光照明系统成像在照明物面上，结构原理如图 15－1所示。在这类系统中，后续成像物镜的孔径角由聚光镜的像方孔径角决定。为与不同数值孔径的物镜相配合，通常在聚光照明系统物方焦面附近设置可变光阑，以改变射入物镜的成像光束孔径角。

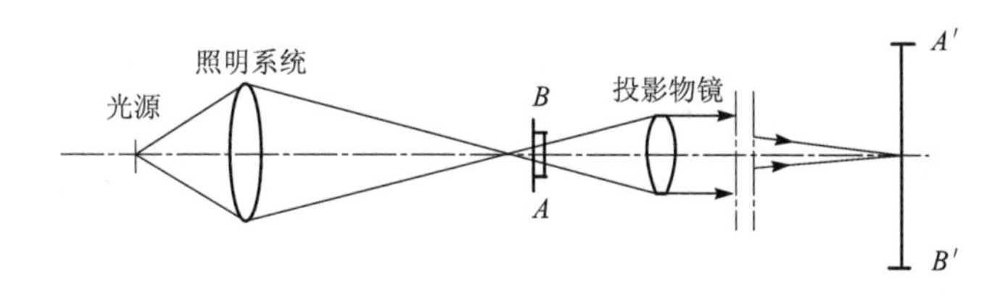

图 15－1　临界照明

为保证尽可能多的光线进入后续成像系统，要求照明系统的像方孔径角 U' 大于物镜的孔径角。同时，为了充分利用光源的光能量，也要求增大系统的物方孔径角 U。当 U 和 U' 确定以后，照明系统的倍率 β 由下式得到：

$$\beta=\frac{\sin U}{\sin U'} \tag{15-1}$$

又由于 $\beta=\frac{y'}{y}$，因此根据投影平面的大小，利用放大率公式可以求出所需要的发光体尺寸，作为选定光源的根据。

临界照明的缺点在于当光源亮度不均匀或者呈现明显的灯丝结构时，将会反映在物面上，使物面照度不均匀，从而影响观察效果。为了达到比较均匀的照明，这种照明方式对发光体本身的均匀性要求较高，同时要求被照明物体表面和光源像之间有足够的离焦量。后续物镜的孔径角应该取大一些，如果物镜的孔径角过小，焦深会很大，容易反映出发光体本身的不均匀性。临界照明系统多用于投影物体面积比较小的情形，例如电影放映机就是采用的这种系统。这类系统中的照明器又有两种：一种是用反射镜，如图15－2所示，光源通常用电弧或短弧氙灯；另一种是用透镜组，光源通常用强光放映灯泡，如图15－3所示。为了充分利用光能量，一般在灯泡后放一球面反射镜。反射镜的球心和灯丝重合。灯丝经球面反射成像在原来的位置上。调整灯泡的位置，可以使灯丝像正好位于灯丝的间隙之间，这样可以提高发光体的平均光亮度，并且易于达到均匀的照明。

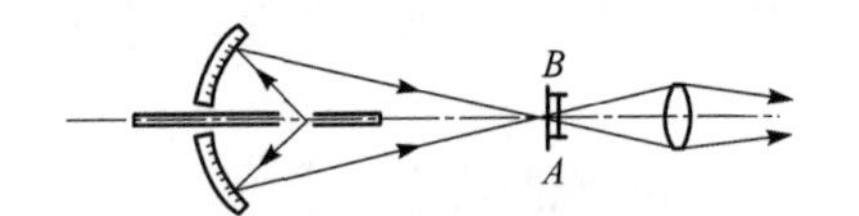

图15－2　反射照明

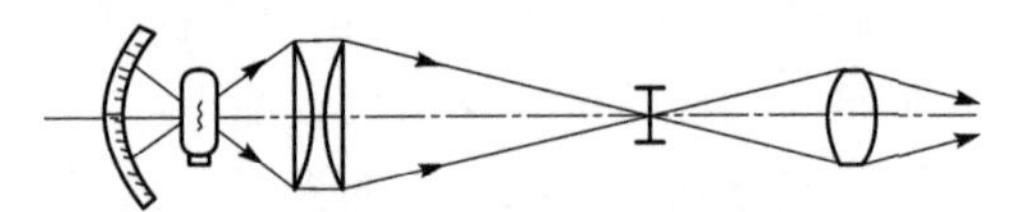

图15－3　透射加反光镜

（2）柯勒照明。柯勒照明是把光源的像成在后续物镜的入瞳面上，如图15－4所示。在这类系统中，聚光照明系统的口径由物平面的大小决定，为了缩小照明系统的口径，一般尽可能使照明系统和被照物平面靠近。物镜的视场角 ω 决定了照明系统的像方孔径角 U'，为了提高光源的能量利用率，也应尽量增大照明系统的物方孔径角 U。增大物方孔径角一方面会使照明系统结构复杂化；另一方面在照明系统口径一定的情况下，光源和照明系统之间的距离缩短。因此这类系统要求使用体积更小的光源，反过来这两方面也限制了 U 角的增大。

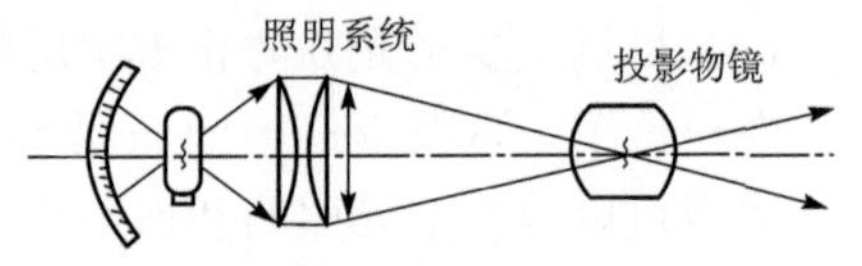

图15－4　柯勒照明

柯勒照明系统中，由于光源不是直接成像到被照明面上，因此被照明面上可以得到较为平滑的照明，这样就避免了临界照明中的不均匀性。若已知物镜光瞳直径，由式（15－1）求出照明系统的放大率，进而可求出发光体的尺寸，作为光源选择的根据。

§15－2　照明光学系统的设计

照明光学系统注重的是能量的分配而不是信息的传递，所关心的问题并不是像平面上的成像质量如何，而是被照明面上的照度分布和大小。从这个意义上来看，设计照明光学系统实质上就是根据照度大小、分布的要求去选择各种光学元件，并合理地采用各种结构形式。

在成像光学系统的设计中一般不大考虑物方空间的亮度，而照明光学系统则必须考虑光源（如灯丝）的形状和亮度分布，成像光学系统在像方一般是成一个平面像，而照明光学系统需要照亮的往往是一个立体空间。

对于系统的评价方法，成像光学系统的物像空间有着相应的点与点对应的共轭关系，故可以在视场中心和边缘选取几个抽样点，追迹光线到相应的像点，用垂轴像差、点列图或光学传递函数对系统的成像质量进行评价；而照明光学系统没有物像共轭关系，照明区域中任意一点的照度都是由光源上许多点发出的光能通过照明系统分配后叠加形成的，因此无法完全套用成像系统的分析和方法。

成像系统虽然可以非常复杂，但绝大多数情况下可以把其中的各光学面作有序排列，所有光线均按此顺序逐一通过各面；而照明光学系统的形成却是多种多样，如汽车前照灯的配光镜，通常是由许多面型大小各不相同的柱面镜组合起来的，从灯丝发出的任意一条光线通过一个柱面镜，这些柱面镜就构成了一组非顺序光学面，对非顺序光学面的数学处理和光线追迹要复杂得多。

照明光学系统的光学特性主要有两个：一是孔径角，二是倍率。设计时应根据系统对光能量大小及光照度分布的要求，确定照明系统的孔径角及光源的放大率，进而选定照明系统的具体形式和结构，并进行适当的像差校正。

照明系统可采用透射和反射两种不同的形式进行聚光照明。以投影仪中的透射式照明系统为例，其设计的基本步骤如下。

（一）选定光源

构成照明系统的光学系统组成是可以千变万化的，而照明光源却是它们共有的成分。光源的种类很多，有热辐射光源（如白炽灯、卤钨灯）、气体放电光源（如低压汞灯、高压钠灯、金属卤化物灯、脉冲氙灯），还有冷光源和特种光源等；光源发光体的形状也是各种各样，可以是点光源，也可以是扩展光源，既可以是均匀的，也可以是非均匀的。光源的光特性和形状都对被照明面上的光分布有非常大的影响。

在设计一个照明光学系统时，首要任务就是要根据需求选择好光源。对光源的基本要求就是它能发射出足够的光通量。如果在规定的角度区域中的发光强度或在规定面积中的照度已经明确，那么，来自灯具的光通量就可以通过计算获得。而进入光学系统的光通量，考虑到灯具本身的光损失，必须将自灯具射出的光通量乘上一个系数。

光源的尺寸也是一个需要考虑的因素，因为这将影响到灯具的尺寸。当给定光通量输出的表面面积减小时，灯具的亮度将增高，有可能引起眩光。同时，在灯具中小光源放置的位置要比大光源严格得多，这时系统中的光学元件必须做得十分精密，这就对加工工艺提出了更高的要求。

光源的另外一个要求就是颜色，它必须与应用场合相匹配。在大部分情况下，颜色的要求并不很严格，但对于信号灯等特殊用途灯，通常对颜色有严格的限制。

（二）确定照明方式

设计者需要确定采用哪种照明方式，是临界照明还是柯勒照明。照明系统中的光学系统的设计必须以所选择的光源类型、照明方式以及照明的目的和要求为原则，要求能够充分利用光能，合理地运用光源的配光分布，而且结构上要与光源的种类配套，规格大小要与光源的功率配套。

（三）确定和设计光学系统

根据光源的发光特性（如光亮度）和像平面光照度要求，利用像平面光照度公式，求出所要求的光学系统的孔径，并进而确定系统的视场角或孔径角。按照照明系统像方孔径角与物镜相匹配的原则，确定照明系统像方孔径角 U'。根据光源尺寸以及它与照明系统之间允许的距离确定照明系统物方孔径角 U。由物像方孔径角计算照明系统的倍率并确定照明系统的基本形式。根据倍率和孔径角的要求进行像差校正，获得优化的结构。

与成像光学系统一样，照明系统中的光学系统也是由透镜、反射镜、平面镜等基本光学元件组成的，但大多以非球面非共轴为主，这是因为非球面非共轴光学系统在实现光各种类型的分布时要比共轴球面系统更为便利。

与大多数成像光学系统不同，照明系统对视场边缘需要进行最佳像差校正，但是照明系统的消像差要求并不严格。考虑到光照的均匀性，只需适当减小球差。在要求比较高的情况下，还需考虑彗差和色差。

现代照明系统中，更多地采用了非球面和反射式的聚光照明形式。采用非球面一方面可以简化系统的结构，另一方面能更好地校正像差，而反射面由于孔径角可以大于90°，所以还能提高光能的利用率，获得高质量的照明。

（四）照明系统的照度计算

照明光学系统的照度分布计算是照明光学系统设计中的关键问题，有多种可取方案来计算照明光学系统的照度分布。方案的选择基本上依赖于照明光源，即光源是点光源还是扩展光源，是均匀的还是非均匀的。下面对几种方法作一下简单介绍：

（1）光束断面积法。

这种方法适用于点光源照明的光学系统，即照明光源为一点或者与光学系统的尺寸相比很小。典型的点光源有发光二极管以及激光系统（在离束腰足够远时可以认为它是点光源）。

光束断面积法是以能量守恒定律为依据的。如图15－5所示，由光源发出的、在某一微小锥形角内的光束投射到参考面上，假设其照射的面积为 $\mathrm{d}A$，照度为 $E(x, y)$，当这一锥形角内的光束投射到另一表面时，设其照射面积为 $\mathrm{d}A'$，照度为 $E'(x', y')$，就有下列公式：

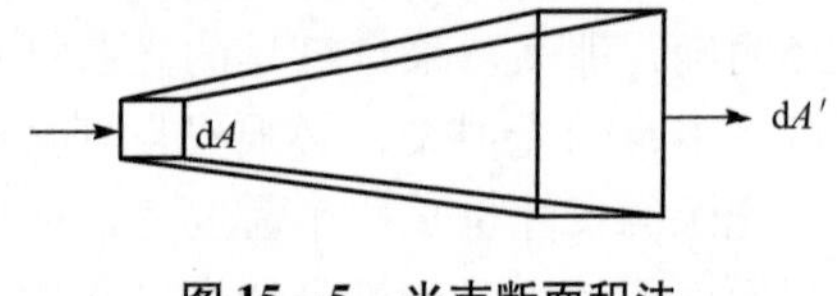

图15－5　光束断面积法

$$E(x,y)\,\mathrm{d}A = E'(x',y')\,\mathrm{d}A' \tag{15-2}$$

或者

$$E'(x',y') = E(x,y)\,\mathrm{d}A/\mathrm{d}A' \tag{15-3}$$

因为事先知道光源（如朗伯光源）在空间和角度上的性质，故可以求出 $E(x, y)$，通过光线追迹，比率 $\mathrm{d}A/\mathrm{d}A'$ 也可以算出来，从而就可以计算出照度 $E'(x', y')$。

（2）蒙特卡罗方法。

蒙特卡罗方法适用于点光源和扩展光源照明光学系统，但主要应用于扩展光源在空间或角度上有辐射变化的照明光学系统。它是通过追迹上万条光线来决定照度的，可以从光源到接收器或从接收器到光源来进行光线追迹。这种方法因需要追迹大量的光线，因此，计算所需时间相对比较长。蒙特卡罗方法还涉及抽样问题，即对光源在空间角度上进行抽样。另外，接收面是被分为矩形小方格进行考查的。光线被收集到矩形小方格内，给定照明点的照度值的准确度依赖于围绕此点的小方格所收集到的光线的数量。方格越小对照度的分布情况描述得越好，但想要获得同等的准确度，要求所追迹的光线相对多一些。

(3) 投射立体角法。

投射立体角法适用于扩展光源系统，它要求扩展光源在空间上均匀分布并且是朗伯型的。如是非均匀光源，须通过将其分为相对比较均匀的小区域进行分析。运用投射立体角法计算结果准确、速度快。但运用投射立体角法每次只能计算出照明面上每一给定点（观察点）的照度值。其原理如图 15－6 所示。

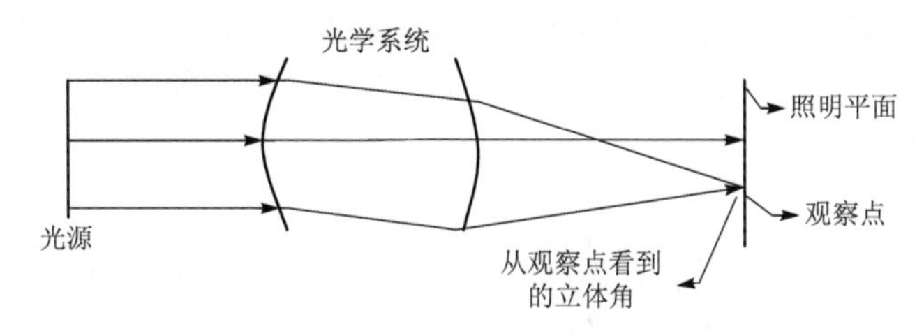

图 15－6　投射立体角法

假定把眼睛放在照明面的观察点上，通过光学系统观察光源，观察点的照度就由通过光学系统射入眼睛的光线数量来决定，射入眼睛的光束对眼睛所形成的张角（立体角）受限于光学系统的透镜口径和光源的尺寸大小。假设光源的亮度为 L，光束对人眼的立体角为 ω，透镜的透过率为 τ，则观察点处的照度就为 $E = c\tau L\omega$，其中 c 为光线对观察点的倾斜因子，当立体角很小时，它等于倾斜角的余弦值；当立体角较大时，它等于每条光线倾斜角的余弦值的积分。

在观察点处人眼对所能看到光源部分所张的立体角与倾斜因子的乘积，我们称为投射立体角，设符号为 Ω。此时得观察点处的照度：$E = \tau L\Omega$。

在进行软件编制时，可根据不同的照明光源系统选用相应的方法，建立对应的数学理论模型。

§15－3　均匀照明的实现

在很多情况下，对照明系统的要求是满足一定大小的照度同时，使被照明面有均匀的光分布。因此，如何实现均匀照明一直以来是人们研究的热点。影响光照度分布均匀性的主要原因有：光源本身的光亮度分布不均匀，照明系统结构形式及像差影响，光学系统反射、吸收及偏光的影响等。

实现均匀照明最简单的方法是在照明系统中加入磨砂玻璃或乳白玻璃，但这种方法只适用于均匀性要求不高的系统。上一节介绍到的柯勒照明方式是一种较为有效的均匀照明方式。聚光照明镜将光源成像到物镜的入瞳处，被照明物体经过物镜被投影到屏幕上或者进入人眼中。由于被照明面上的每一点均受到光源上的所有点发出的光线照射，光源上每一点发出的照明光束又都交汇重叠到被照明面的同一视场范围内，所以整个被照明物体表面的光照度是比较均匀的。

采用柯勒照明的系统，其像平面边缘照度仍然服从 $\cos^4\omega$ 的下降规律。因此，在液晶投影仪等大视场、高光强、均匀性要求较高的现代光电仪器中，通常采用复眼透镜、光棒等匀光器件与柯勒照明系统相配合，以获得较高的光能利用率及较大面积的均匀照明。下面分别对这两种系统进行介绍。

（一）复眼透镜

复眼透镜是由一系列相同的小透镜拼合而成的。小透镜的面型可为二次曲面或高次曲面，其形状可根据拼合需求进行加工。最常用的拼合方法有两种，如图 15 －7 所示。图 15 －7（a）是把小透镜加工成正六边形拼合而成，处于中心的小透镜称为中心透镜，其他小透镜围绕着中心小透镜一圈一圈地排列，每一圈的透镜个数为 $6n$（n 为圈的序号）。图 15 －7（b）是把小透镜加工成矩形拼合而成，排列成一个 $n\times n$ 的阵列，这种复眼透镜加工难度较前者小一些，但产生均匀照明的效果不如前者。

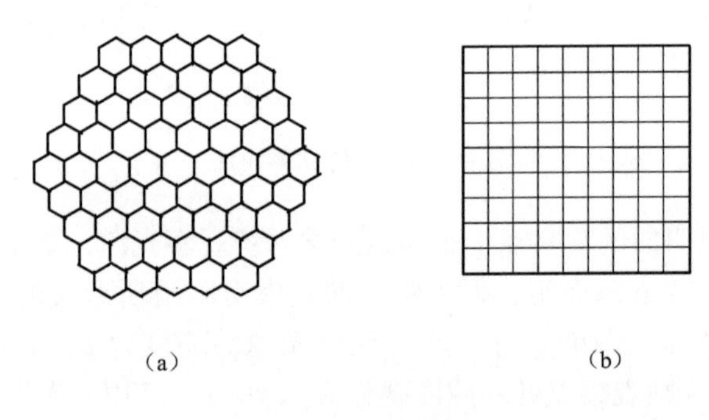

图 15 －7　复眼透镜

复眼透镜照明系统的照明原理是光源通过复眼透镜后，整个照明光束被分裂为 N 个通道（N 为小透镜的总个数），每个微小透镜对光源独立成像，这样就形成了 N 个光源的像，我们称其为二次光源。二次光源继续通过后面的光学系统后，在照明平面上相互反转重叠，互相补偿，从而能够获得比较均匀的照度分布。具体原因如下：

（1）整个入射宽光束被分为了 N 个通道的细光束，显然每支细光束范围内的均匀性必然大大优于整个宽光束范围内的均匀性。

（2）整个光学系统具有旋转对称结构，每支细光束范围内的细微不均匀性，由于处于对称位置的二支细光束的相互叠加，使细光束的细微不均匀性又能获得进一步的相互补偿。因而叠加后物面照度的均匀性明显好于单个通道照明的均匀性，如图 15 －8 所示。

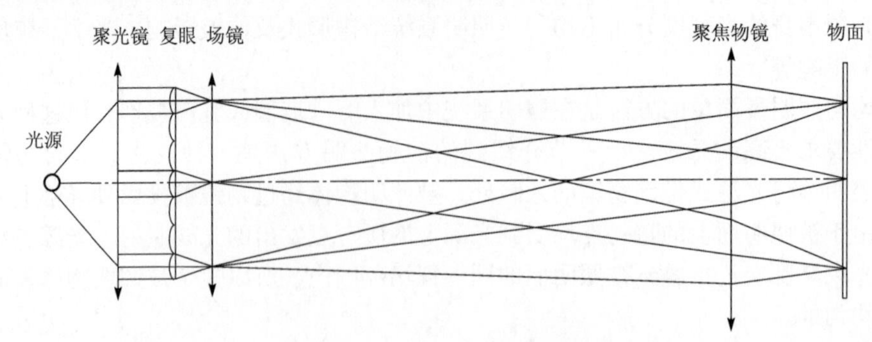

图 15 －8　复眼透镜均匀照明原理

在实际的应用中，复眼透镜通常采用双排复眼的形式，每排复眼透镜由一系列小透镜组合而成。两排透镜之间的间隔等于第一排复眼透镜中各个小单元透镜的焦距。与光轴平行的光束通过第一排透镜中的每个小透镜后聚焦在第二块透镜上，形成多个二次光源进行照明；通过第二排复眼透镜的每个小透镜和聚光镜又将第一排复眼透镜的对应小透镜重叠成像在照明面上，如图 15－9 所示。

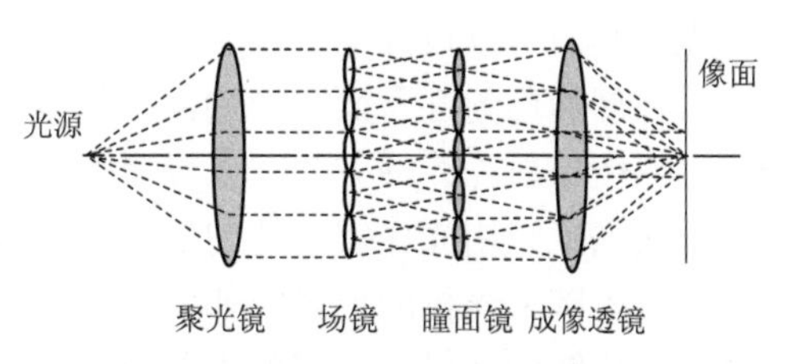

图 15－9　双排复眼透镜

这是一个典型的柯勒系统。在这一系统中，由于整个宽光束被分为多个细光束照明，而每个细光束的均匀性必然大于整个宽光束范围内的均匀性，且每个细光束范围内的微小不均匀性由于处于对称位置细光束的相互叠加，使细光束的微小不均匀性获得补偿，从而使整个孔径内的光能量得到有效均匀的利用。

复眼透镜的设计是一个较为复杂的过程，主要的设计参数有：

(1) 全尺寸。为充分利用光能，复眼透镜不能太小。复眼透镜的全尺寸主要由光源尺寸和照明系统孔径角决定。

(2) 小透镜的个数及排列。应根据光源的发光特性、照明均匀性指标及要求的光斑形状去确定小透镜的个数及排列。透镜个数太少会失去小透镜将宽光束分裂的作用，但个数太多会增加加工的难度和成本，同时，由于透镜像差的存在，对于均匀性的改善也是有限的。

(3) 小透镜的相对孔径或焦距。由小透镜的口径及照明光束的孔径角决定。

除了上述介绍的复眼透镜，同样用于均匀照明的还有复眼反射镜。采用反射型复眼的优点在于可以减小系统体积，而且没有像差，因此在便携式光学仪器中具有广阔的应用前景。

(二) 光棒照明

光棒照明是另一种有效的均匀照明器件。光棒可以是实心的玻璃棒，也可以是内镀高反射膜的反射镜组成的中空玻璃棒。前者利用全反射原理，反射效率较高，且加工方便；后者利用反射镜实现光在其内部的传输，效率较低，但由于没有玻璃材料的吸收，能量损失较小，并能允许较大角度的光线入射，可以在短长度内实现同样次数的反射，达到相同的均匀性。

如图 15－10 所示，带角度的光线射入光棒后，在光棒内部的反射次数随入射角度不同而变化，不同角度的光线充分混合，在光棒的输出面上的每个点都将得到不同角度光的照射，从而在光棒的输出端能够形成均匀分布的光场。光棒输出端每一点的光强为来自光源的不同角度光的积分，因此，光棒也被称为光积分器件。

图 15－10　光棒照明

光棒端面可以设计成各种不同形状。一般来说，矩形、三角形、六角形等形式的端面可以获得较好的均匀性，而圆形端面效果较差。在很多系统里还采用具有锥度的光棒，其作用是可以改变出射光线的方向，以满足照明光束与后续系统数值孔径匹配的要求。

照明系统应用光棒实现均匀照明时，常采用椭球面反光碗 + 光棒的形式，如图 15 - 11 所示。光源位于旋转椭球面反射镜的内焦点上，光棒放在反射镜的第二焦点附近，光线进入光棒经多次反射，在末端形成均匀的照明。由于光学系统结构和光棒尺寸的限制，通常无法直接将光棒出射面放置于需照明的表面上，因而在光棒后面需要引入中继的聚光镜，将光棒出射面成像在被照明物体表面。

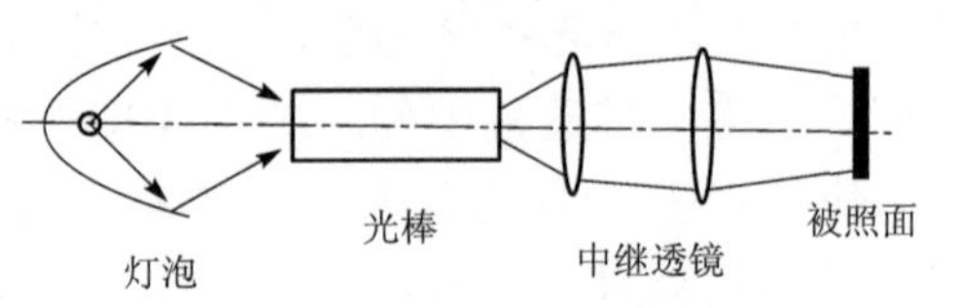

图 15 - 11　光棒照明系统

对于光棒的设计，主要考虑的参数有两个：一个是长度，另一个是截面积。

长度的考虑应该基于系统对照明均匀性的要求。光棒长度越大，光线在其内部的反射次数越多，均匀性越好。因此，为保证足够的反射，此时截面积较大的光棒长度也应该相应增加。但长度增加必然会带来能量的衰减及系统尺寸的增大。权衡考虑，一般情况下，光棒的长度应满足光线在内部反射 3 次左右，即为较合理的设计。

截面积的大小需要从能量利用率出发。小尺寸的光棒，如果输出光束的孔径角小于后续光学系统的最大孔径角，出射的光能能全部被利用，此时适当增大截面积，能够增加进入光棒的能量，提高系统的光能利用率；但当光棒尺寸大到使出射光束孔径角大于后续系统能接收的孔径角后，如果继续加大尺寸，整个系统的能量利用率会下降。而且，如果后续光学系统只能在小于一定的数值孔径内有效工作，在进行光棒设计时也应充分考虑截面积大小与后续系统的匹配问题。

§15 - 4　太阳光能量获取系统

近年来随着世界人口的迅速增长，自然资源极度耗竭，环境条件日益恶化，国际社会越来越重视新型能源的开发和利用。相对于其他的能源，太阳能资源丰富、清洁，分布广泛，取之不尽、用之不竭，是人类未来的主要能源之一。另外，航天技术的飞速发展使太空资源成为世界主要大国相互争夺的对象，其中太阳光泵浦激光器在航天器系统中有着重要的应用。与传统的激光器相比，太阳光泵浦激光器具有结构简单、体积重量小、能量转化环节少等优点，理论上可以达到最高转换效率。运用于空间卫星激光器上，能发挥太阳光泵浦激光器的优势，在卫星通信及外太空军事领域具有极大的发展潜力。

目前世界上太阳光泵浦激光器主要的研究单位有以色列的 Weizmann 科学研究所、美国芝加哥大学物理系、日本的东北大学和东京技术研究所。世界上第一台太阳光泵浦固体激光器是由美国的 C. G. Young 于 1965 年研制成功的，获得大约 1 W 的激光输出，太阳光到激光的转换效率为 0.57%。其后，日本东北大学的 H. Arashi 等、以色列 Weizmann 科学研究所的 M. Weksler 和 J. Shwartz、以色列的 Mordechai Lando 等、美国芝加哥大学、日本东京技术研究所的 Shigeaki Uchida 和 Takshi Yabe 等均进行了深入的研究。

太阳能获取系统是利用非成像光学系统获得太阳光能量为人类服务的典型的例子。太阳能获取系统简单来说就是利用一个光学系统将太阳光能汇聚到太阳光伏电池接收面或太阳能泵浦接收面上，对于这类系统，追求的目标是尽可能多地汇聚太阳光能，或在出射面上比较均匀的光能。

Ralf Leutz 和 Akie Suzuki 对太阳能获取的非成像系统进行了研究，给出了基本的定义。如图 15－12 所示，假设系统的入射口径面积为 S_1，出射口径面积为 S_2，进入入射面的辐射通量（辐射能量）为 Φ_1，出射面的辐射通量为 Φ_2，则分别定义系统的几何光密度比 C 和光学效率 η 为

$$C=\frac{S_1}{S_2} \tag{15-4}$$

$$\eta=\frac{\Phi_2}{\Phi_1} \tag{15-5}$$

式中，S_1、S_2的单位为平方米（m^2），Φ_1、Φ_2的单位为瓦特（W）。系统的光密度比也称为光学增益，定义为

$$\eta_C=\frac{(\Phi_2/S_2)}{(\Phi_1/S_1)}=\eta C \tag{15-6}$$

如果汇聚获取系统是一个理想的系统，即光学效率为 1，则几何光密度比与光密度比相等，为 $\eta_C=C$。

如图 15－13 所示，系统所获取的能量由入射面的口径 a 和接收半角 θ 决定，物空间的折射率假设为 n，入射和出射面之间的介质折射率为 n'，出射面口径为 a'，则几何光密度比又可以导出为

$$C=\frac{a}{a'} \tag{15-7}$$

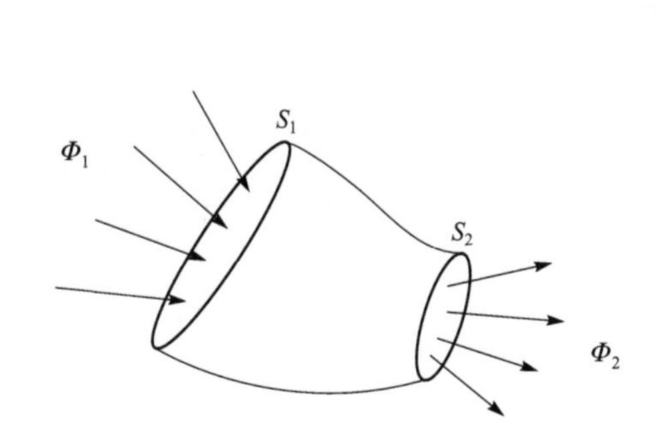

图 15－12　太阳能获取系统

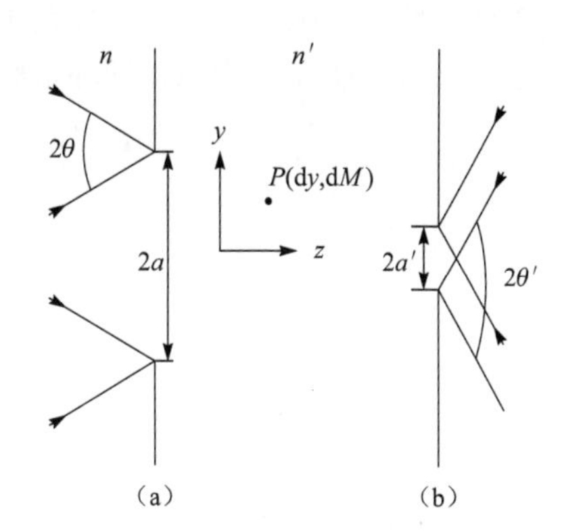

图 15－13　太阳能获取光能示意图

（a）入射面；（b）出射面

假设一条光线上某一点为 P（y，z），其方向余弦为（M，N），P 沿着 y 轴的移动量为 $\mathrm{d}y$，另一个坐标移动量为 $\mathrm{d}M$，则光学扩展量（etendue）又称为光学不变量，可以定义为

$$n\mathrm{d}y\mathrm{d}M=n'\mathrm{d}y'\mathrm{d}M' \tag{15-8}$$

对上式在 y 和 M 方向上积分，可以得到

$$4na\sin\theta=4n'a'\sin\theta'$$

几何光密度比又可写为

$$C=\frac{a}{a'}=\frac{n'\sin\theta'}{n\sin\theta} \tag{15-9}$$

当 θ' 为极限值 $\pi/2$ 时，C 取最大值，通常物空间为空气，$n=1$，因此，

$$C_{\max}=\frac{n'}{\sin\theta} \tag{15-10}$$

如果考虑空间三维汇聚系统，则有

$$C_{3\mathrm{D},\max}=\frac{n}{\sin^2\theta} \tag{15-11}$$

到达地面的太阳光发散角约为 $\varepsilon=0.54°$（约 10 mrad）。设入射的辐射能量为 W，透镜的平均功率通过率为 η，透镜的口径为 D，焦距为 f，焦面直径为 d，入射和出射面面积为 S_1 和 S_2，如图 15－14 所示，则光密度比为

$$c_1=\frac{W\eta/S_2}{W/S_1}=\frac{S_1\eta}{S_2}=\frac{\pi\frac{D^2}{4}\eta}{d^2/4}=\frac{D^2\eta}{(f\varepsilon)^2}=\frac{1}{\varepsilon^2}\left(\frac{D}{f}\right)^2\eta \tag{15-12}$$

大体上太阳能获取系统分为透射式和反射式两种基本形式。

（一）透射式

透射式太阳能获取系统采用一个正透镜系统即可，但是希望有很大的相对孔径，同时希望球差不要过大，避免光能的不均匀性。我们知道传统的菲涅尔透镜正好具备这些特性，因此，在太阳能获取的透射式系统中，基本上都是采用菲涅尔透镜。一般来说，在某些要求孔径角和口径都很大的照明系统，如果采用一般的球面或非球面的透镜，它们的体积和重量都很大，而且在球面系统中，系统的球差也将很大。为了减少系统的体积和重量，同时能较好地校正球差，采用菲涅尔透镜，即环带状的螺纹透镜，如图 15－15 所示。

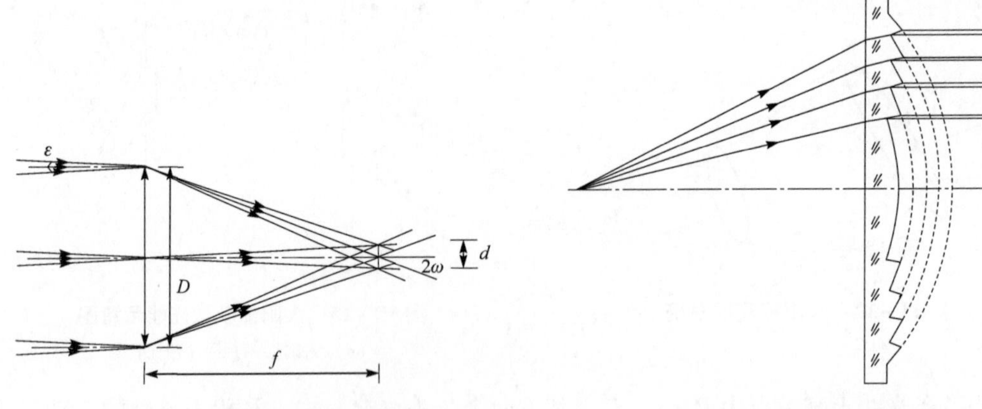

图 15－14　透镜获取太阳能系统　　图 15－15　螺纹透镜系统

它的每一个环带实际上是一个透镜的边缘部分，利用改变不同环带的球面的半径，达到校正球差的目的。一般来说，一个环带中只有某一个高度的光线球差为 0，其他高度仍有球差，但它们的数量不会很大。由于菲涅尔透镜的表面形状比较复杂，一般直接利用玻璃压制制作，因此表面精度较差，同时存在暗区，一般不适用于第一类照明系统。

菲涅尔透镜的设计思想是将透镜分成若干个具有不同曲率的环带，使通过每一个环带透镜的光线近似汇聚在同一像点上，既可校正球差，又可减小透镜的厚度和重量，这在大通光孔径的照明系统中是非常重要的，如图 15－16 所示。

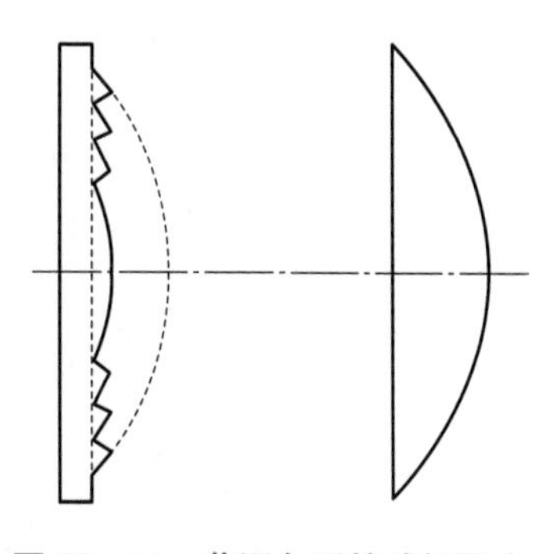

图 15－16　菲涅尔透镜减轻厚度和重量示意图

下面讨论菲涅尔透镜的光线计算方法。如图 15－17 所示，D 为菲涅尔透镜直径，d 为基面厚度，ϕ 为通光口径，菲涅尔透镜的玻璃折射率为 n。

设点光源在 A_1 处，距离透镜第一个面为 L_1，要求经菲涅尔透镜后成像在 A' 处，其像距为 L_2'。L_2' 代表从基面（虚线表示）到像点 A' 的距离，因透镜处于空气中，所以有

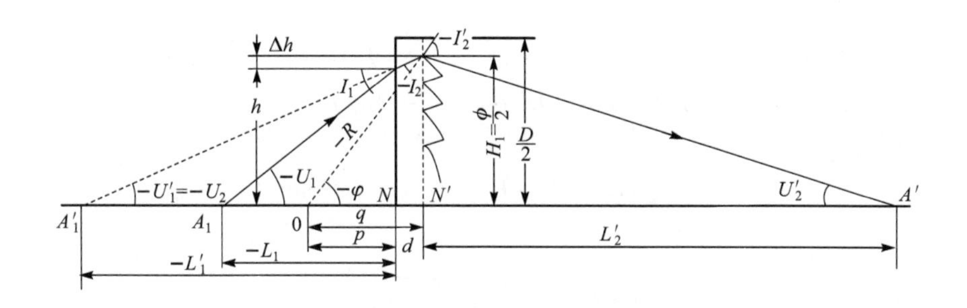

图 15－17　菲涅尔透镜光路图

$$n_1 = n_2' = 1$$

由图 15－17 可见

$$\tan U_1 = \frac{h}{L_1}$$

式中，L_1 是设计前给定的；h 需要估计确定，确定第一环 h 值的原则是保证（$D/2 - H_1$）值有足够的尺寸，H_1 是菲涅尔透镜第二面上最外面一环的半径。光线在第一面（平面）上，有

$$\sin I_1' = \frac{\sin I_1}{n}$$

式中，

$$I_1 = -U_1,\ I_1' = -U_1' = -U_2$$

而

$$L_1' = \frac{h}{\tan U_1'}$$

光线在第二面上的投射高 H 由下式确定：

$$H = h + \Delta h = (d - L_1')\ \tan(-U_1')$$

即

$$H = (L_1' - d) \cdot \tan U_1'$$

由 H 即可求出光线通过系统后的像方汇聚角 U_2'：

$$\tan U_2' = \frac{H}{L_2'}$$

其中 L_2' 由使用要求给出。对第二个面应用折射定律，有

$$n_2 \sin I_2 = n_2' \sin I_2'$$

因为

$$n_2 = n，\ n_2' = 1$$

所以，

$$n\sin I_2 = \sin I_2'$$

由图 15－17 有

$$I_2' = I_2 + U_2 - U_2'$$

将上面关系代入 $\sin I_2'$ 得

$$\begin{aligned}\sin I_2' &= \sin(I_2 + U_2 - U_2') = \sin[I_2 - (U_2' - U_2)] \\ &= \sin I_2 \cdot \cos(U_2' - U_2) - \cos I_2 \cdot \sin(U_2' - U_2)\end{aligned}$$

因为 $n\sin I_2 = \sin I_2'$，有

$$n\sin I_2 = \sin I_2 \cdot \cos(U_2' - U_2) - \cos I_2' \cdot \sin(U_2' - U_2)$$

化简得

$$\tan I_2 = \frac{-\sin(U_2' - U_2)}{n - \cos(U_2' - U_2)}$$

圆心角 φ 为

$$\varphi = U_2 + I_2$$

因此，环状透镜表面的曲率半径为

$$R = \frac{H}{\sin \varphi}$$

曲率中心 O 的位置，由下面两式确定，q 和 p 的度量分别以 N' 和 N 为起始点：

$$q = \frac{H}{\tan \varphi}$$

$$p = q + d$$

菲涅尔透镜可以有两种基本形式，如图 15－18 所示。图 15－18（a）所示为在平凸透镜的球面上加工成环带棱镜，图 15－18（b）所示为在平凸透镜的平面上加工成环带棱镜。现在，菲涅尔透镜通常是由聚乙烯或聚烯烃等材料热压注塑而成的薄片，也有少数采用玻璃制作。

（二）反射式

在用于太阳光泵浦的激光器系统中，多采用反射式的形式。系统以太阳光为泵浦光，将到达地球表面的太阳光汇聚，达到激光器运行的阈值泵浦功率，实现激光输出。

太阳辐射到达地球大气外层的功率密度为 1 360 W/m^2，经过大气层的反射、吸收、散射等衰减，到达地球表面的太阳辐射大大减少，同时太阳光谱中，对泵浦激光有用的波长能量低，比例小。因此将大面积的太阳辐射汇聚成小的光斑，以获得高密度的辐射能量，是太阳光能泵浦激光器系统中研究的重点。

太阳光能泵浦激光器中，通常采用复合抛物面聚光器 CPC（Compound Parabolic Concentrator）。复合抛物面聚光器是以抛物面为母线构成的光锥，具有高反射的内壁，在接收端收集光能，光线经多次反射到达输出端，是一个理想的非成像聚光器，如图 15－19 所示。

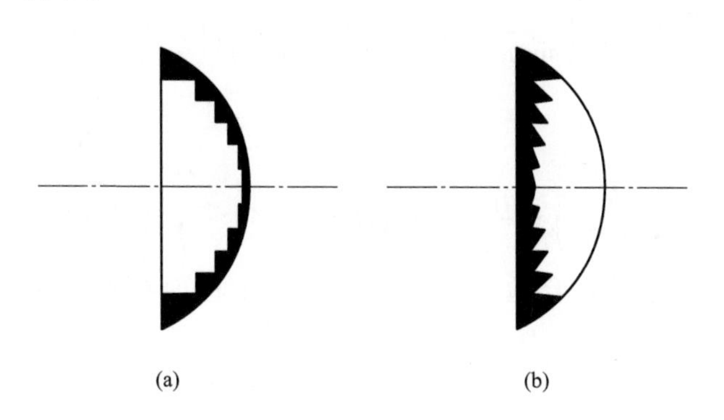

图 15－18　菲涅尔系统两种形式

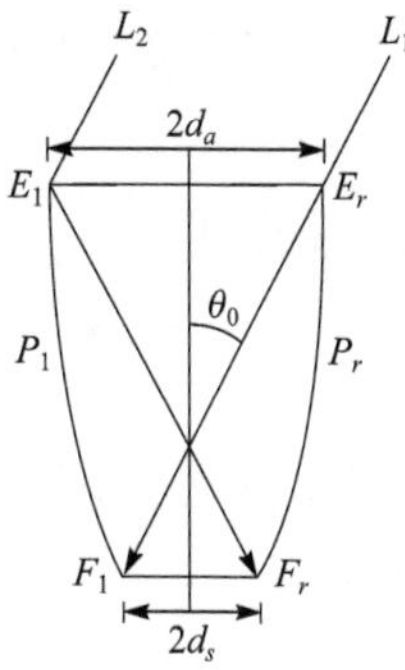

图 15－19　复合抛物面聚光器

复合抛物面 CPC 的特点是反射面为抛物面，根据平行于抛物线对称轴入射到抛物线的光线经反射后过抛物线焦点的原理，通过设计，使抛物线面的焦点正好处于 CPC 的出口边缘或接收体范围内，使最大入射角范围内的入射光线能从 CPC 出口射出或被接收体接收，以获得理想的汇聚比。复合抛物面具有光轴对称性，在入射面处边缘光线最大的入射角为 θ_0，复合抛物面的接收角就是 $2\theta_0$，由 $+\theta_0$ 和 $-\theta_0$ 决定的两条抛物线为 P_1 和 P_r，边缘光线通过 P_1 的焦点为 F_r，通过 P_r 的焦点为 F_1，边缘光线 L_2 经过 E_1 反射后交于 F_r。为获得最大的口径，抛物线 P_1 应该设计成在 E_1 点处的切线应该与 y 轴平行，抛物线 P_r 也是如此。在 L_1 和 L_2 之间的任意光线经反射后到达焦点处的光程都是相等的。几何光密度为 $C = d_a/d_s$，可得

$$2d_s = \frac{2f}{1+\cos(\pi/2-\theta_0)} \tag{15-13}$$

$$\frac{d_a+d_s}{\sin\theta_0} = \frac{2f}{1+\cos(\pi-2\theta_0)} \tag{15-14}$$

式中，f 为焦距。由上式可得 $C=1/\sin\theta_0$，与前述的光密度公式一致，因为此时折射率都为 1。如图 15－20 所示，如果前面加一个透镜，则复合抛物面聚光器光密度比为

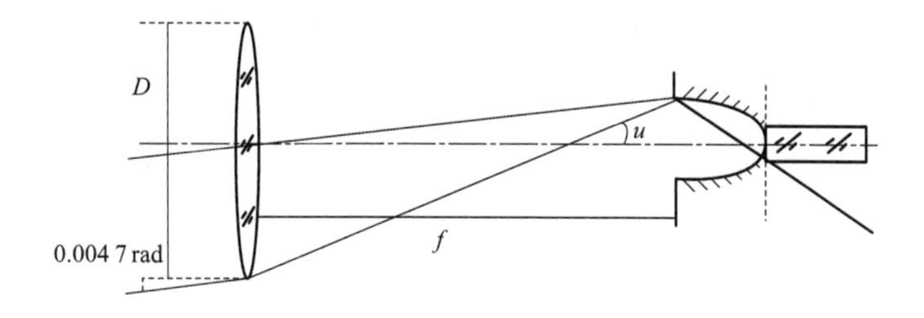

图 15－20　透镜和复合抛物面示意图

$$c_1=\frac{W\eta/S_2}{W/S_1}=\frac{S_1\eta}{S_2}=\frac{\pi\frac{D^2}{4}\eta}{d^2/4}=\frac{D^2\eta}{(f\varepsilon)^2}=\frac{1}{\varepsilon^2}\left(\frac{D}{f}\right)^2\eta \tag{15-15}$$

$$c_2=\frac{W\eta_2/S_2}{W/S_1}=\eta_2=\frac{\pi\frac{a_1^2}{4}}{\pi\frac{a_2^2}{4}}=\eta_2\left(\frac{a_1}{a_2}\right)^2=\eta_2\left(\frac{n}{\sin\omega}\right)^2=\eta_2 n^2\left(1+\frac{4}{(D/f)^2}\right) \tag{15-16}$$

整个系统的光密度比为

$$c=c_1c_2=\eta_1\frac{1}{\varepsilon^2}\left(\frac{D}{f}\right)^2\eta_2 n^2\left(1+\frac{4}{(D/f)^2}\right)=\frac{\eta_1\eta_2 n^2}{\varepsilon^2}\left[(D/f)^2+4\right] \tag{15-17}$$

通常根据实际需要采用线状激光棒，此时复合抛物面聚光器为一个柱面结构，如图 15-21所示。

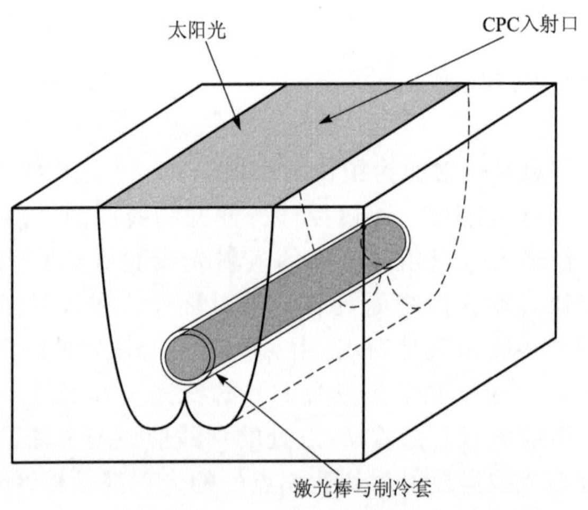

图 15-21　柱面结构型式

同时对于复合抛物面聚光镜，可以导出如下计算公式。设 CPC 出射口径为 $2a'$，最大接收角为 $\theta_{\max}$，由图 15-22 有以下几何关系。

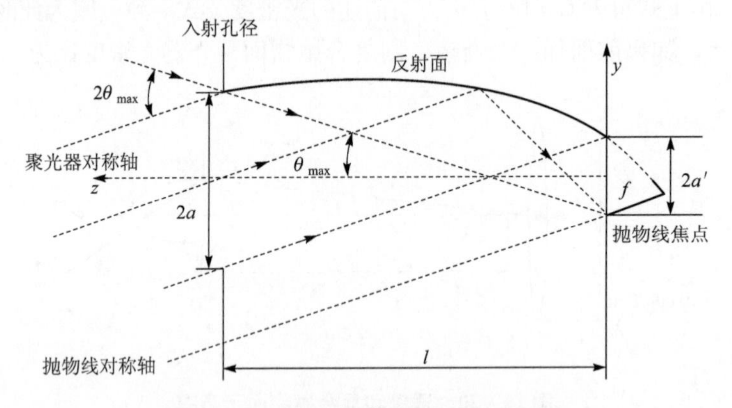

图 15-22　复合抛物面聚光镜光路计算

抛物线的焦距长度：

$$f = a'(1 + \sin\theta_{\max}) \tag{15-18}$$

入射孔的直径：

$$a = a'/\sin\theta_{\max} \tag{15-19}$$

CPC 的长度：

$$L = a'(1 + \sin\theta_{\max}) \cdot \cos\theta_{\max}/\sin^2\theta_{\max} \tag{15-20}$$

习　题

1. 与成像光学系统相比较，非成像光学系统有什么特殊要求？
2. 叙述照明光学系统的组成。
3. 临界照明和柯勒照明各自有什么特点？
4. 通常有哪些方法可以获得均匀照明？

第十六章

光 谱 仪

§16-1 光谱仪概述

光谱仪的基本功能是把光源发出的各种波长的辐射，展开成一个按波长顺序排列的光谱，进行不同波长辐射强度的测量。整个仪器由3个主要系统构成，如图16-1所示。

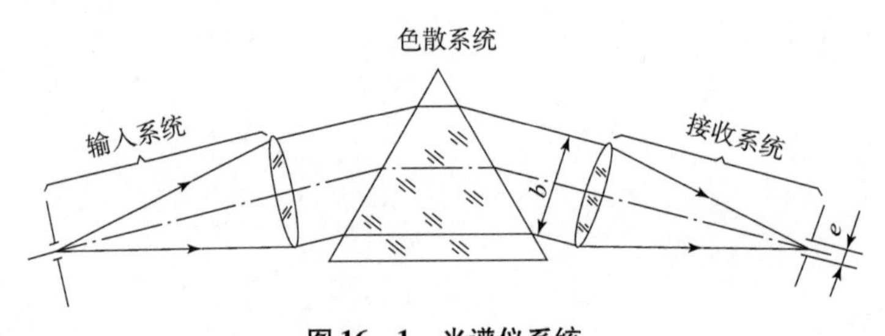

图16-1 光谱仪系统

这3个系统是：

(1) 输入系统——它由一个入射狭缝和一个准直物镜构成。入射狭缝位在准直物镜的物方焦面上，通过物镜，成像在无穷远。光源照明入射狭缝，经准直物镜出射，进入色散系统。

(2) 色散系统——由输入系统出射的不同波长的光，通过色散系统，以不同角度出射。色散系统有两大类，一类是色散棱镜，另一类是衍射光栅。

(3) 接收系统——从色散系统以不同方向出射的各色光，进入接收系统。通过接收物镜在像方焦面上成像。不同波长的光，由于入射的角度不同，对应的像高不同，因此在焦面上形成一个按波长排列的光谱，然后用接收器接收。

根据接收器不同，光谱仪分为摄谱仪和光度计两大类。摄谱仪的接收器是感光底片，把底片放在接收物镜焦面上，不同波长的谱线，同时在底片上曝光。把经过曝光的底片显影处理后，用光密度计来测量不同波长的强度分布。在光电器件发明以前，感光底片是光谱仪中唯一使用的接收器。光度计则在接收物镜的焦面上和入射狭缝的像平行的方向，放置一出射狭缝。使不同波长的光依次通过出射狭缝，在出射狭缝后面用光电器件进行接收，以确定不同波长光的强度分布。通常把没有光电接收器件的光度计称为单色仪，它的作用是产生各种波长的单色光。它往往是复杂仪器系统的组成部分。

不同波长范围的辐射能，要求用不同类型的光电器件进行接收，表16-1给出了各种接收器所能接收的波长范围。

光谱仪的主要性能指标有两个，一是色散率，二是分辨率，下面分别进行介绍。

色散率　它表示仪器对不同波长辐射色散作用的大小。假定波长为 λ 和 $\lambda+\delta\lambda$ 这两种光，由光谱仪色散系统出射时，它们之间的色散角为 $\delta\alpha$，则称 $\delta\alpha/\delta\lambda$ 为仪器对两种指定波长的平均角色散率。当 $\delta\lambda$ 趋近于零时，有

$$\lim_{\delta\lambda\to 0}=\frac{\delta\alpha}{\delta\lambda}=\frac{d\alpha}{d\lambda} \tag{16-1}$$

式中　$d\alpha/d\lambda$ 称为仪器对 λ 波长的角色散率。

表 16－1　各种探测器对应的波长范围

探测器名称	波长范围/μm
热探测器	1～1 000
锗掺杂光电探测器（Ge：Cu，Sn，Zn，…）	2～24
碲镉汞光电探测器（Hg－Cd－Te）	0.4～20
碲锡铅光电探测器（Pb－Sn－Te）	0.5～18
锑化铟光电探测器（InSb）	0.7～7
硫化铅光电探测器（PbS）	0.5～4.5
砷化铟光电探测器（InAs）	1～3.8
电荷耦合器件（CCD）	0.4～1
光电倍增管	0.01～1
感光乳胶	0.01～1
人眼	0.4～0.7

光谱仪的色散，除了用色散角表示而外，有时也用接收物镜焦面上，λ 和 $\lambda+\delta\lambda$ 两种波长的光所成像之间的距离 dy 表示，称为线色散。假定接收物镜的焦距为 f_2'，则线色散和角色散之间符合以下关系

$$dy=f_2'd\alpha \tag{16-2}$$

因此线色散率为

$$\frac{dy}{d\lambda}=f_2'\cdot\frac{d\alpha}{d\lambda} \tag{16-3}$$

上式为光谱仪角色散率和线色散率之间的关系式。

分辨率　假定光谱仪能够分辨的两条最靠近的谱线的波长为 λ 和 $\lambda+\delta\lambda$，则称

$$R=\frac{\lambda}{\delta\lambda} \tag{16-4}$$

为光谱仪的分辨率。

下面导出光谱仪的理想分辨率公式。所谓理想分辨率，就是假定光谱仪的入射狭缝宽度趋近于零，并且输入系统、色散系统、接收系统都没有像差时仪器的分辨率。

在系统没有像差的条件下，由入射狭缝上一点发出的球面波，经准直物镜、色散系统和接收物镜以后，仍为一球面波，在接收物镜的像方焦面上将产生一个理想球面波的衍射像。

和一般光学仪器不同的是，光谱仪的通光孔一般是方的，而不是圆的，因此，像面上的衍射强度分布和圆孔衍射不同。如果子午方向上光束的宽度为 b，则衍射光斑的第一个暗纹对应的角宽度 $\delta\alpha$ 为：

$$\delta\alpha=\frac{\lambda}{b} \tag{16-5}$$

根据瑞利准则，该光谱仪的理想衍射分辨角就等于 $\delta\alpha$，因此式（16-5）即为光谱仪的理想角分辨率公式。

光谱仪的分辨率前面已经介绍用 $R=\lambda/\delta\lambda$ 表示。如果 λ 和 $\lambda+\delta\lambda$ 这两种波长的光，经色散系统后，对应的色散角恰好与衍射分辨角 $\delta\alpha$ 相等，则仪器刚能分辨这两种波长。设光谱仪的角色散率为 $\mathrm{d}\alpha/\mathrm{d}\lambda$，则色散角为

$$\delta\alpha=\frac{\mathrm{d}\alpha}{\mathrm{d}\lambda}\cdot\delta\lambda \tag{16-6}$$

由式（16-5）和式（16-6）得到

$$\frac{\lambda}{b}=\frac{\mathrm{d}\alpha}{\mathrm{d}\lambda}\delta\lambda$$

由上式求得光谱仪的理想分辨率公式如下：

$$R_0=\frac{\lambda}{\delta\lambda}=b\cdot\frac{\mathrm{d}\alpha}{\mathrm{d}\lambda} \tag{16-7}$$

上式为光谱仪的理想分辨率公式。实际仪器由于入射狭缝有一定宽度，以及光谱仪光学系统存在像差，实际分辨率总要比理想分辨率低。

当入射狭缝的宽度不等于零时，光谱仪的分辨率就会降低，假定入射狭缝在接收物镜焦面上对应的像宽为 e，它对应的角宽度 ε 为

$$\varepsilon=\frac{e}{f'_2}$$

一般情况下，为了保证有足够的光能量，狭缝的角宽度不小于理想分辨角 $\delta\alpha$，当 $\varepsilon=\delta\alpha$ 时，实际分辨率大约等于 0.65 的理想分辨率，即 $R=0.65R_0$。

当狭缝宽度大大地超出衍射分辨角时，即

$$K=\frac{\varepsilon}{\delta\alpha}\gg 1$$

此时实际分辨率直接由狭缝宽度决定，因此有

$$\frac{R_0}{R}=K \tag{16-8}$$

R_0/R 与 K 的关系曲线如图 16-2 所示。

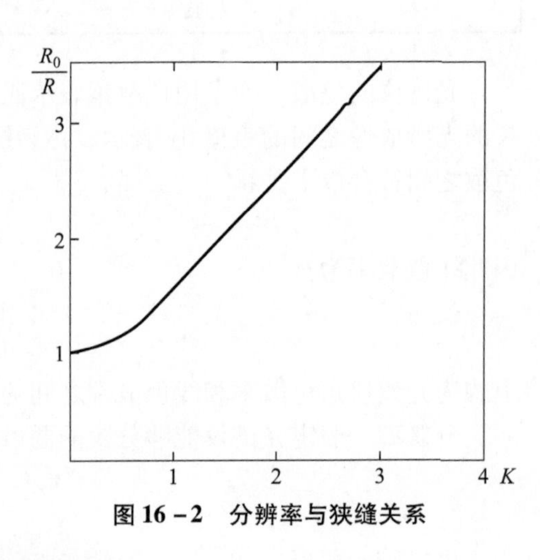

图 16-2　分辨率与狭缝关系

§16-2　光谱棱镜主截面内光线的折射

棱镜是光谱仪中最早使用的色散系统。它是一个由透明介质做成的三角柱体，垂直于柱体各条棱的截面称为主截面，如图 16-3 所示。使光线产生折射的两个平面之间的夹角 A 称

为“棱镜角”，棱镜角所对的面称为棱镜的底面。位在棱镜主截面内的光线，通过棱镜折射时，永远位在同一主截面内。由图 16－3，根据折射定律，光线在两个平面上发生折射，符合以下关系：

$$\sin I_1 = n\sin I_1'$$

$$\sin I_2' = n\sin I_2$$

以上两式中 n 为构成棱镜介质的折射率。棱镜的入射光线和出射光线之间的夹角 α 称为棱镜的偏向角，由图 16－3 可以得到

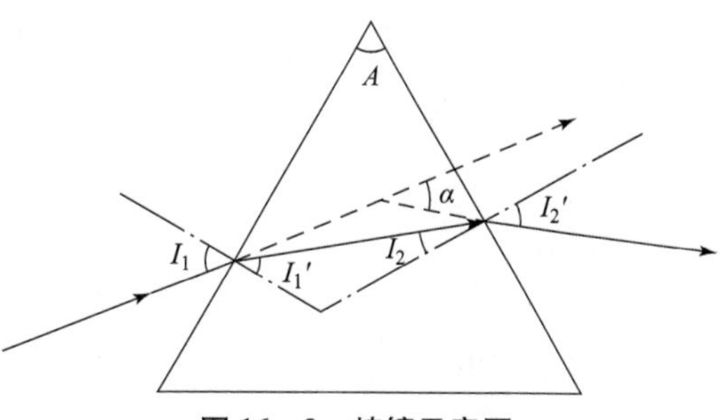

图 16－3 棱镜示意图

$$\alpha = (I_1 - I_1') + (I_2' - I_2) = I_1 + I_2' - (I_1' + I_2)$$

由于（$I_1' + I_2$）等于棱镜角 A，代入上式得到

$$\alpha = I_1 + I_2' - A$$

按以下顺序，依次应用上面的公式，即可由入射光线的方向 I_1，棱镜角 A，以及棱镜介质的折射率 n，求得该光线通过棱镜时产生的偏向角 α。

$$\sin I_1' = \frac{\sin I_1}{n} \tag{16-9}$$

$$I_2 = A - I_1' \tag{16-10}$$

$$\sin I_2' = n\sin I_2 \tag{16-11}$$

$$\alpha = I_1 + I_2' - A \tag{16-12}$$

偏向角 α 随着光线入射角 I_1 的改变而改变，在某一特定的入射角时偏向角达到极小值。称为棱镜的“最小偏向角”。下面我们来寻求最小偏向角位置。

把式（16－9）～式（16－12）对 I_1，I_1'，I_2，I_2'，α 取微分，得到

$$\cos I_1 \mathrm{d}I_1 = n\cos I_1' \mathrm{d}I_1'$$

$$\mathrm{d}I_1' + \mathrm{d}I_2 = 0$$

$$\cos I_2' \mathrm{d}I_2' = n\cos I_2 \mathrm{d}I_2$$

$$\mathrm{d}\alpha = \mathrm{d}I_1 + \mathrm{d}I_2'$$

由上面最后一个公式得到

$$\frac{\mathrm{d}\alpha}{\mathrm{d}I_1} = 1 + \frac{\mathrm{d}I_2'}{\mathrm{d}I_1}$$

再从前面三个微分公式可以求得

$$\frac{\mathrm{d}I_2'}{\mathrm{d}I_1} = -\frac{\cos I_2 \cos I_1}{\cos I_1' \cos I_2'}$$

将 $\mathrm{d}I_2'/\mathrm{d}I_1$ 代入上式得到

$$\frac{\mathrm{d}\alpha}{\mathrm{d}I_1} = 1 - \frac{\cos I_2 \cos I_1}{\cos I_1' \cos I_2'}$$

由图 15－3 可见，当棱镜内部的入射角和折射角 $I_2 = I_1'$时，棱镜外部的入射角和折射 $I_1 = I_2'$，代入上式得到 $\mathrm{d}\alpha/\mathrm{d}I_1 = 0$。此时对应的偏向角 α 应为极小值。由此可知，当

$$I_2' = I_1,\ I_1' = I_2 = \frac{A}{2}$$

时为棱镜的最小偏向角位置。对应光线在第一面上的入射角 I_1 用 I_m 代表，则有

$$\sin I_m = n\sin\frac{A}{2}$$

棱镜的最小偏向角 $\alpha_{\min}$ 为

$$\alpha_{\min} = 2I_m - A \tag{16-13a}$$

由上式得到

$$I_m = (A + \alpha_{\min})/2 \tag{16-13b}$$

代入前面公式得

$$n = \frac{\sin\frac{A+\alpha_{\min}}{2}}{\sin\frac{A}{2}} \tag{16-14}$$

以上公式常用来测量介质的折射率。将要求测量其折射率的介质，做成棱镜，首先用测角仪测出该棱镜的棱镜角 A，然后再测出光线的最小偏向角 $\alpha_{\min}$，代入式（16－14）就能计算出该介质的折射率 n。

§16－3　光谱棱镜的基本特性

光谱仪中作为色散系统的棱镜，通常处在下列条件下工作：

（1）射入棱镜的光束为平行光束，其出射光束同样为平行光束。

（2）输入系统中，准直仪焦面上的入射狭缝和棱镜的棱平行。

（3）棱镜处于最小偏向角位置，入射光和出射光相对于棱镜处于对称位置。

在上述条件下工作的光谱棱镜，形成的光谱谱线质量最好。下面我们就在最小偏向角的位置，讨论光谱棱镜的基本特性。

一、棱镜的色散率

根据式（16－14）

$$n = \frac{\sin\frac{A+\alpha_{\min}}{2}}{\sin\frac{A}{2}}$$

把上式对 $\alpha_{\min}$ 求导数得

$$\frac{\mathrm{d}n}{\mathrm{d}\alpha} = \frac{\cos\frac{A+\alpha_{\min}}{2}}{2\sin\frac{A}{2}}$$

将上式颠倒得到

$$\frac{\mathrm{d}\alpha}{\mathrm{d}n} = \frac{2\sin\frac{A}{2}}{\cos\frac{A+\alpha_{\min}}{2}}$$

利用以下关系对上式进行化简：

$$\cos\frac{A+\alpha_{\min}}{2}=\sqrt{1-\sin^2\frac{A+\alpha_{\min}}{2}}=\sqrt{1-n^2\sin^2\frac{A}{2}}$$

得到

$$\frac{\mathrm{d}\alpha}{\mathrm{d}n}=\frac{2\sin\frac{A}{2}}{\sqrt{1-n^2\sin^2\frac{A}{2}}}$$

根据角色散率的定义，由上式得

$$\frac{\mathrm{d}\alpha}{\mathrm{d}\lambda}=\frac{\mathrm{d}\alpha}{\mathrm{d}n}\cdot\frac{\mathrm{d}n}{\mathrm{d}\lambda}=\frac{2\sin\frac{A}{2}}{\sqrt{1-n^2\sin^2\frac{A}{2}}}\cdot\frac{\mathrm{d}n}{\mathrm{d}\lambda}\tag{16-15}$$

此式是光谱棱镜的角色散率公式，对不同波长来说，式（16－15）右边的前一项近似为一常数，但是第二项 $\mathrm{d}\alpha/\mathrm{d}\lambda$ 则随波长不同变化较大。长波部分近似为一常数，而短波部分则随着波长的减小而迅速增加。因此光谱棱镜的角色散率，短波大，长波小。

二、光谱棱镜的分辨率

根据式（16－7），光谱仪的理想分辨率 R_0 为

$$R_0=\frac{\lambda}{\delta\lambda}=b\cdot\frac{\mathrm{d}\alpha}{\mathrm{d}\lambda}=b\cdot\frac{\mathrm{d}\alpha}{\mathrm{d}n}\cdot\frac{\mathrm{d}n}{\mathrm{d}\lambda}$$

将前面得到的 $\mathrm{d}\alpha/\mathrm{d}n$ 的公式代入上式得到

$$R_0=b\cdot\frac{2\sin\frac{A}{2}}{\cos\frac{A+\alpha_{\min}}{2}}\cdot\frac{\mathrm{d}n}{\mathrm{d}\lambda}$$

利用式（16－13b），上式可改写为

$$R_0=\frac{b}{\cos I_m}\cdot 2\sin\frac{A}{2}\cdot\frac{\mathrm{d}n}{\mathrm{d}\lambda}$$

由图 16－4 可以得到

$$\frac{b}{\cos I_m}=s,\ 2s\cdot\sin\frac{A}{2}=t$$

将以上关系代入 R_0 公式得到

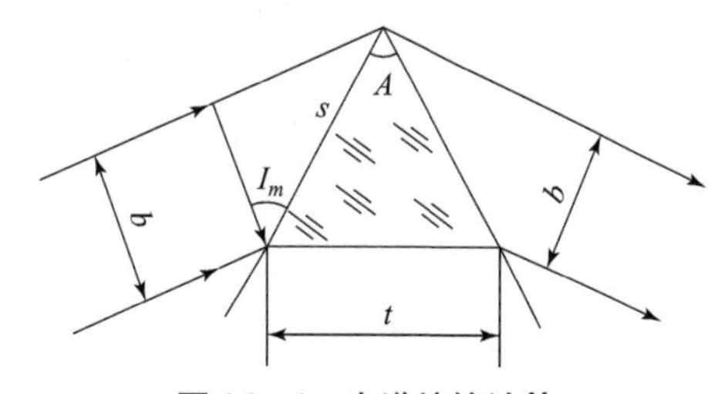

图 16－4 光谱棱镜计算

$$R_0=\frac{\lambda}{\delta\lambda}=t\cdot\frac{\mathrm{d}n}{\mathrm{d}\lambda}\tag{16-16}$$

上式即为光谱棱镜的理想分辨率公式，此公式不仅可以用于单个棱镜，也能推广至任意个棱镜。对多个棱镜，公式中的 t 代表各个棱镜中，整个光束的上、下两条边缘光线在各棱镜内部光路长度之差的总和。以上为光谱棱镜的色散率和分辨率公式。

前面说过光谱仪的入射狭缝与棱镜的棱平行，在主截面内，光束处于最小偏向角位置。由于狭缝有一定长度，那些不位在输入系统准直物镜光轴上的点，对应的出射平行光束与棱镜主截面之间有一定夹角，因此它们在棱镜折射面上的入射角将大于主截面内光束的入射角

I_m。这些斜光束通过棱镜以后的偏向角也将大于主截面内的最小偏向角 α_{min}，因此在接收物镜的像方焦面上形成的入射狭缝的像将不再是直的，而是具有少量弯曲的弧线，弯向偏向角增大的方向，即弯向光谱的短波方向。因为短波光线的折射率高，偏向角大。因此高精度的光谱仪往往把出射狭缝做成弧形，使它和入射狭缝所成的像相一致。

§16－4　光谱棱镜的材料和型式

对棱镜材料的一般要求是：适用的波长范围大，透明度高，容易获得大块均匀的各向同性的材料、工艺性和化学稳定性好、色散 $dn/d\lambda$ 尽量大。上述要求对同一种材料来说，不可能都满足。因此只能对不同的波长范围使用不同的材料来解决。表16－2为不同介质所适用的波长范围。

表16－2　不同介质对应的波长范围

介质名称		适用波长/μm
光学玻璃	冕玻璃（K）	0.34～2
	火石玻璃（F）	0.34～2
	重火石玻璃（ZF）	0.4～2
	石英玻璃（SiO_2）	0.2～3.5
晶体	氟化钙（CaF_2）	0.2～8
	氯化钠（NaCl）	8～15
	溴化钾（KBr）	8～25
	溴化铯（CsBr）	8～25
	碘化铯（CsI）	8～45

光谱棱镜的型式很多，但是棱镜角 A 大多采用60°，或者相当于60°。最常用的棱镜型式是等边三角棱镜，如图16－3所示。目前光谱仪中用得较多的棱镜型式有以下几种。图16－5为一个自准式的30°棱镜，它等价于一个60°棱镜，但可以节省一半棱镜材料。图16－6为一种使入射光束和出射光束成90°的棱镜，称为白林－布洛加棱镜。它除了产生色散外，同时使光路改变90°，用在某些光谱仪中，使仪器体积缩小。

图16－7和图16－8是棱镜和平面反射镜的组合系统。图16－7在60°棱镜后加入一个平面反射镜使入射光速和出射光束平行。图16－8为一个60°楼镜加一个自准平面反射镜，使棱镜的入射光束和出射光束自准直，同时使色散增加一倍。

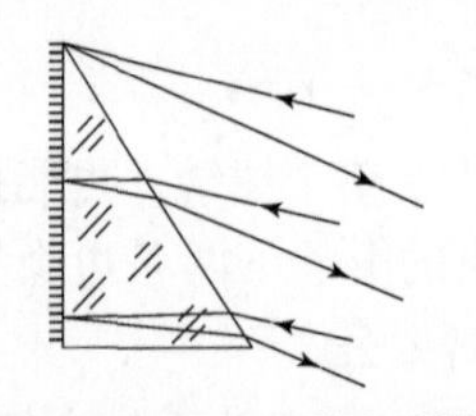
图16－5　自准直式棱镜

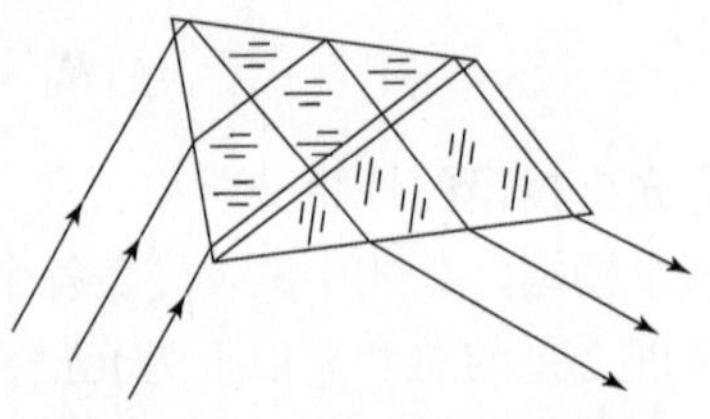
图16－6　白林－布洛加棱镜

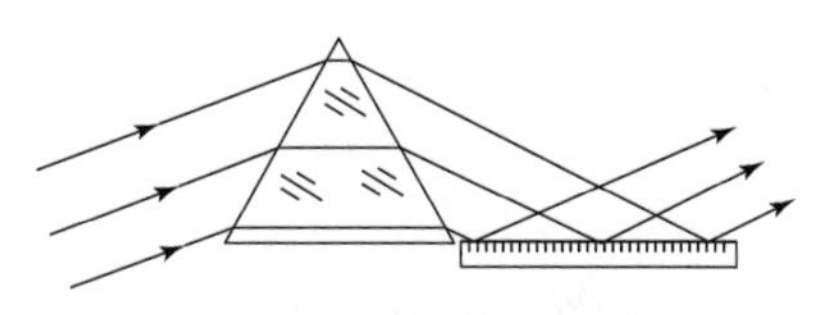
图 16－7　棱镜和平面镜组合

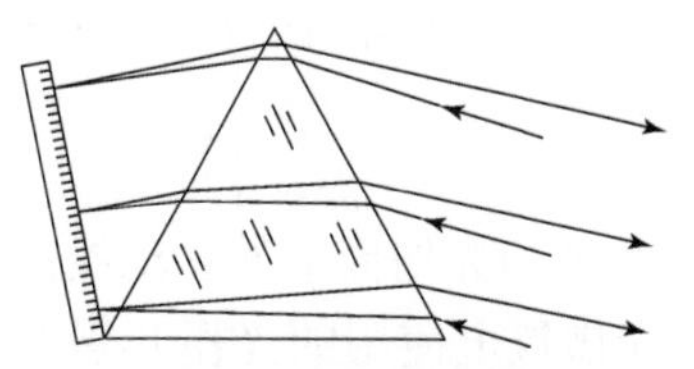
图 16－8　平面镜和棱镜组合

§16－5　光栅的基本性质

光栅是光谱仪中使用的另一种色散系统，特别是对波长小于 0.2 μm 和大于 45 μm 的辐射，由于没有适用的棱镜材料，必须使用光栅。由于光栅制造技术的不断提高，目前光谱仪中大部分都采用光栅代替棱镜作为色散系统。

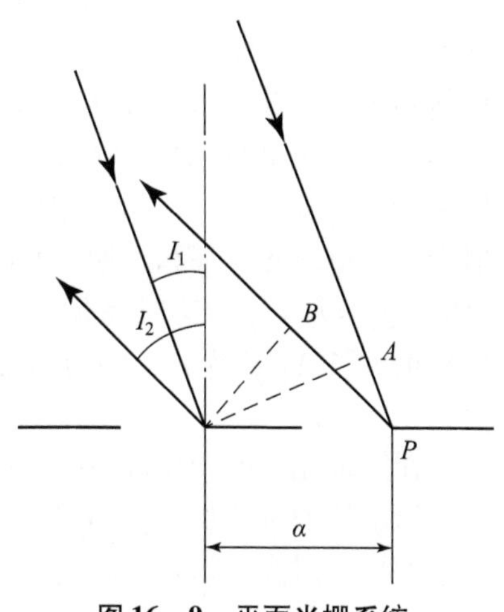

图 16－9　平面光栅系统

最常用的光栅是平面光栅，如图 16－9 所示。平面光栅的入射光束和衍射光束都是平行光束。当光束方向满足以下方程时：

$$\mathscr{L}=PA+PB=\alpha(\sin I_1+\sin I_2)=m\lambda \qquad (16-17)$$

这时对应的衍射方向为强度的极大值方向，上式称为光栅方程，式中 m 为整数。

当一束含有各种波长光线的白光，以 I_1 角投射在光栅上，不同 λ 的光满足光栅方程（16－17）时，对应的 I_2 不同，因此不同波长的极大值方向不同，在接收物镜焦面上形成一个按波长排列的光谱。

一、衍射光栅的色散率

将式（16－17）对 I_2 和 λ 取微分，得到

$$a\cos I_2\,\mathrm{d}I_2=m\,\mathrm{d}\lambda$$

衍射光栅的角色散率 $\mathrm{d}\alpha/\mathrm{d}\lambda$ 等于 $dI_2/\mathrm{d}\lambda$，因此有

$$\frac{\mathrm{d}\alpha}{\mathrm{d}\lambda}=\frac{m}{a\cos I_2} \qquad (16-18)$$

一般都使用一级光谱，$m=\pm1$。由于 λ 改变时 $\cos I_2$ 变化较小，因此光栅的角色散率近似为一常数，而不像棱镜那样，长波和短波的色散率差别很大。

二、衍射光栅的理想分辨率

根据光谱仪理想分辨率公式（16－7）有

$$R_0=\frac{\lambda}{\delta\lambda}=b\cdot\frac{\mathrm{d}\alpha}{\mathrm{d}\lambda}$$

将式（16－18）代入上式得

$$R_0=\frac{mb}{a\cos I_2}$$

以上公式中 b 为光束宽度，因此 $b/\cos I_2$ 等于光栅的宽度 d，因此有

$$R_0 = \frac{md}{a} = mN \tag{16-19}$$

以上公式中 N 为光栅面上的总刻线数。

目前光谱仪上使用的光栅几乎全部是反射光栅。近代光栅技术的最大改进是把光栅刻成如图 16－10 所示的形式，称为闪耀光栅。当符合光栅方程的入射光束和衍射光束的角平分线和光栅刻槽表面的法线重合时，即衍射光束的方向正好就是刻槽表面的反射光方向，此时衍射光束的强度最大，称此入射光束处于闪耀状态。光栅平面的法线 ON 与刻槽表面的法线 ON_1 之间的夹角 φ，称为光栅的闪耀角。当入射光线和衍射光线都和刻槽表面的法线 ON_1 重合时，$I_1 = I_2 = \varphi$，这时满足光栅方程（16－17）的波长 λ_B 称为光栅的闪耀波长。根据式（16－17）有

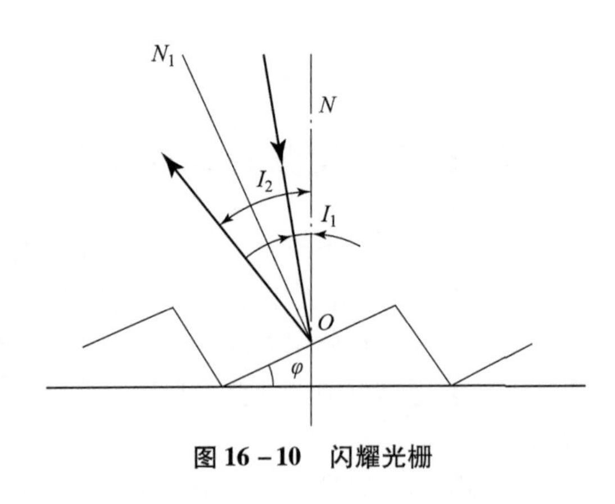

图 16－10　闪耀光栅

$$\lambda_B = 2a\sin\varphi \tag{16-20}$$

在闪耀光栅的产品说明中所给出的闪耀波长 λ_B，就是按式（16－20）计算的。也可以根据给出的闪耀波长 λ_B，由上式计算闪耀角 φ。

如果入射光和衍射光之间的夹角不为零，等于 2θ，则此时的实际闪耀波长按下式计算：

$$\lambda_B = a[\sin(\varphi - \theta) + \sin(\varphi + \theta)] \tag{16-21}$$

闪耀光栅的优点是它能把大部分光能量都集中在一个衍射级内，因此大大提高了光能的利用率。使光栅的衍射率有可能超过 70%，接近于棱镜系统的光能利用率。

对波长不等于 λ_B 的光来说，不完全符合闪耀条件，衍射效率将随之下降。

在光栅光谱仪中，还存在一个不同级光谱重叠的问题，当 λ 波长满足光栅方程时，波长为 $\lambda/2$，$\lambda/3$，…，λ/m 光的高级光谱同样满足光栅方程，它们将重叠在 λ 谱线上，形成杂光，必须在仪器中设法消除。消除高级光谱的方法有两种，一种方法是加入滤光镜。当仪器在 $\lambda_{\min}$ 到 $\lambda_{\max}$ 波长范围工作时，要求使用滤光镜，使

$$\lambda \leqslant \frac{\lambda_{\max}}{2}$$

的光被吸收，只能通过 $\lambda > \lambda_{\max}/2$ 的光。显然 $\lambda_{\min}$ 必须大于 $\lambda_{\max}/2$。

另一种方法是在光栅光谱仪前面，加入一个棱镜单色仪，把棱镜单色仪的出口，作为光栅光谱仪的入口。这样显然就不再产生高级光谱重叠的问题了。

在光栅光谱仪中，要求入射狭缝的方向平行光栅的刻线方向，如果入射狭缝是直的，则在接收物镜焦面上所成的入射狭缝的像也是弯的，和棱镜光谱仪相似，也是弯向短波谱线的方向。

§16－6　光谱仪光学系统的型式

现代光谱仪一般要求有较大的波长范围，而光学玻璃的透过波长范围较小，不能满足要

求，而且要使透镜系统获得优良的像质，系统的结构也比较复杂。因此目前大多数光谱仪均采用球面或非球面的反射镜作为输入和输出系统的物镜，既能简化系统的结构，又使系统能够在较大波长范围内工作。目前使用得较多的光谱仪光学系统有以下几种。

一、立脱罗系统

这种型式光谱仪光学系统的特点是，输入和输出系统共用一个物镜，色散系统（棱镜或光栅）处于自准工作位置，如图 16－11 所示。

这种系统的优点是结构简单，能在较大波长范围内较好地符合光栅的闪耀条件。它的缺点是反射面的轴外像差无法得到补偿。对于相对孔径比较小的系统，一般使用反射球面，相对孔径比较大时，则使用抛物面，它可以消除球差。

二、艾伯特系统

艾伯特系统如图 16－12 所示。它使用同一个球面的不同部分作为输入和输出系统的物镜。该系统的优点是能部分补偿反射球面镜的轴外甚差。由于反射镜只能做成球面，因而无法消除球差，所以这种系统只能用于相对孔径较小的情形。

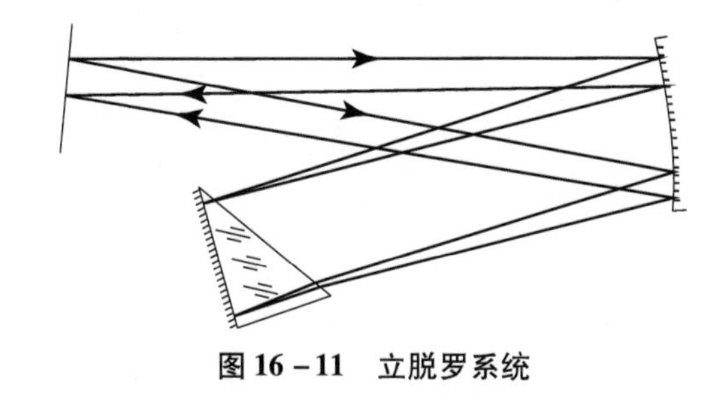

图 16－11　立脱罗系统

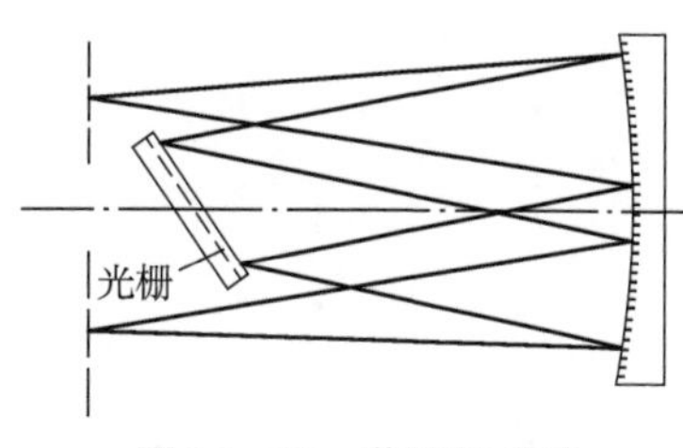

图 16－12　艾伯特系统

三、C－T 系统（Czerny－Turner）

C－T 系统如图 16－13 所示，它使用两个分离的反射面作为输入和输出系统的物镜，由于输入和输出系统对称分布，因此能部分补偿系统的彗差。为了消除球差可以把反射面做成离轴抛物面，这种系统能获得较大的相对孔径和较好的像质。

上面介绍的都是使用棱镜或平面光栅的光谱仪光学系统。最简单的光谱仪光学系统是直接把光栅刻在一个凹球面上，如图 16－14 所示。该球面光栅同时也就能完成输入和输出物镜的作用。

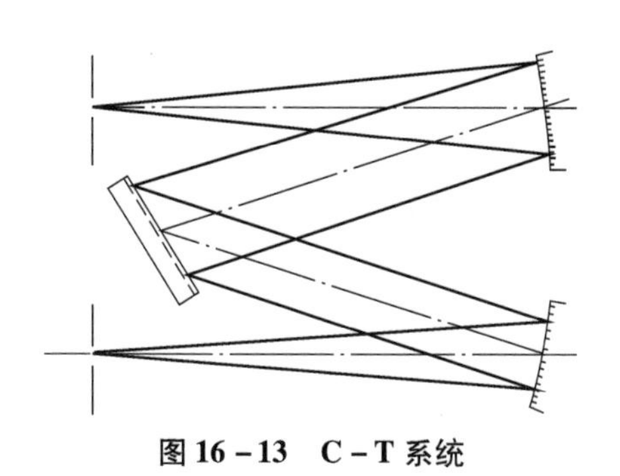

图 16－13　C－T 系统

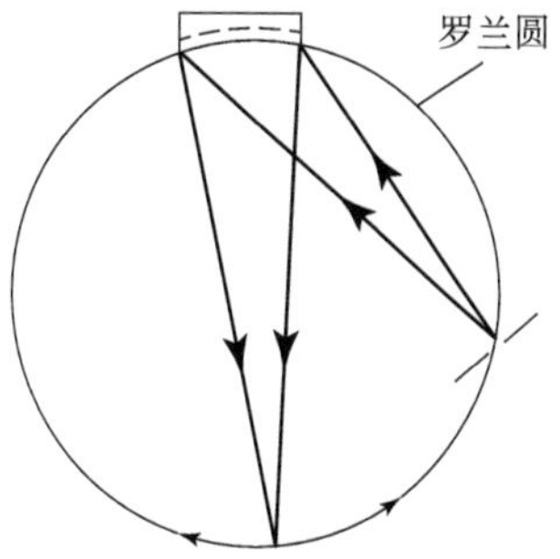

图 16－14　罗兰圆系统

以光栅球面半径为半径所作的圆称为罗兰圆。如果把入射狭缝放在罗兰圆上，则输出光谱也位在同一圆周上。

上面介绍的都是单个光谱仪系统，在一些高精度的光谱仪中，往往把两个单色仪系统串联起来，前一个系统的出射狭缝，就是后一个系统的入射狭缝。这样可以使整个系统的分辨率提高一倍。如前所述，把棱镜系统和光栅系统联合还可以消除高级光谱。另外，这种双单色仪系统的杂光比单个系统也要小得多。

习　　题

1. 光谱仪有哪些主要性能?
2. 光谱仪的理论分辨率是怎样确定的?
3. 色散系统分哪两类? 各有什么特点?

参考文献

[1] Holland. Vacuum Deposition of Thin Films [M]. London: Chapman & Hall, 1956.

[2] Drude P. Theory of Optics [M]. New York: Dover, 1959.

[3] Ditchburn R. Light [J/OL]. New York: Wiley-Interscience, 1963.

[4] Southall J. Mirrors. Prisms, and Lenses [M]. New York: Dover, 1964.

[5] Borwn E. Modern Optics [M]. New York: Reinhold, 1965.

[6] Kingslake R. Applied Optics and Optical Engineering [M]. New York: Academic Press, 1965.

[7] Levi L. Applied Optics [M]. New York: Wiley, 1968.

[8] Welford W. Aberrations of the Symmetrical Optical System [M]. New York: Academic, 1974.

[9] Jenkins F, White H. Fundamentals of Optics [M]. New York: McGraw-Hill, 1976.

[10] Kingslake R. Lens Design Fundamentals [M]. New York: Academic Press, 1978.

[11] Shannon R. "Aspheric Surfaces," Applied Optics and Optical Engineering: R. Kingslake, ed. , vol. 8 [M]. New York: Academic Press, 1980.

[12] Shannon R, James C. Wyant. Applied Optics and Optical Engineering: R. Kingslake, ed. , vol. 8 [M]. New York: Academic Press, 1980.

[13] Wetherell W. "The Calculation of Image Quality," Applied Optics and Optical Engineering: R. Kingslake, ed. , vol. 8 [M]. New York: Academic Press, 1980.

[14] Kingslake R. Lens Design Fundamentals [M]. New York: Academic Press, 1983.

[15] Kingslake R. Optical System Design [M]. New York: Academic, 1983.

[16] Pulker H K. Coatings on Glass [M]. Amsterdam: Elsevier, 1984.

[17] O'Shea D C. Elements of Modern Design [M]. New York: John Wiley, 1985.

[18] Strong John. Concepts of Classical Optics [M]. New York: Dover Pubns, 1985.

[19] Jacobson M. Deposition and Characterization of Optical Thin Films [M]. New York: Macmillan, 1986.

[20] Macleod H A. Thin-Film Optical Filters [M]. New York: Macmillan, 1986.

[21] Yoder P. Opto-Mechanical System Design [M]. New York: marcel Dekker, 1986.

[22] Ranourt James D. Optical Thin Films Users' Handbook [M]. New York: McGraw-Hill, 1987.

[23] Williams C S. Introduction to the Optical Transfer Function [M]. New York: John Wiley & Sons, 1989.

[24] Thelen, Alfred. Design of Optical Interference Coatings [M]. New York: McGraw-Hill, 1989.

[25] Smith John C. Optical Scattering Measurements and Analysis [M]. New York: McGraw-Hill, 1990.

[26] Smith Warren J. Modern Optical Engineering [M]. New York: McGraw-Hill, 1990.

[27] Lakin Milton. Lens Design [M]. New York: Marcel Dekker, 1991.
[28] Smith Warren J. Modern Lens Design [M]. New York: McGraw-Hill, 1992.
[29] Walker B H. Optical Engineering Fundamentals [M]. New York: McGraw-Hill, 1995.
[30] Goodman D S. "General Principles of Geometrical Optics," in Handbook of Optics: vol. 1 [M]. New York,: McGraw-Hill, 1995.
[31] Walker Bruce. Optical Engineering Fundamentals [M]. New York: McGraw-Hill, 1995.
[32] Stover Warren J. Practical Optical System Layout [M]. New York: McGraw-Hill, 1997.
[33] Melzer, Moffitt. Head Mounted Displays [M]. New York: McGraw-Hill, 1997.
[34] Mouroulis, Pantazis. Visual Instrumentation [M]. New York: McGraw-Hill, 1999.
[35] 袁旭沧．应用光学 [M]. 北京：国防工业出版社，1988.
[36] 胡玉禧，安连生．应用光学 [M]. 合肥：中国科技大学出版社，1996.
[37] 母国光，战元龄．光学 [M]. 北京：人民教育出版社，1981.
[38] 袁旭沧．光学设计 [M]. 北京：北京理工大学出版社，1988.
[39] 袁旭沧．现代光学设计方法 [M]. 北京：北京理工大学出版社，1995.
[40] 王子余．几何光学与光学设计 [M]. 杭州：浙江大学出版社，1989.
[41] 安连生，李林，李全臣．应用光学 [M]. 北京：北京理工大学出版社，2002.
[42] 李林，安连生．计算机辅助光学设计的理论与应用 [M]. 北京：国防工业出版社，2002.
[43] 李林，林家明，王平，等．工程光学 [M]. 北京：北京理工大学出版社，2003.
[44] 李士贤，李林．光学设计手册 [M]. 北京：北京理工大学出版社，1996.
[45] 李林．现代仪器设计（现代光学设计篇）[M]. 北京：科学出版社，2003.
[46] 车念曾，闫达远．辐射度学和光度学 [M]. 北京：北京理工大学出版社，1990.
[47] 吴继宗，叶关荣．光辐射测量 [M]. 北京：机械工业出版社，1992.
[48] 庞蕴凡．视觉与照明 [M]. 北京：中国铁道出版社，1993.
[49] 周太明．光源原理与设计 [M]. 上海：复旦大学出版社，1993.
[50] 安连生，李国栋．照明光学系统照度分布的计算机模拟分析 [J]. 光学技术，1998 (6).
[51] 谷里．汽车前灯光强分布计算 [J]. 照明工程学报：1998，12 (4).
[52] 袁樵，朱明华．计算机辅助前照灯设计中的光线跟踪算法 [J]. 照明工程学报：2000 (6).
[53] 郁道银，谈恒英．工程光学基础教程 [M]. 北京：机械工业出版社，2007.